Technische Elektronik

Von

Dr.-Ing. Max Knoll

o. Professor an der
Technischen Hochschule München

und

Dr.-Ing. Joseph Eichmeier

Oberingenieur an der
Technischen Hochschule München

Erster Band

Grundlagen und Vakuumtechnik

Mit 263 Abbildungen

Springer-Verlag

Berlin / Göttingen / Heidelberg / New York

1965

ISBN-13:978-3-642-92903-8   e-ISBN-13:978-3-642-92902-1
DOI: 10.1007/978-3-642-92902-1

Titel Nr. 1242

Vorwort

Die Technische Elektronik, die — wie in der Einführung näher begründet — hier als die Lehre von den Grundlagen, dem Aufbau und der Wirkungsweise der Entladungsgeräte dargestellt wird, ist in einer raschen Entwicklung begriffen. Die damit verbundene Zunahme unserer Kenntnisse machte eine Unterteilung des Stoffes in zwei Bände erforderlich.

Der erste Band behandelt im wesentlichen die Grundlagen der Entladungsgeräte und die vakuumtechnischen Prozesse, umfaßt also auch den größten Teil des häufig mit „Physikalischer Elektronik" bezeichneten Materials. Im folgenden zweiten Band dominiert dagegen neben der Beschreibung der Eigenschaften die Dimensionierung der elektrischen Entladungsgeräte, soweit sie aus dem Verhalten der Elementarteilchen in elektrischen und magnetischen Feldern abgeleitet werden kann.

Beide Bände entstanden aus Vorlesungen über Technische Elektronik, die von 1947 bis 1956 an der Universität Princeton und von 1956 bis heute an der Technischen Hochschule München gehalten wurden. Das vorliegende Buch (der erste Band) hat zwei Kapitel: „Grundlagen der Entladungsgeräte" sowie „Hochvakuumtechnik und Herstellungsprozesse der Entladungsgeräte". Der zweite Band enthält ebenfalls zwei Kapitel, nämlich: „Stromsteuernde Hochvakuum-, Gas- und Festkörper-Entladungsgeräte" sowie „Elektronenoptische Geräte". Am Ende jedes Kapitels ist ein Literaturverzeichnis angefügt. Die Literaturangaben stellen natürlich nur eine Auswahl dar, die besonders auf die Erfordernisse der mit dem Gebiet noch nicht vertrauten Studenten, Ingenieure und Physiker zugeschnitten ist und das weitere Eindringen in das Stoffgebiet erleichtern soll. Um den Umfang des Buches zu begrenzen und trotzdem außer den allgemeinen Grundlagen auch den neuesten Stand der Technik berücksichtigen zu können, wurde — insbesondere im zweiten Band — des öfteren auf die Ableitung von Formeln verzichtet und statt dessen auf Literaturstellen hingewiesen, die eine ausführliche Ableitung der betreffenden Formeln enthalten.

Für die kritische Durchsicht des Manuskripts bzw. für wesentliche Anregungen danken wir den Herren Dr. rer. nat. W. Dommaschk, Dipl.-Ing. M. Hartl, Dipl.-.Ing. F. Nibler sowie Herrn Dipl.-Ing. M. Stark. Dem Verlag danken wir für die Sorgfalt, mit der er alle unsere Wünsche berücksichtigt und die Herstellung des Buches durchgeführt hat.

München, im November 1964   **M. Knoll · J. Eichmeier**

Inhaltsverzeichnis

Kapitel 1
Grundlagen der Entladungsgeräte

Inhaltsverzeichnis V

Inhaltsverzeichnis   VII

Kapitel 2

Hochvakuumtechnik und Herstellungsprozesse der Entladungsgeräte

Inhaltsverzeichnis XI

Inhaltsverzeichnis XIII

Verzeichnis der wichtigsten Symbole

A	[A/cm² °K²]	erste Richardsonkonstante
A	[1/cm Torr]	erste Townsendkonstante
A_e	[As/cal]	photoelektrische Elektronenausbeute
A_q, A_l	[%]	Quantenausbeute
A_t	[mA/Wcm²]	thermische Elektronenausbeute
a	[cm]	Teilchenradius
α, φ, ε	[°]	Winkel
α	[1/°K]	Ausdehnungskoeffizient für ideale Gase
α	[1/cm]	Absorptionskoeffizient, Townsendscher Ionisierungskoeffizient
B	[Vs/cm²]	magnetische Induktion
B	[°K]	zweite Richardsonkonstante
B	[V/cm Torr]	zweite Townsendkonstante
B_l	[sb]	Leuchtdichte (eines Leuchtschirms)
b	[cd/W]	Lichtausbeute (eines Leuchtschirms)
β	[1/cm]	Ionisierungskoeffizient für Ionen
c	[cm/sec]	Lichtgeschwindigkeit[1]
γ	[p/cm³]	spezifisches Gewicht
γ	[—]	sekundärer Ionisierungskoeffizient (nach Townsend)
D	[As/cm²]	dielektrische Verschiebung
D	[cm²/sec]	Diffusionskonstante
D	[cm]	Schichtdicke, Abstand von Elektroden, Magnetfeldlänge
D	[%]	Durchgriff
D_a	[%]	Anodendurchgriff
D_s	[%]	Schirmgitterdurchgriff
d	[cm]	Schichtdicke, Abstand von Elektroden
δ	[—]	Sekundäremissionskoeffizient
E (ohne Index)	[V/cm]	elektrische Feldstärke
E (mit Index)	[Ws oder eV]	Energie
E_{anr}	[eV]	Anregungsenergie
E_{anr}^*	[eV]	minimale Anregungsenergie
E_F	[eV]	Fermi-Energie
E_k	[eV]	kinetische Energie
E_p	[eV]	potentielle Energie
E_{ph}	[eV]	Energie eines Quants
$E_{z\,max}$	[eV]	maximale Energie der Teilchen bzw. Quanten von einem radioaktiven Präparat
ΔE	[eV]	Energiedifferenz (z. B. Breite des verbotenen Bandes)
e	[As]	Elektronenladung (Elementarladung)

---

[1] Siehe Anhang, S. 380.

ε_0	[As/Vcm]	Dielektrizitätskonstante des Vakuums (elektrische Feldkonstante)[1]
F	[cm²]	Fläche (z. B. Kathodenoberfläche)
F_p	[cm³/sec oder m³/h]	Fördervolumen einer Vakuumpumpe
F_W	[kp/cm²]	Warmzugfestigkeit (von Massivkathoden)
f	[Hz]	Frequenz
f	[cm]	objektseitige Brennweite (einer Elektronenlinse)
f^*	[cm]	bildseitige Brennweite (einer Elektronenlinse)
G	[Pond]	Gewicht
G	[%]	Gütegrad (einer Pumpanlage)
g	[cm/sec²]	Erdbeschleunigung
η	[g/sec cm]	Zähigkeitskoeffizient
η_a	[g/sec cm]	Koeffizient der äußeren Reibung
η_i	[g/sec cm]	Koeffizient der inneren Reibung
η_d	[g/sec cm]	Koeffizient der äußeren Dampfreibung
η	[%]	Wirkungsgrad
$\eta_{0,\,1,\,2,\,3,}$	[—]	Stromverstärkungsfaktor
H	[A/cm]	magnetische Feldstärke
h	[Ws²]	Plancksches Wirkungsquantum[1]
h	[cm]	Ganghöhe (einer Schraubenbahn)
I	[A, mA, μA]	Stromstärke
I_s	[A, mA]	Sättigungsstrom, Emissionsstrom
I_a	[mA]	Anodenstrom
I_s	[mA]	Schirmgitterstrom
I_k	[mA]	Kathodenstrom bzw. Konvektionsstrom
I_H	[A]	Heizstrom
I_B	[mA]	Basisstrom
I_C	[mA]	Kollektorstrom
I_E	[mA]	Emitterstrom
I_p	[μA]	Photostrom
I_{pr}	[mA]	Primärelektronenstrom
i^+	[mA]	Ionenstrom
i^-	[mA]	Elektronenstrom
j	[mA/cm²]	Stromdichte
j_k	[mA/cm²]	Konvektionsstromdichte
j_s	[mA/cm²]	Emissionsstromdichte
K	[Ws/m]	Kraft
K	[mA/V³/²]	Raumladungskonstante
k	[Ws/°K]	Boltzmannsche Konstante[1]
$\varkappa$	[cal/(cm sec °K)]	Wärmeleitfähigkeit
L	[Moleküle/Mol]	Loschmidtsche Zahl[1]
L	[Lumen]	Lichtfluß
L	[cm³/sec]	Leitwert einer Vakuumleitung
l	[cm]	Länge (z. B. Gegenstandsweite)
l^*	[cm]	Bildweite
λ	[cm, Å]	Wellenlänge
λ_e	[cm]	mittlere freie Weglänge von Elektronen
λ_g	[cm]	mittlere freie Weglänge von Gasmolekülen
λ_i	[cm]	mittlere freie Weglänge von Ionen
λ_{max}	[Å]	langwellige Grenze
M	[Ws³/cm²]	Teilchenmasse (allgemein)

---

[1] Siehe Anhang, S. 380.

M_{rel}	$[\mathrm{Ws^3/cm^2}]$	relativistische Masse (allgemein)
m	$[\mathrm{Ws^3/cm^2}]$	Elektronenmasse[1]
m_{rel}	$[\mathrm{Ws^3/cm^2}]$	relativistische Elektronenmasse
m_H	$[\mathrm{Ws^3/cm^2}]$	Masse eines Wasserstoffatoms
m_i	$[\mathrm{Ws^3/cm^2}]$	Ionenmasse
m_{ph}	$[\mathrm{Ws^3/cm^2}]$	„Masse" eines Quants
μ	$[1/\mathrm{cm}]$	Absorptionskoeffizient
μ	$[-]$	Atomgewicht
μ	$[-]$	Leerlaufspannungsverstärkungsfaktor
μ_n	$[\mathrm{cm^2/Vs}]$	Beweglichkeit der Elektronen
μ_p	$[\mathrm{cm^2/Vs}]$	Beweglichkeit der Defektelektronen
N, N_o	$[-]$	Teilchenzahl (allgemein)
N_a	$[\mathrm{W}]$	Anodenverlustleistung
N_H	$[\mathrm{W}]$	Heizleistung
N_D	$[\mathrm{r/h,\ mr/h}]$	Dosisleistung
n	$[1/\mathrm{sec},\ 1/\mathrm{min}]$	Drehzahl
n_{Glas}		optischer Brechungsindex (z. B. von Glas)
n_e^*	$[-]$	elektronenoptischer Brechungsindex
n	$[1/\mathrm{cm^3}]$	Teilchenkonzentration
n^*	$[\mathrm{Moleküle/cm^3}]$	Avogadrosche Zahl
n_d	$[1/\mathrm{cm^3}]$	Dampfkonzentration
n_g	$[1/\mathrm{cm^3}]$	Gaskonzentration
n_H	$[1/\mathrm{cm^3}]$	Trägerkonzentration in Halbleitern
n_M	$[1/\mathrm{cm^3}]$	Trägerkonzentration in Metallen
n_n	$[1/\mathrm{cm^3}]$	Konzentration der Elektronen im n-Halbleiter
n_p	$[1/\mathrm{cm^3}]$	Konzentration der Elektronen im p-Halbleiter
ν	$[-]$	Zahl der Mole eines Stoffes
p	$[1/\mathrm{cm^3}]$	Löcherkonzentration in einem Halbleiterkristall
p	$[\mathrm{Torr}]$	Druck
p_g	$[\mathrm{Torr}]$	Grenzdruck
p_s	$[\mathrm{Torr}]$	Sättigungsdruck
Q	$[\mathrm{As}]$	elektrische Ladung (allgemein)
Q	$[\mathrm{Torr \cdot l/sec}]$	Gasmenge
Q_r	$[\mathrm{g/cm^2\ sec}]$	Verdampfungsgeschwindigkeit (z. B. bei Kathoden)
Q_w	$[\mathrm{cm^2}]$	Wirkungsquerschnitt
q_i	$[\mathrm{As}]$	Ionenladung
R	$[\mathrm{Ohm}]$	Ohmscher Widerstand
R_a	$[\mathrm{Ohm}]$	Außenwiderstand (Anodenwiderstand)
R_i	$[\mathrm{Ohm}]$	Innenwiderstand
R^*	$[\mathrm{Ws/{}^\circ K\ Mol}]$	Allgemeine Gaskonstante[1]
R_e	$[\mathrm{cm}]$	Reichweite von Elektronenstrahlen
r	$[\mathrm{cm}]$	Radius (allgemein)
r_a	$[\mathrm{cm}]$	Anodenradius
r_k	$[\mathrm{cm}]$	Kathodenradius
r_∞	$[\mathrm{cm}]$	Gaskinetischer Wirkungsradius (für $T \to \infty$)
ϱ_T	$[\Omega\mathrm{mm^2/m}]$	spezifischer Widerstand
ϱ	$[\mathrm{g/cm^3}]$	Dichte eines Stoffes
ϱ	$[\mathrm{As/cm^3}]$	Raumladungsdichte
S	$[\mathrm{mA/V}]$	Steilheit
S	$[\mathrm{Torr \cdot l/sec}]$	Saugleistung einer Vakuumpumpe

[1] Siehe Anhang, S. 380.

s_0	[1/cm Torr]	spezifische Ionisierung
σ	[1/Ωcm]	elektrische Leitfähigkeit
σ_i	[1/Ωcm]	Eigenleitfähigkeit eines Halbleiters
σ_n	[1/Ωcm]	(durch Elektronen hervorgerufene) spezifisches Leitfähigkeit eines Halbleiters
σ_p	[1/Ω cm]	(durch Löcher hervorgerufene) spezifische Leitfähigkeit eines Halbleiters
T	[°K]	absolute Temperatur
T_b	[°K]	Betriebstemperatur
T_s	[°K]	Schmelztemperatur
T_{si}	[°K]	Siedetemperatur
T_v	[°K]	Sutherlandsche Konstante
T	[sec]	Periodendauer
T_h	[sec]	Halbwertszeit
t	[sec]	Zeit
τ	[sec]	Laufzeit
U	[V]	Spannung (allgemein)
U_A	[V]	Voltäquivalent der Austrittsarbeit (Austrittsspannung)
U_A	[V]	Austrittspannung der Anode
U_K	[V]	Austrittspannung der Kathode
U_k	[V]	Kontaktspannung
U_{anr}	[V]	Anregungsspannung
U_{anr}^*	[V]	minimale Anregungsspannung
U_i	[V]	Ionisierungsspannung
U_T	[V]	Temperaturspannung
U_D	[V]	Diffusionsspannung
U_F	[V]	Fermispannung
U_m	[V]	Tiefe des Potentialminimums vor der Kathode
U_B	[V]	Batteriespannung
U_0	[V]	Beschleunigungsspannung
U_a	[V]	Anodenspannung
U_g	[V]	Gitterspannung
U_s	[V]	Schirmgitterspannung
U_{st}	[V]	Steuerspannung
U_H	[V]	Heizspannung
U_w	[V]	wirksame Spannung
U_c	[V]	„Cut-off"-Spannung
U_p	[V]	Ablenkspannung
U_r	[V]	Reflektorspannung
U_z	[V]	Zündspannung
U_{CB}	[V]	Kollektor-Basis-Spannung
U_{EB}	[V]	Emitter-Basis-Spannung
U_{CE}	[V]	Kollektor-Emitter-Spannung
V, V_0	[cm³, l]	Volumen
v, v_0	[cm/sec, km/sec]	Teilchengeschwindigkeit (allgemein)
v_d	[cm/sec]	Driftgeschwindigkeit
v_{kl}	[km/sec]	Teilchengeschwindigkeit nach der klassischen Theorie
v_{rel}	[km/sec]	relativistische Teilchengeschwindigkeit
v_w, v_m, v_e	[km/sec]	wahrscheinlichste, mittlere, effektive Teilchengeschwindigkeit

---

[1] Siehe Anhang, S. 380.

v_i	[—]	Stromverstärkungsfaktor
v_n	[—]	Leistungsverstärkungsfaktor
v_u	[—]	Spannungsverstärkungsfaktor
W	[eV]	Austrittsarbeit (allgemein)
W_H	[eV]	Austrittsarbeit eines Halbleiters
W_M	[eV]	Austrittsarbeit eines Metalls
W_i	[eV]	Ionisierungsarbeit
W	[sec/cm³]	Strömungswiderstand einer Vakuumleitung
w	[1/cm]	Wellenzahl
χ	[eV]	Elektronenaffinität
y	[cm]	Auslenkung
ω	[1/sec]	Winkelgeschwindigkeit, Kreisfrequenz
Z	[—].	Zahl der freien Elektronen je Atom
z	[A]	Ampère-Windungszahl
z	[—]	Anzahl von Ionen oder Elektronen

[1] Siehe Anhang, S. 380.

Einführung

Früher verstand man unter dem Namen „Technische Elektronik" ausschließlich die Wissenschaft von denjenigen elektrotechnischen Geräten, die auf dem Verhalten der freien Elektronen und Ionen, also etwa auf elektrischen Entladungen *im Hochvakuum* oder *in Gasen*, auf Raumladungserscheinungen oder auf elektronenoptischen Erscheinungen beruhen. Solche Geräte sind praktisch[1] alle Vakuumröhren, also u. a. Verstärker- und Senderöhren, Röntgenröhren, Kathodenstrahlröhren, Photozellen, Stromrichter, Teilchenbeschleuniger für Kernzertrümmerung, Ionisationsmesser und Elektronenmikroskope. Dazu kommen neuerdings sinngemäß auch solche Geräte, die auf Elektronen- oder Ionen-Entladungen *in Festkörpern*, wie etwa Elektronen- oder Löcherleitung in Halbleitern oder Photoleitung, aufgebaut sind. Beispiele dafür sind die Germaniumdioden, Selen- oder Silizium-Gleichrichter, Transistoren, Photoleiter und Sperrschicht-Photozellen. Bei allen diesen Geräten, die — seien sie nun Vakuum- oder Festkörpergeräte — unter der Bezeichnung „elektrische Entladungsgeräte" zusammengefaßt werden können, betrachten wir in erster Linie nur das Gerät selbst, jedoch weniger seine Eigenschaften als Schaltelement eines elektrischen Netzwerks. Während sich der vorliegende erste Band hauptsächlich mit den Grundlagen und der Technologie von Entladungsgeräten befaßt, behandelt der zweite Band vorwiegend die typischen Entladungsformen und die Dimensionierungsgesetze solcher Geräte.

Den Begriff „Technische Elektronik" kann man demnach am besten als Lehre vom Aufbau und von der Wirkungsweise der Entladungsgeräte definieren. Das Wort „Entladungsgeräte" umfaßt dabei auch noch die Ionenentladungen, die der Begriff „Elektronengeräte" oder „electron devices" genau genommen ausschließt.

Manche Autoren legen den allgemeinen Begriff „Elektronik" noch weiter aus: Zum Beispiel bezeichnet OLLENDORFF das eben definierte Gebiet als „Innere Elektronik" und als „Äußere Elektronik" die Untersuchung der integralen Eigenschaften eines Entladungsgeräts als Schaltelement eines elektrischen Netzwerks. Hierunter würden demnach große Teile der Hochfrequenztechnik, Verstärker- und Regeltechnik, der Rechenmaschinen sowie der Fernseh- und Nachrichtensysteme

---

[1] Ausnahmen bilden u. a. die Hochdrucklampen und die Hochdruck-Ionisationskammern.

fallen. Ob sich diese weitere Definition des Begriffs „Elektronik" durchsetzen wird, ist ungewiß. Auf keinen Fall aber ist es richtig, diesen Begriff darüber hinaus auch auf bloße Schwachstromschaltungen ohne Entladungsgeräte auszudehnen, wie dies in populären technischen Zeitschriften häufig geschieht. In diesem Sinne ist eine Telefonzentrale, wenn sie nur magnetische Relais und keine Entladungsgeräte als Schaltelemente enthält, sicher kein elektronisches System. Es werden daher in diesem Buch von den Schaltungen der Entladungsgeräte vorwiegend nur diejenigen berührt, die für Messung und Betrieb solcher Geräte nötig sind.

Kapitel 1

Grundlagen der Entladungsgeräte

I. Elementarteilchen und Atommodelle

Die Wirkungsweise der Entladungsgeräte beruht im Prinzip stets auf der Bewegung freier Teilchen, die — sofern sie elektrisch geladen sind[1] — elektrischen oder magnetischen Kräften unterworfen werden. Man kann bei Entladungsgeräten vier Gruppen von Teilchen unterscheiden, nämlich Elektronen, Ionen, ungeladene Atome bzw. Moleküle und Strahlungsquanten (Photonen sowie Röntgen- und γ-Quanten), deren Eigenschaften und Verhalten die Wirkungsweise der Entladungsgeräte bestimmen.

A. Typische Teilchendaten

1. Elektron

Ladung e $= 1{,}6 \cdot 10^{-19}$ Cb (in den Gleichungen positiv einzusetzen);

Masse m $= 9{,}1 \cdot 10^{-28}$ g;

e/m $= 1{,}76 \cdot 10^8$ Cb/g oder (im Technischen Maßsystem):
$$e/m = 1{,}76 \cdot 10^{15} \approx 1{,}8 \cdot 10^{15} \text{ cm}^2/\text{Vsec}^2;$$

m/m_H $= 1/1835$ ($m_H =$ Masse des H-Atoms);

Radius r $\approx 10^{-13}$ cm;

Energie $E_k = (1/2)mv^2 = e \cdot U$;

Geschwindigkeit:

$$v = \sqrt{\frac{2e}{m}\, U} = 600 \sqrt{U} \quad [\text{km/sec}] \quad (U \text{ in Volt}). \qquad (1)$$

---

[1] Die geladenen Teilchen werden oft als Ladungsträger, englisch „carriers", bezeichnet.

2. Ionen

(z. B. H^+-Ion, He^+-Ion und Hg^+-Ion)

	Ladung[1] q_i [Cb]	Radius r_i [cm]	Masse m_i [g]	q_i/m_i [Cb/g]
H^+	$1,6 \cdot 10^{-19}$	$1,09 \cdot 10^{-8}$	$1,68 \cdot 10^{-24}$	$9,53 \cdot 10^4$
He^+	$1,6 \cdot 10^{-19}$	$1,10 \cdot 10^{-8}$	$6,67 \cdot 10^{-24}$	$2,4 \cdot 10^4$
Hg^+	$1,6 \cdot 10^{-19}$	$1,80 \cdot 10^{-8}$	$331 \cdot 10^{-24}$	$0,048 \cdot 10^4$

Die Ionengeschwindigkeit ergibt sich aus Gl. (1), wenn dort anstelle von m die Ionenmasse m_i und anstelle der Elementarladung e die Ionenladung q_i (positiv) eingesetzt wird [s. Gl. (15b)].

3. Strahlungsquanten

(von Licht-, Röntgen- und radioaktiver Strahlung)

Masse $m_{ph} = E_{ph}/c^2 = h/c\lambda \left[\dfrac{\mathrm{Ws^3}}{\mathrm{cm^2}} \right]^*;$

Energie $E_{ph} = h \cdot f = h \cdot c/\lambda = e \cdot U_{ph}$; daraus ergibt sich:

$$U_{ph} = hc/\lambda e = 12400/\lambda \quad [\mathrm{V}] \quad (\lambda \text{ in Å}). \tag{2}$$

(h = Plancksches Wirkungsquantum = $6,625 \cdot 10^{-34}$ $\mathrm{Ws^2}$; f [Hz] = = Frequenz, c [cm/sec] = Lichtgeschwindigkeit, λ [cm bzw. Å] = Wellenlänge ($f \cdot \lambda = c$), U_{ph} [V] = Voltäquivalent der Photonen-Energie).

a) Energie der *Lichtquanten:*

Im Gebiet der Wärmestrahlen: $\approx 10^{-3} \cdots 1,5$ eV;[2]

Im sichtbaren Gebiet: $1,5 \cdots 3,3$ eV;

Im UV-Gebiet: $3,3 \cdots 10^2$ eV.

b) Energie der *Röntgenquanten:*

$0,1 \cdots \approx 1000$ keV.

---

[1] Bei einfach geladenen Ionen. Die Mehrfachladung beträgt entsprechende Vielfache von e.

* Über die Umrechnung der verschiedenen Dimensionen siehe Anhang (S. 380).

[2] 1 eV (ein Elektronenvolt) ist der Energiebetrag, den ein Elektron als kinetische Energie aufnimmt, wenn es eine Potentialdifferenz von einem Volt frei durchlaufen hat.

c) Energie der *β- und γ-Quanten von Isotopen:*

   0,01 bis 10 MeV (z. B. Co-60 (γ): 1,33 MeV, Sr-90 (β): 0,6···2,2 MeV,

   T-3 (Tritium; β): 0,018 MeV); vgl. auch Tab. 2, S. 75).

d) Energie der *kosmischen Strahlung:*

   10^3···10^{12} MeV.

B. Teilchen- und Wellenbild

Teilchendaten wie die unter A. genannten können meist mit Hilfe relativ einfacher Versuchsanordnungen experimentell ermittelt werden.

1. Beispiele zur experimentellen Bestimmung der Teilchen- bzw. Wellennatur der Elektronen

a) Bestimmung der Elektronenladung e. Die Elektronenladung (Elementarladung) e kann durch mikroskopische Beobachtung von ein- oder mehrfach geladenen Schwebeteilchen in einem Kondensator bestimmt werden (MILLIKAN). Nach Abb. 1 wirkt auf ein im Lichtbogen negativ geladenes Öltröpfchen, das sich zwischen an Spannung liegenden Kondensatorplatten befindet, nach unten die Schwerkraft Mg (M = Masse des Öltröpfchens, g = Erdbeschleunigung) und nach oben die elektrostatische Anziehungskraft eE. Im Gleichgewichtsfall (schwebendes negatives Teilchen) gilt demnach:

$$e \cdot E = e \cdot \frac{U}{d} = M \cdot g; \qquad e = \frac{M g d}{U} \tag{3}$$

(e in As, M in Ws³/cm², g in cm/sec², d in cm, U in V, E in V/cm).

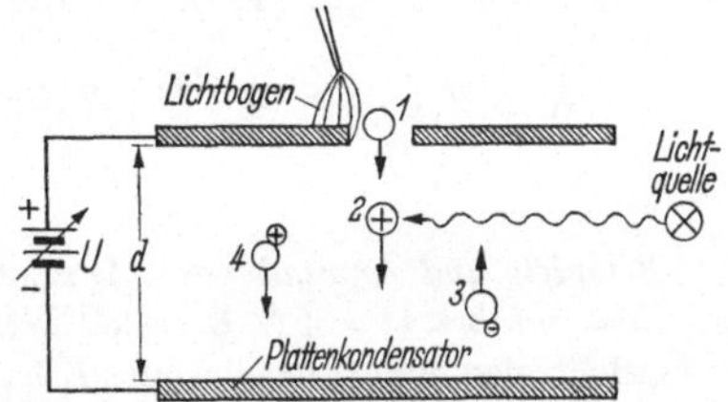

Abb. 1. [Millikanscher Schwebeteilchen-Kondensator zur Bestimmung der Elementarladung.
1 Neutrales Öltröpfchen (wird im Lichtbogen aufgeladen); *2* fallendes Öltröpfchen mit Defektelektron (im Lichtbogen oder durch Photoeffekt positiv aufgeladen); *3* Öltröpfchen mit angelagertem negativem Ion oder Elektron; *4* Öltröpfchen mit angelagertem positivem Ion.

In dieser Gleichung sind g, d und U bekannt. Die Masse M des Teilchens ergibt sich aus dessen Fallgeschwindigkeit v im feld*freien* Kondensator zu $M = 6\pi\eta_i a v/g$ (η_i = Koeffizient der inneren Gasreibung, a = gemessener Teilchenradius, g = Erdbeschleunigung). Damit kann die Größe der Elementarladung e nach Gl. (3) berechnet werden (FINKELNBURG [3]).

Wird ein im Gleichgewicht befindliches Öltröpfchen mit UV-Licht bestrahlt, so kann es infolge des Photoeffekts Ladungen abgeben. Aus dem *plötzlichen* (nicht allmählichen) Steigen oder Fallen eines solchen Teilchens im Kondensator geht die Quantennatur der lichtelektrisch ausgelösten Ladungen und damit die atomistische Struktur der Elektrizität hervor.

b) Bestimmung der Elektronenmasse m durch den Strahlungsdruck. Die Elektronenmasse m erhält man aus der Druckkraft eines im Vakuum auf eine Elektrode aufprallenden Elektronenstrahls (STRUTT [10]). Diese Druckkraft wirkt gegen die (meßbare) Torsionskraft eines Fadens, an dem die Prallelektrode aufgehängt ist (vgl. Abb. 2). Im Gleichgewichtszustand sind beide Kräfte einander gleich.

Die Druckkraft K eines Teilchenstrahls ist gleich dem Gesamtimpuls aller stoßenden Teilchen pro Zeiteinheit. Da $m \cdot v$ der Impuls eines Teilchens ist, wird:

$$K = \frac{I}{e}\,mv = \frac{I}{e}\,m\,\sqrt{\frac{2e}{m}\,U} = I\,\sqrt{\frac{2m}{e}\,U}$$

oder

$$m = \frac{K^2\,e}{2\,U\,I^2}, \tag{4}$$

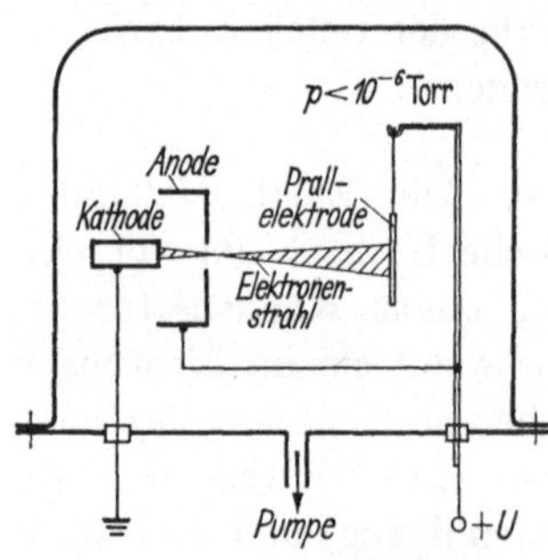

Abb. 2. Anordnung zur Bestimmung der Elektronenmasse aus der Druckkraft eines auf eine Elektrode aufprallenden Elektronenstrahls (STRUTT [10]).

wobei I = Elektronenstrom zur Prallelektrode, U = Anodenspannung und I/e = pro Sekunde zum Auffänger gelangende Elektronenzahl.

Nach Gl. (4) ergibt sich also die Masse m [Ws³/m²] eines Elektrons (mit der Ladung e [As]) durch Messung von K [Ws/m], I [A] und U [V].

Setzt man in Gl. (4) die Zahlenwerte für e und m ein, so wird:

$$K = 3{,}4 \cdot 10^{-6}\,I\,\sqrt{U}\;[\text{Ws/m}] = 3{,}5 \cdot 10^{-4} \cdot I\,\sqrt{U}\;[\text{Pond}]^* \tag{4a}$$

$$(I \text{ in A, } U \text{ in V}).$$

Beispiele und Anwendungen: Druckkraft des Elektronenstrahls in einer *Therapie-Röntgenröhre:* $(I = 1\,\text{A}, U = 250\,\text{kV})$: Aus Gl. (4a) ergibt sich: $K = 0{,}175$ Pond, entspricht also dem Gewicht eines Körpers im Erdfeld von etwa 0,2 g.

Druckkraft in einem *Cosmotron für Protonen* (Masse m_H; $m/m_H = 1835$): Für $I = 1\,\text{A}$ und $U = 3 \cdot 10^9\,\text{V}$ wird $K = 800$ Pond (während 10^{-7} sec), entsprechend einem Gewicht von 800 g.

Schubkraft eines *Raumschiff-Düsenantriebs* (Plasmamotor mit **Cs**-Ionen; $\sqrt{m_{Cs}/m} = 5 \cdot 10^2$): Für $I = 10^3\,\text{A}$ und $U = 10^4\,\text{V}$ wird die Schubkraft $K_s \approx 17\,\text{kp}$ (entsprechend einem Gewicht von 17 kg im Erdfeld).

---

* 1 p (Pond) ist die Kraft, die der Masse 1 g die Beschleunigung 981 cm/sec² erteilt.

Ist K bekannt, so kann aus den übrigen Daten entsprechend Gl. (4) die unbekannte Masse einer Atomart bestimmt werden.

c) Bestimmung des Verhältnisses e/m

α) *durch Bremsung einer rotierenden Drahtspule.* Nach TOLMAN und STEWART [*11*] entsteht in mechanisch bewegten Festkörpern (z. B. in einer rasch um ihre Achse rotierenden Drahtspule; vgl. Abb. 3) bei plötzlicher Abbremsung wegen der Trägheit der Elektronen ein meßbarer Stromstoß:

Bei Bremsung auf Stillstand ist der mechanisch durch die Bremsung während der Zeit $t_2 - t_1$ erzeugte Impuls der Leitungselektronen $M_e \cdot v$ gleich dem elektrisch gemessenen Impuls $\int_{t_1}^{t_2} K_e\, dt$ der Leitungselektronen. Mit $K_e = eE = eU/l = eRI/l$ wird:

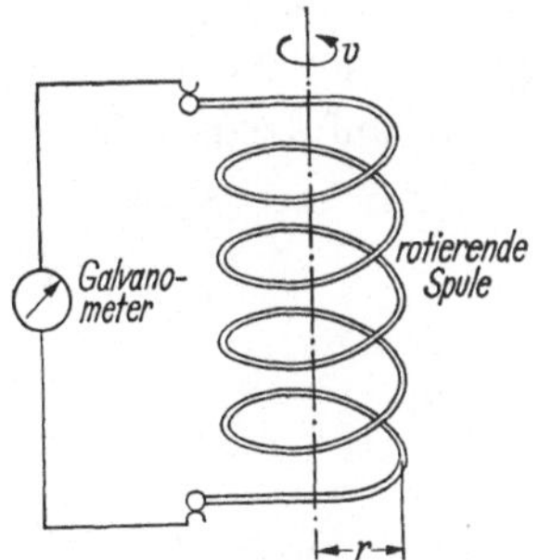

Abb. 3. Anordnung zur Bestimmung des Verhältnisses Ladung/Masse (e/m) der Elektronen beim plötzlichen Abbremsen einer rotierenden Drahtspule (TOLMAN u. STEWART [*11*]).

$$M_e\, v = \int_{t_1}^{t_2} K_e\, dt = \frac{Re}{l} \int_{t_1}^{t_2} I\, dt$$

oder:

$$\frac{e}{M_e} = \frac{v\, l}{R \int_{t_1}^{t_2} I\, dt} \qquad (4\,\text{b})$$

(R [Ω] = Widerstand der Drahtspule, l [cm] = Länge des Spulendrahts, v [cm/sec] = $2\pi r n$ = Umfangsgeschwindigkeit der Spule, n [1/sec] = = Drehzahl der Spule, e [As] = Ladung des Elektrons, M_e [Ws³/cm²] = = Gesamtmasse der bewegten Elektronen, I [A] = Momentanstrom, $K_e \left[\dfrac{\text{Ws}}{\text{cm}}\right]$ = Trägheitskraft aller Elektronen in der Spule.

Aus dem ballistisch gemessenen Wert des $\int_{t_1}^{t_2} I\, dt$ ist demnach die Berechnung von e/M_e möglich; bei bekannter Gesamtzahl der quasifreien Elektronen in der Spule kann daraus das Verhältnis e/m ermittelt werden.

β) *mittels Elektronenstrahlröhre und Erdmagnetfeld.* Ein Elektronenstrahl der Stromstärke I erfährt in einem Magnetfeld der Induktion B eine ablenkende (Zentripetal-)kraft $K_p = [I \times B]$ (Vektorprodukt). Bei einem Elektronenstrahlquerschnitt von 1 cm², der Elektronenkonzentration n und der Elektronengeschwindigkeit v_0 wird der Strom (= Stromdichte j):

$$j = n e v_0 \qquad (5)$$

(j in A/cm², n in 1/cm³, e in As, v_0 in cm/sec).

Für *ein* Elektron wird $n = 1$ und daher

$$K_p = e\,[v_o \times B] \tag{6}$$

(K_p in Ws/cm, e in As, v_o in cm/sec, B in Vs/cm^2).

Nach Gl. (6) ergibt sich der Betrag der Kraft zu $K_p = e\,v_o B \sin\alpha$ (α = Winkel zwischen dem v_o-Vektor und dem B-Vektor); die Richtung der Kraft findet man (für ein positives Teilchen), wenn man den v_o-Vektor auf kürzestem Weg in den B-Vektor hineindreht: Denkt man sich diese Drehbewegung an einer Rechtsschraube ausgeführt, so gibt die Fortbewegungsrichtung der Schraube die Richtung der Kraft an, die auf das positive Teilchen im Magnetfeld wirkt. Für ein negatives Teilchen ist die Kraft entgegengesetzt gerichtet. In einem magnetischen *Homogen*feld (B = const) ist bei v_o = const auch die Kraft K_p konstant. Die Teilchenbahn wird daher ein Kreis, wenn der v_o- und der B-Vektor senkrecht zueinander stehen. Der Radius R dieses Kreises ergibt sich daraus, daß die magnetische Zentripetalkraft K_p gleich der Zentrifugalkraft K_z ist: $e\,v_o B = m\,v_0^2/R$. Damit wird der Bahnkreisradius:

$$R = \frac{m\,v_o}{e\,B} \tag{7}$$

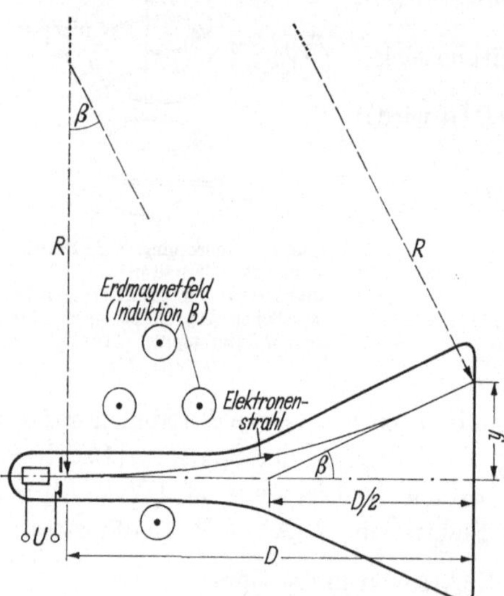

Abb. 4. *e/m*-Bestimmung mittels Elektronenstrahlröhre und Erdmagnetfeld.

(R in cm, m in Ws^3/cm^2, v_o in cm/sec, e in As, B in Vs/cm^2).

Mit Hilfe der Gl. (7) kann die Auslenkung y berechnet werden, die der Elektronenstrahl in einer Braunschen Röhre unter der Einwirkung eines Magnetfelds (z. B. des Erdmagnetfelds) erfährt. Nach Abb. 4 gilt für kleine Ablenkwinkel (kleines y):

$$y \approx \frac{D}{2}\tan\beta \quad \text{und} \quad \tan\beta \approx \frac{D}{R} = \frac{D\,e\,B}{m\,v_o}. \tag{8}$$

Wird die Ablenkung y an der Braunschen Röhre gemessen, so läßt sich das Verhältnis e/m aus Gl. (8) bestimmen:

$$\frac{e}{m} = \frac{8\,U_o\,y^2}{D^4\,B^2}. \tag{9}$$

Die Dimension von e/m ist [cm²/Vsec²], wenn U_o (Anodenspannung der Braunschen Röhre), in [Volt], y in [cm], D (Länge des wirksamen Magnetfeldes) in [cm] und B in [Vsec/cm²] eingesetzt wird. Die magnetische Induktion B kann z. B. aus der Schwingungsdauer einer Kompaßnadel bestimmt werden.

Die Meßmethode ist auch als „Elektronenkompaß" verwendbar, da die Ablenkung y ein Maximum wird, wenn die Röhrenachse senkrecht zur Horizontalkomponente des magnetischen Erdfeldes, also senkrecht zur Nord-Süd-Richtung steht. (Am magnetischen Pol tritt allerdings Mißweisung auf.)

Für *schnelle* Elektronen kann das Verhältnis e/m in der *Wilsonschen Nebelkammer* mit Magnetfeld bestimmt werden.

d) Bestimmung der Elektronen-Wellenlänge durch Reflexion. Nach DAVISSON und GERMER [2] wird ein monochromatischer (35···370 V)-Elektronenstrahl beim Auftreffen auf einen Kristall (z. B. Ni; vgl. Abb. 5) nur nach bestimmten Richtungen, die von der Lage der Kristall-

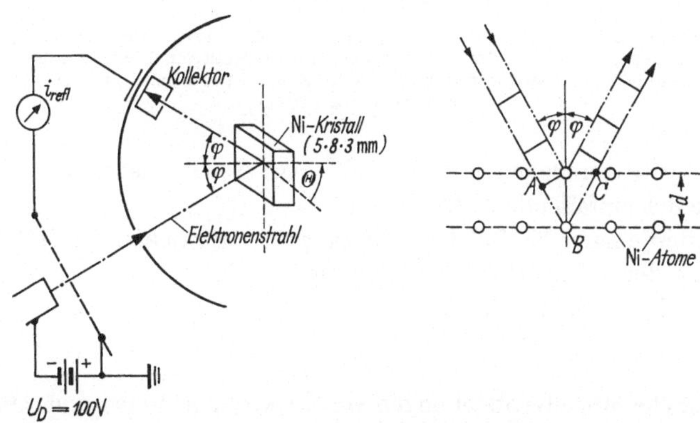

Abb. 5. Anordnung zur Bestimmung der Elektronen-Wellenlänge durch Reflexion der Elektronen an einem Nickelkristall (DAVISSON u. GERMER [2]).

gitterebenen und von der Elektronenstrahlgeschwindigkeit abhängen, reflektiert. Ein typisches Meßergebnis zeigt Abb. 6. Die Lage der Reflexionsmaxima stimmt mit der einer elektromagnetischen Welle der Wellenlänge

$$\lambda = \frac{h}{m\,v} \tag{10}$$

überein (DE BROGLIE) (λ [cm] = „Materiewellenlänge", h [Ws²] = Plancksches Wirkungsquantum, m [Ws³/cm²] = Masse und v [cm/sec] = Geschwindigkeit des Teilchens). Gl. (1) in Gl. (10) eingesetzt ergibt:

$$\lambda = \sqrt{\frac{150}{U}} \;\; [\text{Å}] \;\; (U \text{ in Volt}). \tag{10a}$$

Wie für die elektromagnetische Welle gilt auch für den Elektronenstrahl das Braggsche Gesetz für die Strahlungsreflexion an Gitterebenen:

$$n\,\lambda = 2\,d\,\cos\varphi, \tag{11}$$

wobei n = Zahl der Wellenzüge der Länge λ, die auf der Strecke $AB + BC$ (vgl. Abb. 5) Platz haben (n = ganze Zahl = $1\cdots3$); d = Abstand be-

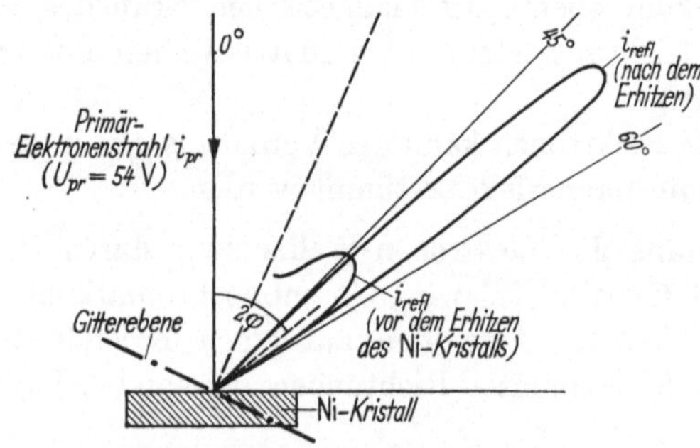

Abb. 6. Meßergebnis bei der Reflexion eines Elektronenstrahls an einem Nickelkristall: $i_{refl} = f(\varphi)$, (DAVISSON u. GERMER [2]). (Vor dem Erhitzen werden die reflektierten Elektronen durch eine den Nickelkristall bedeckende Gasschicht teilweise absorbiert; i_{refl} ist hier daher niedriger als nach dem Erhitzen des Kristalls.)

nachbarter Gitterebenen; φ = Einfalls- bzw. Reflexionswinkel; λ = Wellenlänge der einfallenden Elektronen.

Bei denjenigen Einfallswinkeln $\varphi_1, \varphi_2\ldots$, bei denen Gl. (11) erfüllt wird, hat der reflektierte Elektronenstrahl $i_{refl} = f(\varphi)$ seine Maxima (z. B. bei $2\varphi = 54°$ in Abb. 6).

2. Mögliche Modell-Vorstellungen von Elektronen, Ionen und Atomen als Teilchen oder Welle

Aus den betrachteten Meßanordnungen geht hervor, daß sich die Elektronen je nach der Versuchsanordnung, die wir zu ihrer Messung benutzen, als Welle *oder* als Korpuskel verhalten. Das gleiche gilt auch für Ionen, Atome und Photonen. Offenbar sind also sowohl der Wellen- wie auch der Korpuskelbegriff mit einer gewissen Subjektivität behaftet, die für eine allgemeine Beschreibung des Teilchenverhaltens zu eng ist. Warum wird nun in der Elektronik überwiegend von Elementar*teilchen* und nicht von Elementarwellen gesprochen?

Es hat sich herausgestellt, daß, abgesehen von Elektronenstrahl-Beugungsgeräten, für Atome, Elektronen und Ionen in den meisten Fällen das Teilchenbild für die Beschreibung anschaulicher ist als das Wellenbild. Das gilt auch für Photonen, da diese in der Elektronik vorwiegend nur in quantenmäßigen Emissions- oder Absorptionsprozessen auftreten, und die Lichtoptik, bei der das Wellenbild die anschaulichere Beschreibung liefert, dort praktisch nicht vorkommt. Es gilt aber auch für die Elektronenoptik, wo die Wellenbeschreibung schwieriger ist als die Teilchenbeschreibung, und es gilt sogar für die kurzwelligen Röntgenquanten, deren Teilchenexistenz man bei kleiner Strahlungsintensität ebenso wie die der Lichtquanten auf einem Leuchtschirm als einzelne Szintillationen wahrnehmen kann.

Legt man nun das Teilchenbild allen Betrachtungen zugrunde, so hat man wiederum die Wahl zwischen zwei Arten der Beschreibung: Der *energetischen*, die von der Energiebilanz des Teilchens ausgeht, oder der *dimensionalen*, welche das Verhalten punktförmig gedachter Teilchen in Raum- oder Raum-Zeit-Koordinaten beschreibt. Die letztere Beschreibungsart ist für Strukturmodelle wesentlich, z. B. für die zwei- oder dreidimensionale örtliche Verteilung von Teilchen in einem Kristallgitter oder für Entladungsgeräte mit optischen Bahnen von Teilchen, während die energetische Beschreibungsart dort zweckmäßiger ist, wo Emissions- oder Ionisationsvorgänge im Vordergrund stehen. Für diese und ähnliche Vorgänge wurden energetische Atommodelle entwickelt, die sich als außerordentlich fruchtbar erwiesen haben. Daneben hat sich aber für Festkörper auch ein *Energie-Struktur*-Modell eingebürgert, das als Ordinate die Energie und als Abszisse eine Atomreihe enthält, und so gewissermaßen den energetischen und den dimensionalen Aspekt des Teilchenverhaltens zugleich verkörpert.

C. Energiemodelle für Gase und Festkörper

1. Einzelheiten des Atombaus

Das Atom besteht nach dem bis heute nur wenig veränderten Bohrschen Modell aus einem sehr kleinen positiven Kern (Durchmesser $\approx 10^{-12}$ cm) und einer negativen Elektronenhülle. Der Atomkern verkörpert mehr als 99,9% der Masse des ganzen Teilchens. Die positive Ladung des Atomkerns ist stets ein ganzes Vielfaches der Elementarladung ($e = 1,6 \cdot 10^{-19}$ As). Diese „Kernladungszahl" variiert von 1 bis 103, entsprechend den 103 bis 1961 bekannten verschiedenen Atomarten. Da die Atome nach außen hin elektrisch neutral erscheinen, muß die Kernladungszahl gleich der Zahl der Elektronen der Atomhülle sein.

Die Erzeugung freier Elektronen erfolgt stets durch Befreiung aus der Elektronenhülle der Atome. Die Elektronen umgeben den Atomkern nicht regellos, sondern verteilen sich gesetzmäßig auf insgesamt bis zu

7 räumliche Schalen (z. B. bei H: 1, bei Ar: 3, [vgl. Abb. 7]; bei Hg: 6 und bei U: 7 Schalen), die von innen nach außen mit den Buchstaben K bis Q als K-, L-, M-Schale usw. bezeichnet werden. Der Begriff „Schale" ist hier auch *energetisch* zu verstehen, d. h. die verschiedenen „Elektronenschalen" sind auch bildliche Symbole für die verschiedenen möglichen Energiezustände der Elektronen in der Atomhülle[1].

Bei einem gegebenen Atom kommt also einem Elektron auf jeder Schale ein bestimmter Betrag potentieller Energie E_p zu. Dieser Energiegehalt steigt mit zunehmendem Schalenradius, also wachsender Entfernung des Elektrons vom Kern zunächst rasch, dann immer weniger rasch an und nähert sich schließlich einem Grenzwert, der für das vom Atom ganz losgelöste Elektron gilt.

Führt man einem Atom Energie zu, so können dadurch Elektronen entgegen der Anziehung durch den positiven Atomkern von inneren auf äußere Schalen mit höherer potentieller Energie gehoben werden, und zwar auch auf „leere" potentielle Schalen, die ohne äußere Energiezufuhr nicht mit Elektronen besetzt sind. Das Atom befindet sich dann nicht mehr im „Grundzustand", sondern im „angeregten Zustand". In diesem Zustand verweilt es nur sehr kurze Zeit; nach 10^{-8} bis 10^{-9} Sekunden „springen" die „gehobenen" Elektronen in ihre normalen oder doch wenigstens in Schalen mit geringerer potentieller Energie zurück. Die dabei von den Elektronen abgegebene Energie wird in Form von elektromagnetischer Strahlung frei. Je Elektronensprung wird ein „Lichtatom" (Photon) ausgesandt. Nach dem Energie-Erhaltungssatz muß die Energie $h \cdot f$ des Photons (h = Plancksches Wirkungsquantum, f = Frequenz des ausgesandten Lichts) gleich sein der Differenz $E_1 - E_2$ der Energieinhalte des Elektrons vor und nach dem Sprung:

$$h f = E_1 - E_2. \tag{12}$$

Im freien Atom sind demnach nur ganz bestimmte Energiestufen E_1, $E_2, \ldots, E_n$ möglich; alle übrigen Energiezustände sind „verboten". Daher wird auch nur Strahlung ganz bestimmter Frequenzen bzw. Wellenlängen emittiert oder absorbiert. So erklärt sich das Linienspektrum („Emissions-" bzw. „Absorptionsspektrum") der Atome.

Die Energiedifferenzen eines Elektrons in zwei benachbarten Schalen eines Atoms nehmen mit wachsendem Radius der Schalen ab. Findet daher ein Elektronensprung zwischen zwei äußeren (besetzten oder unbesetzten) Schalen der Atomhülle statt, so liegen die Spektrallinien

---

[1] Dieses Schalenmodell gibt nur ein grobes Bild der wirklichen Verhältnisse im Atom, da auch die einzelnen Schalen in verschiedene, allerdings eng beieinander liegende Energieniveaus unterteilt sind (vgl. hierzu das Termschema Abb. 10 sowie [*3, 5, 6, 19, 37*]).

der dabei ausgesandten Strahlung in dem relativ energiearmen ultraroten, sichtbaren oder ultravioletten Gebiet („optische Spektren"). Bei Elektronensprüngen zwischen zwei inneren, kernnahen Schalen dagegen liegen die ausgesandten Spektren im Gebiet der viel energiereicheren Röntgenstrahlen („Röntgenspektren"). Die kernnahen Schalen (K-, L- und M-Schale) nennt man daher auch Röntgenniveaus.

Die einzelnen Elemente unterscheiden sich in ihrem atomaren Aufbau nur dadurch, daß mit wachsender Kernladungszahl immer mehr mögliche Energiestufen (Schalen oder Terme) mit Elektronen besetzt werden, wobei zuerst die kernnahen Schalen aufgefüllt werden. In jeder Schale gibt es eine bestimmte Höchstzahl von Unterbringungsmöglichkeiten für Elektronen.

Aus den *inneren* (vollbesetzten) Schalen können nur mit hohem Energieaufwand Elektronen ausgelöst werden. Dieser Energieaufwand wird durch die starke Anziehungskraft des Atomkerns auf die Elektronen der inneren Schalen hervorgerufen. Für die Elektronen der *äußersten* Schale eines Atoms (auch Valenzelektronen genannt) ist dieser Energiebetrag dagegen relativ gering, weil hier die Anziehungskraft des Kerns sehr viel geringer ist. Für die Edelgase, bei denen die äußerste Schale stets voll besetzt ist, ist der Energiebetrag höher als für die Elemente mit nur teilweise besetzter äußerster Schale ([*3, 5, 9*]).

2. Stoßvorgänge

a) Anregung und Ionisierung. Bei Kollision mit anderen Teilchen kann ein Atom angeregt oder ionisiert werden (vgl. Abb. 7). Mögliche Kollisionen sind: Der Elektronen- und Ionenstoß, der Zusammenstoß mit Atomen desselben oder eines anderen Gases sowie der Aufprall von Photonen bzw. γ-Quanten. Dementsprechend unterscheidet man zwischen „elektrischer", „thermischer" und „optischer" Anregung bzw. Ionisierung.

Der Mindestenergiebetrag, der zum Heben des am schwächsten gebundenen Elektrons von der „Valenzschale" auf die nächste weiter außen liegende unbesetzte („potentielle") Schale erforderlich ist, heißt „minimale Anregungsenergie": $E^*_{anr} = e \cdot U^*_{anr}$ ($U^*_{anr} = $ „minimale Anregungsspannung"). Der Mindestenergiebetrag, der zur vollständigen Loslösung des am schwächsten gebundenen Elektrons in der Valenzschale erforderlich ist, heißt „Ionisierungsenergie" des betreffenden Atoms: $E_i = e \cdot U_i$. Die „Ionisierungsspannung" U_i ist die Spannung, die ein Elektron durchlaufen haben muß, um beim Zusammenprall mit einem Atom dieses ionisieren zu können. Entsprechendes gilt für die Anregungsspannung.

Der Geschwindigkeitsverlust des stoßenden Teilchens ergibt sich aus dem Energie-Erhaltungssatz:

$$\frac{M}{2}\, v_0^2 - \frac{M}{2}\, v^2 = eU \tag{13}$$

(M [Ws³/cm²] = Masse, v_o [cm/sec] = Anfangsgeschwindigkeit, v [cm/sec] = Endgeschwindigkeit des stoßenden Teilchens, $e \cdot U$ [Ws] = vom stoßenden auf das gestoßene Teilchen übertragene Energie).

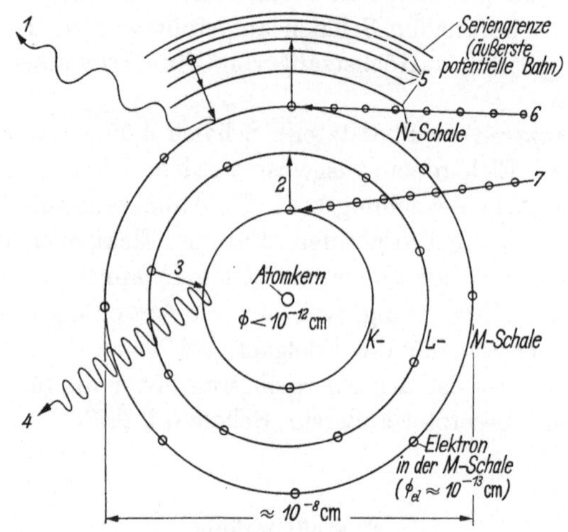

Abb. 7. Energieniveaus und mögliche Stoßprozesse beim freien Einzelatom (Ar).
1 Emission eines Lichtquants (Energie: hf); 2 Emission eines Elektrons aus der K-Schale durch Teilchenbeschuß; 3 Übergang eines Elektrons von der L-Schale in die K-Schale unter Aussendung eines Röntgenquants infolge Energieabgabe; 4 Emission eines Röntgenquants; 5 Anregungsniveaus der Elektronen auf den äußersten Elektronenbahnen (äußere Schalen); 6 Bestrahlung mit Teilchen einer Energie von einigen eV; 7 Beschuß mit Teilchen einer Energie von einigen 100 keV (z. B. Elektronen oder Röntgenquanten).

Für $v = 0$ erhält man z. B. die für die Ionisierung eines Atoms erforderliche Mindestgeschwindigkeit eines Elektrons ($M = m$): $v_{\min} = \sqrt{(2e/m)\, U_i}$.

Da auch Kollisionen ohne Energieaustausch der Stoßpartner auftreten („elastischer Stoß"), unterscheidet man bezüglich der von den Stoßpartnern abgegebenen oder aufgenommenen Energie $e \cdot U$ bzw. ihres Spannungsäquivalents U drei Fälle:

$$0 < U < U_{\mathrm{anr}}^* \quad \text{(Elastischer Stoß)},$$

$$U_{\mathrm{anr}}^* \leq U < U_i \quad \text{(Anregung)},$$

$$U_i \leq U \quad \text{(Ionisierung)}.$$

U_{anr}^* ist von der Größenordnung 1···20 V, U_i (für einfache Ionisation) beträgt 4···25 V. Dies bedeutet, daß eine Beeinflussung der Elektronen-

hülle eines Atoms schon mit Teilchen möglich ist, die eine Spannung von nur wenigen Volt durchlaufen haben. Zur Veränderung der *Kernstruktur* dagegen muß man das Atom mit Teilchen bestrahlen, die eine Energie von der Größenordnung 10^6 bis 10^{10} eV besitzen. Auch solche Prozesse spielen in der Technik der Entladungsgeräte eine Rolle, nämlich bei den großen Teilchenbeschleunigern.

b) Bestimmung der Ionisierungs- und Anregungsspannungen von Gasen durch Elektronenspektroskopie. Die Ionisierungs- und Anregungsspannungen von Gasen kann man dadurch bestimmen[1], daß man z. B. 70 V-Elektronen durch ein Edelgas (z. B. Helium) treten läßt und dann auf ihre Geschwindigkeit analysiert (vgl. Abb. 8a). Ein Teil der Elektronen verliert beim Zusammenstoß mit den Heliumatomen keine Energie („elastische Stöße"), die übrigen Elektronen verlieren etwa 20 eV bei Anregungs- oder 25 eV bei Ionisierungsprozessen. Auf Grund dieser quantenhaften Energieabgabe der Elektronen erhält man beim Ablenken des Elektronenstrahls neben dem Hauptmaximum noch zwei weitere Maxima (vgl. Abb. 8b), die auf die Energieverluste durch Anregung bzw. Ionisierung zurückzuführen sind.

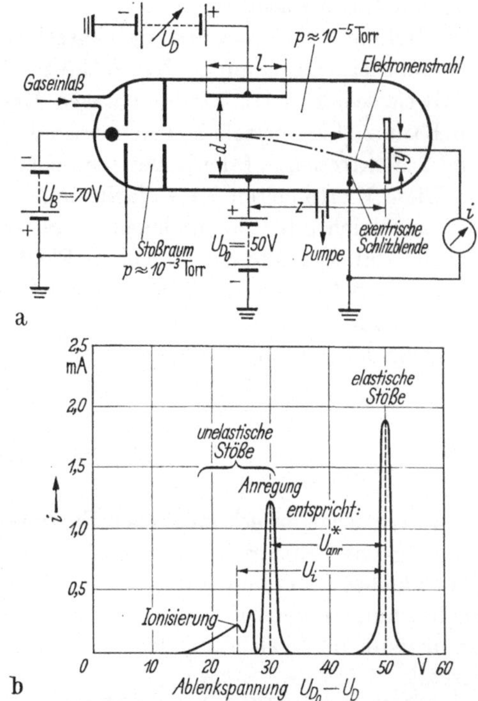

Abb. 8. Versuchsanordnung (a) und Meßergebnis (b) bei der Bestimmung der Ionisierungs- und Anregungsspannungen von Gasen durch Elektronenspektroskopie. U_i = Ionisierungsspannung des Heliums (≈ 25 V); U_{anr}^* = minimale Anregungsspannung des Heliums (≈ 20 V).

Die Werte von U_i und U_{anr} ergeben sich aus den Ablenkdaten im jeweiligen Strommaximum. Im elektrischen Feld ist die Ablenkung y [cm] bei kleinen Ablenkwinkeln (vgl. Abb. 8a):

$$y = 0{,}5 \, \frac{U_{D_0} - U_D}{U_B - U_{i\,(\mathrm{anr})}} \, \frac{lz}{d}. \tag{14}$$

---

[1] In Ergänzung zu einer von FRANCK und HERTZ [4] angegebenen Methode.

Daraus erhält man:

$$U_i \text{ bzw. } U_{\mathrm{anr}} = U_B - \left[0{,}5 \, \frac{lz}{dy} \, (U_{D_0} - U_D) \right] \qquad (14\,\mathrm{a})$$

(l [cm] = Ablenkplattenlänge, d [cm] = Plattenabstand, z [cm] =
= Zeigerlänge, U_B [V] = Beschleunigungsspannung, $U_{D_0} - U_D$ [V] =
= Ablenkspannung, $U_B - U_{i(\mathrm{anr})}$ = Voltäquivalent der Elektronenenergie nach einem zur Anregung oder Ionisierung führenden Zusammenstoß mit einem Gasatom).
Für Helium (2 Elektronen in abgeschlossener Zweierschale) beträgt
die Ionisierungsspannung $U_i = 24{,}5$ V; für Wasserstoff (1 Elektron
in Zweierschale; feste Bindung wegen Kernnähe) ist $U_i = 13{,}5$ V und
für Barium (1 Zweierschale, 1 Achterschale, 2 18er Schalen, 1 Achterschale
und 2 Elektronen auf der äußersten Schale) 5,2 V.

Diese Werte gelten für einfache Ionisierung, d. h. für die Auslösung
des am leichtesten gebundenen („ersten") Elektrons der äußersten
Schale (vgl. Fußnote S. 12). Dieses Elektron ist es auch, das bei Anregung des betreffenden Atoms als erstes auf eine höhere Energiestufe
gehoben wird und beim „Zurückspringen" die Lichtemission verursacht.
Es heißt daher auch „Leuchtelektron".

3. Termschemata

a) Termschema der möglichen Energiezustände eines Gasatoms. Für
die möglichen Energiestufen der Elektronenhülle eines Atoms läßt sich
ein einfaches Diagramm aufzeichnen, an dessen Ordinate die Elektronenenergie aufgetragen ist. Dieses Diagramm heißt Termschema. Es entsteht,
wenn man die Kreisbögen der Elektronenschalen durch gerade Linien
ersetzt.
Abb. 9 veranschaulicht die Entstehung des Termschemas mit den
einzelnen Energiestufen. Als „Nullniveau" wählt man zweckmäßigerweise die äußerste Elektronenschale, d. h. den Energiezustand des
Leuchtelektrons bei unangeregtem Atom („Grundzustand"). Nach oben
(in der positiven Richtung) sind die Anregungsenergiestufen, nach unten
die Röntgenenergiestufen („Röntgenterme") aufgetragen. Das schraf-
fierte Gebiet in Abb. 9 stellt das sogenannte „Grenzkontinuum" dar.
Hat das Leuchtelektron dieses Energiegebiet erreicht, so ist es vollständig
vom Atom losgelöst; jede Energiezufuhr erhöht dann nur noch seine
kinetische Energie.
Im Termschema eines Atoms (z. B. dem des Quecksilbers, vgl.
Abb. 10) sind Grund- und Ionisierungszustand sowie die möglichen An-

regungszustände als waagerechte Striche angedeutet. Die Energie-
differenzen sind in Volt (linke Ordinate) oder durch die „Wellenzahl"
$w = 1/\lambda = f/c$ [cm^{-1}] (rechte Ordinate) ausgedrückt. Die obere Grenze
des Termschemas entspricht der Ionisierungsspannung U_i. Die schrägen
Striche sind mögliche Übergänge zwischen den verschiedenen Niveaus.
Die dicken Übergangslinien bezeichnen häufigere, die dünnen seltene
Quantensprünge. Die Zahlen bedeuten die zugehörigen emittierten
Wellenlängen (z. B. 2536 Å).

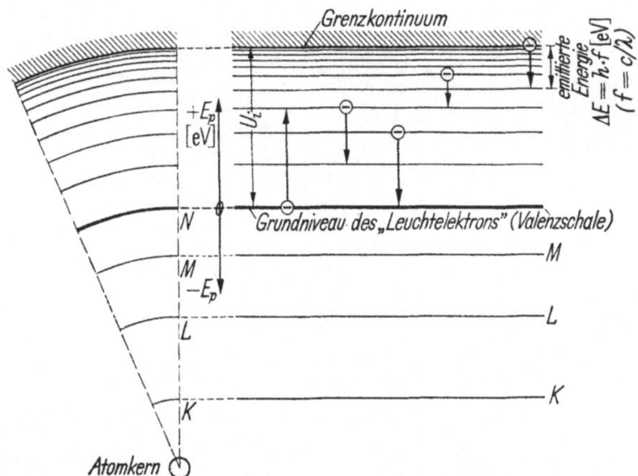

Abb. 9. Termschema der möglichen Energiezustände eines Gasatoms.

Das Termschema des Quecksilberatoms (Abb. 10) ist in Singulett-
und Triplett-Terme aufgeteilt. Während die ersteren nur als Einzelterme
auftreten (z. B. $2S$), sind die letzteren zu dicht beieinanderliegenden
Dreiergruppen zusammengefaßt (z. B. $2p_1$, $2p_2$, $2p_3$). Diese Multiplizität
tritt bei Atomen auf, die mehr als ein Valenzelektron besitzen und rührt
daher, daß in solchen Atomen bei gleicher Energiezufuhr die Anregung
mehrerer Valenzelektronen wahrscheinlicher wird als die Anregung des
Leuchtelektrons allein. Die weitere Aufteilung der Terme in S-, P-,
D- und F-Terme entsteht durch die elektrostatische Beeinflussung
des Leuchtelektrons von seiten des Atomrumpfes (vgl. FINKELN-
BURG [3]).

b) Termschemata für den Kernzerfall. Nicht alle Termschemata sind
vom Bohrschen Elektronenschalenmodell abgeleitet. Auch in der Kernphysik bedient man sich der Termschemata als übersichtlicher Dar-
stellungsmethode der zu einem bestimmten radioaktiven Element gehörigen Zerfallsspektren. Ein solches Kern-Termschema entsteht, wenn

man die Nukleonen (Protonen und Neutronen) als in Energieschalen angeordnet annimmt (vgl. Abb. 11). Bei einem α-, β- oder γ-Zerfallsprozeß geht der „angeregte" Atomkern auf ein niedrigeres Energieniveau

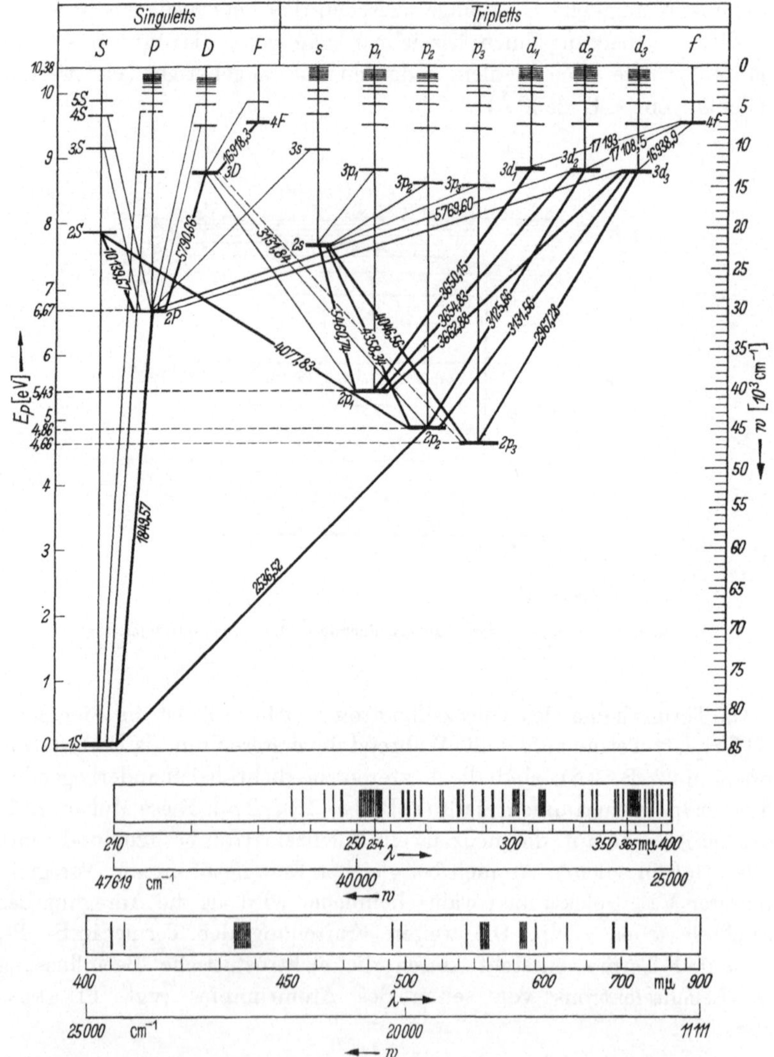

oder auf das Kerngrundniveau über, das dem letzten Element der Zerfallsreihe entspricht. Die gemessene Kernstrahlung wird dabei so dargestellt, als sei sie von einer fiktiven stoßenden Teilchenstrahlung erzeugt worden. Beim **RaC** gehören z. B. viele experimentell gefundene Energiestufen dem γ-Spektrum an, einige davon auch dem β- und α-Spektrum (vgl. Abb. 11).

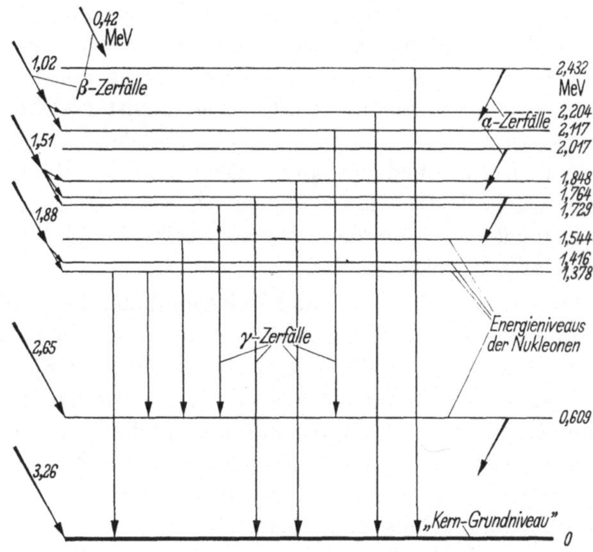

Abb. 11. Termschema des Zerfalls RaC → RaC'.

4. Bändermodelle für Festkörpergitter

Die bisherigen Betrachtungen bezogen sich auf das einzelne Atom, jedenfalls soweit es sich um Wechselwirkungen mit Strahlung handelte. Gasatome können z. B. als solche Einzelatome angesehen werden, da sie sich bei den verhältnismäßig großen Atomabständen (ungefähr das Hundertfache des Atomdurchmessers bei Atmosphärendruck und Zimmertemperatur) im Gas gegenseitig nicht stören. Jedoch sind schon die optischen Spektren der Molekülgase, bei denen pro Molekül zwei oder mehrere Atome dicht aneinander gelagert sind, wesentlich linienreicher als die einfachen Atomspektren, weil die gegenseitige Beeinflussung der Atome im Molekül die Zahl der möglichen Energiestufen wesentlich erhöht. Ebenso zeigen die Hochdruck-Gasentladungen, z. B. die **Hg**-Hochdrucklampen, wegen dieser Wechselwirkung ein nahezu kontinu-ierliches Spektrum.

Bei den Festkörpern wird man daher ebenfalls ein linienreiches Spektrum zu erwarten haben, da dort die einzelnen Atome im gegen-seitigen Abstand von nur einigen Atomdurchmessern in einem regel-mäßigen Gitter angeordnet sind und starke elektrische Bindungen miteinander haben. Handelt es sich dabei um Metallatome, die alle nur ein bis drei Valenzelektronen besitzen, so kann die Anziehungskraft des eigenen Atomkerns dieser Elektronen wegen der geringen Atomabstände im Festkörper durch die Kräfte kompensiert werden, welche die Nachbaratome auf die gleichen Elektronen ausüben. Die Bindung der Valenzelektronen an die Atomkerne ist bei Atomen mit relativ leerer Valenzschale geringer als bei solchen mit gefüllter äußerer Schale. Daher ist die Kompensation der Anziehungskräfte im Metallgitter leichter möglich als in Halbleitern oder Isolatoren, bei denen die einzelnen Atome vier und mehr Valenzelektronen enthalten. Dort sind die Bindungskräfte zwischen den Valenzelektronen und dem zugehörigen Atomkern so stark, daß die Leitfähigkeit bei Zimmertemperatur teilweise (Halbleiter) oder fast ganz (Isolatoren) verschwindet.   .

Durch die teilweise (Halbleiter und Isolatoren) oder fast vollständige (Metalle) Kompensation der Bindungskräfte der Valenzelektronen sowie durch die Auflockerung der Bindungen bei den übrigen Elektronen in Festkörpern sind die Energieniveaus dieser Elektronen nicht mehr scharf definiert, sondern zu Energiebändern verbreitert ("verwaschen"). An die Stelle des Termschemas beim Einzelatom tritt daher bei den Festkörpern das sogenannte "Energie-Bändermodell", welches als eine Erweiterung des Atommodells bzw. Termschemas mit seinen diskreten Energiestufen aufzufassen ist. Dem Grundniveau im Termschema des freien Atoms entspricht hier das "mittlere Gitterpotential", das mit der oberen Grenze des Valenzelektronenbandes ("Valenzbandes") identisch ist.

Wird ein Elektron im Festkörper durch Energiezufuhr von seinem Atom abgetrennt, so kann es sich "quasifrei" in dem periodischen Potentialfeld der Gitteratome bzw. -ionen durch den Kristall bewegen. Im Bändermodell entspricht diesem Vorgang der Übergang eines Elektrons vom Valenzband in das darüberliegende "Leitfähigkeitsband". Die dafür erforderliche Mindestenergie ist für die verschiedenen Festkörperarten typisch (vgl. Abb. 12):

a) Metalle. Bei den Metallen kommt die Leitfähigkeit dadurch zustande, daß die Valenzelektronen wegen ihrer sehr schwachen Bindung an die Atomkerne leicht von den Atomen abgetrennt werden können. Schon die thermische Energie bei Zimmertemperatur genügt, um praktisch alle Metallatome zu ionisieren. Man spricht in diesem Fall von einem "Elektronengas" der quasifrei beweglichen Elektronen im Metallgitter. Die geringe Ionisierungsenergie der Metallatome kommt im Bändermodell dadurch zum Ausdruck, daß das Leitfähigkeitsband unmittelbar an das Valenzband angrenzt oder sich mit diesem überlappt. Neben dem Elektronenübergang vom Valenz- in das Leitfähigkeitsband ist auch das

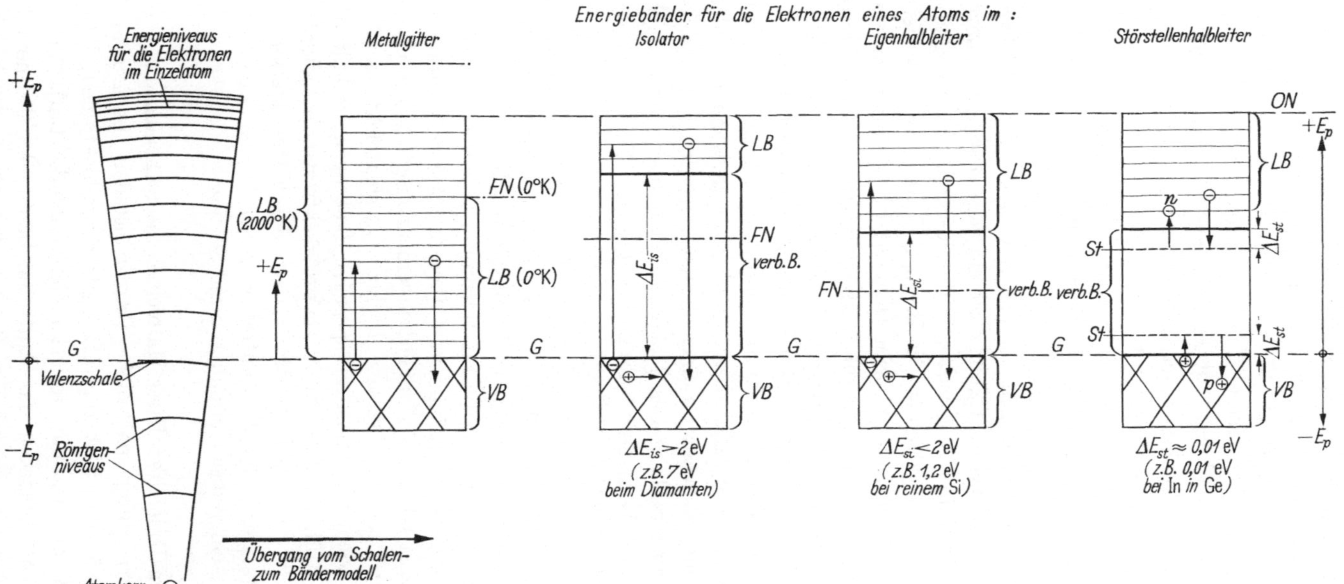

Abb. 12. Modelle der möglichen Energiezustände der Elektronen in Festkörpern („Bändermodelle").

LB = Leitfähigkeitsband; FN = Fermi-Niveau; VB = Valenzband (gefülltes Band); *verb.* B = verbotenes Band (Breite ΔE_{is} bzw. ΔE_{si}); n = Störstellen für n-Leitung; p = Störstellen für p-Leitung; G = Grundniveau; St = Störterme gitterfremder Atome; ON = Oberflächenniveau (Energieniveau an der Festkörper-Oberfläche); $\oplus$ = Loch; $\ominus$ = Elektron.

Überwechseln eines Elektrons innerhalb des Valenzbandes von einem Atom zum nächsten (ohne Energieverlust) möglich.

Beim absoluten Nullpunkt ($T = 0°K$) sitzen alle Elektronen im Leitungsband auf den untersten Energieniveaus; der untere Teil des Leitungsbandes wird dadurch mit Elektronen voll besetzt, der obere Teil bleibt dagegen vollkommen leer. Das oberste, von einem Elektron bei $0°K$ besetzte Energieniveau im Leitungsband bezeichnet man als „Fermikante" oder Fermi-Niveau FN. Dieses Energieniveau entspricht der maximalen Elektronenenergie, die bei $0°K$ im Metall auftritt.

b) Isolatoren. Hier ist wegen der festeren Bindung der Elektronen an das eigene Atom das Leitfähigkeitsband von dem (normalerweise mit Elektronen „gefüllten") Valenzband durch eine breite Energielücke, das „verbotene Band", getrennt. Die Breite ΔE dieses Bandes (bei Isolatoren: $\Delta E > 2$ eV, z. B. 7 eV beim Diamant für Zimmertemperatur) gibt die Mindestenergie an, die zur Ionisierung eines Isolatoratoms erforderlich ist. Das Leitfähigkeitsband ist normalerweise unbesetzt, also nur potentiell vorhanden. Bei Zimmertemperatur können jedoch Elektronen aus dem Valenzband zwar nicht durch thermische Ionisation, wohl aber durch Teilchenstoß in dieses Band gelangen, wenn die Teilchenenergie groß genug ist. Während einer solchen Ionisation, z. B. bei Licht- oder Elektronenbestrahlung des Isolators, wird dieser vorübergehend leitend. Dabei sind Widerstandsabnahmen um den Faktor 10 bis 10^6 beobachtet worden.

c) Eigen-Halbleiter. Eigen-Halbleiter („intrinsic semiconductors") sind sehr reine, störstellenfreie Kristalle mit relativ schmalem verbotenem Band ($\Delta E < 2$ eV; z. B. 1,1 eV für Silizium bei Zimmertemperatur). Daher sind Elektronenübergänge vom (besetzten) Valenzband in das Leitfähigkeitsband schon bei Zimmertemperatur möglich. Dadurch entstehen im Valenzband unbesetzte Stellen („Defektelektronen" oder „Löcher"), die sich wie quasifreie positive Ladungen verhalten und ebenfalls zur Leitfähigkeit beitragen. Da pro Elektronenübergang immer ein Loch entsteht, ist in Eigen-Halbleitern die Konzentration n der Elektronen stets gleich der Konzentration p der Löcher. Solche Halbleiter sind z. B. sehr reines Germanium und Silizium.

d) Störstellen-Halbleiter. Diese Halbleiter unterscheiden sich von den Eigen-Halbleitern durch natürliche Gitterfehlstellen, natürliche Verunreinigungen oder künstlich zugesetzte gitterfremde Atome („dotierte" Halbleiter, z. B. mit Indium dotierter Germaniumkristall). Alle diese „Gitterstörstellen" bewirken das Auftreten besonderer Terme („Störterme") innerhalb des verbotenen Bandes. Da zur Ionisierung eines

Störatoms nur eine Energie von der Größenordnung 0,01 eV erforderlich ist, liegen die Störterme entweder um diesen Energiebetrag unterhalb des Leitfähigkeitsbandes oder oberhalb des Valenzbandes (vgl. Abb. 12), je nachdem, ob die Störatome „Elektronenspender" (Donatoren) oder „Elektronenfänger" (Akzeptoren) sind. Im ersten Fall überwiegt die n-, im zweiten Fall die p-Leitfähigkeit, wobei jede von diesen wesentlich größer als die Eigenleitfähigkeit des reinen Halbleiters ist.

D. Beschleunigung von Elementarteilchen im elektrischen Feld

Nach dem Energie-Erhaltungssatz [vgl. Gl. (13)] ist für ein bewegtes Teilchen der Zuwachs (bzw. der Verlust) an kinetischer Energie gleich der *am* Teilchen (bzw. gleich der *vom* Teilchen) geleisteten Arbeit. Für ein Teilchen, das die Ladung q trägt und die Potentialdifferenz U durchlaufen hat, ist diese Arbeit gleich $q \cdot U$ (für ein Elektron: $e \cdot U$ [Gl. (13)]). War das Teilchen ursprünglich in Ruhe (vgl. Abb. 13), so ergibt sich seine Endgeschwindigkeit v_{Kl} aus der im elektrischen Feld gewonnenen kinetischen Energie E_k:

$$E_k = \frac{M}{2} v_{Kl}^2 = q\,U \qquad (15)$$

$$v_{Kl} = \sqrt{\frac{2q}{M}\,U} \qquad (15\,\text{a})$$

(v_{Kl} in cm/sec, q in As, M in Ws³/cm², U in V).

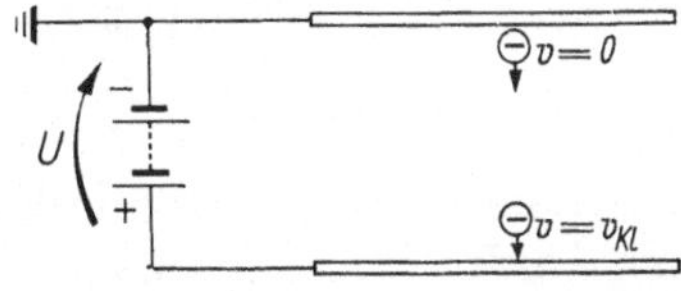

Abb. 13. Anordnung zur Beschleunigung von Elementarteilchen im elektrischen Feld.

Diese Beziehungen gelten nur, solange die Masse M („Ruhemasse") des Teilchens als konstant angesehen werden kann, solange also v_{Kl} klein gegenüber der Lichtgeschwindigkeit c ist („*Klassische*" Theorie). In diesem Fall ist die durchlaufende Spannung U ein Maß für die Energie [„Voltenergie"; Gl. (15)] und zugleich für die Geschwindigkeit [„Voltgeschwindigkeit"; Gl. (15a)] des Ladungsträgers.

Für „langsame" *Elektronen* ($q = e$, $M = m$) wird Gl. (15a) identisch mit Gl. (1):

$$v_{Kl} = \sqrt{\frac{2e}{m}\,U} = 5{,}95 \cdot 10^7 \sqrt{U}\ [\text{cm/sec}] \approx 600 \sqrt{U}\ [\text{km/sec}] \qquad (1)$$

(U in Volt).

Für „langsame" *Ionen* ($q = q_i$, $M = m_i$) gilt:

$$v_{Kl} = 600 \sqrt{U} \ \sqrt{\frac{q_i}{e}\frac{m}{m_i}} \ [\text{km/sec}] \qquad (U \text{ in V}). \qquad (15b)$$

Ion:	H	He	Ne	Ar	Cs	Hg
$\sqrt{\dfrac{m}{m_i}}$	0,0233	0,0117	0,0052	0,0037	0,0020	0,00166
q_i/e			= 1 bei einfach geladenen Ionen			

Für „schnelle" Teilchen, deren Geschwindigkeit von der Größenordnung der Lichtgeschwindigkeit ist, nimmt nach der Relativitätstheorie die Masse mit der Geschwindigkeit zu, und zwar derart, daß die Teilchengeschwindigkeit sich asymptotisch der Lichtgeschwindigkeit c nähert. In diesem Geschwindigkeitsbereich ist für ein ursprünglich ruhendes Teilchen (Ladung q, Ruhemasse M) die Endgeschwindigkeit v_{rel}[1] nach Durchlaufen der Spannung U:

$$v_{\text{rel}} = \sqrt{\frac{2q}{M}U} \cdot \frac{\sqrt{1 + \dfrac{qU}{2Mc^2}}}{1 + \dfrac{qU}{Mc^2}} = v_{Kl} \cdot K. \qquad (16)$$

Es kommt also in Gl. (16) noch ein „relativistischer" Korrekturfaktor K zum Ausdruck für v_{Kl} hinzu.

Für „schnelle" *Elektronen* ergibt sich v_{rel}, wenn man die Werte für $q = e$, $M = m$ und c (Lichtgeschwindigkeit) $= 3 \cdot 10^{10}$ cm/sec in Gl. (16) einsetzt:

$$v_{\text{rel}} = 600 \sqrt{U} \cdot \frac{\sqrt{1 + 10^{-6} \cdot U}}{1 + 2 \cdot 10^{-6} \cdot U} \ [\text{km/sec}] \ (U \text{ in V}). \qquad (16a)$$

Für „schnelle" *Ionen* ergibt sich entsprechend:

$$v_{\text{rel}} = 600 \sqrt{U} \ \sqrt{\frac{q_i\,m}{e\,m_i}} \ \frac{\sqrt{1 + \dfrac{q_i}{e}\dfrac{m}{m_i} 10^{-6} \cdot U}}{1 + \dfrac{q_i}{e} \cdot \dfrac{m}{m_i} 2 \cdot 10^{-6} \cdot U} \ [\text{km/sec}] \ (U \text{ in V}). \qquad (16b)$$

---

[1] v_{rel} ergibt sich aus den beiden Gleichungen: $M_{\text{rel}} = M / \sqrt{1 - (v_{\text{rel}}/c)^2}$ („Lorentz-Transformation") und $M_{\text{rel}} = M + E_k/c^2$ (Äquivalenz von Energie und Masse). E_k ist die kinetische Energie des Teilchens, die gleich der beim Beschleunigen im elektrischen Feld geleisteten Arbeit $q\,U$ ist: $E_k = q\,U$.

Die Funktionen $v_{Kl} = f(U)$ und $v_{rel} = f(U)$ sind für Elektronen sowie für H- und Ar-Ionen in Abb. 14 graphisch dargestellt. Aus dem Diagramm ist ersichtlich, daß sich z. B. die Masse des Elektrons schon bei Voltgeschwindigkeiten von 20 bis 40 kV um einige Prozent von der Ruhemasse m unterscheidet, so daß man bei genaueren Messungen mit dem Kathodenstrahl-Oszillographen in diesem Geschwindigkeitsbereich schon mit der relativistischen Elektronengeschwindigkeit rechnen muß. Bei den Ionen kann man dagegen in diesem Geschwindigkeitsbereich noch mit den klassischen Formeln rechnen. Hier tritt erst bei Voltgeschwindigkeiten von über 100 MV, also bei den großen Kernzertrümmerungs-Anlagen, die relativistische Abweichung in Erscheinung (vgl. v. ARDENNE [1]).

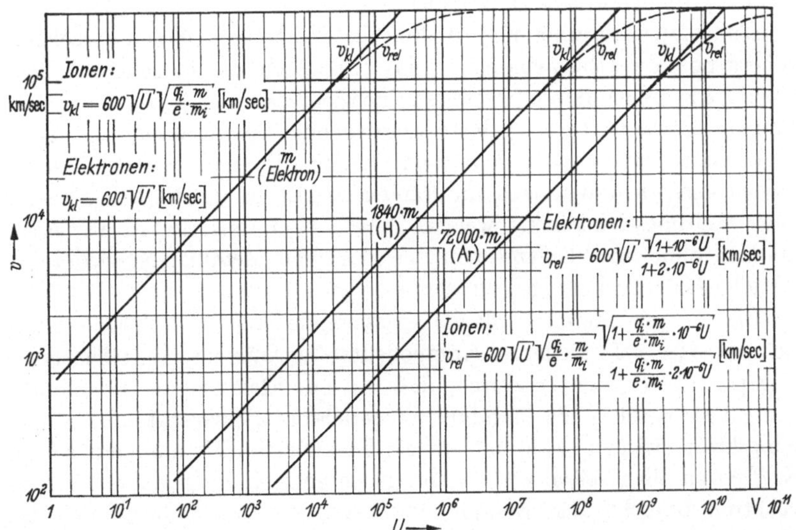

Abb. 14. Geschwindigkeit v [km/sec] geladener Teilchen in Abhängigkeit von der Beschleunigungsspannung U [Volt].

In diesem Zusammenhang sei darauf hingewiesen, daß die überzeugenden Experimente für die Richtigkeit der Relativitätstheorie hauptsächlich auf dem Verhalten der Elementarteilchen beruhen, während analoge Experimente in der Astrophysik bisher fast immer an der Grenze der Beobachtbarkeit lagen.

II. Thermische Elektronenquellen

A. Geschwindigkeitsverteilung der Elektronen bei der thermischen Emission

1. Energie-Struktur-Modelle für die Emission

a) Bildkraft, Raumladung und Anodenfeld. Bei Zimmertemperatur sind in einem Metallstück praktisch alle Atome ionisiert. Die im Metallgitter quasifrei beweglichen Leitungselektronen wandern mit einer der Temperatur entsprechenden mittleren Geschwindigkeit *regellos* von Atom zu Atom. Wird an das Metallstück eine Spannung gelegt, so nehmen die Elektronen entsprechend der Feldstärke eine *gerichtete* Geschwindigkeit von der Größenordnung cm/sec an.

Bei Temperaturerhöhung erhalten die Elektronen eine entsprechend höhere mittlere Geschwindigkeit, bis schließlich die schnelleren unter ihnen die zwischen ihrem jeweiligen Energieniveau und dem „niedrigsten Emissionsniveau" (vgl. Abb. 15) bestehende Potentialschwelle überwinden und damit das Metall verlassen können. Das niedrigste Emissionsniveau entspricht demnach im Bändermodell der kinetischen Energie jener Leitungselektronen, welche gerade noch das Metall verlassen können, ohne anschließend von den positiven Metallionen wieder ins Metallgitter zurückgezogen zu werden.

Die an der Metalloberfläche existierende Potentialschwelle kann sich aus vier verschiedenen Komponenten zusammensetzen: Die erste Komponente entsteht dadurch, daß auf ein Elektron an der Metalloberfläche einseitig ins Metallinnere gerichtete elektrostatische Anziehungskräfte wirken, während auf ein Elektron im Metallinnern solche Kräfte von allen Seiten wirken und gleich groß sind (vgl. Abb. 16). Ein Elektron braucht also Energie, um gegen die Anziehungskräfte der Metallionen an die Metalloberfläche zu kommen. Im Bändermodell entspricht dies dem Anheben des Elektrons von einem Energieniveau im Leitungsband (unterhalb der Fermikante) bis zum „Oberflächenpotential-Niveau". Die zweite Komponente entsteht durch das Hinzukommen der „Bildkraft" (vgl. Abb. 15a). Diese ist identisch mit der (quadratisch mit der Entfernung von der Metalloberfläche abnehmenden) elektrostatischen Anziehungskraft, mit der die Metallionen auf ein Elektron wirken, das sich vor der Metalloberfläche befindet. Dem Überwinden dieser Anziehungskraft entspricht im Bändermodell das Heben des betreffenden Elektrons vom Oberflächenpotential-Niveau bis zum niedrigsten Emissionsniveau. Die dritte Komponente entsteht bei größeren Strömen durch die Raumladung der vor der Metalloberfläche im Vakuum sich sammelnden Elektronen (vgl. Abb. 15b). Durch ein

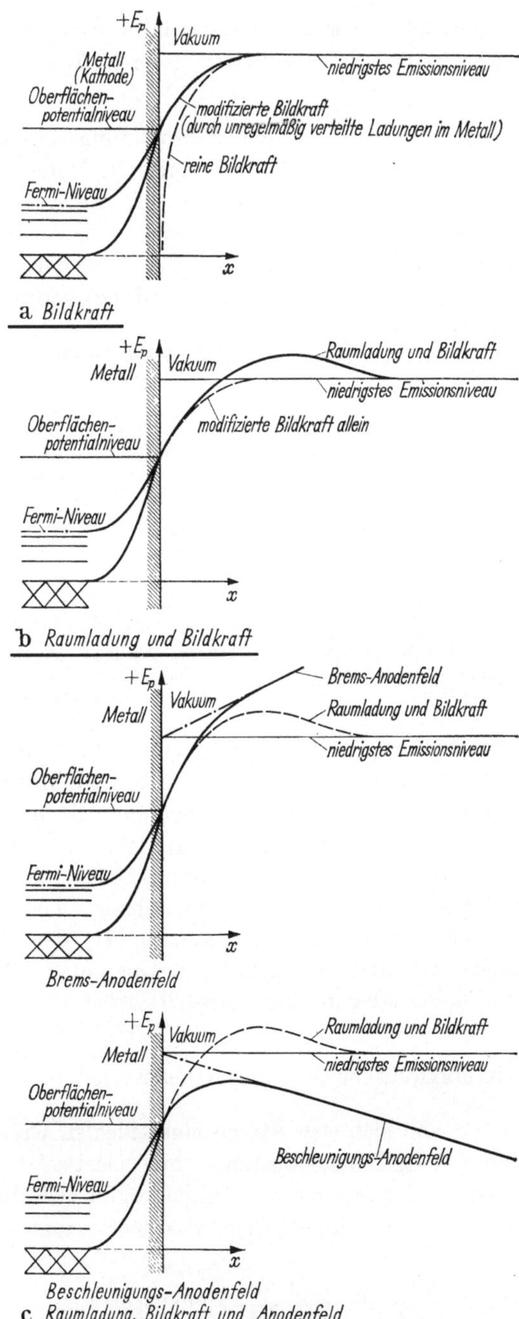

Abb. 15 a—c. Örtlicher schematischer Verlauf der potentiellen Energie eines emittierten Elektrons in Kathodennähe („Energie-Struktur-Modell").

überlagertes bremsendes oder beschleunigendes Anodenfeld wird die Potentialschwelle weiterhin modifiziert (vierte Komponente; vgl. Abb. 15 c).

b) Austrittsarbeit. Die Höhe der Raumladungs-Potentialschwelle (in Abb. 15) ist gewöhnlich um eine Größenordnung kleiner als die Höhe der Potentialschwelle zwischen Fermi-Niveau und niedrigstem Emissionsniveau, die man als „Austrittsarbeit" bezeichnet. Die Austrittsarbeit W ist der für jeden Festkörper charakteristische Energiebetrag, den die Elektronen (bei Vernachlässigung der Raumladung) verlieren, wenn sie vom Fermi-Niveau aus emittiert werden. Sie beträgt für die meisten Festkörper 1 bis 6 eV.

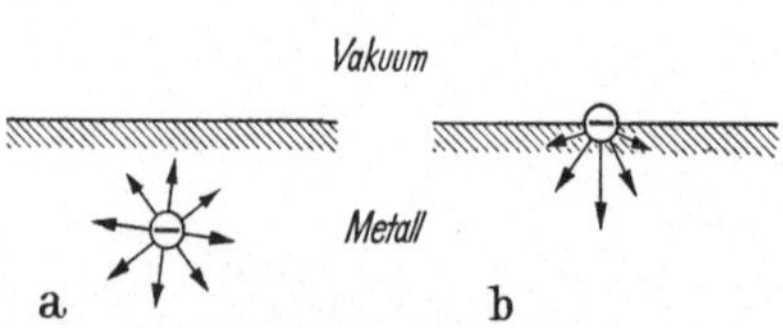

Abb. 16. Elektrostatische Anziehungskräfte auf ein Elektron: a) im Metallinneren; b) an der Metalloberfläche.

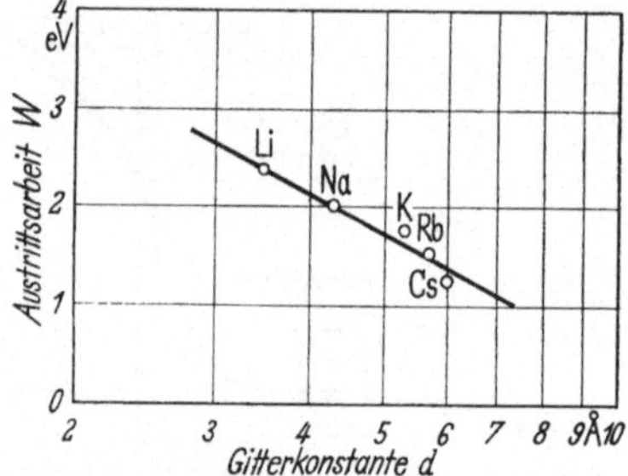

Abb. 17. Abnahme der Austrittsarbeit mit wachsender Gitterkonstante für Alkali-Metalle (SPANGENBERG [*33*]).

Die Austrittsarbeit ist — wie bereits erwähnt — unter anderem durch die elektrostatischen Anziehungskräfte (Bildkräfte) zwischen Metallionen und emittierten Elektronen bedingt. Sie muß daher abnehmen, wenn der Atomabstand im Metallgitter (also die Gitterkonstante) wächst, d. h. die Atom- bzw. Ionenkonzentration im Metall abnimmt (vgl. Abb. 17). Ebenso besteht ein Zusammenhang zwischen der Austrittsarbeit W und der Ionisierungsspannung U_i der Metallatome. Atome mit hoher bzw. niedriger Ionisierungsspannung bilden Metalle mit entsprechend hoher oder niedriger Austrittsarbeit.

2. Maxwellsche Geschwindigkeitsverteilung

Für Elektronen, die sich wie Atome eines idealen Gases verhalten (Teilchendurchmesser $\ll$ Teilchenabstand, nur elastische Zusammenstöße, elektrostatische Kräfte vernachlässigt), ergibt sich die Geschwindigkeitsverteilung aus der kinetischen Gastheorie und lautet (nach MAXWELL)[1]:

$$f(v)\,dv = \frac{4}{\sqrt{\pi}}\,\frac{v^2}{v_w^3}\,e^{-(v/v_w)^2}\,dv. \tag{17}$$

---

[1] Bezüglich der Ableitung dieser Verteilungsfunktion siehe [*6, 14, 20, 37*].

Die Funktion $f(v)$ heißt Maxwellsche Verteilungsfunktion. Sie ist in Abb. 18 graphisch dargestellt. $f(v)\,dv$ ist die Wahrscheinlichkeit des Auftretens der Geschwindigkeit im Geschwindigkeitsintervall zwischen v und $v + dv$. Der Vektor v kann dabei beliebige Richtung haben. v_w ist die „wahrscheinlichste Geschwindigkeit" der Elektronen:

$$v_w = \sqrt{\frac{2kT}{m}} = 5{,}52 \cdot 10^5 \sqrt{T} \ [\text{cm/sec}], \tag{18}$$

worin $k = $ Boltzmannsche Konstante $= 1{,}38 \cdot 10^{-23}$ Ws/°K, T [°K] $=$ $=$ absolute Temperatur und m [Ws³/cm²] $=$ Elektronenmasse.

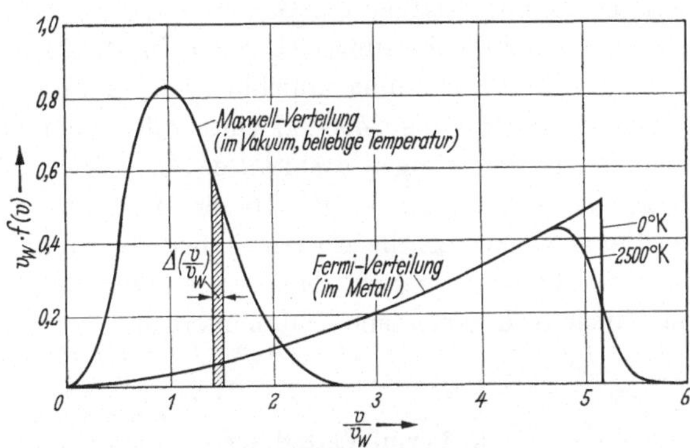

Abb. 18. Geschwindigkeitsverteilung der Elektronen außerhalb (nach MAXWELL) und innerhalb (nach FERMI) eines Metalls. Aus der jeweiligen Verteilungsfunktion $f(v)$ ergibt sich die Teilchenzahl dN im Geschwindigkeitsintervall zwischen v und $v + dv$ nach der Gleichung: $dN = N\,f(v)\,dv$ (N = gesamte Teilchenzahl). $dN/N = f(v)\,dv$ ist die Wahrscheinlichkeit für das Auftreten der Geschwindigkeit v im Geschwindigkeitsintervall zwischen v und $v + dv$.

Maxwell-Verteilung:

$$f(v) = \frac{4}{\sqrt{\pi}}\,\frac{v^2}{v_w{}^3}\,e^{-\left(\frac{v}{v_w}\right)^2}$$

Fermi-Verteilung:

$$f(v) = 3\left(\frac{kT}{E_F}\right)^{\frac{3}{2}} \frac{\dfrac{v^2}{v_w{}^3}}{e^{\left[\left(\frac{v}{v_w}\right)^2 - \frac{E_F}{kT}\right]} + 1}$$

$$v_w = \sqrt{\frac{2kT}{m}} = \text{wahrscheinlichste Geschwindigkeit}$$

$$= 5{,}52 \cdot 10^5 \cdot \sqrt{T} \ [\text{cm/sec}]$$

$$E_F = e\,U_F = \left(\frac{3n}{\pi}\right)^{\frac{2}{3}} \frac{h^2}{8m}$$

$$= 5{,}9 \cdot 10^{-34}\,n^{2/3} \ [\text{Ws}]$$

(k = Boltzmann-Konstante; m = Elektronenmasse; T = abs. Temp.; n = Elektronenzahl pro cm³; h = Plancksche Konstante).

Wegen der Unsymmetrie der Maxwell-Verteilung (Abb. 18) ist die mittlere Geschwindigkeit v_m um 12,8% größer als die wahrscheinlichste Geschwindigkeit:

$$v_m = \int_0^\infty v\,f(v)\,dv = \sqrt{\frac{8kT}{\pi m}}. \tag{19}$$

Auch der Effektivwert v_e der Geschwindigkeit ist größer als v_w:

$$v_e = \left[\int_0^\infty v^2\, f(v)\, dv \right]^{1/2} = \sqrt{\frac{3kT}{m}}. \tag{20}$$

Die Maxwell-Verteilung gilt nicht nur für die Atome eines idealen Gases, sondern auch für Elektronenwolken, die sich im Vakuum oder in Gasen im thermischen Gleichgewicht befinden (z. B. für Elektronen im Plasma einer Hoch- oder Niederdruck-Entladung, oder für Elektronenwolken in stromsteuernden Elektronengeräten). Sie gilt dagegen nicht für das Elektronengas in Metallen, wo die Elektronenbewegung stark durch das periodische Potentialfeld der Gitterionen beeinflußt wird.

Würde man auch für die Leitungselektronen in Metallen eine Maxwellsche Geschwindigkeitsverteilung annehmen, so ergäbe sich für erhitzte Kathoden ($T = 1000$ bis $2500°\text{K}$) eine wahrscheinlichste Elektronengeschwindigkeit von einigen $100\ \text{km/sec}$, bzw. eine Elektronenenergie von der Größenordnung $0{,}1\ \text{eV}$. Dieser Wert ist um mehr als eine Größenordnung kleiner als die Austrittsarbeit der Metalle. Der aus der Maxwell-Verteilung berechnete ist daher um mehrere Zehnerpotenzen kleiner als der tatsächlich gemessene Emissionsstrom.

3. Fermi-Verteilung

Der von einem Metall bei einer bestimmten Temperatur emittierte Elektronenstrom hängt davon ab, welcher Bruchteil der im Metallgitter quasifrei beweglichen Elektronen auf Grund der thermischen Energiezufuhr die Austrittsarbeit aufbringt. Dieser Bruchteil ergibt sich aus der Energie- bzw. Geschwindigkeitsverteilung der Elektronen im Metall.

Im Metallinnern befinden sich die Leitungselektronen in dauernder energetischer Wechselwirkung mit den Metallionen. Ihre Geschwindigkeitsverteilung ergibt sich daher nicht aus der kinetischen Gastheorie, sondern aus der Fermi-Statistik (FERMI und DIRAC). Diese gilt unter der vereinfachenden Annahme, daß sich die Elektronen im Metall in einem Feld konstanter potentieller Energie bewegen. Die Periodizität des Metallgitters wird also vernachlässigt, während das Paulische Verbotsprinzip für die Besetzung der möglichen Energiezustände im Metall mitberücksichtigt wird. Da nach dem Pauli-Prinzip auf jeder möglichen Energiestufe nur ein Elektronenpaar Platz findet, geht bei Annäherung der Temperatur an den absoluten Nullpunkt ($T = 0°\text{K}$) die kinetische Energie aller Elektronen im Metall nicht gegen Null (wie es die Maxwellsche Theorie fordern würde), sondern gegen einen Grenzwert, den man als Nullpunktsenergie bezeichnet.

Die für die Elektronen in einem Metall geltende Fermische Verteilungsfunktion hat die Form[1]:

$$f(v)\,dv = 3 \left(\frac{k\,T}{E_F}\right)^{3/2} \frac{v^2/v_w^3}{1 + e^{[(v/v_w)^2 - E_F/kT]}}\,dv . \qquad (21)$$

Darin bedeutet $f(v)\,dv$ (für ein Elektron) die Wahrscheinlichkeit des Auftretens der Geschwindigkeit im Geschwindigkeitsintervall (v und $v + dv$) oder (für viele Elektronen) den Prozentsatz der Elektronen, deren Geschwindigkeit im Geschwindigkeitsintervall (v und $v + dv$) liegt. v_w ist die wahrscheinlichste Geschwindigkeit der Elektronen aus der Maxwell-Verteilung (Gl. 18) und E_F die „Fermi-Energie". Dieser für jedes Metall charakteristische Energiebetrag ist im Bändermodell mit der Energiedifferenz zwischen dem Fermi-Niveau (oder der „Fermikante") und dem Grundniveau identisch (vgl. Abb. 12).

Die Fermi-Energie $E_F = e \cdot U_F$ berechnet sich aus der Elektronenkonzentration n im Metallgitter nach folgender Gleichung:

$$E_F = e\,U_F = \frac{h^2}{8\,m} \left(\frac{3\,n}{\pi}\right)^{2/3} . \qquad (22)$$

Die Elektronenkonzentration im Metall ergibt sich dabei aus der Beziehung:

$$n = \frac{L\,\gamma}{\mu}\,Z , \qquad (23)$$

worin L = Loschmidtsche Zahl = $6{,}025 \cdot 10^{23}$ Moleküle/Mol, γ [p/cm^3] = = spezifisches Gewicht, μ = Atomgewicht und Z = Zahl der freien Elektronen je Atom.

Wegen Gl. (18) ist in Gl. (21) der Ausdruck $(kT/E_F)^{3/2} \cdot (v^2/v_w^3)$ $= a \cdot v^2 \left(a = \dfrac{m}{2\sqrt{2}\,E_F^{3/2}} = \text{const}\right)$ von der Temperatur T unabhängig. Für den Grenzfall $T = 0\,°$K wird daher $f(v) = 0$, wenn im Exponenten der e-Funktion $(v/v_w)^2 = \dfrac{m v^2}{2\,kT} > \dfrac{E_F}{kT}$ ist (dies ist gleichbedeutend mit $E > E_F$, wobei $E = \dfrac{m}{2}v^2$ ist); dagegen ist (bei $T = 0\,°$K) $f(v) = a\,v^2$, wenn $(v/v_w)^2 < E_F/kT$ $(E < E_F)$ ist. Daher hat die Fermi-Verteilung für $T = 0\,°$K die in Abb. 18 gezeichnete Form. In die gleiche Figur ist außerdem die Fermi-Verteilung für $T = 2500\,°$K und — zum Vergleich — die Maxwell-Verteilung eingezeichnet.

Nach Abb. 18 ist die Fermi-Energie E_F die höchste bei $0\,°$K vorkommende Elektronenenergie im Metall. Steigt die Temperatur an, so

---

[1] Über die Ableitung dieser Verteilungsfunktion siehe [6, 23, 34, 37].

bleibt die Form der Maxwell-Verteilungskurve in Abb. 18 konstant, da hier die Geschwindigkeit (Abszisse) auf v_w bezogen ist; dagegen verformt sich der abfallende Ast der Fermi-Verteilung. Bei sehr hohen Temperaturen verläuft dieser ähnlich wie der abfallende Ast der Maxwell-Verteilung, ist aber um einen konstanten Faktor gegen diesen verschoben: Die wahrscheinlichste Geschwindigkeit v_{wF} der Fermi-Verteilung ist hier etwa fünfmal so groß wie das v_w der Maxwell-Verteilung. Dies bedeutet z. B., daß die Wahrscheinlichkeit für das Auftreten von 5 V-Elektronen im Metall bei $T = 3000\,°\mathrm{K}$ nach der Fermi-Verteilung 50% beträgt, nach der Maxwell-Verteilung dagegen nur 0,05%. Dadurch kommt trotz der Potentialschwelle an der Metalloberfläche (bei Wolfram z. B. 4,5 V) bei Erhitzung des Metalls eine nennenswerte Elektronen-emission zustande, die früher vergeblich aus der Maxwellschen Verteilung zu berechnen versucht worden war.

Als *Beispiel* ist in Abb. 19 die numerische Geschwindigkeitsverteilung der Leitungselektronen in 1 cm³ Wolfram (berechnet aus der Fermi-

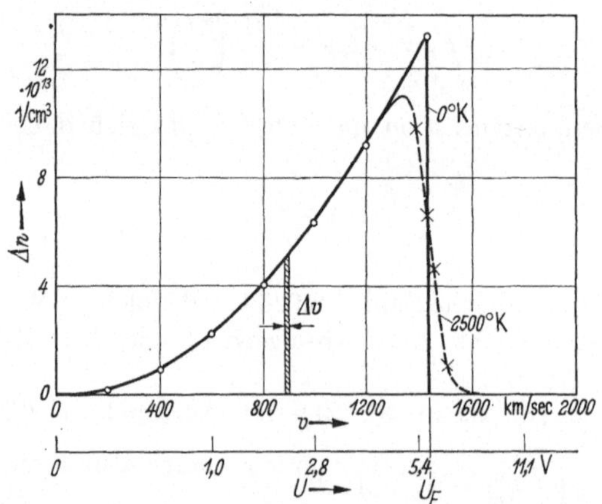

Abb. 19. Numerische Geschwindigkeitsverteilung der Leitungselektronen in 1 cm³ Wolfram, berechnet aus der Fermi-Verteilung für 0 bzw. 2500°K.
Δn = Zahl der Elektronen mit einer Geschwindigkeit zwischen v und $v + \Delta v$; $\Delta v = 10^{-6}$ km/sec; $v = 600\,\sqrt{U}$ [km/sec] (U in Volt).

Verteilung für 0 bzw. 2500°K) dargestellt. Für Wolfram ist $\gamma = 19{,}1$ p/cm³, $\mu = 184$, $Z = 1$ und daher nach Gl. (23) $n = 6{,}3 \cdot 10^{22}$ Elektronen/cm³; daher wird nach Gl. (22) die Höhe des Fermi-Niveaus $E_F = 5{,}7$ eV bzw. die „Fermi-Spannung" $U_F = 5{,}7$ V. Da die Elektronendichten der Metalle nicht wesentlich voneinander abweichen, sind auch die E_F-Werte der anderen Metalle von der gleichen Größenordnung (2 bis 7 eV). In Abb. 19 bedeutet Δn die in 1 cm³ Wolfram enthaltene Zahl der Elektronen mit einer Geschwindigkeit zwischen v und $v + \Delta v$;

$\Delta v = 10^{-6}$ km/sec. Δn ergibt sich aus Gl. (21), wenn man dort dv durch Δv ersetzt: $\Delta n = n f(v)\, \Delta v$. Für $U < U_F$ wird $\Delta n = (3\, \Delta v\, n\, v^2)/v_F^3$ $= 6{,}4 \cdot 10^7 \cdot v^2$ [1/cm³]; $(v_F = 600\, \sqrt{U_F}$ [km/s]).

4. Experimentelle Bestimmung der Geschwindigkeitsverteilung der Elektronen im Bremsfeld vor einer Glühkathode.
Anlaufstrom-Diodenkennlinie

Zum Emissionsstrom erhitzter Kathoden tragen nur die energiereichsten Elektronen der Fermi-Verteilung bei. Für diese Elektronen überwiegt wegen des hohen Werts der Geschwindigkeit v in Gl. (21) die

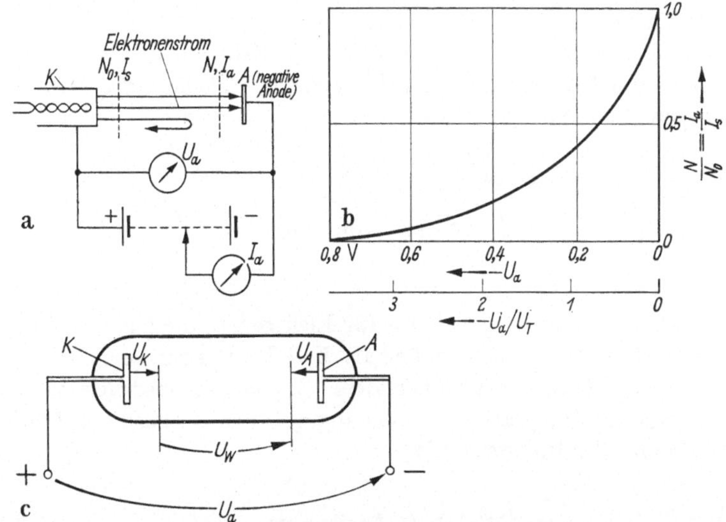

Abb. 20. Exponentieller Bestimmung der Geschwindigkeitsverteilung der Elektronen im Bremsfeld einer Diode.
a) Versuchsaufbau; b) Versuchsergebnis: exponentieller Anstieg des Anodenstromes I_a mit abnehmender Gegenspannung (Anlaufstromgebiet); c) Änderung der in einer Diode wirksamen Gegenspannung infolge der Kontaktspannung $U_k = U_K - U_A$.

e-Funktion. Es ist daher zu erwarten, daß die Geschwindigkeitsverteilung der *emittierten* Elektronen von der Form e^{-v^2} ist. Sie kann im Bremsfeld einer Diode nach Abb. 20a ermittelt werden. Bei der Anodenspannung $U_a = 0$ können alle (N_o), bei negativer Anodenspannung $(U_a < 0)$ nur ein von U_a abhängiger Teil $N < N_o$ der pro Sekunde emittierten Elektronen zur (negativen) Anode gelangen. So ergibt sich die „Anlaufstrom-Kennlinie" $N/N_o = I_a/I_s = f(U_a)$ der Abb. 20b, die einen exponentiellen Verlauf hat.

Man kann auch unmittelbar aus der Fermi-Verteilung die Geschwindigkeitsverteilung derjenigen Elektronen berechnen, die pro Zeit- und Flächeneinheit senkrecht aus der Kathode austreten. Für Elektronen, die im Bändermodell vom *Grundniveau* aus emittiert werden und außerhalb der Kathode noch gegen ein Bremsfeld (Gegenspannung U_a [V]) anlaufen müssen, muß die kinetische Anfangsenergie innerhalb der Kathode mindestens gleich

$$E_{\min} = \frac{m}{2}\, v_{x_{\min}}^2 = E_F + W + eU_a \tag{24}$$

sein. $v_{x_{\min}}$ [cm/sec] ist dabei die Komponente der Mindestanfangsgeschwindigkeit senkrecht zur Kathodenoberfläche. (W [Ws] ist die Austrittsarbeit der Kathode, E_F [Ws] die Fermi-Energie; e [As], m [Ws³/cm²]).

Aus der Fermi-Statistik ergibt sich die Zahl j der Elektronen, die pro Zeit- und Flächeneinheit die Kathodenoberfläche verlassen können und gegen ein Bremsfeld anlaufen (vgl. Abb. 15c), zu[1]:

$$j = \int\limits_{v_{x_{\min}}}^{\infty} \int\limits_{-\infty}^{\infty} \int\limits_{-\infty}^{\infty} \frac{2\,m^3 e}{h^3}\, \frac{1}{1 + e^{[(v/v_w)^2 - E_F/kT]}}\, dv_x\, dv_y\, dv_z\,, \tag{25}$$

wobei $v^2 = v_x^2 + v_y^2 + v_z^2$ ist. Da für Elektronen, die aus der Kathode austreten, $(v/v_w)^2$ erheblich größer als E_F/kT ist, kann man in Gl. (25) die Eins im Nenner gegenüber dem Exponentialausdruck vernachlässigen und die Integration mit den angegebenen Grenzen durchführen. Das Ergebnis der Integration ist:

$$j = \frac{4\,em\,\pi\,(kT)^2}{h^3}\, e^{E_F/kT}\, e^{-(m\,v_{x_{\min}}^2/2\,kT)} \tag{25a}$$

(j in A/cm², e in As, m in Ws³/cm², k in Ws/°K, T in °K, h in Ws², E_F in Ws, $v_{x_{\min}}$ in cm/sec).

Setzt man in dieser Gleichung $4\,em\,\pi k^2/h^3 = A$ [A/cm²°K²] und berücksichtigt Gl. (24), so ergibt sich:

$$j = A\,T^2\, e^{-W/kT}\, e^{-eU_a/kT} = j_s\, e^{-eU_a/kT}\,. \tag{26}$$

---

[1] Siehe [*23*, S. 56—60]. Die (dreifache) Integration über dv_x, dv_y und dv_z ist erforderlich, da auch die Größe der Geschwindigkeitskomponenten in y- und z-Richtung einen Einfluß auf die Emissionswahrscheinlichkeit eines Elektrons hat.

Man kann nun zwei Fälle unterscheiden:

1. Für $U_a = 0$ können alle (j_s) pro Flächen- und Zeiteinheit emittierten Elektronen zur Anode gelangen[1]; j_s ist also die „Emissionsstromdichte" der Kathode (RICHARDSON-DUSHMAN):

$$j_s = A\,T^2\,e^{-W/kT}\,. \tag{27}$$

Der gesamte Emissionsstrom ist

$$I_s = j_s\,F\,, \tag{28}$$

wobei F die Oberfläche der Kathode ist. I_s wird auch „Sättigungsstrom" genannt, da es derjenige Strom einer Diode ist, der für beliebige *positive* Anodenspannungen nicht überschritten werden kann[2].

2. Für $U_a < 0$ (negative Anodenspannungen) gilt dagegen Gl. (26), die für den Gesamtstrom I_a

$$I_a = I_s\,e^{-eU_a/kT} = I_s\,e^{-U_a/U_T} \tag{26a}$$

lautet. Dies ist das „*Anlaufstromgesetz*" für Dioden. Es besagt in Übereinstimmung mit dem Experiment, daß ein in einem Bremsfeld fließender Elektronenstrom exponentiell mit wachsender Gegenspannung abnimmt. [U_a ist in Gl. (26a) *positiv* einzusetzen!]

$$U_F = \frac{kT}{e} = \frac{T}{11\,600}\ \text{[V]}\quad (T\ \text{in}\ {}^\circ\text{K}) \tag{29}$$

ist die „Temperaturspannung" der Kathode. Sie ist ein Maß für die *mittlere* Energie der *emittierten* Elektronen, die sich aus der Fermi-Verteilung zu

$$E_m = \left(\frac{1}{2}\,m\,v_x^2\right)_m = kT = e\,U_F \tag{29a}$$

ergibt, wobei v_x die senkrecht zur Metalloberfläche gerichtete Geschwindigkeitskomponente der emittierten Elektronen ist [*23*]. U_T ist von der Größenordnung 0,1 V:

T [°K]	273	500	1000	1160	1500	2000	2500
U_T [V]	0,023	0,043	0,086	0,10	0,129	0,172	0,215
Kathode: Photokathode →	←——— Oxydkathode ———→				←——→ thorierte Wolframkathode	← Wolfram-Massivkathode	

---

[1] Bei Vernachlässigung von Raumladungseinflüssen.

[2] Allerdings nur bei Vernachlässigung des „Schottky-Effekts" (vgl. Bd. II) und der Feldemission.

3*

Die Tatsache, daß sich für die verschiedenen technischen Kathoden verschiedene mittlere Voltenergien der emittierten Elektronen ergeben, ist wichtig für die Erzeugung „monochromatischer" Elektronenstrahlen in elektronenoptischen Geräten sowie bei Fragen des Röhrenrauschens.

Gl. (26a) gilt nur für Dioden, bei denen Kathode und Anode aus gleichem Material bestehen. Ist dies nicht der Fall (z. B. bei Röhren mit Oxydkathoden), so ist die zwischen den Elektroden auftretende Kontaktspannung U_k zu berücksichtigen, die gleich der Differenz der Austrittsspannungen von Kathode und Anode ist:

$$U_k = U_K - U_A \qquad (30)$$

(U_K = Austrittsspannung der Kathode = Voltäquivalent der Austrittsarbeit W_K; U_A = Austrittsspannung der Anode).

Liegt an einer Diode die Anodengegenspannung U_a, so ist bei Berücksichtigung von U_k die in der Diode „wirksame" Gegenspannung U_w nach Abb. 20 c:

$$U_w = U_a - U_K + U_A = U_a - U_k. \qquad (30a)$$

Diese Spannung U_w ist anstelle der Anodenspannung U_a in Gl. (26a) einzusetzen, falls Anode und Kathode der betreffenden Diode verschiedene Austrittsarbeiten haben. Da U_k je nach der Größe der Austrittsarbeiten positiv oder negativ ist, kann U_w entweder größer oder kleiner als die äußere Anodengegenspannung U_a sein. U_k ist meist von der Größenordnung 1 V, so daß für $U_a \gg \pm 10$ V $U_w \approx U_a$ gesetzt werden kann. Für $U_A = U_K$ wird $U_k = 0$ und $U_w = U_a$.

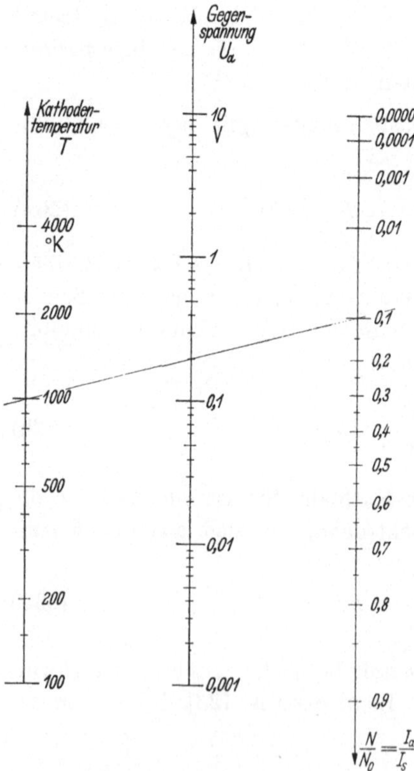

Abb. 21. Nomogramm für das Anlaufstromgesetz $I_a/I_s = f(U_a, T)$ (SPANGENBERG [33]). *Beispiel:* Für $U_a = 0,2$ V und $T = 1000\,°$K wird $I_a/I_s = 0,1$.

Beispiel: Für eine Diode mit Wolframkathode ($U_K = 4,5$ V) und Nickelanode ($U_A = 5,0$ V) wird bei einer Anodenspannung von $U_a = -1$ V die wirksame *Gegen*spannung $U_w = 1 - 4,5 + 5,0 = 1,5$ V. Mit $U_T = 0,2$ V und $I_s = 0,5$ A wird daher nach Gl. (26a): $I_a = 0,5\,e^{-1,5/0,2} = 27,4 \cdot 10^{-5}$ A $= 0,274$ mA.

Bei einer Diode mit Nickelkathode und Wolframanode wird dagegen unter sonst gleichen Bedingungen: $U_w = 1 - 5{,}0 + 4{,}5 = 0{,}5$ V und $I_a = 0{,}5\,e^{-0{,}5/0{,}2}$ A $= 41{,}6$ mA.

In der Praxis bedient man sich häufig sogenannter Nomogramme, um Formeln rasch numerisch auswerten zu können. Abb. 21 zeigt ein solches Nomogramm für das Anlaufstromgesetz in der Form: $I_a/I_s = = f(U_a, T)$. Für ein bestimmtes Wertepaar von T und U_a ergibt sich hier der gesuchte Anodenstrom als Schnittpunkt der zugehörigen Geraden mit der I_a-Achse.

Ist in einer Diode der Einfluß der Elektronenraumladung vernachlässigbar (d. h. bei kleinen Emissionsstromdichten: $j_s \approx 10^{-6}$ A/cm²), dann besteht die $I_a - U_a$-Diodenkennlinie nur aus zwei Teilstücken, nämlich dem im Anlaufstromgebiet ($U_a < 0$) und dem im „Sättigungsstromgebiet" ($U_a \geq 0$) gelegenen, wobei für das letztere $I_a = I_s = \text{const}$[1] ist [vgl. Gl. (27) und (28) sowie Abb. 22a]. Bei großen Emissionsstromdichten ($j_s > 10^{-3}$ A/cm²) vermindert der Einfluß der Elektronenraumladung den Anodenstrom, so daß der Sättigungsstromwert erst bei relativ hohen Anodenspannungen erreicht werden kann. Die Diodenkennlinie besteht in diesem Fall aus drei Ästen, da der zum „Raumladungsgebiet" gehörige Kennlinienteil noch dazukommt (vgl. Abb. 22b).

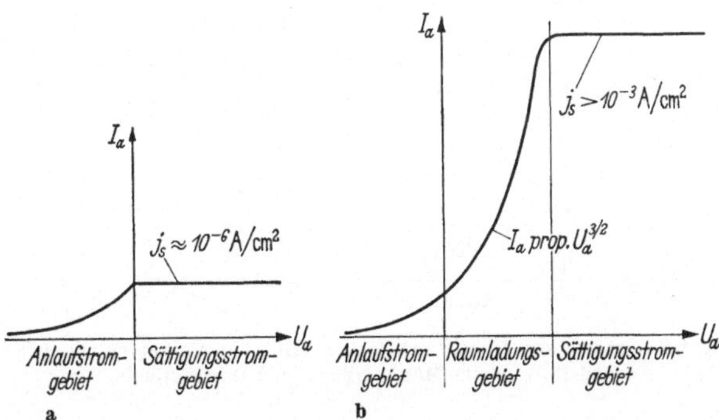

Abb. 22. Angenäherte Diodenkennlinien für kleine (a) und große Sättigungsstromdichte j_s (b).

B. Emissionskonstanten für einige Kathodenstoffe

Die bisherigen Betrachtungen zeigen, daß für die Ergiebigkeit thermischer Elektronenquellen deren Austrittsarbeit und Betriebstemperatur maßgebend sind. Die Auswahl technischer Kathodenstoffe erfolgt daher unter dem Gesichtspunkt, daß die Austrittsarbeit der Kathode möglichst niedrig und (oder) die zulässige Betriebstemperatur möglichst hoch sind.

---

[1] Bei Vernachlässigung des Schottky-Effekts (vgl. Bd. II).

Diese Bedingungen werden von drei Gruppen von Kathoden erfüllt, nämlich von den Massiv-Kathoden aus hochschmelzenden Metallen (z. B. W, Ta), den Atomfilm-Kathoden (z. B. thorierte Wolframkathode) und den Oxyd-Kathoden (z. B. Bariumoxyd-Kathode).

Der Emissionsstrom solcher Kathoden ist durch die Richardson-Dushman-Formel [Gl. (27)] gegeben. In etwas anderer Form geschrieben lautet sie:

$$j_s = A\,T^2\,e^{-B/T}. \tag{27a}$$

A. [A/cm²°K²] und B [°K] heißen Richardson-Konstante. Für A ergibt sich aus Gl. (25a) der theoretische Wert $A = 120$ A/cm²°K². B ist das *thermische* Äquivalent der Austrittsarbeit $W = e\,U_A$ bzw. der Austrittsspannung U_A:

$$B = \frac{U_A}{11\,600}\ [°\mathrm{K}] \quad (U_A \text{ in V}). \tag{31}$$

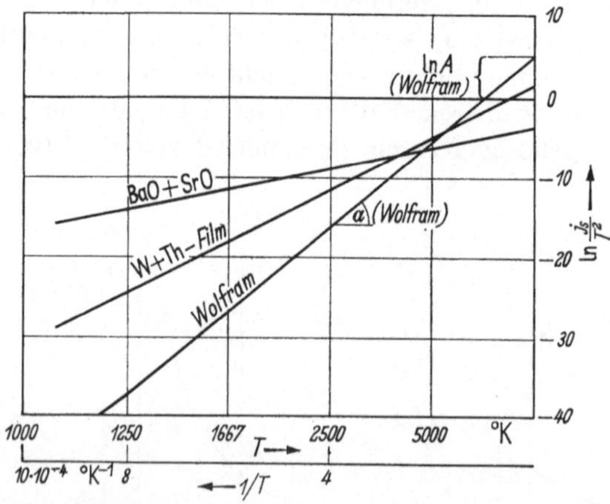

Abb. 23. Richardson-Geraden zur Ermittlung der Emissionskonstanten (Richardson-Konstanten) A und B für je eine Massiv-, Film- und Oxydkathode.

Die Richardson-Konstanten A und B kann man experimentell ermitteln, wenn man Gl. (27a) in logarithmischer Form schreibt:

$$\ln\left(\frac{j_s}{T^2}\right) = \ln A - \frac{B}{T}. \tag{27b}$$

Dies ist die Gleichung der „Richardson-Geraden": $y = a - b\,x\,(x = 1/T)$. Durch experimentelle Bestimmung von $j_s/T^2 = f(1/T)$ erhält man A aus dem Ordinatenschnittpunkt $(1/T = 0)$ und das thermische Äquivalent B der Austrittsarbeit aus der Neigung der Geraden: $B = \tan \alpha$ (vgl. Abb. 23). Bei der Messung der Kathodentemperatur mit dem Pyrometer ist vor allem die Abkühlung der Kathodenenden als Fehlerquelle zu berücksichtigen. Die gemessenen Werte von A schwanken stark: Bei Wolfram z. B. beträgt die Streuung $A = 22 \cdots 210$ A/cm² °K².

In Tab. 1 sind die Werte der Emissionskonstanten A und W [vgl. Gl. (27)] sowie der durchschnittlichen Elektronen-Ergiebigkeit $A_t = j_s/N_H$ pro Watt Heizleistung für einige Kathodenstoffe zusammengestellt. Die Tabelle enthält außerdem die Betriebs- und Schmelztemperaturen T_b bzw. T_s von einigen dieser Stoffe:

Tabelle 1

Austrittsarbeit W, Richardson-Konstante A, ungefähre Betriebstemperatur T_b, Schmelztemperatur T_s und Elektronenausbeute $A_t = j_s/N_H$ für einige Kathodenstoffe [14, 18, 23, 33]

Stoff	A [A/cm² °K²]	W^* [eV]	T_b^{**} [°K]	T_s [°K]	j_s/N_H [mA/cm² W]	Kathodenart
W	60···100	4,5	2500	3660		
Mo	55	4,2	2300	2910		
Ta	40···60	4,1	2100	3140	2···10	Massiv-Kathoden
Th	60	3,4	1500	2130		
Ba	60	2,5	800	1140		
Cs	162	1,9	293	322		
W + Th	3,0	2,6	1900	—		Atomfilm-Kathoden (Dicke einige Å)
W + Ba	1,5	1,6	1000	—	5···100	
W−O−Ba	0,18	1,3	1000	—		
BaO + SrO auf Ni	$10^{-2} \cdots 10^{-3}$	1,0	1100	—		Oxyd-Kathoden (Dicke 0,1 mm)
BaO + SrO auf W	$10^{-2} \cdots 10^{-3}$	1,6	1400	—	100···1000	
ThO auf W	—	1,0···1,5	1800	—		

* Die von verschiedenen Autoren gefundenen Werte für W stimmen auch für gleiche Materialien nicht immer überein.

** Ungefähre Werte.

Die starke Abweichung der A-Werte in Tab. 1 vom theoretischen Wert $A = 120$ A/cm² °K² ist vorwiegend auf die teilweise (wellenmechanische) Reflexion von Elektronen an der Kathodenoberfläche zurückzuführen. Die Austrittsarbeit W hat wegen der e-Funktion in Gl. (27) größeren Einfluß auf j_s als die „Konstante" A; daher ergibt bei Oxyd-Kathoden niedriges W oft hohe Emissionswerte trotz niedrigem A. Für Oxyd-Kathoden ist allerdings A nicht genügend konstant und daher j_s rechnerisch nicht bestimmbar. Bei manchen Kathodenstoffen können die niedrigen Werte der Austrittsarbeit nicht ausgenützt werden, da der Schmelzpunkt dieser Stoffe zu niedrig ist (z. B. $T_s = 29$°C bei Cs).

Für die Emissionsstromdichte j_s ist neben W hauptsächlich der Exponent T in der Richardson-Gleichung maßgebend. Abb. 24 zeigt die von fünfzehn Autoren experimentell gefundenen Sättigungsstrom-

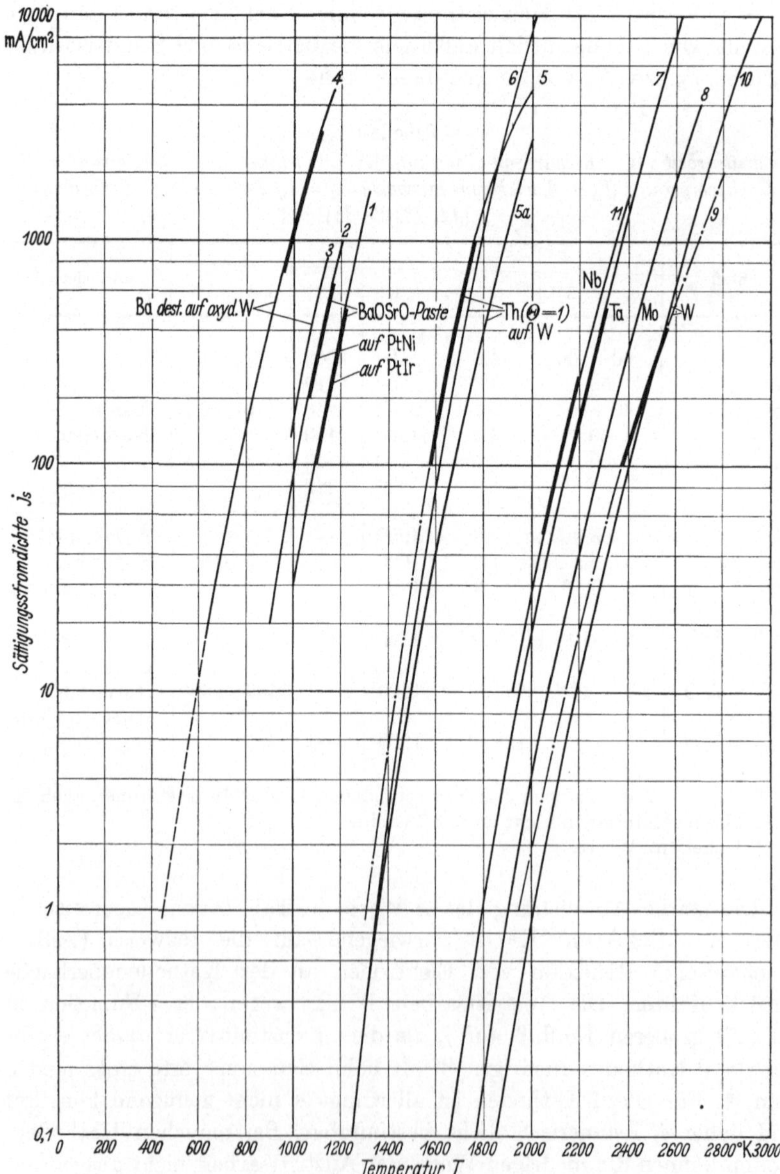

Abb. 24. Sättigungsstromkurven $j_s = f(T)$ für verschiedene Kathodenmaterialien (j_s-Koordinate logarithmisch).

kurven $j_s = f(T)$ für verschiedene Kathodenmaterialien. Daraus geht
hervor, daß der auf gleiche Kathoden-Lebensdauer bezogene Emissions-
bereich (dick ausgezogene Kurventeile) bei den meisten Kathoden nahezu
gleich ist. Der Vorzug der Oxyd-Kathoden beruht also hauptsächlich
auf ihrer geringeren Heizleistung. Sie können andererseits in Hochspannungsröhren leicht durch Ionenaufprall zerstört werden, z. B. in

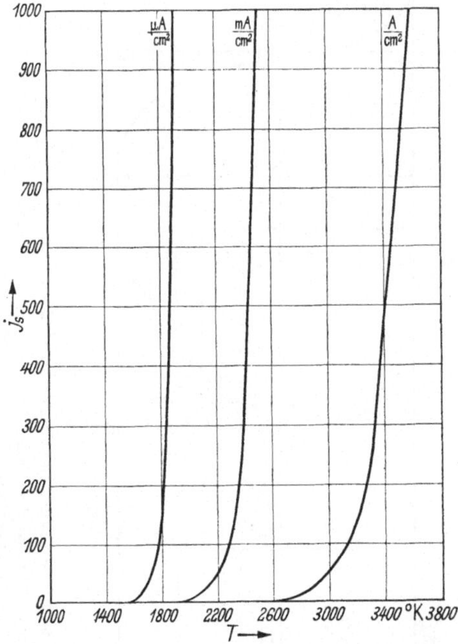

Abb. 25. Prinzipieller Verlauf der Sättigungsstromkurven $j_s = f(T)$ in verschiedenen Temperatur-
bereichen für eine Wolframkathode (j_s-Koordinate linear). (SPANGENBERG [33].)

Röntgen- oder Senderöhren, wo daher vorwiegend Massiv-Kathoden aus
W bzw. Ta verwendet werden. Die starke Abhängigkeit des Emissions-
stroms von der Temperatur geht auch aus folgendem Beispiel hervor:
Bei W ergibt eine Temperaturerhöhung um 1% eine um 20% höhere
Emission, und eine Erhöhung der Temperatur um 100% führt zur 10⁷-
fachen Emission (vgl. Abb. 25).

C. Massiv-Kathoden

1. Energiebändermodell für emittierende reine Metalle

Eine anschauliche Darstellung für die Elektronenemission aus Metallen liefert das Energiebändermodell oder „Potentialtopf-Modell"
(SCHOTTKY). Abb. 26 zeigt ein solches Modell für eine Massiv-Glüh-

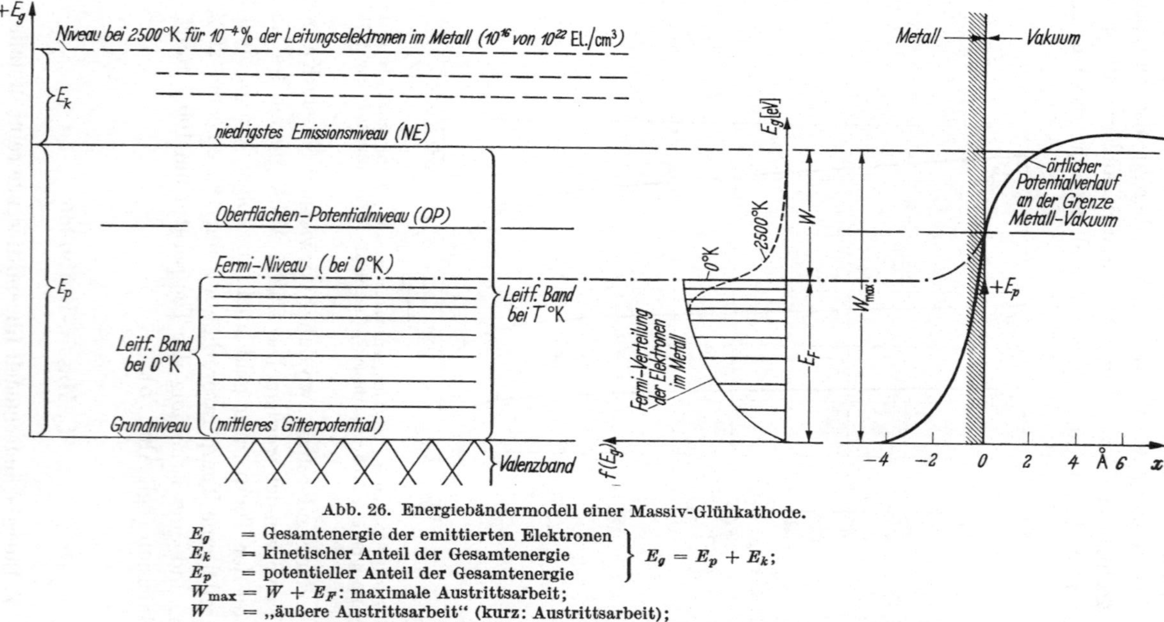

Abb. 26. Energiebändermodell einer Massiv-Glühkathode.

E_g = Gesamtenergie der emittierten Elektronen
E_k = kinetischer Anteil der Gesamtenergie
E_p = potentieller Anteil der Gesamtenergie $\Big\}$ $E_g = E_p + E_k$;
$W_{max} = W + E_F$: maximale Austrittsarbeit;
W = „äußere Austrittsarbeit" (kurz: Austrittsarbeit);
E_F = „innere Austrittsarbeit" („Fermi-Energie"; ergibt sich aus der Fermi-Verteilung).

kathode (vgl. auch Abb. 15). Die Potentialkurve an der Metalloberfläche stellt den Rand des Potentialtopfs dar. Bei der Temperatur $T = 0\,°K$ ist der „Topf" nur bis zum Fermi-Niveau (E_F) mit Elektronen angefüllt, so daß keine Elektronenemission „über den Topfrand" stattfinden kann. Erst bei relativ hohen Temperaturen (z. B. 2500 °K) erreicht ein kleiner Prozentsatz (z. B. $10^{-4}\%$) der Elektronen aus dem Leitfähigkeitsband Energieniveaus, die über dem Topfrand liegen; diese Elektronen können daher den Potentialtopf verlassen, werden also emittiert.

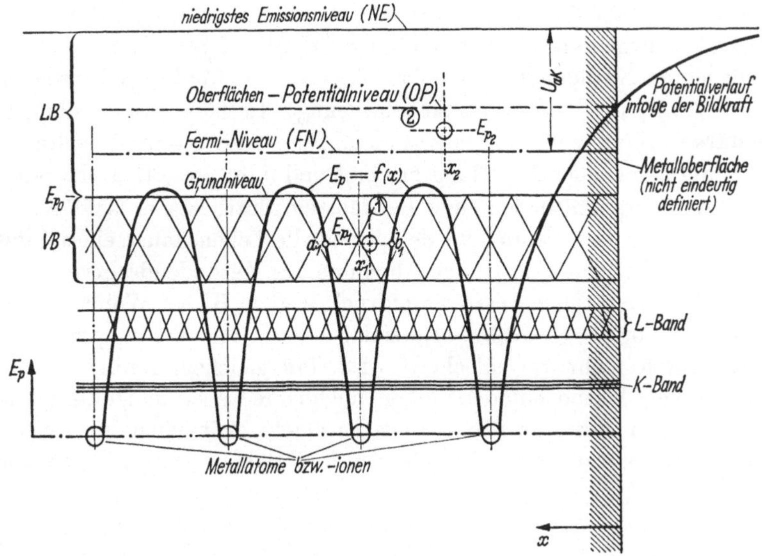

Abb. 27. Feinstruktur des Bändermodells für ein elektronenemittierendes Metall.

Das Elektron *1* mit der potentiellen Energie $E_{p1} < E_{p0}$ kann sich infolge der Anziehungskräfte der Nachbaratome an der Stelle $a_1 \leqq x_1 \leqq b_1$ frei bewegen, jedoch nur innerhalb der räumlichen Grenzen a_1 und b_1.

Das Elektron *2* mit der potentiellen Energie $E_{p2} > E_{p0}$ kann sich an jeder Stelle x (z. B. auch bei $x = x_2$) beliebig bewegen: „Quasifreies Elektron."

$x =$ Entfernung von der Metalloberfläche.

Das in Abb. 26 dargestellte Energiemodell gibt die Energieverhältnisse in einem Metall noch nicht genau wieder. Berücksichtigt man nämlich noch die Gitterstruktur der Metalle, so ergibt sich das verfeinerte Energiemodell der Abb. 27. Dort ist unter anderem auch der Verlauf der Potentialschwellen ($E_p = f(x)$ bezogen auf die Atomkerne) zwischen den einzelnen Metallgitterionen eingezeichnet. Es handelt sich hier um eine Mikro-Feldstruktur, hervorgerufen durch die Anziehungskräfte der positiven Metallionen auf die Leitungselektronen.

2. Konstruktionsdaten und Lebensdauer

Wesentlich für die Konstruktion von Massiv-Kathoden sind Drahtwiderstand R, Emissionsstrom I_s (vgl. Abb. 24) und sekundliche Menge des verdampften Kathodenmaterials Q_v [g/cm²sec] in Abhängigkeit von der Temperatur T, deren Zusammenhang schon 1927 in großer Ausführlichkeit in Formeln und Kurventafeln von JONES und LANGMUIR [*26, 21*] gegeben wurden. Über den Drahtdurchmesser $d = f(T, U_H, I_H, I_a$ und Lebensdauer) vgl. SPANGENBERG [*33*, S. 38].

Die maximale Betriebstemperatur, die natürlich wegen der mit T steigenden Emission möglichst hoch sein soll, richtet sich nach der gewünschten Kathodenlebensdauer. Diese beträgt für Langlebensdauerröhren (z. B. in Transatlantikkabeln) einige 100000, für gewöhnliche Verstärkerröhren einige 1000 Stunden. Für diese letzteren sollte die Verdampfungsmenge $Q_v < 3$ mg pro cm² und Jahr sein. Dies entspricht z. B. bei Wolframkathoden einer Betriebstemperatur $T_b \approx 2300\,°\mathrm{K}$.

JONES und LANGMUIR [*26*] definierten die Lebensdauer eines Glühdrahtes als die für eine 10%-ige Abnahme des Kathodendrahtvolumens nötige Zeit. Der zugehörige Dampfdruck liegt z. B. bei Wolfram noch unter 10^{-8} Torr (vgl. Abb. 144), sodaß durch die Verdampfung das Hochvakuum nicht verschlechtert wird. Bei gleichem Emissionsstrom haben dickere Kathodenfäden immer eine höhere Lebensdauer als dünne, da sie wegen ihrer größeren Emissionsfläche mit einer niedrigeren Temperatur betrieben werden können und daher weniger rasch verdampfen.

3. Vereinfachtes Dimensionierungsverfahren für Wolfram-Massivkathoden

a) Wahl von Kathodenmaterial und Betriebstemperatur. Das wichtigste Material für Massiv-Kathoden ist trotz seiner hohen Austrittsarbeit ($W = 4{,}5$ eV) das Wolfram, da es wegen seiner hohen thermischen Belastbarkeit ($T_s = 3660\,°\mathrm{K}$) bis etwa 3000 °K erhitzt werden kann und dabei nennenswerte Emissionsströme liefert. Tantal hat zwar eine niedrigere Austrittsarbeit als Wolfram (4,1 statt 4,5 eV) und daher eine höhere spezifische Emissionsstromdichte. Da aber sein Dampfdruck höher liegt als der von Wolfram ($5 \cdot 10^{-4}$ statt $5 \cdot 10^{-8}$ Torr), wird es nur dort verwendet, wo das schwer bearbeitbare Wolfram versagt, z. B. im Großsenderöhrenbau.

Durch die Auswahl des Kathodenmaterials ist auch die maximale Betriebstemperatur festgelegt (vgl. Tab. 1 und Abschn. II, C, 2).

b) Bestimmung des Kathodendrahtdurchmessers d und des Heizstroms I_H aus der gewählten spezifischen Heizfadenspannung U_{HG} pro cm

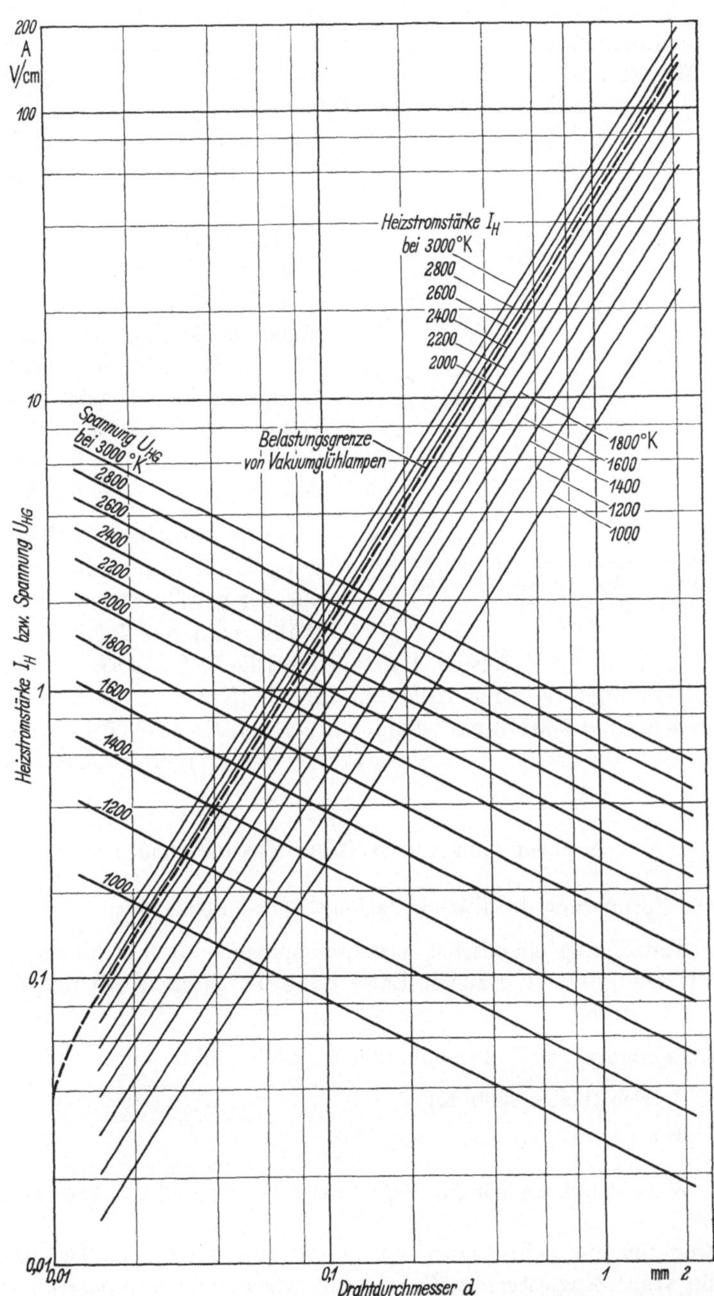

Abb. 28. Diagramm zur Dimensionierung von Wolfram-Massivkathoden (Wahl von Heizfadenspannung U_{HG} pro cm und Betriebstemperatur T, daraus Drahtdurchmesser d und Heizstrom I_H. Aus Wahl der Fadenlänge h folgen dann Heizspannung U_H und Emissionsstromdichte j_s aus Abb. 24).

Kathodenlänge. Für W-draht-Kathoden kann man den erforderlichen Drahtdurchmesser d sowie den Heizstrom I_H aus den Kurvenscharen der Abb. 28 ermitteln. (Vgl. auch die nach den Werten von LANGMUIR und JONES berechneten Kathoden-Dimensionierungskurven bei SPAN-GENBERG [*33*, S. 38], welche als Parameter auch die Lebensdauer enthalten.)

Das Verfahren ist in Abb. 29 erläutert: Man wählt den Spannungsabfall pro cm Kathoden-länge, z. B. $U_{HG} = 1$ V/cm, sowie die Betriebstemperatur der Kathode, z. B. $T = 2500°$K für W. Daraus erhält man nach Abb. 29 den Durchmesser $d = 0{,}2$ mm und den Heizstrom $I_H = 5{,}0$ A.

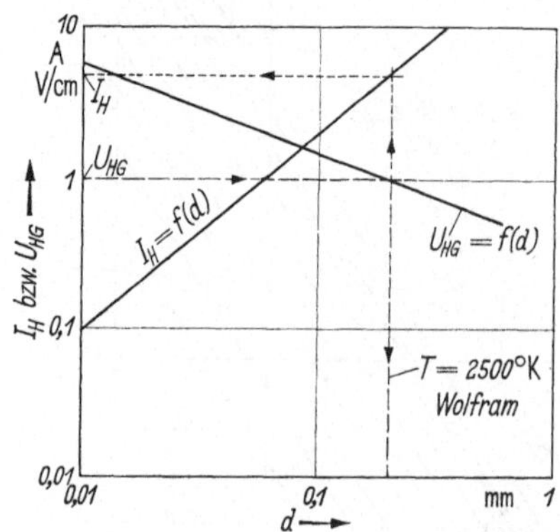

Abb. 29. Verfahren zur Ermittlung von Drahtdurchmesser d und Heizstrom I_H aus der Heizfadenspannung U_{HG} pro cm Fadenlänge (vgl. Abb. 28).

c) Bestimmung von Heizspannung U_H und Emissionsstrom I_s aus der gewählten Fadenlänge h. Wählt man $h = 2$ cm, so wird $U_H = U_{HG} \cdot h = 2$ V. Aus der Heizfadenoberfläche $F = d \pi h = 0{,}02 \pi \cdot 2 = 0{,}13$ cm² ergibt sich mit Hilfe von Abb. 24 (Kurve *9*) eine Sättigungsstromdichte $j_s = 260$ mA/cm²; damit wird $I_s = j_s F = 260 \cdot 0{,}13 = 34$ mA. (Die Rechnung aus der Richardson-Formel [Gl. (27)] ergibt $I_s = 36$ mA).

4. Formierung von Wolfram-Massivkathoden

Die Formierung der Kathode erfolgt in drei Schritten:

1. Entfernung chemischer Verunreinigungen durch Erhitzen (WO_3 zerfällt bei 1700 °K). Danach Entfernung der Restgase in der Röhre durch „Gettern".

2. Reinigung der Wolframoberfläche durch Glühimpulse (3300 °K).

3. Betrieb (bei ≈ 2300 °K).

5. Warm-Zugfestigkeit $F_W = f(T)$ von Wolfram-Massivkathoden

Eine für die Lebensdauer von Wolframkathoden wichtige Größe ist die Warm-Zugfestigkeit F_w, die mit wachsender Temperatur stark abnimmt. Abb. 30 zeigt den Verlauf $F_w = f(T)$ für Wolframdrähte mit verschiedener Kristallstruktur [*18*]):

a) Normales Wolfram: Der aus einem W-Sinterstück gezogene Kathodendraht hat eine polykristalline Faserstruktur. Während der Lebensdauer der Kathode erfolgt durch ständiges Erhitzen über die Rekristallisationstemperatur rasches Kristallwachstum. Es entstehen durchgehende Korngrenzen, die den Wolframdraht brüchig machen und damit seine Lebensdauer begrenzen.

b) Wolfram $+$ 0,5···1,5% Thorium: Der Thorium-Zusatz verzögert das Kristallwachstum durch mechanische Wachstumshemmung an den Korngrenzen. Dies erhöht die Kathodenlebensdauer.

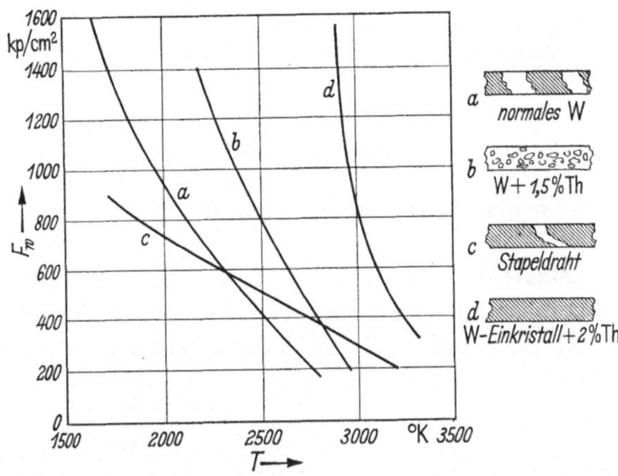

Abb. 30. Warm-Zugfestigkeit F_w von W-Massivkathoden in Abhängigkeit von der Temperatur T: $F_w = f(T)$. Werte von F_w für Zimmertemperatur etwa zehnmal höher als bei 2000°K! (Vgl. ESPE-KNOLL [18, S. 18].)

Beispiel: Zugfestigkeit für thorierte W-Kathode bei T = 2300°K: F_w = 1150 kp/cm² = 11,5 kp/mm². Zulässige Zugspannung (für 1000 h Lebensdauer) jedoch nur 100 p/mm² wegen „Kriecheffekt".

c) Wolfram-Stapeldraht: Er wird in einem speziellen Glüh- und Ziehprozeß hergestellt; dadurch wachsen die Korngrenzen parallel zur Drahtachse, was die Lebensdauer des Drahtes weiter erhöht.

d) Wolfram-Einkristalldraht: Die höchste Kathodenlebensdauer gewährleistet der Einkristalldraht. Er wird durch Kristallzüchtung aus einer Wolframpaste hergestellt. Die Paste wird zu einem Draht gezogen, der (mit einer Geschwindigkeit von 3 m/h) durch eine Heizspule bei ≈ 2000°C geführt wird. Aus der Paste bildet sich dabei der Einkristalldraht, der Kornlängen von 3 bis 4 m und daher die höchste Warmfestigkeit besitzt (vgl. Abb. 30).

Trotz der wegen des heißen Zustandes der Kathoden ohnehin schon niedrigen Zugfestigkeitswerte zeigt das Experiment, daß wegen der langsamen Verschiebung der Mikrokristalle bei hoher Temperatur („Kriechvorgänge") die Kathoden nur mit etwa 0,01 F_w belastet werden dürfen.

Zum Beispiel beträgt die praktisch zulässige Belastung für thorierte Wolframdrähte: $F_z = 0,01 \cdot F_w = 10\cdots20\ \mathrm{kp/cm^2} = 100\cdots200\ \mathrm{p/mm^2}$.

Die Kathodenfäden müssen stets sehr sorgfältig mechanisch geprüft werden, ehe sie in die Röhren eingezogen werden. Dabei wird auch der Durchmesser mikroskopisch kontrolliert und die Anfederung mit Spezialinstrumenten eingestellt. Abb. 31 zeigt zwei Beispiele für die Anfederung von Massiv-Kathoden.

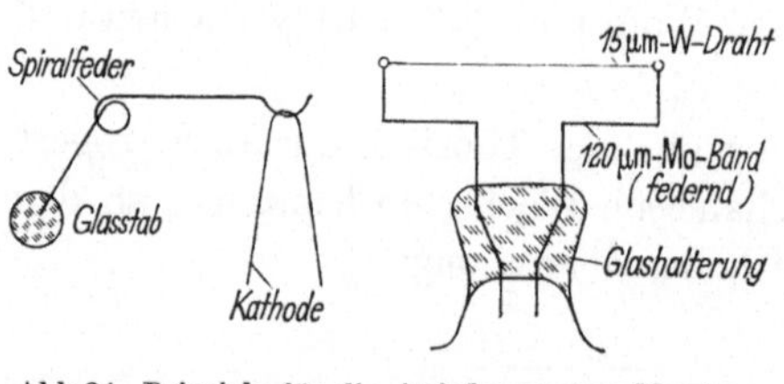

Abb. 31. Beispiele für die Anfederung von Massiv-Kathoden.

D. Atomfilm-Kathoden

1. Strukturmodelle von Metallen mit Oberflächenschichten

Die Austrittsarbeit von Metallen läßt sich erheblich verändern, indem ein oder mehrere Atomlagen dicke Schichten („Atomfilme") z. B. aus O, Th, Ba oder BaO auf der Metalloberfläche niedergeschlagen

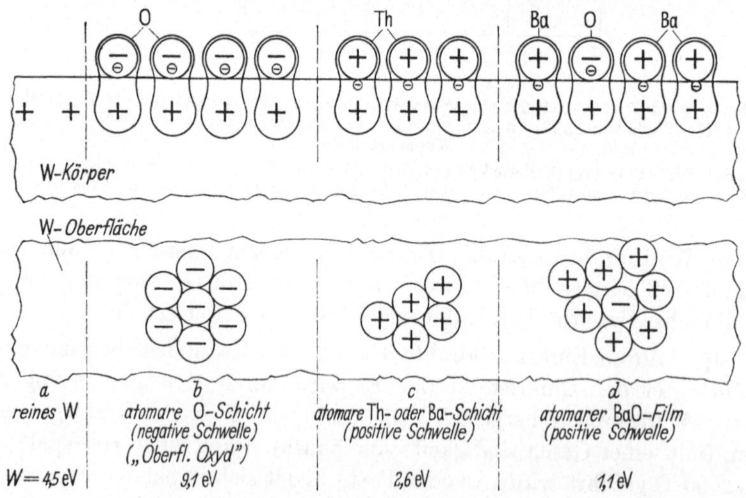

Abb. 32. Dipol-Oberflächenschichten (schematisch) und Austrittsarbeit für Wolfram-Atomfilmkathoden.

werden. Die Veränderung der Austrittsarbeit beruht auf der Bildung von Dipolschichten an der Metalloberfläche. Abb. 32 zeigt drei Strukturmodelle von solchen Dipolschichten für Wolfram als Trägermetall. Dort bedeutet:

a) Reine W-Oberfläche (das Wolframoxyd zerfällt bei glühendem Zustand der Kathode).

b) Monoatomare Sauerstoffschicht: Der Sauerstoff ist elektronegativ; daher nimmt jedes O-Atom in seine unvollständige Valenzschale aus der Metallunterlage ein Elektron auf. Dadurch entsteht an der Metalloberfläche eine Schicht negativer Sauerstoff-Ionen, die den Elektronenaustritt hemmen. (Erhöhung der Austrittsarbeit auf 9,1 eV).

c) Monoatomare Thorium- oder Bariumschicht: Th und Ba sind elektropositiv. Sie entsenden daher das einzige Elektron ihrer äußersten Schale auf ein Anregungsniveau, das gleichzeitig ein Energieniveau des Trägermetalls ist. Die so entstehende Schicht positiver Ionen wirkt emissionsfördernd (Erniedrigung der Austrittsarbeit auf 2,6 eV).

d) Monoatomare Barium-Sauerstoff-Schicht mit wenig Sauerstoff: Das Barium und der Sauerstoff wirken für sich wie in b) und c), jedoch hält der wenige vorhandene Sauerstoff mehr Barium-Ionen an der Metalloberfläche fest, als das Wolfram allein. (Weitere Erniedrigung der Austrittsarbeit auf 1,1 eV).

2. Energiebändermodelle von Atomfilm-Kathoden

Die Ausbildung von Dipol-Oberflächenschichten bei Atomfilm-Kathoden äußert sich im Bändermodell durch eine entsprechende Verformung des Potentialverlaufs an der Metalloberfläche (vgl. Abb. 33).

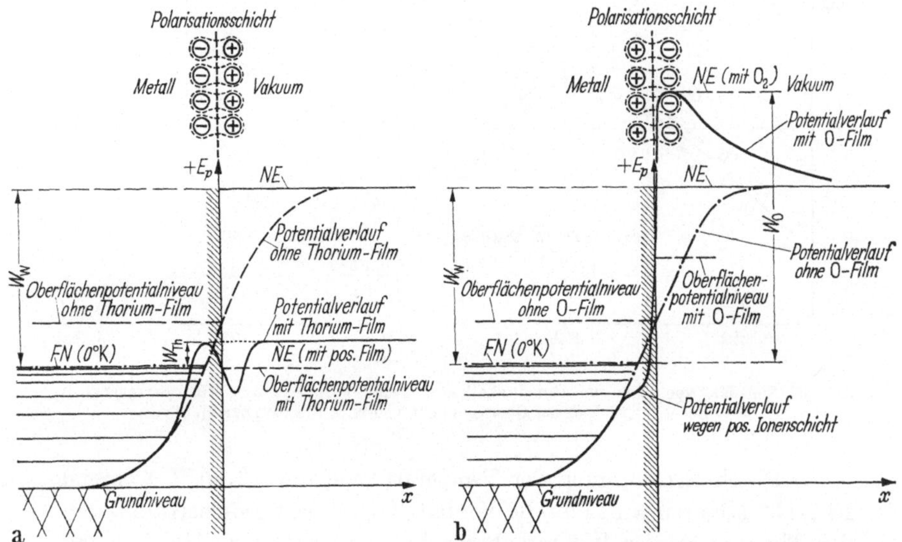

Abb. 33a u. b. Modell der Atomfilm-Kathode (ohne Berücksichtigung von Raumladung und Anodenfeld [$U_a = 0$]). a) Mit Thorium aktivierte W-Massivkathode; b) mit O₂ „vergiftete" W-Massivkathode.

3. Thorium-Atomfilmkathoden

Die technisch wichtigste Atomfilm-Kathode ist die thorierte Wolframkathode. Zu ihrer Herstellung setzt man dem pulverförmigen Wolfram
(das chemisch aus WO_3 gewonnen wird) 1,5% Thoriumoxyd (ThO_2)

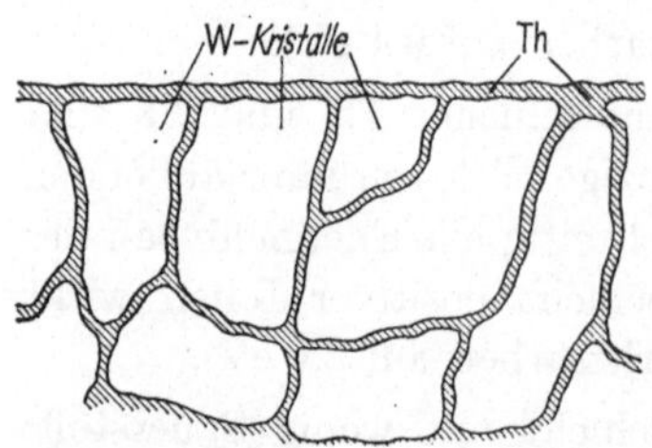

Abb. 34. Schnitt durch eine polykristalline
thorierte Wolframkathode. Das Thorium
wandert entlang der Korngrenzen an die
Kathodenoberfläche und reichert sich
dort an.

zu. (Eine größere Menge Thorium würde
die Kathode für die mechanische Bearbeitung zu hart machen und eine
kleinere Menge würde zu wenig Emission ergeben). Diese Mischung wird zu
Stäben gepreßt, gesintert und dann
mechanisch zu Drähten verformt. Der
anschließende Formierprozeß besteht
aus mehreren Stufen:

a) Erhitzen des Wolframdrahts auf
etwa 2800°K während 1 bis 2 Minuten.
Dabei wird der größte Teil des ThO_2
zu Th reduziert. Dieses wandert durch Poren und entlang der Korngrenzen des Wolframs an die Oberfläche, wo es verdampft. Die Emission
ist bei dieser Temperatur ungefähr gleich der des reinen Wolframs.

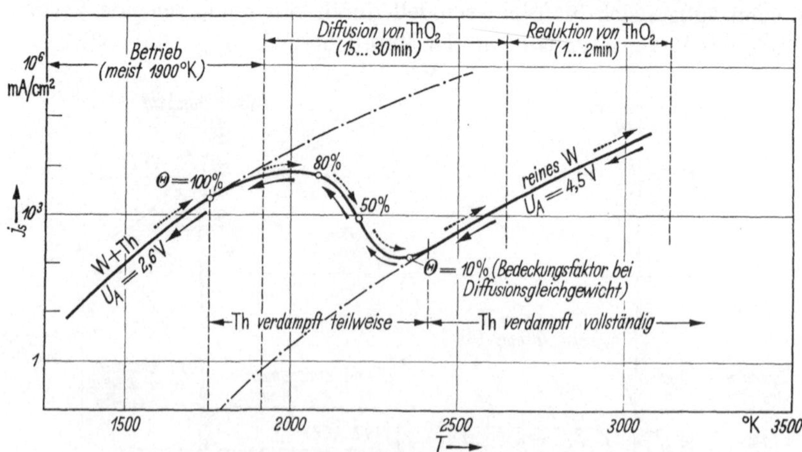

Abb. 35. Emission von Thorium-Atomfilmkathoden beim Formierprozeß. (Kurve reversibel;
Θ = Bedeckungsfaktor der Oberfläche mit Thorium; SPANGENBERG [33]).

b) Durch Erniedrigung der Temperatur auf etwa 2100°K während
15 bis 30 Minuten wird nun die Verdampfung soweit reduziert, daß sich
das Thorium an der Wolframoberfläche anreichert (vgl. Abb. 34) und
dort eine wahrscheinlich monoatomare Schicht positiver Ionen bildet

(„Aktivierung"). Die Emission wird dadurch etwa um den Faktor 50 erhöht. Zwischen 2100 und 2300°K schwankt die Bedeckung der Wolframoberfläche mit Thorium zwischen 20 und 80% (vgl. Abb. 35).

c) Karburierung[1] der Kathodenoberfläche, um die Th-Verdampfung zu erniedrigen (z. B. bei 2200 °K auf etwa $^1/_6$). Die Kathodenlebensdauer wird dadurch höher.

d) Betrieb der Kathode bei etwa 1900 °K während einer Lebensdauer von mehreren tausend Stunden.

E. Bariumoxyd-Kathoden

Die Entwicklung der Oxyd-Kathoden geht auf die Entdeckung WEHNELTs im Jahre 1904 zurück, daß ein mit Erdalkalioxyden bedeckter Platindraht schon bei etwa 850 °C, also Kirschrotglut, eine ebenso hohe Elektronenemission aufweist wie ein Wolframdraht bei 2200 °C. Im Laufe der Zeit zeigte es sich, daß eine aus je 50% BaO und SrO bestehende Mischung den besten Kompromiß zwischen guter Emission und zu rascher Verdampfung des Bariums, also zu kurzer Kathodenlebensdauer darstellt.

1. Strukturmodell und Emissionsvorgang für Bariumoxyd-Kathoden

Die emittierende Schicht dieser Kathoden ist aus Mikrokristallen von BaO und SrO zusammengesetzt. Die Ionengitterstruktur eines solchen Kristalls (z. B. aus BaO) und den Mechanismus der Elektronenemission veranschaulicht als Modellbeispiel Abb. 36.

Die Kathode ist aus drei Schichten aufgebaut: Dem Metallkern (meist ein siliziumhaltiges Nickelröhrchen), einer Zwischenschicht (Isolierfilm), deren Dicke mit der Betriebsdauer der Kathode wächst, und der elektronenemittierenden Oxydschicht. Nach NERGAARD [30] und DE VORE [36] findet in dieser Schicht (während der Lebensdauer der Kathode) ein dauernder Platzwechsel von O-Atomen unter Zurücklassung von je zwei Elektronen statt. Ein Teil der Sauerstoffatome diffundiert dabei an die Oberfläche, vereinigt sich dort zu O_2-Molekülen und wird beim „Formieren" der Kathode abgepumpt. Die in der Oxydschicht zurückbleibenden „Sauerstoff-Leerstellen", die vorher von Sauerstoffionen eingenommen waren, wirken als „Elektronen-Haftstellen". Sie bilden die eigentlichen Elektronenquellen der Kathode.

---

[1] Zur Karburierung wird der Heizfaden vor dem Einbau in einer Kohlenwasserstoff-Atmosphäre (z. B. Azetylen) auf 1600 °K erhitzt. Dadurch wird ein Teil des Wolframs in Wolframkarbid (W_2C) übergeführt. Dies vermindert die Th-Verdampfung.

Durch thermische Anregung werden aus ihnen Elektronen ausgelöst und emittiert. Leere Haftstellen werden mit Elektronen aus der Metallunterlage immer wieder aufgefüllt. Am siliziumhaltigen Metallkern der Kathode findet außerdem eine Reduktion des BaO durch das Si statt.

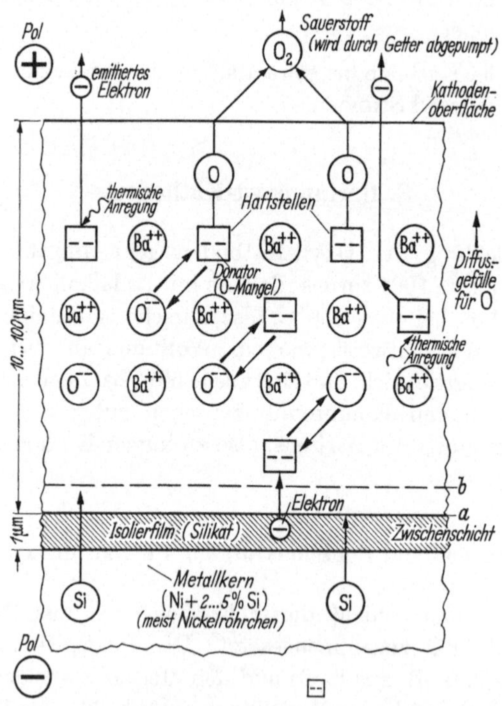

Abb. 36. Strukturmodell und Emissionsvorgang für eine BaO-Kathode (NERGAARD [30], DE VORE [36]).

Bildung von Elektronenhaftstellen (im ganzen BaO-Volumen):

$$2\,\text{BaO} \rightarrow 2\,\text{Ba} + 2\,\boxed{--} + \text{O}_2$$

(Ungestörtes Gitter) (Elektronen-Quellen) (wird abgepumpt)

Bildung der Zwischenschicht:

$$4\,\text{BaO} + \text{Si} \rightarrow 2\,\text{Ba} + \underbrace{2\,\text{BaO} \cdot 1\,\text{SiO}_2}_{} + 2\,\boxed{--}$$

Zwischenschicht mit sehr niedriger Leitfähigkeit.

Die Zwischenschicht wächst mit der Betriebsdauer von a nach b (Lebensdauerbegrenzung) und entsteht durch Reduktion des BaO durch Si, das aus dem Grundmetall eindiffundiert.

$\boxed{--}$ = Gitterlücken, besetzt mit je 2 Elektronen.

Dies führt ebenfalls zur Bildung von Haftstellen als Elektronenquellen und erhöht dadurch die Emission. Die Diffusion von Bariumatomen an die Kathodenoberfläche (die zu einer Erhöhung der Emission führt, wobei das Barium ständig verdampft) ist gegenüber der Diffusion von

Sauerstoffatomen (und damit der Haftstellen-Bildung) vernachlässigbar.
Der glühende BaO-Ionenkristall kann im Sinne der Halbleitertheorie
als n-Leiter angesehen werden.

2. Energiebändermodell der Bariumoxyd-Kathode

Aus den Halbleitereigenschaften der Oxyd-Kathode ergibt sich das
Bändermodell der Abb. 37 mit zwei verschiedenen Haftstellen-Niveaus
im verbotenen Band (NERGAARD [30], DE VORE [36]). Elektronen, die
von diesen Niveaus in das Leitfähigkeitsband gelangen, benötigen dazu

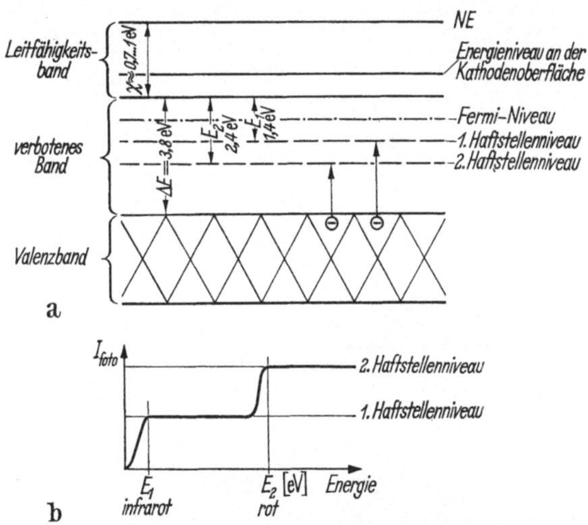

Abb. 37a u. b. Energiebändermodell der Oxydkathode (NERGAARD [30], DE VORE [36]).
a) Bändermodell (χ = Elektronenaffinität = Affinität der Leitungselektronen zu den Gitteratomen);
b) experimentelle Bestimmung der Haftstellenniveaus durch Bestrahlung einer kalten Oxydkathode
(mit O^{--}-Gitterfehlplätzen) mit Licht steigender Frequenz.

nur eine Energie von 1,4 bzw. 2,4 eV. Für die Emission dieser Leitungselektronen ist dann nicht mehr die Austrittsarbeit W, sondern der im
Vergleich dazu kleinere Energiebetrag $\chi + E_1/2$ maßgebend (χ = Elektronenaffinität[1], die der Breite des Leitfähigkeitsbandes entspricht, also
der Energiedifferenz zwischen dessen unterer Grenze und dem niedrigsten Emissionsniveau.) Für die Berechnung des Emissionsstroms gilt
daher in diesem Fall nicht mehr die klassische Richardson-Formel
[Gl. 27)], sondern ihre nach FOWLER modifizierte Form, in der die
Austrittsarbeit W durch den Energiebetrag $\chi + E_1/2$ ersetzt ist (NER-

---

[1] Die Elektronenaffinität χ [eV] ist die Energie, die nötig ist, um ein Elektron
von einem Ion zu entfernen oder einem neutralen Atom zuzuführen, also die
Bindungsenergie eines Elektrons an ein Ion im Ionenkristallgitter.

GAARD [*30*]). Die Abhängigkeit des Emissionsstroms von der Leitfähigkeit σ der Oxydschicht wird durch eine „neue" Konstante A' berücksichtigt.

3. Konstruktion einfacher Oxyd-Kathoden

Abb. 38 zeigt einfache Kathoden-Konstruktionen für direkte Heizung (a), Strahlungsheizung (b) und Wärmeleitungsheizung (c) sowie eine Kathode für Oszillographen- und Fernsehröhren (d). Da die Erdalkali-

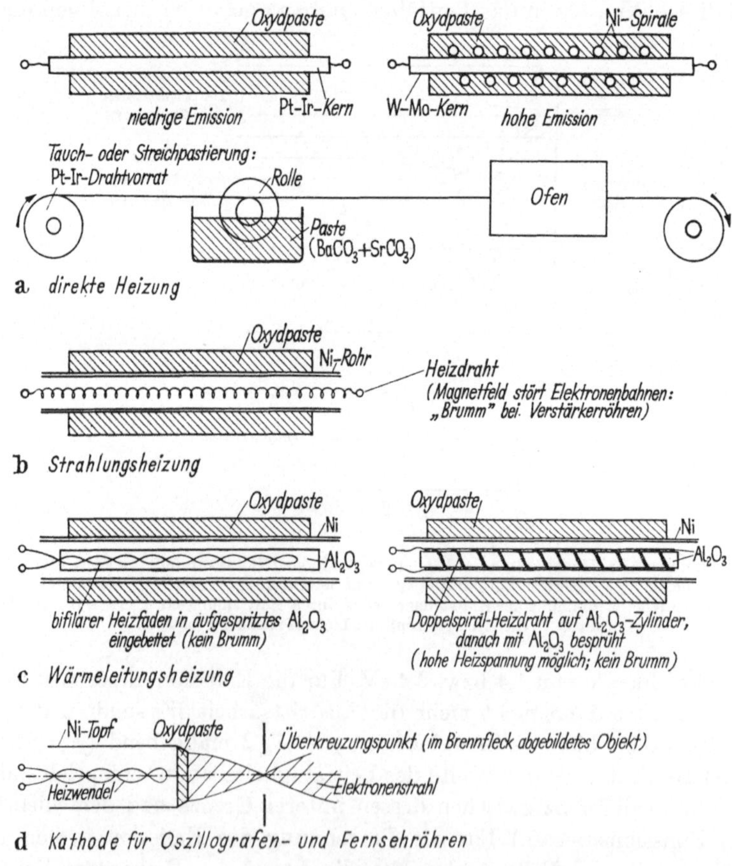

Abb. 38 a—d. Konstruktion einfacher Oxyd-Kathoden.

oxyde an Luft nicht beständig sind, wird die emittierende Schicht zunächst als Paste aus **Ba-** und **Sr-Karbonat** auf den Kathodenkern aufgetragen (Tauch- oder Streichpastierung, vgl. Abb. 38 a). In der evakuierten Röhre wird dann die Karbonatschicht auf etwa 1500 °K erhitzt;

dabei zerfallen die Karbonate in Oxyde und das entweichende CO_2 wird abgepumpt („Formierung"). Zur Bildung von Elektronen-Haftstellen wird anschließend aus der Kathode bei etwa 1000°K mit Hilfe einer Anodenspannung von etwa 100 V ein allmählich steigender Emissionsstrom gezogen, bis etwa der dreifache Wert des Nennstroms erreicht ist („Aktivierung"). Die Kathode ist dann für mehrere 1000 Stunden betriebsbereit.

4. Vorratskathoden

„Normale" Oxyd-Kathoden haben unter anderem den Nachteil, daß durch Zwischenschichtbildung und durch ständiges Verdampfen von Barium während des Betriebs ihre Lebensdauer begrenzt ist. Damit das Barium nicht zu schnell verdampft, können solche Kathoden nur bei relativ niedrigen Temperaturen betrieben werden, was sich nachteilig auf den maximal erreichbaren Emissionsstrom auswirkt[1]. Sie können außerdem durch Sauerstoff leicht „vergiftet" werden.

Um diese Nachteile möglichst zu beseitigen, wurden Kathoden entwickelt, die einen größeren Vorrat an Barium (in Form von Karbonaten oder Oxyden) enthalten, aus dem das von der (dünnen) Kathoden-Emissionsschicht verdampfende Barium fortwährend ersetzt wird („Nachlieferungs-" oder „Vorratskathoden"; „dispenser cathodes").

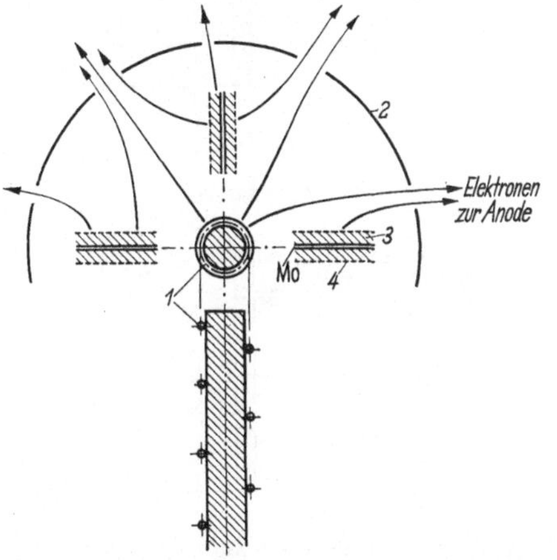

Ein Vorläufer dieser Kathoden ist die von HULL [25] entwickelte hochemittierende Stromrichter-Oxydkathode. Sie besteht aus einem direkt geheizten und mehreren zusätzlichen strahlungsgeheizten Emittern und ist zur Reflexion der Wärmestrahlung mit einem blanken Molybdän-Zylinder umgeben (vgl. Abb. 39). Dieser ist mit zahlreichen

Abb. 39. Hochemittierende Stromrichter-Oxydglühkathode (HULL [25]). (Elektronenausbeute 1,5 A/W im Vergleich zu 0,1 A/W für eine ebene „normale" Oxydkathode).

1 Mo-Schlauchnetz, gefüllt mit BaO und Al_2O_3, umgeben von einer Heizspirale; 2 blanker Mo-Zylinder; 3 zusätzliche strahlungsgeheizte Ba-Emissionsflächen; 4 Mo-Netz (verhindert das Herausfallen des Bariumoxyds).

---

[1] Für kurze Zeiten (Größenordnung 1 msec) können allerdings Emissionsströme bis 100 A/cm² gezogen werden. Dies bedeutet eine entsprechende Erhöhung des Signals über den Rauschpegel und wird daher häufig bei Sendern mit Impulsbetrieb, z. B. bei Radiosonden oder Radargeräten angewandt.

Bohrungen versehen, durch die der Elektronenstrom austritt. Jeder Emitter besitzt einen größeren Oxydvorrat. Die Elektronenausbeute (Emission pro Watt Heizleistung) dieser Kathode beträgt etwa 1,5 A/W gegenüber 0,1 A/W der gewöhnlichen Oxydkathoden.

Außer der Hullschen Kathode unterscheidet man hauptsächlich vier weitere Typen von Vorratskathoden: Die L-Kathode, die imprägnierten und die gepreßten Kathoden sowie die sogenannten Matrix-Kathoden (vgl. Abb. 40).

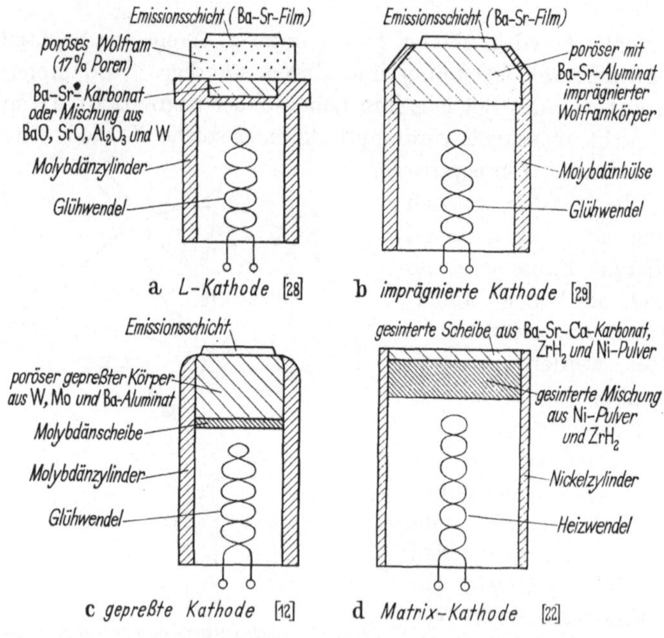

Abb. 40a—d. Verschiedene Arten von Vorratskathoden („dispenser cathodes").

a) Die L-Kathode. Die L-Kathode (LEMMENS u. a. [28]) besteht aus einer porösen Wolframschicht (mit 17% Poren), welche die Emissionsschicht (einen Bariumfilm) von einer als Vorrat dienenden Schicht aus 20% BaO · 2 Al₂O₃ · 3 CaO + 80% W trennt (vgl. Abb. 40a). Während des Betriebs diffundiert Barium aus der Vorratsschicht durch die Poren im Wolfram an die Oberfläche und ersetzt das von dort verdampfende Barium. Bei 1400 °K ist $j_s \approx 5$ A/cm².

b) Imprägnierte Kathode. Bei dieser Kathode (vgl. LEVI [29]) ist — im Gegensatz zur L-Kathode — die poröse Wolframschicht direkt mit der bariumhaltigen Vorratsmasse (Ba-Ca-Aluminat) imprägniert (vgl. Abb. 40b). Bei der Betriebstemperatur (1400 °K) ist $j_s \approx 5$ A/cm².

c) Gepreßte Kathode. Die Emissionsschicht dieser von Coppola und Hughes [12] entwickelten Kathode (vgl. Abb. 40c) besteht aus einer gepreßten und anschließend bei etwa 2000 °K gesinterten Mischung von W-Mo-Pulver mit Tribariumaluminat. Im Betrieb zerfällt das Aluminat unter Bildung von BaO: $Ba_3Al_2O_6 \rightleftharpoons 2\,BaO + BaAl_2O_4$ (Monobariumaluminat). Das BaO und das aus diesem durch Reduktion entstehende Ba wandern allmählich durch die Poren der W-Mo-Legierung an die Oberfläche und bilden dort die emittierende Schicht. Bei 1400 °K ist hier $j_s \approx 2{,}5 \; A/cm^2$.

d) Matrix-Kathoden. Diese Kathoden bestehen aus einer gepreßten und gesinterten Mischung von Nickelpulver, Ba-Sr-Ca-Karbonat und einem „Aktivator" (ZrH_2) (Hadley u. a. [21]). Das metallische Nickelgerüst bildet die „Matrix", in deren Hohlräumen die Karbonate eingelagert sind. Bei der Betriebstemperatur von etwa 1100 °K werden die aus den Karbonaten entstehenden Oxyde durch das Zirkonium laufend reduziert. Die Erdalkalimetalle wandern an die Oberfläche und bilden die emittierende Schicht (vgl. Abb. 40d). Die Stromdichte j_s dieser Kathode beträgt bis zu 10 A/cm^2.

Die Vorteile aller dieser Kathoden sind hohe Emission (auch bei Dauerbelastung), gute mechanische Eigenschaften, glatte emittierende Oberfläche, hohe Lebensdauer (auch bei hohem Restgasdruck in der Röhre), hohe Widerstandsfähigkeit gegen Ionenaufprall und die Fähigkeit, sich von einer „Vergiftung" rasch wieder zu erholen. Die hohen Emissionsströme kommen dadurch zustande, daß diese Kathoden wegen ihrer niedrigen (durch die Bauart bedingten) Ba-Verdampfungsgeschwindigkeit mit höheren Temperaturen betrieben werden können (1400 statt 1100 °K bei gewöhnlichen Oxydkathoden).

III. Photo-, Sekundär- und Feldemissions-Elektronenquellen

A. Photoelektronenquellen

Der äußere lichtelektrische Effekt ist schon seit langem bekannt. Im Jahre 1887 beobachtete H. Hertz, daß die Zündspannung einer Funkenstrecke niedriger war, wenn die negative Elektrode mit UV-Licht bestrahlt wurde. 1888 zeigte Hallwachs, daß dieser Effekt auf der Emission negativ geladener Teilchen beruht; 12 Jahre später wurde von Lenard, Elster und Geitel nachgewiesen, daß es sich dabei um Elektronen handelt.

1. Gesetzmäßigkeiten beim äußeren lichtelektrischen Effekt

a) I_a–U_a-Kennlinien einer Photozelle. Die der Photoemission zugrunde liegenden Gesetzmäßigkeiten lassen sich experimentell mit der Photozellenanordnung nach Abb. 41 ermitteln: Fällt genügend kurzwelliges (z. B. blaues oder UV-)Licht auf die als Photokathode dienende Metallplatte, so werden aus ihr Elektronen ausgelöst (äußerer Photoeffekt), die unter dem Einfluß der an der Photozelle liegenden Anodenspannung U_a zur Netzanode gelangen. Für verschiedene Beleuchtungsstärken, aber konstante Lichtfarbe (Lichtwellenlänge) ergibt sich die Kurvenschar der Abb. 42a, für konstanten Lichtfluß und verschiedene Lichtfarben die Kurvenschar der Abb. 42b.

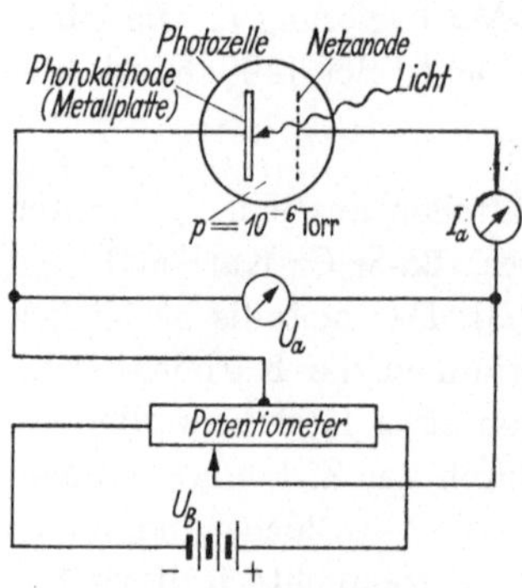

Abb. 41. Anordnung zur Aufnahme der I_a–U_a-Kennlinien einer Photozelle.

b) Einsteinsche Gleichung. Abb. 42a zeigt, daß der Photostrom (der bei *positiven* Anodenspannungen ein Sättigungsstrom ist) in Übereinstimmung mit der Wellentheorie des Lichts linear mit dem auf die Kathode einfallenden Lichtfluß L wächst; mit wachsender *negativer* Anoden-

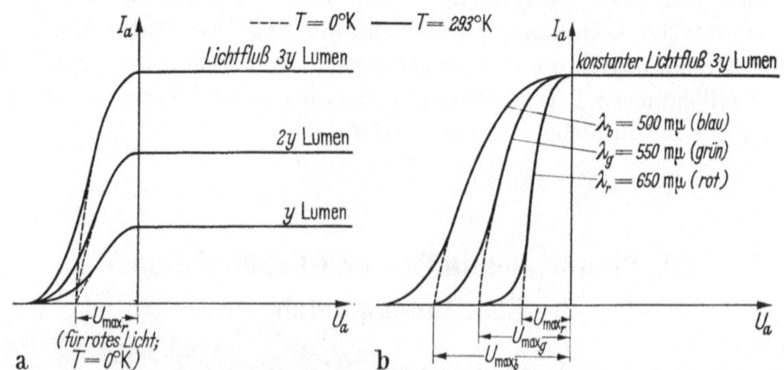

Abb. 42a u. b. I_a–U_a-Kennlinien einer Photozelle: a) für gleichfarbiges Licht und verschiedenen Lichtfluß; b) für verschiedenfarbiges Licht und gleichen Lichtfluß.

spannung nimmt dagegen der Photostrom ab und erreicht bei einer bestimmten Gegenspannung U_{max} den Wert Null. Die Größe dieser Gegenspannung, die offenbar der maximalen Energie E_{max} der emittierten Photoelektronen entspricht, ist nach Abb. 42b der Lichtfrequenz proportional (umgekehrt proportional der Wellenlänge), dagegen unabhängig von der Größe des einfallenden Lichtstroms. Dieses Ergebnis, das im

Widerspruch zur alten Wellentheorie steht, wurde von EINSTEIN (1905) durch Anwendung der Quantentheorie auf die Photoemission bestätigt. Nach EINSTEIN treten die Metallatome nicht mit der Gesamtenergie der Strahlungsquelle in Wechselwirkung, sondern nur mit einzelnen „Wellenpaketen" oder Quanten dieser Energie. Diese Strahlungsquanten (für Licht auch Photonen genannt) sind hypothetische Teilchen mit der Masse $m_{ph} = E_{ph}/c^2 = h/c\lambda$ und der Energie hf (vgl. Abschn. I, A, 3); sie verschwinden, wenn sie ihre ganze Energie (z. B. an ein Elektron) abgegeben haben.

Berücksichtigt man, daß die Photoelektronen — falls sie vom Ferminiveau aus emittiert werden — beim Verlassen des Metalls die Austrittsarbeit $W = e\,U_A$ zu überwinden haben, so ergibt sich ihre maximale kinetische Energie $E_{max} = e\,U_{max} = (1/2)\,m\,v^2_{max}$ (nach dem Austritt) aus der Einsteinschen Gleichung für den äußeren Photoeffekt:

$$e\,U_{max} = (1/2)\,m\,v^2_{max} \quad = \quad h\,f_{max} \quad - \quad e\,U_A. \tag{32}$$

| Energie des schnellsten emittierten Photoelektrons | Maximale Energie der auslösenden Lichtquanten | Austrittsarbeit W der Photokathode |

Für beliebige kinetische Energie $E_k = e\,U = (1/2)\,m\,v^2$ der emittierten Photoelektronen lautet die Einsteinsche Gleichung:

$$E_k = e\,U = h\,f - e\,U_A, \tag{32a}$$

wobei vorausgesetzt ist, daß $f < f_{max}$ und $hf > e\,U_A$ ist. Gl. (32a) ist die Gleichung einer Geraden $E_k = f(f)$, deren Neigung $\tan\alpha = h/e$ konstant ist. Jeder Photokathode mit einer bestimmten Austrittsarbeit entspricht eine solche Gerade (vgl. Abb. 43). Ihr Schnittpunkt mit der Ordinatenachse ergibt die Austrittsarbeit W der betreffenden Kathode, ihr Schnittpunkt mit der Abszissenachse die kleinste zur Elektronenemission erforderliche Lichtfrequenz.

c) Energieverteilung und Energiegrenzen der Photoelektronen. Nach Gl. (32) und (32a) liegt die Energie der emittierten Photoelektronen zwischen den Grenzen $E_k = e\,U = 0$ (Austrittsgeschwindigkeit der Elektronen $v = 0$) und $E_{max} = e\,U_{max}$ ($v = v_{max}$). Für die *untere* Energiegrenze ($E_k = 0$) wird nach Gl. (32a):

$$e\,U_A = h\,f_{min} \tag{32b}$$

oder, wenn man $f_{min} = c/\lambda_{max}$ berücksichtigt:

$$\lambda_{max} = \frac{hc}{e\,U_A} = \frac{12400}{U_A} \text{ [Å] } (U \text{ in V}). \tag{33}$$

λ_{max} ist die maximale, für die Emission eines Photoelektrons gerade noch ausreichende Lichtwellenlänge und heißt daher „langwellige Grenze". Ihre durch Gl. (33) gegebene umgekehrte Proportionalität zur

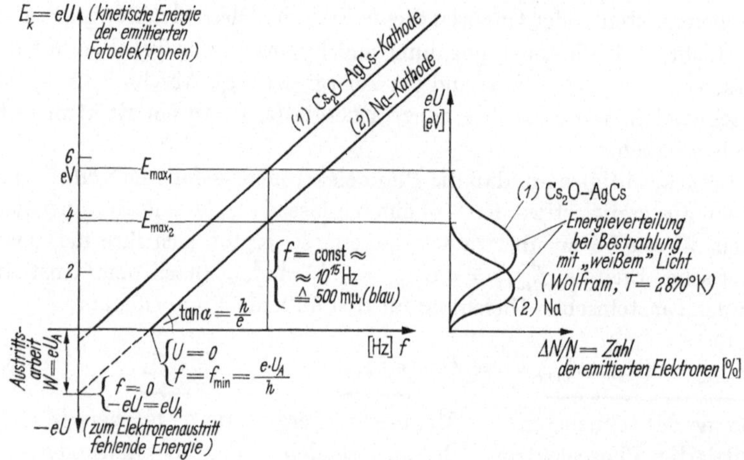

Abb. 43. Diagramm der Einsteinschen Gleichung für den äußeren lichtelektrischen Effekt.
E_{max_1}, E_{max_2} = jeweilige maximale Austrittsenergie der Photoelektronen; f_{min} = kleinste zur Elektronenemission erforderliche Lichtfrequenz (entspricht der langwelligen Grenze λ_{max}).

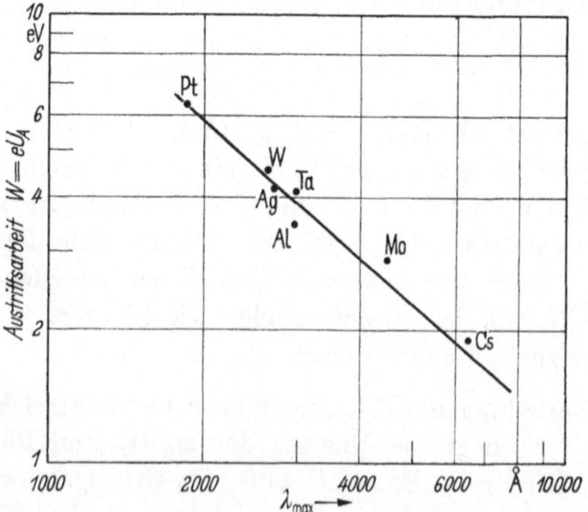

Abb. 44. Abhängigkeit der „langwelligen Grenze" λ_{max} verschiedener Massiv-Photokathoden von deren Austrittsarbeit $W = e U_A$.

Austrittsarbeit stimmt nach Abb. 44 annähernd mit dem experimentellen Befund überein, obwohl hier U_A größtenteils thermisch an Glühkathoden gemessen wurde.

Die *obere* Energiegrenze E_{max} der emittierten Photoelektronen ist durch die maximale Lichtfrequenz (Gl. 32) gegeben. E_{max} wird bei gegebener maximaler Lichtfrequenz f_{max} um so größer, je kleiner die Austrittsarbeit $e\,U_A$ der verwendeten Photokathode ist.

Diese Energiegrenzen ($h f_{min}$ und E_{max}) für die Photoemission sind nur bei der absoluten Temperatur $T = 0\,°\mathrm{K}$ vollkommen scharf, da in diesem Fall jedes die Kathode verlassende Elektron mindestens die Energiedifferenz zwischen der Fermikante und dem niedrigsten Emissionsniveau (die gleich der Austrittsarbeit ist) überwinden muß. Bei höheren Temperaturen (z. B. bei Zimmertemperatur) verformt sich die Fermiverteilung (vgl. Abb. 18), so daß ein kleiner Bruchteil der Leitungselektronen beim Verlassen des Metalls nur noch einen Teil der Austrittsarbeit aufzubringen hat. Dies bedeutet, daß bei Zimmertemperatur auch Strahlung mit etwas größerer Wellenlänge, als sie der langwelligen Grenze entspricht, Elektronen auslösen kann. Es bedeutet außerdem, daß ein kleiner Bruchteil der emittierten Elektronen auch eine größere Energie als $E_{max}= e\,U_{max}$ [Gl. (32)] haben kann. Letzteres äußert sich in Abb. 42a und b darin, daß der Photostrom I_a für $T = 0\,°\mathrm{K}$ bei der Gegenspannung $U = U_{max}$ den Wert Null erreicht, während er bei höheren Temperaturen mit wachsender Gegenspannung asymptotisch gegen Null geht.

Die zwischen den Grenzen $E_k = 0$ und $E_k = E_{max}$ existierende Energieverteilung der emittierten Photoelektronen kann nach FOWLER und DU BRIDGE (vgl. SIMON-SUHRMANN [44]) theoretisch aus der Fermi-Verteilung abgeleitet werden und stimmt mit der experimentell gefundenen, in Abb. 43 für zwei verschiedene Kathoden angegebenen Energieverteilung überein. Diese Verteilung geht auch aus dem „Photoanlaufstrom"-Kennlinienast (negatives U_a) der I_a–U_a-Kennlinien (vgl. Abb. 42a u. b) hervor, der von der thermischen Anlaufstrom-Kennlinie (vgl. Abb. 22) wegen der unterschiedlichen Emissionsmechanismen abweicht.

2. Bändermodell für metallische Photokathoden

Die bei der Photoemission möglichen quantenhaften Energie-Übertragungsvorgänge veranschaulicht das Bändermodell der Abb. 45.

3. Elektronenausbeute und Lumen-Empfindlichkeit
von Photokathoden

Der von einer Photokathode emittierte Strom I_a ist nach Abb. 42a bei positiver Anodenspannung dem auffallenden (monochromatischen) Lichtfluß L direkt proportional. Dem Lichtfluß L entspricht bei einer bestimmten Lichtwellenlänge λ ein bestimmter auf die Kathode auftreffender Energiestrom S, der in [cal/sec] oder [Watt] gemessen werden kann. Man bezeichnet nun den pro Energieeinheit des auffallenden Lichts emittierten Photostrom einer Kathode als lichtelektrische Elektronenausbeute $A_e = I_a/S$. Abb. 46 zeigt die Elektronenausbeute A_e für ver-

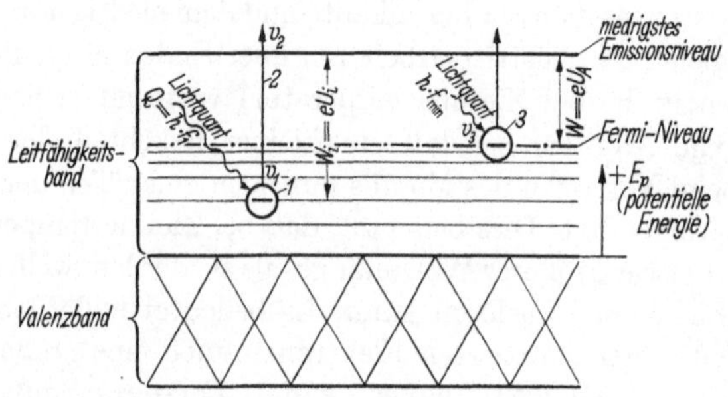

Abb. 45. Energiebändermodell für metallische Photokathoden ($T = $ const).

1 Anfangsenergie eines ausgelösten Photoelektrons: $(m/2)\, v_1{}^2 = h f_1$; *2* Austrittsenergie des Photoelektrons: $(m/2)\, v_2{}^2 = h f_1 - e U_i$; *3* kleinste mögliche Anfangsenergie eines ausgelösten Photoelektrons (bei 0 °K): $(m/2)\, v_3{}^2 = e U_A = h f_{min}$ (langwellige Grenze). $W = $ identisch mit thermischer Austrittsarbeit.

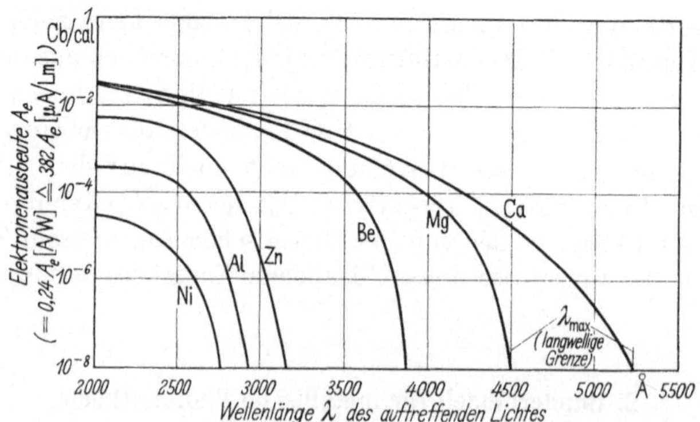

Abb. 46. Elektronenausbeute A_e für verschiedene Metalle in Abhängigkeit von der Wellenlänge des auffallenden Lichts (vgl. ESPE-KNOLL [*18*]).

schiedene Metalle in Abhängigkeit von der Wellenlänge des eingestrahlten Lichts.

Die Dimension der Elektronenausbeute A_e ist [A/(cal/sec)] = [Cb/cal]; (1 Cb/cal = 0,24 A/W). Diese Einheit kann man für jede Lichtwellenlänge in [μA/Lm] (Lm = Lumen) umrechnen. Für $\lambda = 5600$ Å (max. Augenempfindlichkeit) lautet die Umrechnung:

$$1\,[\mathrm{Cb/cal}] = 0{,}24\,[\mathrm{A/W}] \triangleq 382\,[\mu\mathrm{A/Lm}] \quad (\lambda = 5600\,\text{Å}). \qquad (34)$$

Die in [μA/Lm] ausgedrückte Elektronenausbeute bezeichnet man auch als „Lumen-Empfindlichkeit" einer Photokathode. Für verschiedene technische Photokathoden ergeben sich größenordnungsmäßig folgende maximalen Werte der (von der Lichtwellenlänge abhängigen) Lumen-Empfindlichkeit:

a) Massive Photokathoden (z. B. **Ag**) $\approx 0{,}01$ μA/Lm
b) Atomfilm-Photokathoden (z. B. **Ag–Cs**) 5 ,,
c) Oxydschicht-Photokathoden (**Ag–Cs$_2$O–Cs**) 25 ,,
d) Metallverbindungs-Photokathoden (**SbCs$_3$**) 50 ,,
e) Mehralkali-Photokathoden (**Sb–K–Na–Cs**) 180 ,,

4. Quantenausbeute von Photokathoden

Während die Elektronenausbeute A_e den emittierten Elektronen*strom* pro *Energieeinheit* des auffallenden Lichts angibt, bedeutet die „Quantenausbeute" A_q die ausgelöste Elektronen*zahl* pro auffallendes *Lichtquant* der betrachteten Wellenlänge.

Zwischen A_e und A_q besteht folgender Zusammenhang: Treffen auf eine Photokathode Lichtquanten der Energie $h \cdot f$, so ist die emittierte Elektronenzahl pro Energieeinheit des auffallenden Lichts gleich $A_q/h\,f$. Multipliziert man diesen Ausdruck mit der Elektronenladung e, so ergibt sich der emittierte Elektronenstrom pro Energieeinheit, der definitionsgemäß gleich A_e ist. Es wird also:

$$A_e = \frac{A_q\,e}{h\,f} = 0{,}807 \cdot 10^{-6}\,A_q\,\lambda \ \ [\text{A/W}] \ \ (A_q \text{ in } \%,\ \lambda \text{ in Å}) \tag{35}$$

oder

$$A_q = 1{,}24 \cdot 10^6\,(A_e/\lambda) \ \ [\%] \ \ (A_e \text{ in A/W},\ \lambda \text{ in Å}). \tag{35a}$$

Nach Gl. (35) müßte A_e mit wachsender Wellenlänge zunehmen. Dabei ist aber zu berücksichtigen, daß auch A_q von der Wellenlänge abhängig ist: Für manche Metalle (z. B. die Alkalimetalle) durchläuft $A_q = f(\lambda)$ im optischen Wellenlängenbereich ein Maximum, im allgemeinen nimmt es jedoch mit wachsender Wellenlänge rasch ab (z. B. bei Al; vgl. [*18*, S. 353]). Daher nimmt A_e mit wachsender Wellenlänge für die meisten reinen Metalle ebenfalls ab (vgl. Abb. 46). Die Erscheinung, daß A_e mit wachsender Wellenlänge monoton abnimmt, bezeichnet man als „*normalen*" *Photoeffekt*.

Die Quantenausbeute reiner Metalle liegt für sichtbares Licht zwischen 0,001 und etwa 1%.

Beispiel: Quantenausbeute für eine **Ca**-Kathode bei $\lambda = 4000$ Å. Nach Abb. 46 ist für diesen Fall $A_e \approx 5 \cdot 10^{-4}$ Cb/cal $= 1{,}2 \cdot 10^{-4}$ A/W. Nach Gl. (35a) wird dann $A_q = 1{,}240 \cdot 10^6 \, (A_e/\lambda) \approx 0{,}04\%$. Dies bedeutet, daß bei dieser Photokathode pro 10000 auftreffende Lichtquanten ($\lambda = 4000$ Å) nur 4 Elektronen emittiert werden.

Die geringe Quantenausbeute der reinen Metalle kommt dadurch zustande, daß die Lichtstrahlen etwa 10^{-4} cm tief in das Metall eindringen können, während die Reichweite der auf dieser Strecke ausgelösten Elektronen nur etwa 10^{-7} cm beträgt. Es können daher nur diejenigen Elektronen (nach Überwindung der Austrittsarbeit) das Metall verlassen, die aus einer etwa 10 Å dicken Schicht unterhalb der Metalloberfläche stammen. Der größte Teil der eingestrahlten Lichtenergie geht somit für die Emission verloren.

Erheblich höher ist die Quantenausbeute von Photokathoden, die zur Erniedrigung der Austrittsarbeit und zur Verschiebung der langwelligen Grenze nach größeren Wellenlängen aus mehreren Schichten zusammengesetzt sind (,,zusammengesetzte Photokathoden''): Die *Atomfilm-Kathoden* (Quantenausbeute $A_q \approx 1\%$) bestehen aus einem Metallträger (Ag, W), auf den eine monoatomare Fremdmetallschicht (z. B. aus K, Na oder Cs) aufgedampft ist. Bei den *Oxydschicht-Photokathoden* ($A_q \approx 3\%$) befindet sich zwischen Grundmetall und aktivem Metallfilm (meist Cs) eine Oxydschicht, welche die Emissionseigenschaften verbessert. *Metallverbindungs-Photokathoden* ($A_q \approx 10\%$) bestehen aus einer Legierung zweier Metalle (z. B. Sb und Cs), die als dünne Schicht auf ein Grundmetall aufgebracht ist. Die höchste Quantenausbeute (bis zu 30%) besitzen die Mehralkali-Photokathoden, die aus einer definierten Mischung verschiedener Alkalimetalle bestehen.

Beispiel: Für eine Mehralkali-Photokathode mit einer Elektronenausbeute $A_e = 0{,}3$ Cb/cal $= 0{,}072$ A/W wird $A_q = 22\%$ ($\lambda = 4000$ Å). Dies bedeutet, daß hier pro 100 auftreffende Lichtquanten 22 Elektronen emittiert werden.

5. Spektrale Empfindlichkeitskurven typischer Photokathoden

Wie bereits erwähnt, zeigen die meisten reinen Metalle den ,,normalen'' Photoeffekt, bei dem die Empfindlichkeit der Kathode mit wachsender Wellenlänge monoton abnimmt. Eine Ausnahme bilden die Alkalimetalle, bei denen die Elektronenausbeute als Funktion der Wellenlänge im optischen Wellenlängenbereich ein Maximum durchläuft. Auch die Empfindlichkeitskurven der zusammengesetzten Photokathoden weisen ein oder mehrere solcher Maxima auf (vgl. Abb. 47a und b). Man bezeichnet dies als *selektiven Photoeffekt*.

Der selektive Photoeffekt entsteht durch die Abhängigkeit des Lichtabsorptionskoeffizienten (d. h. der Lichteindringtiefe) und des Lichtreflexionsvermögens von der Wellenlänge: Bei kleinen Wellenlängen wird die Lichteindringtiefe mit abnehmender Wellenlänge größer (der Lichtabsorptionskoeffizient also kleiner) und daher die Elektronen-emission kleiner. Bei großen Wellenlängen steigt das Lichtreflexions-vermögen der Photokathode mit wachsender Wellenlänge an und ver-mindert dadurch ebenfalls die Elektronenemission. Mehrere Maxima entstehen bei den Oxydschicht-Photokathoden (vgl. Abb. 47a) durch

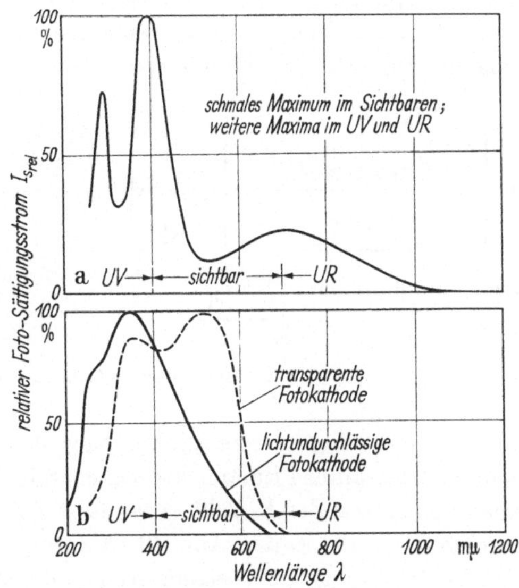

Abb. 47a u. b. Typische gemessene Spektralkurven von Photokathoden (ZWORYKIN-RAMBERG [46]). a) Ag-Cs₂O-Cs-Photokathode (Oxydschicht-Photokathode); b) SbCs₃-Photokathode (Metallverbin-dungs-Photokathode).

verschiedenes Reflexionsvermögen der Oxyd- und Metallschicht. Bei den Metallverbindungs-Photokathoden (vgl. Abb. 47b) entstehen die spek-tralen Maxima wahrscheinlich durch zwei verschiedene Arten der An-ordnung der Fremdatome (z. B. der Cs- und Sb-Atome) in der Gitter-struktur der Kathode.

6. Ermüdung von Photokathoden

Photokathoden zeigen im Laufe der Zeit ein Nachlassen der Elek-tronenergiebigkeit. Diese „Ermüdung" beruht auf der zunehmenden Anlagerung von elektronegativen Gasmolekülen (z. B. O_2) an der Ka-thodenoberfläche. Die so entstehende Dipol-Oberflächenschicht erhöht die Austrittsarbeit der Kathode (vgl. Abb. 32). Oxydschicht-Kathoden zeigen außerdem eine reversible Ermüdung, weil die Oxydschicht bei hoher Stromentnahme an Elektronen verarmt, wodurch die Elektronen-nachlieferung erschwert wird.

B. Sekundärelektronenquellen

1. Mechanismus der Sekundärelektronen-Emission

Läßt man einen Elektronenstrahl mit einer Energie von mindestens 10 eV auf einen Festkörper auftreffen, so werden aus diesem „Sekundärelektronen" ausgelöst, deren Menge von Anzahl und Energie der „Primärelektronen" abhängt. Dieser Sekundärelektronenstrom kann mit Hilfe

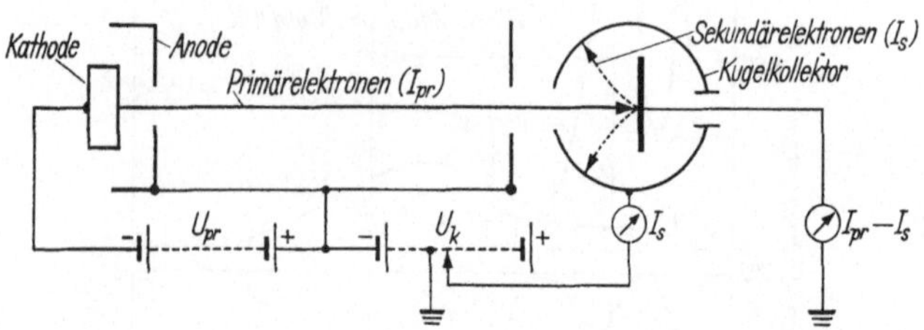

Abb. 48. Anordnung zur Messung des Sekundäremissionskoeffizienten δ von Metallen.

eines Kugelkollektors in der Versuchsanordnung nach Abb. 48 gemessen werden. Mißt man bei konstanter Primärelektronenenergie den Kollektorstrom I_s in Abhängigkeit von der Kollektorspannung U_k, so ergibt sich die Sekundäremissions-Kennlinie der Abb. 49, die aus einem Anlaufstrom- ($U_k < 0$) und einem Sättigungsstromast ($U_k > 0$) besteht.

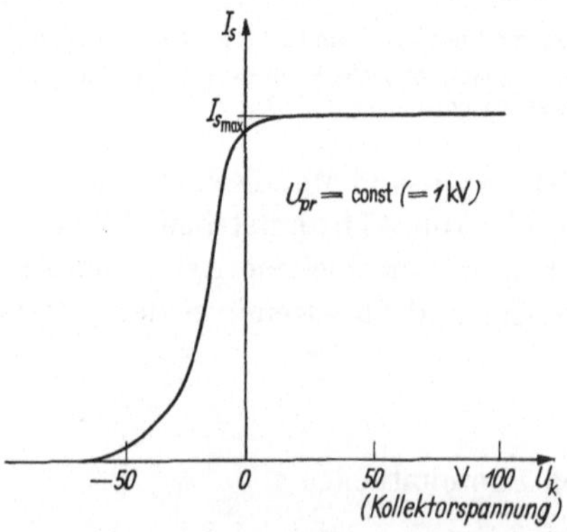

Aus der Form des Anlaufstrom-Kennlinienastes der Abb.49 kann (wie bei der thermischen und Photoemission) die Energieverteilung der emittierten Elektronen ermittelt werden, die bei der Sekundäremission stets die in Abb. 50 gezeigte Form hat. Die Energieverteilung ist durch drei Bereiche charakterisiert:

a) Der erste Bereich (zwischen Null und etwa 50 eV) enthält ein Strommaximum, das von „echten" Sekundärelektronen herrührt. Die Lage dieses Maximums (bei einigen eV) ist von der Primärelektronen-Energie praktisch unabhängig.

Abb. 49. Typische Sekundäremissions-Kennlinie eines Festkörpers.

b) Der zweite Bereich, ein breites Minimum (zwischen 20 und 90% der Primärenergie), wird von Primärelektronen gebildet, die, nachdem sie durch zahlreiche Zusammenstöße im Festkörper einen großen Teil ihrer Energie verloren haben, wieder an die Oberfläche zurückkehren und aus dem Festkörper austreten („rückdiffundierte" Primärelektronen).

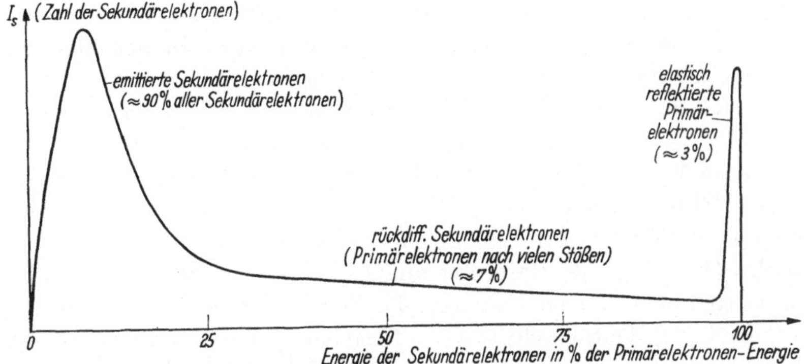

Abb. 50. Typische Energieverteilung emittierter Sekundärelektronen (Primärelektronen-Energie $E_{pr} = 300\cdots1000$ eV).

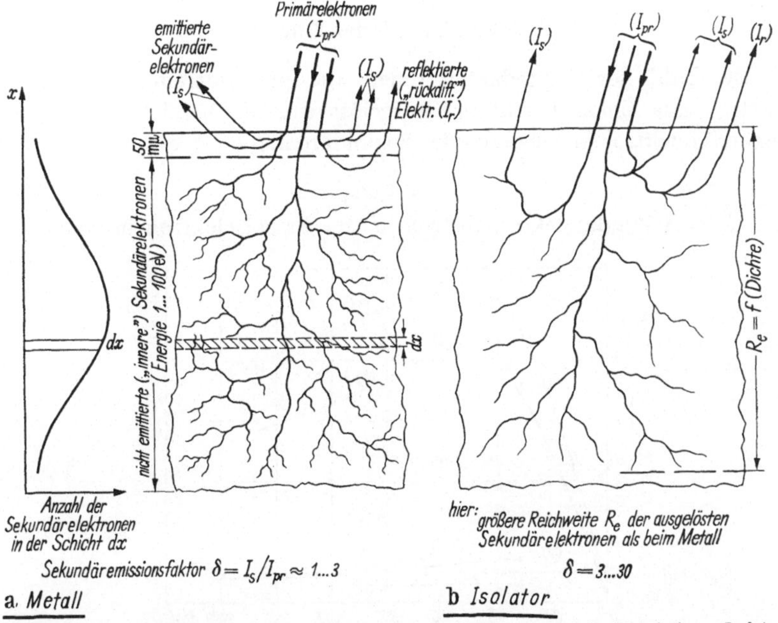

Abb. 51a u. b. Sekundärelektronen-Emissionsprozesse (a) bei einem Metall, (b) bei einem Isolator.

c) Der letzte Bereich enthält ein schmales Strommaximum bei 100% der Primärelektronen-Energie. Es entsteht durch Primärelektronen, die ohne Energieverlust an der Festkörperoberfläche elastisch reflektiert wurden, also nach der Rückkehr vom Festkörper noch die volle Primär-energie besitzen („elastisch reflektierte" Primärelektronen).

5*

Die Entstehung dieser verschiedenen Sekundärstrom-Komponenten bei Metallen und Isolatoren veranschaulicht Abb. 51. Daraus geht hervor, daß die meisten „inneren" Sekundärelektronen in einer Schicht gebildet werden, die bei einer Primärelektronen-Energie von einigen keV etwa 0,5 µ unterhalb der Festkörperoberfläche liegt. In den Metallen haben diese inneren Sekundärelektronen wegen der dort herrschenden hohen Konzentration der Leitungselektronen (an die sie ihre Energie teilweise abgeben) geringe Reichweiten und können deshalb nur von einer etwa 50 mµ dicken Schicht unterhalb der Metalloberfläche emittiert werden. Entsprechend gering ist daher die Zahl δ der Sekundärelektronen, die pro auftreffendes Primärelektron aus einem Metall herausgeschlagen werden ($\delta_{max} = 1\cdots3$). Halbleiter und Isolatoren enthalten dagegen bei Zimmertemperatur relativ wenige (die Energie der Sekundärelektronen aufnehmende) Leitungselektronen. Dies hat größere Reichweiten der Sekundärelektronen und eine entsprechend größere Elektronenausbeute zur Folge ($\delta_{max} = 3\cdots15$).

2. Sekundäremissionskurven

Die Zahl der Sekundärelektronen, die pro auftreffendes Primärelektron aus einem Festkörper ausgelöst werden, bezeichnet man als Sekundärelektronenausbeute oder Sekundäremissionskoeffizient δ:

$$\delta = I_s/I_{pr} \tag{36}$$

(I_s = Sekundärelektronenstrom, I_{pr} = Primärelektronenstrom).

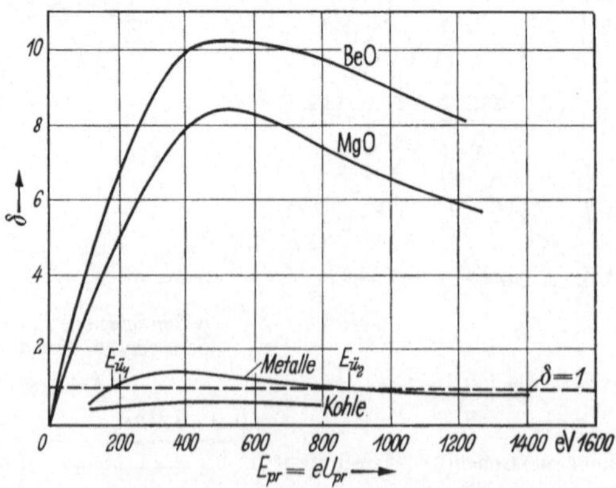

Abb. 52. Abhängigkeit der Sekundärelektronenausbeute δ von der Primärelektronen-Energie E_{pr} für verschiedene Festkörper. $E_{ü_1}$ und $E_{ü_2}$: Überkreuzungspunkte für $\delta = 1$. (Für NaCl und KCl: $\delta_{max} \approx 6\cdots8$, für BaO: $\delta_{max} \approx 12$ etc.)

Die Ausbeute δ hängt unter anderem von Energie und Einfallswinkel des Primärelektronenstrahls ab, ferner von Material und Oberflächenbeschaffenheit des Festkörpers.

In Abb. 52 ist für Metalle, Kohle und verschiedene Halbleiter die Abhängigkeit der Ausbeute δ von der Energie $E_{pr} = e\,U_{pr}$ der Primärelektronen dargestellt[1]. $\delta = f(E_{pr})$ durchläuft für alle Stoffe bei E_{pr}-Werten von einigen 100 eV ein Maximum. Es entsteht dadurch, daß bei geringer Primärenergie nur wenige Festkörperelektronen die zum Austritt notwendige Energie aufnehmen können, während bei hoher Primärenergie die Elektronen in tieferen Schichten ausgelöst werden, so daß sie trotz ihrer relativ hohen kinetischen Anfangsenergie im Festkörper (bis zu 100 eV) dessen Oberfläche nicht mehr erreichen können (vgl. Abb. 51).

Hinsichtlich des Maximalwerts von δ kann man drei Gruppen von Stoffen unterscheiden: a) Stoffe mit einer maximalen Ausbeute $\delta_{\max} < 1$; zu diesen Stoffen zählen die Alkali- und Erdalkalimetalle sowie der Kohlenstoff (Graphit, Ruß). b) Stoffe mit einer maximalen Ausbeute $\delta_{\max} = 1\cdots2$; dazu gehören die meisten Metalle außer den unter a) erwähnten. c) Stoffe mit einer maximalen Ausbeute $\delta_{\max} = 2\cdots15$; dazu gehören viele Metalloxyde und -chloride (z. B. BeO: $\delta_{\max} \approx 10$; MgO: 8; NaCl und KCl: $6\cdots8$) sowie Metallegierungen (z. B. Cu-Mg: $\delta_{\max} \approx 13$; Ni-Be: 12; Cu-Al: 10).

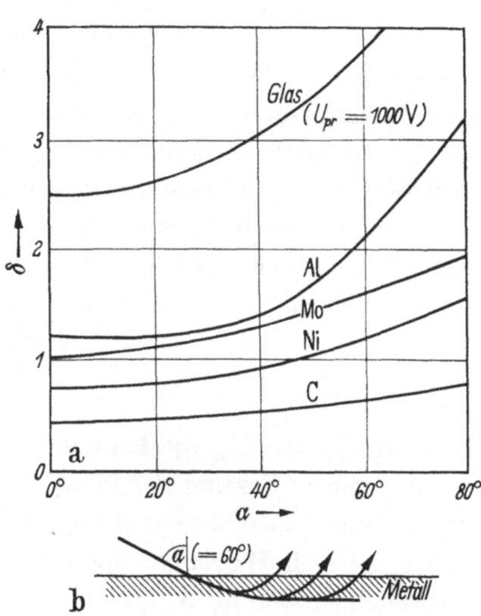

Abb. 53. a) Abhängigkeit der Sekundärelektronenausbeute δ vom Einfallswinkel α des Primärelektronenstrahls; b) „Herausschälen" von Sekundärelektronen aus der Metalloberfläche, (Hohe Sekundäremission entsteht, wenn die Primärelektronenbahnen fast parallel zur Metalloberfläche verlaufen.)

Die Abhängigkeit der Sekundärelektronenausbeute δ vom Einfallswinkel des Primärelektronenstrahls ist in Abb. 53 dargestellt. Die Ausbeute wird danach um so höher, je größer der Einfallswinkel des Primärelektronenstrahls ist (vgl. Abb. 53a). Der Grund liegt darin, daß bei großem Einfallswinkel die Sekundärelektronen aus einer schmalen Zone an der Festkörperoberfläche „herausgeschält" werden können, während

---

[1] Bei Halbleitern und Isolatoren führt die Aufnahme der Ausbeutekurven gewöhnlich zur Aufladung des Festkörpers. Um dies zu vermeiden, verwendet man möglichst dünne Schichten des zu untersuchenden Stoffes (Schichtdicke $\lesssim$ Reichweite R_e der Primärelektronen) und benutzt Elektronen-Impulsbestrahlung, um zwischen zwei Impulsen die Oberfläche des bestrahlten Materials wieder in den Ausgangszustand zurückbringen zu können.

sie bei nahezu senkrechtem Einfall des Primärstrahls in größerer Tiefe entstehen, so daß nur relativ wenige von ihnen die Festkörperoberfläche erreichen können (vgl. Abb. 53b).

3. Theorien der Sekundäremission

Über den Mechanismus der Sekundäremission existiert bisher keine einheitliche Theorie. Eine annähernde quantitative Beschreibung der Sekundäremissionsvorgänge in Metallen liefert die Theorie von STERN-GLASS [45], in der angenommen wird, daß die Primärelektronen ihre Energie hauptsächlich durch Wechselwirkung mit den äußeren Schalen der Gitteratome verlieren. Dabei entsteht neben Sekundärelektronen auch Strahlung, die weitere Sekundärelektronen erzeugen kann. Deren Energie wird durch unelastische Zusammenstöße mit Gitteratomen teilweise aufgebraucht. Mit diesen Annahmen erhielt STERNGLASS folgende Ausbeuteformel:

$$\delta = \frac{1}{2} \frac{E_{pr}}{E_i} \, e^{-\beta \sqrt{E_{pr}}}. \tag{37}$$

Darin ist $E_{pr} = e\,U_{pr}$ die Primärelektronen-Energie und E_i die mittlere Energie, die je Sekundärelektron vom Primärelektronenstrahl geliefert werden muß (25···35 eV); β ist eine Konstante, deren Größe von der mittleren freien Weglänge der Sekundärelektronen (zwischen zwei unelastischen Stößen an Gitteratomen) sowie von der Zahl und (bei Nichtmetallen) von der Bindungsenergie der Valenzelektronen der Gitteratome abhängt. Gl. (37) stimmt mit dem experimentellen Befund qualitativ und quantitativ befriedigend überein.

In einer anderen Theorie (BAROODY [38]) wird angenommen, daß die Primärelektronen ihre Energie an Leitungselektronen abgeben, während ihre Wechselwirkung mit den Gitteratomen vernachlässigbar ist. Auch diese Theorie liefert zahlreiche Hinweise, die mit dem experimentellen Befund übereinstimmen.

C. Feldemissions-Elektronenquellen

Herrscht an der Oberfläche eines Festkörpers eine Feldstärke von der Größenordnung 10^7 V/cm, so tritt eine weitere Art der Elektronenemission auf, die Feldemission. Sie setzt bei einer bestimmten, von der Austrittsarbeit des Festkörpers abhängigen Feldstärke ein (vgl. Abb. 54) und führt mit wachsender Feldstärke zu Emissionsstromdichten bis 10^8 A/cm². Die erforderlichen Feldstärken lassen sich besonders leicht an sehr dünnen Drähten oder feinen Spitzen herstellen.

Zur Erklärung der Feldemission wurde zunächst angenommen (SCHOTTKY [*43*]), daß durch ein äußeres Feld die an der Festkörperoberfläche existierende Potentialschwelle (vgl. Abb. 15 u. 26) erniedrigt und damit der Elektronenaustritt erleichtert wird (vgl. Abb. 55). Diese als „Schottky-Effekt" bezeichnete Erniedrigung der Austrittsarbeit durch ein äußeres Feld führt zwar in einer Hochvakuumdiode zu einer Erhöhung des *thermischen* Emissionsstroms mit wachsender Feldstärke (Anodenspannung); er vermag jedoch nicht die weitgehende Unabhängigkeit der Feldemission von der Temperatur sowie die hohen, bereits aus *kalten* Kathoden erzielbaren Feldemissionsströme zu erklären.

Die Erklärung ergibt sich aus der Wellennatur des Elektrons: Durch sehr hohe äußere Feldstärken wird die Potentialschwelle (z. B. an einer Metalloberfläche) nicht nur erniedrigt, sondern wegen des steileren Abfalls des Potentialver

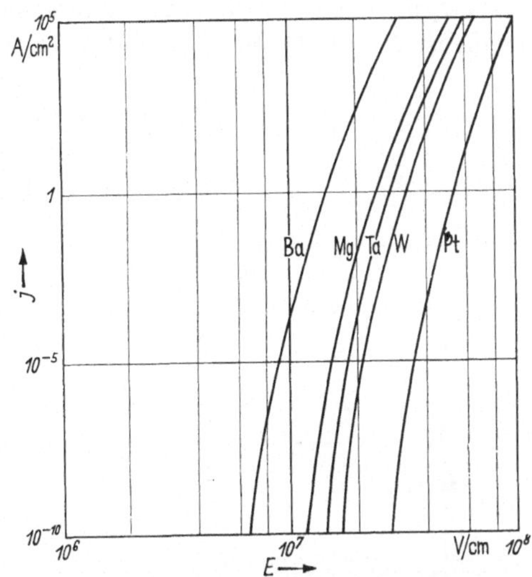

Abb. 54. Feldemissionsstromdichte j verschiedener Metalle in Abhängigkeit von der Feldstärke E (v. ARDENNE [*1*]).

laufs „mit Feld" (vgl. Abb. 55) gleichzeitig so schmal, daß für die Leitungselektronen im Metall eine wellenmechanisch bestimmbare Wahrscheinlichkeit besteht, den Potentialberg ohne Energieverlust zu durchdringen (zu „durchtunneln"), also das Metall zu verlassen, ohne die Austrittsarbeit aufbringen zu müssen („Tunneleffekt"). Nach der Wellentheorie wird diese Wahrscheinlichkeit merklich, wenn die Elektronen-Wellenlänge mit der zu durchdringenden Schichtdicke (des Potentialbergs) vergleichbar wird. Dies ist bei der Feldemission der Fall, wie folgendes Beispiel zeigt:

Beispiel: Nach Abb. 55 ist die Breite des Potentialbergs in Höhe des Ferminiveaus gleich $b = U_A/E$; für eine Feldstärke $E = 5 \cdot 10^7$ V/cm an einer Wolframspitze (Austrittsspannung $U_A = 4{,}5$ V) wird $b = 9$ Å. Nach Gl. (10) ist die de Broglie-Wellenlänge eines Elektrons gleich $\lambda = h/mv$. Befindet sich ein Elektron auf dem Fermi-Niveau, so ist seine thermische Geschwindigkeit $v = 600 \sqrt{U_F}$ [km/sec]; mit $U_F = 5{,}7$ V (für Wolfram) wird $v = 600 \cdot \sqrt{5{,}7} = 1430$ km/sec; damit wird $\lambda = 5{,}2$ Å, ist also mit der Breite des Potentialwalls an der Wolframoberfläche vergleichbar.

Die theoretisch zu erwartende Feldemissions-Stromdichte wurde von FOWLER und NORDHEIM [41] aus der Fermi-Verteilung abgeleitet:

$$j = P \,\frac{e^2}{2\,\pi h}\,\frac{E^2}{U_A}\, e^{-\frac{8\,\pi \sqrt{2\,m}}{3\,h}\,\frac{U_A^{3/2}}{E}} , \tag{38}$$

worin E [V/cm] die Feldstärke, U_A [V] die Austrittsspannung und $P = \sqrt{U_F U_A}/(\sqrt{U_F} + \sqrt{U_A})$ eine Materialkonstante ist. Für die meisten Metalle ist $P \approx 1$ [1]. Mit den Zahlenwerten für e, m und h wird daher:

$$j = 6{,}2 \cdot 10^{-6} \cdot \frac{E^2}{U_A}\, e^{-6{,}9\,\cdot\,10^7\,\frac{U_A^{3/2}}{E}} \; [\text{A/cm}^2] \tag{38a}$$

$$(E \text{ in V/cm, } U_A \text{ in V}).$$

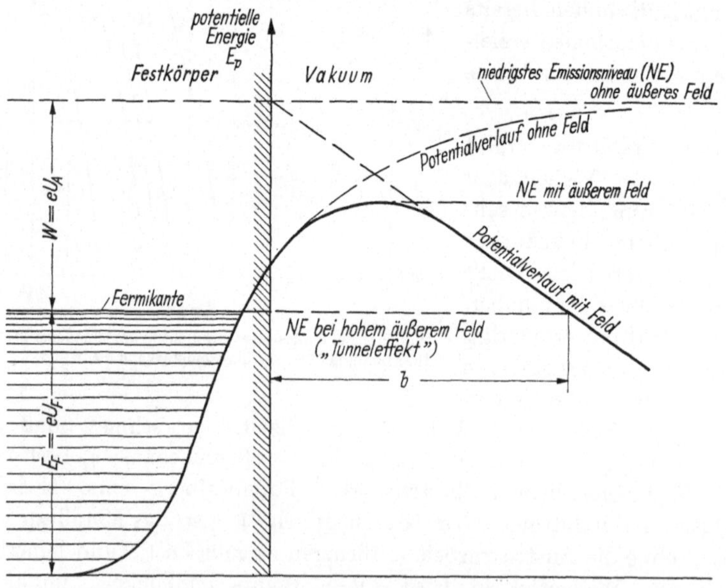

Abb. 55. Energiemodell für eine elektronenemittierende kalte Kathode ohne bzw. mit äußerem Anodenfeld.

Mit Gl. (38a) ergeben sich z. B. für einen Wolframdraht von $2r = 1\,\mu$ Durchmesser, der von einer zylindrischen Anode mit $2R = 10$ cm Durchmesser umgeben ist, folgende Emissionsstromdichten (vgl. Abb. 54):

$$U = 11{,}5\,\text{kV}: E = \frac{U}{r \ln\left(\dfrac{R}{r}\right)} = 2 \cdot 10^7 \,\text{V/cm};\; j = 3{,}1\,\mu\text{A/cm}^2;$$

$$U = 23{,}0\,\text{kV}: E = \quad,, \quad = 4 \cdot 10^7 \,\text{V/cm};\; j = 150\,\text{A/cm}^2;$$

$$U = 34{,}5\,\text{kV}: E = \quad,, \quad = 6 \cdot 10^7 \,\text{V/cm};\; j = 82000\,\text{A/cm}^2.$$

Die Gl. (38a) stimmt mit den experimentellen Ergebnissen gut überein. Ihre Nachprüfung bereitet allerdings oft Schwierigkeiten wegen der fehlerhaften Bestimmung der emittierenden Fläche sowie der dort herrschenden Feldstärken.

Ihre wichtigste *Anwendung* findet die Feldemission im Feld-Elektronenmikroskop (rgl. *1,75*).

IV. Kernstrahlungsquellen

A. Gesetzmäßigkeiten und Einheiten

Kernstrahlungsquellen sind radioaktive Isotope, bei deren Zerfall α-, β- oder γ-Strahlung emittiert wird. Die α-Teilchen sind (doppelt positiv geladene) He-Kerne, die β-Teilchen Elektronen; die γ-Strahlung besteht aus elektromagnetischen Wellen sehr hoher Frequenz (Größenordnung 10^{20} Hz). Wegen ihrer verschiedenen Natur lassen sich diese drei Strahlungsarten leicht in einem Magnetfeld trennen.

Die Zahl dN der im Zeitintervall dt zerfallenden Atomkerne einer radioaktiven Strahlungsquelle ist zu jedem Zeitpunkt proportional der Zahl N der gerade vorhandenen Atomkerne:

$$dN = - \lambda N\, dt. \tag{39}$$

Der Proportionalitätsfaktor λ wird Zerfallskonstante genannt. Sie hat für jede Kernstrahlungsquelle einen charakteristischen Wert, der gewöhnlich zwischen 10^{-2} und 10^{-10} 1/sec liegt.

Die Integration von Gl. (39) ergibt die zur Zeit t noch vorhandene Zahl der Atomkerne N, wenn zur Zeit $t = 0$ N_o Atomkerne vorhanden waren:

$$N = N_o e^{-\lambda t}. \tag{39a}$$

Die Zahl der Atomkerne, die noch nicht zerfallen sind, nimmt also nach einer e-Funktion ab. Die Lebensdauer einer Kernstrahlungsquelle ist durch die Halbwertszeit T_h gegeben. Unter der Halbwertszeit T_h versteht man die Zeit, während der gerade die Hälfte der anfangs vorhandenen N_o Atomkerne zerfallen ist. Das heißt für $t = T_h$ wird in Gl. (39a) $N = N_o/2$ und damit:

$$T_h = \ln 2/\lambda \ [\text{sec}] \quad (\lambda \ \text{in } 1/\text{sec}). \tag{40}$$

Die Menge einer radioaktiven Substanz wird gewöhnlich durch deren Aktivität gemessen und in Curie (C) angegeben[1]. 1 Curie ist die Menge (Aktivität) einer radioaktiven Substanz, in der pro Sekunde $3,7 \cdot 10^{10}$ Zerfälle stattfinden[2]. Pro Curie werden also $3,7 \cdot 10^{10}$ Teilchen oder Strahlungsquanten in der Sekunde emittiert. Dies entspricht bei einem 1 C-β-Präparat einem emittierten Elektronenstrom $I = 1,6 \cdot 10^{-19} \cdot 3,7 \cdot 10^{10}$ (Elektronenladung $\times$ Zahl der Zerfälle je Sekunde) $\approx 6 \cdot 10^{-9}$ A. Der Emissionsstrom ist also selbst bei starken Präparaten immer noch sehr klein.

Bei der Anwendung von Kernstrahlungsquellen in Biologie, Medizin und Technik interessiert besonders die Wirkung der emittierten Strahlung. Als objektives Maß für die Wirkung dient bei der Röntgen- und γ-Strahlung die erzielbare Ionisierung in Luft. Für eine bestimmte Ionisierung ist eine bestimmte Strahlungsmenge (Strahlungsdosis) erforderlich, die in Röntgen [r] gemessen wird.

1 r ist diejenige Strahlungsmenge, die in 1 cm³ Luft (bei Normalbedingungen) Ionen beiderlei Vorzeichens mit der Ladungssumme 1 elektrostatische Ladungseinheit ($= 3,33 \cdot 10^{-9}$ Cb) erzeugt; dies entspricht etwa $2 \cdot 10^9$ Ionenpaaren/cm³ Luft. Die pro Röntgen absorbierte Strahlungsenergie beträgt $88 \cdot 10^{-7}$ Ws/g Luft $= 1,14 \cdot 10^{-8}$ Ws/cm³ Luft.

Wie bereits erwähnt, gilt die Definition des Röntgen nur für Röntgen- und γ-Strahlung. Für beliebige Strahlung wurde daher als Dosiseinheit das 'rad' eingeführt. 1 rad ist diejenige Strahlungsmenge, die eine Energieabsorption von 100 erg pro Gramm eines Stoffes ergibt. Für Luft ist 1 r gleich 0,88 rad, für „weiches Gewebe" gleich 1 rad (RIEZLER-WALCHER [52]).

Strahlungsmeßgeräte werden meistens in [r] oder [mr] bzw. in [r/h] oder [mr/h] (h = Stunde) geeicht. Dies ist die Einheit der Dosisleistung, also der Dosis pro Zeiteinheit.

In Tab. 2 sind für eine Reihe von technisch wichtigen radioaktiven Isotopen das chemische Symbol, die Massenzahl und die Halbwertszeit angegeben. Die gleiche Tabelle enthält außerdem Angaben über die maximale Energie der von solchen Isotopen emittierten α-, β- und γ-Strahlung (vgl. auch v. ARDENNE [47]).

Zur Kennzeichnung der einzelnen Isotope verwendet man häufig neben dem chemischen Symbol zwei Indizes: z. B. bedeutet $_3\text{Li}^7$ ein Lithium-Isotop, dessen Kern aus drei Protonen und 4 Neutronen besteht. Der Index 7 bedeutet also die Summe aus Protonen und Neutronen des Isotopenkerns.

---

[1] Die Aktivität ist allerdings nur dann ein Maß für die Menge einer radioaktiven Substanz, wenn in dieser keine Eigenabsorption stattfindet.

[2] Dies entspricht ungefähr der Zerfallsrate von 1 g Ra^{226}. Die Curie-Definition gilt auch für Neutronenstrahler. Die Neutronen-Energie wird in [eV] ausgedrückt und kann aus der meßbaren Geschwindigkeit v der Neutronen berechnet werden.

Tabelle 2

Charakteristische Daten von technisch wichtigen radioaktiven Isotopen[1][2])

Zeichenerklärung:

α = Alphateilchen

β^- = Kernelektronen (ausgestrahlt vom Kern)

β^+ = Positron

γ = Gammastrahlung

m = metastabiler Zustand

$I\ddot{U}$ = isomerer Übergang

I = innere Umwandlung (durch Gamma-Kernstrahlung werden Hüllenelektronen ausgelöst)

E = Elektroneneinfang (Hüllenelektronen werden von einem Atomkern eingefangen unter Aussendung von Röntgenstrahlen)

a = Jahr

d = Tag

h = Stunde

min = Minute

sec = Sekunde

Element	Symbol	Massenzahl	Halbwerts-zeit	Art der Strahlung (Max. Energie in MeV)			besonderer Mechanismus
				α	β^-	γ	
Aluminium	Al	28	2,27 min	—	2,87	1,78	—
Antimon	Sb	122	2,8 d	—	1,97	1,25	E
		124	60 d	—	2,39	2,11	—
		125	2,7 a	—	0,61	0,637	I
Argon	Ar	37	35 d	—	—	—	E
		41	109 min	—	1,25	1,3	—
Arsen	As	76	26,5 h	—	2,97	2,05	—
		77	38,7 h	—	0,7	0,53	—
Barium	Ba	131[3])	13 d	—	—	0,62	E
		133	7,5 a	—	—	0,36	$E; I$
		139	85 min	—	2,38	1,43	I
		140[3])	12,8 d	—	1,02	0,54	—
Brom	Br	80 m	4,6 h	—	—	0,05	$I\ddot{U}; I$
		80	18 min	—	2,0	0,65	$E; \beta^+$
		82	35,9 h	—	0,44	1,47	—
Caesium	Cs	131	10 d	—	—	—	E
		134 m	3,15 h	—	—	0,137	$I\ddot{U}; I$
		134	2,3 a	—	0,68	1,37	—
		137	30 a	—	1,17	0,662	I

[1]) Herrn Dr. H. J. BORN, Professor für Radiochemie an der Technischen Hochschule München, danken wir für wertvolle Hinweise.

[2]) Zu beziehen durch: Isotope Division, Harwell, Berks., England and Radiochemical Centre Buckinghamshire, England. Eine Liste der Firmen in den Vereinigten Staaten ist zusammengestellt in Buyers Guide Issue of Nucleonics, Vol. 15, No. 11, Nov. 1957 pp. D-36.

[3]) Barium 131, Ausgangsmaterial von Caesium 131.
Barium 140, Ausgangsmaterial von Lanthan 140.

Tabelle 2 (Fortsetzung)

Element	Symbol	Massenzahl	Halbwerts-zeit	Art der Strahlung (Energie in MeV)			
				α	β^-	γ	besonderer Mechanismus
Cer	Ce	141	32,5 d	—	0,57	0,145	I
		143[1])	33 h	—	1,40	1,10	I
		144[1])	285 d	—	0,31	0,134	I
Chlor	Cl	36	$3,1 \cdot 10^5$ a	—	0,714	—	—
		38	37,3 min	—	4,81	2,15	—
Chrom	Cr	51	27,8 d	—	—	0,323	E
Dysprosium	Dy	165	2,32 h	—	1,25	1,02	I
Eisen	Fe	55	2,94 a	—	—	—	E
		59	45,1 d	—	1,56	1,29	—
Emanation (siehe Radon)	Rn	222[2])	3,825 d	5,5	—	—	—
Erbium	Er	169	9,4 d	—	0,33	—	—
		171	7,5 h	—	1,49	0,420	I
Europium	Eu	152	13 a	—	1,7	1,086	E
			9,2 h	—	1,8	1,09	E
		154	16 a	—	1,45	1,42	E
		155	1,7 a	—	0,25	0,131	—
Gadolinium	Gd	153	236 d	—	—	0,103	E
		159	18,0 h	—	0,95	0,364	—
Gallium	Ga	70	21,4 min	—	1,65	1,04	—
		72	14,1 h	—	3,17	2,51	—
Germanium	Ge	71	11,4 d	—	—	—	E
Gold	Au	198	2,69 d	—	1,87	0,411	I
		199	3,15 d	—	0,46	0,209	I
Hafnium	Hf	175	70 d	—	—	0,43	$I; E$
		181	46 d	—	0,41	0,612	I
Holmium	Ho	166	27,3 h	—	1,84	1,61	I
Indium	In	114 m	50 d	—	—	0,19	$I\ddot{U}; I$
		114	72 sec	—	1,98	1,30	E
		116 m	54 min	—	1,00	2,09	—
Iridium	Ir	192	74,4 d	—	0,67	0,613	$I; E$
		194	19 h	—	2,24	1,15	—
Jod	J	131	8,04 d	—	0,82	0,72	I
		132	2,26 h	—	2,12	2,20	—
Kadmium	Cd	115 m	43 d	—	1,61	1,30	$I\ddot{U}$
		115	2,3 d	—	6,11	0,52	I
Kalium	K	42	12,5 h	—	3,6	1,53	—
Kalzium	Ca	45	164 d	—	0,25	—	—
Kassiopeium (Lutetium)	Cp (Lu)	177	6,8 d	—	0,50	0,32	I
Kobalt	Co	58	71 d	—	—	1,62	$E; \beta^+$
		60	5,25 a	—	1,48	1,33	—

[1]) Cer 143, Ausgangsmaterial von Praseodym 143,
 Cer 144, Ausgangsmaterial von Praseodym 144.
[2]) Natürliche radioaktive Quelle.

Tabelle 2 (Fortsetzung)

| Element | Symbol | Massenzahl | Halbwerts-zeit | Art der Strahlung (Energie in MeV) | | | |
				α	β^-	γ	besonderer Mechanismus
Kohlenstoff	C	14	5600 a	—	0,155	—	—
Krypton	Kr	85	10,6 a	—	0,67	0,54	—
		85 m	4,4 h	—	—	0,305	$I; I\ddot{U}$ zu
					0,82	0,15	I [Kr^{85}
		85	10,6 a	—	0,67	0,52	—
Kupfer	Cu	64	12,8 a	—	0,57	1,34	$E; \beta^+$
Lanthan	La	140	40,2 h	—	2,20	2,57	—
Magnesium	Mg	28[1])	21,4 h	—	0,46	1,35	I
Mangan	Mn	52	5,72 d	—	—	1,45	$E; \beta^+$
		54	2,91 d	—	—	0,84	E
		56	2,58 h	—	2,81	3,0	—
Mesothorium 1	Ra	228[2])	6,7 a	4,79	—	0,19	—
Molybdän	Mo	99	68 h	—	1,23	0,78	I
Natrium	Na	22	2,6 a	—	—	1,28	$E; \beta^+$
		24	15 h	—	1,39	2,76	—
Neodym	Nd	147[3])	11,3 d	—	0,83	0,53	I
		149[4])	1,8 h	—	1,5	0,65	—
Nickel	Ni	63	85 a	—	0,062	—	—
		65	2,56 a	—	2,10	1,49	—
Niob	Nb	95	35 d	—	0,16	0,795	—
		97	74 min	—	1,27	0,67	—
Osmium	Os	191 m	19 h	—	—	0,074	$I\ddot{U}; I$
			15 d	—	0,143	—	—
		191	4,9 sec	—	—	1,129	I
		193	31 h	—	1,10	0,55	—
Palladium	Pd	109	13,6 h	—	1,02	0,087	I
Phosphor	P	32	14,3 d	—	1,71	—	—
Platin	Pt	107	18 h	—	0,67	0,28	I
Polonium	Po	220[2])	128,4 d	5,298	—	0,8	—
Praseodym	Pr	142	19,2 h	—	2,17	1,57	—
		143	13,8 d	—	0,93	—	—
Promethium	Pm	147	2,6 a	—	0,223	—	—
		149	50 h	—	1,05	1,3	—
Protaktinium	Pa	233	27,4 d	—	0,57	0,476	I
Quecksilber	Hg	197 m	23 h	—	—	0,41	$I\ddot{U}; E; I$
		197	65 h	—	—	0,19	$I; E$
		203	47 d	—	0,21	0,279	I
Radiothorium	Th	228[2])	1,9 a	5,4	—	0,08	I
Radium	Ra	226[2])	1620 a	4,79	—	2,45	—
Radium D	Pb	210	22 a	—	0,03	0,047	I
Radium E		siehe Wismut 210					

[1]) Magnesium 28, Ausgangsmaterial von Aluinium 28.
[2]) Natürliche radioaktive Quelle.
[3]) Neodym 147, Ausgangsmaterial von Promethium 147.
[4]) Neodym 149, Ausgangsmaterial von Promethium 149.

Tabelle 2 (Fortsetzung)

Element	Symbol	Massenzahl	Halbwertszeit	Art der Strahlung (Energie in MeV)			
				α	β^-	γ	besonderer Mechanismus
Radon	Rn	222[1])	3,825 d	5,5	—	—	—
Rhenium	Re	186	3,7 d	—	1,07	0,764	$I;\ E$
		188	16,9 h	—	2,12	0,155	I
Rhodium	Rh	105	36,5 h	—	0,56	0,31	—
Rubidium	Rb	86	18,6 d	—	1,77	1,08	—
Ruthenium	Ru	97	2,8 d	—	—	0,570	$I;\ E$
		103	40 d	—	0,72	0,61	—
		105	4,5 d	—	1,15	0,726	I
		106[2])	1 a	—	0,039	—	—
Samarium	Sm	153	1,96 d	—	0,80	0,54	I
Schwefel	S	35	87,1 d	—	0,167	—	—
Selen	Se	75	127 d	—	—	0,902	I
Silber	Ag	110 m	270 d	—	2,86	1,52	$I\ddot{U};\ I$
		111	7,5 d	—	1,04	0,34	—
Silizium	Si	31	2,65 a	—	1,47	1,26	—
Skandium	Sc	46	84 d	—	1,48	1,12	—
Strontium	Sr	87 m	2,9 h	—	—	0,39	$I\ddot{U};\ I$
		89	50 d	—	1,46	0,91	—
		90[3])	28 a	—	0,61	—	—
Tantal	Ta	182	111 d	—	0,51	1,23	I
Technetium	Tc	97 m	91 d	—	—	0,095	$I\ddot{U};\ I$
		99	$2{,}12 \cdot 10^4$ a	—	0,290	—	—
Tellur	Te	127 m	115 d	—	—	0,086	$I\ddot{U};\ I$
		127	9,3 h	—	0,68	—	—
		129 m[4])	33,5 d	—	—	0,106	$I\ddot{U};\ I$
		129[4])	72 min	—	1,45	1,12	—
		132[5])	77,7 h	—	0,22	0,23	—
Terbium	Tb	160	73 d	—	0,85	1,45	—
		161	6,8 d	—	0,55	0,049	I
Thallium	Tl	204	2,5—4,4 a	—	0,77	—	E
Thulium	Tm	170	127 d	—	0,97	0,084	$I;\ E$
Tritium (Wasserstoff 3)	T	3	12,26 a	—	0,018	—	—
Wismut (RaE)	Bi	210[6])	5 d	5,06	1,17	—	—
Wolfram	W	185	73,2 d	—	0,43	0,77	I
		187	24,1 h	—	1,33	0,686	—
Xenon	Xe	133 m	2,3 d	—	—	0,232	$I\ddot{U};\ I$
		133	5,27 d	—	0,34	0,081	I

[1]) Natürliche radioaktive Quelle
[2]) Ruthenium 106, Ausgangsmaterial von Rhodium 106.
[3]) Strontium 90, Ausgangsmaterial von Yttrium 90.
[4]) Tellur 129, Ausgangsmaterial von Jod 129.
[5]) Tellur 132, Ausgangsmaterial von Jod 132.
[6]) Wismut 210 (RaE), Ausgangsmaterial von Polonium 210 (natürliche radioaktive Quelle).

Tabelle 2 (Fortsetzung)

| Element | Symbol | Massenzahl | Halbwerts-zeit | Art der Strahlung (Energie in MeV) | | | |
				α	β^-	γ	besonderer Mechanismus
Ytterbium	Yb	169	31,8 d	—	—	0,31	E
		175	4,2 d	—	0,47	0,397	I
Yttrium	Y	90	64 h	—	2,24	—	—
		91	57,5 d	—	1,55	1,19	—
Zink	Zn	65	245 d	—	—	1,11	$E; \beta^+$
		69 m	14 h	—	—	0,44	$I\ddot{U}; I$
		69	51 min	—	0,90	—	—
Zinn	Sn	113	118 d	—	—	0,393	$I; E$
		121	27 h	—	0,38	—	
Zirkonium	Zr	95[1])	65 d	—	0,883	0,754	I
		97[2])	17 h	—	1,9	0,75	I
Thorium	Th	228	1,9 a	5,42	—	0,17	
		229	$7,3 \cdot 10^3$ a	5,02	—	—	
		230	$8 \cdot 10^4$ a	4,68	—	0,26	
		232	$1,4 \cdot 10^{10}$ a	3,99	—	0,06	
Uranium	U	234	$2,5 \cdot 10^5$ a	4,76	—	0,05	I
		235 [3])	$7,1 \cdot 10^8$ a	4,58	—	0,19	
		238	$4,5 \cdot 10^9$ a	4,18	—	0,5	
		232	14 a	5,32	—	0,33	I
		233	$1,6 \cdot 10^5$ a	4,82	—	0,094	
		236	$2,39 \cdot 10^7$ a	4,5	—	0,05	I

Gebräuchliche Neutronenquellen (kontinuierliches Spektrum):

Polonium 210 (oder Radium D)-Beryllium-Quelle: Emission bis zu $2,5 \cdot 10^7$ Neutronen/sec (entspricht 10^4 mC der Poloniumquelle oder 0,65 mC der Neutronenquelle).

Radium 226—Beryllium-Quelle: Emission bis zu $1,3 \cdot 10^7$ Neutronen/sec (entspricht 10^3 mC der Radiumquelle oder 0,3 mC der Neutronenquelle).

(Halbwertszeit: Po 210; 128,4 d; Ra-D: 25 a; Radium 226: 1620 a)

B. α-Strahler
(Quellen doppelt positiv geladener He-Ionen)

1. Eigenschaften

Der klassische α-Strahler ist Ra^{226}. Seine Nachfolgeprodukte (die Radium-Emanationen) liefern allerdings unter anderem auch γ-Strahlung. Deshalb wird als technische α-Strahlungsquelle meist nicht das Ra^{226},

---

[1]) Zirkonium 95, Ausgangsmaterial von Niob 95.
[2]) Zirkonium 97, Ausgangsmaterial von Niob 97.
[3]) Natürliche radioaktive Quellen.

sondern das kurzlebige Po^{210} verwendet, das frei von β- und intensiver γ-Strahlung ist. Dieser Strahler hat folgende Eigenschaften (vgl. Tab. 2):

Halbwertszeit $T_h = 128$ Tage;

maximale Energie der α-Teilchen (kurzwellige Grenze) $E_{z\max} = 5,3$ MeV;

minimale Energie $E_{z\min} = 50$ keV.

Diese Werte gelten nur für dünne Schichten, da sonst starke Eigenabsorption auftritt. Während der Lebensdauer des α-Strahlers nimmt $E_{z\max}$ wegen der Diffusion des Poloniums in die Unterlage allmählich ab. In Luft beträgt die Reichweite der α-Teilchen 3,84 cm; durch Papier oder Al-Folie von wenigen μ Dicke wird die Strahlung fast vollständig absorbiert.

2. Ausführung typischer α-Strahler

Abb. 56 zeigt den Aufbau eines typischen α-Strahlers. Zur Vermeidung von Radongasemission (Radon ist giftig) ist das radioaktive Präparat mit einer dünnen Metallschicht (z. B. 10 mμ Al) überzogen.

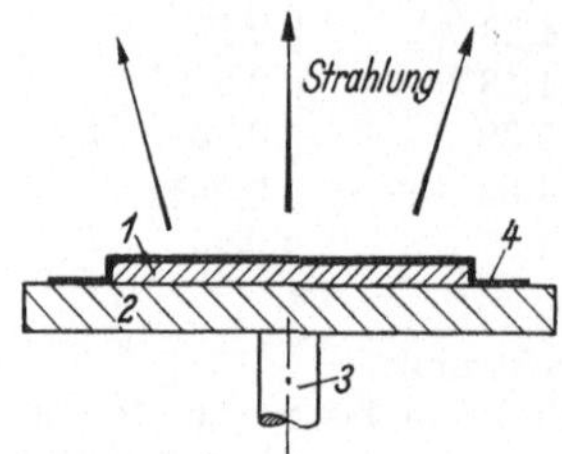

Abb. 56. Typischer Aufbau eines α-Strahlers.
1 Präparat (z. B. Po^{210}); 2 Metallträger; 3 Anschluß;
4 sehr dünne Metallschicht (z. B. 10 mμ Al, aufgedampft) zur Vermeidung von Radongasemission.

C. β-Strahler
(Quellen schneller Elektronen)

1. Eigenschaften

Die wichtigsten β-Strahler und ihre Halbwertszeiten sowie die Werte für die maximale Energie $E_{z\max}$ der Zerfallselektronen sind in Tab. 3 zusammengefaßt:

Tabelle 3

Halbwertszeit T_h und maximale Energie $E_{z\max}$ der Zerfallselektronen für einige typische β-Strahler

Isotop	$_1H^3$ Tritium	$_6C^{14}$ Kohlenstoff	$_{81}Tl^{204}$ Thallium	$_{15}P^{32}$ Phosphor	$_{38}Sr^{90} \rightarrow$ Strontium	$_{39}Y^{90}$ Yttrium	$_{61}Pm^{147}$ Promethium
$E_{z\max}$ [MeV]	0,018	0,155	0,77	1,71	0,61	2,24	0,22
T_h [a, h, d]	12,3 a	5600 a	2,5–4,4 a	14,3 d	28 a	64 h	2,6 a

Diese Strahler sind weitgehend frei von γ-Strahlung. Abb. 57 zeigt als Beispiel die Energieverteilung der emittierten Elektronen eines radioaktiven Phosphor-Präparats (P^{32}). Ähnliche Verteilungen treten auch bei den anderen β-Strahlern auf.

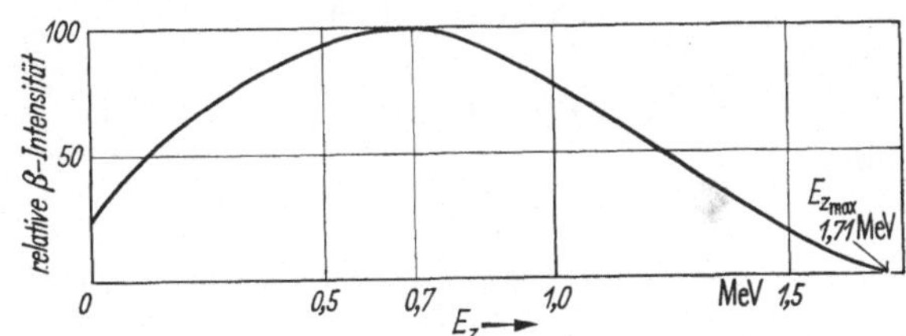

Abb. 57. Energieverteilung der emittierten Elektronen des P^{32}-β-Strahlers.

2. Ausführung typischer β-Strahler

Abb. 58 zeigt den typischen Aufbau eines β-Strahlers. Das Präparat ist zur Verminderung der Eigenabsorption als dünne Schicht auf einen Metallträger aufgebracht; zur Verminderung der γ- und Röntgenstrahlung vom Metallträger befindet sich zwischen diesem und dem Präparat eine Schutzfolie aus Kunststoff oder Aluminium. Auf seiner offenen Seite ist das Präparat ebenfalls mit einer Folie bedeckt; diese ist wie die andere nur einige μ dick, um höhere Energieverluste der emittierten Elektronen zu vermeiden.

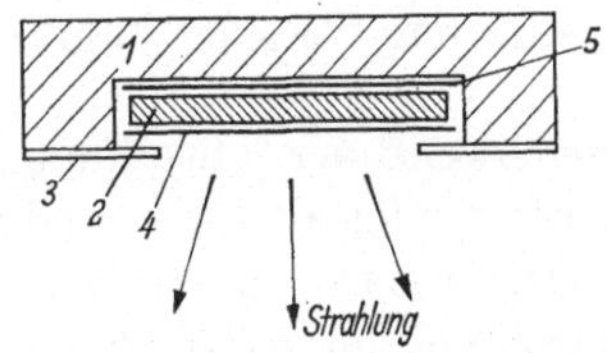

Abb. 58. Typischer Aufbau eines β-Strahlers.

1 Präparatträger (Metall); *2* β-Präparat (dünne Schicht wegen Selbstabsorption); *3* Verschluß; *4* Schutzfolie (nur einige μ dick wegen sonst stattfindender Verkleinerung von E_z); *5* Folie (einige μ dick) aus Kunststoff oder Al zur Verringerung der γ- bzw. Röntgenstrahlung vom Metallträger.

Der Aufbau der verschiedenen β-Präparate hängt von der Art des radioaktiven Elements ab, wie folgende Beispiele zeigen:

a) C^{14}-Präparate bestehen gewöhnlich aus Polystyrol mit C^{14}-Zusatz.

b) H^{3}-Präparate bestehen aus einem Ti-, Zr- oder Kunststoff-Träger, in dem das Tritiumgas absorbiert ist.

c) Sr^{90}-Präparate sind Lösungen von Strontiumchlorid (SrCl$_2$) oder in Ag dispergiertes Strontiumkarbonat.

d) Pm^{147}-Präparate bestehen aus einer Pm-Al-Legierung.

D. γ-Strahler

[Quellen energiereicher Strahlungsquanten ($\lambda \leq 10^{-9}$ cm)]

1. Eigenschaften

In Tab. 4 sind für einige typische γ-Strahler die Werte von T_h und $E_{z\mathrm{max}}$ angegeben:

Tabelle 4
Maximale Energie $E_{z\mathrm{max}}$ der Zerfallsquanten und Halbwertszeit T_h für einige typische γ-Strahler

Isotop	$_{88}Ra^{226}$ Radium	$_{82}Pb^{210}$ (RaD)	$_{90}Th^{232}$ Thorium	$_{69}Tm^{170}$ Thulium	$_{55}Cs^{137}$	$_{11}Na^{22}$	$_{27}Co^{60}$
$E_{z\mathrm{max}}$ [MeV]	2,45	0,047	0,06	0,084	0,66	1,28	1,33
T_h [a, d]	$1620\,a$	$22\,a$	$1,4 \cdot 10^{10}\,a$	$127\,d$	$30\,a$	$2,6\,a$	$5,25\,a$

Die Strahlungsenergie der meisten γ-Strahler verteilt sich über einen breiten Spektralbereich. Durch Filterung ist eine gewisse Homogenität der Strahlung erreichbar (z. B. absorbieren 2 cm Pb bei Na^{22} den 0,5 MeV-Anteil). Nur Co^{60}-, Cs^{137}- und Na^{22}-Präparate erzeugen eine relativ monochromatische γ-Strahlung.

2. Ausführung typischer γ-Strahler

Wegen der hohen Reichweite der γ-Strahlung sind für γ-Präparate dickwandigere Behälter notwendig als für α- und β-Präparate. Andererseits lassen sich die γ-Präparate gegen äußere Einflüsse leichter schützen, ohne daß dadurch die Strahlungsintensität wesentlich geschwächt wird.

a) Strahler niedriger Dosisleistung. In Abb. 59 ist der Aufbau eines γ-Strahlers für ein flüssiges oder pulverförmiges (Abb. 59a) bzw. festes Präparat (Abb. 59b) dargestellt.

b) Strahler hoher Dosisleistung. Bei γ-Strahlern hoher Dosisleistung wird der Aufwand für den Strahlenschutz beträchtlich. Abb. 60a zeigt schematisch den Aufbau einer 1000 Curie-Co^{60}-Quelle mit einem Gewicht von 6300 kg. Der Strahler besteht aus einem inneren Behälter *1*, der äußeren statischen Abschirmung *2*, dem Schutzdeckel *3* und dem Co^{60}-Präparat *4*.

Der innere Behälter *1* ist ein zylindrischer Blei-Stahlblock, der in einer axialen Bohrung die radioaktive Strahlenquelle enthält. Wird die

Strahlenquelle (von 1000 C) ins Innere des Blocks gebracht, so reicht der Strahlenschutzmantel aus, um die Quelle gefahrlos zu transportieren.

Die äußere statische Abschirmung *2* ist ein aus zwei Teilen bestehender Bleimantel: Der eine Teil umgibt den inneren Behälter und ist so ausgelegt, daß eine im Innern befindliche 1000 C-Strahlenquelle außer-

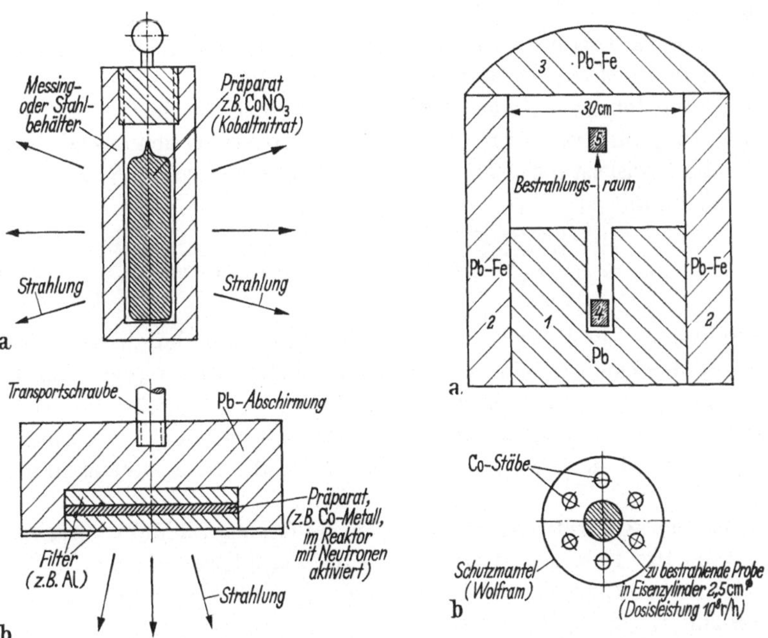

Abb. 59a u. b. Typische Ausführung von γ-Strahlern: a) flüssiges oder pulverförmiges Präparat; b) festes Präparat.

Abb. 60a u. b. γ-Strahler hoher Dosisleistung. a) Abschirmung (Außendosisleistung während der Bestrahlung $< 2\ mr/h$); *1* innerer Behälter (transportabel); *2* äußere statische Abschirmung; *3* Schutzdeckel; *4* Co-Quelle in Transportlage; *5* Co-Quelle während der Bestrahlung (Innendosisleistung $\approx 10^8$ r/h). b) Aufbau der eigentlichen Strahlungsquelle.

halb der Abschirmung keine größere Dosisleistung als 2 mr/h hervorbringt. Der andere Teil des Bleimantels ist so ausgebildet, daß direkt oberhalb der Strahlenquelle ein Bestrahlungsraum von 22,5 cm Höhe und 30 cm Durchmesser entsteht. Der Bleimantel ist hier so dick, daß die Dosisleistung einer 1000 C-Quelle, die von ihrer Ruhelage in die Mitte des Bestrahlungsraums gebracht wird, außerhalb der Bleiabschirmung 2 mr/h nicht überschreitet.

Der Schutzdeckel *3* besteht aus Blei und Stahl und liegt auf der äußeren Abschirmung auf. Auch er ist so bemessen, daß die Strahlungsintensität an seiner äußeren Oberfläche 2 mr/h nicht überschreitet, wenn sich eine 1000 C-Quelle in der Mitte des Bestrahlungsraums befindet.

Die Strahlenquelle *4* besteht entweder aus einem Hohlzylinder aus Wolfram, in dessen Mitte eine dünnwandige Stahlkapsel das radioaktive Co^{60} enthält, oder aus einer kreisförmigen Anordnung von Co-Stäben um einen Hohlzylinder. Diese Konstruktion ergibt zwei Bestrahlungsräume, einen außerhalb und einen innerhalb der Strahlenquelle (vgl. Abb. 60b).

Im Gebrauch wird die Strahlenquelle aus ihrer Ruhelage im inneren Behälter in die Mitte des Bestrahlungsraums gehoben.

In unmittelbarer Umgebung der 1000 C-Co^{60}-Quelle beträgt die Dosisleistung für Luft etwa 10^8 r/h. Dieser Wert ergibt sich aus Gl. (41), in der die Dosisleistung N_D mit der Intensität I_0 einer Co^{60}-Strahlungsquelle verknüpft ist:

$$N_D \approx I_0 \cdot \mu \cdot 10^{-5} \; [\text{r/h}] \quad (I_0 \text{ in Curie, } \mu \text{ in 1/cm}). \tag{41}$$

Der Faktor 10^{-5} in dieser Gleichung entsteht dadurch, daß die vom Co^{60} emittierten γ-Quanten eine Energie von 1,3 MeV haben (vgl. Tab. 4). Wird ein solches Quant in Luft absorbiert, so entspricht dies einer Energieabsorption von $2 \cdot 10^{-13}$ Ws. Die pro Röntgen absorbierte Energie beträgt dagegen $1,14 \cdot 10^{-8}$ Ws/cm³ Luft, ist also etwa 10^5mal so groß.

μ ist der Absorptionskoeffizient[1] für Luft; bei 1,3 MeV-γ-Quanten ist $\mu \approx 6 \cdot 10^{-5}$ 1/cm. Da 1 Curie $= 3,7 \cdot 10^{10}$ Zerfälle/sec $= 1,3 \cdot 10^{14}$ Zerfälle/h entspricht, wird nach Gl. (41) $N_D = 1,3 \cdot 10^{14} \cdot 10^3 \cdot 6 \cdot 10^{-5} \cdot 10^{-5} \approx$ $\approx 10^8$ r/h.

E. Positronenstrahler

Als Gegenstück zu den β^--Strahlern werden in der Medizin auch Positronenstrahler (β^+-Strahler) verwendet, z. B. die kurzlebigen Isotope As^{68} bis As^{72} oder das Isotop C^{11}, das nach Gl. (42) unter Positronenbildung zerfällt [*53*]:

$$_6C^{11} \rightarrow {}_5B^{11} + \beta^+ \tag{42}$$

Die β^+-Teilchen wirken ähnlich wie die β^--Teilchen, da bei Bestrahlungen organischer Substanzen die chemische Wirkung der erzeugten Radikale die Ladungswirkung überwiegt.

---

[1] Entsprechend der Absorptionsgleichung $I = I_0\, e^{-\mu x}$ (I_0 = Anfangsintensität, I = Intensität hinter einer Schicht der Dicke x).

F. Neutronenstrahler

1. Eigenschaften

Die Neutronen sind ungeladene Teilchen mit der Masse $m_n =$ $= 1{,}675 \cdot 10^{-24}$ g. Ihre Geschwindigkeit kann mit der klassischen Schlitzscheibenanordnung gemessen werden, wie sie FIZEAU zur Messung der Lichtgeschwindigkeit benutzte.

Die einfachste Neutronenquelle besteht aus einer gepreßten Mischung von 85% Berylliumpulver und 15% Radium- oder Poloniumsalz (z. B. Radiumsulfat: $RaSO_4$) in einem luftdicht abgeschlossenen Glasgefäß (von z. B. 8 mm Durchmesser und 13 mm Höhe). Die vom Radium bzw. Polonium emittierten energiereichen α-Teilchen bilden beim Auftreffen auf die Berylliumatome Neutronen nach Gl. (43):

$$_4Be^9 + {}_2\alpha^4 \rightarrow {}_6C^{13} \rightarrow {}_6C^{12} + {}_0n^1 \qquad (43)$$
$$\text{wird emittiert.}$$

Der Wirkungsgrad der Neutronenbildung ist allerdings gering: Für eine 10 mC-Po-Quelle wurde z. B. ein Neutronenstrom von $2{,}5 \cdot 10^4$ Neutronen/sec gemessen; dies entspricht einer Radioaktivität von $0{,}6 \cdot 10^{-3}$ mC; der Wirkungsgrad der Neutronenbildung ist also $\eta < 10^{-4} = 10^{-2}\%$.

Die nach Gl. (43) gebildeten Neutronen sind nicht monoenergetisch, sondern haben ein Energiespektrum nach Abb. 61. Zwar hat Polonium gegenüber Radium im Mittel die energiereichere α-Strahlung, doch liegt die kurzwellige Grenze seiner Neutronenstrahlung bei $E_{z\mathrm{max}} = 11$ MeV, während sie für Radium bei $E_{z\mathrm{max}} = 14$ MeV liegt.

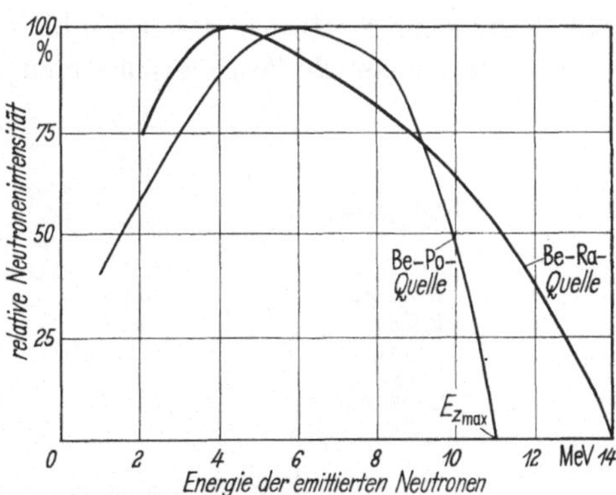

Abb. 61. Energiespektrum eines Be-Ra- (bzw. Be-Po)-Neutronenstrahlers.

Langsame Neutronen (Energie $= 0{,}001$ bis 100 eV) sind die Energieträger, welche in Atomkraftwerken mit U^{235} als Brennstoff die thermonuklearen Reaktionen einleiten und aufrechterhalten. Beim Beschuß des in den Brennelementen angereicherten U^{235} mit Neutronen verwandelt sich dieses unter Aussendung einiger neuer Neutronen in U^{238}. Diese schnellen Neutronen können nun ihrerseits weitere Spaltprozesse gleicher Art auslösen („Kettenreaktion"). Für ein Neutron ist jedoch die Wahrscheinlichkeit, ein U^{235}-Atom zu treffen, um so größer, je kleiner seine Geschwindigkeit ist. Um daher die schnellen Neutronen abzubremsen, umgibt man die Brennelemente mit Bremsstoffen („Moderatoren"). Da die Neutronen pro Stoß einen um so größeren Teil ihrer Energie verlieren, je kleiner die Atome des Stoßpartners (Moderators) sind, verwendet man zum Abbremsen leichtatomige Stoffe wie Graphit, Beryllium, Beton, Wasser oder Paraffin. Nach der Abbremsung haben die Neutronen ungefähr thermische Geschwindigkeit; ihre Energie beträgt dann etwa 0,026 eV („thermische Neutronen").

Schnelle Neutronen (Energie einige MeV) können erhebliche Strahlenschäden verursachen. Sie sind biologisch wirksamer als α-, β- und γ-Strahlen, insbesondere wegen der Schädigung der (antibakteriellen) weißen Blutkörperchen. Man bezeichnet dies als Leukopenie oder Leukozytenschwund. Dieser bewirkt häufig Infektionen. Weitere Kennzeichen der akuten Strahlenkrankheit sind alle mit Blutungen einhergehenden Erkrankungen, wie etwa Skorbut, sowie die Anämie oder Blutarmut, d. h. der Schwund der roten Blutkörperchen (Erythrozyten).

2. Ausführung typischer Neutronenstrahler

a) Thermische Neutronenstrahler. Der prinzipielle Aufbau einer Quelle für thermische Neutronen ist in Abb. 62a dargestellt. Die Neutronen werden in einem **Be-Po**-Gemisch erzeugt und gelangen durch einen

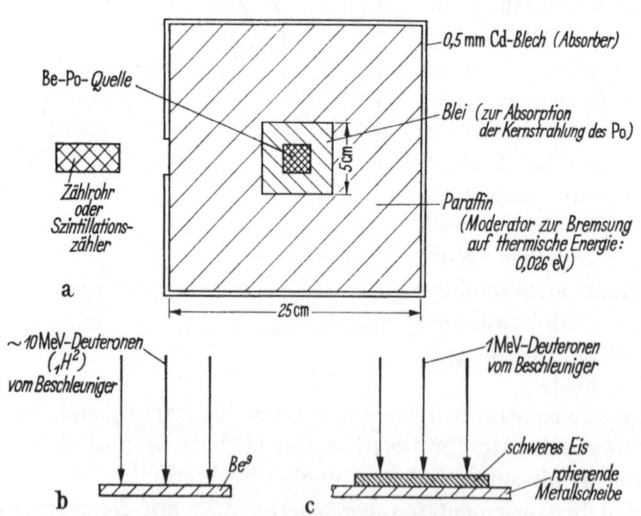

Abb. 62a—c. Ausführung von Neutronenstrahlern:
a) Quelle thermischer Neutronen; b) temporärer Neutronenstrahler aus Beryllium; c) temporärer Neutronenstrahler aus schwerem Eis.

Bleimantel hindurch in den Moderator (Paraffin), wo sie auf thermische Geschwindigkeit gebremst werden. Der Bleimantel hat den Zweck, die α-Strahlung des Poloniums zu absorbieren. Der Moderator ist mit Cd-Blech überdeckt, das alle vom Moderator austretenden Neutronen absorbiert. Auch Bor und Indium wirken als Neutronen-Absorber.

b) Temporäre Neutronenstrahler aus Beryllium bzw. schwerem Eis. Nach Gl. (43) erhält man Neutronen durch Beschuß von Be-Atomen mit energiereichen α-Teilchen. Zum Beschuß können aber auch Teilchen verwendet werden, die im Beschleuniger ausreichende Energie aufgenommen haben. So ergibt die Bestrahlung von Beryllium mit 10 MeV-Deuteronen ($_1H^2$) im Beschleuniger (vgl. Abb. 62 b) Neutronen von einigen MeV Energie:

$$_4Be^9 + {}_1H^2 \rightarrow {}_5B^{11} \rightarrow {}_5B^{10} + {}_0n^1. \tag{43a}$$

Auch die Bestrahlung von schwerem Eis (D_2O) mit 1 MeV-Protonen ($_1H^1$), -Deuteronen ($_1H^2$) oder -Tritiumionen ($_1H^3$) (vgl. Abb. 62 c) führt zur Bildung von Neutronen mit etwa 10 MeV Energie, z. B.:

$$D_2O + {}_1H^2 \rightarrow {}_1H^1 + D_2O + {}_0n^1. \tag{43b}$$

Der Vorteil solcher Neutronenquellen besteht darin, daß sie beliebig ein- und ausschaltbar sind.

V. Technische Ionen- und Photonenquellen

A. Technische Ionenquellen

1. Stoßionisations-Ionenquellen

Während man freie Elektronen im Hochvakuum vorwiegend durch Emission aus Festkörpern gewinnt, werden freie Ionen meistens durch Sekundärprozesse, nämlich durch Elektronenstoß-Ionisierung in Gasen erzeugt. Die wichtigsten auf diesem Prinzip beruhenden Ionenquellen sind (vgl. auch v. ARDENNE [1]):

a) Kanalstrahlenquelle. Ihren prinzipiellen Aufbau zeigt Abb. 63a. Die durch Elektronenstoß im Gasraum erzeugten Ionen werden hier durch eine Öffnung der Kathode in den Beschleunigungsraum gebracht (vgl. auch EWALD-HINTERBERGER [56]). Ihre Endgeschwindigkeiten weisen wegen der Zusammenstöße mit Gasmolekülen im Erzeugungsraum eine erhebliche Streuung auf; in Volt ausgedrückt beträgt diese $\Delta U^+ \approx$

$\approx 0{,}2 \cdot U_a$. Kanalstrahlröhren sind zur besseren Kühlung und damit höheren Belastbarkeit häufig in Metall ausgeführt; man nennt solche Röhren daher auch „Metallentladungsröhren".

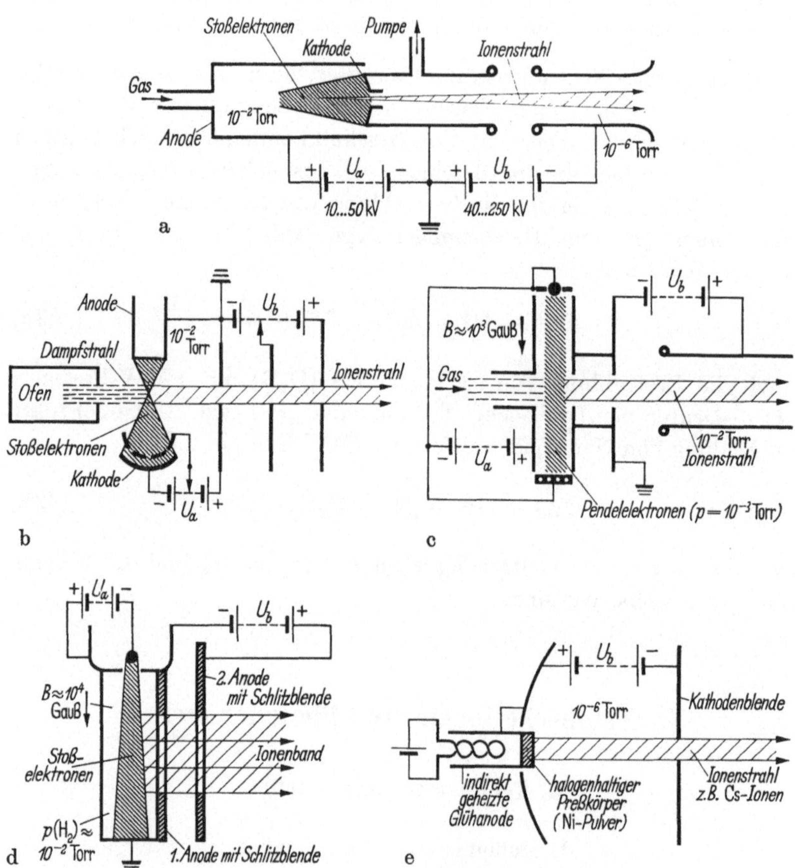

Abb. 63. a) Kanalstrahlenquelle („Metallentladungsrohr"; Ewald-Hinterberger [56]). Geschwindigkeitsstreuung der Ionen: $\Delta U^+ \approx 0{,}2\, U_{an} = 2\cdots10$ kV.
b) Dampfstrahl-Ionenquelle [63].
$U_b = 6\cdots12$ kV, $U_a \approx 300$ V, $\Delta U^+ \approx 5\cdots10$ V.
c) Ionenquelle mit Elektronenpendelung im Gas (Heil [58]).
$U_b = 10\cdots60$ kV, $U_a \approx 100$ V, $\Delta U^+ \approx 3\cdots30$ V.
d) Glühkathoden-Gasentladungsquelle (Zyklotronquelle nach Livingston [62]).
$U_b = 10$ kV, $U_a = 500$ V, $\Delta U^+ = 2\cdots4$ V.
e) Thermische Ionenquelle (Kunsmann [61]). $\Delta U^+ \approx 0{,}1$ V. Die Ionen kommen hier alle von der Anode, nicht aus dem Gasraum. Nachteil: kleine Ströme.

b) Dampfstrahl-Ionenquelle. Bei dieser Ionenquelle (vgl. Abb. 63 b) wird ein von einem Ofen ausgehender Dampfstrahl von einem Stoßelektronenstrahl durchquert und ionisiert [63].

c) Quelle mit Elektronenpendelung im Gas. Die (z. B. von einer gesinterten Ni-Vorratskathode emittierten) Stoßelektronen werden hier magnetisch geführt und pendeln zwischen zwei Elektroden im Gasraum, was die Ionenausbeute erhöht (HEIL [*58*]). Die Ionen werden senkrecht zur Elektronenbewegungsrichtung abgesaugt (vgl. Abb. 63 c).

d) Glühkathoden-Gasentladungsquelle (Zyklotron-Ionenquelle nach Livingston [*62*]). Bei dieser Ionenquelle werden die Stoßelektronen von einer Massiv-Kathode (z. B. Ta) emittiert. Die in der Gasentladung entstehenden Ionen werden durch Schlitzanoden beschleunigt (vgl. Abb. 63 d). Diese Quelle liefert relativ hohe Ionenströme.

2. Thermische Ionenquellen

Bei diesen Ionenstrahlern, deren typischen Aufbau Abb. 63 e zeigt, werden die Ionen aus einer Glühanode („Kunsman-Anode") emittiert (sie stammen also nicht aus dem Gasraum). Die Kunsman-Anoden bestehen meist aus einer gesinterten, auf Platinblech aufgebrachten Mischung von Fe_2O_3, 1% Al_2O_3 und 1% Alkalisalz (KUNSMAN [*61*]). Sie haben zwar eine hohe Lebensdauer, liefern aber relativ kleine Ionenströme (etwa 0,1 mA/cm² bei 1000 °K).

Die Ionengeschwindigkeiten weisen hier eine sehr geringe Streuung auf: $\Delta U^+ \approx 0,1$ V.

Alle diese Ionenquellen werden hauptsächlich in Teilchenbeschleunigern und Massenspektrographen angewendet.

B. Quellen für elektromagnetische Strahlung

Neben den radioaktiven γ-Strahlern, die elektromagnetische Wellen der Wellenlänge $\lambda \lesssim 0,1$ Å aussenden, haben noch zwei andere Strahlungsquellen große technische Bedeutung erlangt, nämlich die Röntgenstrahlungsquellen ($0,01 < \lambda < 100$ Å) und die Leuchtschirme als Photonenquellen ($3500 < \lambda < 7600$ Å).

1. Röntgenstrahlungsquellen

Die Erzeugung von Röntgenstrahlen beruht auf der Umkehrung des Photoeffekts: Während hier aus einem Festkörper durch Photoneneinfall Elektronen ausgelöst werden, entstehen dort durch Elektronenaufprall auf den Festkörper energiereiche Strahlungsquanten.

Den prinzipiellen Aufbau einer Röntgenstrahlenquelle zeigt Abb. 64. Treffen die von der Kathode emittierten, fokussierten und durch eine hohe Gleichspannung beschleunigten Elektronen auf die gegenüberliegende Anode („Antikathode"), so können sie dort ihre kinetische Energie auf dreierlei Weise verlieren:

a) Der größte Teil der Elektronen verliert seine Energie durch zahlreiche elastische Stöße an die Elektronen und Atome der Antikathode; diese erwärmt sich dadurch.

b) Einige Elektronen werden bereits beim Durchgang durch ein einzelnes Atom der Antikathode im elektrischen Feld zwischen den

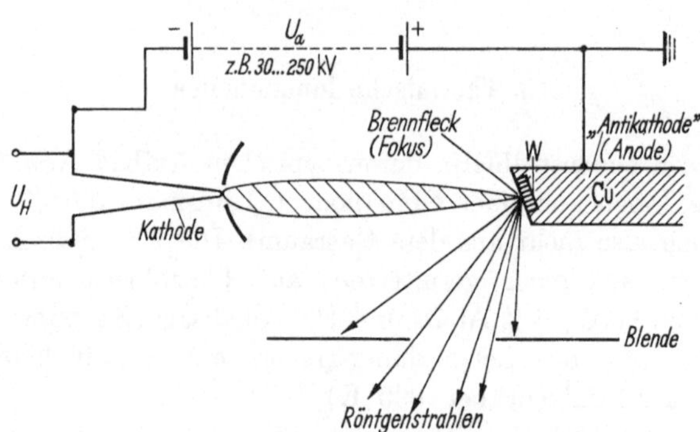

Abb. 64. Aufbau einer Röntgenstrahlenquelle.

Elektronenschalen so stark abgebremst, daß sie ihre gesamte Energie (durch einmalige Abbremsung) oder einen Teil davon (durch stufenweise Abbremsung) verlieren. Nach der Maxwellschen Theorie ist dieser Vorgang mit der Emission elektromagnetischer Strahlung verbunden, die man als *Röntgenbremsstrahlung* bezeichnet.

c) Einige Elektronen verlieren ihre Energie (bei unelastischen Stößen) durch Anregung oder Ionisierung von Atomen der Antikathode. Die Rückkehr solcher Atome in den Grundzustand führt ebenfalls zur Emission von Strahlungsquanten, deren Energie durch die Energiedifferenz zwischen den innersten Schalen eines Atoms festgelegt ist. Diese Strahlung ist daher für das verwendete Antikathodenmaterial typisch; man bezeichnet sie auch als *charakteristische Strahlung*.

Die unter b) und c) beschriebenen Vorgänge der Umwandlung von Elektronen- in Strahlungsenergie ergeben ein Röntgenspektrum, wie es Abb. 65 für eine Molybdänanode bei einer Anodenspannung von 35 kV zeigt.

Das Energiespektrum der Bremsstrahlung ist kontinuierlich. Es weist jedoch eine „kurzwellige Grenze" auf, die der Umwandlung der Gesamtenergie eines die Antikathode treffenden Elektrons in ein Strahlungsquant entspricht. Für diese Energiegrenze, bei der die Quantenausbeute gleich eins ist, gilt in Analogie zu Gl. (32):

$$e\,U_a \;=\; \underbrace{h\,f_{max} = \frac{h\,c}{\lambda_{min}}}. \qquad (44)$$

kinetische Energie   maximale Energie
eines auslösenden Elektrons   des ausgelösten Röntgenquants

Daraus ergibt sich:

$$\lambda_{min} = \frac{12400}{U_a}\ [\text{Å}]\ (U_a \text{ in V}). \qquad (44\,a)$$

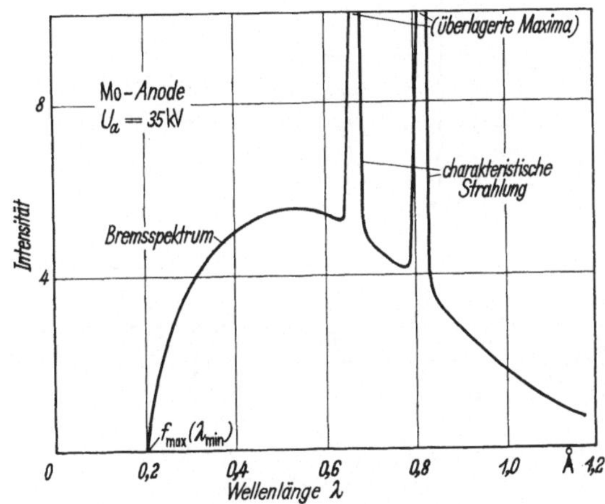

Abb. 65. Röntgenenergiespektrum für Molybdän.

λ_{min} ist die kleinste erzeugte Röntgenwellenlänge (auch „kurzwellige Grenze" oder „Bandkante" genannt). Sie wird um so kleiner, je höher die Anodenspannung U_a der Röntgenröhre ist. Von der Bandkante ausgehend, durchläuft die Kurve für das Bremsspektrum ein breites Maximum. Daraus geht hervor, daß die meisten zur Strahlungsemission führenden Stoßprozesse nicht mit der Quantenausbeute eins verlaufen.

Der Wirkungsgrad η (= gesamte abgegebene Röntgenstrahlleistung/ zugeführte Kathodenstrahlleistung) der Röntgenstrahlerzeugung ist gering (Größenordnung 1 %). Er wächst jedoch linear mit der Ordnungszahl des Antikathodenmaterials und mit der Anodenspannung. Man verwendet daher bei Röntgenröhren hohe Anodenspannungen und thermisch hochbelastbares Anodenmaterial mit hoher Ordnungszahl (z. B. W, Ta, Mo, Cu).

2. Leuchtschirme als Photonenquellen

a) Mögliche Energie-Transformationen durch Leuchtschirme. Eine Reihe von Festkörpern besitzt die Eigenschaft, während und nach einer Bestrahlung mit energiereichen Teilchen oder Strahlungsquanten Photonen zu emittieren. Man bezeichnet solche Stoffe als Luminophore

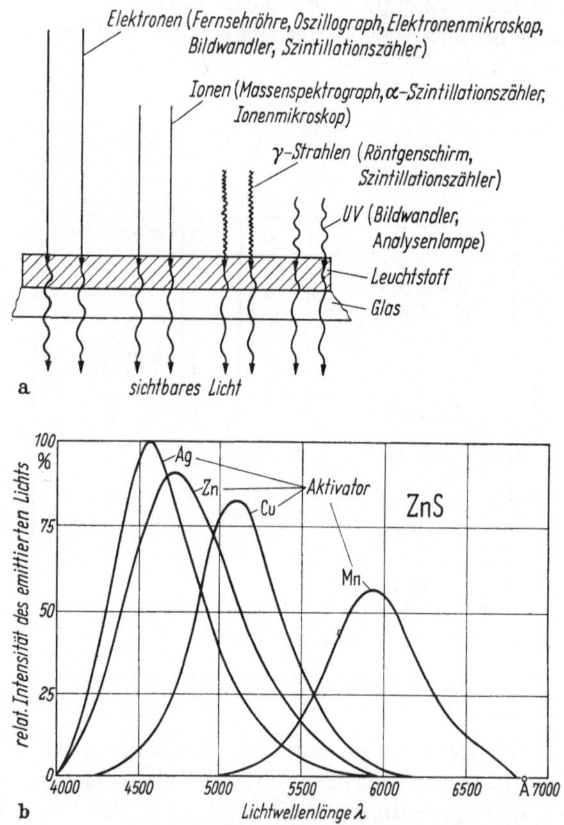

Abb. 66. a) Mögliche Energie-Transformationen durch einen Leuchtschirm; b) relative spektrale Energieverteilung der Emissionsbanden eines Zinksulfid-Luminophors mit verschiedenen Aktivatoren.

(„Lichtträger") und verwendet sie vorwiegend als Belag für Leuchtschirme. In Abb. 66a sind die durch Leuchtschirme möglichen Energie-Transformationen sowie ihre wichtigsten technischen Anwendungen zusammengefaßt.

b) Lichtquantenausbeute von Leuchtschirmen bei Elektronenbestrahlung. Bei der Anregung eines Leuchtschirms durch einen Elektronenstrahl der Stromdichte j_e und der Beschleunigungsspannung U_b gilt für die Leuchtdichte B_l des Schirms die allgemeine Beziehung (vgl. ECKART [40]):

$$B_l = K j_e (U_b - U_o)^n \quad [\text{sb (Stilb)}] \tag{45}$$

(K = empirisch zu ermittelnde Konstante, j_e in A/cm², U_b, U_o in V; $n = 1 \cdots 3$ je nach Art des Leuchtstoffs). U_o ist die Elektronenbeschleunigungsspannung, bei der die Lichtemission einsetzt.

Die Lichtausbeute b [cd/W][1] eines Leuchtstoffs ist ein Maß für den von einem Leuchtstoff emittierten Lichtstrom pro Watt eingestrahlter Leistung und liegt für Oszillographen-Leuchtstoffe zwischen 3 und 40 cd/W.

In Analogie zur Quantenausbeute bei Photokathoden kann man auch bei Leuchtstoffen eine Lichtquantenausbeute A_l als das Verhältnis von emittierter Lumineszenzenergie zu absorbierter Elektronenstrahlenenergie definieren. Da eine diffus strahlende (Leuchtstoff-) Fläche der Lichtstärke I_o [cd] einen Lichtstrom $\Phi = \pi I_o$ [Lumen] emittiert (vgl. KEITZ [60]) und 1 Lumen einer Leistung von $\approx 0{,}0016$ W entspricht[2], besteht zwischen Lichtausbeute b und Lichtquantenausbeute A_l folgender Zusammenhang:

$$b = 1{,}98 \cdot A_l \quad [\text{cd/W}] \quad (A_l \text{ in } \%). \tag{46}$$

Für Elektronenbestrahlung liegt die Lichtquantenausbeute typischer Luminophore zwischen 2 und 25%, für UV-Bestrahlung kann sie bis 40% betragen. Stoffe mit relativ hoher Lichtquantenausbeute sind z. B. ZnS, CdS und ZnO. Die Lichtemissionsfähigkeit („Lumineszenz") solcher Stoffe rührt davon her, daß sie nicht völlig rein sind, sondern geringe Mengen künstlicher Verunreinigungen („Aktivatoren") enthalten, z. B. Zn, Ag, Cu, Au oder Mn. Die einzelnen Atome dieser Schwermetalle bilden die Anregungszentren des Luminophors. Abb. 66b zeigt die Emissionsbanden eines ZnS-Luminophors für verschiedene Aktivatoren.

c) Energiebändermodell eines Luminophors. Der Mechanismus der Photonenauslösung aus Leuchtstoffen geht aus dem Energiebändermodell der Abb. 67 hervor. Ähnlich wie die Störatome beim n- oder p-Halbleiter bilden hier die Aktivatoratome Energieniveaus im verbotenen Band. Durch äußere Strahlung (z. B. *1a* oder *1b* in Abb. 67) werden Elektronen vom Valenzband in das Leitfähigkeitsband gehoben

---

[1] cd (= candela) ist die Einheit der Lichtstärke. 1 cd ist ein Sechzigstel der Lichtstärke, die 1 cm² Oberfläche des schwarzen Körpers bei 2047°K senkrecht zur Oberfläche ausstrahlt. 1 [cd] = 1 [sb · cm²] (vgl. KEITZ [60]).

[2] Gilt genau genommen nur für $\lambda = 5600$ Å (d. h. maximale Augenempfindlichkeit).

(vgl. Übergang *3* in Abb. 67) oder vom Festkörper emittiert (vgl. Übergang *2*). Die so entstehenden Lücken im Valenzband werden durch Elektronen der Aktivatoratome wieder aufgefüllt (vgl. Übergänge *4* und *6*). Dadurch können Elektronen vom Leitfähigkeitsband in die darunterliegenden Aktivatorniveaus fallen (vgl. Übergänge *5* und *7*).

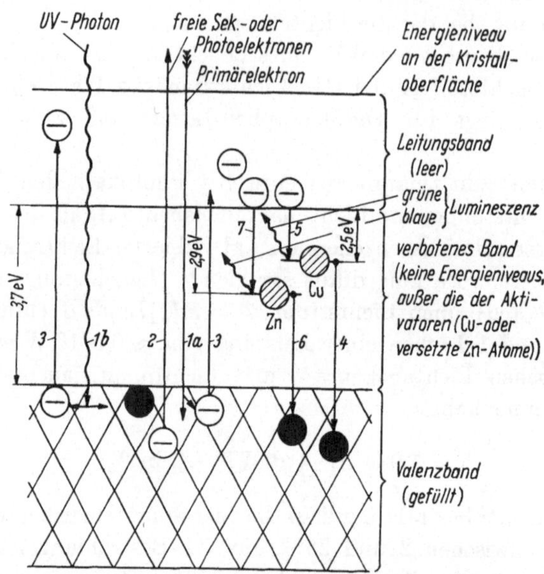

Abb. 67. Energiebändermodell eines Luminophors (z. B. **ZnS**-Kristall, aktiviert mit 10^{-5} Gewichtsteilen **Cu** bzw. **Zn**).

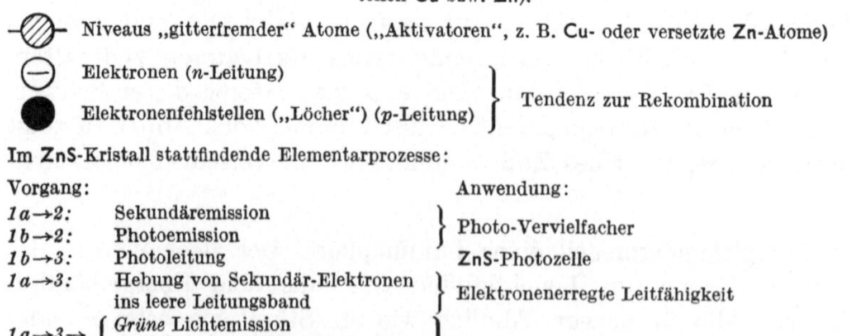

— Niveaus „gitterfremder" Atome („Aktivatoren", z. B. **Cu**- oder versetzte **Zn**-Atome)

Elektronen (*n*-Leitung)

Elektronenfehlstellen („Löcher") (*p*-Leitung) } Tendenz zur Rekombination

Im **ZnS**-Kristall stattfindende Elementarprozesse:

Vorgang:		Anwendung:
1a→2:	Sekundäremission	} Photo-Vervielfacher
1b→2:	Photoemission	
1b→3:	Photoleitung	ZnS-Photozelle
1a→3:	Hebung von Sekundär-Elektronen ins leere Leitungsband	} Elektronenerregte Leitfähigkeit
1a→3→ *→4→5*	{ *Grüne* Lichtemission durch **Cu**-Niveaus beim „Herunterfallen" eines Leitungselektrons (5)	}
1a→3→ *→6→7*	{ *Blaue* Lichtemission durch (versetzte) **Zn**-Niveaus beim „Herunterfallen" eines Leitungselektrons (7)	} Oszillographen-Leuchtschirme

Analog:

1b→3→ *→4→5*	{ *Grüne* Lichtemission durch **Cu**-Niveaus beim „Herunterfallen" eines Leitungselektrons (5)	} Glühkathoden-Leuchtröhre

[**Cu**- und versetzte **Zn**-Atome sind durch vorbeiwandernde Elektronenfehlstellen (Löcher) leicht ionisierbar].

Diese Übergänge, die der Rückkehr der Elektronen zu den ionisierten Aktivatoratomen entsprechen, führen zur Lichtemission des Luminophors, da die zugehörigen Energiedifferenzen im sichtbaren Bereich liegen.

VI. Teilchenströme in Hochvakuum-Entladungsstrecken

A. Stromwirkung des Einzelelektrons

Die Wirkungsweise der Hochvakuum-Elektronenröhren beruht auf der Bewegung von Elektronen in elektrischen und magnetischen Feldern. Diese Elektronenbewegung stellt einen Strom dar, den man als Konvektionsstrom bezeichnet.

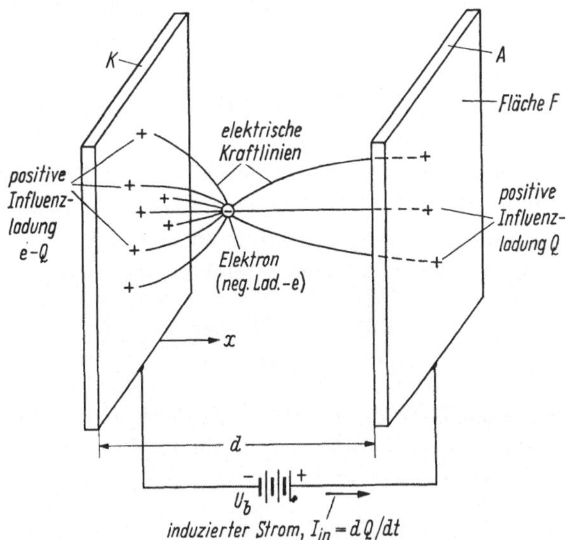

Abb. 68. Influenzwirkung der Ladung eines freien Elektrons auf zwei benachbarte Elektroden.

Fließt zwischen zwei Platten K und A (Fläche F, Abstand d; vgl. Abb. 68) ein Elektronenstrom, so ist die Konvektionsstromdichte nach Gl. (5):

$$j_k = nev \; [\text{A/cm}^2] , \tag{5}$$

wobei n [1/cm³] die Elektronenkonzentration, v [cm/sec] die Elektronengeschwindigkeit und e [As] die Elementarladung ist. Damit wird der gesamte Konvektionsstrom I_k bei der Elektronenkonzentration n:

$$I_k = j_k F = Fnev . \tag{47}$$

Bewegt sich nur ein Elektron zwischen den Platten K und A, so ist $n = N/V = 1/(d\,F)$, da die Gesamtteilchenzahl $N = 1$ und das Gesamtvolumen $V = F\,d$ ist (vgl. Abb. 68). Damit wird der gesamte Konvektionsstrom für *ein* Elektron:

$$I_k = e\,v/d \tag{48}$$

(I_k in A, e in As, v in cm/sec, d in cm).

Durch die Bewegung eines Elektrons im elektrischen Feld wird im äußeren Stromkreis der in Abb. 68 gezeigten Anordnung ein Strom I_{in} induziert, der so lange fließt, als die Elektronenbewegung andauert. Bewegt sich das Elektron von der Kathode K ($x = 0$) bis zur Stelle $x(t)$, so wird gleichzeitig durch Influenz eine positive Ladung $Q(t)$ von der Kathode über die Batterie zur Anode (A) gebracht. Da die vom Elektron aufgenommene Energie $e\,U_B\,x(t)/d$ gleich der von der Batterie geleisteten Arbeit $U_B Q(t)$ sein muß, wird:

$$Q(t) = \frac{e}{d}\,x(t). \tag{49}$$

Die Influenzladung $Q(t)$ nimmt also linear mit der Entfernung x des Elektrons von der Kathode zu; befindet sich das Elektron an der Anode (ohne sie zu berühren), so wird deren Influenzladung $Q = e$.

Mit Gl. (49) wird der im äußeren Stromkreis induzierte Strom:

$$I_{in} = \frac{dQ}{dt} = \frac{e}{d}\,\frac{dx}{dt} = \frac{ev}{d} = I_k. \tag{50}$$

Der in jedem Augenblick im äußeren Stromkreis induzierte Strom ist also gleich dem Konvektionsstrom, der durch den Ladungstransport zwischen den Elektroden entsteht.

B. Teilchenströme im Hochvakuum bei schwacher Raumladung

Die Hochvakuum-Entladungsgeräte kann man grundsätzlich in zwei Gruppen einteilen: Zur einen Gruppe von Geräten gehören diejenigen, bei denen die Zahl der Ladungsträger gesteuert wird, die den Stromtransport im Hochvakuum übernehmen, während die Bahnen dieser Ladungsträger von untergeordneter Bedeutung sind. Man bezeichnet solche Entladungsgeräte als stromsteuernde Geräte. Zur zweiten Gruppe gehören alle elektronen- und ionenoptischen Entladungsgeräte, in denen es in erster Linie auf die Bahnen ankommt, welche die Ladungsträger im Hochvakuum unter dem Einfluß elektrischer und magnetischer

Felder beschreiben. Der Einfluß der Trägerraumladung ist in solchen Entladungsgeräten vernachlässigbar oder von sekundärer Bedeutung.

Die einfachsten Fälle der Teilchenbewegung in elektrischen oder magnetischen Feldern (bei vernachlässigbarer Raumladung) sind: (1.) Die Bewegung im homogenen elektrischen Feld, (2.) die Bewegung im homogenen Magnetfeld und (3.) die Bewegung in überlagerten elektrischen und magnetischen Feldern. Bei der Behandlung dieser drei Fälle kann man sich auf *Elektronen*bahnen beschränken, da sich für andere Ladungsträger, z. B. für positive Ionen, stets geometrisch ähnliche Bahnkurven ergeben.

1. Teilchenbahnen im homogenen elektrischen Feld

a) Bahngleichungen. Tritt ein Elektron mit der Anfangsenergie $e \cdot U_o$ bzw. der Anfangsgeschwindigkeit v_o[1] unter dem Winkel α gegen die Horizontale (x-Achse) in den felderfüllten Raum zwischen zwei ebenen Netzelektroden ein (vgl. Abb. 69), so ergibt sich seine Bahn aus den Newtonschen Bewegungsgleichungen:

$$m\ddot{x} = -eE$$

$$m\ddot{y} = 0. \qquad (51)$$

$E = -U_p/d$ ist die Feldstärke des homogenen elektrischen Feldes zwischen den beiden Netzelektroden. U_p ist die Spannung zwischen den Elektroden, von denen die eine gegenüber der Kathode das Potential U_o und die andere das Potential $U_o \pm U_p$ hat.

Integriert man die Gln. (51) und eliminiert man die Zeit t, so erhält man für negatives U_p als Bahnkurve eine *Parabel* mit der Gleichung:

$$x = \frac{y}{\tan \alpha} - \frac{1}{4 \sin^2 \alpha} \frac{E}{U_o} y^2. \qquad (52)$$

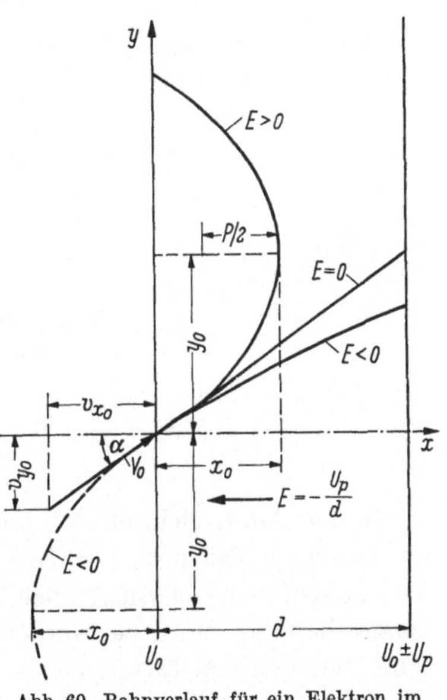

Abb. 69. Bahnverlauf für ein Elektron im homogenen elektrischen Feld.

Die Bahnen im elektrischen Feld sind also zwei-, nicht dreidimensional. Schreibt man Gl. (52) in der Form:

$$(y - y_o)^2 = 2\,p\,(x - x_o), \qquad (52a)$$

---

[1] Hinsichtlich des Zusammenhangs zwischen v_o und U_o für Elektronen und Ionen siehe Gln. (1) und (15 b) sowie (16 a) und (16 b).

so ergibt sich für den Scheitel der Parabel $x_0 = (U_0/E)\cos^2\alpha$ und $y_0 = (2\,U_0/E)\sin\alpha\cos\alpha$ und für den doppelten Brennpunktsabstand vom Scheitel $p = -(2U_0/E)\sin^2\alpha$.

Je nach der Richtung des elektrischen Feldes lassen sich hinsichtlich der entstehenden Elektronenbahn drei Fälle unterscheiden (vgl. Abb. 69):

α) Für $E > 0$ $(U_p < 0)$ entsteht eine nach links geöffnete Parabel, da das Elektron von der rechten negativen Netzelektrode abgestoßen wird (Bremsfeld für Elektronen).

β) Für $E = 0$ $(U_p = 0)$ ist die Bahnkurve eine Gerade mit der Neigung $\tan\alpha$ gegen die Horizontale (feldfreier Fall).

γ) Für $E < 0$ $(U_p > 0)$ entsteht als Bahnkurve eine nach rechts geöffnete Parabel, da das Elektron zur rechten Netzelektrode hingezogen wird (Beschleunigungsfeld für Elektronen).

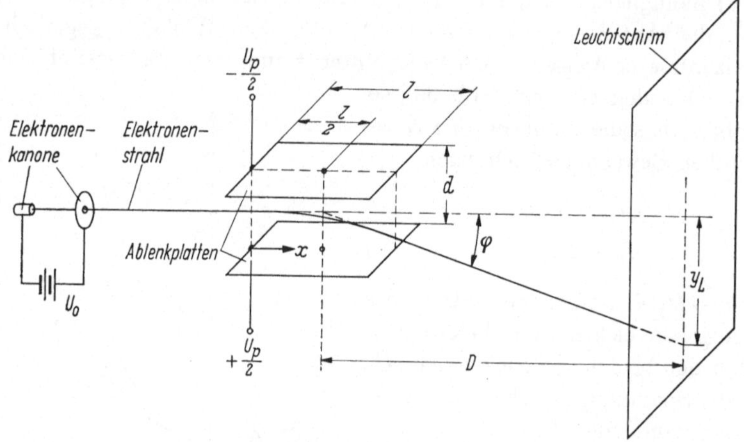

Abb. 70. Elektronenstrahlablenkung in einer Braunschen Röhre (Kathodenstrahlröhre) mit einem Ablenkplattenpaar.

In der Bahngleichung (52) kommt weder die Ladung noch die Masse des bewegten Teilchens vor. Dies bedeutet, daß im elektrischen Feld die Teilchenbahnen für Elektronen und alle Arten gleichnamig geladener Ionen dieselben sind; sie werden von den Ionen nur langsamer durchlaufen als von den Elektronen.

b) Relativistischer Fall. Bei relativistischer Teilchengeschwindigkeit bleibt die Bahn eine Parabel, wenn nur die y-Komponente der Anfangsgeschwindigkeit (v_{yo}) mit der Lichtgeschwindigkeit vergleichbar ist; die Bahn wird dagegen eine Hyperbel, wenn nur die x-Komponente der Anfangsgeschwindigkeit (v_{xo}) mit der Lichtgeschwindigkeit vergleichbar ist.

c) Anwendung der Elektronenstrahlablenkung im elektrischen Feld. Die Ablenkung eines Elektronenstrahls im homogenen elektrischen Feld wird häufig in Elektronenstrahlröhren angewandt. Abb. 70 zeigt die typische Elektrodenanordnung für vertikale Ablenkung. Als Gleichung der Elektronenbahn zwischen den Ablenkplatten ergibt sich (bei Vernachlässigung von Streufeldern):

$$y = - \frac{U_p x^2}{4 d U_o} \qquad (53)$$

und als Ablenkung auf dem Leuchtschirm:

$$y_L = D \tan \varphi = D \left| \frac{dy}{dx} \right|_{x=l} = \frac{U_p l D}{2 d U_o}; \qquad (54)$$

(y_L [cm], U_p [V] = Ablenkspannung, d [cm] = Plattenabstand, U_o [V] = = Beschleunigungsspannung des Elektronenstrahls, D [cm] = Abstand Plattenmitte-Leuchtschirm, l [cm] = Plattenlänge).

Das Verhältnis:

$$\frac{y_L}{U_p} = \frac{l D}{2 d U_0} \qquad (54a)$$

bezeichnet man als *Ablenkempfindlichkeit* der Elektronenstrahlröhre.

Elektronenstrahlröhren enthalten meist zwei Ablenkplattenpaare, eines für Horizontal- und eines für Vertikalablenkung.

2. Teilchenbahnen im homogenen Magnetfeld

a) Bahngleichungen. Während im homogenen elektrischen Feld die Teilchenbahnen stets zweidimensional sind, ergeben sich im homogenen Magnetfeld dreidimensionale Bahnkurven. Dies geht aus dem Beispiel

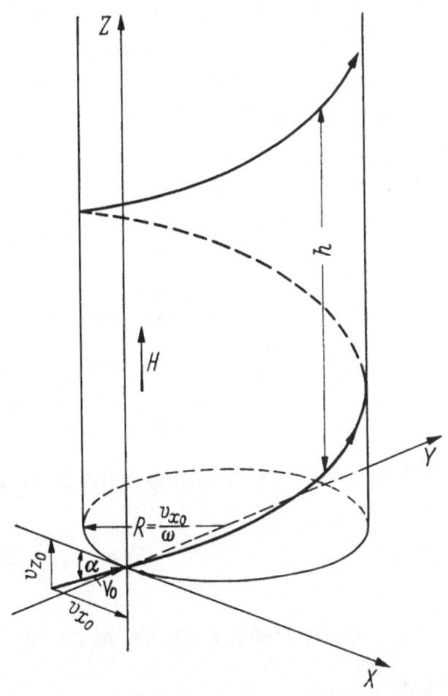

Abb. 71. Schraubenbahn eines Elektrons im homogenen Magnetfeld (konstante Ganghöhe h).

der Abb. 71 hervor. Dort verläuft das Magnetfeld in Richtung der z-Achse ($H_x = H_y = 0$); $H_z = H$; $E = 0$) und wird durch die x-z-Ebene begrenzt. Ein Elektron tritt zur Zeit $t = 0$ mit der Anfangsgeschwindigkeit v_0 an der Stelle $x = y = z = 0$ in den felderfüllten Raum ein. Der Vektor v_0 soll dabei in der x-z-Ebene liegen und mit der x-Achse den

7*

Winkel α einschließen $(v_{xo} = v_o \cos \alpha,\ v_{yo} = 0,\ v_{zo} = v_o \sin \alpha)$. Die Bewegungsgleichungen lauten in diesem Fall:

$$\text{a)}\quad m\,\ddot{x} = -\,e\,B\,\dot{y}$$

$$\text{b)}\quad m\,\ddot{y} = e\,B\,\dot{x} \tag{55}$$

$$\text{c)}\quad m\,\ddot{z} = 0,$$

wobei $B = \mu_o H$ und $\mu_o = 4\pi \cdot 10^{-9}\ \Omega\,\text{sec/cm}$. Diese Gleichungen ergeben sich durch folgende Überlegung. In Gl. (55a) z. B. ist $-\dot{y}$ der Geschwindigkeitsvektor in negativer y-Richtung. Dreht man diesen Vektor auf kürzestem Weg in den $H\text{-}(= H_z\text{-})$Vektor und verbindet man diese Bewegung mit der einer Rechtsschraube, so gibt deren Fortbewegungsrichtung die Richtung der Kraft an, die auf einen *positiven* Ladungsträger wirkt (vgl. auch Abschn. I, B, 1, c, β). Im betrachteten Fall hat der Kraftvektor für positive Ladungsträger die Richtung der negativen x-Achse, für Elektronen also die Richtung der positiven x-Achse. Die Kraft ist daher gleich $m \cdot \ddot{x}$. Analoges gilt für die übrigen Komponenten der Elektronengeschwindigkeit.

Die Integration der Gln. (55) ergibt (in Parameterdarstellung) die Gleichung einer Schraubenbahn mit konstanter Ganghöhe h um einen geraden Kreiszylinder mit dem Radius R:

$$\text{a)}\quad x = \frac{v_o}{\omega} \cos \alpha \sin \omega t = R \sin \omega t$$

$$\text{b)}\quad y = \frac{v_o}{\omega} \cos \alpha\,(1 - \cos \omega t) = R\,(1 - \cos \omega t) \tag{56}$$

$$\text{c)}\quad z = \frac{v_o}{\omega}\,\omega t \sin \alpha = R\,\omega t \tan \alpha.$$

Dabei ist ω die Winkelgeschwindigkeit des Elektrons:

$$\omega = \frac{e}{m}\,B = \frac{e}{m}\,\mu_o H \tag{57}$$

$(\omega$ in $1/\text{sec}$, e in As, m in Ws^3/cm^2, μ_o in $\dfrac{\Omega\,\text{sec}}{\text{cm}}$, H in A/cm)

oder:

$$\omega = 2{,}21 \cdot 10^7 \cdot H\ [1/\text{sec}]\ (H \text{ in A/cm}). \tag{57a}$$

Für den Radius R des Kreiszylinders gilt:

$$R = \frac{v_{x_o}}{\omega} = \frac{v_o \cos \alpha}{\omega} = \frac{\sqrt{\dfrac{2e}{m}\,U_o}\,\cos \alpha}{\dfrac{e}{m}\,\mu_o H} \tag{58}$$

oder:

$$R = 2{,}68 \cdot \frac{\sqrt{U_o}}{H} \cos \alpha \; [\text{cm}] \quad (U_o \text{ in V}, \, H \text{ in A/cm}) \qquad (58\,\text{a})$$

(U_o = Beschleunigungsspannung des Elektrons).
Die (konstante) Ganghöhe h wird:

$$h = 2\pi R \tan \alpha = \frac{2\pi \sqrt{\frac{2e}{m} U_o}}{\frac{e}{m} \mu_o H} \sin \alpha \qquad (59)$$

oder:

$$h = 16{,}8 \, \frac{\sqrt{U_o}}{H} \sin \alpha \; [\text{cm}] \quad (U_o \text{ in V}, \, H \text{ in A/cm}). \qquad (59\,\text{a})$$

Radius und Ganghöhe der Schraubenbahn werden also umso größer, je größer die Elektronengeschwindigkeit und je kleiner die magnetische Feldstärke wird. Die Geschwindigkeit des Elektrons auf seiner Bahn ist in jedem Augenblick:

$$v = \sqrt{\dot{x}^2 + \dot{y}^2 + \dot{z}^2} = v_o. \qquad (60)$$

Im Gegensatz zum elektrischen Feld wird also im magnetischen Feld auf Ladungsträger keine Energie übertragen; es ändert sich nur die Richtung, nicht aber der Betrag der Teilchengeschwindigkeit.

Für den *Spezialfall* $\alpha = 0$ $(v_o \perp H)$ wird die Elektronenbahn im Magnetfeld zweidimensional, nämlich ein Kreis in der x-y-Ebene. Für diesen Fall, der bereits in Abschn. I, B, 1, c, β) behandelt wurde, ergibt sich aus Gl. (58a) der Bahnkreisradius R_o zu:

$$R_o = \frac{m v_o}{e B} = 2{,}68 \, \frac{\sqrt{U_o}}{H} \; [\text{cm}] \; (U_o \text{ in V}, \, H \text{ in A/cm}). \qquad (61)$$

Die Funktion $H R_o = f(U_o)$ ist in Abb. 72 (untere Kurve) graphisch dargestellt.

b) Relativistischer Fall. Im relativistischen Fall, den OLLENDORFF [8] diskutiert hat, bleibt die Elektronenbahn für $\alpha = 0$ ein Kreis (bzw. für $\alpha > 0$ eine Schraubenlinie), R_o (bzw. R) nimmt aber wegen der wachsenden Elektronenmasse bei hoher Elektronengeschwindigkeit schneller zu als bei niedriger Geschwindigkeit (vgl. die obere Kurve sowie die modifizierte Formel in Abb. 72).

c) Anwendungen der magnetischen Ablenkung

α) *Demonstrationsröhre mit Gasanregung.* Wird in einer gasgefüllten Röhre ein schräg zur Achse einfallender Elektronenstrahl durch ein axiales Magnetfeld beeinflußt, so wird die resultierende Schraubenbahn der Elektronen durch fortlaufende Anregung des Gases im Bahnbereich sichtbar (vgl. Abb. 73). Obwohl im größten Teil der Röhre kein elektrisches Feld herrscht, erreicht der Elektronenstrahl trotz des schrägen

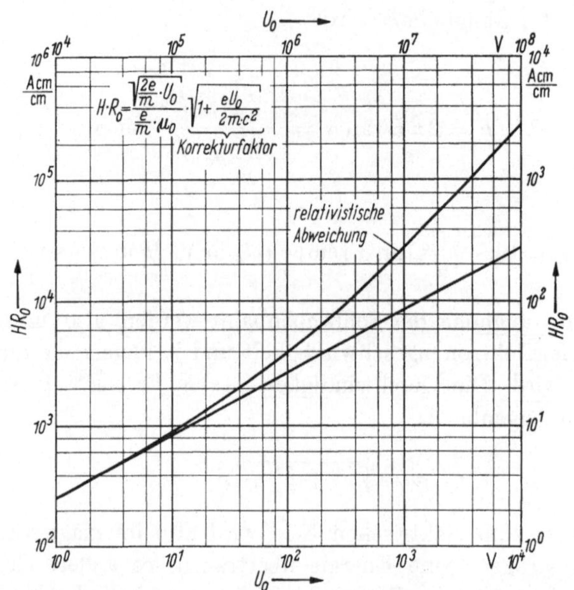

Abb. 72. Bahnradius R_0 eines Elektrons im homogenen Magnetfeld (senkrechter Einfall, $v_0 \perp H$), abhängig von der Feldstärke H und der Beschleunigungsspannung U_0 mit Berücksichtigung der relativistischen Korrektur. Bei schiefem Einfall ist statt der gesamten Geschwindigkeit ihre zur Feldstärke senkrechte Komponente einzusetzen (für die untere Kurve gilt die rechte und untere Skala, für die obere Kurve die linke und obere Skala).

Beispiel: Bei $U_0 = 1000$ V wird $H R_0 = 85$; für $H = 10$ A/cm wird also $R_0 = 8{,}5$ cm.

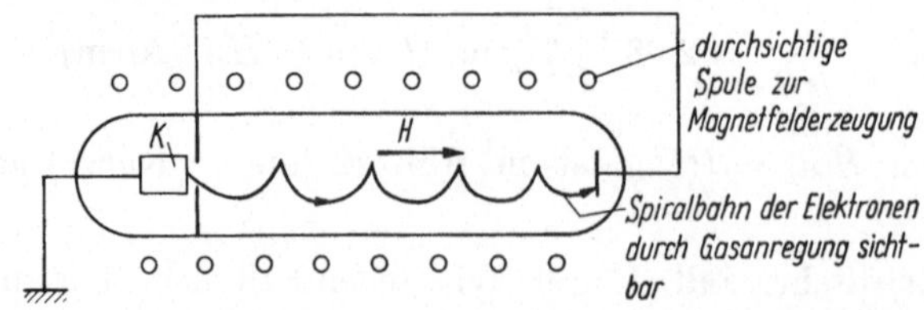

Abb. 73. Demonstrationsröhre mit Gasanregung durch einen Elektronenstrahl.

Einfalls doch die Anode, da er durch das Magnetfeld „geführt" wird. Dieses Prinzip der „Elektronenstrahlführung" wird in der Technik häufig angewandt (z. B. in Wanderfeld- und Bildwandlerröhren).

β) *Ablenkung in der Nebelkammer.* Da nach Gl. (61) der Bahnkreisradius eines Elektrons (und anderer geladener Teilchen) im Magnetfeld bei bekannter Induktion B nur noch von Teilcheneigenschaften (Ladung,

Masse und Geschwindigkeit) abhängt, verwendet man die magnetische Ablenkung häufig in der Nebelkammer zur Charakterisierung von Teilchenbahnspuren. So würden z. B. von einem β-Präparat emittierte 1 MeV-Elektronen im Magnetfeld bei einer Feldstärke $H = 10^3$ A/cm kreisförmige Bahnspuren mit dem Radius $R_0 = 4$ cm hinterlassen, wenn die Teilchenbahn auf der Magnetfeldrichtung senkrecht steht.

In der *Wilsonschen Nebelkammer*, die mit Wasserdampf gesättigte Luft enthält, werden durch die α- oder β-Strahlen Ionen gebildet, die als „Kondensationskerne" wirken. An diese lagern sich bei plötzlicher Expansion der Kammer Wasserdampfmoleküle an und bilden Nebeltröpfchen, die bei passender Dunkelfeldbeleuchtung *kurzzeitig* als Bahn-

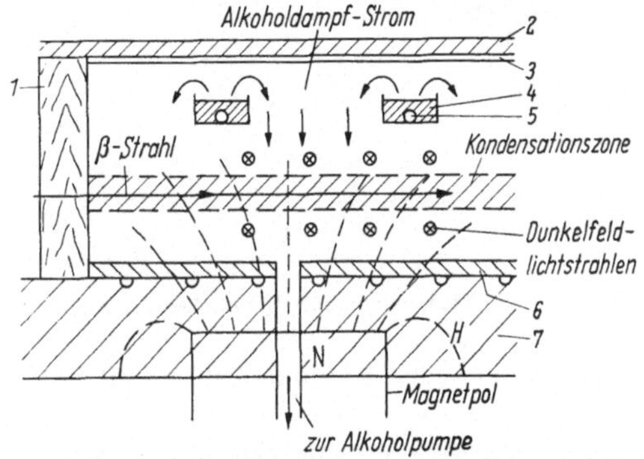

Abb. 74. Aufbau einer Nebelkammer mit kontinuierlicher Anzeige.

1 Holzrahmen; *2* geheizte Glasplatte; *3* transparente Ni-Schicht; *4* Alkoholtrog; *5* Heizung; *6* Alkoholschicht; *7* geschwärzte Metallplatte, gekühlt durch CO_2-Schnee oder Kühlmaschine ($-45\,°$C). Bildfeld bis zu 1 m² groß.

spur erscheinen. In der sog. *kontinuierlichen Nebelkammer*, deren Aufbau und Wirkungsweise aus Abb. 74 hervorgehen, werden im Gegensatz zur Wilson-Kammer die α- und β-Bahnspuren *fortlaufend* sichtbar gemacht.

γ) *Elektronenstrahlröhre mit magnetischer Ablenkung.* Abb. 75 zeigt das Prinzip einer Elektronenstrahlröhre mit Strahlablenkung in einem kurzen „abgehackten" Magnetfeld. Für die (häufig erfüllten) Näherungsbedingungen: Kleiner Ablenkwinkel φ und $l \ll D$ (vgl. Abb. 75) wird $l/R_0 \approx \varphi$ und $y_L/D \approx \varphi$. Daher wird die Ablenkung y_L auf dem Leuchtschirm:

$$y_L \approx \frac{D\,l}{R_0} = \sqrt{\frac{e}{2\,m}}\,\frac{D\,l\,B}{\sqrt{U_0}}. \tag{62}$$

(y_L [cm], D [cm] $=$ Abstand Ablenkfeldmitte-Leuchtschirm, l [cm] $=$ $=$ Länge des felderfüllten Raums in Elektronenstrahlrichtung, B

$[\text{Vs/cm}^2] = \mu_o H =$ magnetische Induktion, U_o [V] $=$ Beschleunigungsspannung des Elektronenstrahls, e/m [cm²/Vs²]).

$$\frac{y_L}{B} = \sqrt{\frac{e}{2m}} \; \frac{Dl}{\sqrt{U_o}} \qquad\qquad (62\,\text{a})$$

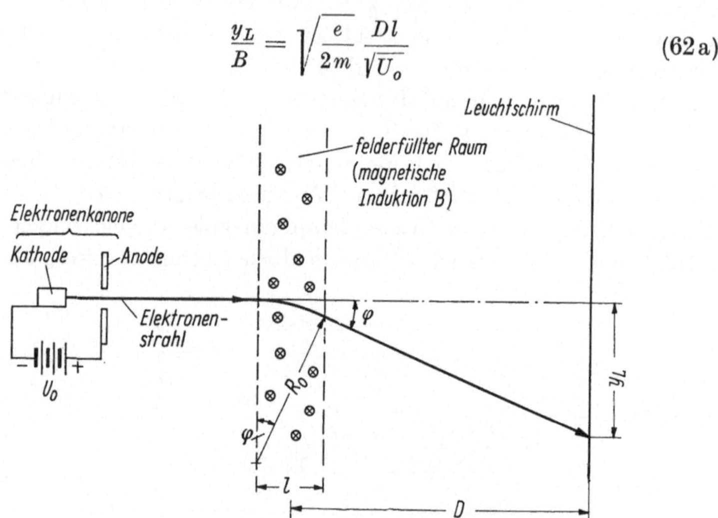

Abb. 75. Elektronenstrahlablenkung in einer Braunschen Röhre mit Magnetfeld.

bezeichnet man als magnetische Ablenkempfindlichkeit der Elektronenstrahlröhre.

Die magnetische Elektronenstrahlablenkung findet hauptsächlich in Fernsehbildröhren Anwendung.

3. Teilchenbahnen im zusammengesetzten elektrischen und magnetischen Feld

a) Allgemeine Bahngleichungen. Der allgemeinste Fall der Teilchenbewegung in homogenen Feldern ist die Bewegung im zusammengesetzten elektrischen und magnetischen Homogenfeld, in welchem beide Feldrichtungen einen beliebigen Winkel ε miteinander einschließen. Wählt man das Koordinatensystem so, daß die Richtung der z-Achse mit der Richtung des Magnetfelds übereinstimmt und der elektrische Feldvektor in der y-z-Ebene liegt (vgl. Abb. 76), so lauten die Feldbedingungen: $E_x = 0$, $E_y = E \sin \varepsilon$, $E_z = E \cos \varepsilon$ und $H_x = H_y = 0$, $H_z = H$. Beide Felder sollen durch die y-z-Ebene begrenzt sein.

Es sei angenommen, daß ein Elektron zur Zeit $t = 0$ an der Stelle $x = y = z = 0$ mit der Anfangsgeschwindigkeit $v_o = \sqrt{(2e/m)\,U_o}$ in den felderfüllten Raum eintritt. Der Geschwindigkeitsvektor v_o soll mit der x-y-Ebene den Winkel α einschließen und seine Projektion auf diese Ebene soll mit der x-Achse den Winkel β bilden. Die Komponenten der

Anfangsgeschwindigkeit sind also: $v_{x_0} = v_0 \cos \alpha \cos \beta$, $v_{y_0} = v_0 \cos \alpha \sin \beta$ und $v_{z_0} = v_0 \sin \alpha$.

Die Bewegungsgleichungen für das Elektron lauten dann:

$$\text{a) } m\ddot{x} = -eB\dot{y}$$
$$\text{b) } m\ddot{y} = eB\dot{x} - eE \sin \varepsilon \qquad (63)$$
$$\text{c) } m\ddot{z} = -eE \cos \varepsilon,$$

wobei $B = \mu_0 H$ die magnetische Induktion ist.

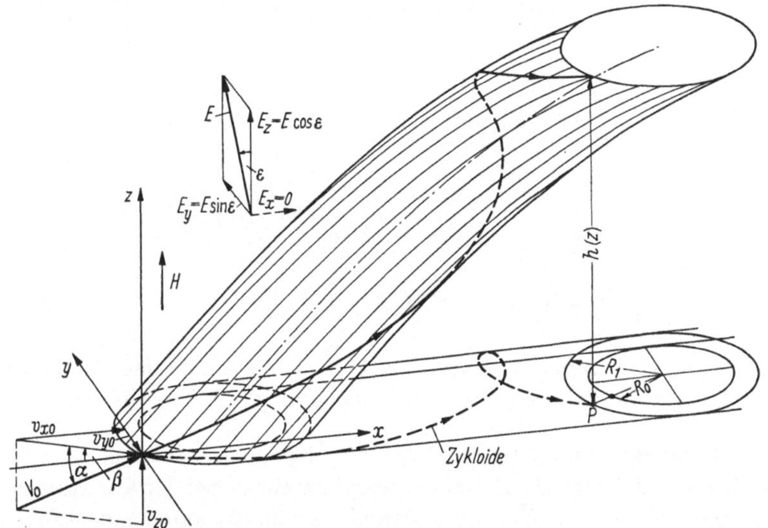

Abb. 76. Räumlicher Bahnverlauf eines Elektrons im beliebig gerichteten elektrischen und magnetischen Homogenfeld.

Die Integration dieser Gleichungen[1] ergibt (in Parameterdarstellung) die Gleichung einer Schraubenbahn mit veränderlicher Ganghöhe $h(z)$ um einen Kreiszylinder mit parabolischer Achse (vgl. Abb. 76):

$$\text{a) } x = \left(\frac{v_{x_0}}{\omega} - \frac{E \sin \varepsilon}{\omega B} \right) \sin \omega t - \frac{v_{y_0}}{\omega} (1 - \cos \omega t) + \frac{E \sin \varepsilon}{B} t$$

$$\text{b) } y = \frac{v_{y_0}}{\omega} \sin \omega t + \left(\frac{v_{x_0}}{\omega} - \frac{E \sin \varepsilon}{\omega B} \right) (1 - \cos \omega t) \qquad (64)$$

$$\text{c) } z = v_{z_0} t - \frac{e}{2m} E \cos \varepsilon \cdot t^2,$$

wobei sich ω aus Gl. (57a) berechnen läßt.

---

[1] Zweckmäßigerweise führt man dazu die Koordinatentransformation $x = x' + \left(\dfrac{E}{B} \sin \varepsilon \right) \cdot t$ durch, wodurch sich Gl. (63, b) vereinfacht. Die Lösungen $x'(t)$ und $y(t)$ erhält man dann durch den Ansatz $x', y = A_{x', y} \sin \omega t + B_{x', y} \cos \omega t + C_{x', y}.$

Die Projektion der Elektronenbahn auf die x-y-Ebene stellt eine Zykloide dar, die man sich durch die Rollbewegung eines Kreises (mit dem der Punkt P in Abb. 76 starr verbunden ist) mit dem Radius $R_o = (E \sin \varepsilon)/\omega B$ längs einer zur x-Achse parallelen Geraden entstanden denken kann.

Die von z abhängige Ganghöhe h der Schraubenbahn ergibt sich aus: $h(t_1) = z(t_1 + 2\pi/\omega) - z(t_1)$. Um h als Funktion von z zu erhalten, setzt man in Gl. (64, c) $t = t_1$ und berechnet daraus $t_1 = f(z)$. Setzt man nun dieses Ergebnis in den Ausdruck für $h(t_1)$ ein, so ergibt sich $h(z)$:

$$h(z) = \frac{2\pi}{\dfrac{e}{m} B} \sqrt{\frac{2e}{m} (U_o \sin^2 \alpha - z E \cos \varepsilon)} - \frac{2\pi^2 E \cos \varepsilon}{\dfrac{e}{m} B^2} \tag{65}$$

oder:

$$h(z) = \frac{16{,}8}{H} \sqrt{U_o \sin^2 \alpha - z E \cos \varepsilon} - 71 \frac{E}{H^2} \cos \varepsilon \tag{65a}$$

(H in A/cm, U_o in V, z in cm, E in V/cm).

Die Ganghöhe $h(z)$ nimmt also mit wachsendem z ab, da das elektrische Feld in Abb. 76 für Elektronen ein Verzögerungsfeld darstellt.

b) Besondere Anwendungen. Aus den allgemeinen Bahngleichungen (64) lassen sich einige für Entladungsgeräte wichtige Sonderfälle ableiten, bei denen der E- und H-Vektor entweder senkrecht aufeinander stehen ($\varepsilon = 90°$) oder parallel zueinander verlaufen ($\varepsilon = 0$).

α) *Der E- und H-Vektor stehen aufeinander senkrecht.* In Abb. 76 bedeutet dies die vereinfachende Annahme, daß $\varepsilon = 90°$ ist, der E-Vektor also y-Richtung und der H-Vektor z-Richtung hat ($E_x = 0$, $E_y = E$, $E_z = 0$ und $H_x = H_y = 0$, $H_z = H$). Unter dieser Voraussetzung kann man nun hinsichtlich der Anfangsgeschwindigkeit v_0 der Elektronen drei technisch wichtige Fälle unterscheiden:

α_1) Der Vektor v_0 hat die Richtung von H. (Elektroneneinfall „genau" in Richtung der z-Achse: $v_{x_0} = 0$, $v_{y_0} = 0$, $v_{z_0} = v_0$).
Für diesen Fall lautet die Bahngleichung in Parameterdarstellung [siehe Gl. (64)]:

$$\text{a)} \quad x = -\frac{E}{\omega B} \sin \omega t + \frac{E}{B} t$$

$$\text{b)} \quad y = -\frac{E}{\omega B} (1 - \cos \omega t) \tag{66}$$

$$\text{c)} \quad z = v_0 t.$$

Dies ist die Gleichung einer Schraubenlinie mit konstanter Ganghöhe um einen Kreiszylinder mit gerader aber geneigter, in der x-z-Ebene liegender Achse. Obwohl das elektrische Feld y-Richtung hat, wird also ein Elektronenstrahl innerhalb der x-z-Ebene, d. h. parallel zu den Ablenkplatten, abgelenkt. Der Ablenkwinkel ergibt sich aus der Neigung der Schraubenbahnachse in der x-z-Ebene:

$$\tan \alpha = \frac{E}{v_0 B}. \tag{66a}$$

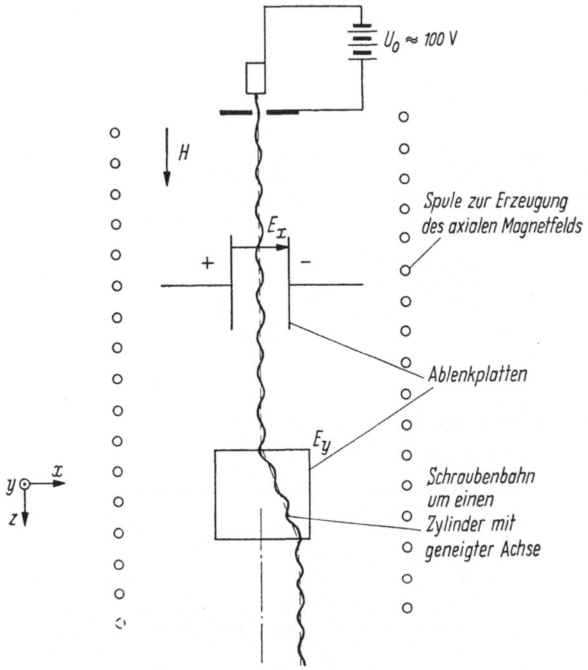

Abb. 77. Elektronenstrahlverlauf („Wendelstrahl") in einer Fernsehkameraröhre mit axialem Magnetfeld und Ablenkplatten.

Als Beispiel ist in Abb. 77 der Elektronenstrahlverlauf in einer Fernsehkameraröhre („Orthicon", WEIMER und ROSE [69]), mit axialem Magnetfeld und Ablenkplatten gezeigt. Elektronenstrahlen mit dem dort gezeichneten Verlauf bezeichnet man auch als „Wendelstrahlen".

α_2) Der Vektor v_0 steht auf H senkrecht. (Der v_0-Vektor liegt in der x-y-Ebene: $v_0 = \sqrt{v_{x_0}^2 + v_{y_0}^2}$; $v_{z_0} = 0$).

Für diesen Fall wird in Gl. (64) $z = 0$ und die Elektronenbahn eine Zykloide in der x-y-Ebene (vgl. die Bahnprojektion auf die x-y-Ebene in Abb. 76). Je nach der Größe des Verhältnisses E/B ergeben sich drei verschiedene Arten von Zykloidenbahnen (vgl. Abb. 78), die man sich durch das Abrollen eines Kreises mit der Geschwindigkeit $v = E/B$ längs einer Geraden entstanden denken kann (vgl. Abb. 79). Je nachdem, ob ein mit dem Kreis starr verbundener Punkt P, der bei der Rollbewegung des Kreises die Zykloidenbahnen beschreibt, außerhalb, innerhalb oder auf dem Umfang des Kreises liegt, ergeben sich die drei verschiedenen in Abb. 78 gezeichneten Kurvenformen. Der Mittelpunkt des Rollkreises folgt stets einer Äquipotentiallinie des elektrischen Feldes.

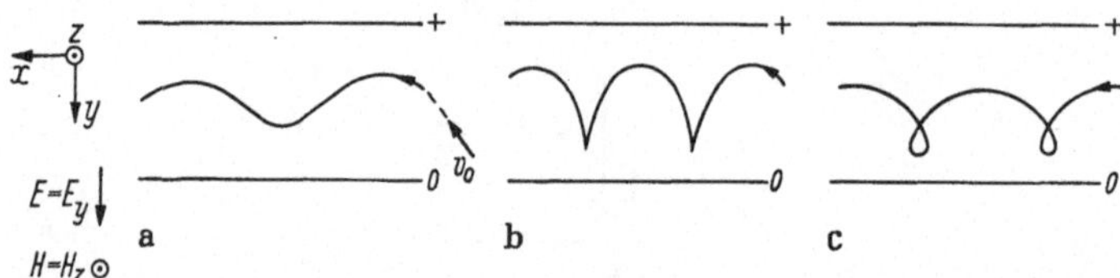

Abb. 78 a—c. Verschiedene Zykloidenbahnen von Elektronen im zusammengesetzten elektrischen und magnetischen Feld.

a) E/H „groß" (elektrisches Feld überwiegt; „verkürzte" Zykloide); b) E/H „mittel" („einfache" Zykloide); c) E/H „klein" (magnetisches Feld überwiegt; „verschlungene" Zykloide).

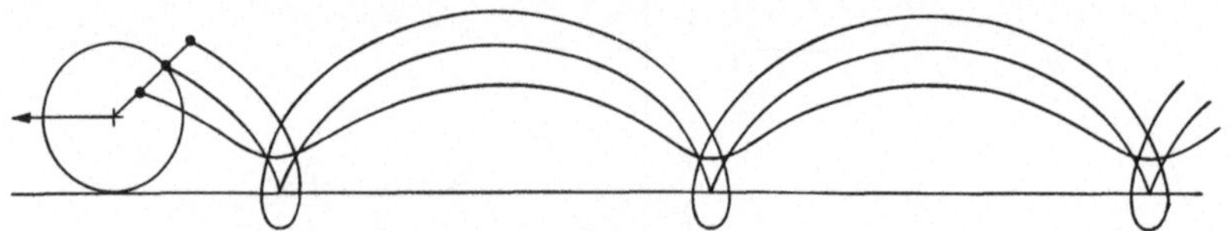

Abb. 79. Entstehung der verschiedenen Zykloidenbahnen durch Abrollen eines Kreises längs einer Geraden.

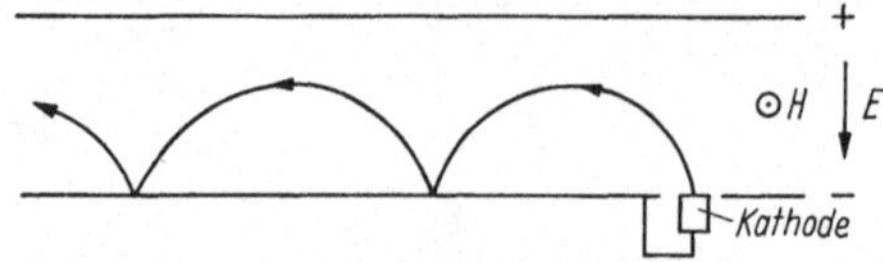

Abb. 80. „Einfache" Zykloidenbahn eines Elektronenstrahls.

Elektronenbahnen dieser Art treten z. B. in der „Trochotron-Schaltröhre" auf [64].

α_3) **Die Anfangsgeschwindigkeit v_0 ist Null.** Unter dieser Voraussetzung wird die Elektronenbahn durch Gl. (66) beschrieben, wenn dort (wegen $v_0 = 0$) $z = 0$ gesetzt wird; die Bahn ist eine einfache Zykloide in der x-y-Ebene. Als Beispiel zeigt Abb. 80 die Elektronenbahn zwischen zwei Kondensatorplatten, zwischen denen ein elektrisches Feld (in y-Richtung) und ein magnetisches Feld (in z-Richtung) bestehen (vgl. auch ALFVEN u. a. [64]). Ähnliche Elektronenbahnen ergeben sich beim ebenen Magnetron und im Magnetfeld-Elektronenvervielfacher.

β) *Der E- und H-Vektor verlaufen parallel.* Der Elektronenbahnverlauf ergibt sich in diesem Fall aus Abb. 71, wenn man sich dort dem homogenen Magnetfeld H ein gleich- oder entgegengerichtetes elektrisches

Feld E überlagert denkt ($H_x = H_y = 0$, $H_z = H$; $E_x = E_y = 0$, $E_z = E$). Es sei angenommen, daß die Elektronen wie in Abb. 71 in der x-z-Ebene mit der Geschwindigkeit v_0 unter einem Winkel α gegen die x-Achse in den felderfüllten Raum eintreten ($v_{x_0} = v_0 \cos \alpha$, $v_{y_0} = 0$, $v_{z_0} = v_0 \sin \alpha$). Die Elektronenbahn wird dann eine Schraubenlinie (um einen Kreiszylinder), deren Ganghöhe zunimmt, wenn E und H entgegengerichtet sind, und abnimmt, wenn E und H gleichgerichtet sind. Der

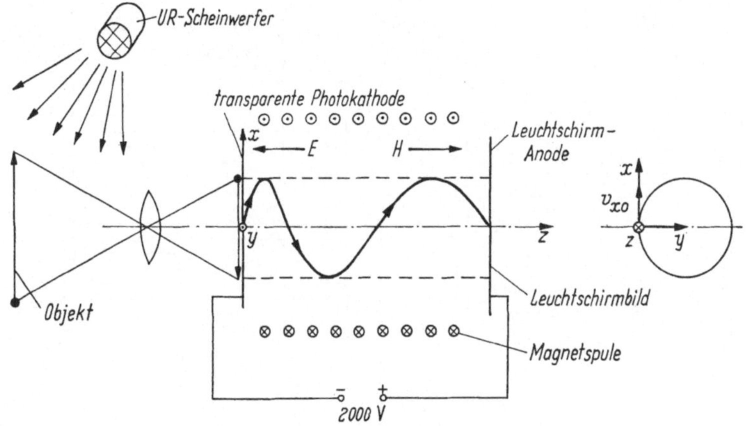

Abb. 81. Elektronenbahn in einem Bildwandler für blendungsfreien Autoscheinwerfer.

Bahnverlauf, ist also ähnlich dem in Abb. 71 gezeichneten, nur nimmt jetzt h entweder stetig zu oder ab. Die Bahngleichung lautet in Parameterdarstellung:

$$\text{a)}\quad x = \frac{v_0}{\omega} \cos \alpha \sin \omega t = R \sin \omega t$$

$$\text{b)}\quad y = \frac{v_0}{\omega} \cos \alpha \, (1 - \cos \omega t) = R \, (1 - \cos \omega t) \qquad (67)$$

$$\text{c)}\quad z = v_0 \, t \sin \alpha \mp \frac{e\,E}{2\,m} \, t^2,$$

wobei in Gl. (67 c) das Minuszeichen gilt, wenn das elektrische Feld E für die Elektronen ein Verzögerungsfeld ist.

Der Radius R der Schraubenbahn berechnet sich aus Gl. (58a) und die von z abhängige Ganghöhe h aus Gl. (65a), wenn dort $\varepsilon = 0$ gesetzt wird. Für $E = 0$ und $\varepsilon = 0$ geht Gl. (65a) in Gl. (59a) über, die für ein homogenes Magnetfeld ohne elektrisches Feld gilt.

Schraubenbahnen mit stetig zunehmender Ganghöhe treten z. B. in Bildwandlerröhren, solche mit abnehmender Ganghöhe im Verzögerungsfeld eines Orthikons auf. Als Beispiel zeigt Abb. 81 die Elektronenbahn in einer Bildwandlerröhre für einen „blendungsfreien" Autoscheinwerfer.

C. Teilchenströme im Hochvakuum bei starker Raumladung

1. Raumladungsbegrenzung von Teilchenströmen

In Kap. 1, Abschn. II,A,4 ist gezeigt worden, wodurch der Elektronenstrom in einer Hochvakuumdiode begrenzt wird. Die untere Grenze bildet der Anlaufstrom, dessen Zusammenhang mit der Anodenspannung durch

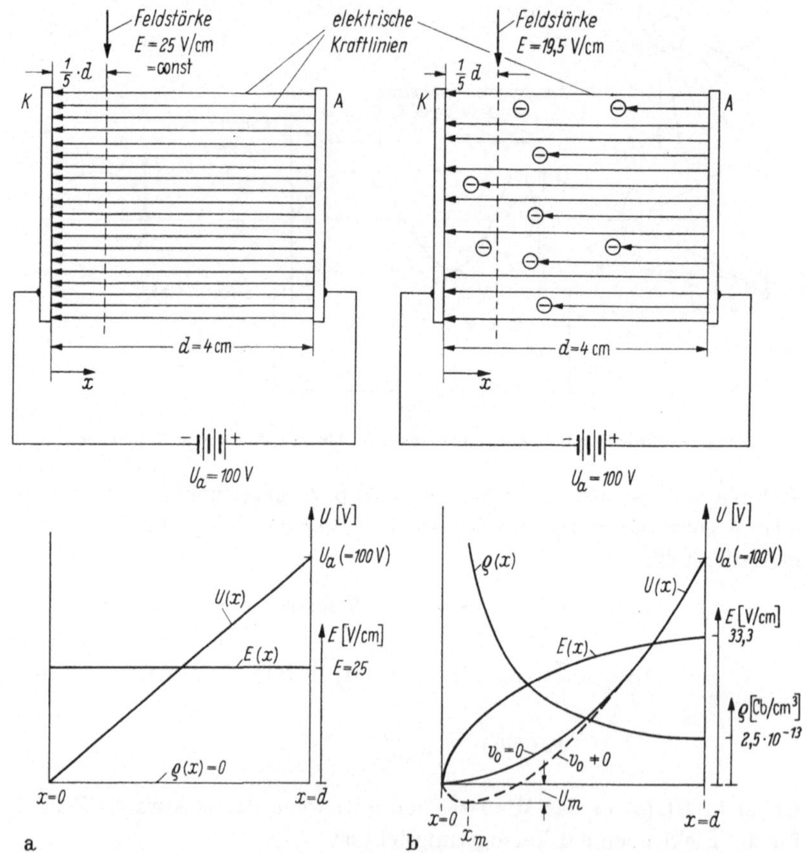

Abb. 82 a u. b. Verlauf der elektrischen Kraftlinien, des Potentials $u(x)$, der Feldstärke $E(x)$ und Raumladungsdichte $\varrho(x)$ zwischen zwei ebenen Elektroden.

a) Ohne (bzw. bei vernachlässigbarer) Elektronenraumladung; b) mit Raumladung. (Die Zahlenwerte beziehen sich auf ein Rechenbeispiel.)

Gl. (26a) beschrieben wird, und die obere Grenze der Sättigungsstrom, der gleich dem gesamten von der Kathode emittierten Elektronenstrom ist. Bei niedrigen Emissionsstromdichten ($\approx 10^{-6}$ A/cm²) grenzen Anlaufstrom- und Sättigungsstromgebiet einer Diode unmittelbar aneinander (vgl. Abb. 22 a). Bei höheren Emissionsstromdichten ($> 10^{-3}\,\mathrm{A/cm^2}$) erreicht der Anodenstrom bei positiven Anodenspannungen nicht sofort seinen Sättigungswert, sondern steigt mit wachsender Anodenspannung allmählich bis zu diesem Wert an (vgl. Abb. 22 b). Dieser Stromverlauf, der für alle stromsteuernden Elektronenröhren üblicher Leistung, also auch für Verstärker- und Senderröhren charakteristisch ist, entsteht durch den Einfluß der Elektronenraumladung auf die Feldstärke in solchen Röhren.

Den Mechanismus der Strombegrenzung durch die Elektronenraumladung veranschaulicht Abb. 82. Ist der Raum zwischen den zwei ebenen Elektroden K und A ladungsfrei (vgl. Abb. 82 a), so endigen alle von der Anode ausgehenden Kraftlinien an der Kathode, die Feldstärke ist konstant und der Potentialanstieg zwischen K und A linear. Befinden sich dagegen zwischen K und A freie Elektronen, so endigt ein Teil der Kraftlinien auf diesen; die Feldstärke ist daher nicht mehr konstant, sondern nimmt mit wachsendem Abstand von der Anode A ab (vgl. Abb. 82 b). Je größer die Raumladung zwischen den Elektroden K und A ist, desto niedriger wird wegen der zunehmenden Schirmwirkung der Elektronenwolke die Feldstärke vor der Kathode. Raumladung und Feldstärke beeinflussen sich gegenseitig so, daß trotz der hohen Elektronenergiebigkeit der Kathode nur ein relativ kleiner (raumladungsbegrenzter), von der Anodenspannung und den Röhrendimensionen abhängiger Strom durch die Röhre fließen kann.

Diese wechselseitige Beziehung zwischen Feldstärke und Raumladung, die den Anodenstrom einer Elektronenröhre bei positiven Anodenspannungen automatisch begrenzt, wird quantitativ durch die Poisson-Gleichung beschrieben, die sich aus dem Gaußschen Gesetz der Elektrostatik ableiten läßt. Dieses Gesetz besagt, daß das Hüllenintegral der Normalkomponente der dielektrischen Verschiebung D_n über eine diskrete Ladung Q (vgl. Abb. 83 a) gleich der Größe dieser Ladung ist[1]:

$$\oint D_n\, dF = Q. \tag{68}$$

Hat man statt der diskreten Ladung Q eine ebene Raumladungsschicht der differentiellen Dicke dx und der Raumladungsdichte ϱ (vgl. Abb. 83 b), so muß offenbar die beim Fortschreiten um das Stück dx auftretende Änderung dD der dielektrischen Verschiebung gleich der Raumladung

---

[1] Dieses Gesetz ergibt sich folgendermaßen: Ist Q eine Punktladung, so ist die Feldstärke im Abstand r: $E = Q/4\pi\varepsilon_0 r^2$. Mit $D = \varepsilon_0 E = Q/4\pi r^2$ wird (vgl. Abb. 83 a): $D_n dF = D \cos\alpha \cdot dF = (Q/4\pi)(dF \cos\alpha/r^2) = (Q/4\pi)\, d\Omega$, wobei $d\Omega$ das durch das Flächenelement dF im Abstand r von der Punktladung Q gebildete Raumwinkelelement ist. Da der gesamte Raumwinkel 4π ist, ergibt das Hüllenintegral $\oint D_n\, dF = Q$.

$\varrho\, dx$ sein. Es gilt daher in Analogie zu Gl. (68) für positive Raumladung die Beziehung:

$$\frac{dD}{dx} = \varrho \tag{69}$$

oder mit $D = \varepsilon_0 E$ ($\varepsilon_0 =$ Dielektrizitätskonst. $= 1/(4\pi \cdot 9 \cdot 10^{11})$ F/cm):

$$\frac{dE}{dx} = \frac{\varrho}{\varepsilon_0}. \tag{69a}$$

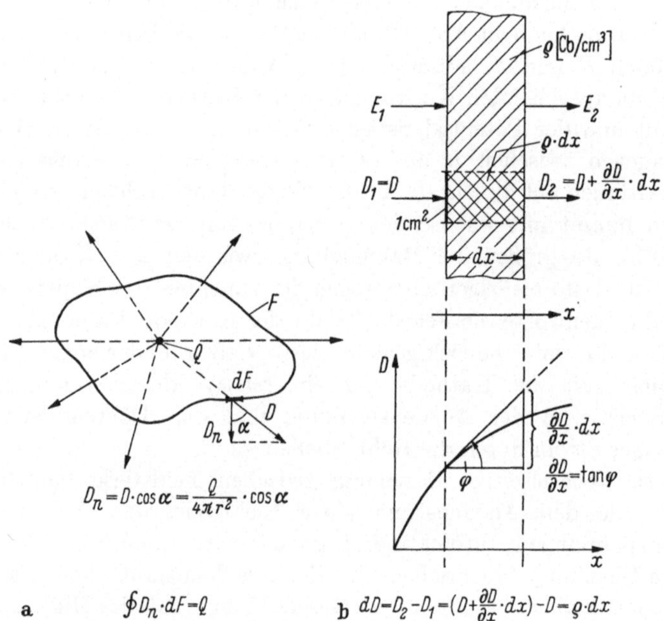

Abb. 83. Zusammenhang zwischen Ladung und dielektrischer Verschiebung
a) bei einer Punktladung; b) bei einer Raumladungsschicht der Dicke dx.

Da $E = -dU/dx$ ist, kann man auch schreiben:

$$\Delta U = \frac{d^2 U}{dx^2} = -\frac{\varrho}{\varepsilon_0} \quad (\varrho \text{ positiv}). \tag{69b}$$

Für Elektronen (ϱ negativ) gilt daher:

$$\Delta U = \frac{d^2 U}{dx^2} = \frac{\varrho}{\varepsilon_0} \quad (\text{für Elektronen}). \tag{69c}$$

Dies ist die Poisson-Gleichung (für ebene Elektrodensysteme und Elektronenraumladung), die den Zusammenhang zwischen der ortsveränderlichen Raumladung ϱ und der zugehörigen Änderung des Potentialgradienten angibt.

Ist ϱ eine Funktion von x, y und z, so lautet die Poisson-Gleichung für negative Raumladung in allgemeiner Form:

$$\Delta U = \frac{\partial^2 U}{\partial x^2} + \frac{\partial^2 U}{\partial y^2} + \frac{\partial^2 U}{\partial z^2} = \frac{\varrho}{\varepsilon_0}. \tag{70}$$

Für den Spezialfall $\varrho = 0$ geht die Poisson-Gleichung in die Laplace-Gleichung über:

$$\Delta U = \frac{\partial^2 U}{\partial x^2} + \frac{\partial^2 U}{\partial y^2} + \frac{\partial^2 U}{\partial z^2} = 0. \tag{71}$$

Die Lösung dieser für die Elektronenoptik wesentlichen Differentialgleichung ist nur in einfacheren Fällen möglich. In komplizierteren Fällen bedient man sich zur Lösung verschiedener experimenteller Näherungsverfahren, die in Abschn. VII beschrieben werden.

2. Der Raumladungs-Teilchenstrom in einer Diode mit ebenen Elektroden

In den meisten stromsteuernden Entladungsgeräten wird der Zusammenhang zwischen Anodenstrom und Anodenspannung durch die im vorigen Abschnitt beschriebene Beziehung zwischen Raumladung und Feldstärke bestimmt. Dabei lassen sich hinsichtlich der Geschwindigkeit v_0 der Elektronen beim Austritt aus der Kathode zwei Fälle unterscheiden:

Im ersten Fall wird angenommen, daß die Elektronen die Kathode mit der Geschwindigkeit $v_0 = 0$ verlassen. Dies hat zur Folge, daß sich an der Kathodenoberfläche durch den Einfluß der Elektronenraumladung die Feldstärke $(dU/dx)_{x=0} = 0$ einstellen muß. Bei schwach positiver Feldstärke würde nämlich der in den Entladungsraum fließende Strom sehr hoch (gleich dem Sättigungsstrom), bei schwach negativer Feldstärke dagegen gleich Null werden, da die Elektronen in diesem Fall die negative Potentialschwelle vor der Kathode nicht überwinden könnten (vgl. Abb. 82b).

Im zweiten Fall wird angenommen, daß die Elektronen die Kathode mit einer dem Anlaufstromgesetz [Gl. (26a)] entsprechenden Geschwindigkeitsverteilung verlassen. In diesem Fall stellt sich vor der Kathode ein Potentialminimum ein (vgl. Abb. 82b). Im Bremsfeld zwischen diesem und der Kathode verlieren die Elektronen zwar einen Teil ihrer kinetischen Energie, verlassen aber das Potentialminimum mit der gleichen Geschwindigkeitsverteilung, mit der sie aus der Kathode austreten. Man bezeichnet deswegen den Ort des Potentialminimums auch als „virtuelle Kathode".

Der erste Fall entspricht einer „idealen“, der zweite einer „technischen“ Diode mit ebenen Elektroden.

a) Teilchenstrom bei Vernachlässigung der Elektronen-Austrittsgeschwindigkeit ($v_o = 0$). An einer beliebigen Stelle des Entladungsraums zwischen Kathode und Anode sei das Potential U, die Elektronenraumladung ϱ, die Elektronengeschwindigkeit v und die Stromdichte j ($=$ const). Dann gelten folgende Beziehungen:

Die Poisson-Gleichung

$$\frac{d^2 U}{dx^2} = \frac{\varrho}{\varepsilon_0}, \tag{69c}$$

die Gleichung für die Stromdichte $\quad j = \varrho v \tag{72}$

und der Energiesatz $\quad e U = \frac{1}{2}\, m v^2. \tag{73}$

Wird v aus Gl. (73) in Gl. (72) eingesetzt, so ergibt sich:

$$\varrho = \frac{j}{\sqrt{\dfrac{2e}{m}}\,\sqrt{U}}. \tag{73a}$$

Setzt man diesen Ausdruck in Gl. (69c) ein, so erhält man die Differentialgleichung:

$$\frac{d^2 U}{dx^2} = \frac{j}{\varepsilon_0\,\sqrt{\dfrac{2e}{m}}\,\sqrt{U}}. \tag{74}$$

Da $\dfrac{dU}{dx}\dfrac{d^2 U}{dx^2} = \dfrac{1}{2}\dfrac{d}{dx}\left(\dfrac{dU}{dx}\right)^2$ ist, ergibt Gl. (74), mit $2\,\dfrac{dU}{dx}$ multipliziert:

$$\frac{d}{dx}\left(\frac{dU}{dx}\right)^2 = \frac{2j}{\varepsilon_0\,\sqrt{\dfrac{2e}{m}}}\,\frac{1}{\sqrt{U}}\,\frac{dU}{dx}. \tag{74a}$$

Durch Integration dieser Gleichung von $x = 0$ bis x ($U = 0$ bis U) erhält man:

$$\left(\frac{dU}{dx}\right)^2 - \left(\frac{dU}{dx}\right)_0^2 = \frac{4j}{\varepsilon_0\,\sqrt{\dfrac{2e}{m}}}\,\sqrt{U}. \tag{74b}$$

Da die Feldstärke an der Kathodenoberfläche ($x = 0$) voraussetzungsgemäß $\left(\dfrac{dU}{dx}\right)_0 = 0$ sein muß, wird:

$$\frac{dU}{dx} = \frac{2\sqrt{j}}{\sqrt{\varepsilon_0}}\,\sqrt[4]{\frac{m}{2e}}\,\sqrt[4]{U}. \tag{74c}$$

Die Integration dieser Gleichung ergibt:

$$U^{3/4} = \frac{3}{4} \frac{2}{\sqrt{\varepsilon_0}} \sqrt[4]{\frac{m}{2e}} \sqrt{j} \cdot x, \tag{75}$$

wobei die Integrationskonstante gleich Null ist, da bei $x = 0$ (Kathode) das Potential $U = 0$ sein soll.

Bezeichnet man in Gl. (75) den vor x stehenden Ausdruck mit a, so lautet die Abhängigkeit des Raumpotentials U von der Koordinate x für eine raumladungsbehaftete Diode:

$$U = a^{4/3} x^{4/3}. \tag{75a}$$

Für die Feldstärke ergibt sich

$$|E| = \frac{dU}{dx} = \frac{4}{3} a^{4/3} x^{1/3} \tag{75b}$$

und für die Raumladungsdichte

$$\varrho = \varepsilon_0 \frac{dE}{dx} = \frac{4}{9} \varepsilon_0 a^{4/3} x^{-2/3}. \tag{75c}$$

Die Funktionen $U(x)$, $E(x)$ und $\varrho(x)$ sind in Abb. 82b (unten, durchgehende Kurven) graphisch dargestellt. Zum Vergleich zeigt Abb. 82a die entsprechenden Kurven für den raumladungsfreien Fall ($\varrho = 0$).

In Gl. (75) ist die Stromdichte j von x unabhängig; sie muß daher auch gleich der Stromdichte j_a an der Anode sein. Da an der Anode außerdem $x = d$ und $U = U_a$ ist, ergibt sich aus Gl. (75) der Anodenstrom $I_a = j_a F$ (F = Fläche der ebenen Kathode bzw. Anode) in Abhängigkeit von der Anodenspannung U_a:

$$I_a = \frac{4}{9} \varepsilon_0 \sqrt{\frac{2e}{m}} \frac{F}{d^2} U_a^{3/2} = K U_a^{3/2}. \tag{76}$$

Diese Gleichung bezeichnet man als das $U^{3/2}$-Gesetz oder Raumladungsgesetz, ihre graphische Darstellung in der Form $I_a = f(U_a)$ als die Raumladungs-Kennlinie einer Diode mit ebenen Elektroden. Die Konstante

$$K = \frac{4}{9} \varepsilon_0 \sqrt{\frac{2e}{m}} \frac{F}{d^2} = 2{,}33 \cdot 10^{-3} \frac{F}{d^2} \; [\text{mA/V}^{3/2}] \quad (F \text{ in cm}^2, d \text{ in cm}) \tag{77}$$

heißt *Raumladungskonstante* der Diode.

8*

Nach Gl. (76) nimmt der Anodenstrom im „Raumladungsgebiet" mit wachsender Anodenspannung mehr als linear zu. Der Strom wird dabei umso größer, je kleiner der Abstand d zwischen Kathode und Anode und je größer die Elektrodenflächen sind.

Die Gültigkeit des $U^{3/2}$-Gesetzes ist nicht auf die Diode beschränkt. Es gilt auch für Elektrodensysteme mit einem oder mehreren Steuergittern, wenn für K jeweils die Raumladungskonstante und anstelle von U_a die effektive Steuerspannung des Systems eingesetzt wird. Das Gesetz gilt außerdem für beliebige Elektrodenformen, durch deren Geometrie jeweils die Raumladungskonstante K — allerdings meist in komplizierterer Weise als in Gl. (77) — bestimmt wird. Die Gleichung gilt ferner auch für Ionen (Ladung q_i statt e, Masse m_i statt m), wenn diese aus Glühanoden mit der Anfangsgeschwindigkeit $v_o = 0$ emittiert werden.

b) Teilchenstrom bei Berücksichtigung der Elektronen-Austrittsgeschwindigkeit ($v_o \neq 0$; Geschwindigkeitsverteilung entsprechend dem Anlaufstromgesetz). Wie bereits erwähnt, stellt sich in diesem Fall der Teilchenstrom so ein, daß vor der Kathode ein Bremsfeld (zwischen $x = 0$ und $x = x_m$) mit einem Potentialminimum U_m (bei $x = x_m$) entsteht (vgl. Abb. 82b, gestrichelte Kurve). Es gelangen deshalb nur diejenigen Elektronen zur Anode, die auf Grund ihrer Anfangsenergie gegen dieses Potentialminimum anlaufen können. Zwischen der Kathode und dem Potentialminimum wird daher der Elektronenstrom durch das Anlaufstromgesetz [Gl. (26a)] bestimmt, wenn dort U_a durch U_m ersetzt wird. Daraus ergibt sich die Tiefe des Potentialminimums:

$$U_m = U_T \ln (I_s/I_a). \tag{78}$$

In dem Entladungsraum zwischen Potentialminimum und Anode gilt dagegen das Raumladungsgesetz in modifizierter Form, in der anstelle von d der Abstand $d - x_m$ des Potentialminimums von der Anode und anstelle von U_a die (größere) Potentialdifferenz $U_a - U_m$ (U_m negativ einzusetzen) erscheint:

$$I_a = \frac{4}{9}\, \varepsilon_o \sqrt{\frac{2e}{m}}\, F\, \frac{(U_a - U_m)^{3/2}}{(d - x_m)^2} \left(1 + 2{,}66 \sqrt{\frac{U_T}{U_a - U_m}}\right) \tag{79}$$

$$(I_a \text{ in A, } \varepsilon_o \text{ in As/Vcm, } e/m \text{ in cm}^2/\text{Vs}^2, \ F \text{ in cm}^2, \ d, \ x_m \text{ in cm}],$$
$$U_a, \ U_m, \ U_T \text{ in V}).$$

Das Korrekturglied (vgl. [86]) in der rechten Klammer berücksichtigt die statistische Verteilung der Elektronengeschwindigkeiten am Ort des Potentialminimums.

Für Anodenspannungen von der Größenordnung 100 V ergibt Gl. (79) etwa um 10% höhere Anodenströme als Gl. (76). Bei technischen Elektronenröhren ist daher für genauere Rechnungen Gl. (79) vorzuziehen.

3. Wirkungen der Raumladung in elektronenoptischen Entladungsgeräten

In elektronenoptischen Geräten kann sich der Einfluß der Elektronenraumladung z. B. durch die Vergrößerung eines Teilchenstrahl-Brennflecks infolge der gegenseitigen Abstoßung der Ladungsträger bemerkbar machen. Diese Erscheinung tritt z. B. in Röntgen- und Fernsehröhren auf. Die Brennfleck-Vergrößerung kann bei hohen Stromdichten erhebliche Werte erreichen und ist eine Funktion der Beschleunigungsspannung der Elektronen (vgl. Bd. II, Kap. 2: Elektronenoptische Entladungsgeräte).

VII. Grundlagen der geometrischen Elektronenoptik[1]

Unter „geometrischer Elektronenoptik" versteht man die rechnerische oder experimentelle Darstellung der räumlichen Bahnen (Strömungen) von Elektronen (oder Ionen), auf die elektrische oder magnetische Felder einwirken. Voraussetzung für das optische Verhalten eines Teilchenstrahls ist die geradlinige (kollisionsfreie) Bewegung der Teilchen im Vakuum bei mäßiger Raumladung (z. B. soll die Stromdichte j_e eines Elektronenstrahls bei einer Elektronenenergie von $\approx 1\,\mathrm{keV}$ und 30 cm Strahllänge kleiner als $10^{-3}\,\mathrm{A/mm^2}$ sein). Bei stärkerer Raumladung tritt — wie bereits erwähnt — durch gegenseitige elektrostatische Abstoßung der Ladungsträger eine Verbiegung der Bahnen ein; dieser Raumladungseffekt verschwindet erst, wenn die Teilchen angenähert Lichtgeschwindigkeit haben, da dann die elektrodynamische Anziehung gleich der elektrostatischen Abstoßung wird.

Wegen der eindeutigen Zusammenhänge zwischen Feldstärke bzw. Feldrichtung und resultierender Teilchenbahn ist in elektronenoptischen Entladungsgeräten (z. B. Fernsehröhren oder Elektronenmikroskop) die genaue Vorausberechnung der Stromverteilung relativ leicht möglich. Schwieriger wird sie dagegen bei Entladungsgeräten mit starker Raumladung (z. B. Verstärkerröhren), während sie bei Entladungsgeräten mit vielen Kollisionsprozessen (z. B. Hg-Gleichrichter, Neonröhren, Transistoren) nur selten möglich ist. Hier überwiegen bei der Konstruktion empirische, technologische und thermische Gesichtspunkte.

---

[1] Einige Teile dieses Abschnittes sind im Zusammenhang mit einer nichtveröffentlichten Arbeit von M. KNOLL und G. WENDT entstanden.

A. Vergleich der geometrischen Elektronenoptik mit der Lichtoptik

Die geometrische Elektronenoptik enthält eine Reihe von Analogien zur geometrischen Lichtoptik, aber auch einige wesentliche Unterschiede, die allerdings das Anwendungsgebiet der Elektronenoptik gegenüber dem der Lichtoptik erheblich erweitern.

Es bestehen folgende *Analogien*:

Geometrische Lichtoptik		*Geometrische Elektronenoptik*	
a) Glaslinsen	entsprechen	„kurze" Felder mit kugelförmigen Niveauflächen.	
b) Glasprismen	entsprechen	„kurze" Ablenkfelder.	Elektronenquelle außerhalb des optischen Systems
c) Spiegeln	entsprechen	„kurze" Verzögerungsfelder.	
d) Immersionssystemen	entsprechen	„lange" elektrische oder magnetische Felder.	Elektronenquelle innerhalb des optischen Systems

(Mit den Bezeichnungen „kurz" oder „lang" ist hier die Ausdehnung der Felder im Verhältnis zur Elektronenstrahllänge gemeint).

Die *Unterschiede* dagegen sind:

Geometrische Lichtoptik	*Geometrische Elektronenoptik*
a) Meist sprunghafte Änderung der Brechkraft (z. B. bei Glaslinsen); ergibt Knickung des Lichtstrahls.	Meist allmähliche Änderung der Brechkraft (z. B. bei einer elektrischen Rohrlinse); ergibt stetige Krümmung des Elektronenstrahls.
b) Der Brechungskoeffizient n_{Glas} ist prop. $\dfrac{1}{v_{\text{Glas}}}$ (v_{Glas} = Lichtgeschw. im Glas).	Der elektronenoptische Brechungskoeffizient n_e^* ist prop. v^* bzw. $\sqrt{U^*}$ (v^* = Elektronengeschw. nach der Brechung).
c) $\left(\dfrac{n_{\text{Glas}}}{n_{\text{Luft}}}\right)_{\max} = 3:1.$	$\left(\dfrac{n_e^*}{n_e}\right)_{\max} < 10^2$ [Definition siehe Gl. (80)].
d) Für gleiche Linsenform ist: $n = $ const und $f = $ const. Daher Schärfeeinstellung nur durch Linsenverschiebung möglich.	Für gleiche Linsenelektroden- bzw. Polschuhform ist: $n_e = f(E)$ bzw. $n_e = f(H)$; daher Schärfeeinstellung ohne Linsenverschiebung möglich („Gummilinse").
e) Glasprismen für Abtast-Lichtstrahl müssen rotieren.	Elektrische oder magn. Ablenkorgane für Abtast-Elektronenstrahl können ruhen.

B. Das elektronenoptische Brechungsgesetz

1. Elektronenstrahlbrechung im elektrischen Ablenkfeld

In Analogie zur Lichtoptik läßt sich auch für die Elektronenoptik
ein Brechungsgesetz ableiten, mit dessen Hilfe der Verlauf eines Elektronenstrahls in elektrischen Feldern konstruiert werden kann. Als
Beispiel zeigt Abb. 84 die kontinuierliche Elektronenstrahlbrechung
im elektrischen Ablenkfeld, die eine stetige Krümmung des Elektronen-
strahlverlaufs ergibt.

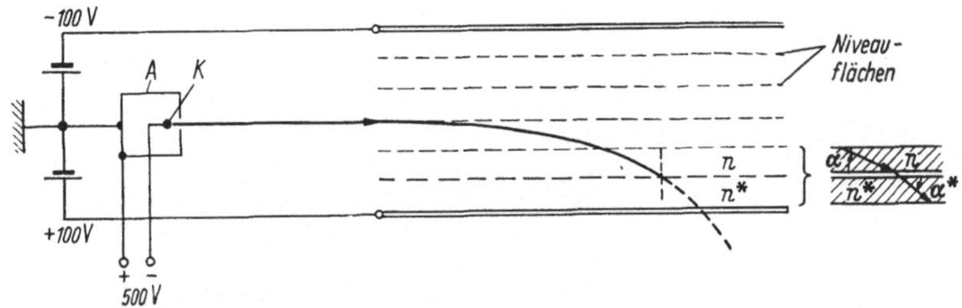

Abb. 84. Kontinuierliche Elektronenstrahlbrechung im elektrischen Ablenkfeld.

Man kann sich diesen Strahlenverlauf nun auch dadurch entstanden
denken, daß eine Reihe von äquidistanten Niveauflächen des homogenen
elektrischen Feldes durch (äquidistante) „elektrische Doppelschichten"
ersetzt wird, in denen das elektrische Feld konzentriert ist, während
der Raum zwischen den einzelnen (als unendlich dünn angenommenen)
Doppelschichten feldfrei gedacht wird. An jeder solchen Doppelschicht
erfährt dann der Elektronenstrahl eine Brechung, die gerade so groß ist
wie die Brechung im ursprünglich vorhandenen, zwischen zwei benachbarten Doppelschichten (Äquipotentialflächen) liegenden Feldabschnitt.
Auf diese Weise wird der kontinuierliche Elektronenstrahlverlauf durch
einen Streckenzug ersetzt, der sich der Elektronenbahn um so genauer
anschmiegt, je feiner die Unterteilung des Feldes gemacht wird.

2. Elektronenstrahlbrechung an einer planparallelen elektrischen Doppelschicht (Feldschicht)

Die Brechung eines Elektronenstrahls an einer elektrischen Doppelschicht veranschaulicht Abb. 85. Innerhalb der durch zwei parallele
feinmaschige Drahtnetze nachgebildeten Doppelschicht herrscht ein
homogenes elektrisches Feld, das durch die Potentialdifferenz ΔU
zwischen den beiden Netzelektroden hervorgerufen wird. Der Raum
außerhalb der Doppelschicht ist feldfrei.

Tritt ein Elektronenstrahl unter einem Winkel α gegen die Normale (Einfallswinkel) in die Doppelschicht ein (vgl. Abb. 85), so ist, da elektrische Kräfte nur in x-Richtung wirken, $v_y = v_y^*$. Mit $v_y = v \sin \alpha$ und $v_y^* = v^* \sin \alpha^*$ wird daher $v \sin \alpha = v^* \sin \alpha^*$. Berücksichtigt man, daß die Elektronengeschwindigkeit *vor* der Feldschicht $v = \sqrt{(2e/m)U}$ und

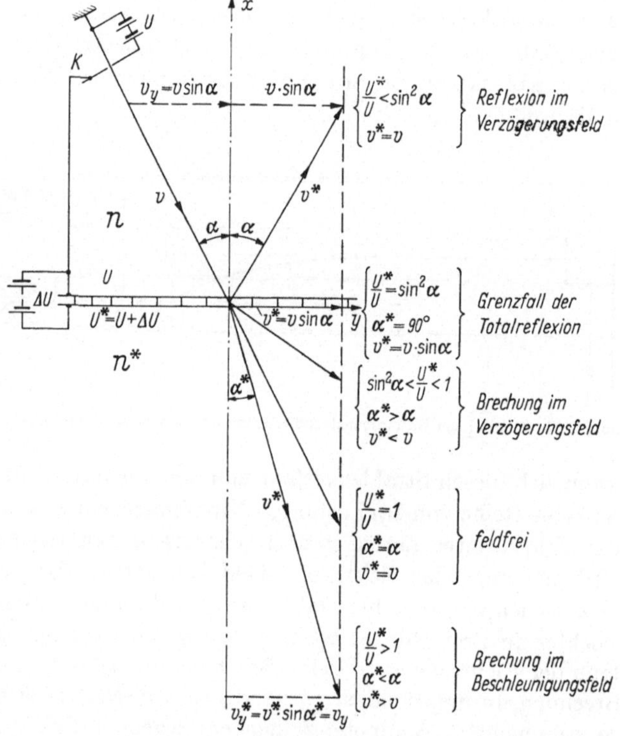

Abb. 85. Elektronenstrahlbrechung an einer planparallelen elektrischen Doppelschicht (Feldschicht).

nach der Feldschicht $v^* = \sqrt{(2e/m)U^*}$ ist, so ergibt sich als elektronenoptisches Brechungsgesetz:

$$\frac{\sin \alpha}{\sin \alpha^*} = \frac{v^*}{v} = \sqrt{\frac{U^*}{U}} = \sqrt{1 + \frac{\Delta U}{U}} = \frac{n_e^*}{n_e}. \tag{80}$$

Aus dieser Gleichung kann der Winkel α^* berechnet werden, den der Elektronenstrahl hinter der Feldschicht mit dem Einfallslot bildet. Wie in der Lichtoptik ordnet man hier dem feldfreien Raum vor und nach der Doppelschicht Brechungsindizes n_e und n_e^* zu, deren Verhältnis bei gegebenem Einfallswinkel α den Brechungswinkel α^* bestimmt.

In Gl. (80) kommen weder Ladung noch Masse der Teilchen vor; das Brechungsgesetz gilt daher z. B. auch für Ionenstrahlen. Wie in der

Lichtoptik liegen auch hier einfallender Elektronenstrahl, Einfallslot und austretender Elektronenstrahl in einer Ebene. Bei Spiegelung an der Doppelschicht ist wie in der Lichtoptik der Eintrittswinkel gleich dem Austrittswinkel. Jedoch ist in dem Medium mit größerem Brechungsindex in der Elektronenoptik die Geschwindigkeit größer, in der Lichtoptik kleiner.

Wie Abb. 85 zeigt, ergeben sich für die Elektronenstrahlbrechung an einer planen Doppelschicht in Analogie zur Lichtoptik die Fälle: Brechung des Elektronenstrahls zum Einfallslot ($U^*/U > 1$), keine Brechung ($U^*/U = 1$), Brechung vom Einfallslot ($\sin^2 \alpha < U^*/U < 1$), Grenzfall der Totalreflexion ($U^*/U = \sin^2 \alpha$) und Totalreflexion ($U^*/U < \sin^2 \alpha$).

C. Elektronenoptische Abbildungsgesetze

In Analogie zu den Abbildungssystemen der Lichtoptik (Glaslinsen) wurden auch in der Elektronenoptik Anordnungen entwickelt, welche die von einem Gegenstand (z. B. von einer Kathode) ausgehenden Elektronen entweder in einem „Bild"-Punkt vereinigen oder ein „virtuelles Bild" erzeugen, welches im Schnittpunkt der rückwärtigen Verlängerung der Elektronenstrahlen liegt. Man bezeichnet solche Anordnungen sinngemäß als *Elektronenlinsen*. In der Lichtoptik beruht die optische Abbildung auf der Krümmung der Grenzflächen zwischen Glaslinse und umgebender Luft, in der Elektronenoptik ganz analog auf der angenähert sphärischen Krümmung der Niveauflächen des abbildenden elektrischen oder magnetischen Feldes, das von der Elektronenlinse erzeugt wird. Zur Charakterisierung der Eigenschaften einer Elektronenlinse verwendet man die in der Lichtoptik gebräuchlichen Größen wie bild- und objektseitige Brennweite, Bild- und Gegenstandsweite sowie bild- und objektseitige Hauptebene.

Ist das abbildende Feld ein elektrisches mit annähernd kugelförmig gekrümmten Niveauflächen, so kann man sich dessen abbildende Wirkung dadurch veranschaulichen, daß man das ganze Feld in einzelne Abschnitte aufteilt; denkt man sich die stetige Potentialänderung in jedem solchen Feldabschnitt durch eine sprunghafte Änderung (elektrische Doppelschicht) in der Mitte des Abschnitts ersetzt, so ergibt sich die elektronenoptische Abbildung angenähert durch die Brechung eines Elektronenstrahls an all diesen hintereinanderliegenden Doppelschichten.

Die sphärisch gekrümmte elektrische Doppelschicht kann als das einfachste elektrostatische Abbildungssystem angesehen werden, anhand dessen die Gesetze der elektronenoptischen Abbildung besonders leicht studiert werden können. Abbildungssysteme mit komplizierterer Verteilung des elektrischen Feldes lassen sich meist in erster Näherung als Hintereinanderschaltung von einer Anzahl von sphärischen elektrischen Doppelschichten mit verschiedenen Krümmungsradien auffassen. Die Brechkraft des ganzen Abbildungssystems ergibt sich in diesem Fall durch Summierung der Brechkräfte der einzelnen Doppelschichten.

1. Brennweitengleichung für eine sphärisch gekrümmte elektrische Doppelschicht

Abb. 86 zeigt die Brechung eines Elektronenstrahls an einer kugelförmig gekrümmten elektrischen Feldschicht, durch die der auf der optischen Achse liegende Punkt G eines Gegenstandes in einen Bildpunkt B abgebildet wird. Es sei vorausgesetzt, daß der Winkel φ klein ist, daß also die von G ausgehenden Elektronenstrahlen nahezu parallel

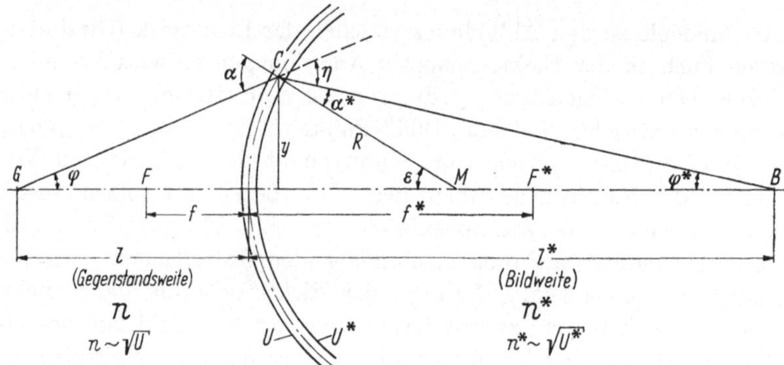

Abb. 86. Brechung eines Elektronenstrahls an einer sphärisch gekrümmten elektrischen Doppelschicht (Feldschicht).

zur optischen Achse verlaufen. Dies bedeutet gleichzeitig die Beschränkung auf „kurze" Linsen, deren Ausdehnung in axialer Richtung klein gegenüber der objekt- und bildseitigen Brennweite ist. Unter dieser Annahme gelten mit den in Abb. 86 angegebenen Bezeichnungen folgende geometrischen Beziehungen:

$$y/l = \varphi; \quad y/l^* = \varphi^*; \quad y/R = \sin \varepsilon \approx \varepsilon; \quad \varepsilon = \alpha^* + \varphi^* \text{ und}$$
$$\eta = \alpha - \alpha^* = \varphi + \varphi^*.$$

Nach dem Brechungsgesetz (Gl. 80) gilt angenähert: $n_e \alpha = n_e^* \alpha^*$ oder $\alpha = (n_e^*/n_e)\alpha^*$; mit $n_e^*/n_e = \sqrt{U^*/U}$ wird $\alpha = \sqrt{U^*/U}\, \alpha^*$. Damit wird $\eta = \sqrt{U^*/U} - 1)\, \alpha^* = \varphi + \varphi^*$; da $\alpha^* = \varepsilon - \varphi^*$ ist, ergibt sich:

$$(\sqrt{U^*/U} - 1)\,(\varepsilon - \varphi^*) = \varphi + \varphi^* \quad \text{oder}$$
$$(\sqrt{U^*/U} - 1)\,(y/R - y/l^*) = y/l + y/l^*.$$

Dividiert man beide Seiten der letzten Gleichung durch y und formt etwas um, so erhält man:

$$\frac{\sqrt{U}}{l} + \frac{\sqrt{U^*}}{l^*} = (\sqrt{U^*} - \sqrt{U})\,\frac{1}{R}. \tag{81}$$

In dieser Gleichung ist l die Gegenstandsweite, l^* die Bildweite, U das Potential im Objektraum, U^* das Potential im Bildraum und R der Krümmungsradius der Doppelschicht. Mit Hilfe dieser Gleichung kann bei bekannten Potentialen U und U^* aus der Gegenstandsweite die Lage des Bildpunktes B ermittelt werden.

Liegt G im Unendlichen ($l \to \infty$), so treten die Elektronenstrahlen achsenparallel in die Doppelschicht ein und kreuzen hinter dieser die optische Achse in einem Punkt, den man als bildseitigen Brennpunkt F^* bezeichnet. Sein Abstand vom Scheitel der Doppelschicht heißt *bildseitige Brennweite* f^* ($= l^*$ für $l \to \infty$). Sie ergibt sich aus Gl. (81) zu:

$$f^* = \frac{\sqrt{U^*}}{\sqrt{U^*} - \sqrt{U}}\,R. \tag{82}$$

Den *objektseitigen* Brennpunkt erhält man im Objektraum als Schnittpunkt von Elektronenstrahlen, die im Bildraum achsenparallel auf die Feldschicht auftreffen. Die objektseitige Brennweite f ($= l$) ergibt sich demnach aus Gl. (81) für $l^* \to \infty$:

$$f = \frac{\sqrt{U}}{\sqrt{U^*} - \sqrt{U}}\,R. \tag{83}$$

Die Brennweiten f und f^* sind durch die Gleichung

$$\frac{f^*}{f} = \sqrt{\frac{U^*}{U}} \tag{84}$$

miteinander verknüpft. Die Brennweiten verhalten sich also wie die Wurzeln aus den Potentialen von Bild- und Objektraum. Sind beide Potentiale einander gleich, so sind auch die bild- und objektseitige Brennweite einander gleich[1]. Da in Gl. (84) der Krümmungsradius R der Doppelschicht nicht vorkommt, gilt diese Beziehung ganz allgemein für alle elektrischen Elektronenlinsen.

Mit den Gl. (82) und (83) erhält man aus Gl. (81) die Beziehung:

$$\frac{f}{l} + \frac{f^*}{l^*} = 1 \tag{85}$$

---

[1] In Abb. 86 bedeutet dies: $f = f^* = \infty$.

oder, wenn man außerdem Gl. (84) berücksichtigt:

$$\frac{\sqrt{U}}{l} + \frac{\sqrt{U^*}}{l^*} = \frac{\sqrt{U}}{f} = \frac{\sqrt{U^*}}{f^*}. \tag{86}$$

In dieser „Brennweitengleichung" kommt der Radius R der Doppelschicht ebenfalls nicht vor. Auch diese Gleichung gilt daher ganz allgemein für elektrische Elektronenlinsen mit den (experimentell oder theoretisch zu bestimmenden) Brennweiten f und f^* und den Potentialen U und U^* im Objekt- bzw. Bildraum.

Zur experimentellen Bestimmung der Brennweiten einer elektrischen Elektronenlinse genügt z. B. die scharfe Abbildung einer elektronenbestrahlten Blende auf einem Leuchtschirm. Mit Gl. (86) erhält man dann aus den bekannten Werten von l, l^*, U und U^* die Brennweiten f und f^* der abbildenden Elektronenlinse. Die Berechnung der Brennweiten ist für die meisten elektrischen Linsen verhältnismäßig kompliziert. Bei einfachen Lochscheiben- und Rohrlinsen kann man jedoch in erster Näherung die Brennweiten f und f^* [für Gl. (86)] aus den Gl. (82) und (83) ermitteln, wenn der Krümmungsradius R der Doppelschicht gleich dem äquivalenten Krümmungsradius des stärker brechenden Linsenteils gewählt wird.

Die lichtoptische Analogie zur Elektronenlinse mit verschiedenen Brennweiten f und f^* ist die Glaslinse in der Wand eines Gefäßes, das mit einer Flüssigkeit gefüllt ist, deren Brechungsindex gleich dem der Glaslinse ist (vgl. Abb. 87). In diesem Fall sind die Brechungsindizes und damit die Brennweiten links und rechts von der Glaslinse verschieden.

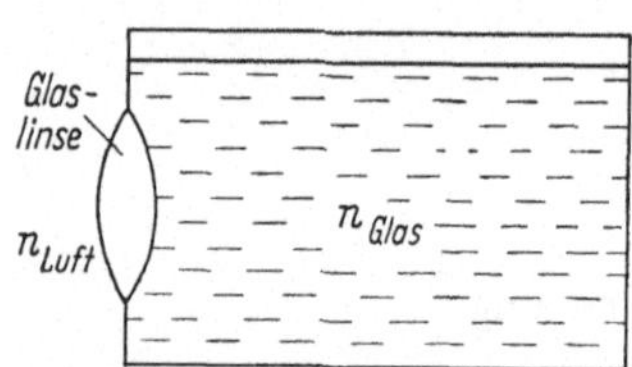

Abb. 87. Lichtoptische Analogie zur Elektronenlinse mit verschiedenen Brennweiten: Glaslinse in der Wand eines Flüssigkeitstanks.

Nachbildungen der in der Lichtoptik üblichen Glaslinsen sind die elektrischen Doppelschicht- oder Netzlinsen, die aus zwei Doppelschichten mit gleichen Krümmungsradien zusammengesetzt sind (vgl. Abb. 89). Bei diesen Linsen sind die Brennweiten gleich ($f = f^*$). In Analogie zur Lichtoptik wird:

$$f = f^* = \frac{R}{2\,(\sqrt{U/U^*}-1)}. \tag{87}$$

Die Brennweitengleichung lautet in diesem Fall:

$$\frac{1}{l} + \frac{1}{l^*} = \frac{1}{f} = \frac{1}{f^*}. \tag{88}$$

Diese Gleichung gilt auch für die Glaslinsen der Lichtoptik.

2. Abbildungsmaßstab für elektrische Linsen

Aus der Brechung eines Elektronenstrahls an einer sphärischen elektrischen Doppelschicht läßt sich eine einfache Formel für den Abbildungsmaßstab (d. h. für das Verhältnis Bildradius zu Gegenstandsradius) ableiten (vgl. Abb. 88). Aus den schraffierten Dreiecken der Abb. 88 ergeben sich unter der Annahme, daß die Elektronenstrahlen in der Nähe der optischen Achse und nahezu parallel zu dieser verlaufen, folgende geometrischen Beziehungen:

$$\tan \alpha \approx \alpha = G/l; \quad G = \alpha l; \quad \tan \alpha^* \approx \alpha^* = B/l^*; \quad B = \alpha^* l^*;$$

$$(B = \text{Bildradius}, \ G = \text{Gegenstandsradius}).$$

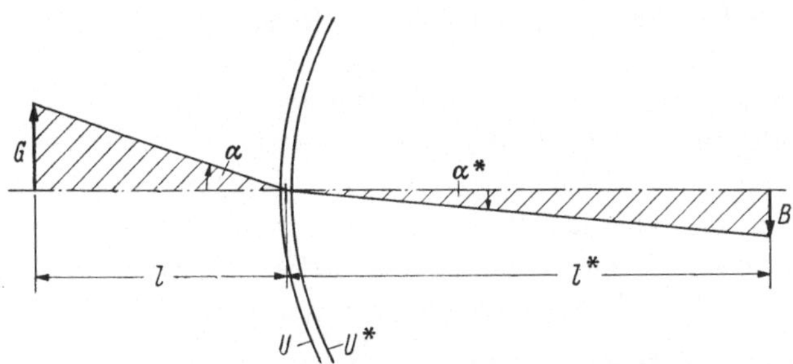

Abb. 88. Elektronenoptische Abbildung durch eine Doppelschichtlinse.

Damit wird der Abbildungsmaßstab $V = \dfrac{B}{G} = \dfrac{l^*}{l} \dfrac{\alpha^*}{\alpha}$. Für kleine Winkel α und α^* gilt nach dem Brechungsgesetz [Gl. (80)] die Beziehung $\dfrac{\alpha^*}{\alpha} = \sqrt{\dfrac{U}{U^*}}$; daher wird

$$V = \frac{B}{G} = \frac{l^*/\sqrt{U^*}}{l/\sqrt{U}}. \tag{89}$$

Da in dieser Gleichung der Krümmungsradius der Doppelschicht nicht vorkommt, gilt sie allgemein für elektrische Linsen mit den Potentialen U im Objektraum und U^* im Bildraum. Die allgemeine Gültigkeit dieser Gleichung sowie der Gl. (84) und (86) geht auch daraus hervor, daß man sich die Potentialfelder der elektrischen Linsen näherungsweise durch die Hintereinanderschaltung vieler einzelner Doppelschichten ersetzt denken kann, für die aus Analogiegründen formal die gleichen Beziehungen gelten müssen wie für die einzelne Doppelschicht.

D. Typische elektrische und magnetische Elektronenlinsen

1. Elektrische Elektronenlinsen

Da elektrische Felder nur dann Linsenwirkung haben, wenn sie rotationssymmetrisch sind und wenn ihre Äquipotentialflächen (annähernd sphärisch) gekrümmt sind, kann man alle Elektrodenanordnungen, die Felder mit diesen Eigenschaften erzeugen, als elektrische Elektronenlinsen bezeichnen. Man unterscheidet dabei hinsichtlich der Feldverteilung zwischen Einzellinsen und Immersionslinsen, hinsichtlich der Elektrodenform zwischen Netz-, Lochscheiben- und Rohrlinsen sowie solchen Linsen, die aus Elektroden verschiedener Form zusammengesetzt sind.

Bei den *Einzellinsen* ist das Potential auf beiden Seiten der Linse konstant und besitzt den gleichen Wert. Dementsprechend ist auch das Potential der ersten und letzten Elektrode des Linsensystems gleich; die Elektronen erfahren daher beim Durchgang durch die Linse keine Geschwindigkeitsänderung. Bei den *Immersionslinsen* dagegen ist das Potential auf beiden Seiten der Linse zwar konstant, aber verschieden; je nachdem, ob dabei das Potential der letzten Linsenelektrode größer oder kleiner ist als das Potential der ersten Elektrode, unterscheidet man zwischen Beschleunigungs- und Verzögerungslinsen.

a) Netzlinsen (Doppelschichtlinsen)

α) *Einzellinsen.* Abb. 89 zeigt den typischen Aufbau von Einzellinsen aus feinmaschigen Drahtnetzen. Diese Linsen entsprechen in ihrer Wir-

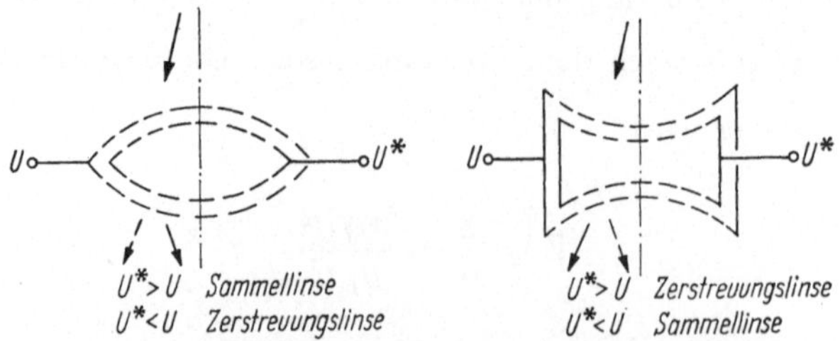

Abb. 89. Elektronenstrahlbrechung an Einzellinsen (Netzlinsen).
↙ = Elektronenstrahlrichtung vor der Linse
↙ bzw. ↘ = Elektronenstrahlrichtung hinter der Linse.

kungsweise vollkommen den Sammel- oder Zerstreuungslinsen der Lichtoptik.

β) *Immersionslinsen (Beschleunigungs- und Verzögerungslinsen).* Abb. 90 zeigt zwei aus feinmaschigen Drahtnetzen aufgebaute Immer-

sionslinsen, die man als Nachbildungen von elektrischen Doppelschichten betrachten kann.

Die Sammel- oder Zerstreuungswirkung solcher Doppelschichtlinsen
ergibt sich unmittelbar aus der Anwendung des elektronenoptischen
Brechungsgesetzes auf die Brechung eines Elektronenstrahls an den
einzelnen Doppelschichten.

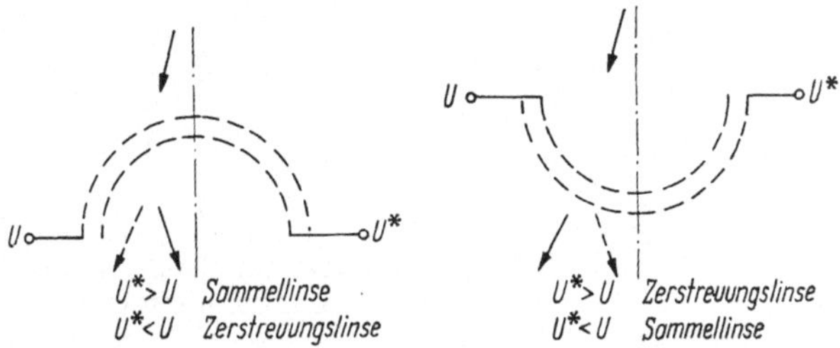

Abb. 90. Elektronenstrahlbrechung an Beschleunigungs- und Verzögerungslinsen (Netzlinsen).

Doppelschichtlinsen geben zwar einfache optische Beziehungen und
sind wesentlich für das Verständnis der elektrischen Elektronenlinsen; sie
werden jedoch selten angewendet, da die genaue Nachbildung der
Doppelschichten (durch Folien oder feinmaschige Drahtnetze) technisch
schwierig ist. Stattdessen benutzt man daher meist für die elektronenoptische Abbildung die (annähernd) kugelförmigen Niveauflächen von
Lochscheiben- und Rohrelektroden sowie deren Kombinationen.

b) Lochscheibenlinsen. Aus Lochscheiben und Drahtnetzen oder auch
aus Lochscheiben allein lassen sich Linsensysteme mit den verschiedensten
Abbildungseigenschaften, insbesondere auch Einzellinsen und Immersionslinsen aufbauen. Zum Beispiel erhält man durch Hintereinanderschaltung zweier Lochblenden oder einer Lochblende und eines Netzes
eine Immersionslinse, dagegen mit drei Lochblenden eine Einzellinse.
Als Beispiele zeigen die Abb. 91 und 92 je eine Lochscheiben-Immer-
sionslinse.

α) *Einloch-Scheibenlinse.* Ob solche Linsen (vgl. Abb. 91) sammelnd
oder zerstreuend wirken, läßt sich dadurch feststellen, daß man eine
von den gekrümmten Äquipotentialflächen durch eine Doppelschicht
ersetzt. Wird ein Elektronenstrahl durch diese Doppelschicht zur Symmetrieachse hin gebrochen, so wirkt die Linse sammelnd, sonst zerstreuend.

β) *Zweiloch-Scheibenlinse.* Bei dieser Linse, deren Feldverteilung in
Abb. 92 dargestellt ist, wird ein Elektronenstrahl in der einen Linsenhälfte zur Symmetrieachse hin, in der anderen Linsenhälfte dagegen von

ihr weg gebrochen. Trotzdem wirkt diese Linse stets sammelnd, da die
Elektronenstrahlbrechung *zur* Symmetrieachse stets dort erfolgt, wo die
Elektronengeschwindigkeit den kleineren Wert hat, der Elektronenstrahl
also weniger „steif" ist.

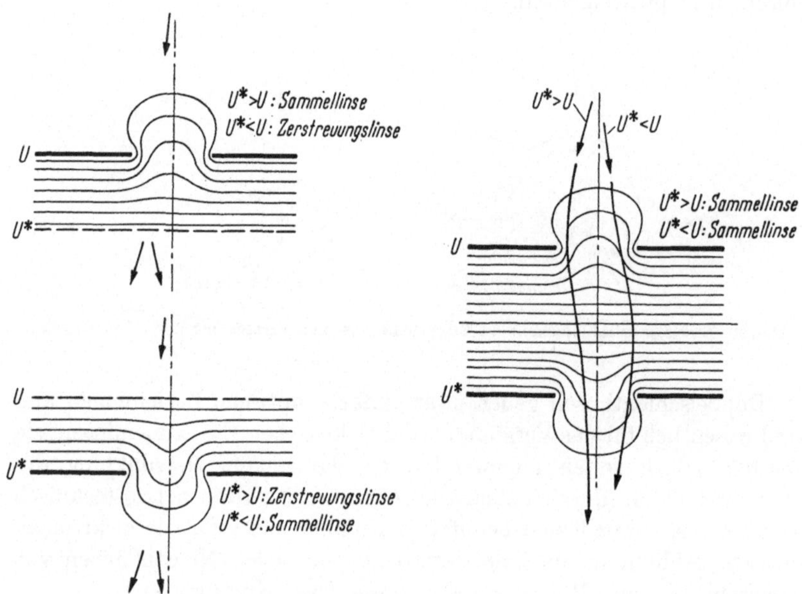

Abb. 91. Einloch-Scheibenlinsen mit Netz.   Abb. 92. Zweiloch-Scheibenlinse.

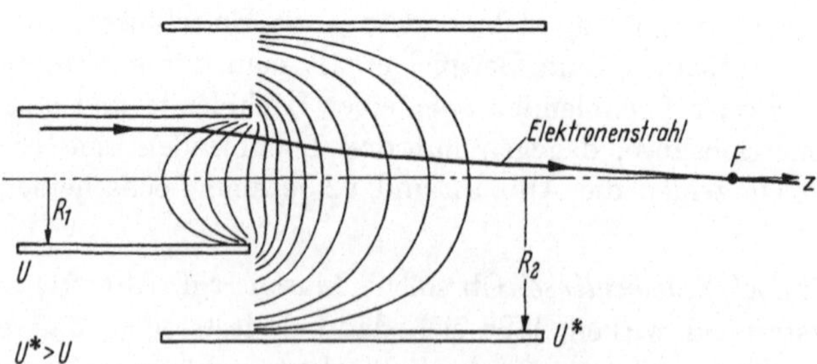

Abb. 93. Potentialverteilung in einer Rohrlinse.

c) Rohrlinsen. Als Beispiel zeigt Abb. 93 die Potentialverteilung in
einer Rohrlinse, die aus zwei Zylindern mit verschiedenem Durchmesser
zusammengesetzt ist. Aus den gleichen Gründen, wie sie für die Zweiloch-
Scheibenlinse gelten, wirkt auch diese Linse stets sammelnd.

2. Magnetische Elektronenlinsen

Sowohl homogene als auch inhomogene Magnetfelder besitzen Abbildungseigenschaften. Anordnungen, die solche Felder erzeugen, bezeichnet man sinngemäß als magnetische Elektronenlinsen.

Die fokussierende Wirkung des *homogenen* Magnetfelds geht aus dem Bahnverlauf [s. Gl. (56)] eines Elektronenstrahls hervor, dessen Richtung mit der x-Achse (vgl. Abb. 71) den Winkel α bzw. mit der Feldrichtung den Winkel φ bildet. Infolge der Schraubenbahn des Elektronenstrahls treffen die Elektronen in konstanten Abständen h wieder die z-Achse. Da die Zeit für einen Umlauf

$$\tau = 2\pi\,\frac{m}{eB} \tag{90}$$

vom Winkel φ unabhängig ist, treffen alle Elektronen, welche von einer Stelle (A) der z-Achse unter verschiedenen Winkeln φ ausgehen, zur gleichen Zeit an einer Stelle B wieder auf die z-Achse. Der Abstand dieses Punktes B vom Startpunkt A der Elektronen ist gleich der Ganghöhe der Schraubenbahn [Gl. (59)]: $h = \dfrac{(2\pi v_0 \sin\alpha)}{\left(\dfrac{e}{m}B\right)} = \dfrac{(2\pi v_0 \cos\varphi)}{\left(\dfrac{e}{m}B\right)}$.

Für kleine Winkel φ ist $\cos\varphi \approx 1$; daher ist für kleine Winkel φ der Abstand zwischen „Objektpunkt" A und „Bildpunkt" B von φ unab-

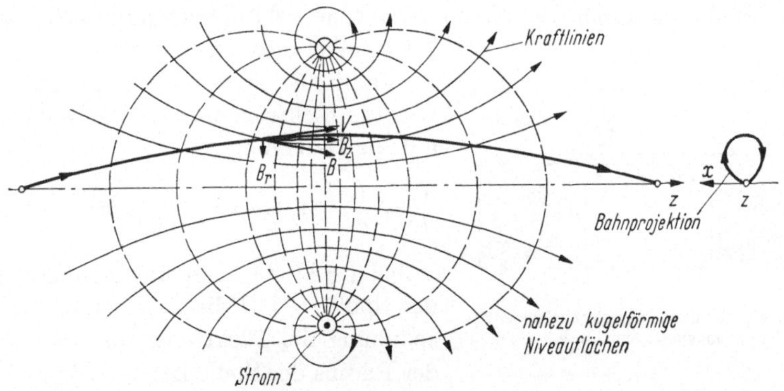

Abb. 94. Feldverteilung und Elektronenbahn bei einer stromdurchflossenen Luftspule (magnetische Linse).

hängig. Ein homogenes Magnetfeld, das z. B. von einer langen Spule erzeugt wird, besitzt also für annähernd in Feldrichtung eintretende Elektronenstrahlen Sammelwirkung.

Eine größere Sammelwirkung als das homogene Magnetfeld besitzen kurze, *inhomogene* Magnetfelder, wenn sie — wie das Magnetfeld einer langen Spule — rotationssymmetrisch sind. Derartige Felder kann man mit stromdurchflossenen Drahtringen oder kurzen Spulen erzeugen. Ihre fokussierende Wirkung veranschaulicht Abb. 94, in der die Feldverteilung eines stromdurchflossenen Drahtrings (Kreisleiters) dargestellt ist. An einer beliebigen Stelle A im Magnetfeld wird die Richtung des Geschwindigkeitsvektors v eines (unter kleinem Winkel gegen die Symmetrieachse in das Feld eintretenden) Elektronenstrahls von der axialen Komponente B_z des Magnetfelds nur wenig geändert (vgl. Abb. 94); durch die radiale Komponente B_r dagegen wird der Elektronenstrahl aus der Zeichenebene herausgelenkt und erhält dadurch eine (größere) Geschwindigkeitskomponente v_x senkrecht zur Zeichenebene bzw. zum B_z-Vektor. Die aus v_x und B_z resultierende Kraft lenkt nun den Elektronenstrahl zur z-Achse hin, woraus sich die Sammelwirkung der „kurzen" magnetischen Linse ergibt. Solche Linsen wirken auch dann sammelnd, wenn sich das Vorzeichen der Ladung bzw. der Induktion B umkehrt.

Beim Durchgang von Elektronen durch eine magnetische Linse bleibt die Elektronengeschwindigkeit längs der ganzen Bahn konstant, während sie sich im Feld einer elektrischen Linse stetig ändert. Während ferner bei den elektrischen Linsen Objekt und Bild stets in einer Ebene liegen, ist bei kurzen magnetischen Linsen das Bild gegenüber dem Objekt verdreht. In der langen Spule ist (wegen der Abbildung durch das homogene axiale Magnetfeld dieser Spule) der Drehwinkel 360° oder ein ganzzahliges Vielfaches davon; in der kurzen Spule dagegen sind (wegen der Abbildung durch das stark inhomogene Feld dieser Spule) beliebige Drehwinkel möglich.

Für die Brennweiten kurzer magnetischer Elektronenlinsen (Luftspulen) gilt die Beziehung:

$$\frac{1}{f} = \frac{1}{f^*} = 1{,}03 \cdot 10^{-2} \frac{I^2}{U R} [1/\mathrm{cm}], \quad (91)$$

wobei I [A] die Amperewindungszahl der Spule, U [V] die Beschleunigungsspannung der Elektronen und R [cm] der Radius der Spule ist[1].

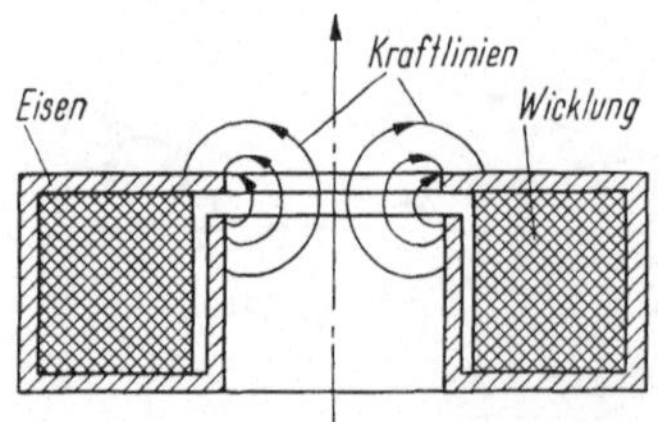

Abb. 95. Aufbau einer eisengekapselten magnetischen Linse.

Da nach Gl. (91) die Brennweite der Luftspule nur vom Quadrat des Stromes abhängt, also immer positiv ist, hat diese Linse unabhängig von der Stromrichtung stets Sammelwirkung.

Luftspulen haben wegen der großen Ausdehnung ihres Feldes in axialer Richtung relativ große Brennweiten (Größenordnung 1 m). Zur

---

[1] Die Ableitung dieser Formel wird in Bd. II („Stromsteuernde und elektronenoptische Geräte") behandelt; siehe auch [*19, 78, 87*].

Erzielung hoher Vergrößerungen sind jedoch kleine Brennweiten erwünscht. Diese erhält man durch eisengekapselte Spulen, bei denen das Feld auf einen kleinen Bereich längs der Achse zusammengedrängt ist. Abb. 95 zeigt den Aufbau einer solchen abgeschirmten magnetischen Linse mit ihrem Kraftlinienfeld.

E. Experimentelle Bestimmung von Feldern und Bahnen in der Elektronenoptik

1. Feldbestimmung

Für die Dimensionierung elektronenoptischer Geräte ist eine möglichst genaue Kenntnis der Feldverteilung und der daraus resultierenden Teilchenbahnen erforderlich. Da die exakte Feldberechnung nur in Ausnahmefällen möglich ist, wurden experimentelle Verfahren entwickelt, mit deren Hilfe die Feldverteilung (d. h. der Verlauf der Niveauflächen) ermittelt werden kann.

a) Elektrische Felder. Bei elektrischen Potentialfeldern kann die Feldverteilung entweder mit dem elektrolytischen Trog (Wassertrog) oder mit dem Widerstandsnetzwerk gemessen werden:

α) *Wassertrogmessung.* Diese zur Ausmessung von Potentialfeldern am häufigsten benutzte Methode beruht darauf, daß das Stromlinienfeld in einer elektrisch leitenden Flüssigkeit (z. B. Wasser) mit einem elektrischen Potentialfeld in Luft identisch ist, wenn für beide die gleichen Randbedingungen gelten. Die Kraftlinien des elektrischen Felds entsprechen in diesem Fall den Stromfäden des Strömungsfelds. Taucht man daher ein vergrößertes Modell eines zu untersuchenden Elektrodensystems in einen schwach leitenden Elektrolyten und legt an die Modellelektroden Spannungen, welche den Spannungen des originalen Elektrodensystems proportional sind, so stellt sich im Elektrolyten eine Potentialverteilung ein, welche mit der gesuchten bis auf einen konstanten Faktor übereinstimmt (BARKHAUSEN und BRÜCK [70]).

Hat die zu untersuchende Elektrodenanordnung eine Symmetrieebene, so ist auch ihr Potentialfeld symmetrisch zu dieser Ebene. In diesem Fall kann eine Hälfte der Elektrodenanordnung weggelassen werden, ohne daß das Potentialfeld der anderen (symmetrischen) Hälfte dadurch gestört wird. Zur Ausmessung des Potentialfelds eines axialsymmetrischen Elektrodenmodells genügt es daher, nur eine symmetrische Hälfte des Systems in den Elektrolyten zu tauchen, wobei allerdings die Symmetrieachse des Modells genau an der Oberfläche des Elektrolyten liegen muß (vgl. Abb. 96a). Das Potentialfeld an der Oberfläche des Elektrolyten stimmt dann genau mit der Potentialverteilung überein, die in der Symmetrieebene des vollständigen (unaufgeschnittenen) Elektrodensystems in Luft oder im Vakuum bestehen würde. Mit diesem Weglassen einer symmetrischen Hälfte kann das Elektrodenmodell und damit die Genauigkeit des Meßverfahrens vergrößert werden.

Die Ausmessung des Feldes geschieht mit Hilfe einer kleinen Sonde, die an eine (gleich- oder wechselstromgespeiste)[1] Wheatstonesche Brückenschaltung angeschlossen ist (vgl. Abb. 96b). Durch Wahl der Brückenwiderstände R_1 und R_2 kann man dem Punkt A der Brückenschaltung ein bestimmtes Potential erteilen. Sucht man nun mit der Sonde an der Flüssigkeitsoberfläche im elektrolytischen Trog alle diejenigen Punkte auf, die das gleiche Potential wie der Punkt A haben, so wird die Brücke stromlos; das angeschlossene Galvanometer (bzw. der Kopfhörer bei Wechselstromspeisung) zeigt in diesen Fällen ein Stromminimum an. Die Brücke bleibt dauernd stromlos, wenn die Sonde im Wassertrog längs einer Niveaulinie bewegt wird. Der Verlauf der einzelnen Niveaulinien kann mit Hilfe eines Pantographen auf ein Zeichenbrett übertragen werden (vgl. Abb. 96c).

Das auszumessende Potentialfeld wird durch leitende Wandflächen des Trogs nicht gestört, wenn diese entweder weit genug entfernt sind oder Äquipotentialflächen des Feldes darstellen. Isolierende Wandflächen stören nicht, wenn sie mit dem Kraftlinienverlauf des Feldes übereinstimmen. Ordnet man daher das Elektrodensystem so an, daß Wände und Boden des elektrolytischen Trogs Symmetrieebenen des zu messenden Potentialfeldes sind, so ist der von den

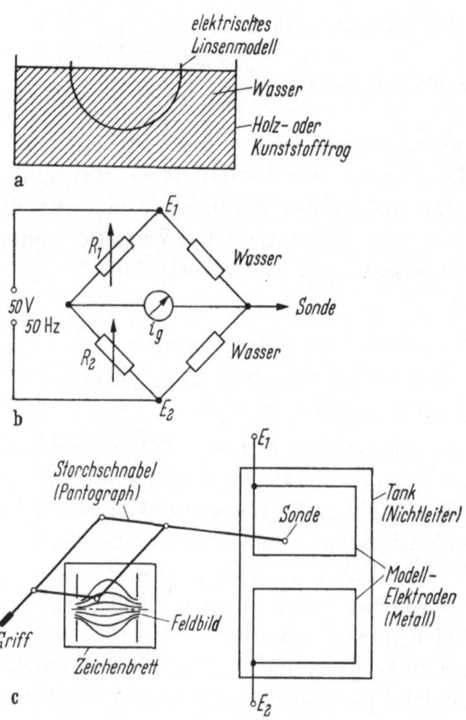

Abb. 96 a—c. Ausmessung elektrischer Potentialfelder im elektrolytischen Trog.
a) Rotationssymmetrisches Elektrodenmodell im Wassertrog; b) Meßbrücke mit Sonde; c) Wassertrog und Pantograph.

tende Wandflächen des Trogs nicht gestört, wenn diese entweder weit genug entfernt sind oder Äquipotentialflächen des Feldes darstellen. Isolierende Wandflächen stören nicht, wenn sie mit dem Kraftlinienverlauf des Feldes übereinstimmen. Ordnet man daher das Elektrodensystem so an, daß Wände und Boden des elektrolytischen Trogs Symmetrieebenen des zu messenden Potentialfeldes sind, so ist der von den

---

[1] Durch die Benutzung von Wechselstrom (50—500 Hz) können Polarisationserscheinungen vermieden werden.

Trogwänden herrührende Meßfehler sehr gering. Man mißt dann immer das Potentialfeld eines Systems, das man sich auf allen Seiten von ähnlichen „gespiegelten" Systemen umgeben denken kann.

Zur Untersuchung rotationssymmetrischer Felder verwendet man häufig einen *geneigten Wassertrog* mit keilförmiger Wasserschicht, die aus dem ganzen Elektrodensystem und dessen Potentialfeld einen keilförmigen Sektor herausschneidet. Die herausgeschnittenen Elektroden teile können dann oft als eben betrachtet und durch passend gebogene Blechstreifen nachgebildet werden.

Für die Ausmessung *plan*symmetrischer Potentialfelder kann die Wasserschicht des elektrolytischen Trogs auch durch eine homogene Widerstandsschicht (z. B. graphitiertes Papier, HERTZLER) ersetzt werden; die Elektroden können dann durch geeignete Metallstücke nachgebildet werden. Die Meßmethode ist sonst die gleiche wie beim elektrolytischen Trog.

Ist ein experimentell gewonnenens Feldbild noch zu grobmaschig, so kann man es durch die sog. *Feldkästchenmethode* verfeinern, bei der in jeden experimentell gefundenen Feldabschnitt vier neue so weit als möglich quadratische Feldabschnitte eingezeichnet werden (vgl. Abb. 97).

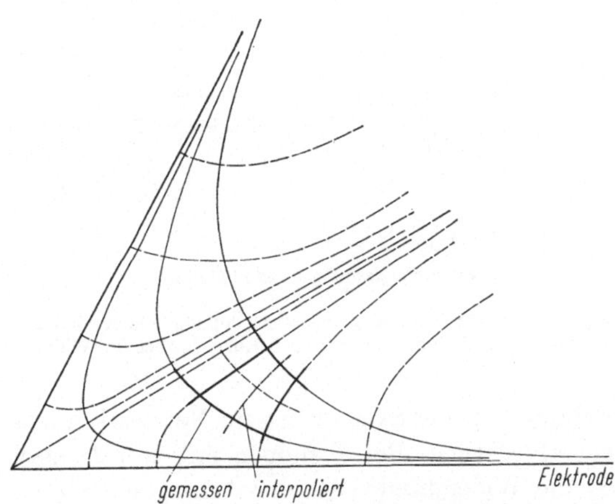

Abb. 97. Verfeinerung grobmaschiger Feldbilder durch die „Feldkästchenmethode".

β) Widerstandsnetzwerk. Auch mit Hilfe des Widerstandsnetzwerks (LIEBMANN [*84*], DE PACKH [*76*]) lassen sich plan- und rotationssymmetrische Potentialfelder nachbilden. Abb. 98 zeigt ein solches Netzwerk gestöpselt für ein Lochscheibenfeld zwischen zwei Platten. Die Elektroden des zu untersuchenden Systems werden hier durch Kurzschließen entsprechender Widerstände des Netzwerks nachgebildet.

Legt man an die Elektrodenbuchsen des Netzwerks Spannungen, die den Spannungen des originalen Elektrodensystems proportional sind, so stellen sich an den einzelnen Verzweigungspunkten des Netzwerks Potentiale ein, die bis auf einen konstanten Faktor mit den Potentialen der gesuchten Feldverteilung übereinstimmen. Dieselben Potentiale ergeben sich auch aus der zugehörigen Laplace-Gleichung [z. B. Gl. (71)], wenn man diese in erster Näherung durch eine lineare Differenzengleichung ersetzt [86]. Aus dieser lassen sich die Widerstände berechnen, die für die gewünschte Feldnachbildung erforderlich sind.

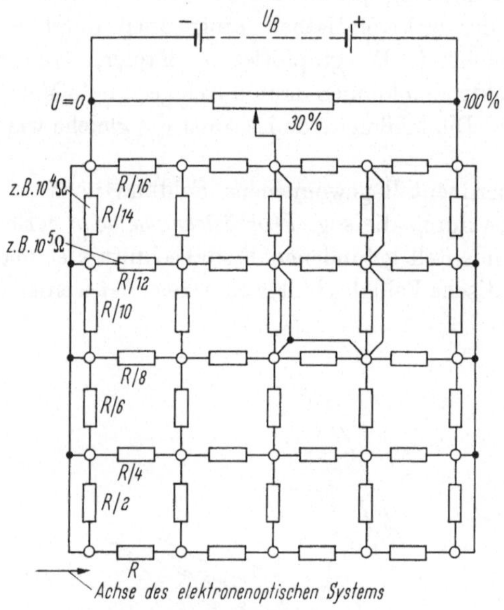

Abb. 98. Widerstandsnetzwerk für rotationssymmetrische Potentialfelder. ○ = Buchsen zum Anschluß der Meßsonde. Die einzelnen Elektroden werden durch Kurzschließen der Widerstände nachgebildet.

Zur Nachbildung ebener Systeme ist ein Netzwerk mit lauter *gleichen* Widerständen erforderlich. Bei Systemen mit Rotationssymmetrie dagegen müssen die Widerstände von der Achse aus mit $1/n$ abnehmen, da die Feldstärke mit wachsender Entfernung von der Achse logarithmisch abnimmt (n = Zahl der Buchsenreihen, von der Achse aus gezählt); die Widerstände einer Zeile bleiben dabei gleich (vgl. Abb. 98).

Das mit dem Widerstandsnetzwerk nachgebildete Feld wird mittels einer über die Buchsen geführten Sonde abgetastet. Die Potentiale der einzelnen Verzweigungspunkte können mit einem Röhrenvoltmeter oder einer Brückenschaltung gemessen werden. Der Meßfehler ist sehr gering, wenn die Dimensionen der Elektroden gegenüber der Maschenweite des

Netzes genügend groß gemacht werden. Durch Verwendung von zwei Sonden und einer Interpolationsmethode kann die Meßgenauigkeit noch zusätzlich erhöht werden.

Die Vorteile der Methode sind: Größere Genauigkeit ($^0/_{00}$) gegenüber dem Wassertrog, keine Polarisationsspannungen, keine Modellkosten und geringer Raumbedarf. Nachteile sind die hohen einmaligen Kosten sowie die Tatsache, daß Netzwerke für rotationssymmetrische Systeme nicht für plansymmetrische Aufgaben verwendet werden können.

b) Magnetische Felder. Für die Ausmessung magnetischer Felder sind folgende Methoden gebräuchlich[1]:

α) Messung an einem Ersatzmodell im *Wassertrog* (z. B. an zwei Lochscheiben als Ersatz für einen Kreisringleiter).

β) Messung der magnetischen Feldstärke mittels einer rotierenden (Synchronmotor) oder feststehenden *Sondenspule* (≈ 5 mm Durchmesser). Im ersten Fall wird die zu untersuchende magnetische Linse mit Gleichstrom, im zweiten mit Wechselstrom gespeist. Die in der Sondenspule am Meßort induzierte Spannung ist ein Maß für die dort herrschende magnetische Feldstärke.

γ) Messung mit einer *Eisenkernsonde*: Wird eine durch einen Hilfswechselstrom vormagnetisierte Spule mit hochpermeablem Stabkern (z. B. einem Permalloykern von 5 mm Länge) in ein magnetisches Gleichfeld gebracht, so nimmt die Wechselpermeabilität des Kerns mit zunehmender Gleichfeldmagnetisierung ab. Dies ermöglicht die Bestimmung der mit der Spulenachse zusammenfallenden Magnetfeldkomponente. Als Maß für die Feldstärke dient bei kleinen Wechselamplituden die Änderung des Scheinwiderstandes der Spule, die mit einer Meßbrücke ermittelt werden kann.

δ) Messung mit einer *ballistischen Sondenspule*: Bei dieser Methode wird mittels eines ballistischen Galvanometers der Stromstoß gemessen, der in einer kleinen Sondenspule entsteht, wenn das zu messende Feld geändert, d. h. z. B. ein- oder ausgeschaltet wird. Der Ausschlag des Galvanometers ist der zu messenden Feldstärke proportional, wenn Spulenachse und Feld die gleiche Richtung haben.

ε) Messung mit der *Halbleitersonde* (Hallsonde): Wird ein rechteckiges Halbleiterplättchen in Längsrichtung von einem Steuerstrom durchflossen und gleichzeitig von den Kraftlinien eines zu messenden Magnetfelds durchsetzt, so entsteht in der Querrichtung des Plättchens eine meßbare Hallspannung, die der Normalkomponente der magnetischen Feldstärke direkt proportional ist.

---

[1] Hinsichtlich weiterer Methoden vgl. KOHLRAUSCH [*82*, S. 204ff.].

2. Bahnbestimmung

a) Graphische Bahnbestimmung

α) *In elektrischen Feldern.* Zur angenäherten graphischen Bestimmung von Elektronenbahnen in (experimentell oder theoretisch ermittelten) elektrischen Potentialfeldern kann das elektronenoptische Brechungs-

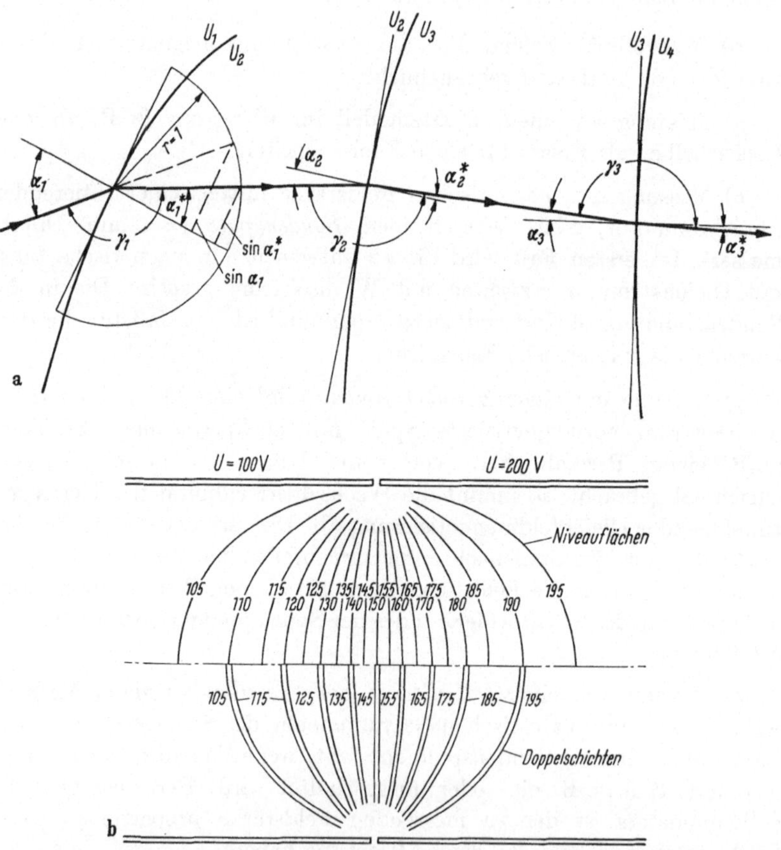

Abb. 99 a u. b. Angenäherte graphische Bestimmung von Elektronenbahnen in elektrischen Potentialfeldern. a) Konstruktionsverfahren; b) Ersatz des Feldes einer Rohrlinse durch Doppelschichten.

gesetz (Gl. 80) verwendet werden. Man denkt sich dabei die stetige Potentialänderung in einzelnen Feldabschnitten durch sprunghafte Potentialänderungen an Niveauflächen ersetzt, die in der Mitte dieser Feldabschnitte liegen. Jede solche Niveaufläche wird dann als elektrische Doppelschicht betrachtet, an der ein Elektronenstrahl eine sprunghafte Brechung erfährt (vgl. Abb. 99a). Die jeweiligen Brechungswinkel α_1^*,

α_2^* usw. ergeben sich aus den jeweiligen Einfallswinkeln α_1, α_2 usw. durch das Brechungsgesetz (Gl. 80).

Bei diesem Verfahren wird also die Elektronenbahn durch kurze geradlinige Bahnelemente angenähert. Das Verfahren wird um so genauer, je feiner die Unterteilung des (vergrößerten) Feldbildes gemacht wird. Jedoch sind hier durch die Zeichengenauigkeit Grenzen gesetzt. Zweckmäßigerweise wählt man für ein gegebenes Potentialfeld so viele Doppelschichten, daß an jeder solchen Schicht der Winkel γ zwischen einfallendem und gebrochenem Elektronenstrahl größer, mindestens aber gleich 170° wird (vgl. Abb. 99a). Abb. 99b zeigt als praktisches Beispiel, wie in einer elektrischen Rohrlinse die einzelnen Niveauflächen durch Doppelschichten ersetzt werden können.

Genauere Verfahren zur Bahnkonstruktion sind die Parabelmethode von HEPP [79], bei der die Bahnkurve zwischen zwei Niveauflächen durch Parabelstücke ersetzt wird, sowie die Kreisbogenmethode von SALINGER [88], bei der anstelle der Parabelstücke Kreisbogen zur Bahnkonstruktion verwendet werden.

β) *In magnetischen Feldern.* Zur Bahnbestimmung in magnetischen Feldern wird ein aus dem magnetischen Feld berechnetes elektrisches Ersatzfeld benutzt, in welchem die Elektronenbahnen dann schrittweise graphisch ermittelt werden können („Ersatzfeldmethode").

b) Experimentelle Bahnbestimmung. Die wichtigsten Methoden und Geräte zur experimentellen Ermittlung von Elektronenbahnen sind:

α) *Der automatische Wassertrog-Bahnschreiber.* Die Wirkungsweise dieses Geräts beruht darauf, daß der Krümmungsradius R einer Elektronenbahn im elektrischen Feld sich aus der Beziehung

$$R = \frac{2U}{E_n} \qquad (92)$$

berechnen läßt (U = das Raumpotential am Ort des Elektrons, E_n = = senkrecht zur Elektronenbahn nach innen gerichtete Feldkomponente). Diese Beziehung ergibt sich daraus, daß bei der Elektronenbewegung auf gekrümmter Bahn die Zentrifugelkraft mv^2/R gleich der nach innen senkrecht zur Bewegungsrichtung wirkenden Kraftkomponente eE_n sein muß.

Wird nun eine Meßsonde im elektrolytischen Trog so geführt, daß der Krümmungsradius der Bahn stets gleich dem Verhältnis $2U/E_n$ ist, so beschreibt die Sonde genau die Elektronenbahn im Potentialfeld. Die Feldstärke E_n wird dabei in jedem Augenblick durch zwei zusätzliche „Feldsonden" gemessen, die in geringem Abstand symmetrisch zur Meßsonde und in einer Ebene mit dieser angeordnet sind. Durch eine

Parallelführung wird erreicht, daß die Verbindungslinie der Feldsonden stets senkrecht zur Bewegungsrichtung der Meßsonde steht (GABOR [77], LANGMUIR [83]). Die Bewegung der Meßsonde wird über ein mechanisches Schreibsystem auf ein Zeichenbrett übertragen.

Ein genaueres und schnelleres Verfahren ist das der automatischen Bahnberechnung mit Hilfe einer Analogrechenmaschine und die automatische Bahnaufzeichnung mittels eines x-y-Schreibers [84a].

β) Das Gummimembran-Modell [88a]. Diese Anordnung eignet sich zur Ermittlung von Elektronenbahnen in zweidimensionalen (plansymmetrischen) Feldern. Sie besteht aus einer Gummihaut, die über verschieden hohe Modellelektroden gespannt ist. Entsprechen die Höhen der Modellelektroden ihrem jeweiligen Potential, so sind auch die Höhen

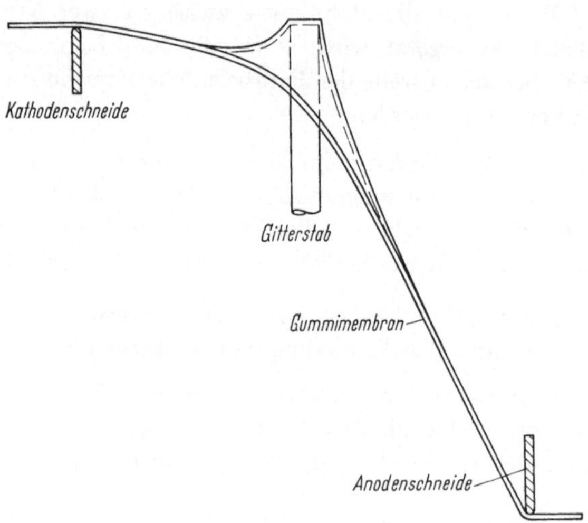

Abb. 100. Gummimembranrelief einer ebenen Triode mit Stabgitter.

aller anderen Membranpunkte den Potentialwerten des zugehörigen elektrischen Feldes proportional. In einem solchen Relief beschreibt ein reibungslos gleitender Massenpunkt die gleiche Bahn wie ein Elektron im entsprechenden Potentialfeld. Als „Massenpunkte" verwendet man wegen der relativ geringen Reibung meist kleine Stahlkugeln. Die Elektronenbahn erhält man durch photographische Aufnahme der Kugelbahn, wobei zur Geschwindigkeitsbestimmung eine intermittierende Lichtquelle (Stroboskop) verwendet werden kann. Abb. 100 zeigt als Beispiel das Gummimembranrelief einer „ebenen" Triode mit Stabgitter.

γ) Aufnahme der Bahnspur mittels Gasanregung. Wie der Bahnverlauf einzelner Lichtstrahlen durch die Beugung des Lichts an Rauchteilchen erkennbar gemacht werden kann, so gelingt auch die experimentelle

Bahnbestimmung einzelner Elektronenstrahlen in einer Vakuumröhre, wenn die mittlere freie Weglänge der Elektronen ungefähr gleich der Strahllänge gemacht wird, so daß ein Teil von ihnen mit Gasmolekülen zusammenstößt und diese zum Leuchten anregt (vgl. auch Abschn. VI,B,2,c,α). Als Füllgas der Röhre eignet sich Argon oder ein Ne-He-Gemisch von 10^{-2} bis 10^{-3} Torr; mit Rücksicht auf gute Sichtbarkeit der Bahnspur soll die Elektronenenergie 100 bis 3000 eV betragen.

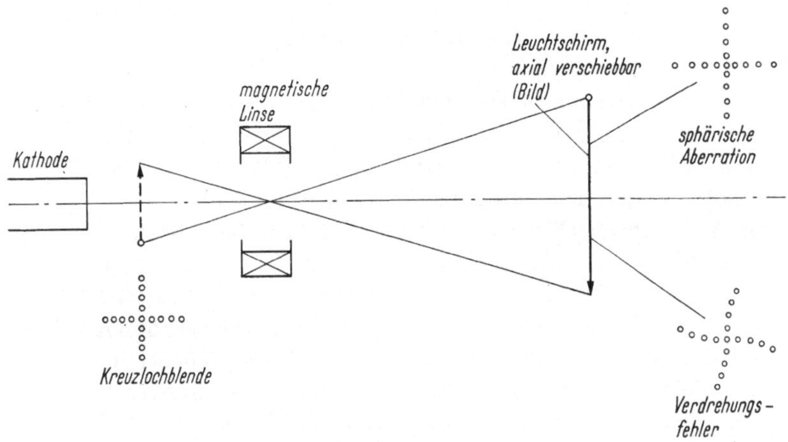

Abb. 101. Bestimmung der Abbildungsfehler einer magnetischen Linse mittels einer Kreuzlochblende (Aufteilung des Elektronenstrahls in Elementarbündel).

δ) *Feststellung des Bahnverlaufs mit Hilfe von Leuchtschirmen* [78a]. Der Verlauf eines ganzen Elektronenstrahlbündels (oder einzelner Querschnitte davon) kann auch dadurch sichtbar gemacht werden, daß man Leuchtschirme oder mit Leuchtstoff überzogene Netze senkrecht oder parallel zur Strahlachse in den Strahlengang einsetzt. Soll auch der Verlauf von Einzelstrahlen innerhalb eines Strahlbündels verfolgt werden, so wird dieses durch Einfügen von Lochblenden (z. B. einer Kreuzlochblende) unterteilt (vgl. Abb. 101). Aus dem Leuchtschirmbild der Lochblende lassen sich die Abbildungsfehler des untersuchten Systems (z. B. einer magnetischen Linse) bestimmen.

VIII. Wirkungsweise stromsteuernder Hochvakuumröhren

Stromsteuernde Hochvakuumröhren gehören zu den wichtigsten Bauelementen elektronischer Schaltungen. Hinsichtlich des Frequenzbereichs, in dem sie benutzt werden, lassen sich diese Röhren in zwei Gruppen einteilen: Die erste Gruppe umfaßt alle Hochvakuum-Mehrpolröhren, die im Frequenzbereich von Null bis etwa 500 MHz verwendet werden, die zweite alle Mikrowellenröhren, deren Frequenzbereich von etwa 500 bis 100000 MHz reicht.

A. Hochvakuum-Mehrpolröhren

1. Hochvakuumdiode

Wie in den Abschnitten II,A,4 und VI,C,2 gezeigt worden ist, setzt sich die Anodenstrom-Anodenspannungs-Kennlinie einer Hochvakuumdiode aus drei Teilstücken zusammen, nämlich dem Anlaufstrom-, dem Raumladungsstrom- und dem Sättigungsstromgebiet (vgl. Abb. 22 b).

Im Anlaufstromgebiet ($U_a < 0$) gilt Gl. (26a). Nach dieser Gleichung wird für $U_a = 0$ der Anodenstrom I_a gleich dem Sättigungsstrom I_s. Dies gilt jedoch nur für Dioden, bei denen der Emissionsstrom der Kathode so gering ist, daß im Bereich positiver Anodenspannungen kein Raumladungsgebiet entsteht. Für *technische Dioden*, bei denen die Raumladung nicht vernachlässigbar ist, wird daher der Anodenstrom bei $U_a = 0$ nicht gleich dem Sättigungsstrom I_s, sondern gleich $I_{ao} \ll I_s$. Das Anlaufstromgesetz für technische Dioden lautet daher:

$$I_a = I_{a_0}\, e^{-U_a/U_T} \tag{93}$$

(I_{a_0} = der von der Raumladungswolke vor der Kathode ausgehende, zur Anode fließende Strom bei der wirksamen Gegenspannung $U_w = 0$).

Im Raumladungsgebiet ($U_a > 0$) wird der Zusammenhang zwischen Anodenstrom und Anodenspannung für ebene Dioden durch die „Raumladungsgleichung" (76) bzw. (79) beschrieben.

Im Sättigungsstromgebiet ($U_a \gg 0$) wird der Anodenstrom gleich dem Emissionsstrom der Kathode, der infolge des Schottky-Effekts mit wachsender Anodenspannung geringfügig ansteigt. Bei technischen Dioden ist wegen der hohen (strombegrenzenden) Emission der Kathode (meist Oxydkathode) der Anodensättigungsstrom nur im Impulsbetrieb erreichbar.

Hochvakuumdioden werden hauptsächlich zur Gleichrichtung, Frequenzvervielfachung, Frequenzwandlung und Demodulation benutzt. Eine für die Wechselstromaussteuerung wichtige Größe ist die Steilheit $S = dI_a/dU_a$ der Diode. Im Raumladungsgebiet wird nach Gl. (76):

$$S = \frac{dI_a}{dU_a} = \frac{3}{2}\, K\sqrt{U_a}. \tag{94}$$

2. Hochvakuumtriode

a) Statische Kennliniengleichung. In der Hochvakuumtriode, die zwischen Kathode und Anode ein (wendel-, stab- oder netzförmiges) Steuergitter enthält, wird der von der Kathode ausgehende Elektronenstrom gleichzeitig durch das elektrische Potentialfeld des Steuergitters und das der Anode beeinflußt. Zur quantitativen Erfassung dieses Einflusses führt man das Triodensystem (vgl. Abb. 102a) zweckmäßigerweise auf ein Ersatzsystem zurück, das aus der Dreieckschaltung der

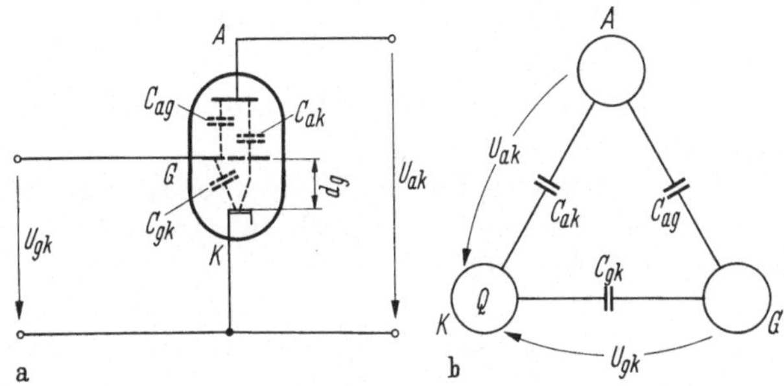

Abb. 102. Elektrodensystem einer Triode (a) und Dreiecksersatzschaltbild (b).

drei Röhrenkapazitäten C_{ak}, C_{ag} und C_{gk} besteht (vgl. Abb. 102b). Für die Ladung Q der Kathode gilt dann bei Vernachlässigung der Elektronenraumladung folgende elektrostatische Beziehung:

$$Q = C_{gk}U_{gk} + C_{ak}U_{ak} \tag{95}$$

oder:

$$Q = C_{gk}\left(U_{gk} + \frac{C_{ak}}{C_{gk}}\,U_{ak}\right) = C_{gk}U_{st}. \tag{95a}$$

In der Gitterebene ist also die sogenannte Steuerspannung U_{st} wirksam. Das Verhältnis

$$D = \frac{C_{ak}}{C_{gk}} \tag{96}$$

bezeichnet man als Durchgriff der Triode. Mit Gl. (96) wird:

$$U_{st} = U_g + D\,U_a. \tag{97}$$

Die Steuerspannung U_{st} der Triode ist also gleich der Gitterspannung plus dem Bruchteil D (= 1···20%) der Anodenspannung. Durch Gl. (97)

wird das Triodensystem mit den Spannungen U_g und U_a auf ein äquivalentes Diodensystem mit der Spannung U_{st} zurückgeführt[1].

Nach dem Raumladungsgesetz (Gl. 76) gilt für den Anodenstrom I_a der Triode:

$$I_a = K\,U_{st}^{3/2} = K\,(U_g + D\,U_a)^{3/2}. \tag{98}$$

Dies ist die „*statische* Kennliniengleichung" der Triode, die mit dem experimentellen Befund gut übereinstimmt. Die Raumladungskonstante K hängt von der Elektrodengeometrie ab. Für ebene Triodensysteme gilt angenähert:

$$K = 2{,}33 \cdot 10^{-3}\,\frac{F}{d_g^2}\;\; [\text{mA/V}^{3/2}]\quad (F \text{ in cm}^2,\; d_g \text{ in cm}), \tag{99}$$

wobei d_g der Abstand des Gitters von der Kathode und F die Kathodenoberfläche ist.

Nach Gl. (98) ergeben sich für die Triode zwei Kennlinienscharen: $I_a = f(U_g)$ mit U_a als Parameter (vgl. Abb. 103a) und $I_a = f(U_a)$ mit U_g als Parameter (vgl. Abb. 103b).

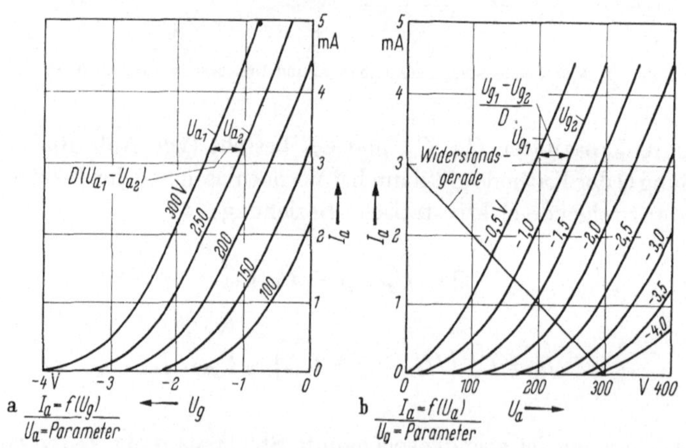

Abb. 103a u. b. Typische Kennlinienfelder einer Triode.

b) Dynamische Kennliniengleichung. Zur Vermeidung eines Gitterstroms werden Trioden (abgesehen von Sendetrioden) meist im Bereich negativer Gitterspannungen ausgesteuert. Der „Arbeitspunkt" der Röhre wird dabei durch eine negative Gittervorspannung so weit ins Gebiet nega-

---

[1] Die Gln. (95a) und (97) gelten nur angenähert, da die Kapazität C_{gk} in Gl. (95a) nicht genau gleich der tatsächlichen Kapazität der Ersatzdiode ist. Die genauen Formeln für U_{st} ergeben sich aus dem Stern-Ersatzschaltbild der Triode (vgl. Bd. II).

tiver Gitterspannungen verschoben, daß auch bei den höchsten zu erwartenden Gitter-Steuerspannungsamplituden das Gitter stets negativ bleibt.

Durch die Aussteuerung am Gitter ändert sich nicht nur der Anodenstrom, sondern (über den äußeren Stromkreis) auch die Anodenspannung, die ihrerseits wieder den Anodenstrom beeinflußt. Die gesamte Anodenstromänderung ist daher (bei kleinen Steuerspannungsamplituden) gleich dem totalen Differential dI_a:

$$dI_a = \left(\frac{\partial I_a}{\partial U_g}\right) dU_g + \left(\frac{\partial I_a}{\partial U_a}\right) dU_a. \tag{100}$$

dI_a, dU_g und dU_a bedeuten (z. B. sinusförmige) Änderungen von I_a, U_g und U_a. Sind diese Änderungen genügend klein, so daß die Kennlinien im Aussteuerbereich (d. h. in der Umgebung des Arbeitspunktes) als geradlinig betrachtet werden können, so stellen die Klammerausdrücke in Gl. (100) Konstante dar. Ihre Werte können aus dem Verlauf der I_a-U_a- bzw. I_a-U_g-Kennlinie im Arbeitspunkt ermittelt werden.

Das Verhältnis

$$S = \left(\frac{\partial I_a}{\partial U_g}\right)_{U_a=\text{const}} \tag{101}$$

bezeichnet man als Steilheit und

$$R_i = \left(\frac{\partial U_a}{\partial I_a}\right)_{U_g=\text{const}} \tag{102}$$

als Innenwiderstand der Triode. Ferner ist

$$D = \left(\frac{\partial U_g}{\partial U_a}\right)_{I_a=\text{const}} \tag{103}$$

der Durchgriff der Triode, der auch durch das Verhältnis der Röhrenkapazitäten [vgl. Gl. (96)] definiert ist.

Diese drei Kenngrößen sind durch die Barkhausen-Formel

$$SDR_i = 1 \tag{104}$$

miteinander verknüpft.

Mit Gl. (101) und (102) lautet Gl. (100):

$$dI_a = S\, dU_g + \frac{1}{R_i}\, dU_a. \tag{105}$$

Dies ist die „*dynamische* Kennliniengleichung" der Triode; sie beschreibt das Verhalten der Triode im Wechselstrombetrieb bei kleinen Aussteuerungen.

c) Strom-, Spannungs- und Leistungsverstärkung. Abb. 104 zeigt als Anwendungsbeispiel der Triode eine einfache Verstärkerschaltung. Für den Anodenkreis dieser Schaltung gilt im Gleichstrombetrieb die „Gleichung der Widerstandsgeraden":

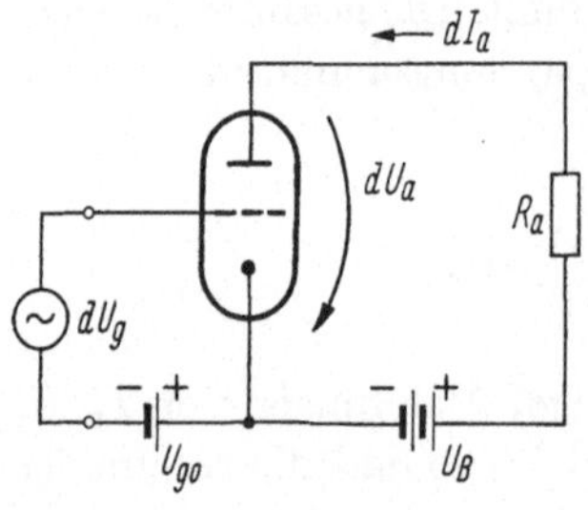

Abb. 104.   Verstärkerschaltung mit
einer Triode.

$$U_a = U_B - I_a R_a \qquad (106)$$

und im Wechselstrombetrieb die Beziehung:

$$dU_a = -\,dI_a R_a. \qquad (106\,\text{a})$$

Mit Gl. (106 a) lautet die dynamische Kennliniengleichung (Gl. 105):

$$dI_a = \frac{1}{D}\,\frac{dU_g}{R_i + R_a}. \qquad (105\,\text{a})$$

Aus dieser Gleichung ergeben sich je nach der Wahl der Größe von R_a gegenüber der von R_i die charakteristischen Beziehungen für die Strom-, Spannungs- und Leistungsverstärkung.

α) *Stromverstärkung.* Die Bedingung für optimale Stromverstärkung lautet: $R_a \ll R_i$ (im Grenzfall $R_a \to 0$). Damit ergibt sich aus Gl. (105 a):

$$dI_a = S\,\mathrm{d}U_g. \qquad (107)$$

Große Wechselströme im Anodenkreis erhält man demnach, wenn R_a sehr klein gegen R_i und die Steilheit S der Röhre sehr groß ist. S ist also ein Maß für die Stromverstärkung.

Anwendung: Senderverstärker.

β) *Spannungsverstärkung (häufigste Verstärkungsart).* Mit Gl. (106 a) ergibt sich aus Gl. (105 a) der Spannungsverstärkungsfaktor $|v_u|$ einer Triode:

$$|v_u| = \frac{dU_a}{dU_g} = \frac{1}{D}\,\frac{R_a}{R_i + R_a}. \qquad (108)$$

R_a kann sowohl ein Ohmscher als auch ein komplexer Widerstand sein. Optimal wird die Spannungsverstärkung für $R_a \gg R_i$; im Grenzfall $R_a \to \infty$ erreicht sie ihren maximalen Wert

$$|v_{u\max}| = \frac{1}{D} = \mu = SR_i. \qquad (109)$$

μ heißt Leerlauf-Spannungsverstärkungsfaktor; für Trioden ist $\mu = 5\cdots100$.

Große Wechselspannungen im Anodenkreis erhält man demnach, wenn R_a sehr groß gegen R_i ist und wenn D möglichst klein ist. D ist also ein Maß für die Spannungsverstärkung.

Anwendung: Vorverstärker von der Breitband-, Schmalband- und Resonanz-Type.

γ) *Leistungsverstärkung.* Die anodenseitige Wechselstromleistung ist proportional $(dI_a)^2 R_a$. Mit Gl. (105a) wird

$$(dI_a)^2 R_a = \left(\frac{dU_g}{D}\right)^2 \frac{R_a}{(R_a + R_i)^2}. \tag{110}$$

Die Leistungsverstärkung wird demnach ein Maximum, wenn $R_a/(R_a + R_i)^2$ ein Maximum wird; dies ist für $R_i = R_a$ der Fall. Unter dieser Bedingung ergibt sich aus Gl. (110):

$$(dI_a)^2 R_a = (dU_g)^2 \frac{1}{D^2} \frac{1}{4R_i} = \frac{1}{4} \frac{S}{D} (dU_g)^2. \tag{110a}$$

Hohe Leistungsverstärkung erhält man also, wenn $R_i = R_a$ ist und wenn Röhren mit kleinem Durchgriff *und* großer Steilheit verwendet werden. Das Verhältnis S/D ist demnach ein Maß für die Güte eines Leistungsverstärkers.

Anwendung: z. B. in Leistungsendstufen von Empfängern.

δ) *Leistungsbilanz bei der Verstärkung.* Die in einer Verstärkerschaltung im äußeren Anodenwiderstand R_a verbrauchte Leistung N_R setzt sich aus einem Gleichstromanteil und einem Wechselstromanteil zusammen:

$$N_R = (I_a + dI_a)^2 R_a = I_a^2 R_a + (dI_a)^2 R_a \tag{111}$$

$(2 I_a \, dI_a R_a = 0$, weil dI_a im Mittel Null ist).

Die Leistung N_a, die der Röhre anodenseitig zugeführt wird, ist:

$$N_a = (U_a + dU_a)(I_a + dI_a) = U_a I_a + dU_a \, dI_a$$
$$= U_a I_a - (dI_a)^2 R_a \tag{112}$$

$(dU_a I_a$ und $dI_a U_a$ sind im Mittel Null, weil dU_a und dI_a im Mittel Null sind).

Gl. (112) besagt, daß die im Gleichstrombetrieb auftretende Anodenverlustleistung $U_a I_a$ bei Aussteuerung der Röhre um den Betrag $(dI_a)^2 R_a$ vermindert wird. Dieser stellt die nutzbare Ausgangsleistung des Verstärkers dar [vgl. Gl. (111)]. Die Leistungsumsetzung im Verstärker erfolgt also auf Kosten der Gleichstrom-Anodenverlustleistung N_a der Verstärkerröhre.

Nachteile der Triode sind: Ihre relativ geringe Verstärkung ($v_u < 1/D$), die zusätzliche Verstärkungsbegrenzung durch die verhältnismäßig hohe *Anodenrückwirkung* auf den Gitter-Kathoden-Raum, der relativ geringe Innenwiderstand (Größenordnung 10 kΩ) und die mögliche Selbsterregung durch die Kapazität C_{ag} zwischen Gitter und Anode. Diese Nachteile werden durch die Tetrode und ihre Weiterentwicklung, die Pentode, vermieden.

3. Tetrode (Röhre mit zwei Gittern)

Diese Röhre enthält noch ein zweites Gitter, das entweder als Raumladegitter zwischen Steuergitter und Kathode oder als Schirmgitter zwischen Steuergitter und Anode angeordnet sein kann. Meist wird die Schirmgitteranordnung (vgl. Abb. 105a) verwendet, da bei ihr die Werte von C_{ag} und D_a sehr klein sind (D_a = Anodendurchgriff).

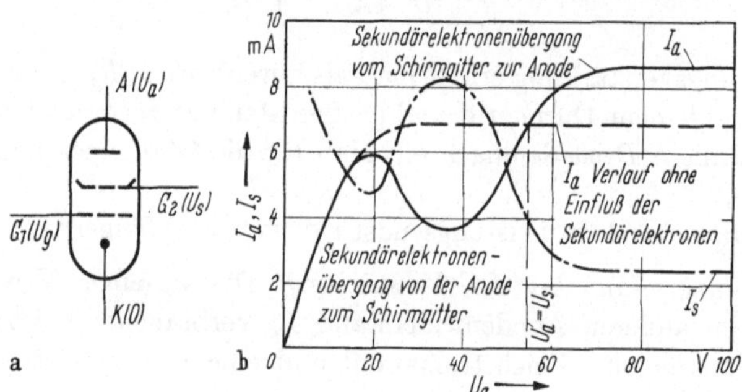

Abb. 105. Elektrodenanordnung (a) und typische Kennlinien einer Tetrode (b).

Das Elektrodensystem der Tetrode läßt sich in seiner Wirkung wie das der Triode auf ein Ersatz-Diodensystem zurückführen. In Analogie zu Gl. (98) lautet daher die statische Kennliniengleichung der Tetrode:

$$I_k = K(U_g + D_s U_s + D_a U_a)^{3/2} \tag{113}$$

(D_s = Schirmgitterdurchgriff, D_a = Anodendurchgriff, U_s = Schirmgitterspannung). Anstelle von I_a in Gl. (98) tritt hier der Kathodenstrom I_k in der Steuergitterebene, von dem ein Teil zum (positiven) Schirmgitter fließt und der andere (größere) Teil zur Anode („Stromverteilung"). Das Schirmgitter wirkt dabei für den Kathodenstrom als „Ziehelektrode".

Abb. 105b zeigt die typische Form der I_a-U_a- bzw. I_s-U_a-Kennlinie einer Tetrode. Beide Kennlinien verlaufen symmetrisch zueinander und weisen [abweichend von Gl. (113)] im Gebiet $U_a < U_s$ je einen Knick auf. Dieser rührt von Sekundärelektronen her, die von den

Elektronen des Anodenstroms aus der Anode herausgeschlagen werden und zum positiveren Schirmgitter gelangen. Der Schirmgitterstrom wird daher um diesen Sekundärelektronenstrom erhöht, der Anodenstrom erniedrigt. Im Gebiet $U_a > U_s$ gelangen umgekehrt Sekundärelektronen vom Schirmgitter zur positiveren Anode. Die Schirmwirkung der beiden Tetrodengitter bewirkt in diesem Gebiet einen nahezu horizontalen Verlauf der Kennlinien (d. h. I_a ist nahezu unabhängig von U_a).

Infolge des Kennlinienknicks ist der Aussteuerbereich der Tetrode auf das Gebiet $U_a > U_s$ beschränkt. Dieser Nachteil kann durch Einfügen eines dritten, den Sekundärelektronenaustausch unterbindenden „Bremsgitters" zwischen Schirmgitter und Anode beseitigt werden. Röhren mit drei Gittern (also fünf Elektroden) bezeichnet man als Pentoden.

4. Pentode (Röhre mit drei Gittern)

Der bei der Tetrode störende Sekundärelektronenaustausch wird in der Pentode dadurch vermieden, daß das Bremsgitter mit der Kathode verbunden, also auf das Potential Null gelegt wird ($U_b = 0$; vgl. Abb. 106a). Die statische Kennliniengleichung der Pentode ist daher mit Gl. (113) identisch. Da jedoch wegen der starken Schirmwirkung der drei Pentodengitter $D_a \ll D_s$ und damit $D_a U_a \ll D_s U_s$ ist, gilt für die Pentode angenähert:

$$I_k = K(U_g + D_s U_s)^{3/2}. \tag{114}$$

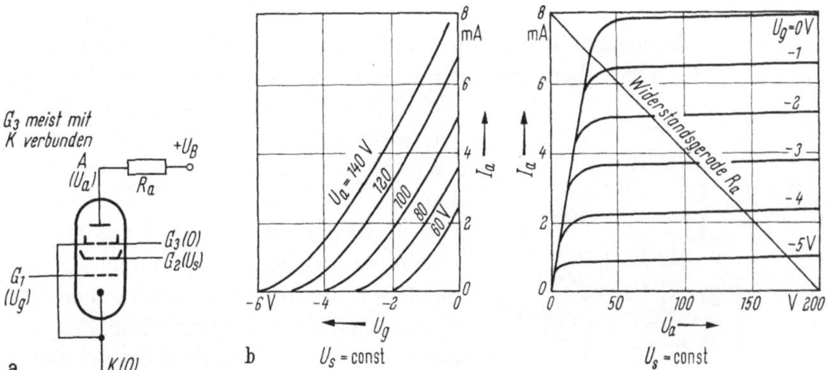

Abb. 106. Elektrodenanordnung (a) und typische Kennlinienfelder (b) einer Pentode.

Der Anodenstrom $I_a (= I_k - I_s)$ der Pentode ist also praktisch unabhängig von U_a (Sättigungscharakter des I_a-U_a-Kennlinienfeldes; vgl. Abb. 106b), solange nicht $U_a \ll U_s$ ist (dann „Stromübernahme" durch das Schirmgitter).

10*

Pentoden haben eine sehr geringe Anodenrückwirkung (Anoden-durchgriff $D_a \ll 1\%$) und (wegen des Sättigungs-Charakters des I_a-U_a-Kennlinienfeldes) einen hohen Innenwiderstand R_i (Größenordnung einige MΩ). Da gewöhnlich $R_i \gg R_a$ ist, wird der Spannungsverstärkungsfaktor der Pentode nach Gl. (108) mit $D = D_a$:

$$|v_u| = \frac{1}{D_a}\,\frac{R_a}{R_i} = S R_a. \tag{115}$$

Mit $R_a \to \infty$ würde nach Gl. (108) $v_u = v_{u_{\max}} = 1/D_a$ werden. Praktisch ist jedoch die maximale Verstärkung kleiner als $1/D_a$ (Größenordnung 10^3), da bei hohen Anodenwechselspannungen in der negativen Anodenspannungsphase der Anodenstrom zeitweise aussetzen kann, was zu erheblichen Verzerrungen des Ausgangssignals führt.

5. Hexode, Heptode, Oktode (Röhren mit 4, 5 und 6 Gittern)

Diese Röhren enthalten je zwei (negativ vorgespannte) Steuergitter, die unabhängig voneinander den Kathodenstrom beeinflussen können („Doppelsteuerröhren"). Sie werden hauptsächlich als Mischröhren in der Empfangstechnik verwendet (vgl. Bd. II).

B. Mikrowellenröhren

1. Laufzeittriode (500 bis 6000 MHz)

Für die Ausgangsleistung von Verstärkerröhren existiert wegen des *Laufzeiteffekts* eine obere Frequenzgrenze bei etwa 500 MHz. Dieser Effekt beruht darauf, daß sich die Gitterspannung bei sehr hohen Frequenzen während der Laufzeit der Elektronen zwischen Kathode und Gitter erheblich ändert. Dies hat eine Phasenverschiebung zwischen Spannung und Strom und dadurch das Auftreten einer Verlustleistung am Gitter zur Folge. Für „spät" gestartete Elektronen kann sich außerdem das Feld zwischen Kathode und Gitter umkehren, so daß die Elektronen zur Kathode hin beschleunigt werden und dabei dem HF-Feld Energie entziehen, die der Kathode zugeführt wird („Rückheizung"). Mit zu-

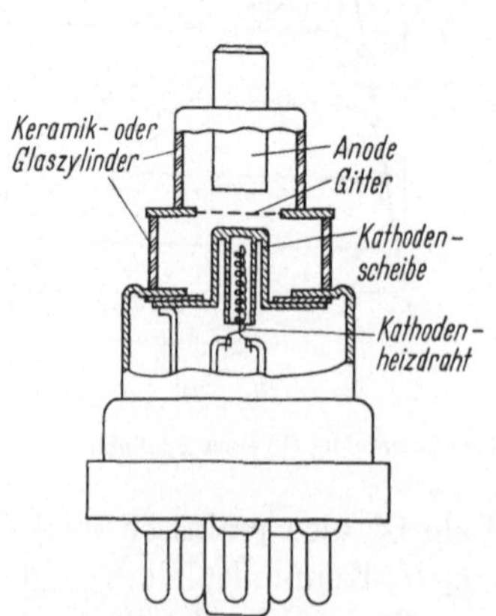

Abb. 107. Typischer Aufbau einer Scheibentriode.

nehmender Frequenz muß deswegen bei Hochfrequenzröhren die Heizleistung (um maximal 20%) verringert werden.

Der Laufzeiteinfluß wird um so geringer, die obere Grenzfrequenz also um so höher, je kleiner die Laufzeit τ der Elektronen zwischen

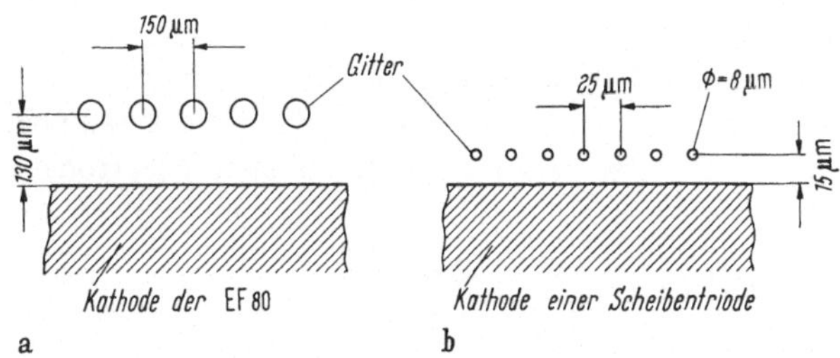

Abb. 108. Gitterdimensionen einer Rundfunkröhre (a) und einer 4000 MHz-Laufzeittriode (b).

Gitter und Kathode im Vergleich zur Periodendauer der Gitterwechselspannung ist ($\tau \ll 1/f$; $f =$ Frequenz). Dies erreicht man durch möglichst kleine Gitter-Kathoden-Abstände (d. h. ebene Elektrodensysteme) und durch

hohe Elektronenbeschleunigungsspannungen bzw. Stromdichten in den sog. Laufzeit- oder Scheibentrioden, die im Frequenzbereich von 500 bis 6000 MHz als Verstärkerröhren verwendbar sind.

Den typischen Aufbau einer Scheibentriode zeigt Abb. 107. Die HF-Zuleitungen sind Scheiben oder Zylinder aus versilbertem Kupfer (geringe Verluste), der Röhrenkolben besteht aus Glas (Ausgangsleistung kleiner als 500 W) oder Keramik (Ausgangsleistung größer als 500 W). Abb. 108 zeigt zum Vergleich die Gitterdimensionen einer Rundfunkröhre (a) und einer 4000 MHz-Laufzeittriode (b). In Abb. 109 ist der Verlauf

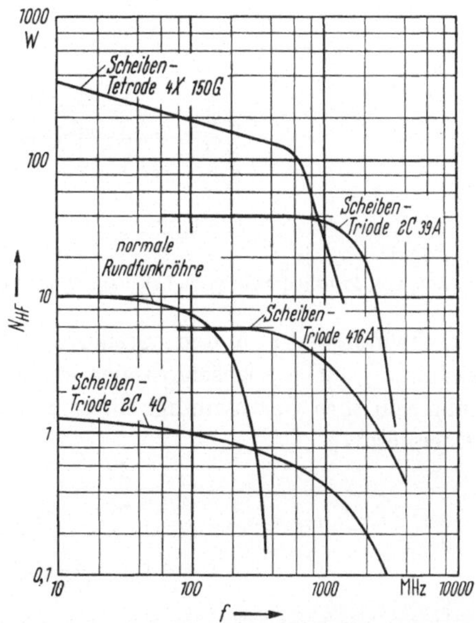

Abb. 109. Verlauf der abgegebenen HF-Leistung als Funktion der Frequenz für normale Trioden und für Laufzeittrioden bzw. -tetroden.

der abgegebenen HF-Leistung als Funktion der Frequenz für normale Trioden und für Laufzeittrioden bzw. -tetroden dargestellt.

2. Klystron (200 bis 50000 MHz)

Beim Klystron wird der Laufzeiteffekt bewußt zur Elektronenstromsteuerung ausgenutzt. Je nach dem Elektrodenaufbau unterscheidet man zwischen dem Zwei- bzw. Mehrkammer-Klystron und dem Reflexklystron.

a) Zwei- und Mehrkammer-Klystron. Die Wirkungsweise von Klystrons beruht auf dem Prinzip der *Geschwindigkeitssteuerung* eines Elektronenstrahls (HEIL [*94*], VARIAN [*102*]). Treten Elektronen mit der

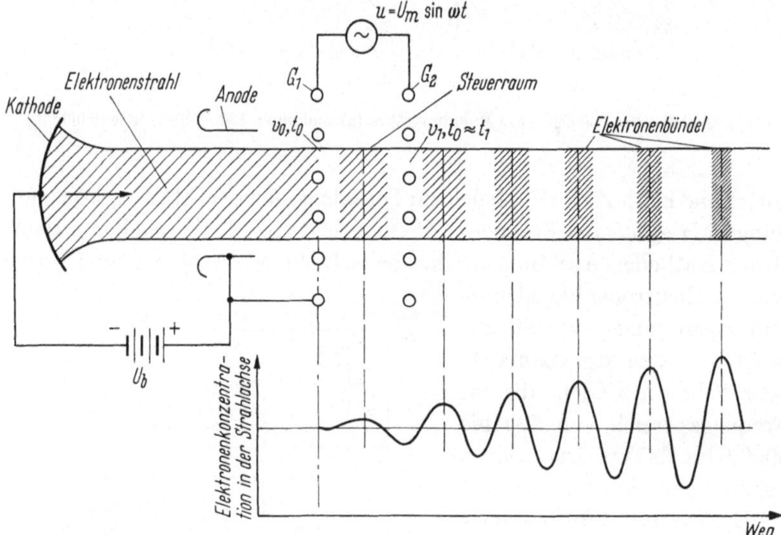

Abb. 110. Prinzip der Geschwindigkeitssteuerung eines Elektronenstrahls in einem Klystron.

Geschwindigkeit v_o in den „Steuerraum" zwischen zwei an eine Wechselspannungsquelle angeschlossenen ebenen Gittern (vgl. Abb. 110), so ergibt sich ihre Geschwindigkeit v_1 hinter dem zweiten Gitter aus dem Energiesatz:

$$v_1^2 = v_0^2 + \frac{2e}{m}\,u = v_0^2 + \frac{2e}{m}\,U_m \sin \omega t, \tag{116}$$

$$v_1 = v_o \left(1 + \frac{2e}{m v_0^2}\,U_m \sin \omega t\right)^{1/2}. \tag{116a}$$

($u = U_m \sin \omega t =$ Steuerwechselspannung). Da $(2e/mv_o^2)\,U_m \sin \omega t \ll 1$ ist, wird wegen $\sqrt{1+\varepsilon} \approx 1 + \frac{\varepsilon}{2}$ (ε klein gegen 1):

$$v_1 = v_o \left(1 + \frac{1}{2}\,\frac{U_m}{U_b}\,\sin \omega t_o\right), \tag{116b}$$

wenn $t = t_0$ und $(m/2)v_0{}^2 = e\,U_b$ gesetzt wird (U_b = Beschleunigungsspannung der Elektronen).

Gl. (116b) gibt die Elektronengeschwindigkeit v_1 im feldfreien „Laufraum" (hinter dem zweiten Gitter) als Funktion der Eintrittszeit t_0 der Elektronen in den Steuerraum an. Die Elektronen haben demnach beim Austritt aus dem Steuerraum eine Zusatzgeschwindigkeit [zweites Glied der Klammer in Gl. (116b)], die von ihrer Einschußzeit t_0 abhängt. Da

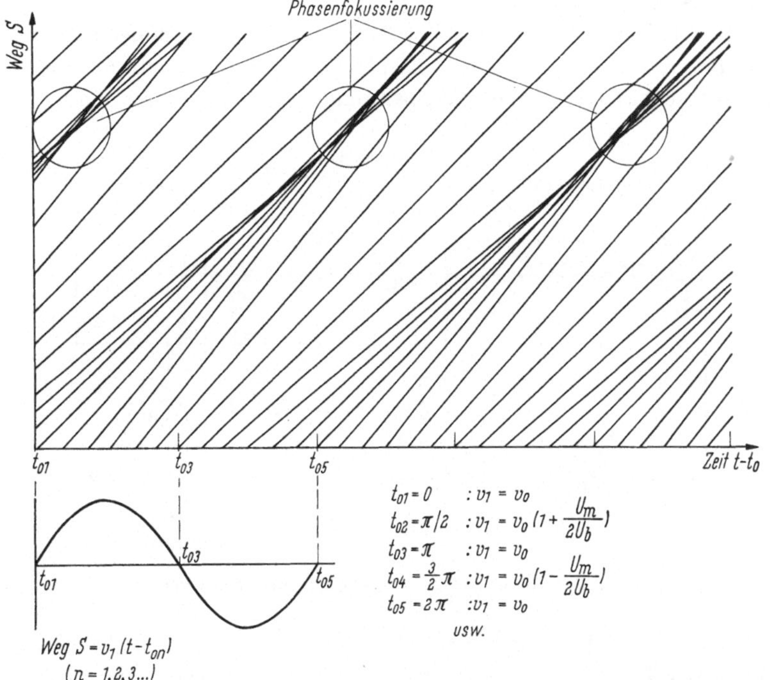

Abb. 111. „Elektronenfahrplan" für den Elektronenstrahl in einem Klystron (Weg S gerechnet vom rechten Gitter des Steuerraums; vgl. Abb. 110).

im Laufraum (Triftraum) die schnelleren Elektronen vorausfliegende langsamere Elektronen einholen, bilden sich dort periodische ElektronenZusammenballungen („bunching"), die mit der Geschwindigkeit v_0 den Laufraum durchqueren und eine zweite Kammer zu Schwingungen anregen können[1]. Die Geschwindigkeitsmodulation des Elektronenstrahls im Steuerraum führt im Laufraum zu einer Dichtemodulation durch „Phasenfokussierung".

Bei niedrigen Frequenzen ($\tau \ll T$; τ = Laufzeit der Elektronen im Steuerraum, T = Periodendauer der HF-Schwingung) tritt dieser Effekt

---

[1] Vgl. hierzu Abschn. VI, A.

wegen der relativ geringen Geschwindigkeitsunterschiede der Elektronen im Laufraum praktisch nicht in Erscheinung, während er bei hohen Frequenzen ($\tau \approx T$) so stark wird, daß er zur Verstärkung von HF-Spannungen ausgenutzt werden kann.

Abb. 111 veranschaulicht den Vorgang der Dichtemodulation eines Elektronenstrahls anhand des „Elektronenfahrplans". Der Weg S eines Elektrons als Funktion der Zeit stellt in diesem Diagramm eine Gerade dar, deren Neigung durch die Geschwindigkeit v_1 des Elektrons im Laufraum bestimmt wird.

Abb. 112 zeigt den prinzipiellen Aufbau eines Zweikammer-Klystrons. Die im Triftraum gebildeten Elektronenbündel influenzieren in der „Auskoppelkammer" eine HF-Spannung, deren Feld bremsend wirkt.

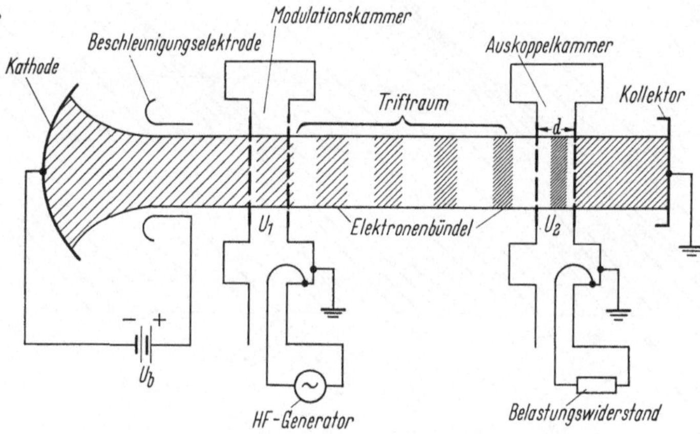

Abb. 112. Prinzipieller Aufbau eines Zweikammer-Verstärkerklystrons.

Der geschwindigkeitsmodulierte Elektronenstrahl gibt dadurch einen Teil seiner Energie als HF-Energie an die Auskoppelkammer ab. Diese Energie ist ein Vielfaches der Steuerenergie in der Modulationskammer. Die Anordnung arbeitet daher als Verstärker. Verbindet man beide Kammern durch einen Rückkopplungskreis, so arbeitet die Anordnung als Oszillator, dessen Frequenz durch Änderung der Breite d des Auskoppelspalts variiert werden kann. Die Leistungsauskopplung erfolgt bis 5000 MHz über Koaxialkabel, bei höheren Frequenzen durch Hohlleiter.

Die maximale mit Klystrons erreichbare Dauerstrichleistung beträgt zur Zeit 20 kW, die maximale Impulsleistung einige MW, der höchste Wirkungsgrad 45% und die maximale Verstärkung 10^3. Der Wirkungsgrad nimmt mit wachsender Frequenz rasch ab: Beträgt er z. B. bei 1000 MHz 30%, so ist er bei 30000 MHz kleiner als 1%. Um die Verstärkung, den Wirkungsgrad und die Bandbreite zu erhöhen, schaltet man bis zu sechs Kammern hintereinander (Kaskadenverstärker).

b) Reflexklystron. Zur Ausnutzung des „bunching"-Effekts kann man anstelle von zwei Resonatorkammern, die von Elektronen einmal durchlaufen werden, auch einen einzigen Resonator (mit Reflektor) verwenden, der von Elektronen zweimal in entgegengesetzter Richtung durchlaufen wird (Reflexklystron, PIERCE [*100*]).

Abb. 113 zeigt die Elektrodenanordnung eines Reflexklystrons. Der von der Kathode emittierte Elektronenstrahl wird bei seinem ersten Durchgang durch den Resonatorspalt (zwischen den Gittern G_1 und G_2) geschwindigkeitsmoduliert und im Reflektorraum gebündelt. Beim zweiten Durchgang des (nunmehr dichtemodulierten) Elektronenstrahls wird den einzelnen Elektronenstrahlbündeln Energie entzogen

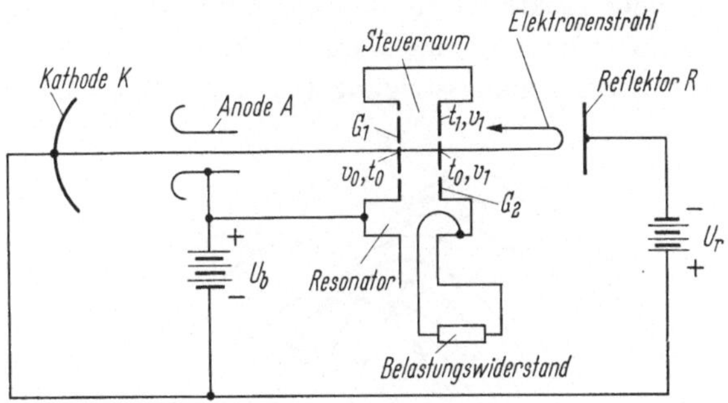

Abb. 113. Prinzipieller Aufbau eines Reflexklystrons.

und dem Resonator als elektromagnetische Energie zugeführt. Der Energieentzug und die damit verbundene Schwingungsanfachung können jedoch nur dann erfolgen, wenn die einzelnen Elektronenbündel jeweils während der negativen (elektronenbremsend wirkenden) Phase der durch Selbsterregung entstandenen hochfrequenten Resonator-Wechselspannung am Resonator eintreffen.

Die Eindringtiefe a der Elektronen in den Reflektorraum (gerechnet vom reflektorseitigen Steuergitter G_2) ist:

$$a = \frac{U_1}{U_r}\, d = \frac{m\,v_1^2}{2\,e\,U_r}\, d \qquad (117)$$

und ihre Laufzeit im Reflektorraum:

$$\tau = \frac{4a}{v_1} = \frac{2\,m\,v_1}{e\,U_r}\, d \qquad (118)$$

(U_r = Reflektorspannung, d = Abstand des Reflektors vom reflektorseitigen Steuergitter G_2, $v_1 = \sqrt{(2e/m)U_1}$.

Die Geschwindigkeit v_1 der Elektronen am reflektorseitigen Steuergitter ist durch die Eintrittszeit t_o der Elektronen in den Steuerraum bestimmt. Mit $U = U_m \sin \omega t$ ($U_m =$ Amplitude der selbsterregten Steuerwechselspannung) und $(m/2)v_o^2 = e\,U_b$ ($U_b =$ Beschleunigungsspannung der Elektronen) gilt für v_1 die Gleichung (116b). Der Zeitpunkt t_1, bei dem ein Elektron aus dem Reflektorraum kommend wieder am Gitter G_2 (mit der Geschwindigkeit v_1) eintrifft, ergibt sich aus $t_1 = t_o + \tau$. Mit Gl. (116b) und (118) wird:

$$t_1 = t_o + \tau = t_o + \frac{2md}{e\,U_r}\,v_o\left(1 + \frac{1}{2}\,\frac{U_m}{U_b}\,\sin \omega t_o\right), \qquad (119)$$

wobei die Laufzeit der Elektronen im Resonatorspalt vernachlässigt wird.

Abb. 114 zeigt den „Elektronenfahrplan" für ein Reflexklystron. Der Weg S eines Elektrons im Reflektorraum als Funktion der Zeit t stellt in diesem Diagramm eine Parabel dar, deren Scheitelhöhe durch Gl. (117) und deren Anfangssteigung (an der Zeitachse) durch die An-

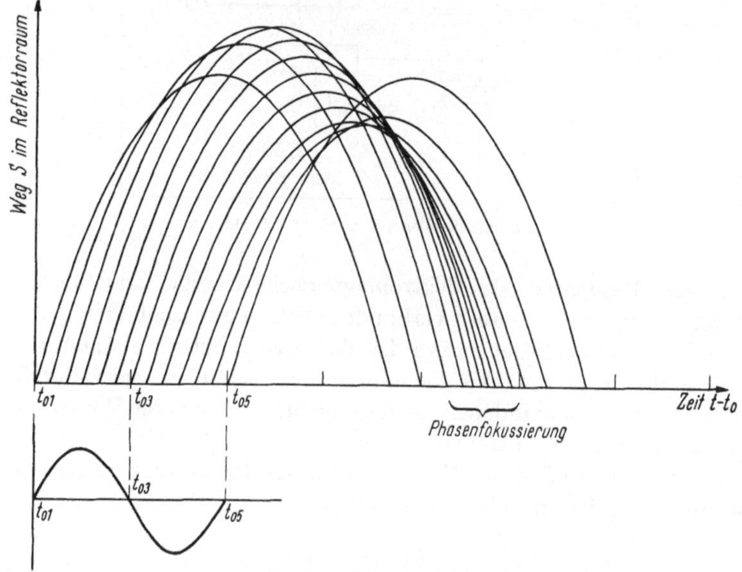

Abb. 114. „Elektronenfahrplan" für ein Reflexklystron (Weg S gerechnet vom reflektorseitigen Gitter des Steuerraumes; vgl. Abb. 113).

fangsgeschwindigkeit v_1 (Gl. 116b) bestimmt ist. Für einzelne nacheinander gestartete Elektronen ergeben sich die verschiedenen Kurven der Abb. 114, die (unabhängig von der Anfangsgeschwindigkeit v_1 der Elektronen) Teilstücke ein und derselben Parabel sind.

Wie aus dem Elektronenfahrplan hervorgeht, treffen viele der schnelleren Elektronen wegen ihrer längeren Verweilzeit im Reflektorraum nahezu gleichzeitig mit später gestarteten langsameren Elektronen am Gitter G_2 ein. Dort bilden sich daher (in zeitlichen Abständen von einer Periodendauer der erzeugten HF-Schwingung) Elektronenbündel. Durch geeignete Dimensionierung und Wahl der Betriebsdaten des Klystrons kann erreicht werden, daß die Ankunft eines jeden solchen Elektronbündels am Gitter G_2 annähernd mit einem negativen Maximum der Resonatorspannung zusammenfällt, so daß dem gebündelten Elektronenstrahl Energie entzogen wird. Dies ist dann der Fall, wenn die Laufzeit im Reflektorraum

$$\tau = t_1 - t_0 \approx \left(n + \frac{3}{4}\right) T \qquad (120)$$

ist.

($n = 0, 1, 2, 3, \ldots$; T = Periodendauer der HF-Schwingung).

Reflexklystrons dienen als Oszillator- und Senderöhren für HF-Leistungen unter 10 Watt. Ihr Wirkungsgrad beträgt maximal einige Prozent.

3. Das Magnetron (bis 30000 MHz)

Das Magnetron (FISK u. a. [*92*]) ist eine Hochvakuumröhre, die zur Erzeugung hochfrequenter elektromagnetischer Energie im Zentimeterwellenbereich (von etwa 100 bis 1 cm Wellenlänge) dient. Auch hier

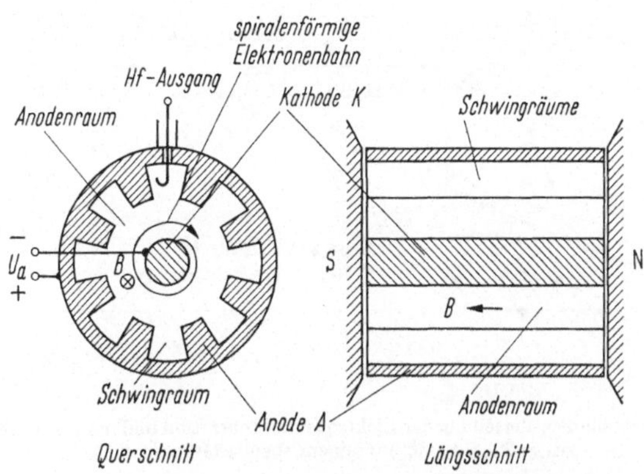

Abb. 115. Typischer Aufbau eines Magnetrons.

beruht die Erzeugung von HF-Energie auf der Phasenfokussierung von Elektronen, die durch Influenzwirkung Resonatoren zum Schwingen anregen. Im Gegensatz zum Klystron, dessen Elektrodensystem eben ist, enthalten Magnetrons eine zylindrische Sinterkathode (z. B. eine L-Kathode), die von einer ebenfalls zylinderförmigen Anode umgeben ist (vgl. Abb. 115). An die Stelle der Gitterresonatoren des Klystrons treten hier eine Reihe von schlitzförmigen Hohlräumen (Hohlraumresonatoren) an der Innenseite des Anodenzylinders. Mittels eines Permanentmagneten wird in der Röhre in axialer Richtung ein homogenes Magnetfeld erzeugt. Im Betrieb wird zusätzlich zwischen Kathode und Anode eine Gleichspannung von einigen kV angelegt. Die erzeugte HF-Energie wird aus einem der (meist 8 bis 20) Resonatoren mittels einer Drahtschleife ausgekoppelt.

Da die Hohlraumresonatoren des Magnetrons einen geschlossenen Kreis bilden, kann sich an diesem eine stehende elektromagnetische Welle ausbilden, die man sich aus der Überlagerung zweier einander entgegenlaufender Wellen entstanden denken kann (vgl. [6, 19]). Die Phasenverschiebung zwischen zwei benachbarten Hohlräumen ist dabei

$$\alpha = 2\pi \frac{n}{N}. \tag{121}$$

(n = Zahl der Wellenlängen, die auf dem inneren Umfang der Anode Platz haben; N = Gesamtzahl der Hohlraumresonatoren). Ist $n = N/2$,

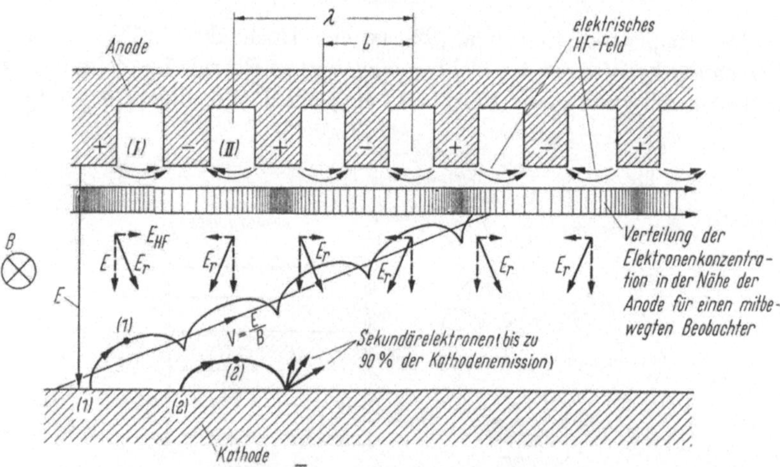

Abb. 116. Elektronenbahnen, Verteilung der Elektronenkonzentration und momentaner Schwingungszustand („π-mode") in einem ebenen Magnetron.

so ist die Phasenverschiebung α der Schwingungszustände zweier benachbarter Hohlräume gleich π. Man bezeichnet diesen am häufigsten benutzten Schwingungszustand als „π-mode".

Abb. 116 veranschaulicht diesen Schwingungszustand (für einen bestimmten Augenblick) in einem zur Vereinfachung als *eben* angenommenen Magnetron. Durch die Überlagerung des elektrischen Gleichfelds mit dem Wechselfeld der Resonatoren ergeben sich unterhalb der Resonatoreingänge die in Abb. 116 gezeichneten resultierenden Vektoren E_r des elektrischen Feldes, deren Lage sich fortwährend periodisch im Rhythmus der Resonatorschwingungen ändert.

Wäre das elektrische Wechselfeld gleich Null, so würden die von der Kathode (mit vernachlässigbarer Geschwindigkeit) emittierten Elektronen im *ebenen* Magnetron Zykloidenbahnen beschreiben, wobei die translatorische Bewegungskomponente parallel zur Kathode verlaufen würde. Die Elektronen würden dann — wenn sie nicht im Scheitelpunkt ihrer Bahn auf die Anode aufprallen — zur Kathode zurückkehren. Durch das hochfrequente Wechselfeld wird nun der Bahnverlauf der Elektronen in einer für die Schwingungsanregung (bzw. -aufrechterhaltung) günstigen Weise modifiziert.

Es sei angenommen, daß zwei Elektronen *1* und *2* auf den skizzierten Bahnen (vgl. Abb. 116) unter zwei benachbarte Hohlraumresonatoren *I* und *II* gelangen, wenn dort die resultierenden elektrischen Feldvektoren E_r die gezeichneten Richtungen haben. Auf das Elektron *1* wirkt dann die elektrische Wechselfeldkomponente des Resonatorspalts *I* bremsend; das Elektron gibt also Energie an das elektrische Feld ab. Gleichzeitig bewegt es sich näher zur Anode hin, da seine translatorische Bewegungsrichtung stets senkrecht zum (in diesem Fall nach rechts unten weisenden) resultierenden elektrischen Feldvektor verläuft. Zur gleichen Zeit erfährt das Elektron *2* unterhalb des Resonatorspalts *II* eine Beschleunigung; es entzieht also dem elektrischen Feld Energie. Gleichzeitig bewegt es sich jedoch auf die Kathode zu, da der resultierende elektrische Feldvektor hier nach links unten weist (vgl. Abb. 116). Das Elektron *2* kann dem elektrischen Feld nur wenig Energie entziehen, da es schon nach kurzer Zeit durch Aufprall auf die Kathode aus dem Feld verschwindet. (Aus der Kathode werden dabei Sekundärelektronen ausgelöst, die in technischen Magnetrons bis zu 90% der Kathodenemission ausmachen).

Gelangt das Elektron *1* unter den Resonatorspalt *II* gerade dann, wenn sich dort inzwischen die Richtung des HF-Feldes umgekehrt hat, so gibt es wieder Energie an das HF-Feld ab und bewegt sich weiter auf die Anode zu. Aus der Tatsache, daß die energieliefernden Elektronen der Sorte *1* sehr viel länger im elektrischen Feld bleiben als die energieverbrauchenden Elektronen der Sorte *2*, resultiert die Möglichkeit der Schwingungserzeugung im Magnetron. Elektronen, die in nächster Umgebung des Elektrons *1* bzw. etwas früher oder später als dieses von der Kathode emittiert werden und daher nicht ganz im Takt mit dem pulsierenden Wechselfeld umlaufen, werden durch dieses phasenfokussiert. Der unmittelbar an den Resonatoröffnungen vorbeifließende Teil des Kathodenstroms ist daher in ähnlicher Weise dichtemoduliert wie der Elektronenstrom an der Auskoppelkammer eines Zweikammer-Klystrons.

Beim „π-mode" ist die räumliche Wellenlänge λ der Magnetron-schwingung gleich dem doppelten Resonatorabstand 2 L. Daraus ergibt sich die zur Anregung einer Schwingung der Frequenz $f = 1/T$ erforder-liche mittlere Elektronengeschwindigkeit v:

$$v = \frac{\lambda}{T} = \frac{2L}{2\pi}\,\omega = \frac{L}{\pi}\,2\pi f = 2Lf. \qquad (122)$$

Diese Geschwindigkeit kann durch geeignete Wahl der Gleichspannung U_a zwischen Kathode und Anode sowie der magnetischen Induktion B ein-gestellt werden.

Da die Elektronen im (ebenen) Magnetron Zykloidenbahnen be-schreiben, ist ihre mittlere Translationsgeschwindigkeit $v = E/B$; ihre maximale Translationsgeschwindigkeit erreichen sie im Scheitel der Zykloidenbahn: $v_{\max} = 2E/B$. Die zugehörige kinetische Energie beträgt $(1/2)\,mv_{\max}^2 = (m/2)\,(2E/B)^2$; diese Energie wird an der Anode in Wärme umgewandelt. Die von der Anodenbatterie pro Elektron geleistete Arbeit ist dagegen $A = eEd = eU_a$ (U_a = Anodenspannung, d = Abstand zwischen Anode und Kathode, $E = U_a/d$ = Feldstärke). Daraus ergibt sich der Wirkungsgrad η des ebenen Magnetrons:

$$\eta = \frac{eU_a - \dfrac{m}{2}\left(\dfrac{2E}{B}\right)^2}{eU_a} = 1 - \frac{2m}{ed^2}\,\frac{U_a}{B^2}. \qquad (123)$$

Der Wirkungsgrad wird um so größer, je kleiner das Verhältnis E/B bzw. U_a/B^2 gemacht wird. Praktisch werden Wirkungsgrade bis zu 90% erreicht. Andererseits wird der Wirkungsgrad gleich Null, wenn die Anodenspannung U_a einen gewissen Wert, nämlich die „Cut-off"-Spannung:

$$U_c = \frac{e}{2m}\,B^2 d^2 \qquad (124)$$

erreicht oder überschreitet. Mit Gl. (124) wird:

$$\eta = 1 - \frac{U_a}{U_c}, \qquad (123\,\text{a})$$

das heißt: Hoher Wirkungsgrad ergibt sich für $U_a \ll U_c$.

Mit Magnetrons sind Leistungen von der Größenordnung 10 MW erzeugbar. Bei einem Wirkungsgrad von z. B. 90% entstehen dabei Verluste von der Größenordnung 1 MW! Zur Einhaltung der zulässigen Anodentemperatur können daher solche hohen Leistungen nur im Impuls-betrieb erzeugt werden. Bei kleineren Leistungen ist bei entsprechender

Kühlung auch Dauerbetrieb möglich. Ein Nachteil ist, daß Magnetrons schwer verstimmbar sind und daher jeweils nur in einem relativ schmalen Frequenzbereich betrieben werden können, was für die Modulation ungünstig ist.

4. Die Wanderfeldröhre (bis 50000 MHz) [23, 33, 95, 97, 101]

Die Wanderfeldröhre kann als Schlitzmagnetron mit unendlich großem Radius aufgefaßt werden. Während jedoch im Magnetron zwei einander entgegenlaufende elektromagnetische Wellen existieren, die sich zu einer stehenden Welle überlagern, ist in der Wanderfeldröhre nur eine Welle vorhanden, die mit einem Elektronenstrahl in Wechselwirkung tritt. Läuft die Welle dabei etwas langsamer als der Elektronenstrahl, so können Elektronen durch die Welle abgebremst werden und Energie an diese abgeben. Darauf beruht — ähnlich wie beim Magnetron — die Verstärkerwirkung solcher Röhren.

Zur Erfüllung der Forderung $v_w \lesssim v_e$ (v_w = Geschwindigkeit der Welle, v_e = Geschwindigkeit der Elektronen) kann man die elektromagnetische Welle zum Beispiel längs einer Drahtwendel entlanglaufen lassen (vgl. Abb. 117). Längs des Wendeldrahts breitet sie sich dann mit Lichtgeschwindigkeit $v_w = c$ aus; in axialer (x-) Richtung dagegen ist ihre Phasengeschwindigkeit angenähert gleich:

$$v_x = \frac{s}{2\pi R}\, c \ll c. \tag{125}$$

(Z. B. wird für $s = 0{,}2$ cm und $R = 0{,}4$ cm die Phasengeschwindigkeit $v_x = 2{,}4 \cdot 10^4$ km/sec; damit die Röhre als Verstärker arbeitet, muß v_e etwas größer als dieser Wert von v_x gewählt werden).

Den Verstärkungsmechanismus der Wanderfeldröhre veranschaulicht Abb. 117, in welcher der Verlauf der elektrischen Kraftlinien einer Wanderwelle für einen bestimmten Augenblick dargestellt ist. Elektronen, die sich in diesem Augenblick an den Stellen *1* (vgl. Abb. 117) befinden, werden durch das elektrische Feld abgebremst, während Elektronen, die sich im selben Augenblick bei *2* befinden, eine Beschleunigung erfahren. Auf diese Weise bilden sich an den Stellen *3* durch Phasenfokussierung Elektronenbündel. Da diese etwas schneller laufen als die Welle, geraten sie allmählich in die ihnen jeweils vorauseilenden Bremsfeldgebiete *1* und werden dort stetig abgebremst. Die Energie der elektromagnetischen Welle steigt dadurch auf Kosten der kinetischen Energie der Elektronen an. (Würden die Elektronenbündel etwas langsamer als die Welle laufen, so würden sie dieser fortlaufend Energie entziehen und dadurch beschleunigt werden; dies ist das Prinzip des Wanderwellenbeschleunigers).

Den prinzipiellen Aufbau einer Wanderfeld-Verstärkerröhre mit Drahtwendel zeigt Abb. 118. Die Wendel hat gegenüber anderen Verzögerungsleitungen (z. B. einer mehrfach geschlitzten Leitung) den Vorzug, daß sich bei ihr die Phasengeschwindigkeit der Welle in axialer Richtung nur wenig mit der Frequenz ändert. Wanderfeldröhren mit Wendelleitung können daher in einem weiten Frequenzbereich betrieben

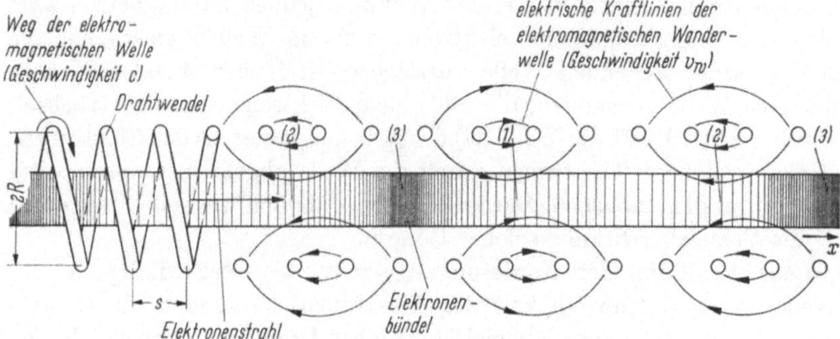

Abb. 117. Momentaner Verlauf der elektrischen Kraftlinien und Elektronenstrahlbündelung längs der Achse einer Wanderfeldröhre mit Drahtwendel als Verzögerungsleitung.

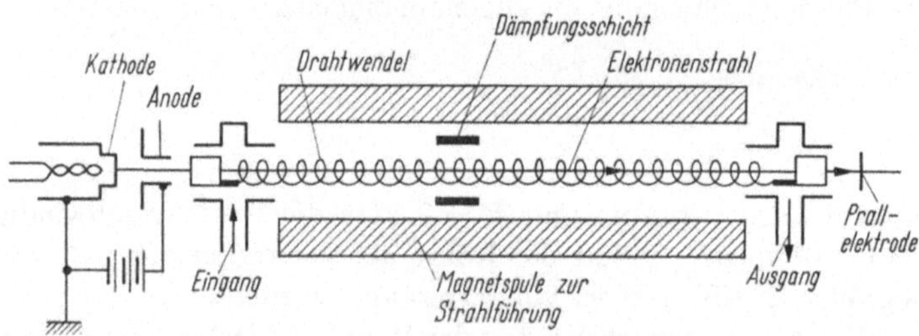

Abb. 118. Prinzipieller Aufbau einer Wanderfeld-Verstärkerröhre mit Drahtwendel.

werden; sie besitzen eine weitaus höhere Bandbreite als alle bisher betrachteten Mikrowellenröhren. Ein Nachteil ist allerdings, daß die Drahtwendel sehr genau dimensioniert sein muß. Wichtig ist ferner gute Anpassung am Ein- und Ausgang der Röhre. Die am Röhrenende z. B. auf das tausendfache verstärkte HF-Energie wird sonst teilweise reflektiert, so daß die Anordnung selbsterregt wird und zu schwingen beginnt. Zur Verringerung dieser Rückkopplung dienen an der Röhrenwand angebrachte Graphitschichten. Der erreichbare Wirkungsgrad von Wanderfeldröhren beträgt 10 bis 20%, die erzeugbaren Impulsleistungen sind von der Größenordnung MW.

5. Die Rückwärtswellenröhre („Carcinotron"; bis 100000 MHz) [*99*]

Die Rückwärtswellenröhre ist eine selbsterregte Wanderfeldröhre (ein Oszillator), deren Verzögerungsleitung in einem Frequenzbereich betrieben wird, in welchem die Energie der Wanderwelle nicht in Elektronenstrahlrichtung, sondern in entgegengesetzter Richtung anwächst. Die Verzögerungsleitung besteht aus zwei kammartig ineinandergreifenden Schlitzreihen („Interdigitalleitung"; vgl. Abb. 119). Die Ener-

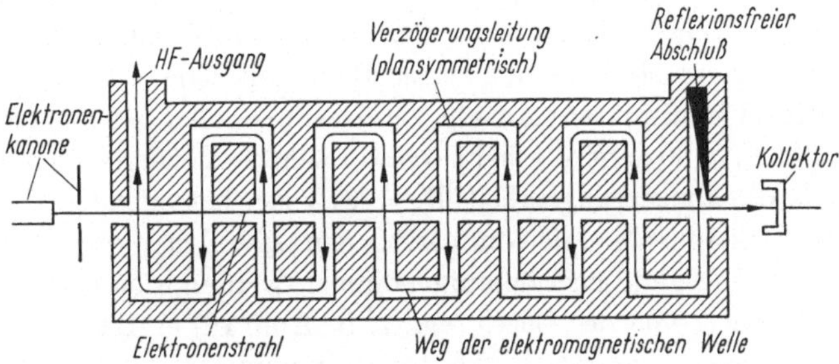

Abb. 119. Aufbau einer Rückwärtswellenröhre („Carcinotron").

gieabgabe der Elektronen an die elektromagnetische Welle erfolgt hier stufenweise im elektrischen Längsfeld an den Kreuzungspunkten von Elektronenstrahl und Welle. Die elektrische Längsfeldstärke ist an der Stelle des Elektronenstrahleintritts am größten (dort wird daher die HF-Energie ausgekoppelt) und nimmt zum Röhrenende hin auf Null ab. Die Frequenz ist durch Einstellen der Spannung in sehr weiten Grenzen regelbar (bis 100000 MHz bei einigen mW Leistung), der Wirkungsgrad beträgt einige Prozent.

IX. Teilchenströme in Gasentladungsstrecken[1]

In Gasentladungsstrecken gelten infolge der Wechselwirkung der Elektronen mit neutralen Gasmolekülen für die Teilchenströme andere Gesetzmäßigkeiten als im Hochvakuum. Während hier der Teilchenstrom meist nur an einer bestimmten Stelle (Kathode) im Entladungsraum erzeugt wird, werden dort durch die Entladung selbst zusätzliche Träger (Elektronen und Ionen) im ganzen Gasraum gebildet, welche den Entladungsmechanismus in erheblichem Maße beeinflussen.

---

[1] Vgl. [*22, 103—109*].

Entladungen, welche auf der Stromleitung in Gasen beruhen, finden u. a. in Gasphotozellen, Ionisationskammern, Ionisationsmanometern, Geiger-Müller-Zählrohren, Glimmröhren, Stabilisator- und Relaisröhren sowie in Gasgleichrichtern, Stromrichtern und Thyratrons Anwendung.

A. Teilchenstrom bei Ionisierung durch Elektronenstoß

1. Townsendscher Ionisierungskoeffizient und spezifische Ionisierung

Bewegt sich ein Elektron unter dem Einfluß eines elektrischen Feldes durch ein Gas, so stößt es auf seiner Bahn mit einer (durch die Gaskonzentration bestimmten) Anzahl von Gasmolekülen bzw. -atomen zusammen. Auch wenn dabei die im Feld gewonnene Stoßenergie des Elektrons kleiner als die Ionisierungsarbeit $W_i = e\,U_i$ des betreffenden Gases ist, kann die Elektronenenergie vom gestoßenen Gasteilchen doch ganz oder teilweise als Anregungsenergie aufgenommen werden, deren Betrag sich aus dem Termschema des Gases (vgl. z. B. Abb. 10) ergibt. Ist dagegen die Elektronenenergie gleich der Ionisierungsenergie oder größer, so können die gestoßenen Gasatome bzw. -moleküle ionisiert werden.

Die Zahl der Ladungsträgerpaare, die von einem Elektron pro cm Weglänge durch Stoßionisierung erzeugt werden, bezeichnet man als Townsendschen Ionisierungskoeffizienten α [1/cm]. α hängt vom Gasdruck p, von der Gasart bzw. Ionisierungsspannung U_i des Gases sowie von der Feldstärke E im Entladungsraum ab. Quantitativ ergibt sich dieser Zusammenhang durch folgende Überlegungen:

Ein Elektron, das nach seiner letzten Kollision mit einem neutralen Gasmolekül die Geschwindigkeit Null hat, kann erneut ionisieren, wenn es parallel zur Feldrichtung die Strecke x durchlaufen hat, wobei

$$eEx \geq eU_i \quad \text{oder} \quad x \geq \frac{U_i}{E} \tag{126}$$

sein muß. Die Strecke x muß also im Grenzfall mindestens gleich U_i/E sein. Der Bruchteil der Elektronen, die diese Strecke bei einem bestimmten Gasdruck durchlaufen können, ohne zu kollidieren, ist (Clausiussches Gesetz der Weglängenverteilung [1]):

$$\frac{N_x}{N_o} = f(x) = e^{-x/\lambda_e}, \tag{127}$$

wobei N_o die Zahl der Elektronen bei $x = 0$ und λ_e die mittlere freie Weglänge der Elektronen (d. h. der im Mittel zwischen zwei Zusammen-

---

[1] Die Ableitung dieses Gesetzes wird auf S. 229 behandelt.

stößen zurückgelegte Weg) ist. Die Funktion $f(x)$ gibt gleichzeitig den von x abhängigen Bruchteil der freien Elektronenweglängen an, die mindestens gleich der Strecke x sind. Durch Differentiation der Funktion $f(x)$ erhält man die Änderung (Abnahme) der Zahl der freien Weglängen, die größer als x sind, im Intervall zwischen x und $x + dx$. Diese Änderung entspricht der Zahl der Zusammenstöße in diesem Intervall.

$$\left| \frac{df(x)}{dx} \right| = \frac{1}{\lambda_e}\, e^{-x/\lambda_e}. \tag{127a}$$

Die Zahl der Zusammenstöße *pro Längeneinheit* an der Stelle $x = U_i/E$ (d. h. nach Erreichen der Ionisierungsspannung U_i) wird als Ionisierungskoeffizient α definiert. Mit Gl. (126) wird daher:

$$\alpha = \frac{1}{\lambda_e}\, e^{-U_i/E\lambda_e}. \tag{128}$$

Wie in einem späteren Abschnitt (S. 233) gezeigt wird, ist die mittlere freie Weglänge von Teilchen in einem Gas umgekehrt proportional zum Gasdruck. Setzt man daher $\lambda_e = C_1/p$ (C_1 = Konstante), so wird

$$\alpha = \frac{p}{C_1}\, e^{-U_i p/E C_1}. \tag{128a}$$

Mit $1/C_1 = A$ und $U_i/C_1 = B$ ergibt sich schließlich:

$$\alpha = A\, p\, e^{-Bp/E}. \tag{129}$$

Dies ist die Townsendsche Ionisierungsformel. Sie gibt für beliebige Elektrodenanordnungen den Ionisierungskoeffizienten α in Abhängigkeit von Druck p und Feldstärke E in einer Gasentladungsröhre an, in der Ladungsträger ausschließlich durch Elektronenstoßionisierung erzeugt werden. Bei konstanter Feldstärke durchläuft α in Abhängigkeit vom Druck ein Maximum bei $p_0 = E/B$ („STOLETOW-Effekt"); bei diesem Druck ist $\alpha = \alpha_{\max} = Ap_0/e$. Die für jedes Gas charakteristischen Größen A [1/cm Torr] und B [V/cm Torr] bezeichnet man als Townsend-Konstanten; sie sind durch die Beziehung

$$B = U_i A \tag{130}$$

miteinander verknüpft. Wie Tab. 5 zeigt, stimmt Gl. (130) nur in grober Näherung mit dem experimentellen Befund überein. Die Gründe hierfür sind:

a) In Gl. (126) wurde angenommen, daß ein Elektron ionisieren kann, wenn seine kinetische Energie $E_k \geq W_i$ ist. In Wirklichkeit ist jedoch die Ionisierungswahrscheinlichkeit bei $E_k = W_i$ gleich Null, steigt dann

11*

mit wachsender Elektronenenergie E_k allmählich an und erreicht bei $E_k \approx (4 \cdots 6)\, W_i$ ein Maximum.

b) Die mittlere freie Weglänge λ_e ist nicht konstant, sondern hängt von der Elektronenenergie E_k ab.

c) Die Elektronen bewegen sich in Wirklichkeit nicht parallel zu den elektrischen Kraftlinien, sondern auf Zickzack-Bahnen, wobei ihre Bahngeschwindigkeit um eine Größenordnung höher ist als ihre Driftgeschwindigkeit in Feldrichtung.

Trotz dieser Fehlerquellen gilt Gl. (129) innerhalb der in Tab. 5 angegebenen E/p-Bereiche recht genau, da sich in diesen die verschiedenen Fehler gerade annähernd kompensieren.

Tabelle 5

Townsend-Konstanten und Ionisierungsspannung für verschiedene Gase [22]

Gasart	A [1/(cm Torr)]	B [V/(cm Torr)]	Gültiger E/p-Bereich [V/(cm Torr)]	U_i [V]
Luft	13,2	278	100—800	(34)
N_2	12	342	100—600	15,5
H_2	5	130	150—600	15,4
He	3	34	20—150	24,5
A	14	180	100—600	15,7
Xe	26	350	200—800	12,1
Hg	20	370	200—600	10,4

In Abb. 120 ist der Verlauf der Funktion $\alpha/p = f(E/p)$ (Gl. 129) dargestellt. Das Verhältnis α/p bezeichnet man für $p = 1$ Torr als spezifische Ionisierung s_0 [1/(cm Torr)]. Sie ist gleich der Zahl der Trägerpaare, die von einem Elektron pro cm Weglänge bei einem Druck von 1 Torr erzeugt werden. Mit $p = 1$ Torr wird nach Gl. (129):

$$s_0 = A\, e^{-B/E} = f(U), \qquad (131)$$

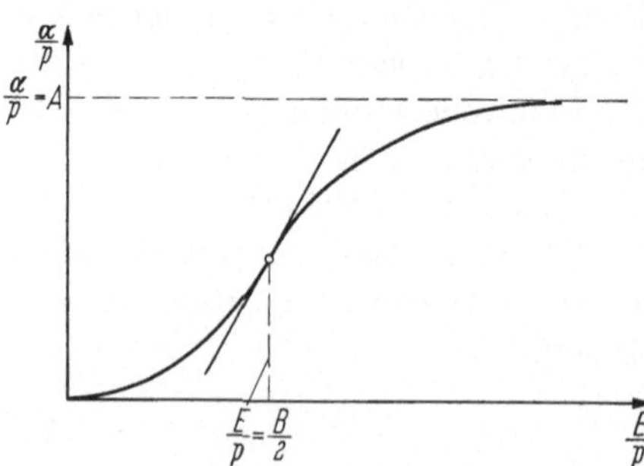

Abb. 120. Theoretischer Verlauf der Funktion
$\alpha/p = f(E/p)$.

wobei U die Beschleunigungsspannung der Elektronen ist. Der theoretische Verlauf der Funktion $s_0 = f(U)$ stimmt bis auf eine Konstante mit dem Kurvenverlauf der Abb. 120 überein. Zum Vergleich zeigt Abb. 121 einige experimentell gewonnene Kurven für die spezifische Ionisierung s_0 in Abhängigkeit von der Beschleunigungsspannung der Elektronen in verschiedenen Gasen. Die Abnahme der Ionisierung bei hohen Beschleunigungsspannungen U ist auf die (in der Theorie nicht berücksichtigte) Abnahme der Ionisierungswahrscheinlichkeit zurückzuführen, die — wie bereits erwähnt — ihr Maximum bei $E_k = eU = (4\cdots6)\,W_i$ hat.

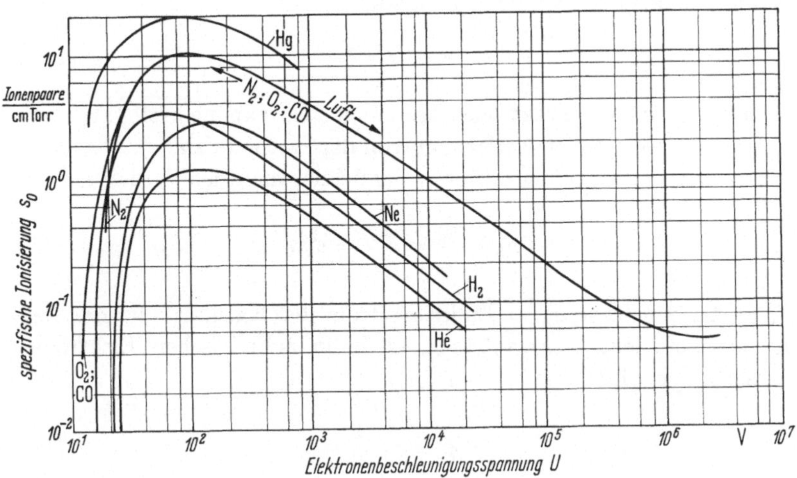

Abb. 121. Spezifische Ionisierung s_0 in Abhängigkeit von der Beschleunigungsspannung U der Elektronen in verschiedenen Gasen [67].

2. Stromverstärkung

Durch die Elektronenstoßionisierung werden in einem Gas fortwährend neue Elektronen erzeugt, die ihrerseits — falls sie durch ein elektrisches Feld beschleunigt werden — neutrale Gasmoleküle ionisieren können. Der Elektronenstrom wächst dadurch in Richtung der Elektronenbewegung lawinenartig an. Man bezeichnet diese Trägervermehrung durch Lawinenbildung als Stromverstärkung.

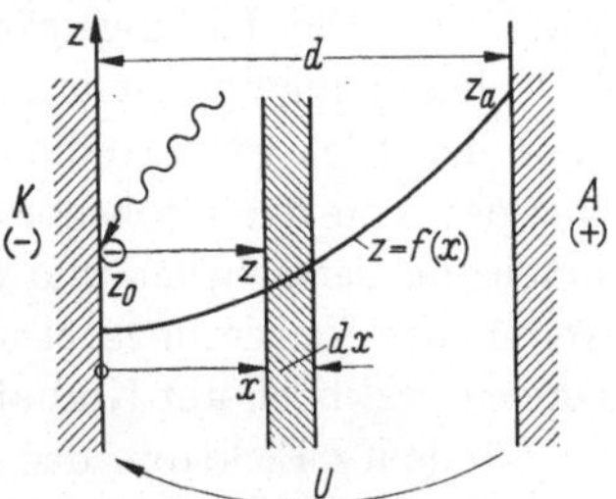

Abb. 122. Anstieg der Elektronenzahl z mit wachsender Entfernung x von der Kathode durch Bildung von Townsend-Lawinen in einem Gas.

Zur Berechnung des Stromverstärkungsfaktors sei angenommen, daß in einer Gasdiode mit ebenen Elektroden (z. B. in einer Gasphotozelle, vgl. Abb. 122) von der Kathode ($x = 0$) durch den Photoeffekt z_0 Elektronen pro Sekunde ausgelöst werden. Ist nun z die Gesamtzahl der Elektronen, die pro Sekunde durch die Ebene bei x hindurchtreten, so werden durch die Stöße dieser Elektronen in der Gasschicht der Dicke dx pro Sekunde

$$dz = z\,\alpha\,dx \tag{132}$$

neue Elektronen (bzw. Ionen) erzeugt. Durch Integration von Gl. (132) ergibt sich bei konstantem α:

$$z = z_0 e^{\alpha x}. \tag{132a}$$

An der Anode ($x = d$) treffen pro Sekunde

$$z_a = z_0 e^{\alpha d} \tag{132b}$$

Elektronen ein. Die Elektronenzahl steigt also exponentiell („lawinenartig") mit wachsender Entfernung von der Kathode an.

Als Stromverstärkungsfaktor η_1 bezeichnet man das Verhältnis

$$\eta_1 = \frac{z_a}{z_0} = \frac{I_a}{I_0} = e^{\alpha d}. \tag{133}$$

(I_a = Anodenstrom, I_0 = Emissionsstrom der Kathode). Ist der Ionisierungskoeffizient α ortsabhängig (z. B. in zylindrischen Elektrodensystemen), so wird:

$$\eta_1 = e^{\int_{r_1}^{r_2} \alpha \, dr}. \tag{134}$$

Praktische Werte von η_1: $1 \cdots 10^3$.

3. Kontinuitätsbedingung für den Teilchenstrom

Die bei der Bildung von Elektronenlawinen im Gasentladungsraum entstehenden Ionen wandern entgegen dem Elektronenstrom auf die Kathode zu und können auf dem Weg dorthin ebenfalls Gasmoleküle ionisieren. Die Ladungsträgerproduktion durch Ionen ist jedoch bei Beschleunigungsspannungen von einigen 100 V gering und häufig gegenüber der Elektronenstoßionisierung vernachlässigbar. Erst bei Ionenenergien von der Größenordnung 100 keV wird die Ionisierung durch Ionenstoß beträchtlich und übertrifft bei Energien von einigen MeV bei weitem das Ionisierungsvermögen der Elektronen, das in diesem Energiebereich praktisch auf Null abgeklungen ist.

Für jedes Elektron, das die Kathode einer Gasentladungsröhre verläßt, erreichen bei ausschließlicher Ionisierung durch Elektronenstoß nach Gl. (133) $e^{\alpha d}$ Elektronen die Anode und ($e^{\alpha d} - 1$) Ionen die Kathode. An der Anode besteht der Teilchenstrom ($I_a = I_0 e^{\alpha d}$) nur aus Elektronen, an der Kathode dagegen setzt sich der Strom I_k aus einer großen Ionenstrom- (I_i) und einer kleinen Elektronenstromkomponente (I_e) zusammen:

$$I_k = I_e + I_i = I_0 + I_0(e^{\alpha d} - 1) = I_0 e^{\alpha d} = I_a. \tag{135}$$

Diese Gleichung zeigt, daß die Kontinuitätsbedingung $(I_a = I_k)$ für den Teilchenstrom erfüllt ist. Nach Gl. (5) ist die Ionenstromdichte $j_i = n_i v_i e$ und die Elektronenstromdichte $j_e = n_e v_e e$ (n_i, n_e = Konzentration der Ionen bzw. Elektronen; v_i, v_e = Driftgeschwindigkeit der Ionen bzw. Elektronen). Da v_i wegen der großen Ionenmasse sehr viel kleiner als v_e ist, wird an der Kathode $n_i \gg n_e$, während an der Anode $n_i \approx n_e$ ist (vgl. Abb. 123).

Entladungen mit überwiegender Elektronenstoßionisierung und Lawinenbildung ($\eta_1 > 1$) im Gasraum finden in Gasphotozellen und Proportionalzählrohren, solche ohne Lawinenbildung ($\eta_1 = 1$) in Ionisationskammern und Ionisationsmanometern Anwendung.

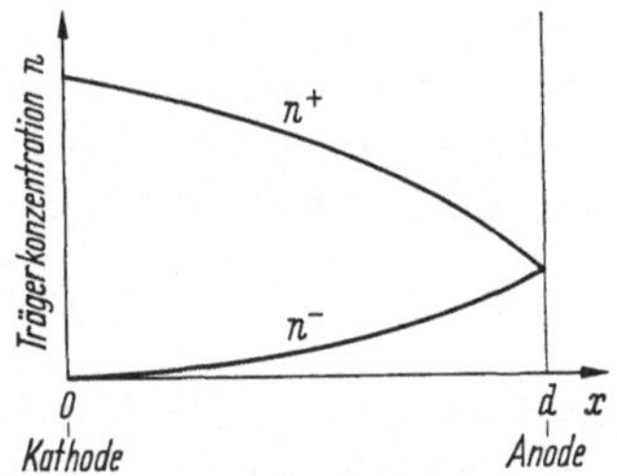

Abb. 123. Verteilung der Elektronen- und Ionenkonzentration in einem Gas bei Bildung von Elektronenlawinen durch Stoßionisierung.

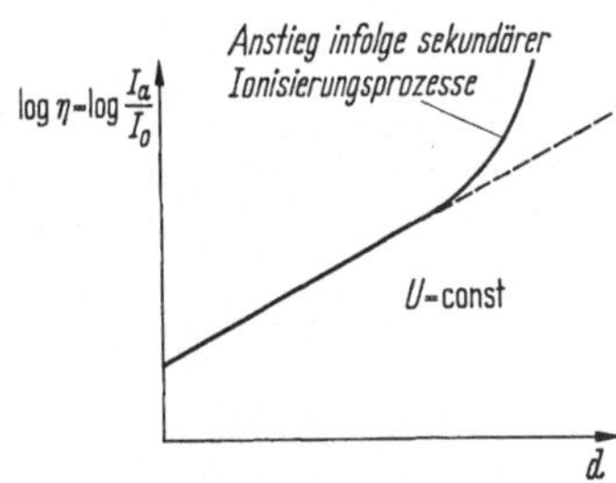

Abb. 124. Anstieg des Stromverstärkungsfaktors mit dem Elektrodenabstand in einer Gasentladungsröhre vor der Zündung.

B. Teilchenstrom bei Ionisierung durch Elektronen- und Ionenstoß

Nach Gl. (133) nimmt der Stromverstärkungsfaktor η_1 einer Gasentladungsröhre bei *konstanter* Spannung exponentiell mit wachsendem Elektrodenabstand d zu. Die Funktion $\log \eta_1 = f(d)$ stellt daher eine Gerade dar (vgl. Abb. 124). Experimentell ergibt sich jedoch meist ein stärkerer als linearer Anstieg von $\log \eta_1$, was auf zusätzliche („sekundäre") Ionisierungsprozesse zurückzuführen ist. Zu diesen gehören u. a. der Ionenstoß im Gasraum und der Ionenaufprall auf die Kathode.

1. Stromverstärkung bei zusätzlicher Erzeugung von Ladungsträgern durch Ionenstöße im Gasraum

Zur Berechnung der Stromverstärkung für den Fall, daß im Entladungsraum einer gasgefüllten Röhre neue Träger durch Elektronen- *und* Ionenstoß erzeugt werden, sei angenommen, daß die (ebene) Kathode pro Sekunde z_0 Elektronen emittiert. z_a sei die Zahl der pro Sekunde an der Anode ankommenden Elektronen und p bzw. q die Zahl der pro

Sekunde durch Stoßionisierung erzeugten Trägerpaare auf der Kathoden-(p) bzw. Anodenseite (q) der im Entladungsraum an der Stelle x gelegenen Ebene (vgl. Abb. 125). Damit wird $z_o + p$ die Zahl der Elektronen und q die Zahl der Ionen, die sich pro Sekunde durch die Ebene bei x auf die Anode bzw. Kathode zu bewegen. $z_o + p$ ist also der Elektronenstrom I_e und q der Ionenstrom I_i bei x. Die Summe dieser beiden Ströme muß wegen der Kontinuitätsbedingung gleich dem Teilchenstrom an der Anode sein:

$$z_a = z_o + p + q = I_e + I_i. \qquad (136)$$

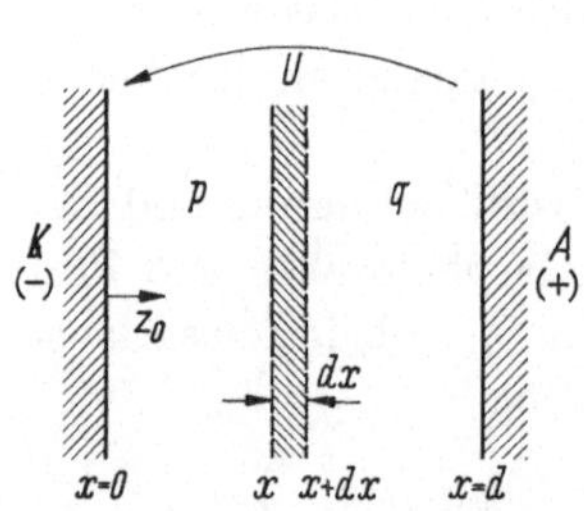

Abb. 125. Skizze zur Berechnung des Stromverstärkungsfaktors bei zusätzlicher Erzeugung von Ladungsträgern durch Ionenstöße im Gasraum.

Beim Weitergehen um eine differentielle Strecke dx auf die Anode zu nimmt p um dp zu und q um dq ab, wobei

$$dp = -dq = (z_o + p)\alpha\, dx + q\beta\, dx. \qquad (137)$$

Das erste Glied auf der rechten Seite dieser Gleichung ist die Zahl der Ladungsträgerpaare, die durch den Elektronenstrom auf der Strecke dx neu gebildet werden, das zweite Glied entspricht den durch Ionen neu gebildeten Ladungsträgern. Der Faktor β ist der Ionisierungskoeffizient für Ionen.

Mit Gl. (136) und (137) wird:

$$dp = (\alpha - \beta)\, dx \left[(z_o + p) + \frac{z_a\beta}{\alpha - \beta} \right]. \qquad (138)$$

Wird diese Gleichung durch den Ausdruck in der eckigen Klammer dividiert und dann integriert, so ergibt sich mit den Grenzen ($x = 0$: $p = 0$) und ($x = d$: $z_a = z_o + p$) für die Zahl der pro Sekunde an der Anode eintreffenden Elektronen ([*106*], S. 142):

$$z_a = z_o \frac{(\alpha - \beta)\, e^{(\alpha - \beta)d}}{\alpha - \beta\, e^{(\alpha - \beta)d}}. \qquad (139)$$

Für die meisten Gasentladungsgeräte ist $\beta \ll \alpha$, d. h. die Elektronenstoßionisierung überwiegt die Ionisierung durch Ionenstoß. Der Stromverstärkungsfaktor η_2 wird daher:

$$\eta_2 = \frac{z_a}{z_o} = \frac{I_a}{I_o} = \frac{e^{\alpha d}}{1 - \dfrac{\beta}{\alpha}\, e^{\alpha d}} > e^{\alpha d}. \qquad (140)$$

Die Stromverstärkung ist also größer als im Fall reiner Elektronenstoßionisierung.

2. Stromverstärkung bei zusätzlicher Erzeugung von Ladungsträgern durch Ionenaufprall auf die Kathode [22]

Erhalten die Ionen in einer Gasentladungsröhre durch ein elektrisches Feld genügend Energie, so können sie beim Aufprall auf die Kathode Sekundärelektronen auslösen. Die Austrittsarbeit $e\,U_K$ der Kathode wird dabei durch die potentielle und kinetische Energie des Ions geleistet. Die Energiebedingung für die Auslösung eines Elektrons durch ein Ion lautet daher:

$$\frac{m_i}{2}\,v^2 + e\,U_i = 2\,e\,U_K \text{ [1]} \tag{141}$$

(m_i, v = Masse bzw. Geschwindigkeit des Ions; U_i = zur Bildung des Ions erforderliche Elektronenbeschleunigungsspannung; $e\,U_K$ = Austrittsarbeit der Kathode).

Zur Ermittlung des Stromverstärkungsfaktors sei angenommen, daß γ_i die durchschnittliche Zahl der Elektronen ist, die von einem durch Elektronenstoß im Gasraum entstandenen positiven Ion an der Kathode ausgelöst werden. Pro Elektron, das die Kathode verläßt, erreichen nach Gl. (133) $e^{\alpha d}$ Elektronen die Anode und $(e^{\alpha d} - 1)$ Ionen die Kathode, wo letztere $\gamma_i(e^{\alpha d} - 1) = K$ neue Elektronen auslösen. Diese zweite „Elektronengeneration" liefert $K\,e^{\alpha d}$ Elektronen an der Anode und erzeugt gleichzeitig $K(e^{\alpha d} - 1)$ Ionen. Diese lösen wiederum an der Kathode $\gamma_i K(e^{\alpha d} - 1) = K^2$ neue Elektronen aus („dritte Elektronengeneration"). Pro Anfangselektron erreichen also

$$z_a = e^{\alpha d}\,(1 + K + K^2 + \cdots) \tag{142}$$

Elektronen die Anode. Die Summe der geometrischen Reihe in der Klammer von Gl. (142) ist: $1 + K + K^2 + \cdots + K^n = (1 - K^n)/(1 - K)$. Da K gewöhnlich kleiner als 1 ist, wird $(1 - K^n)/(1 - K) = 1/(1 - K)$. Damit lautet die Beziehung für den Stromverstärkungsfaktor:

$$\eta_3 = \frac{z_a}{1} = \frac{e^{\alpha d}}{1 - \gamma_i(e^{\alpha d} - 1)} > e^{\alpha d}. \tag{143}$$

Es ergibt sich also ein ähnlicher Ausdruck wie für η_2 [s. Gl. (140)].

---

[1] Mit dem Faktor 2 wird berücksichtigt, daß ein Sekundärelektron emittiert und ein weiteres Elektron zur Neutralisation des Ions gebraucht wird.

3. Zündbedingung und Paschensches Gesetz [*106, 107*]

Auch bei Berücksichtigung anderer „Sekundäreffekte" im Entladungsraum einer gasgefüllten Röhre, wie Entstehung von Photonen und Röntgenstrahlen, Bildung von angeregten und metastabilen Atomen sowie Auftreten von Feldemission und thermischer Ionisierung, erhält man für den Stromverstärkungsfaktor ähnliche Beziehungen wie in den Gln. (140) und (143). Man kann daher für eine beliebige Gasentladungsröhre (mit dem Elektrodenabstand d und konstantem Ionisierungskoeffizienten α):

$$\eta_o = \frac{e^{\alpha d}}{1 - \gamma(e^{\alpha d} - 1)} \qquad (144)$$

setzen, wobei γ der „sekundäre Ionisierungskoeffizient" ist, der alle genannten Sekundäreffekte zusammenfaßt. γ ist demnach die Zahl der Trägerpaare, die im Entladungsraum durch sekundäre Ionisierungsprozesse (also nicht durch Elektronenstöße im Gasraum) erzeugt werden, wenn *ein* Elektron die Kathode verläßt. Während $\alpha = 1$ bis einige 100 1/cm beträgt, kann das dimensionslose γ Werte zwischen 10^{-6} und etwa 0,5 annehmen. Der Wert von γ hängt stark von der Gasart und vom Kathodenmaterial ab, ist dagegen praktisch unabhängig von der Röhrenspannung U. Für eine gegebene Gasentladungsröhre ist daher γ praktisch konstant.

Ist $\gamma = 0$ (z. B. bei der Gasphotozelle), so geht Gl. (144) in Gl. (133) über. Ist $\gamma \neq 0$, so wird die Stromverstärkung gegenüber Gl. (133) erhöht. Die Stromverstärkung kann durch geeignete Wahl von Druck, Spannung, Kathodenmaterial und Elektrodenform so weit gesteigert werden, daß man die Emission eines einzelnen Elektrons aus der Kathode oder den Durchgang eines einzigen Elementarteilchens durch den Entladungsraum als Stromstoß registrieren kann. Darauf beruht die Wirkungsweise des Geiger-Müller-Zählrohrs.

Wird der Nenner in Gl. (144) gleich Null, so wird der Stromverstärkungsfaktor η_o und damit der durch den Entladungsraum fließende Strom zwar theoretisch unendlich groß, praktisch jedoch durch die Raumladung begrenzt. Mit $1 - \gamma(e^{\alpha d} - 1) = 0$ ergibt sich als „Zündbedingung" für Gasentladungen:

$$e^{\alpha d} = 1 + \frac{1}{\gamma}. \qquad (145)$$

Ist diese Bedingung erfüllt, so geht die durch kleine Ströme ($< 1 \; \mu$A) gekennzeichnete (unselbständige) Townsend- oder „Vorstrom"-Entladung in die (selbständige) Glimmentladung über, bei der Ströme von der Größenordnung mA bis A fließen und die Raumladung eine Rolle

spielt. Man bezeichnet diesen Übergang als „Zündung" einer Gasentladungsröhre.

Mit Gl. (129) und Gl. (145) lautet die Zündbedingung:

$$\alpha d = A\,p\,d\,e^{-\frac{B\,p\,d}{U_z}} = \ln\left(1 + \frac{1}{\gamma}\right) = M = \text{const.} \qquad (145\,\mathrm{a})$$

Die Zündspannung U_z hängt nach dieser Gleichung vom Elektrodenabstand d und vom Druck p nur in der Form $U_z = f(pd)$ ab („Paschen-
sches Gesetz"):

$$U_z = \frac{B\,p\,d}{\ln\,(pd) - \ln\,(M/A)}\,{}^{1}. \qquad (146)$$

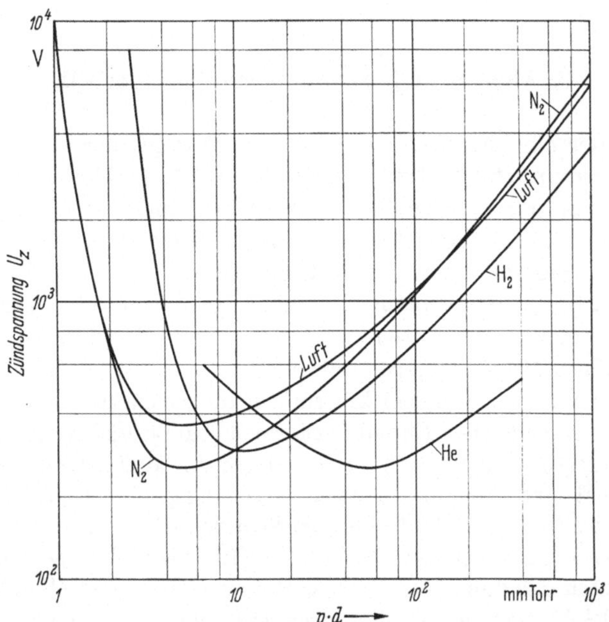

Abb. 126. Abhängigkeit der Zündspannung U_z einer Gasentladung vom Produkt $p \cdot d$
(Druck mal Elektrodenabstand) für verschiedene Gase („Paschensche Kurven"; vgl. [67]).

Ist daher bei zwei verschieden großen Gasentladungsröhren z. B. der
Druck verschieden, aber das Produkt $p \cdot d$ gleich, so ist auch die Zündspannung für beide Röhren dieselbe, wenn die Konstanten A, B und M
gleich sind. Dies ist eines der Ähnlichkeitsgesetze für Gasentladungen.

---

[1] Durch die Konstanten A, B und M dieser Gleichung wird zum Ausdruck
gebracht, daß U_z auch von der Ionisierungsspannung, der Masse und der Elektronenaffinität der Gasmoleküle sowie von der Geometrie, Oberflächenbeschaffenheit,
Temperatur und Austrittsarbeit der Elektroden abhängt.

U_z kann nach Gl. (146) in zwei Fällen unendlich groß werden:
a) Für $p \cdot d \to \infty$ und b) für $p \cdot d = M/A = \dfrac{1}{A} \ln \left(1 + \dfrac{1}{\gamma}\right)$. Zwischen
diesen Grenzen durchläuft U_z in Abhängigkeit vom Produkt $p \cdot d$ oder
(bei konstantem d) in Abhängigkeit von p ein Minimum. Abb. 126 zeigt
für einige Gase den Verlauf der Funktion $U_z = f(p \cdot d)$, der qualitativ
leicht begründet werden kann: Die Zündspannung nimmt zunächst mit
wachsendem Druck p ab, weil die Zahl der ionisierenden Stöße wächst;
bei höheren Drucken nimmt sie dagegen mit wachsendem Druck zu,
weil die Elektronen infolge der hohen Teilchenkonzentration längs ihrer
freien Weglängen nicht mehr genügend Energie für die Ionisierung aufnehmen können.

C. Allgemeine Gasentladungs-Charakteristik

Nach der Zündung einer Gasentladung ist wegen der Vielfalt der im
Entladungsraum stattfindenden Prozesse der Trägerbildung und -ver-
nichtung eine quantitative Beschreibung des Entladungsvorgangs nur
mehr unter stark vereinfachenden Annahmen möglich; man ist daher
hier vorwiegend auf das Experiment angewiesen.

Abb. 127 zeigt den typischen, experimentell ermittelten Verlauf der
$I_a - U_a$-Kennlinie einer Gasentladungsröhre (mit Vorwiderstand) sowie
den jeweiligen Betriebsbereich verschiedener technischer Röhrentypen.
Die Kennlinie setzt sich aus mehreren Abschnitten zusammen, welche die
verschiedenen möglichen Entladungsformen charakterisieren: Im Strombereich AB (10^{-16} bis 10^{-13} A) ist der Strom der äußeren Energiezufuhr
proportional und von U_a nahezu unabhängig („Sättigungsgebiet“).
BC (10^{-12} bis 10^{-6} A) ist das Gebiet der Stromverstärkung durch Bildung
von Townsend-Lawinen; im Bereich CD (10^{-6} bis 10^{-4} A) geht die Entladung durch Zündung (bei C) in eine Glimmentladung (Bereich DE,
10^{-4} bis 10^{-1} A) über, in der die „Brennspannung“ $U_a = U_b$ vom Strom
unabhängig ist, da mit steigendem Strom der durch die Entladung be-
deckte Teil der Kathodenoberfläche proportional zum Strom wächst;
bei E ist die ganze Kathodenoberfläche an der Entladung beteiligt.
EF (10^{-1} bis 1 A) ist das Gebiet der anormalen Glimmentladung, an das
sich der Bereich der Bogenentladung anschließt (FG; > 1 A); hier wird
die Kathode durch Ionenaufprall so stark geheizt, daß sie thermisch
Elektronen emittiert; gleichzeitig nimmt die Erzeugung von Photonen
stark zu.

Im Strombereich zwischen 10^{-18} und etwa 10^{-6} A ist die Entladung
„unselbständig“, d. h. zu ihrer Aufrechterhaltung an eine ionisierende
äußere Energiequelle (z. B. Lichtquelle oder kosmische Strahlung) ge-

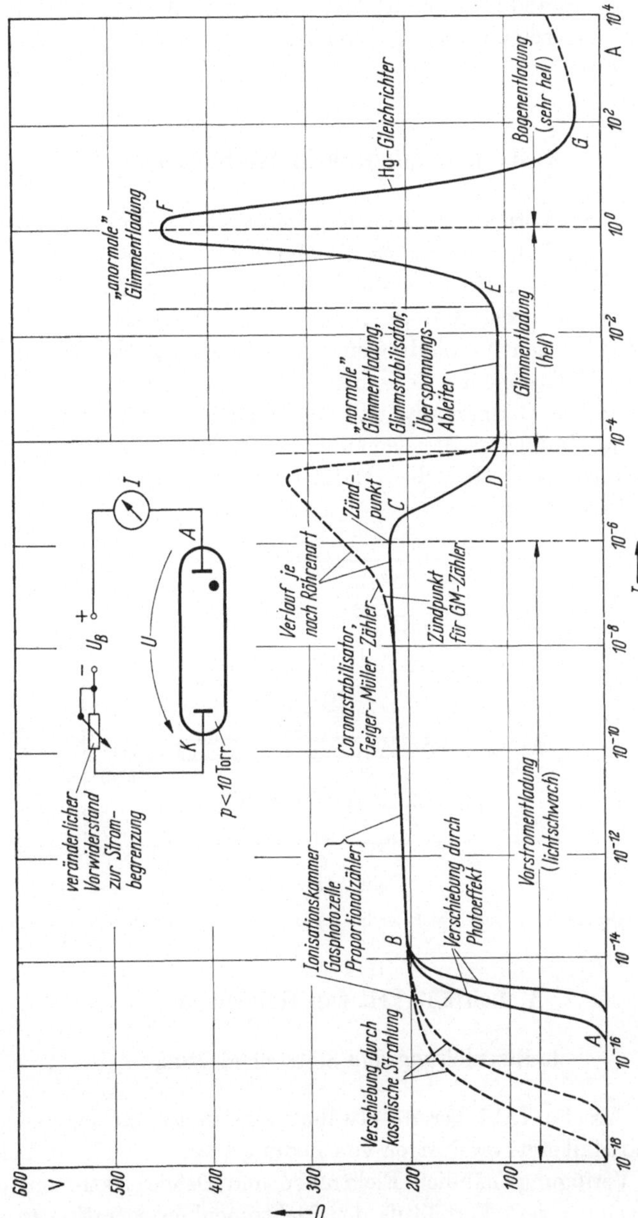

Abb. 127. Allgemeine Gasentladungs-Charakteristik. (Die Spannungswerte auf der Ordinate gelten nur für eine Gasphotozelle im Bereich *AC*).

bunden. Im Strombereich von etwa 10^{-4} bis 10^3 A und höher ist die Entladung „selbständig", d. h. die zum *Auslösen* einer solchen Entladung erforderliche ionisierende Energiequelle könnte wegfallen, sobald Zündung eingetreten ist.

X. Teilchenströme in Halbleitern

Von allen Festkörpern, die zum Bau elektronischer Entladungsgeräte erforderlich sind, haben besonders die Halbleiter als Ausgangsstoffe für die Entwicklung von Gleichrichtern (Kristalldioden) und Verstärker-Bauelementen (Transistoren) große technische Bedeutung gewonnen. Neben verschiedenen Verbindungen von Elementen der III. und V. bzw. II. und VI. Gruppe des Periodischen Systems (z. B. **In Sb** oder **CdS**) werden vor allem Germanium- und Siliziumkristalle (definierter Leitfähigkeit) für Halbleiter-Bauelemente verwendet. Abb. 128 zeigt die Widerstände solcher technischen Halbleiter im Vergleich zu denen der Metalle und Isolatoren.

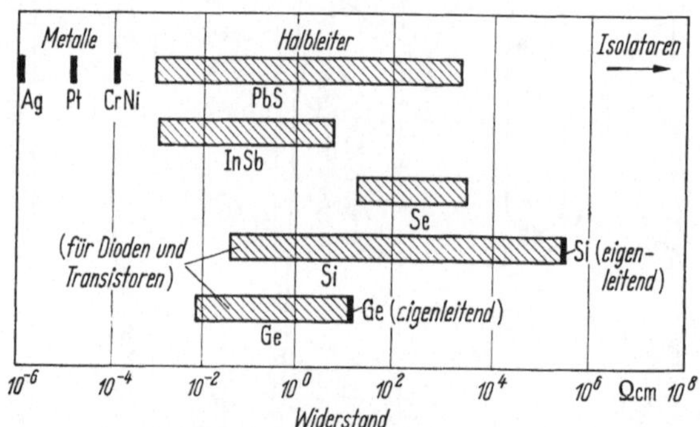

Abb. 128. Widerstände technischer Halbleiter im Vergleich zu denen der Metalle und Isolatoren.

A. Leitfähigkeit von Halbleitern

1. Eigenleitung und Störstellenleitung

Wie in Abschn. I,C,4 bereits erwähnt worden ist, stehen in einem Halbleiterkristall stets zwei Arten von Ladungsträgern für den Teilchenstrom zur Verfügung, nämlich Elektronen und Defektelektronen (oder Löcher). Je nach dem Verhältnis der Elektronenkonzentration (n) zur Löcherkonzentration (p) kann man dabei zwischen Elektronen- oder n-Leitung ($n \gg p$), Löcher- oder p-Leitung ($n \ll p$) und Eigenleitung ($n \approx p$) unterscheiden.

a) Eigenleitung. Die reine Eigenleitung tritt nur in störstellenfreien Halbleiterkristallen auf. In einem derartigen „Einkristall" sind die Atome in einem regelmäßigen Gitter angeordnet. Beim Germanium und Silizium z. B. ist dieses Gitter vom Diamanttyp, d. h. jedes Gitteratom ist von vier Nachbaratomen umgeben, die an den Ecken eines gleichseitigen Tetraeders sitzen. Die Bindung mit diesen Nachbarn eines Atoms geschieht durch vier Elektronenpaar-Brücken, an denen die vier Valenzelektronen des betreffenden Atoms beteiligt sind. Würden diese Bindungen unverändert bleiben (was bei $T = 0\,°\mathrm{K}$ der Fall ist), so könnten sich die Elektronen beim Anlegen eines elektrischen Feldes an den Kristall nicht bewegen, der störungsfreie Kristall wäre also ein vollkommener Nichtleiter. Durch Energiezufuhr, z. B. durch Erwärmung des Kristalls auf Zimmertemperatur, wird nun stets ein geringer Bruchteil der Elektronen aus ihrer Paarbindung losgerissen und damit im Kristall quasifrei beweglich. In den jeweiligen Paarbindungen entstehen dadurch Elektronenlücken (Löcher), in die Elektronen von benachbarten Bindungen „hineinspringen" können. Bei einem solchen Vorgang verschwindet zwar das ursprünglich vorhandene Loch, aber gleichzeitig entsteht in seiner unmittelbaren Umgebung ein neues. Infolge des Fehlens einer negativen Elektronenladung verhalten sich die Löcher wie positive Elementarladungen; sie sind wie die Elektronen im Kristall quasifrei beweglich und tragen zu dessen Gesamtleitfähigkeit bei.

Im Bändermodell (vgl. Abb. 12) entspricht die zur Eigenleitung führende Bildung von Elektron-Loch-Paaren dem Übergang von Elektronen aus dem (bei $T = 0\,°\mathrm{K}$ voll besetzten) Valenzband in das (bei $T = 0\,°\mathrm{K}$ leere) Leitungsband.

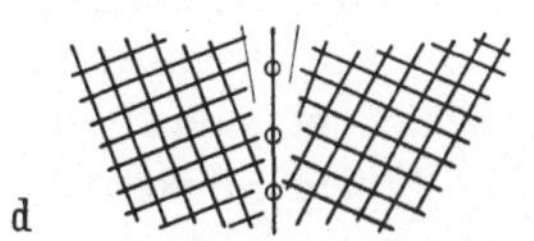

Abb. 129 a—d. Typische Störstellen (Abweichungen von der Periodizität) in einem Kristallgitter.

a) Einzelne Atomfehlstellen im Einkristall („Elektronenfallen"); b) Eigenatome auf nichtregulären Gitterplätzen; c) Fremdatome in regulären oder Zwischengitterplätzen; d) Atomfehlstellen durch Gitter-Verlagerungen bei Scher- oder Streckvorgängen oder bei polykristallinem Wachstum.

b) Störstellenleitung. Geringe Verunreinigungen (Störstellen) im Kristallgitter eines Halbleiters können dessen Leitfähigkeit durch Schaffung neuer thermisch anregbarer Elektronenquellen beträchtlich erhöhen. Als Störungen kommen Gitterbaufehler und Fremdatome in Betracht (vgl. Abb. 129). Zur Herstellung technischer Halbleiterstoffe wird die Zahl dieser natürlichen Störstellen durch verschiedene Reinigungsverfahren[1] auf einen Mindestwert (z. B. ein Störatom pro 10^9 reguläre Gitteratome) reduziert. Anschließend erfolgt durch Beifügen kleiner Mengen (z. B. 10^{-5} Gewichtsprozent) von Elementen der III. oder V. Gruppe des Periodischen Systems zum geschmolzenen („Zonenschmelzverfahren", „Kristallziehverfahren") oder kristallisierten Halbleiter („Legierungs-" und „Diffusionsverfahren") ein dosierter Einbau von Fremdatomen in das sonst nahezu störstellenfreie Gitter des Halbleiterkristalls.

Der Einbau von (fünfwertigen) **As**-, **P**- oder **Sb**-Atomen z. B. in ein Germaniumkristallgitter führt dazu, daß vier Elektronen eines solchen Störatoms (z. B. **As**; vgl. Abb. 130a) an Bindungen mit benachbarten Germaniumatomen beteiligt werden, während das fünfte Elektron keine derartige (feste) Bindung eingehen kann; seine Bindung an das zugehörige As-Atom ist infolge der Anziehungskräfte benachbarter Germaniumatome so schwach, daß es mit geringem Energieaufwand ($\approx 0{,}01$ eV bei Germanium und $\approx 0{,}05$ eV bei Silizium) abgetrennt werden und als quasifreies Elektron durch den Kristall wandern kann. Bei Zimmertemperatur ($293\,°$K) sind praktisch alle Störatome im Germanium und Silizium ionisiert. Derartige elektronenspendende Fremdatome bezeichnet man als Donatoren, den durch sie hervorgerufenen Leitungstyp als Überschuß-, n- oder Elektronen-Leitung.

Dreiwertige Elemente wie **B**, **Al**, **Ga** und **In** bringen für die Bindung im Germaniumgitter ein Valenzelektron zu wenig mit (vgl. Abb. 130b). Die pro Störatom entstehende Bindungslücke kann daher durch ein Elektron aus einer Nachbarbindung aufgefüllt werden. Dazu benötigt dieses Elektron im Germanium eine Energie von etwa $0{,}01$ eV (im Silizium etwa $0{,}05$ eV). Die Nachbarbindung, aus der das Elektron stammt, enthält nun ihrerseits eine Lücke, die durch sukzessives Nachrücken von Elektronen aus anderen Bindungen durch das Gitter wandern kann. Dreiwertige Störatome wirken demnach als „Elektronenfänger" (Akzeptoren) und erzeugen Mangel- oder p-Leitung (auch Löcher- oder Defektelektronen-Leitung genannt). Bei Zimmertemperatur sind im Germanium und Silizium praktisch alle Akzeptoren ionisiert.

Im Bändermodell (vgl. Abb. 12 sowie Abb. 130a u. b) wird der geringe Energieaufwand zur Ionisierung der Störatome dadurch gekennzeichnet, daß die zugehörigen Energieniveaus („Störterme") $0{,}01$ eV (beim Silizium $0{,}05$ eV) unterhalb des Leitungsbands (Donatoren-Niveaus) bzw. oberhalb des Valenzbands (Akzeptoren-Niveaus) eingezeichnet werden. Die Ionisierung eines Donators entspricht dem Übergang eines Elektrons vom Donatoren-Niveau ins Leitungsband, die Ionisierung eines Akzeptors dem Übergang eines Elektrons vom Valenzband zum Akzeptor-Niveau, wobei im Valenzband ein Loch zurückbleibt.

---

[1] Über diese Verfahren vgl. Kap. 2, Abschn. VII, B.

c) Quantitatives Ergebnis der Reinigung und Aktivierung von Germanium bzw. Silizium. Die erwähnte Reinigung und anschließende Aktivierung (Dotierung) ergibt z. B. für einen Germaniumkristall folgendes Bild: Hochgereinigtes Germanium enthält neben $4{,}5 \cdot 10^{22}$ Germaniumatomen pro cm³ (Silizium: $5{,}0 \cdot 10^{22}$ Atome/cm³) immer noch etwa

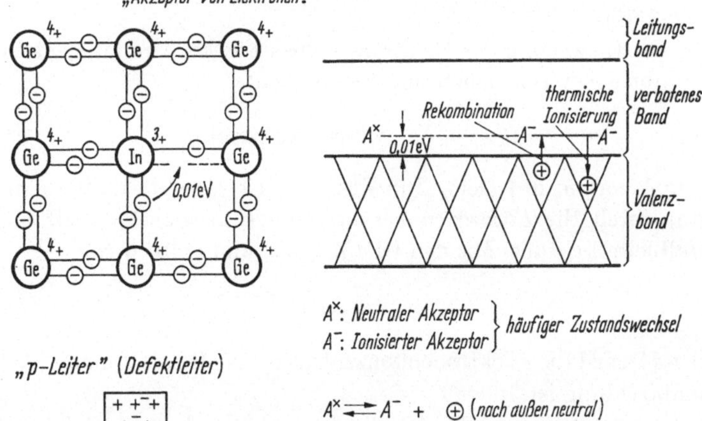

Abb. 130. Vereinfachtes Kristallgitter und zugehöriges Bändermodell für Germanium, das mit Donatoren (a) bzw. Akzeptoren (b) dotiert ist.

10^{13} Atome/cm³ als Verunreinigungen (hauptsächlich B, Al, Ga, In, Te, P, As, Sb, Bi, Zn, Cu, Au, Fe, Ni, Co und Li). Dazu kommen je nach dem Grad der Dotierung 10^{14} bis 10^{18} Aktivatoratome (Donatoren oder Akzeptoren) pro cm³.

Auf Grund dieser verschiedenen Größenordnungen ist in allen Kristalldioden und Transistoren bei der Betriebstemperatur die durch Dotierung erzeugte Störstellenleitung sehr viel größer als die Leitung durch gittereigene Störstellen. Für Heißleiter (,,Thermistoren'') ist dagegen die Eigenleitung vorherrschend.

2. Trägerbeweglichkeiten und spezifische Leitfähigkeit

Wird an ein Metall oder einen Halbleiterkristall (z. B. Germanium) ein elektrisches Feld E gelegt und ist die dadurch hervorgerufene ,,Driftgeschwindigkeit'' v_d klein gegen die mittlere thermische Geschwindigkeit v_m der Elektronen, so ist v_d der Feldstärke E direkt proportional:

$$v_d = \mu_n E. \tag{147}$$

Die Proportionalitätskonstante μ_n [(cm/sec)/(V/cm)] heißt *Beweglichkeit* der Elektronen; sie ist gleich der Driftgeschwindigkeit in einem Feld der Stärke 1 V/cm. Für *Metalle* liegt μ_n meist zwischen 10 und 100 cm²/Vsec: Für Cu z. B. ist $\mu_n = 44$ cm²/Vsec ($T = 293\,°K$); bei einer Feldstärke $E = 10^{-3}$ V/cm wird daher in einem Kupferdraht $v_d = \mu_n E =$ $= 0,44$ mm/sec. In höchstreinen *Halbleitern* ist μ_n wegen der geringeren Wechselwirkung zwischen Elektronen und Kristallgitter wesentlich höher: Für Germanium z. B. ist $\mu_n = 3900$, für Silizium 1350 cm²/Vsec ($T = 293\,°K$).

Die Driftbewegung der Elektronen eines Festkörpers im elektrischen Feld ergibt einen Teilchenstrom, dessen Dichte

$$j_n = \sigma_n E \quad \text{(Ohmsches Gesetz)} \tag{148}$$

ist (j_n in A/cm², σ_n in 1/Ωcm, E in V/cm); σ_n ist dabei die (z. B. thermisch erregte) durch die *Elektronen* hervorgerufene spezifische Leitfähigkeit des Halbleiterkristalls. Mit den Gl. (5), (147) und (148) wird

$$\sigma_n = e\,\mu_n n, \tag{149}$$

wobei n [1/cm³] die Elektronenkonzentration im Kristall und e [As] die Elementarladung ist.

In analoger Weise ergibt sich die durch *Löcher* hervorgerufene spezifische Leitfähigekit σ_p:

$$\sigma_p = e\,\mu_p p, \tag{150}$$

wobei p [1/cm³] die Löcherkonzentration im Kristall und μ_p [cm²/Vsec] die Löcherbeweglichkeit ist; diese beträgt für Germanium 1900 und für Silizium 480 cm²/Vsec ($T = 293°$K).

Für alle Halbleiter ist stets $\mu_p < \mu_n$, weil bei der örtlichen Verschiebung der Elektronen des Leitungsbandes (relativ hohe Energie!) eine geringere Wechselwirkung mit den Kristallgitteratomen stattfindet, als bei der örtlichen Verschiebung der Löcher (d. h. der Elektronen des energetisch näher am Atomkern liegenden Valenzbandes; vgl. Abb. 12 und 130). Bei der Dotierung des Kristalls werden die Beweglichkeiten durch Wechselwirkung der Träger mit den Fremdatomen gegenüber einem gleichen eigenleitenden Kristall etwas verringert.

Die Gesamtleitfähigkeit eines (aktivierten oder eigenleitenden) Kristalls ist gleich der Summe der spezifischen Leitfähigkeiten:

$$\sigma = \sigma_n + \sigma_p = e(n\mu_n + p\mu_p). \tag{151}$$

Für einen eigenleitenden Kristall ist dabei $n = p = n_i$; für einen n-Leiter ist: $n = n_D + n_i \approx n_D$ ($n_D =$ Donatorenkonzentration) und $p = n_i{}^2/n \approx n_i{}^2/n_D$ und für einen p-Leiter: $p = n_A + n_i \approx n_A$ ($n_A =$ = Akzeptorenkonzentration) und $n = n_i{}^2/p \approx n_i{}^2/n_A$. ($T = 293°$K)[1].

Da sowohl die Trägerbeweglichkeiten μ_n und μ_p als auch die Trägerkonzentrationen n und p von der Temperatur des Halbleitermaterials abhängen, ist nach Gl. (151) auch die Gesamtleitfähigkeit σ von der Temperatur abhängig. Die Trägerbeweglichkeiten nehmen nach der Gleichung

$$\mu_{n,p} = G T^{-a} \tag{152}$$

mit wachsender Temperatur ab. G und a sind experimentell zu ermittelnde Konstante. Nach [115] ist für Elektronen in Germanium: $G = 4{,}9 \cdot 10^7$ und $a = 1{,}66$ und für Löcher: $G = 1{,}05 \cdot 10^9$ und $a = 2{,}33$. Beim Einsetzen dieser Wertepaare in Gl. (152) erhält man $\mu_{n,p}$ in [cm²/Vsec] (T in °K).

Die Temperaturabhängigkeit der Trägerkonzentrationen läßt sich aus der Fermischen Energieverteilung der Elektronen und Löcher in einem Halbleiterkristall ableiten (vgl. [23, 115]). Es ergibt sich:

$$\begin{aligned} n &= k_e\, T^{3/2}\, e^{-E_F/kT} \\ p &= k_e\, T^{3/2}\, e^{-(\Delta E - E_F)/kT} \end{aligned} \tag{153}$$

wobei k_e eine Konstante, E_F den Abstand zwischen Fermi-Niveau und Grundniveau (vgl. Abb. 12) und ΔE bei Eigenleitung die Breite des verbotenen Bandes, bei Störstellenleitung den Abstand zwischen Aktivator-

---

[1] Für die in der Halbleitertechnik üblichen Donatoren- und Akzeptorenkonzentrationen ist $n_A \gg n_i$ und $n_D \gg n_i$.

niveau und Leitungs- bzw. Valenzband bedeutet. Das Produkt $n \cdot p$ ist nach Gl. (153) unabhängig von der Lage des Fermi-Niveaus E_F und eine reine Funktion der Temperatur:

$$n \cdot p = k_e^2 T^3 e^{-\Delta E/kT} = n_i^2. \tag{154}$$

Bei beliebiger unipolarer Dotierung eines Halbleiters ist also das Produkt der Trägerkonzentrationen stets gleich dem Quadrat der Elektronen- oder Löcherkonzentration bei Eigenleitung. Im eigenleitenden Kristall ist $n = p$, d. h. nach Gl. (153): $E_F = \Delta E/2$; bei Eigenleitung liegt also das Fermi-Niveau genau in der Mitte des verbotenen Bandes; bei n-Leitung verschiebt es sich in Richtung zum Leitungsband, bei p-Leitung in Richtung zum Valenzband.

Die Temperaturabhängigkeit der Beweglichkeiten [nach Gl. (152)] und der Konzentrationen [nach Gl. (153)] ergibt für die Gesamtleitfähigkeit $\sigma(T)$ einen typischen Kurvenverlauf, wie er in Abb. 131 dargestellt ist. Die Kurve setzt sich aus drei Ästen zusammen: Bei niedriger Temperatur wächst die Leitfähigkeit wegen Gl. (153) durch thermische Anregung

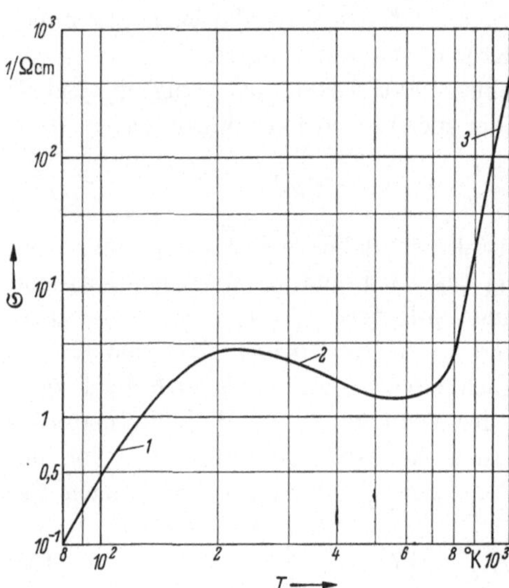

Abb. 131. Verlauf der Gesamtleitfähigkeit σ eines Halbleiters (Silizium, dotiert mit $5 \cdot 10^{17}$ Sb-Atomen/cm³) in Abhängigkeit von der Temperatur T.

1 Zunahme von σ wegen Ionisierung der Aktivatoratome; *2* Abnahme von σ wegen Abnahme von μ bei konstanter Trägerkonzentration; *3* erneute Zunahme von σ durch thermische Elektronenauslösung aus den Gitterbindungen; dadurch Überkompensation der Abnahme von μ.

der Aktivatoren. Bei annähernder Zimmertemperatur ist die Trägerbildung durch Aktivatoren beendet; d. h. alle Aktivatoratome sind ionisiert und es überwiegt für σ die Abnahme der Beweglichkeit mit der Temperatur nach Gl. (152). Bei höheren Temperaturen wird diese Abnahme durch die zunehmende Trägerbildung aus dem Valenzband überkompensiert, so daß σ mit wachsender Temperatur wieder stark ansteigt.

Setzt man Gl. (153) in Gl. (151) ein, so wird im Fall der Eigenleitung die Gesamtleitfähigkeit:

$$\sigma_i = k_e T^{3/2} e (\mu_n + \mu_p) e^{-\Delta E/2kT}. \tag{155}$$

Im Vergleich zum Exponentialfaktor dieser Gleichung ändert sich das Produkt $T^{3/2}(\mu_n + \mu_p)$ wegen Gl. (152) nur wenig mit der Temperatur. Daher ergibt $\log \sigma_i = f(T)$ angenähert eine Gerade, aus deren Neigung die Breite des verbotenen Bandes (ΔE) für den Eigenhalbleiter ermittelt werden kann. In analoger Weise läßt sich im Fall der Störstellenleitung aus der Neigung der Geraden $\log \sigma = f(T)$ nach Gl. (151) der Abstand der Aktivatorniveaus vom Leitungs- bzw. Valenzband bestimmen.

Die Dichte des durch einen Halbleiter bei der Feldstärke E fließenden gesamten Teilchenstroms ist entsprechend Gl. (148)

$$j = j_n + j_p = (\sigma_n + \sigma_p)E \qquad (156)$$

und hängt somit ebenfalls von der Temperatur ab. Diese Temperaturabhängigkeit des Stromes macht sich im Gegensatz zu Hochvakuum-Verstärkerröhren bei Transistoren als eine unerwünschte Verschiebung des Arbeitspunktes auf der Kennlinie und bei gewissen Temperaturerhöhungen auch als Begrenzung der Betriebsdauer (z. B. wegen Durchschlags in der Sperrphase bei Dioden) bemerkbar. Sie kann in Transistorschaltungen durch Lastwiderstände mit negativem Temperaturkoeffizienten (NTC-Widerstände) in einem bestimmten Temperaturbereich kompensiert werden.

Da in einem Halbleiterkristall mit natürlichen Verunreinigungen sowohl Elektronen wie Defektelektronen vorhanden sind, kann ein solcher Festkörper als Ohmscher Widerstand betrachtet werden, durch den bei angelegtem Feld stets gleichzeitig ein Elektronen- und ein Löcherstrom in einander entgegengesetzten Richtungen fließen, deren Wirkungen sich addieren. Beschränken sich die sogenannten Verunreinigungen dagegen entweder auf Elektronen-Donatoren oder auf Elektronen-Akzeptoren, so ist durch die nun fast ausschließlich unipolare, d. h. einseitige Stromrichtung im Zusammenhang mit entsprechenden Kontakten die Möglichkeit einer Gleichrichtung gegeben.

B. Verhalten von Halbleiter-Kontakten

1. Halbleiter-Metall-Kontakte

Solche Kontakte können je nach Art der Kontaktpartner als Ohmscher Widerstand oder als Gleichrichter wirken. Bei der Verbindung eines Metalls mit einem Halbleiter bildet sich in diesem an der Kontaktstelle eine etwa 10^{-5} cm dicke Grenzschicht, die (ohne angelegte Spannung) durch Trägerdiffusion entweder mit Ladungsträgern angereichert (Anreicherungsrandschicht) oder an Trägern verarmt sein kann (Verarmungsrandschicht).

Beispiel: In Metallen ist die Elektronenkonzentration $n_M \approx 5 \cdot 10^{22}$ 1/cm³, in einem p- oder n-Halbleiter z. B. $n_H \approx 10^{15}$ 1/cm³. Durch Diffusion kann nun die Elektronenkonzentration im Halbleiter an der Kontaktstelle entweder auf z. B. $n_R \approx 10^{18}$ 1/cm³ ansteigen oder auf $n_R \approx 10^{12}$ 1/cm³ absinken. Im ersten Fall handelt es sich dann um einen Ohmschen, im zweiten um einen gleichrichtenden (Sperrschicht-) Kontakt.

Die Bildung einer Anreicherungsrandschicht hat auf die Strom-Spannungs-Charakteristik der Metall-Halbleiter-Strecke praktisch keinen Einfluß, da das Hinzufügen einer dünnen, gut leitenden zu einer mittelmäßig leitenden Schicht den Gesamtwiderstand des Halbleiters nur geringfügig ändert. Durch eine Verarmungsrandschicht dagegen wird die Metall-Halbleiter-Strecke hochohmig; ihre Gleichrichterwirkung beruht darauf, daß die Dicke der Verarmungsrandschicht bei Anlegen einer äußeren Spannung in Flußrichtung verringert, in Sperrichtung dagegen stark erhöht wird.

Die Art der beim Kontaktieren entstehenden Randschicht wird durch das Verhältnis der Austrittsarbeiten der Kontaktpartner bestimmt. Von einzelnen Ausnahmen abgesehen gelten dabei folgende Regeln:

a) Bedingungen für (ungetemperte) Ohmsche Kontakte. Gute Ohmsche Kontakte (Träger-Anreicherungsschichten) entstehen (*unabhängig* von der Polung einer außen angelegten Spannung) durch Kontaktieren von n-Halbleitern mit Metallen niedriger Austrittsarbeit (z. B. Sn) oder von p-Halbleitern mit Metallen hoher Austrittsarbeit (z. B. Cu). Dabei müssen die Bedingungen:

$$\left. \begin{array}{l} W_M \text{ (Metall)} < W_H \text{ (n-Halbleiter)} \\ \text{bzw. } W_M \text{ (Metall)} > W_H \text{ (p-Halbleiter)} \end{array} \right\} \text{ für } \textit{Ohmsche} \text{ Kontakte}$$

erfüllt sein (W = Austrittsarbeit).

b) Bedingungen für (ungetemperte) Sperrschichtkontakte (Gleichrichter). Gute Sperrschichtkontakte (Träger-Verarmungsschichten) entstehen (*abhängig* von der Polung einer außen angelegten Spannung) durch Kontaktieren von n-Halbleitern mit Metallen hoher Austrittsarbeit oder von p-Halbleitern mit Metallen niedriger Austrittsarbeit. Dabei müssen die Bedingungen:

$$\left. \begin{array}{l} W_M \text{ (Metall)} > W_H \text{ (n-Halbleiter)} \\ \text{bzw. } W_M \text{ (Metall)} < W_H \text{ (p-Halbleiter)} \end{array} \right\} \text{ für } \textit{Sperrschicht} \text{kontakte}$$

erfüllt sein.

Diese Regeln gelten nur für „kalte" Herstellungsmethoden, bei denen die Metallschicht z. B. angepreßt oder aufgalvanisiert wird. Bei den „heißen" Methoden wird die Metallschicht z. B. aufgedampft oder auflegiert und dann nacherhitzt; dabei entsteht durch Eindiffusion kleiner Mengen des Kontaktmaterials in den Halbleiter eine neue Grenzschicht, in der das Kontaktmaterial selbst als Aktivator wirkt und den Halbleiter an dieser Stelle p- bzw. n-leitend macht, wenn er vorher n- bzw. p-leitend war. Die Gleichrichtung findet in diesem Fall nicht mehr unmittelbar am Halbleiter-Metall-Kontakt statt, sondern an dem neu entstandenen p-n-Übergang im Halbleiter selbst. Auf Grund dieser Tatsache verhalten sich solche „nacherhitzten" (getemperten) Kontakte hinsichtlich der Beziehung zwischen Gleichrichtereigenschaft und Austrittsarbeiten häufig umgekehrt wie „nichtnacherhitzte" (ungetemperte) Kontakte.

2. p-n-Verbindungen

a) Ohne äußeres Feld. Grenzen innerhalb eines Halbleiter-Kristalls zwei Zonen verschiedenen Leitungstyps aneinander, so entsteht ein sogenannter p-n-Übergang mit Gleichrichtereigenschaften. Ein solcher Übergang kann z. B. dadurch hergestellt werden, daß man in einen Germanium-Einkristall (vgl. Abb. 132) von links Indium (Akzeptor) und von rechts Antimon (Donator) eindiffundieren läßt[1]. Dadurch wird die linke Seite des Germaniumblocks (wegen ihres Überschusses an beweglichen Löchern) p-leitend, die rechte (wegen ihres Überschusses an beweglichen Elektronen) n-leitend. Die unterschiedlichen Trägerkonzentrationen links und rechts von der p-n-Grenze haben das Bestreben, sich auszugleichen. Infolgedessen diffundieren Elektronen vom n- ins p-Gebiet und Löcher vom p- ins n-Gebiet ein. Das in der Umgebung der p-n-Grenze liegende Halbleitergebiet, in welchem diese Trägerdiffusion stattfindet, bezeichnet man als „Grenzschicht".

In der linken (p-) Hälfte der Grenzschicht bleiben durch die Diffusion von Löchern ins benachbarte n-Gebiet die örtlich festsitzenden, ladungsmäßig jetzt nicht mehr kompensierten negativ geladenen Akzeptoratome zurück. Zu ihnen gesellen sich Elektronen, die von der rechten (n-) Seite der Grenzschicht ins linke p-Gebiet eindiffundieren. Auf diese Weise entsteht in der linken Hälfte der Grenzschicht eine negative, in der rechten Hälfte in analoger Weise eine positive Raumladung. Als Folge dieser Ladungsverteilung baut sich innerhalb der Grenzschicht ein der Diffusion entgegenwirkendes elektrisches Feld auf; die zugehörige Potentialdifferenz wird als Diffusionsspannung U_D bezeichnet (vgl. Abb. 132). Im stromlosen Zustand des p-n-Übergangs sind die durch Feld und Diffusion verursachten Teilchenströme einander gleich und heben sich auf.

Die in der Grenzschicht sich einstellende Potentialverteilung $U(x)$ gehorcht der Poissonschen Gleichung (69c), wenn dort anstelle von ε_0 die Dielektrizitätskonstante ε des Halbleiters eingesetzt wird. Für die

---

[1] Über weitere Herstellungsverfahren vgl. Kap. 2, Abschn. VII, B.

Diffusionsspannung U_D gilt die Beziehung [*116, 130*]:

$$U_D = \frac{kT}{e} \ln \frac{n_n}{n_p} \qquad (157)$$

(n_n = Elektronenkonzentration im n-Gebiet, n_p = Elektronenkonzentration im p-Gebiet des Halbleiters).

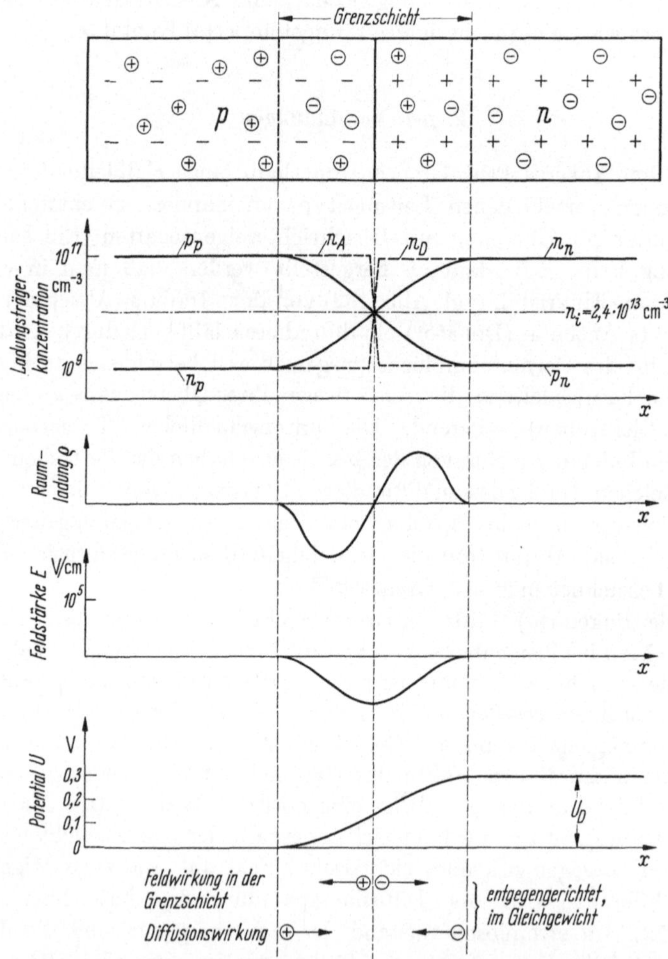

Abb. 132. Verhalten einer p-n-Verbindung ohne äußeres Feld. ($\oplus$ $\ominus$ = bewegliche Löcher bzw. Elektronen; $+$ = festsitzende Donatoratome; $-$ = festsitzende Akzeptoratome).

b) Mit äußerem Feld („Kristalldiode")

α) In Flußrichtung. Legt man an eine p-n-Schicht eine äußere Spannung U in der Weise an, daß der positive Pol mit der p-Schicht und der negative mit der n-Schicht verbunden ist (vgl. Abb. 133), so werden aus dem n-Gebiet Elektronen und aus dem p-Gebiet Löcher in die Grenzschicht hineingetrieben. Diese wird dadurch zu einer (gut leitenden) „Träger-Anreicherungsschicht". Da in diesem Fall das äußere Feld und das durch Trägerdiffusion in der Grenzschicht entstandene „innere" Feld entgegengesetzte Richtung haben, wird die Diffusionsspannung U_D um den Betrag der außen anliegenden Spannung U erniedrigt, was den Stromdurchgang durch die p-n-Schicht begünstigt. Diese ist somit in Durchlaßrichtung gepolt: Es fließt ein durch die Spannung U steuerbarer „Durchlaßstrom", der im n-Gebiet nur von

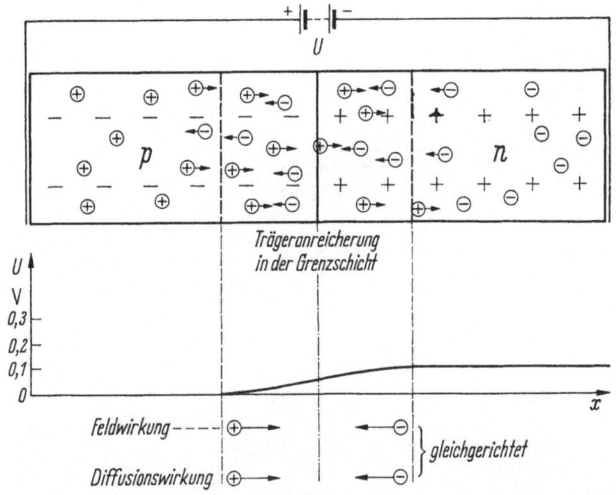

Abb. 133. Verhalten einer p-n-Verbindung mit äußerem Feld in Durchlaßrichtung.

Elektronen und im p-Gebiet nur von Löchern gebildet wird; in der p-n-Übergangsschicht verschwinden Elektronen und Löcher durch Rekombination. Für den Durchlaßstrom gilt die Beziehung [*116, 130*]:

$$I = I_s(e^{\,eU/kT} - 1) \quad \text{(Durchlaßrichtung)}. \qquad (158)$$

Bei einer Kristalldiode steigt also der Strom in Durchlaßrichtung exponentiell mit der Spannung an, während er bei Hochvakuumdioden proportional zu $U^{3/2}$ anwächst. Die Konstante I_s in Gl. (158) bezeichnet man als „Sättigungsstrom" der Diode.

β) *In Sperrichtung.* Wird an die p-n-Schicht eine äußere Spannung U so angelegt, daß der positive Pol mit der n-Seite und der negative mit der p-Seite verbunden ist (vgl. Abb. 134), so werden die Elektronen in Richtung n-Gebiet und die Löcher in Richtung p-Gebiet aus der Grenzschicht herausgezogen. Diese verarmt dadurch an Ladungsträgern und wird schlecht leitend („Träger-Verarmungsschicht"). Da jetzt „äußeres" und „inneres" Feld gleiche Richtung haben, wird die Diffusionsspan nung U_D um den Betrag der außen anliegenden Spannung U erhöht, was den Stromdurchgang durch die p-n-Schicht hemmt. Diese ist somit in Sperrichtung gepolt: Es fließt jetzt ein von der Spannung U in einem größeren Spannungsbereich praktisch unabhängiger, sehr kleiner „Sperrstrom", der im n-Gebiet von thermisch erzeugten (in der Minderheit vorhandenen) Löchern und im p-Gebiet von thermisch erzeugten (in der Minderheit vorhandenen) Elektronen gebildet wird; am p-n-

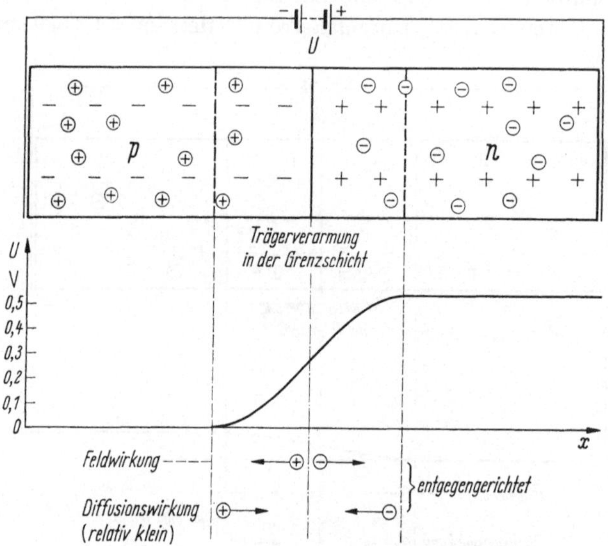

Abb. 134. Verhalten einer p-n-Verbindung mit äußerem Feld in Sperrichtung.

Übergang verschwinden beide Trägerarten durch Rekombination. Für den Sperrstrom gilt die Beziehung [116, 130]:

$$I = I_s(1 - e^{-eU/kT}) \text{ (Sperrichtung)-} \tag{159}$$

Bei einer in Sperrichtung gepolten Kristalldiode ist also der Strom im Gegensatz zur Hochvakuumdiode nicht Null, sondern besitzt einen im geringen Maß von der Spannung und in starkem Maße von der Temperatur abhängigen Wert (wegen der Temperaturabhängigkeit von I_s).

Für $eU \gg kT$ (d. h. für $U > 0,1$ V bei Zimmertemperatur) wird der Sperrstrom $I \approx I_s$, also praktisch gleich dem von U unabhängigen Sättigungsstrom. Steigert man die Sperrspannung U weiter, so tritt bei einem bestimmten Wert von U (im Bereich $U > 5$ V) ein Durchbruch des p-n-Übergangs ein, der mit einem starken Anstieg des Stroms in Sperrichtung verbunden ist. Bei p-n-Übergängen mit dünner Grenzschicht, die durch Verbindung relativ hochdotierter Halbleiter entstehen, werden solche Durchbrüche durch „innere" Feldemission verursacht („Zener-Durchbrüche"). In p-n-Übergängen mit dickerer Grenz-schicht, die von Halbleitern geringerer Dotierung gebildet werden, beruhen solche Durchbrüche auf einer Träger-Multiplikation durch Stoß-ionisierung in einzelnen Durchbruchkanälen („Mikroplasmen") der Sperr-schicht („Lawinen-Durchbrüche").

Das Verhalten eines p-n-Übergangs in Durchlaß- und Sperrichtung ergibt eine typische Strom-Spannungs-Kennlinie, wie sie in Abb. 135

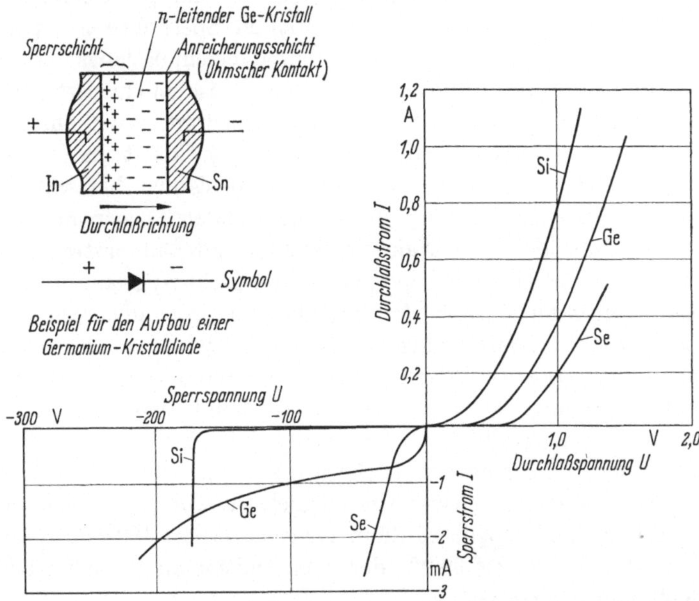

Abb. 135. Typische Strom-Spannungs-Kennlinien für **Ge**-, **Si**- und **Se**-Kristalldioden.

für verschiedene Kristalldioden gezeichnet ist. Ähnliche Kennlinien erhält man auch für gleichrichtende Halbleiter-Metall-Kontakte, da bei ihnen die Gleichrichterwirkung häufig ebenfalls auf einem ganz im Halb-leiter gelegenen p-n-Übergang beruht. Für solche (getemperten) Kon-takte sowie für die gleichrichtenden ungetemperten Metall-Halbleiter-Kontakte gelten ebenfalls die Gln. (158) und (159).

3. p-n-p-Verbindungen („Transistoren")

a) Aufbau und Wirkungsweise eines p-n-p-Transistors[1]. Erzeugt man in einem Halbleiterkristall zwei p-n-Übergänge derart, daß die beiden n-Gebiete eine gemeinsame, sehr dünne Schicht zwischen den

---

[1] Die hier beschriebenen Transistoreigenschaften gelten sinngemäß auch für den n–p–n-Transistor. Über spezielle Transistorformen vgl. Bd. II.

beiden p-leitenden Gebieten bilden, so erhält man einen p-n-p-Flächentransistor (vgl. Abb. 136a), der das Festkörper-Analogon zur Hochvakuumtriode darstellt.

Im stromlosen Zustand ($U_{EB} = 0$, $U_{CB} = 0$) besteht längs einer solchen p-n-p-Verbindung eine Trägerkonzentrations- und Potentialverteilung, wie sie in Abb. 136b bzw. 136c für eine bestimmte Dotierung gezeichnet sind. Im Betrieb werden an den p-n-p-Halbleiterblock die Spannungen U_{EB} und U_{CB} so angelegt, daß der eine p-n-Übergang (G_1) in Durchlaßrichtung und der andere (G_2) in Sperrichtung gepolt ist (vgl. Abb. 136a). Dadurch wird die Potentialverteilung längs der p-n-p-Strecke in der in Abb. 136d gezeichneten Weise modifiziert: In der Grenzschicht G_1 wird die Potentialdifferenz erniedrigt, so daß ein starker Löcherstrom vom linken (Emitter genannten) p-Gebiet ins (Basis genannte) n-Gebiet eintreten kann. In der Basiszone herrscht keine Potentialdifferenz, so daß hier die einströmenden Löcher nur durch thermische Diffusion in die Nähe der rechten, an Ladungsträgern verarmten (weil in Sperrichtung gepolten) Grenzschicht G_2 gelangen können. In dieser Grenzschicht ist die Potentialdifferenz gegenüber dem stromlosen Fall erhöht, so daß die aus der Mitte der Basiszone ankommenden Löcher in ein starkes Beschleunigungsfeld geraten, das sie in das rechte (Kollektor genannte) p-Gebiet treibt; dort rekombinieren sie mit Elektronen, die von der Kollektorbatterie geliefert werden.

Damit der Durchgang von Löchern durch die n-leitende Basiszone ohne große Rekombinationsverluste möglich ist, wird diese Zone relativ niedrig dotiert und möglichst dünn gemacht (1 bis 100 µ)[1]. Dadurch wird erreicht, daß 90 bis 99,9% der vom Emitter ausgehenden Löcher zum Kollektor gelangen.

Wie bei der Hochvakuum-Verstärkerröhre kann man auch beim Transistor zwischen Strom-, Spannungs- und Leistungsverstärkung unterscheiden:

Für die in Abb. 136a gezeigte „Basisschaltung" eines Transistors ist die *Stromverstärkung* durch das Verhältnis von Kollektorstrom I_C zu Emitterstrom I_E gegeben. Der Stromverstärkungsfaktor $v_i = \Delta I_C / \Delta I_E \approx$ $\approx \dfrac{I_C}{I_E}$ ist hier stets kleiner als eins, da — wie oben erwähnt — nicht alle vom Emitter ausgehenden Löcher zum Kollektor gelangen können. Meist ist $v_i = 0{,}9 \cdots 0{,}999$.

Die *Spannungsverstärkung* eines Transistors in Basisschaltung beruht darauf, daß der Emitterstrom zunächst die Grenzschicht G_1 mit geringem Widerstand ($R_1 < 100\ \Omega$) und dann die Grenzschicht G_2 mit hohem Widerstand ($R_2 \approx 10^6\ \Omega$) durchfließt. Am (kleinen) Widerstand R_1 sind

---

[1] Über die Herstellung solcher dünnen Halbleiterschichten vgl. Kap. 2, Abschn. VII, B.

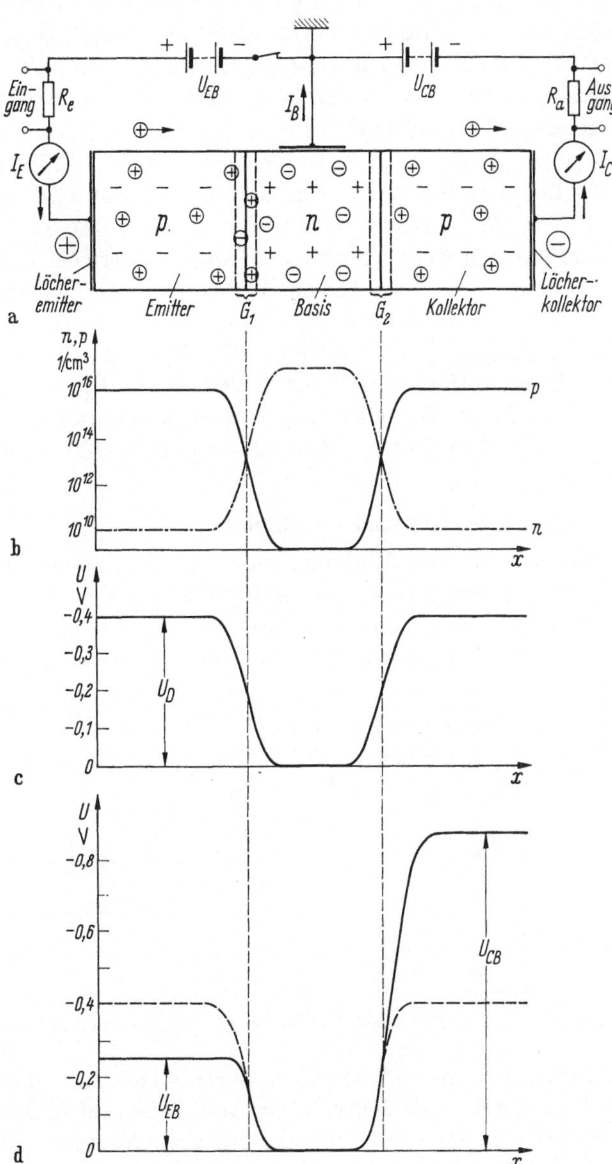

Abb. 136 a—d. Verhalten einer p-n-p-Verbindung (Transistor).

a) Grundsätzliche Polung eines p-n-p-Flächentransistors (Basisschaltung); b) Konzentration der beweglichen Ladungsträger im stromlosen p-n-p-Transistor; c) Potentialverlauf im stromlosen p-n-p-Transistor (man beachte, daß U negativ ist); d) Potentialverlauf im stromdurchflossenen p-n-p-Transistor (man beachte, daß U negativ ist.)

mit geringen Spannungsänderungen große Stromänderungen erreichbar, während am (großen) Widerstand R_2 kleine Stromänderungen große Spannungsschwankungen ergeben. Dadurch erhält man mit geringen Spannungssignalen am Eingang große Spannungssignale am Ausgang. Sind die äußeren Widerstände R_e im Emitterkreis und R_a im Kollektorkreis groß gegen R_1 bzw. R_2, so ist der Spannungsverstärkungsfaktor $v_u = R_2/R_1$ (Beispiel: Mit $R_1 = 100\ \Omega$ und $R_2 = 10^6\ \Omega$ wird $v_u = 10^4$). Ist dagegen $R_a \ll R_2$, so wird $v_u = R_a/R_1$.

Die *Leistungsverstärkung* erreicht ihren Maximalwert bei Anpassung, d. h. für $R_2 = R_a$. Da diese beiden Widerstände im Kollektorkreis wechselstrommäßig parallel geschaltet sind, wird die Spannungsverstärkung bei Anpassung $v_u^* = (R_2/2)/R_1 = R_2/2R_1$; die Stromverstärkung wird $v_i^* = 1/2$, da die Hälfte des Emitterstroms durch R_2 und die andere Hälfte durch R_a fließt. Der maximale Leistungsverstärkungsfaktor ist daher $v_{n_{max}} = v_u^* \cdot v_i^* = R_2/4R_1$ (Beispiel: Mit $R_1 = 100\ \Omega$ und $R_2 = = 10^6\ \Omega$ wird $v_{n_{max}} = 2{,}5 \cdot 10^3$).

b) Transistorschaltungen und -kennlinien

α) *Basisschaltung.* Die Wirkungsweise des Transistors in Basisschaltung wurde bereits anhand von Abb. 136a erläutert. Kennzeichen dieser Schaltung ist die gemeinsame Basis für den Ein- und Ausgangskreis. In Abb. 137 sind die zugehörigen Kennlinienfelder $I_C = f(U_{EB})$

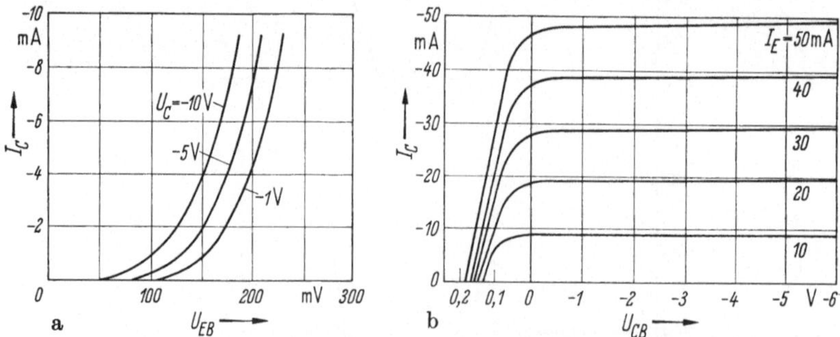

Abb. 137a u. b. Typische Kennlinienfelder eines p-n-p-Transistors in Basisschaltung.

mit U_C als Parameter (Abb. 137a) und $I_C = f(U_{CB})$ mit I_E als Parameter (Abb. 137b) dargestellt. Die Kurven der Abb. 137a sind praktisch die Durchlaß-Kennlinien des p-n-Übergangs zwischen Emitter und Basis. In Abb. 137b ist U_{CB} negativ angegeben, da beim p-n-p-Transistor (der hier ausschließlich betrachtet wird) der Kollektor negativ gegenüber der Basis gemacht wird. Der Kollektorstrom I_C beginnt hier schon bei $U_{CB} > 0$ zu fließen[1], da an dem p-n-Übergang zwischen Basis und

---

[1] Der Beginn des Kollektorstromflusses hängt infolge der Wirkung des Basis- und Kollektorbahnwiderstandes vom Emitterstrom I_E ab.

Kollektor (Sperrschicht G_2; vgl. Abb. 136a) stets die Diffusionsspannung U_D (0,1···0,5 V) besteht, die auf die ankommenden Löcher beschleunigend wirkt. Erst wenn diese Spannung durch die äußere (positive) Kollektorspannung U_{CB} kompensiert wird, wird der Kollektorstrom Null. Bei negativen Werten von U_{CB} fließt der von U_{CB} praktisch unabhängige, vom Emitter „injizierte" Sättigungsstrom der Sperrschicht G_2, der nahezu gleich dem Emitterstrom ist ($I_C \approx I_E$). Die kleine Differenz zwischen I_C und I_E ist gleich dem Basisstrom: $I_B = I_E - I_C$.

β) Emitterschaltung. Kennzeichen dieser Schaltung ist der für den Ein- und Ausgangskreis gemeinsame Emitter. Abb. 138 zeigt die zugehörigen Kennlinienfelder $I_C = f(U_{BE})$ und $I_C = f(U_{CE})$. Die Steue-

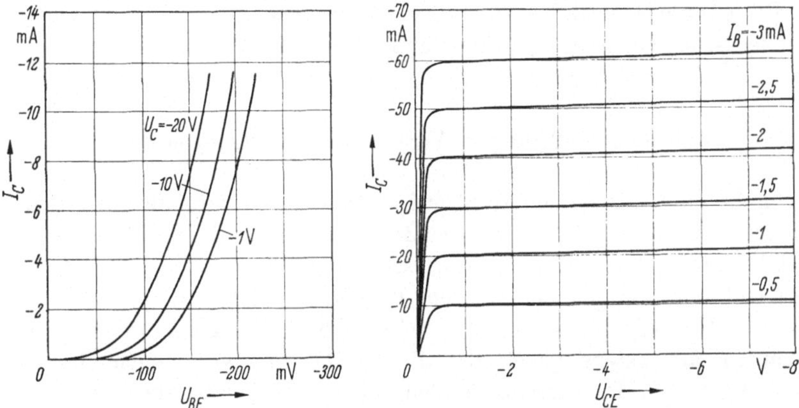

Abb. 138. Typische Kennlinienfelder eines *p-n-p*-Transistors in Emitterschaltung.

rung des Transistors erfolgt hier durch den Basisstrom I_B, der um mindestens eine Zehnerpotenz niedriger ist als der (steuernde) Emitterstrom in der Basisschaltung. Da die Steuerspannung (U_{BE}) dieselbe wie in der Basisschaltung ist, wird der Eingangswiderstand der Emitterschaltung gegenüber dem der Basisschaltung um mindestens eine Zehnerpotenz (auf etwa 1 kΩ) erhöht. Da die Ausgangswiderstände elektronischer Schaltungen vielfach von der Größenordnung 1 kΩ sind und daher an den Eingang eines Transistors in Emitterschaltung (z. B. durch Übertrager) leichter angepaßt werden können, wird diese Schaltung am häufigsten verwendet.

Die *Stromverstärkung* eines Transistors in Emitterschaltung ist $v_i = \Delta I_C / \Delta I_B \approx I_C / I_B$ (= 10···100, also wesentlich höher als in Basisschaltung).

Beispiel: Es sei $I_E = 10$ mA, $I_C = 9,5$ mA; dann ist $I_B = 0,5$ mA. Macht man nun durch einen Steuervorgang $I_B = 1$ mA, so muß entsprechend $I_E = 20$ mA und $I_C = 19$ mA werden, damit die Bedingung $I_B = I_E - I_C$ erfüllt ist. Da $\Delta I_B = 0,5$ mA und $\Delta I_C = 19 - 9,5$ mA $= 9,5$ mA ist, wird $v_i = \Delta I_C / \Delta I_B = 19$ $(= I_C/I_B)$.

Die *Spannungsverstärkung* ist um etwa eine Zehnerpotenz niedriger als bei der Basisschaltung, da der Emitter-Basis-Widerstand R_1 um eine Zehnerpotenz höher ist $(R_1 \approx 1$ kΩ); mit $R_2 = 10^6\,\Omega$ ($=$ Emitter-Kollektor-Widerstand) wird $v_u \approx 10^3$.

Die *Leistungsverstärkung* ist höher als in Basisschaltung, da zwar v_u niedriger, aber v_i beträchtlich höher als in Basisschaltung ist. Es lassen sich Werte bis etwa $v_n = 10^5$ erreichen.

$\gamma)$ *Kollektorschaltung.* Diese (selten verwendete) Schaltung, bei der der Kollektor gemeinsam für den Ein- und Ausgangskreis ist, eignet sich z. B. als Impedanzwandler, da ihr Eingangswiderstand $(R_1 = \Delta U_{BC}/\Delta I_B)$ größer ist als der Ausgangswiderstand $(R_2 = \Delta U_{CE}/\Delta I_C)$.

4. Lichtempfindliche *p-n*-Verbindungen („Photoelement")

Läßt man einen Lichtstrahl auf einen Halbleiterkristall auftreffen, so entstehen in diesem wie bei der Zufuhr von thermischer Energie zusätzliche bewegliche Ladungsträgerpaare, indem Elektronen vom Valenz- ins Leitungsband gehoben werden. Bei diesem „inneren Photoeffekt", der den Kristall „photoleitend" macht, muß die Energie $h \cdot f$ der Lichtquanten mindestens gleich der Breite ΔE des verbotenen Bandes sein: $hf \geq \Delta E$. Die maximale Wellenlänge des Lichts, die noch ausreicht, um Elektronen aus ihren Bindungen im Halbleiterkristall zu lösen, heißt wie beim äußeren Photoeffekt „langwellige Grenze": $\lambda_{max} = hc/\Delta E$. Sie beträgt für **Ge** ($\Delta E = 0,67$ eV) $1,8\,\mu$, für **Si** ($\Delta E = 1,1$ eV) $1,1\,\mu$.

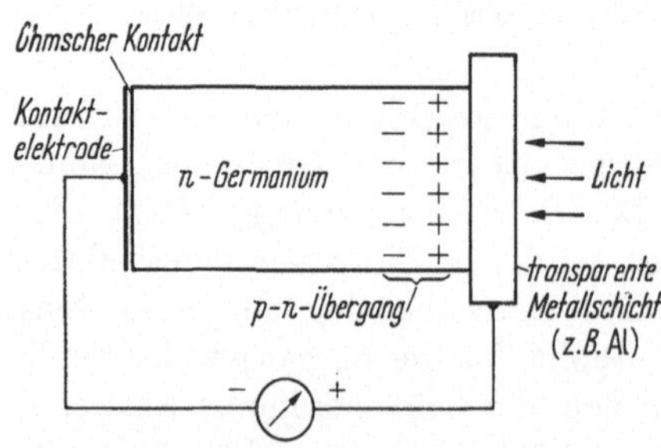

Abb. 139. Photoelement als Belichtungsmesser mit *n*-Halbleiter.

Fällt Licht auf einen *p-n*-Übergang (vgl. Abb. 139), so werden die Ladungsträger in dessen Diffusionsfeld nach ihrem Vorzeichen getrennt. Da der positive „Pol" der Diffusionsspannung U_D auf der *n*-Seite und der negative auf der *p*-Seite der Grenzschicht liegt (vgl. Abb. 132), wandern die durch den Photoeffekt ausgelösten Elektronen ins *n*-Gebiet und die Löcher ins *p*-Gebiet. Zur Neutralisierung dieser Zusatzladungen (welche die Diffusionsspannung U_D erniedrigen), wandern von der *p*-seitigen Metallelektrode Elektronen ins *p*-Gebiet ein, während die (überschüssigen) n-seitigen Elektronen zur n-seitigen Metallelektrode abfließen. Dadurch wird die p-seitige Anschlußklemme positiv, die n-seitige negativ. Die zwischen den beiden Klemmen entstehende „Photo-EMK" ist gleich dem Betrag der Spannung, um den die Diffusionsspannung am p-n-Übergang erniedrigt wird. Die Photo-EMK kann daher höchstens gleich der Diffusionsspannung U_D (einige 100 mV) werden.

Derartige Spannungsquellen, bei denen die Lichtempfindlichkeit eines p-n-Übergangs zur Stromerzeugung ausgenützt wird, bezeichnet man als Photoelemente. Sie werden z. B. als Belichtungsmesser benutzt.

5. Vergleich zwischen Halbleiter- und Hochvakuum-Entladungsgeräten

a) Dioden. Halbleiterdioden weisen gegenüber Hochvakuumdioden folgende *Vorteile* auf: Sie benötigen keine Heizung, haben ein kleines Volumen, eine sehr hohe Grenzfrequenz (Anwendung: Demodulatoren für dm- und cm-Wellen) und einen kleinen Durchlaßwiderstand.

Diesen Vorteilen stehen folgende *Nachteile* gegenüber: Die Kennlinien sind temperaturabhängig; die maximal zulässigen Betriebstemperaturen sind relativ gering (für Ge 75 °C, für Si 150 °C). Auch die Sperrspannung ist relativ klein.

b) Mehrpolgeräte. Der Transistor entspricht hinsichtlich Aufbau und Vierpoleigenschaften der Hochvakuumtriode. Bezüglich der Elektroden gelten folgende Analogien:

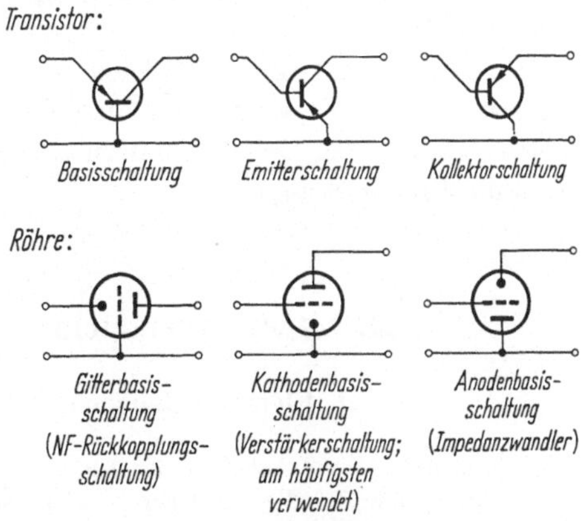

Abb. 140. Vergleich der Schaltungen von Röhrentriode und Kristalltriode.

Transistor:	Emitter	Basis	Kollektor
Röhre:	Kathode	Gitter	Anode

In entsprechender Weise lassen sich die drei möglichen Grundschaltungen von Röhre und Transistor miteinander vergleichen (siehe Abb. 140).

Die Vor- und Nachteile des Transistors gegenüber der Hochvakuum-Mehrpolröhre sind aus Tab. 6 ersichtlich, in der die Maximalwerte einiger Betriebsdaten angegeben sind (die allerdings nie in einem Element gleichzeitig erreichbar sind).

Tabelle 6

Vergleich der Eigenschaften eines Transistors mit denen einer Hochvakuumröhre.
*Die mit * bezeichneten sind technisch günstige Eigenschaften*

Elektrische Eigenschaften	Verstärkung			Grenzfrequenz	Steuerleistung	Ausgangsleistung (maximal)
	U	I	N			
Transistor	10^4	10^2	10^5	$2 \cdot 10^3$ MHz	100 µW	< 100 W
Vakuumröhre	10^3	10^{7*}	10^{8*}	10^4 MHz*	10 µW*	10^6 W*

Betriebseigenschaften	T_{max} [°C]	Lebensdauer	Stoßfestigkeit	Betriebsbereitschaft	Volumen
Transistor:	Ge: 75 Si: 150*	$> 10^5 h$*	$30000 \cdot g$*	10^{-4} sec*	0,1 cm³*
Vakuumröhre	100	$10^4 h$	$1000 \cdot g$	einige Sek.	> 1 cm³

Neben dem Wegfall der Heizung und dem kleinen Volumen sind beim Transistor die hohe Lebensdauer und Stoßfestigkeit ein wesentlicher Vorteil. Nachteilig sind jedoch auch hier die Temperaturabhängigkeit der Kennlinien und die niedrige zulässige Betriebstemperatur (besonders für Germanium).

Insgesamt zeigt der Vergleich zwischen Hochvakuumröhre und Transistor (bzw. Kristalldiode), daß die Halbleiter-Bauelemente nicht in erster Linie einen Ersatz, sondern eine wichtige Ergänzung zur Hochvakuumröhre darstellen.

XI. Literaturverzeichnis zum Kapitel 1

I. Elementarteilchen und Atommodelle

[1]* ARDENNE, M. v.: Tabellen der Elektronenphysik, Ionenphysik und Übermikroskopie, Bd. 1 u. 2, Berlin: Verlag Deutscher Wissenschaften 1956.

[2] DAVISSON, C. J., u. L. H. GERMER: Diffraction of electrons by a crystal of nickel. Phys. Rev. 30 (1927) 705.

[3]* FINKELNBURG, W.: Einführung in die Atomphysik, 4. Aufl., Berlin/Göttingen/Heidelberg: Springer 1956.

[4] FRANCK, J., u. G. HERTZ: Über Zusammenstöße zwischen Elektronen und den Molekülen des Quecksilberdampfes und die Ionisierungsspannung derselben. Verh. d. Deutsch. Phys. Ges. 16 (1914) 457.

[5]* Handbuch der Physik, Bd. 35/36 (Atome I/II), hrsg. v. S. FLÜGGE, Berlin/Göttingen/Heidelberg: Springer 1956/57.

[6]* Joos, G.: Lehrbuch der theoretischen Physik, Frankfurt am Main: Akademische Verlagsgesellschaft 1959.

[7]* KLEMPERER, O.: Electron physics, London: Butterworth 1959.

---

* Zusammenfassende Darstellung über größere Teilgebiete der Elektronik.

[8] OLLENDORFF, F.: Technische Elektrodynamik, Bd. II, 1: Elektronik des Einzelelektrons, Berlin/Göttingen/Heidelberg: Springer 1955.

[9]* SOMMERFELD, A.: Atombau und Spektrallinien, Braunschweig: Vieweg 1951.

[10]* STRUTT, M. J. O.: Elektronenröhren, Lehrbuch der drahtlosen Nachrichtentechnik, Bd. III, herausgegeben von N. v. KORSHENEWSKY u. W. T. RUNGE, Berlin/Göttingen/Heidelberg: Springer 1957.

[11] TOLMAN, R. C., u. T. D. STEWART: Zitiert von H. A. LORENTZ in: Problems of modern physics, New York, 1927, S. 48—52.

II. Thermische Elektronenquellen

[12] COPPOLA, P. P., and R. C. HUGHES: A new pressed dispenser cathode. Proc. IRE 44 (1956) 351.

[13]* DOSSE, J., u. G. MIERDEL: Der elektrische Strom im Hochvakuum und in Gasen, Leipzig: Hirzel 1949.

[14]* Dow, W.: Fundamentals of engineering electronics, New York: Wiley 1952.

[15] DUSHMAN, S. A.: Theory of electronic emission. Trans. Am. Electrochem. Soc. 44 (1923) 201.

[16] DUSHMAN, S. A.: Electron emission from metals as a function of temperature. Phys. Rev. 21 (1923) 623.

[17] DUSHMAN, S. A.: Thermionic emission. Rev. Mod. Phys. 2 (1930) 381.

[18]* ESPE, W., u. M. KNOLL: Werkstoffkunde der Hochvakuumtechnik, Berlin: Springer 1936.

[19]* GERTHSEN, CHR.: Physik, 4. Aufl., Berlin/Göttingen/Heidelberg: Springer 1956.

[20]* GRAY, T. S., MIT: Applied electronics, New York: Wiley 1956.

[21] HADLEY, C. P., W. G. RUDY and A. J. STOECKERT: A study of the molded nickel cathode. J. Electrochem. Soc. 105 (1958) 395.

[22]* Handbuch der Physik, Bd. 21 (Gasentladungen I), hrsg. von S. FLÜGGE, Berlin/Göttingen/Heidelberg: Springer 1956.

[23]* HEMENWAY, C. L., R. W. HENRY and M. CAULTON: Physical electronics, New York: Wiley 1962.

[24] HERMANN, G., u. S. WAGENER: Die Oxydglühkathoden, Leipzig: J. A. Barth 1950.

[25] HULL, A. W.: The dispenser cathode, a new type of thermionic cathode. Phys. Rev. 56 (1939) 86.

[26] JONES, H. A., and I. LANGMUIR: The characteristics of tungsten filaments as function of temperature. Gen. Elec. Rev. 30 (1927) 310—319, 354—361, 408—412.

[27] KNOLL, M.: Materials and processes of electron devices, Berlin/Göttingen/ Heidelberg: Springer 1959.

[28] LEMMENS, H. J., M. J. JANSEN and R. LOOSJES: A new thermionic cathode for heavy loads. Philips Techn. Rev. 11 (1950) 341.

[29] LEVI, R.: New dispenser type of thermionic cathode. J. Appl. Phys. 24 (1952) 233.

[30] NERGAARD, L. S.: The physics of the cathode. RCA-Review 18 (1957) 486

[31] REIMANN, A. L.: Thermionic emission, New York: Wiley 1934.

[32] RICHARDSON, O. W.: The distribution of the molecules of a gas in a field of force. Phil. Mag. 26 (1914) 633.

[33]* SPANGENBERG, K.: Vacuum tubes, New York: McGraw-Hill 1948.

[34]* SPANGENBERG, K.: Fundamentals of electron devices, New York: McGraw-Hill 1957.

[35] Venema, A., R. C. Hughes, P. P. Coppola and R. Levi: Dispenser cathodes. Phil. Techn. Rev. 19 (1957) 177.

[36] De Vore, H. B.: Photoconductivity study of activation of barium oxyde. RCA-Review 13 (1952) 453.

[37]* Weizel, W.: Lehrbuch der Theoretischen Physik, Bd. II, Berlin/Göttingen/ Heidelberg: Springer 1958.

III. Photo-, Sekundär- und Feldemissions-Elektronenquellen

[38] Baroody, E. M.: A theory of secondary electron emission from metals Phys. Rev. 78 (1950) 780.

[39] Blodgett, K. B., and I. Langmuir: The design of tungsten springs to hold tungsten filaments taut. Rev. Scientific Instr. 5 (1934) 321.

[40]* Eckart, F.: Elektronenoptische Bildwandler und Röntgenbildverstärker, Leipzig: J. A. Barth 1956.

[41] Fowler, R. H., and L. Nordheim: Electron emission in intense electric fields. Proc. Roy. Soc. London, Series A 119 (1928) 173.

[42]* Hartmann, W., u. F. Bernhard: Fotovervielfacher und ihre Anwendung in der Kernphysik, Berlin: Akademie-Verlag 1957.

[43] Schottky, W.: Über kalte und warme Elektronenentladungen. Z. Phys. 14 (1923) 63.

[44]* Simon, H., u. R. Suhrmann: Der lichtelektrische Effekt und seine Anwendungen, 2. Aufl., Berlin/Göttingen/Heidelberg: Springer 1958.

[45] Sternglas, E. J.: Theory of secondary electron emission. Westinghouse Res. Lab. Sci. Paper 1772 (1954).

[46]* Zworykin, V. K., and E. G. Ramberg: Photoelectricity, New York: Wiley 1955.

IV. Kernstrahlungsquellen

[47] Ardenne, M. v.: Tabellarische Darstellung zur Anwendung von Radioisotopen als Strahlungsquellen und als Indikatoren, Berlin: Dt. Verl. d. Wiss. 1957.

[48] Atomic Energy Research Establishment: Radioactive materials and stable isotopes, Isotope Division, Harwell, Berks., England 1956.

[49] Gusew, N. G.: Leitfaden für Radioaktivität und Strahlenschutz, Berlin: Verl. Technik 1957.

[50] Hine, G. J., and C. Brownell: Radiation dosimetry, New York: Acad. Press 1956.

[51]* Riezler, W., u. W. Walcher: Kerntechnik, Stuttgart: B. G. Teubner 1958.

[52] Schmeiser, K.: Radioaktive Isotope, Berlin/Göttingen/Heidelberg: Springer 1957.

[53] Weiss, C. F.: Radioaktive Standardpräparate, Berlin: Dt. Verl. d. Wiss. 1958.

V. Ionen- und Photonenquellen

[54] Blochin, M. A.: Physik der Röntgenstrahlen, Berlin: Verlag Technik 1957.

[55] Compton, A. H., and S. K. Allison: X-rays in theory and experiment, New York: D. van Nostrand 1954.

[56]* EWALD, H., u. H. HINTERBERGER: Methoden und Anwendungen der Massenspektroskopie, Weinheim: Verlag Chemie 1953.

[57]* Handbuch der Physik, Bd. 30 (Röntgenstrahlen), hrsg. v. S. FLÜGGE, Berlin/Göttingen/Heidelberg: Springer 1957.

[58] HEIL, H.: Über eine neue Ionenquelle. Z. Phys. 120 (1943) 212.

[59] HINTERBERGER, H.: Thermische Ionenquellen für negative Ionen. Helv. phys. Acta 24 (1951) 307.

[60]* KEITZ, H. A. E.: Lichtberechnungen und Lichtmessungen, Eindhoven: Verlag Philips 1951.

[61] KUNSMANN, C. H.: The thermionic emission from substances containing iron and alkali metal. Phys. Rev. 25 (1925) 892.

[62] LIVINGSTON, R. S.: The Oak-Ridge 86-inch cyclotron. Nature 170 (1952) 221.

[63] WALCHER, W., E. W. BECKER u. E. DÖRNENBURG: Ein Massenspektrometer zur Bestimmung von Isotopenmischungsverhältnissen. Z. angew. Phys. 2 (1950) 261.

VI. Teilchenströme in Hochvakuum-Entladungsstrecken

Siehe: [8, 10, 13, 14, 20, 23, 33]; ferner:

[64] ALFVEN, H., L. LINDBERG, K. G. MALMFORS, T. WALLMARK and E. ÅSTRÖM: Theory and applications of Trochotrons. Trans. Roy. Inst. of Technology, Stockholm, Nr. 22 (1948) S. 1.

[65]* BARKHAUSEN, H.: Lehrbuch der Elektronenröhren und ihrer technischen Anwendungen, Bd. 1—4, Leipzig: Hirzel 1952—55.

[66]* KAMMERLOHER, J.: Hochfrequenztechnik, Bd. 2 u. 3, Füssen: Wintersche Verlagshandlung 1958.

[67]* KNOLL, M., F. OLLENDORFF u. R. ROMPE: Gasentladungstabellen, Berlin: Springer 1935.

[68]* KULP, M.: Elektronenröhren und ihre Schaltungen, Göttingen: Vandenhoeck & Ruprecht 1958.

[69] WEIMER, P. K., and A. ROSE: The motion of electrons subject to forces transverse to a uniform magnetic field. Proc. IRE 35 (1947) 1273.

VII. Geometrische Elektronenoptik

Siehe [8, 10, 33]; ferner:

[70] BARKHAUSEN, H., u. J. BRÜCK: Der Verlauf des elektrischen Feldes in Elektronenröhren, gemessen im elektrolytischen Trog. ETZ 54 (1933) 175.

[71]* BRÜCHE, E., u. A. RECKNAGEL: Elektronengeräte, Berlin: Springer 1941.

[72]* BRÜCHE, E., u. O. SCHERZER: Geometrische Elektronenoptik, Berlin: Springer 1934.

[73] BRÜCHE, E., u. W. HENNEBERG: Geometrische Elektronenoptik. Ergebn. exakt. Naturw. 15 (1936) 365.

[74]* BUSCH, H., u. E. BRÜCHE: Beiträge zur Elektronenoptik, Leipzig 1937.

[75]* COSSLETT, V. E.: Introduction to electron optics, Oxford: Clarendon Press 1946.

[76] DE PACKH, A.: A resistor network for the approximate solution of the Laplace equation. Rev. Sci. Instr. 18 (1947) 798.

[77] GABOR, D.: Mechanical tracer for electron trajectories. Nature 139 (1937) 373.

[78]* GLASER, W.: Grundlagen der Elektronenoptik, Wien: Springer 1952.

[78a] GUNDERT, E.: Nachweis der Abbildungsfehler von Elektronenlinsen nach der Fadenstrahlmethode. Phys. Z. 38 (1937) 462.

[79] HEPP, G.: Die Aufnahme von Potentialfeldern mit dem Elektrolyttrog. Philips Techn. Rundsch. 4 (1939) 235.

[80]* KLEMPERER, O.: Electron optics, Cambridge: University Press 1953.

[81] KNOLL, M., u. E. RUSKA: Geometrische Elektronenoptik. Ann. Phys. 12 (1932) 607.

[82] KOHLRAUSCH, F.: Praktische Physik, Bd. II, Stuttgart: Teubner 1956, S. 204.

[83] LANGMUIR, D. B.: An automatic plotter for electron trajectories. RCA Rev. 11 (1950) 143.

[84] LIEBMANN, G.: Precise solution of partial differential equations by resistance networks. Nature 164 (1949) 149.

[84a] LOGAN, B. F., G. R. WELTI and G. C. SPONSLER: Analog Study of Electron Trajectory. J. Assoc. Computing Machinery 2 (1955) 28.

[85]* PICHT, J.: Einführung in die Theorie der Elektronenoptik, Leipzig: J. A. Barth 1957.

[86]* ROTHE, H., u. W. KLEEN: Physikalische Grundlagen von Hochvakuum-Elektronenröhren, Frankfurt: Akad. Verlagsges. 1955.

[87]* RUSTERHOLZ, A.: Elektronenoptik, Basel: Birkhäuser 1950.

[88] SALINGER, H.: Tracing electron paths in electric fields. Electronics 10 (1937).

[88a] SMYTHE, W. R., L. H. RUMBAUGH and S. S. WEST: A high intensity mass spectrometer. Phys. Rev. 45 (1934) 724.

[89] ZWORYKIN, V. K., G. A. MORTON, E. G. RAMBERG u. a.: Electron optics and the electron microscope, New York: Wiley 1946.

[90] WENDT, G.: Elektronenoptische Geräte, Lehrbuch der drahtlosen Nachrichtentechnik, Bd. V: Fernsehtechnik, 1. Teil, herausgegeben von F. SCHRÖTER, R. THEILE u. G. WENDT, Berlin/Göttingen/Heidelberg: Springer 1956.

VIII. Wirkungsweise stromsteuernder Hochvakuumröhren

Siehe [10, 14, 20, 23, 33, 65, 66, 67, 68, 86]; ferner:

[91]* COLLINS, G. B.: Microwave magnetrons, New York: McGraw-Hill 1948.

[92] FISK, J. B., H. D. HAGSTRAM and P. L. HARTMAN: The magnetron as a generator of centimeter waves. Bell Syst. techn. J. 25 (1946) 1.

[93]* HAMILTON, D. R., J. K. KNIPP and J. B. KUPER: Klystrons and microwave triodes, New York: McGraw-Hill 1948.

[94] HEIL, A. A., and O. HEIL: Eine neue Methode zur Erzeugung kurzer ungedämpfter elektromagnetischer Wellen von großer Intensität. Z. Phys. 95 (1935) 752.

[95]* KLEEN, W.: Einführung in die Mikrowellenelektronik, Stuttgart: Hirzel 1952.

[96] KLEEN, W.: Geschichte, Systematik und Physik der Höchstfrequenz-Elektronenröhren. ETZ 76 (1955) 53.

[97] KLEEN, W.: Electronics of microwave tubes, New York: Academic Press 1958.

[98] LATHAM u. a.: The magnetron, London: Chapman & Hall 1952.

[99]* MEINKE, H., u. F. W. GUNDLACH: Taschenbuch der Hochfrequenztechnik, 2. Aufl., Berlin/Göttingen/Heidelberg: Springer 1962.

[100]* PIERCE, J. R.: Reflex oscillators. Proc. IRE 33 (1945) 112.

[*101*]* Pierce, J. R.: Travelling wave tubes, Toronto/New York/London: D. van Nostrand 1950.

[*102*] Varian, R. H., and S. F. Varian: A high frequency oscillator and amplifier. J. Appl. Phys. 10 (1939) 321.

IX. Teilchenströme in Gasentladungsstrecken

Siehe [*13, 20, 67*]; ferner:

[*103*]* v. Engel, A., u. M. Steenbeck: Elektrische Gasentladungen, Bd. 1, Berlin: Springer 1932.

[*104*] Fünfer, E., u. H. Neuert: Zählrohre und Szintillationszähler, Karlsruhe: Braun 1954.

[*105*]* Granowski, W. L.: Der elektrische Strom im Gas, Berlin: Akad. Verlag 1955.

[*106*]* Gänger, B.: Der elektrische Durchschlag von Gasen, Berlin/Göttingen/ Heidelberg: Springer 1953.

[*107*]* Handbuch der Physik, Bd. 22 (Gasentladungen II), hrsg. v. S. Flügge, Berlin/Göttingen/Heidelberg: Springer 1956.

[*108*]* Loeb, L. B.: Basic processes of gaseous electronics, Berkeley/Los Angeles: University of California Press 1955.

[*109*]* Seeliger, R.: Einführung in die Physik der Gasentladungen, Leipzig: J. A. Barth 1934.

X. Teilchenströme in Halbleitern

Siehe [*23, 27, 34*]; ferner:

[*110*] Carrol, J.: Transistor circuits and application, New York/Toronto/London: McGraw-Hill 1956.

[*111*] Coblenz, A., u. H. L. Owens: Transistors: Theory and application, New York/Toronto/London: McGraw-Hill 1956.

[*112*]* Dosse, J.: Der Transistor. Ein neues Verstärkerelement, München: Oldenbourg 1957.

[*113*] Dunlap, W. C.: An introduction to semiconductors, London: Chapman & Hall 1957.

[*114*]* Gärtner, W.: Einführung in die Physik des Transistors, Berlin/Göttingen/ Heidelberg: Springer 1963.

[*115*]* Greiner, R. H.: Semiconductor devices and applications, New York/ Toronto/London: McGraw-Hill 1961.

[*116*]* Guggenbühl, W., M. J. O. Strutt u. W. Wunderlin: Halbleiterbauelemente, Bd. I, Basel/Stuttgart: Birkhäuser 1962.

[*117*]* Hannay, N. B.: Semiconductors, New York: Reinhold 1959.

[*118*] Henisch, K.: Rectifying semiconductor contacts, Oxford: Clarendon Press 1957.

[*119*]* Hunter, L. P.: Handbook of semiconductor electronics, New York/Toronto/ London: McGraw-Hill 1956.

[*120*]* Joffé, A. F.: Physik der Halbleiter, Berlin: Akademie Verlag 1958.

[*121*] Kammerloher, J.: Transistoren, Grundlagen und NF-Verstärker, Füssen: Wintersche Verlagshandlung 1959.

[*122*]* MADELUNG, O.: Halbleiter, Handbuch der Physik Bd. 20 (Elektrische Leitungsphänomene II), herausgeg. v. S. FLÜGGE, Berlin/Göttingen/Heidelberg: Springer 1957.

[*123*]* MÜSER, H. A.: Einführung in die Halbleiterphysik, Darmstadt: Dr. F. Steinkopff Verlag 1960.

[*124*]* RUSCHE, G., K. WAGNER u. F. WEITZSCH: Flächentransistoren, Berlin/Göttingen/Heidelberg: Springer 1961.

[*125*]* SALOW, H., H. BENEKING, H. KRÖMER u. W. V. MÜNCH: Der Transistor (Techn. Physik in Einzeldarstellungen, hrsg. v. W. MEISSNER und M. NÄBAUER, Bd. 15), Berlin/Göttingen/Heidelberg: Springer 1963.

[*126*] SCHULZ-METHKE, H. D.: Photoelemente und Kristallphotozellen, Berlin: J. Schneider 1955.

[*127*] SEITZ, F., and D. TURNBULL: Solid state physics, Vol. 1—8, New York: Academic Press 1955—59.

[*128*] SHEA, R. F.: Transistortechnik, Stuttgart: Berliner Union 1962.

[*129*]* SHOCKLEY, W.: Electrons and holes in semiconductors. New York: D. van Nostrand 1950.

[*130*]* SPENKE, E.: Elektronische Halbleiter, bericht. Neudruck, Berlin/Göttingen/Heidelberg: Springer 1956.

[*131*]* STRUTT, M. J. O.: Transistoren, Wirkungsweise, Eigenschaften und Anwendungen, Zürich: Hirzel 1954.

[*132*]* TEICHMANN, H.: Halbleiter, Mannheim: Bibliograph. Inst. 1961.

[*133*] THIRRING, H., u. O. P. FUCHS: Photowiderstände, Leipzig: Barth 1939.

Kapitel 2

Hochvakuumtechnik und Herstellungsprozesse der Entladungsgeräte

Die Kenntnis der Vakuumtechnik sowie der Herstellungsprozesse der Entladungsgeräte ist nicht nur für den zukünftigen *Röhrenbauer* und *Forschungsingenieur* wichtig, sondern auch für den *Schaltungsingenieur*, der Verstärker- und Senderöhren, Stromrichter, Leuchtröhren, Photozellen, Röntgenröhren, Kathodenstrahlröhren, Kristalldioden oder Transistoren als Schaltelemente benutzt, und für den *Kernphysiker* und *Kerningenieur*, der sich mit dem Betrieb von Zyklotrons, Betatrons, Synchrotrons oder Linearbeschleunigern befaßt. Schließlich spielt die Vakuum- bzw. Teilchentechnik auch eine große Rolle in der Glühlampenherstellung, bei Vakuum-Verdampfungsanlagen zur Herstellung dünner Metall- und Isolierstoffschichten für Entladungsröhren oder Festkörper-Entladungsgeräte, beim Vakuumschmelzen besonders reiner Metalle sowie bei der Dehydrierung und Imprägnierung von organischen Stoffen. Neue wichtige Anwendungen der Höchstvakuumtechnik ergeben sich bei den sogenannten Weltraumsimulatoren — bis zu 100 m³ großen Behältern mit einem Vakuum von etwa 10^{-10} Torr —, in denen Raketenmotoren für Raumschiffe erprobt werden.

Da die Erfindung aller dieser Vakuumgeräte relativ jungen Datums ist[1], möchte man meinen, die Vakuumtechnik sei eine neue Wissenschaft. Dies ist aber keineswegs der Fall. Über dreihundert Jahre ist es her, seit die Florentiner Brunnenbauer 1640 GALILEI konsultierten mit der Bitte um eine vergrößerte Wasserpumpe, da sie festgestellt hatten, daß ihre Pumpen das Wasser nicht höher als 10 m zu fördern vermochten. Man erklärte diesen Effekt damals als „horror vacui" — die Angst der Natur vor dem leeren Raum und ihr Bestreben, diesen sofort mit Materie auszufüllen. Man nahm an, daß die Größe eines luftleeren Raumes V das erreichbare Vakuum bestimme, daß also eine Vakuumpumpe mit großem Kolben ein besseres Vakuum ergibt als eine solche mit kleinem Kolben. GALILEI zweifelte daran und besprach mit seinem damaligen Assistenten TORICELLI den entscheidenden Versuch mit den beiden

---

[1] Einen anschaulichen Überblick über die Entwicklung und den heutigen Stand der Vakuumtechnik vermittelt das Deutsche Museum in München.

Barometerröhren (vgl. Abb. 141), der zeigte, daß die Höhe h der Flüssigkeitssäulen unabhängig vom Volumen V des Rezipienten und nur eine Funktion des äußeren Luftdrucks ist.

Gegenstand der Vakuumtechnik ist die Erzeugung, Aufrechterhaltung und Kontrolle niedriger Drucke in zerlegbaren bzw. abgeschmolzenen Vakuumsystemen aller Art. Vielfach werden Vakuumsysteme (z. B. Photozellen oder Leuchtstofflampen) nach der Evakuierung zur Erzielung bestimmter Entladungseigenschaften mit einem definierten Gasgemisch gefüllt. Für den Betrieb solcher Entladungsgeräte spielen die Eigenschaften der verwendeten Gase und Dämpfe eine wesentliche Rolle.

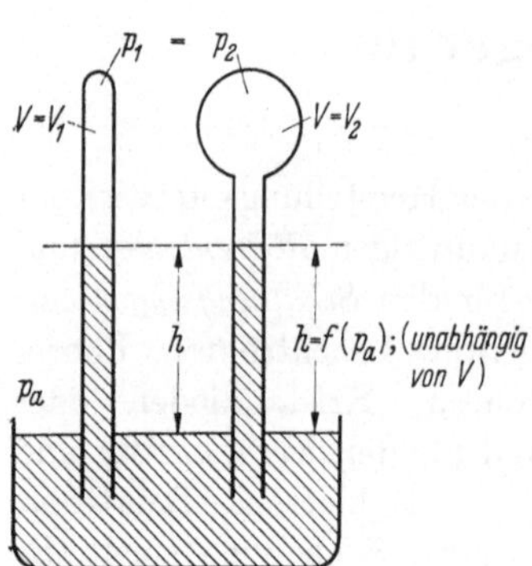

Abb. 141. Toricellischer Versuch (durchgeführt von VIVIANI 1643), der den Beweis erbrachte, daß das erreichbare Vakuum in einem Rezipienten unabhängig von dessen Volumen und nur eine Funktion des äußeren Luftdrucks ist.

I. Wechselwirkung von Teilchen mit Gasen und Dämpfen

A. Ergebnisse der kinetischen Gastheorie

Das Verhalten des einzelnen Teilchens in Gasen und Dämpfen und das daraus resultierende Verhalten des ganzen Teilchenkollektivs wird durch die kinetische Gastheorie beschrieben. Sie beruht auf folgenden, mit dem experimentellen Befund sehr gut übereinstimmenden Annahmen:

1. Die Gasmoleküle bzw. -atome verhalten sich wie vollkommen elastische Kugeln, die keine Kräfte aufeinander ausüben, solange sie sich nicht berühren.

2. Die Moleküle (Atome) haben die Masse M und eine mittlere Geschwindigkeit v_m beliebiger Richtung.

3. Die Teilchen stoßen elastisch miteinander zusammen (d. h. es erfolgt Energie- bzw. Impulsaustausch, aber keine Anregung oder Ionisierung).

Im folgenden werden die Ergebnisse dieser Theorie in einer für die Dimensionierung von Entladungsgeräten geeigneten Form dargestellt (vgl. auch [2, 6 und 8]).

1. Atommasse und Atomgewicht (Eigenschaften des Einzelteilchens)

Bei physikalischen Betrachtungen über das Einzelatom bzw. -molekül wird oft mit der Atommasse (bzw. Molekülmasse) M gerechnet. Da diese unbequem klein ist, benutzt man dafür meist eine relative Masseneinheit, die gleich der Wasserstoffmasse ($^1/_{16}$ der Sauerstoffmasse) ist und spricht dann vom „Atomgewicht" bzw. „Molekulargewicht" μ, obgleich der Messung dieser Größen ein Massenvergleich zugrunde liegt.

Das Atomgewicht (Molekulargewicht) μ und die Masse M eines Atoms (Moleküls) sind einander proportional:

$$\mu = L M. \tag{160}$$

Die Proportionalitätskonstante L ($= 6,025 \cdot 10^{23}$ Moleküle/Mol $=$ Loschmidtsche Zahl) ist nach dieser Gleichung die Anzahl der Moleküle bzw. Atome, die in μ Gramm eines Gases oder Dampfes enthalten sind. Diese Gas- oder Dampfmenge wird als 1 Mol (oder Grammolekül bzw. Grammatom) bezeichnet. Eine Gasmenge von 1 Mol hat also stets eine Masse von μ Gramm und enthält L Moleküle bzw. Atome.

2. Maxwellsche Geschwindigkeitsverteilung der Gasmoleküle (Eigenschaften des Teilchenkollektivs)

Für die Geschwindigkeitsverteilung der Moleküle eines Gases gilt wie für Elektronenwolken im Hochvakuum die Maxwellsche Verteilungsfunktion Gl. (17). Die Werte der wahrscheinlichsten (v_w), mittleren (v_m) und effektiven Geschwindigkeit (v_e) der Moleküle ergeben sich aus den Gl. (18), (19) und (20), wenn dort anstelle der Elektronenmasse m die Molekülmasse M eingesetzt wird. Mit Gl. (160) wird dann die wahrscheinlichste Molekülgeschwindigkeit

$$v_w = \sqrt{\frac{2\,kT}{M}} = 12,9 \cdot 10^3 \sqrt{\frac{T}{\mu}} \quad \text{[cm/sec]} \ (T \text{ in } °\text{K}), \tag{161}$$

die mittlere Molekülgeschwindigkeit

$$v_m = \sqrt{\frac{8\,kT}{\pi M}} = 14,55 \cdot 10^3 \sqrt{\frac{T}{\mu}} \quad \text{[cm/sec]} \ (T \text{ in } °\text{K}) \tag{162}$$

und die effektive Molekülgeschwindigkeit

$$v_e = \sqrt{\frac{3\,kT}{M}} = 15,8 \cdot 10^3 \sqrt{\frac{T}{\mu}} \quad \text{[cm/sec]} \ (T \text{ in } °\text{K}). \tag{163}$$

Für ein „Elektronengas" der Temperatur T ergibt sich die wahrscheinlichste Geschwindigkeit aus Gl. (18); sie ist etwa 60 mal größer als für Luft. In Tab. 7 sind die Werte von v_w, v_m und v_e für einige Gase und Zimmertemperatur ($T = 293\ °\mathrm{K}$) zusammengestellt:

Tabelle 7

Werte der wahrscheinlichsten, mittleren und effektiven Molekülgeschwindigkeit für einige Gase bei Zimmertemperatur ($T = 293\ °K$)

Gasart	μ	$v_w\left[\dfrac{\mathrm{km}}{\mathrm{sec}}\right]$	$v_m\left[\dfrac{\mathrm{km}}{\mathrm{sec}}\right]$	$v_e\left[\dfrac{\mathrm{km}}{\mathrm{sec}}\right]$
H_2	2,016	1,55	1,75	1,90
Luft	29	0,41	0,46	0,50
Ar	40	0,34	0,39	0,42
Hg	200,6	0,16	0,18	0,19
Elektronengas	—	94,7	107	116

Die mittlere Molekülgeschwindigkeit v_m kann durch den Stern-Gerlachschen Versuch bestimmt werden (vgl. Abb. 142). Nach Gl. (162) ist $v_m = f(T, \mu)$ unabhängig vom Druck p; daher kann die Messung im Hochvakuum durchgeführt werden, wo sich Atome und Moleküle geradlinig fortbewegen, wenn dafür gesorgt wird, daß ihre mittlere freie Weglänge λ_g (zwischen zwei Zusammenstößen) sehr viel größer als der Gefäßdurchmesser ist („Lochkamera-Moleküloptik").

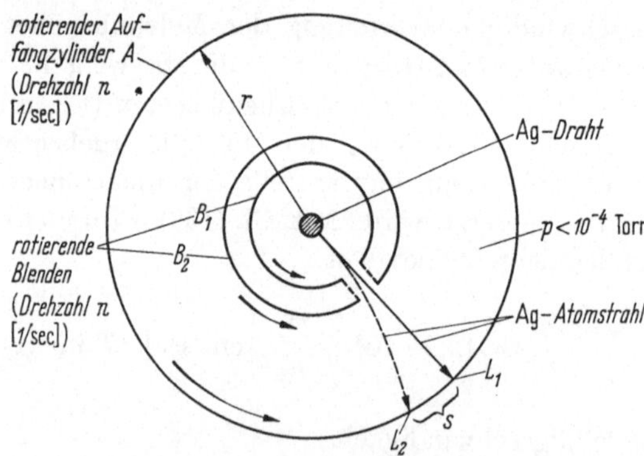

Abb. 142. Anordnung für den Versuch von STERN und GERLACH zur Messung der mittleren thermischen Geschwindigkeit von Silberatomen.

Die Meßapparatur (Abb. 142) besteht aus einem geheizten, **Ag**-Atome emittierenden Silberdraht, der von zwei zylinderförmigen Blenden B_1 und B_2 sowie von einem Auffangzylinder A (Radius r) umgeben ist. Sind A, B_1 und B_2 in Ruhe, so entsteht auf dem Auffänger durch Niederschlag von **Ag**-Atomen ein strichförmiger **Ag**-Spiegel bei L_1; rotieren dagegen A, B_1 und B_2 mit gleicher und konstanter Drehzahl n, so bildet sich ein strichförmiger Silberniederschlag an der Stelle L_2, die um die Strecke s gegen L_1 verschoben ist. Aus der Umfangsgeschwindigkeit der Blenden: $s/t = 2r\pi n$ und der Beziehung $v_m = r/t$ ergibt sich die mittlere Geschwindigkeit der Silberatome: $v_m = 2\pi n\, r^2/s$.

Beispiel: Bei $n = 100$ 1/sec, $r = 10$ cm und $s = 1$ cm wird $v_m \approx 0{,}6$ km/sec (vgl. die Werte der Tab. 7).

3. Verhalten der Gase und Dämpfe (also des Teilchenkollektivs)

Alle folgenden aus der kinetischen Gastheorie abgeleiteten Gesetze gelten um so genauer, je größer der von einem Molekül des betrachteten Gases im Mittel zwischen zwei Zusammenstößen zurückgelegte Weg λ_g im Verhältnis zum Moleküldurchmesser ist.

a) Boyle-Mariottesches Gesetz. Die ungeordnete thermische Bewegung der Moleküle eines in einem Behälter eingeschlossenen Gases erzeugt infolge der Stöße der Gasteilchen auf die Behälterwand einen Druck p:

$$\text{Druck } p = \frac{\text{durch alle Stöße an die Wand abgegebener Gesamtimpuls}}{\text{Wandfläche} \times \text{Zeit}}.$$

Denkt man sich die ungeordnete Bewegung der Gasmoleküle in einem Würfel so geordnet, daß jeweils ein Sechstel der Moleküle (mit einer Geschwindigkeit v) senkrecht zu je einer Wand des Würfels hinfliegt, so ist die Zahl der Stöße pro Sekunde auf 1 cm² Würfelfläche[1]:

$$z = \frac{1}{6}\, nv, \tag{164}$$

wobei n die Gaskonzentration ist. Da man sich eine (oder mehrere) der Würfelflächen durch die Behälterwand ersetzt denken kann, ist z auch die Zahl der Teilchen, die pro Sekunde auf 1 cm² der Behälterwand auftreffen. Würden die Moleküle dabei in der Wand „stecken" bleiben, so wäre der pro Stoß übertragene Impuls Mv (M = Molekülmasse). Da aber die Moleküle von der Behälterwand reflektiert werden und dabei einen gleich großen Impuls wieder mitnehmen, ist der pro Stoß auf die Wand übertragene Impuls $2Mv$. Mit Gl. (164) wird daher der Druck p:

$$p = 2Mvz = \frac{1}{3}\, nMv^2. \tag{164a}$$

---

[1] Bei Berücksichtigung der Maxwellschen Geschwindigkeitsverteilung wird $z = \dfrac{1}{4}\, n\, v_m$ *[6, 8, 10]*.

Berücksichtigt man die Maxwellsche Geschwindigkeitsverteilung der Gasmoleküle, so ist in Gl. (164a) anstelle von v die effektive Molekülgeschwindigkeit v_e [nach (Gl. 163)] einzusetzen:

$$p = \frac{1}{3}\, n M v_e^2 .$$ (165)

Dies ist die „Grundgleichung der kinetischen Gastheorie". Da $n = N/V$ ist ($N =$ Gesamtzahl aller Moleküle im Volumen V), wird:

$$p V = \frac{2}{3}\, N \frac{M}{2}\, v_e^2 .$$ (165a)

Der Ausdruck auf der rechten Seite dieser Gleichung ist gleich zwei Drittel der gesamten kinetischen Energie aller N Moleküle im Volumen V. Dieser Energiebetrag bleibt konstant, wenn v_e bzw. (nach Gl. 163) die Temperatur T konstant gehalten wird: In diesem Fall bleibt auch das Produkt $p \cdot V$ konstant (BOYLE-MARIOTTE):

$$p_1 V_1 = p_2 V_2 \quad (T = \text{const}) .$$ (166)

Wird also z. B. bei konstanter Temperatur das Volumen V eines Gasbehälters verdoppelt, so verringert sich der Druck des darin enthaltenen Gases auf die Hälfte.

b) Gay-Lussacsches Gesetz. Wird bei einer bestimmten Gasmenge die Temperatur um den Betrag $T_2 - T_1$ geändert, so kann man entweder bei konstantem Druck eine Volumenänderung

$$V_{T_2} = V_{T_1}[1 + \alpha(T_2 - T_1)] \quad (\text{bei } p = \text{const})$$ (167)

oder bei konstantem Volumen eine Druckänderung beobachten:

$$p_{T_2} = p_{T_1}[1 + \alpha(T_2 - T_1)] \quad (\text{bei } V = \text{const}) .$$ (167a)

$\alpha = 1/T_1$ [1/°K] ist der Ausdehnungskoeffizient der Gase. Beide Gleichungen gelten nur für Temperaturen oberhalb der Verflüssigungstemperatur der Gase.

c) Zustandsgleichung der idealen Gase. Die Zustandsgleichung der idealen Gase faßt die Gesetze von BOYLE-MARIOTTE und GAY-LUSSAC zusammen. Sie gibt den Zusammenhang zwischen den drei Zustandsgrößen Druck, Volumen und Temperatur einer bestimmten Gasmenge an, wenn diese von einem Zustand (p_1, V_1, t_1) in den Zustand (p_2, V_2, $t_2 = t$) übergeführt wird. Dieser Übergang kann in zwei Stufen erfolgen:

1. Für die Ausdehnung des Gasvolumens von V_1 auf V_2 durch Temperaturerhöhung von t_1 auf $t_2 = t$ [°C] bei konstantem Druck p_1 gilt nach

Gl. (167): $p_1 V_2 = p_1 V_1 (1 + \alpha t)$, wobei $\alpha = 1/273$ ist, wenn die Temperaturerhöhung von $t_1 = 0\,°C$ ($T_1 = 273\,°K$) an erfolgt.

2. Bei $t_2 = $ const werden nun Druck und Volumen geändert. Dabei muß nach dem Boyle-Mariotteschen Gesetz [Gl. (166)] das Produkt $p \cdot V$ konstant und gleich $p_1 V_2$ bleiben:

$$p V = p_1 V_2 = p_1 V_1 (1 + \alpha t)$$

oder:

$$p V = \frac{p_1 V_1}{273} (273 + t) = \frac{p_1 V_1}{273} T = C T .$$

Bei einer Zustandsänderung eines Gases ist also das Produkt $p \cdot V$ stets der absoluten Gastemperatur T proportional.

Für 1 Mol eines Gases wird V gleich dem „Molvolumen" V_o und die Konstante C gleich der „allgemeinen Gaskonstanten" $R^* (= 8{,}316 \cdot 10^7$ erg/°K Mol):

$$p V_o = R^* T . \tag{168}$$

Für ν Mole eines Gases mit dem Gesamtvolumen V gilt:

$$p V = \nu R^* T . \tag{168a}$$

Diese „Zustandsgleichung" gilt für alle idealen Gase (z. B. für alle Edelgase bei Zimmertemperatur). Alle „realen" Gase (z. B. CO_2) zeigen Abweichungen davon, die umso geringer sind, je kleiner ihr Druck und je höher ihre Temperatur ist.

Aus den Gln. (165) und (168) ergibt sich, daß die kinetische Energie der Gasmoleküle der absoluten Temperatur direkt proportional ist: Gl. (165) ergibt mit V_o multipliziert:

$$p V_o = \frac{1}{3} n V_o M v_e^2 = \frac{2}{3} L \frac{M}{2} v_e^2 = \frac{2}{3} E_o , \tag{168b}$$

wobei

$$n V_o = L \tag{169}$$

die Zahl der Moleküle pro Mol ($=$ Loschmidtsche Zahl) und $E_o = L \dfrac{M}{2} v_e^2$ die gesamte kinetische Energie aller in einem Mol enthaltenen Gasmoleküle bedeutet. Mit Gl. (168) wird

$$\frac{2}{3} E_o = p V_o = R^* T$$

oder:

$$E_o = \frac{3}{2} R^* T . \tag{170}$$

Die Erwärmung einer Gasmenge von 1 Mol um 1 °C (d. h. die Zufuhr der Molwärme) vermehrt also deren Energie um $\frac{3}{2} R^*$.

Mit $E_o = L \frac{M}{2} v_e^2$ ergibt sich aus Gl. (170):

$$\frac{M}{2} v_e^2 = \frac{3}{2} \frac{R^*}{L} T = \frac{3}{2} kT, \qquad (171)$$

d. h. die mittlere kinetische Energie eines Moleküls ist der absoluten Temperatur proportional. $k = R^*/L = 1{,}38 \cdot 10^{-23}$ Ws/°K ist die Boltzmannsche Konstante.

d) Daltonsches Gesetz (für Gemische von idealen Gasen). Die allgemeine Zustandsgleichung [Gl. (168a)] gilt auch für *Gemische* idealer Gase. Da in einem Gemisch von n idealen Gasen alle Moleküle an der ungeordneten thermischen Bewegung teilnehmen, trägt auch jede Gasart mit ihrem Teildruck (Partialdruck) zum Gesamtdruck (Totaldruck) bei (DALTON):

$$p \text{ (Gasgemisch)} = \sum_1^n p_n \text{ (Einzelgase)}$$

oder:

$$\text{Totaldruck} = \sum_1^n \text{Partialdrucke.} \qquad (172)$$

Die gebräuchlichste Einheit für den Druck ist das „Torr": 1 Torr = = 1 mm Quecksilbersäule (1 mm Hg). In Tab. 8 sind die Maßzahlen zusammengestellt, die sich bei der Umrechnung verschiedener Druckeinheiten ineinander ergeben.

Tabelle 8
Umrechnung verschiedener Druckeinheiten

(1)	(2) Torr	(3) dyn/cm²	(4) Millibar
1 Torr = 1 mm Quecksilbersäule	1	$1{,}33322 \cdot 10^3$	$1{,}33322$
1 dyn/cm² = 1 Mikrobar (μb)	$0{,}75006 \cdot 10^{-3}$	1	10^{-3}
1 Millibar (mb) = 10^3 dyn/cm²	$0{,}75006$	10^3	1
1 Bar (b) = 10^6 dyn/cm²	$750{,}06$	10^6	10^3
1 kg/cm² = 1 Atm.	$735{,}56$	$0{,}980665 \cdot 10^6$	$0{,}980665 \cdot 10^3$
1 Atm. = 760 Torr	760	$1{,}01325 \cdot 10^6$	$1{,}01325 \cdot 10^3$
1 Mikron (μ) = $1 \cdot 10^{-3}$ Torr	10^{-3}	$1{,}33322$	$1{,}33322 \cdot 10^{-3}$

Tabelle 8 (Fortsetzung)

(1)	(5) Bar	(6) kg/cm² (Atm.)	(7) Atm. (760 Torr)
1 Torr = 1 mm Quecksilber- säule	$1,33322 \cdot 10^{-3}$	$1,35951 \cdot 10^{-3}$	$1,31579 \cdot 10^{-3}$
1 dyn/cm² = 1 Mikrobar (µb)	10^{-6}	$1,01972 \cdot 10^{-6}$	$0,98692 \cdot 10^{-6}$
1 Millibar (mb) = 10^3 dyn/cm²	10^{-3}	$1,01972 \cdot 10^{-3}$	$0,98692 \cdot 10^{-3}$
1 Bar (b) = 10^6 dyn/cm²	1	1,01972	0,98692
1 kg/cm² = 1 Atm.	0,980665	1	0,96784
1 Atm. = 760 Torr	1,01325	1,03323	1
1 Mikron (µ) = $1 \cdot 10^{-3}$ Torr		$1,35951 \cdot 10^{-6}$	$1,31579 \cdot 10^{-6}$

In der Physik wird zuweilen auch definiert: 1 Bar = 1 dyn/cm². Häufig auftretende Druckeinheiten in der amerikanische Literatur sind:

$$1 \text{ lb/sq. inch} = 51{,}175 \text{ Torr,}$$
$$1 \text{ inch of mercury} = 25{,}4 \text{ Torr.}$$

e) Konzentration von Gasen und Dämpfen; Gesetz von Avogadro

α) *Gase.* Aus Gl. (168) erhält man durch Multiplikation mit n_g (= Gaskonzentration im Unterschied zur Dampfkonzentration n_d):

$$p V_0 n_g = p L = n_g R T^*$$

oder:

$$p = n_g \frac{R^*}{L} T = n_g k T. \tag{173}$$

Damit wird die Gaskonzentration:

$$n_g = \frac{1}{k} \frac{p}{T} = 9{,}73 \cdot 10^{18} \frac{p}{T} \, [1/\text{cm}^3] \quad (p \text{ in Torr, } T \text{ in } {}^\circ\text{K}). \tag{173a}$$

Diese Gleichung besagt, daß Gase, die pro Volumeneinheit die gleiche Anzahl von Molekülen enthalten, deren Gesamtmassen sich also wie ihre Molekulargewichte verhalten, bei gleichem Druck und gleicher Temperatur das gleiche Volumen besitzen; d. h. bei p = const und T = const ist für alle idealen Gase auch n_g = const und damit auch V = const (Gesetz von AVOGADRO).

Für *0 °C* und *760 Torr* gilt speziell: $n_g = n^* = 2{,}71 \cdot 10^{19}$ Moleküle/cm³ (n^* = Avogadrosche Zahl) und $V = V_0^* = 22431$ cm³ (V_0^* = Molvolumen bei 0 °C und 760 Torr; es ist das Volumen, das von 1 Mol eines Gases bei 0 °C und 760 Torr eingenommen wird).

Aus Gl. (173a) lassen sich zwei Schlüsse ziehen:

1. Bei der Evakuierung von Entladungsröhren sinkt die Gaskonzentration proportional mit dem Druck; auch bei Drucken, die technisch als sehr niedrig gelten, sind noch relativ viele Gasmoleküle in einer Entladungsröhre vorhanden.

Beispiel:

Bei $p = 760$ Torr und $T = 273\,°\text{K}$ ist $n_g = n_0 = 2,7\;\cdot 10^{19}$ Molek./cm³;

„ $p = 1$ Torr „ $T = 273\,°\text{K}$ „ $n_g = 3,57 \cdot 10^{16}$ „ „ ;

„ $p = 10^{-3}$ Torr „ $T = 273\,°\text{K}$ „ $n_g = 3,57 \cdot 10^{13}$ „ „ ;

„ $p = 10^{-9}$ Torr* „ $T = 1000\,°\text{K}$ „ $n_g = 9,73 \cdot 10^{6}*$ „ „ .

2. In einer (abgeschmolzenen) Entladungsröhre steigt der Druck des Füll- bzw. Restgases im Vergleich zum *Dampf*druck nur geringfügig mit wachsender Temperatur an (vgl. Abb. 143).

Beispiel: Ist die Gaskonzentration $n_g = 3,6 \cdot 10^{13}$ Moleküle/cm³ $=$ const, so wird nach Gl. (173a) bei $T = 273\,°\text{K}$ der Druck $p = 1,1 \cdot 10^{-3}$ Torr, und bei $T = 1092\,°\text{K}$ der Druck $p = 4,4 \cdot 10^{-3}$ Torr.

Dieser Druckanstieg ist im Vergleich zu dem der Dämpfe sehr gering (vgl. Abb. 143 und Abb. 144).

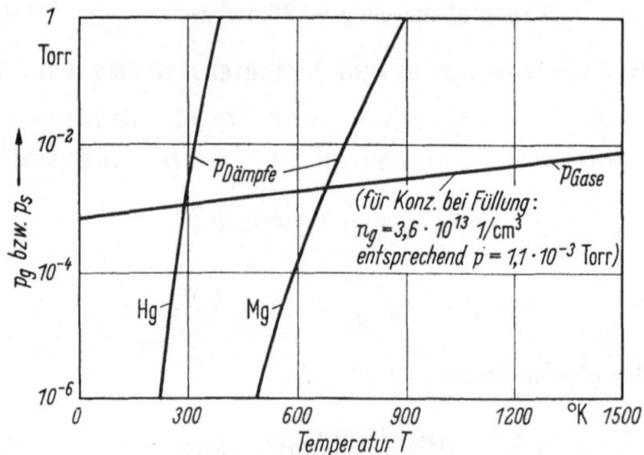

Abb. 143. Anstieg des Druckes mit wachsender Temperatur bei Gasen und Dämpfen in einer abgeschmolzenen Entladungsröhre.

β) Dämpfe. Bei Dämpfen sind hinsichtlich der Konzentration zwei Fälle zu unterscheiden: Im „*gesättigten*" *Zustand* ist der Dampf mit seinem Kondensat im Gleichgewicht (ob das Kondensat dabei flüssig oder fest ist, spielt keine Rolle). Der Druck des Dampfes ist in diesem Fall ein „Sättigungsdruck", der *nur* von der Temperatur abhängt: Bei Erniedrigung der Temperatur wird mehr Dampf kondensiert, wobei Konzentration und Druck des Dampfes sinken; bei steigender Temperatur hingegen verdampft mehr von dem Kondensat und außerdem wächst die mittlere Geschwindigkeit der Dampfmoleküle: Druck und Konzentration steigen daher an. In Abb. 144 sind die Sättigungsdrucke p_s

---

* p_{min} (n_{min}) in technischen Röhren. Trotz des relativ hohen Wertes von n_g stoßen bei diesem Druck die Gasmoleküle nicht mehr miteinander zusammen, da der Moleküldurchmesser nur ungefähr 10^{-8} cm beträgt.

verschiedener Dämpfe als Funktion der Temperatur dargestellt. Die
Konzentration n_d eines gesättigten Dampfes ergibt sich aus Gl. (173a),
wenn dort anstelle von p der Sättigungsdruck p_s des Dampfes eingesetzt
wird:

$$n_d = 9{,}73 \cdot 10^{18}\, \frac{p_s}{T} \quad [\text{Moleküle/cm}^3] \quad (p_s \text{ in Torr}, \ T \text{ in } {}^\circ\text{K}). \qquad (173\,\text{b})$$

Im „*überhitzten*" *Zustand* ist ein Dampf auf Grund seines Druckes
und seiner Temperatur weit vom Kondensationspunkt entfernt und
verhält sich deshalb wie ein ideales Gas. In diesem Fall gelten für den
Dampf die Formeln für ideale Gase, also auch Gl. (173a) für die Dampfkonzentration.

Sind bei Gemischen von Gasen und Dämpfen die Dämpfe nicht ge-
sättigt, so gelten die Gesetze für ideale Gase. Bei gesättigten Dämpfen
dagegen wirkt sich jede isotherme Kompression nur in einer Steigerung
des Partialdruckes der Gase aus; der Druck der Dämpfe bleibt infolge
der Kondensation konstant. Bei Temperaturänderungen (und konstantem Volumen) ändert sich der Druck der Gase nach Gl. (167a)
relativ wenig, der Sättigungsdruck der Dämpfe dagegen sehr stark.

Beispiele: a) Wegen der starken Abhängigkeit des Dampfdrucks von der Temperatur sind die Kennlinien von dampfgefüllten Entladungsröhren ebenfalls stark
von der Temperatur abhängig.

b) In dampfgefüllten Röhren stellt sich bei einer bestimmten Temperatur T_1 nur
ein bestimmtes Verdampfungsgleichgewicht und daher nur *eine* bestimmte Dampfkonzentration $n_d = $ const ein. In gasgefüllten Röhren sind dagegen bei einer bestimmten Temperatur T_1 je nach der in der Röhre vorhandenen Gasmenge *verschiedene* Konzentrationen $n_{g1}, n_{g2} \ldots$ und Drucke $p_1, p_2 \ldots$ möglich:

Für *Dampf* und eine Gefäßtemperatur T_1 ist der Druck p_{s1};

„ „ „ „ „ T_2 „ „ „ p_{s2};

„ *Gase* „ „ „ T_1 „ „ „ p_1 oder p_2 oder p_3
je nach dem Fülldruck.

c) Für manche Entladungsröhren (z. B. Röntgenröhren) wäre der Dampfdruck
einer Kupferanode bei der Betriebstemperatur (z. B. 1000 °C) schon zu hoch (vgl.
Abb. 144). Man verwendet daher statt dessen das schwer verdampfbare Wolfram
oder Molybdän als Antikathodenmaterial.

d) Quecksilber (Hg) hat bei Zimmertemperatur einen Dampfdruck von etwa
10^{-3} Torr (vgl. Abb. 144). Daher kann bei der Evakuierung eines Rezipienten mit
einer Hg-Diffusionspumpe allein nur ein Druck von etwa 10^{-3} Torr erreicht werden.
Zur weiteren Erniedrigung des Drucks sind „Kühlfallen" erforderlich. Z. B. ergibt
eine Kühlfalle mit flüssiger Luft ($T = 88\,^\circ$K) im Rezipienten einen Hg-Dampfdruck von etwa 10^{-27} Torr!

f) Volumen V einer Gasmenge vom Gewicht G. Das Volumen V
einer Gasmenge vom Gewicht G ergibt sich aus der Zustandsgleichung

Dampfdruck
atm
Temperatur
°C
°K
Sn
Se
Be
Ba
Ti
Cr
Si
Ni
Nd
Ga
Cd
Zn
Te₂
Sr
Ca
Pb
Mn
Rb
S
Xe
Siedepunkt
N
Pt
Ir
C
Ta
W
Temperatur
Dampfdruck
Torr

Abb. 144 a.

a

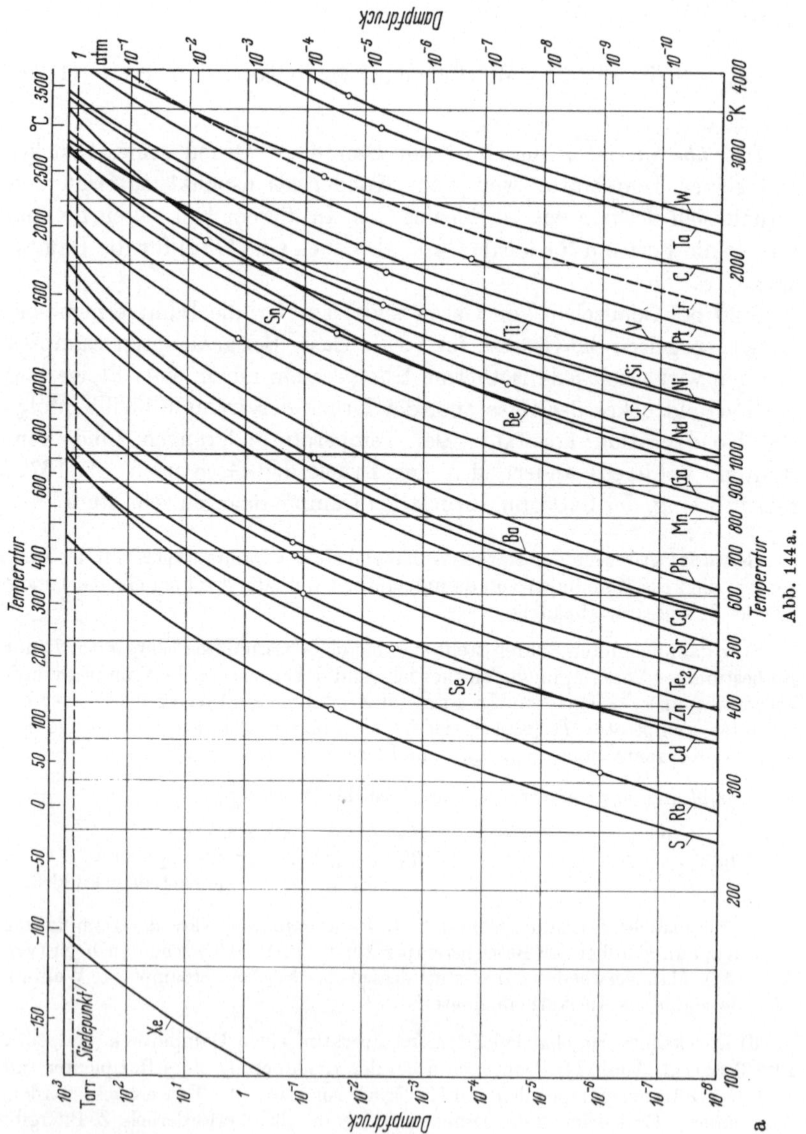

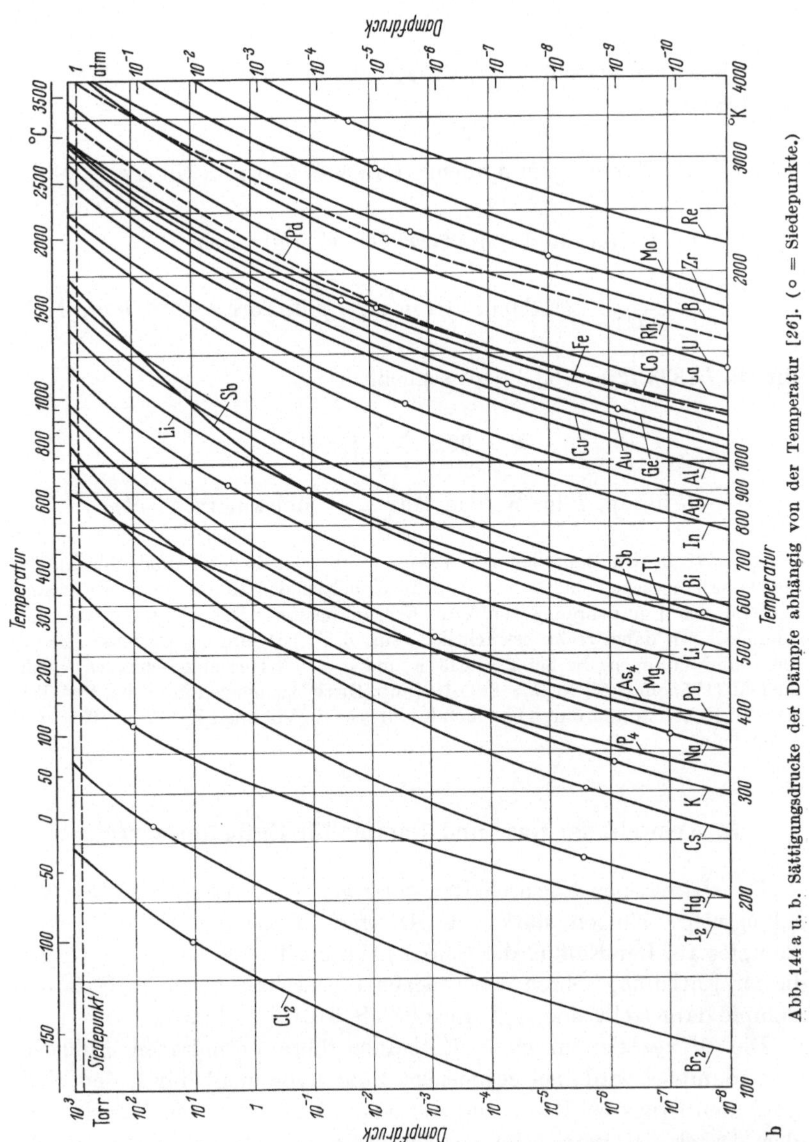

Abb. 144 a u. b. Sättigungsdrucke der Dämpfe abhängig von der Temperatur [26]. (○ = Siedepunkte.)

(168a). Dort ist das Gewicht G des Gases durch die Zahl der Mole ν gegeben; es gilt die Beziehung:

$$\nu = G/\mu. \tag{174}$$

(μ = Molekulargewicht, G = Gasgewicht in Pond). Mit Gl. (174) wird Gl. (168a):

$$p V = \frac{G}{\mu}\, R^* \, T \text{ [erg]} \quad (p \text{ in dyn/cm}^2, \; V \text{ in cm}^3, \; G \text{ in p}, \; R^* \text{ in erg/}^\circ\text{K Mol},$$
$$T \text{ in }^\circ\text{K}).$$

Setzt man G in [mp] und p in [Torr] ein, so ergibt sich:

$$V = \frac{10^{-3}\,G}{\mu}\,\frac{1}{1333\,p}\,R^*\,T \text{ [cm}^3\text{]} \quad (G \text{ in mp}, \; p \text{ in Torr}, \; R^*\,T \text{ in erg/Mol}).$$

Mit $(10^{-3}/1333\,R^*) = 62{,}3$ wird schließlich

$$V = 62{,}3\,\frac{G}{\mu}\,\frac{T}{p}\,\text{[cm}^3\text{]} \tag{175}$$

(G in mp, T in $^\circ$K, p in Torr, μ = Molekulargewicht).

Beispiel: In den Bauteilen von Vakuumröhren (z. B. dem Anodenblech) sind stets Gase eingeschlossen, die vor dem Abschmelzen der Röhre durch Entgasung während des Pumpvorgangs entfernt werden müssen. Das abzusaugende Gasvolumen kann dabei recht beträchtlich sein. Z. B. hat eine H_2-Gasblase ($\mu = 2$) von 1 mm^3 Volumen, die bei $T = 293\,^\circ$K und $p = 760$ Torr eingeschlossen wurde, nach Gl. (175) ein Gewicht $G = 8{,}3 \cdot 10^{-5}$ mp. Diese Gasmenge nimmt bei 10^{-6} Torr (dem für Hochvakuumröhren üblichen Enddruck) ein Volumen $V = 7{,}6 \cdot 10^5$ cm^3 = = 760 l ein!

B. Auswahl der Gase und Dämpfe für Entladungsgeräte

Die elektrischen Eigenschaften einer gas- bzw. dampfgefüllten Entladungsröhre hängen stark von *Art* und *Menge* des Füllgases bzw. -dampfes ab. Der Einfluß der Gasart geht aus Tab. 9 hervor, in welcher die für Entladungsröhren wesentlichen Eigenschaften einiger Gase und Dämpfe dargestellt sind (vgl. auch [12, S. 310ff.] und [26]).

Die *Menge* des in einer Entladungsröhre enthaltenen Füllgases bzw. -dampfes wird (bei gegebenem Röhrenvolumen) durch den *Fülldruck* (den Druck bei Raumtemperatur) bestimmt, der vom *Betriebsdruck* (dem Druck bei Betriebstemperatur) sehr verschieden sein kann. Bei abgeschmolzenen Röhren mit einer Füllung aus idealen Gasen (z. B. Edelgasen, H_2, N_2) steigt der Druck nur relativ wenig und proportional mit der Temperatur an, wobei die Konzentration der Gasmoleküle konstant bleibt; in diesem Fall ist der Fülldruck $\approx$ dem Betriebsdruck.

Bei Röhren mit Dampffüllung dagegen nimmt, solange noch Kondensat vorhanden ist, die Konzentration infolge der erhöhten Verdampfung des Kondensats mit der Temperatur zu, so daß bei diesen Röhren der Druck mit der Temperatur stärker als proportional ansteigt; in diesem

Tabelle 9

Wichtige physikalische Daten von Gasen und Dämpfen

	Edelgase					Metalldämpfe	
	He	Ne	Ar	Kr	Xe	Hg	Na
Atomgewicht μ [g/Mol]	4,00	20,2	39,88	82,9	130,2	200,6	23,00
Atommasse $M \cdot 10^{24}$ [g]	6,54	33,0	65,42	136	213	328,2	37,63
Siedepunkt T_s [°C]	−269	−246	−186	−152	−109	+356	+877
Mittlere freie Weglänge $\lambda_g \cdot 10^3$ [cm] (273 °K, 1 Torr)	16,1	11,7	7,9[1]	6,4	5,4[1]	1,65	—
Gaskinetischer Wirkungsradius r [Å] oder $r \cdot 10^8$ [cm] (nach JEANS)	1,10	1,26	1,82	2,07	2,44	3,10	—
Wärmeleitfähigkeit $\varkappa \cdot 10^6$ [cal/cm sec °K] (760 Torr, 273 °K)	336	110	39[1]	21[1]	12,4[1]	3,8	—
Niedrigste Anregungsspannung U_{anr}^* [V]	19,4	16,6	11,6	9,9	8,3	4,7[1]	2,1[1]
Ionisierungsspannung U_i [V]	24,5	21,5	15,7[1]	12,7[1]	11,7[1]	10,4[1]	5,1[1]

	Unedle Gase					
	H_2	N_2	CO	O_2	CO_2	Luft
Molekulargewicht μ [g/Mol]	2,016	28,016	28	32	44	29
Molekularmasse $M \cdot 10^{24}$ [g]	3,298	45,84	45,80	52,34	71,97	—
Siedepunkt T_s [°C]	−253	−196	−190	−183	−78,5	—
Mittlere freie Weglänge $\lambda_g \cdot 10^3$ [cm] (273 °K, 1 Torr)	13,5	6,5[1]	5,2	7,4	5,4	4,62
Gaskinetischer Wirkungsradius r [Å] oder $r \cdot 10^8$ [cm] (nach (JEANS)	1,36	1,90	1,89	1,81	2,31	1,87
Wärmeleitfähigkeit $\varkappa \cdot 10^6$ [cal/cm sec °K] (760 Torr, 273 °K)	415[1]	57	54	56	34	56,6
Niedrigste Anregungsspannung U_{anr}^* [V]	11,2	7,9	6	6,1	11,2	—
Ionisierungsspannung U_i [V]	15,4	15,8	14,2	12,5	14,4	—

---

[1] Für Entladungsgeräte wichtige Eigenschaften.

Fall ist der Fülldruck $\ll$ als der Betriebsdruck. In Tab. 10 sind typische Werte für den Füll- bzw. Betriebsdruck verschiedener Entladungsröhren angegeben.

Tabelle 10

Füll- und Betriebsdruck typischer Entladungsröhren

Bezeichnung der Entladungsröhren	Füllgas bzw. -dampf	Fülldruck (bei Gasen); Betriebsdruck (bei Dämpfen) [Torr]
Glühlampe (< 100 W)	Ar $+$ 10% N_2	500
Glühlampe (> 100 W)	N_2	500
Eisenwasserstoffwiderstand	H_2	$10-100$
Leuchtröhre (mit kalter Kathode)	Ne oder He	1
Na-Dampflampe	Na ($\approx 270\,°C$) $+$ Neon-Zusatz	$10^{-3}-10^{-2}$
Hg-Niederdrucklampe mit Glühkathode (auch als Leuchtstoffröhre verwendbar)	Hg	$10^{-2}-1$
Quarzlampe mit Glühkathode	Hg	$10^{-3}-10^2$
Quarzlampe mit Hg-Tropfen (gleichzeitig Glühkathode)	Hg	10^3-10^4
Glimmlampe	Ne/He-Gemisch (75/25) $+$ 2% Ar	15
Hg-Gleichrichter mit Hg-Kathode oder Glühkathode	Hg	$10^{-2}-10^{-1}$
Ar-Gleichrichter mit Glühkathode	Ar	$1-20$
Gas-Photozelle	Ar oder Ne/He-Gemisch (75/25)	≈ 1

Bei Vorhandensein von Kondensat reicht der niedrige Sättigungsdruck (Zünddruck) in dampfgefüllten Röhren bei gegebener Spannung oft nicht zur Zündung aus. In diesem Fall wird der erforderliche Zünddruck häufig durch Heizung oder ein „Hilfsgas" hergestellt (dessen Druck in der kalten Röhre zum Zünden ausreicht). Auch während des Betriebs läßt sich der gewünschte Dampfdruck durch Beeinflussung der Temperatur der Entladungsröhre mittels Außenheizung (vgl. Abb. 145a), Wärmeisolierung (vgl. Abb. 145b) oder Kühlung regulieren.

Im allgemeinen werden Gase und Dämpfe für Entladungsgeräte je nach deren Verwendungszweck unter folgenden Gesichtspunkten ausgewählt:

1. Gasfüllungen zur Verdampfungserschwerung

Die Lebensdauer von Entladungsröhren wird häufig durch die allmähliche Verdampfung von (heißen) Elektroden begrenzt. Nach LANGMUIR gilt für die pro Sekunde und cm² Metalloberfläche im *Hochvakuum* verdampfende Metallmenge Q_v[1]:

$$Q_v = \frac{1}{\sqrt{2\,\pi k \cdot L}}\, p_s \sqrt{\frac{\mu}{T}} = 0{,}0586\, p_s \sqrt{\frac{\mu}{T}} \;\; [\text{g/cm}^2\text{sec}] \qquad (176)$$

(p_s [Torr] = Sättigungsdruck des Dampfes, T [°K] = Verdampfungstemperatur, μ = Atomgewicht des Dampfes; man beachte, daß p_s mit wachsender Temperatur stärker als linear ansteigt, so daß Q_v mit wach-

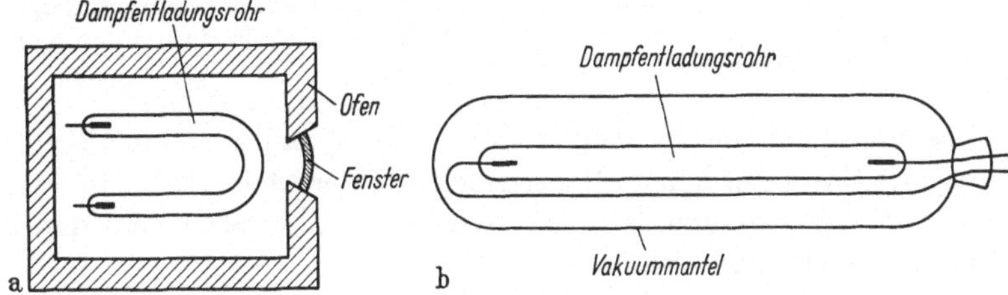

Abb. 145 a u. b. Erhöhung des Sättigungsdruckes in dampfgefüllten Entladungsröhren bis zum „Zünddruck":

a) Durch Heizung mit einem Ofen; b) durch Heizung infolge Drosselung der Entladungswärme.

sender Temperatur T ebenfalls wächst.) Gl. (176) gilt für „ideale" Verdampfung, bei der kein verdampftes Atom wieder zur Metalloberfläche zurückgeworfen wird. Trifft dies nicht zu, so ist die rechte Seite von Gl. (176) noch mit einem „Transmissionsfaktor" τ ($0 < \tau < 1$) zu multiplizieren.

In einer Gasatmosphäre wird die Verdampfung von Glühdrähten gegenüber derjenigen im Hochvakuum erheblich herabgesetzt, der Transmissionsfaktor also wesentlich kleiner als 1. Dies beruht darauf, daß die verdampfenden Metallatome zum größten Teil an den der Drahtoberfläche nahen Gasmolekülen reflektiert, auf den Draht zurückgeworfen

---

[1] Diese Beziehung ergibt sich aus der Tatsache, daß die verdampfenden Atome die heiße Metalloberfläche (nach Überwindung der Anziehungskräfte) praktisch mit Maxwellscher Geschwindigkeitsverteilung verlassen. Für die Zahl n_v der Atome, die pro cm² und Sekunde aus der Metalloberfläche austreten, erhält man (vgl. ESPE-KNOLL [26, S. 232] und HEINZE [6, S. 191]): $n_v = n_d \sqrt{k\,T/2\,\pi M}$ (n_d = Dampfkonzentration, M = Atommasse); mit $n_d = p_s/kT$ [vgl. Gl. (173 b)] und $Q_v = M\,n_v$ sowie Gl. (160) ergibt sich Gl. (176).

und so daran gehindert werden, die Kolbenwand zu erreichen (vgl. Abb. 146).

Beispiele: a) Die Gasfüllung von *Glühlampen* erhöht deren Lebensdauer, da die Bildung lichtabsorbierender Wandbeläge sowie der Abbau des Glühdrahtes infolge Verdampfung verzögert wird. Bei gleichbleibender Lebensdauer kann infolge der Gasfüllung die Betriebstemperatur und damit die Lichtausbeute der Lampen erhöht werden.

b) Die Gasfüllung in *Stromrichtern* erlaubt ebenfalls eine höhere Betriebstemperatur T_b der Oxydkathode bei gleichbleibender Lebensdauer: Ist z. B. die optimale Betriebstemperatur im Hochvakuum $T_b = 800\,°C$, so kann sie bei Füllung der Röhre mit Argon von 3 Torr auf 850°C und bei einer Füllung von 5—10 Torr auf 900°C heraufgesetzt werden. Diese Temperaturerhöhung um 100°C bedeutet nach der Formel von RICHARDSON eine Steigerung der Elektronenemission um das Vier- bis Fünffache.

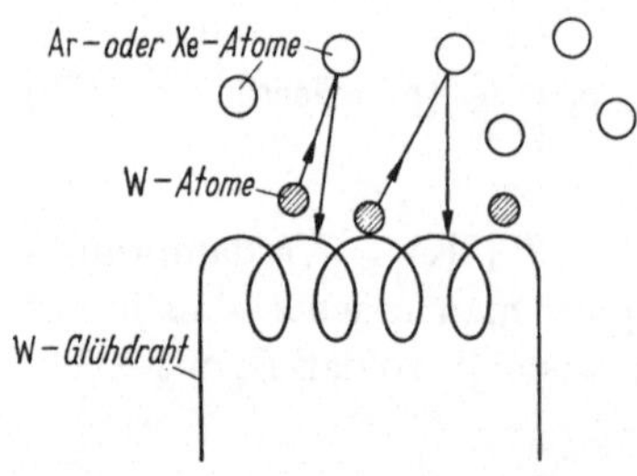

Abb. 146. Erschwerung der Verdampfung eines Wolfram-Glühdrahtes durch Reflexion von W-Atomen an Gasmolekülen.

Die Gasfüllung hat im allgemeinen den *Nachteil,* daß wegen der Kühlwirkung des Gases eine höhere Heizleistung erforderlich ist (vgl. Tab. 11); zwischen den Strom- und Röhrenkosten (große Kathode!) muß daher meist ein Kompromiß geschlossen werden.

Tabelle 11

Einfluß der Gasfüllung auf die Heizleistung einer indirekt geheizten Oxydkathode (Rundfunkröhre, Kathodentemperatur 840°C; Heizleistung im Hochvakuum 5,0 W)

Gasart	Heizleistung N_H [W] bei	
	1 Torr	10 Torr
H_2	12	23
He	10,7	19,7
Ne	8,4	12,4
Ar	7,0	9,4

2. Gasfüllungen zur Wärmeableitung

Bei manchen Entladungsgeräten werden einzelne Füllgase wegen ihrer besonders hohen bzw. niedrigen Wärmeleitfähigkeit $\varkappa$ verwendet (vgl. Tab. 9). Für *Großgleichrichter* z. B. verwendet man zur Verringerung der Heizleistung (vgl. Tab. 11) vor allem Gase mit kleinem $\varkappa$, z. B. Edelgase. Eine starke Wärmeableitung ist dagegen beim *Glühdrahtstromregler* erwünscht; hier werden daher Gase mit großem $\varkappa$ (z. B. H_2; vgl. Tab. 9) benutzt.

Ein Beispiel hierfür ist der Eisenwasserstoffwiderstand, dessen Aufbau und Strom-Spannungs-Kennlinie in Abb. 147 dargestellt sind. Durch Wahl eines geeigneten Wasserstoff-Fülldrucks erreicht man, daß die Wärmeabgabe des Eisendrahts in einem gewissen Spannungsbereich (z. B. zwischen $U = 70$ und 210 V; vgl. Abb. 147) mit der Spannung prozentual langsamer steigt als der Drahtwiderstand infolge der Temperaturzunahme. Dadurch ist es möglich, im genannten Regelbereich den Strom unabhängig von der Spannung zu halten (BUSCH [1]).

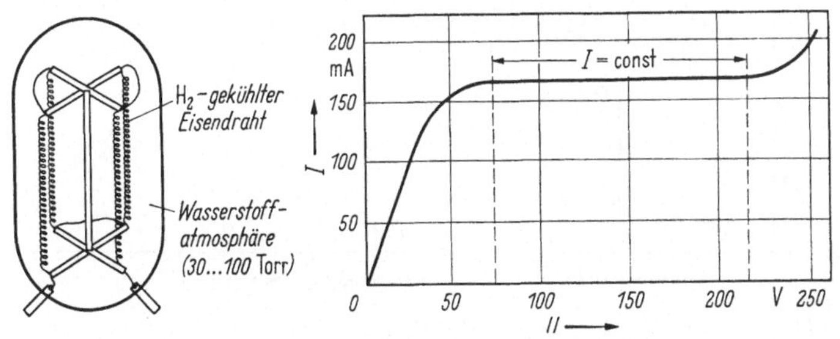

Abb. 147. Aufbau und Strom-Spannungs-Kennlinie eines Eisenwasserstoffwiderstandes.

3. Gas- und Dampffüllungen zur Lichterzeugung

Ein wichtiges Anwendungsgebiet von Gasen und Dämpfen in Entladungsröhren ist die Lichterzeugung. Diese geschieht durch Elektronen- oder Ionenstoß auf Gasmoleküle, welche die beim Stoß aufgenommene Energie als Lichtquanten wieder abgeben (Leuchtröhren, Glimmlampen; vgl. IWANOW [7], ZWIKKER [15]). Helligkeit und Farbe der Leuchtröhren werden durch Intensität und Verteilung der angeregten Spektrallinien bzw. -banden bestimmt. Die Helligkeit ist auch von der geometrischen Form der Röhre und von den Betriebsdaten (Röhrenstromstärke, Dampfdruck) abhängig. Dies zeigen folgende Beispiele:

a) Spektren (gleicher Gesamtintensität) von Hg bei verschiedenem Dampfdruck (vgl. Abb. 148). Das Emissionsspektrum des Gases einer Niederdruckentladung besteht gewöhnlich nur aus wenigen Linien (vgl. Abb. 148a); das Spektrum einer Hochdruckentladung ist dagegen infolge der stärkeren Wechselwirkung der Teilchen untereinander wesentlich linienreicher (vgl. Abb. 148b).

b) Spektren von Argon bei verschiedenen Stromdichten (Betriebsspannungen) (vgl. Abb. 149). Wird in einer gasgefüllten Röhre der Druck konstant gehalten und die Betriebsspannung (und damit die Stromdichte) geändert, so ändert sich auch die Weglängenspannung, d. h. die von einem Ladungsträger zwischen zwei Stößen durchlaufene Potentialdifferenz. Daher ist z. B. die Farbe des Argons bei hohen

Stromdichten blau (vgl. Abb. 149a), weil die Atome durch relativ schnelle Elektronen angeregt werden, und bei niedrigen Stromdichten rot (vgl. Abb. 149b), weil die Anregung durch relativ langsame Elektronen erfolgt.

c) Verschiedene Spektren von verschiedenen Zonen einer Glimmentladung. Die typischen Gebilde einer Kaltkathoden-Glimmentladung

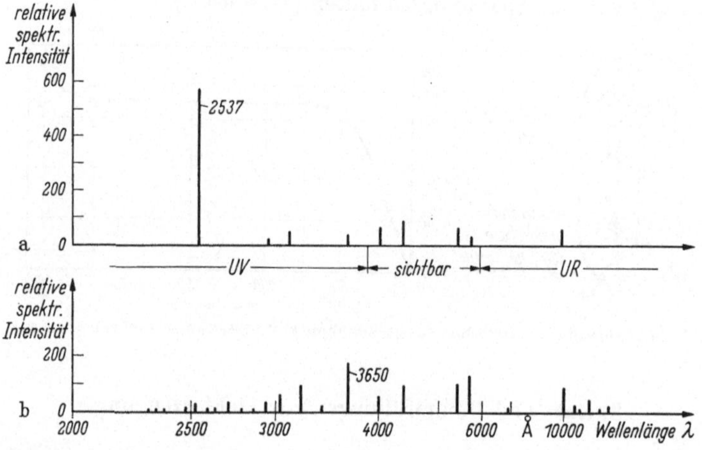

Abb. 148 a u. b. Spektren (gleicher Gesamtintensität) von **Hg** bei verschiedenem Dampfdruck.
a) Niederdruckentladung ($10^{-2} < p < 100$ Torr; mehr Linienspektrum); b) Hochdruckentladung ($100 < p < 10^5$ Torr; mehr kontinuierliches Spektrum) [26].

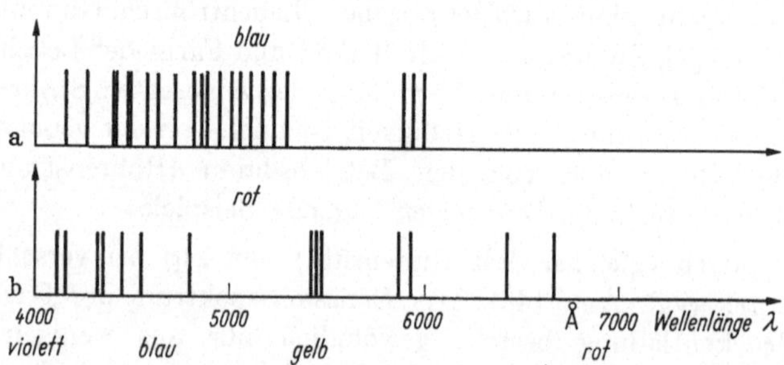

Abb. 149 a u. b. Spektren von Argon bei verschiedenen Stromdichten bzw. Betriebsspannungen.
a) Hohe Betriebsspannung und Stromdichte, daher hohe Weglängenspannung; Farbe der Entladung: Blau; b) niedrige Betriebsspannung und Stromdichte, daher niedrige Weglängenspannung; Farbe der Entladung: Rot [26].

(die zur Lichterzeugung oft verwendet wird) zeigt Abb. 150. Ein Charakteristikum einer solchen Entladung ist der starke Spannungsabfall vor der Kathode, der „Kathodenfall" U_k, der 70 bis 80% der Röhrenbetriebsspannung beträgt. Im Kathodenfallraum werden die von der Kathode durch Ionen- und Photonenaufprall ausgelösten Sekundärelektronen so stark beschlenigt, daß schon unmittelbar vor der Kathode Gasmoleküle angeregt und ionisiert werden. So entsteht die *Kathodenglimmhaut* (erster Ionisierungsbereich; „zweite Kathode"). Im anschließenden

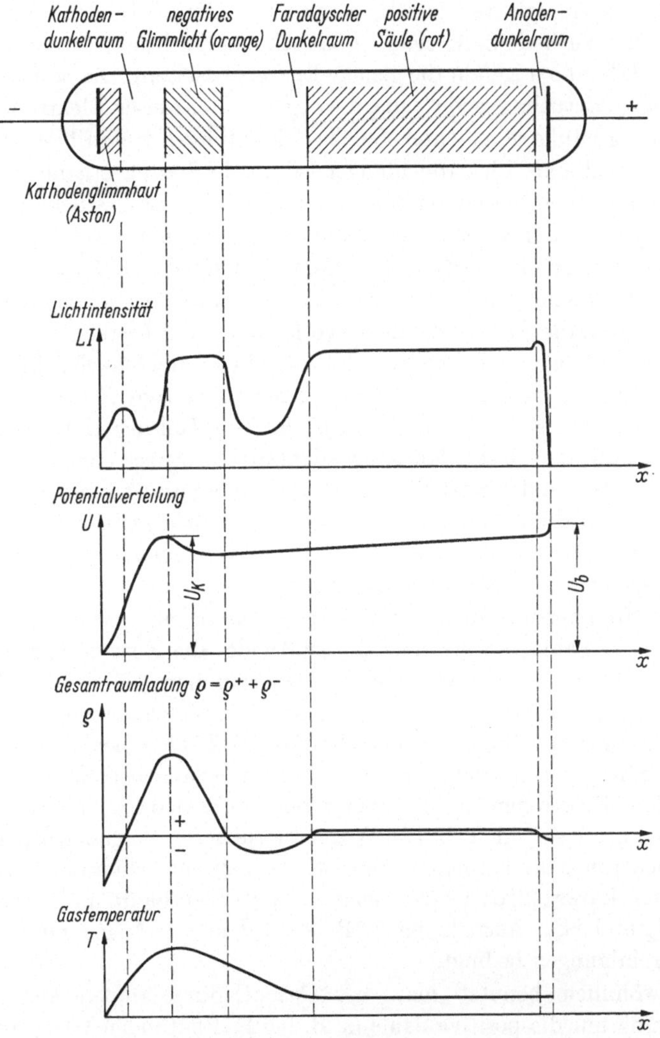

Abb. 150. Typische Gebilde einer Kaltkathoden-Glimmentladung.
Beispiel: Neonglimmröhre ($p = 1$ Torr, Strom $I = 10^{-4}$ A, $U_b \approx 500$ V).

Kathodendunkelraum (HITTORF, CROOKES) werden die von der Kathode kommenden Sekundärelektronen erneut beschleunigt, so daß ihre Energie im Bereich des *negativen Glimmlichts* zur abermaligen Ionisierung ausreicht (zweiter Ionisierungsbereich; dritte „Kathode"). Die dort entstehenden positiven Ionen wandern zur Kathode und neutralisieren dabei die negative Raumladung der Sekundärelektronen. Der auf das Glimmlicht folgende *Faradaysche Dunkelraum* unterscheidet sich vom Kathodendunkelraum dadurch, daß die Elektronen dort sehr verschiedene Geschwindigkeiten haben, während sie im Kathodendunkelraum wegen des Kathodenfalls einen praktisch „monochromatischen" Strahl bilden (d. h. alle ungefähr die gleiche Energie besitzen). Die *positive Säule* wirkt als „virtuelle Anode" und ist wegen stufenweiser Elektronenstoß- ionisierung häufig geschichtet. Solche Schichtungen treten besonders bei Gasen auf, die als Elektronenfänger wirkende Spuren organischer Verunreinigungen enthalten, da dann die neu gebildeten Gas-Sekundärelektronen jeweils nur kurze Strecken bis zu nächsten Ionisierung zurücklegen können. An die positive Säule grenzt der *Anodendunkelraum*, in dem wegen der Abstoßung der positiven Ionen und der Anziehung der Elektronen durch die Anode eine negative Raumladung besteht.

Ausdehnung und Intensität (d. h. die Lichtergiebigkeit) dieser verschiedenen Glimmentladungszonen hängen stark vom *Röhrenstrom* und vom *Druck* ab. Bei kleinem Strom ist nur ein Teil der Kathodenfläche mit Glimmlicht bedeckt. Mit steigendem Strom bedeckt das Glimmlicht immer mehr von der Kathodenoberfläche, wobei die Stromdichte an der Kathode und die Brennspannung konstant bleiben (Anwendung: Spannungsstabilisator). Mit zunehmendem Druck verschwinden Dunkelräume und negatives Glimmlicht in der Kathode und nur die positive Säule bleibt. Mit abnehmendem Druck wächst das negative Glimmlicht und die positive Säule verschwindet in der Anode; die Entladung zieht sich zu einem Ionen-[1] bzw. Elektronenstrahl[2] zusammen; bei weiterer Druckerniedrigung verschwinden schließlich alle Lichterscheinungen.

Das negative Glimmlicht und die positive Säule einer Gasentladung haben häufig verschiedene Farbe, weil die Weglängenspannung der anregenden Elektronen in den betreffenden Entladungsbereichen verschieden groß ist (vgl. Tab. 12). Wegen der höheren Weglängenspannung der Elektronen in Kathodennähe ist das negative Glimmlicht im allgemeinen kurzwelliger als das Licht der positiven Säule (z. B. bei Luft, Ne, N_2 und H_2); Ausnahmen (z. B. Ar, Cd und He) sind meist durch Verunreinigungen bedingt.

Gewöhnlich benutzt man bei Gasentladungslampen zur Lichterzeugung nur die positive Säule (z. B. bei Kaltkathoden-Leuchtröhren; vgl. Abb. 151a); das negative Glimmlicht wird dagegen nur bei lichtschwachen Lampen (z. B. Glimmlampen) verwendet. Nahezu beliebige

---

[1] Entladungsform der klassischen „Kanalstrahlenröhre" mit durchbohrter Kathode als Elektronenquelle.

[2] Entladungsform der klassischen „Kathodenstrahlröhre" mit kalter Scheibenkathode.

Tabelle 12

Farbe des negativen Glimmlichts und der positiven Säule für verschiedene Gase und Dämpfe. Im allgemeinen ist das Glimmlicht wegen der höheren Weglängenspannung kurzwelliger als die positive Säule. Ausnahmen: **Ar, Cd, He**

Gas	Negatives Glimmlicht	Positive Säule
Argon	blau	violett
Cadmium	rot	grünlichblau
Helium	blaßgrün	violett bis gelbrosa
Kalium	grün	grün
Luft	blau	rötlich
Natrium	weißlich	gelb
Neon	orange	blutrot
Quecksilber	gelblichweiß	grünlich
Sauerstoff	gelblichweiß	zitronengelb mit rosa Kern
Stickstoff	blau	rotgelb
Thallium	grün	grün
Wasserstoff	hellblau	rosa
Kohlenstoff	grünlichweiß	weiß
Kohlendioxyd	blau	weiß (**CO**!)

Abstufungen der Leuchtröhrenfarben erhält man, wenn der Röhrenkolben entweder aus Farbglas hergestellt, mit einem Farblackaufstrich versehen oder auf der Innenseite mit einer fluoreszierenden Substanz

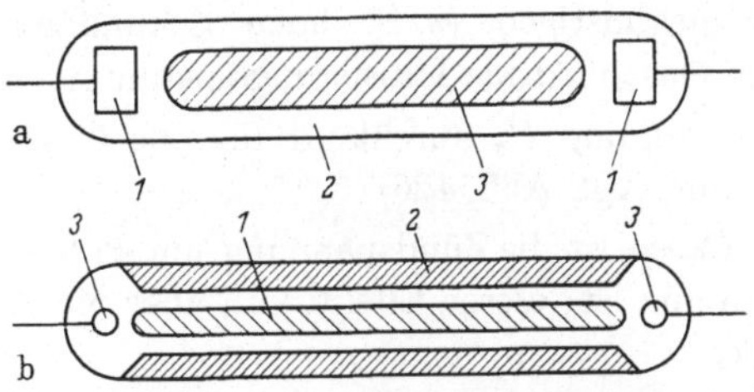

Abb. 151. a) Gasentladungslampe mit kalten Kathoden (Kaltkathoden-Neonleuchtröhre; $U_b \approx 2000\,\mathrm{V}$ Wechselspannung).

1 Ni-Zylinder (kalte Kathode); *2* **Ne** oder **He** ($p \approx 1$ Torr); *3* positive Säule.

b) Gasentladungslampe mit Glühkathode und Leuchtstoffschicht, welche die UV-Emission der positiven Säule in sichtbares Licht umwandelt („Tageslichtlampe"; $U_b = 200$ V).

1 **Hg**-Entladung ($p \approx 1$ Torr; erzeugt Linienspektrum vorwiegend im blauen und UV-Gebiet; *2* Leuchtstoffschicht (erzeugt kontinuierl. Spektrum ähnlich wie Tageslicht); *3* Glühkathode.

(z. B. Zinksilikat) belegt wird, oder wenn dem Glas Leuchtsubstanzen beigemischt werden, die als Lichtfrequenzwandler wirken („Tageslichtlampe", vgl. Abb. 151 b).

4. Gasfüllungen zur Stromleitung[1]

Die in einer Gasentladung neu gebildeten Elektronen und Ionen ermöglichen höhere Ströme als eine reine Elektronenentladung im Hochvakuum, und zwar durch:

a) Erzeugung von Trägerpaaren durch Elektronen-, Ionen- oder Molekülstoß auf Gasmoleküle;

b) Erzeugung von Elektronen durch Ionenstoß auf die Kathode: Entweder direkt infolge Sekundäremission (kalte Kathode) oder indirekt infolge Aufheizung (Glühkathode);

c) Aufhebung von negativen Raumladungswolken vor der Glühkathode.

Eine charakteristische Größe von Gasentladungsröhren ist die Zündspannung U_z, bei welcher der zwischen den Elektroden fließende (dunkle) „Vorstrom" in eine (leuchtende) Entladungsform wesentlich höherer Stromstärke (Glimmentladung) übergeht. Die Abhängigkeit der Zündspannung von den Röhrendaten sowie des vor und nach der Zündung fließenden Stroms von der Röhrenspannung (vgl. die Gasentladungs-Charakteristik, Abb. 127) wurde bereits in Kap. 1, Abschn. IX erläutert. Zusammenfassend kann man für die Zündspannung von Gasentladungsröhren folgende allgemeinen Regeln aufstellen:

a) Zündungsfördernd sind alle Effekte, welche die Bildung von Ladungsträgern begünstigen (z. B. hohe Sekundäremission an der Kathode oder im Gas; niedrige Ionisierungsspannung des Gases).

b) Die Zündspannung U_z durchläuft für alle Gase mit steigendem Druck ein Minimum (vgl. Abb. 126).

c) Bei *reinen Gasen* ist die Zündspannung um so höher, je größer die Ionisierungsspannung ist; dieser Effekt wird aber oft durch Verunreinigungen überdeckt.

d) Bei *Gasgemischen* wird die Zündspannung gegenüber derjenigen des (im Überschuß vorhandenen) „Hauptgases" erniedrigt, wenn die Ionisierungsspannung des Zusatzgases kleiner ist als die minimale Anregungsspannung des Hauptgases. Zusätze von unedlen Gasen zu Edelgasen erhöhen dagegen die Zündspannung, weil die unedlen Gase meist als Elektronenfänger wirken.

Unter dem Gesichtspunkt der Stromleitung wählt man für *gasgefüllte* Röhren meist Edelgase, weil sie chemisch indifferent sind, eine geringe „Gasaufzehrung" zeigen (vgl. Kap. 2, Abschn. III,C) und in einem weiten Druckbereich trotz relativ hoher Ionisierungsspannung

---

[1] Vgl. hierzu Kap. 1, Abschn. IX: „Teilchenströme in Gasentladungsstrecken".

(15 bis 24 V) eine niedrige Zündspannung ergeben. Für *dampfgefüllte* Röhren verwendet man meist Quecksilberdampf, weil der Füllvorgang sehr einfach ist und weil sich der Hg-Dampfdruck durch Anwendung noch relativ niedriger Temperaturen (20 bis 360°C) zwischen 0,002 und 760 Torr einstellen läßt; außerdem hat Hg eine relativ niedrige Ionisierungsspannung ($U_i = 10{,}4$ V).

Bei Röhren mit *Dampf*füllung (z. B. Hg, Na oder Cd) ist der Sättigungsdruck des Dampfes bei Zimmertemperatur und niedrigen Spannungen gewöhnlich zu klein zur Zündung. Daher wird dem Dampf meist eine Edelgasfüllung von einigen Torr (z. B. Ar oder Ne) beigefügt, welche die Zündung einleitet und bis zum Heißwerden der Röhre die Stromleitung übernimmt. Diese Art der Zündung hat allerdings den Nachteil, daß die Brennspannung der Röhre infolge stärkerer Kühlung durch das Edelgas erhöht wird (vgl. Abb. 152); daher nimmt man als Zusatzgas Ar oder Ne und nicht He oder H_2 (vgl. Tab. 9).

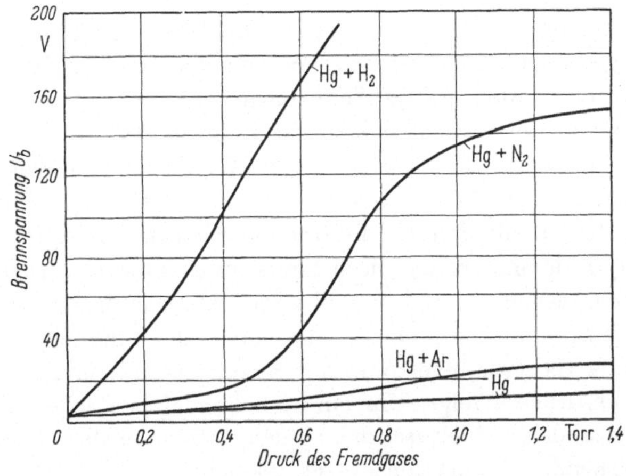

Abb. 152. Brennspannung U_b eines Hg-Lichtbogens in Abhängigkeit vom Druck verschiedener Fremdgase. Die Brennspannung wird durch die starke Kühlwirkung der Fremdgaszusätze erhöht (vgl. [*12*]).

C. Gewinnung und Reinigung der Füllgase für Entladungsgeräte

1. Edelgase

a) Gewinnung. Die Edelgase werden durch Kondensation und fraktionierte Destillation der Luft, das Helium außerdem durch Erhitzung von Mineralien (Monazit, Thorianit) und aus natürlichen Gasquellen gewonnen. Helium und Neon bleiben infolge ihrer niedrigen Siedepunkte (vgl. Tab. 13) bis zuletzt unkondensiert als Gasgemisch übrig („leichte Fraktion"). Wird die gewonnene flüssige Luft allmählich erwärmt, so fallen entsprechend den verschiedenen Siedepunkten ihrer Komponenten nacheinander die „mittlere" (N_2, Ar, O_2) und die „schwere" Grundfraktion (Kr, Xe) aus.

Tabelle 13

Siedepunkte der in Luft enthaltenen Gase

Gasart	He	Ne	N_2	Ar	O_2	Kr	Xe
Gasmenge [in % des ganzen Luftvolumens]	0,0005	0,0018	78,0	0,932	21,0	0,0001	0,00001
Siedepunkt [°C] (bei 760 Torr)	-269	-246	-196	-186	-183	-152	-109
Grundfraktionen der flüssigen Luft	„leichte"		„mittlere"			„schwere"	

b) Reinigung. Zur Verwendung in Entladungsröhren müssen die Edelgase gereinigt, d. h. insbesondere von den unedlen Restgasen N_2 und O_2 befreit werden. Für größere Gasmengen und mittlere Reinheitsanforderungen verwendet man dazu die *Bornsche Zelle*, ein kugelförmiges Glasgefäß, in welchem zwischen zwei Ca-Elektroden bei 15 Torr Betriebsdruck eine Bogenentladung brennt. Der dabei entstehende Ca-Dampf bildet mit den zu entfernenden Verunreinigungen Karbide, Nitride, Hydride und Oxyde, die sich auf der Gefäßwand niederschlagen. Für kleinere Gasmengen und hohe Reinheitsanforderungen benutzt man die *Gehlhoff-Schröter-Zelle*, bei der die chemische Bindung der unedlen Gase in einer Gasentladungsröhre mit K- oder Na-Kathode und einigen Torr Betriebsdruck erfolgt. Um ein so behandeltes Edelgas auch noch von Spuren anderer Edelgase zu befreien, läßt man das Gemisch über selektiv wirkende „Absorptionsmittel" streichen.

Die *Reinheitsprüfung* der Edelgase geschieht durch Beobachtung der Spektrallinien mit einem Handspektroskop oder durch Aufnahme der Strom-Spannungs-Kennlinie, aus der sich Rückschlüsse auf die Reinheit des Füllgases ziehen lassen. Das *Füllen* von Entladungsröhren mit Edelgasen aus dem Vorratsgefäß erfolgt über Hahnschleusen oder durch elektrisch gesteuerte Hg- oder Bimetall-Ventile. Vor der Füllung ist allerdings vollständige Entgasung der Röhre und Formierung ihrer Kathode erforderlich.

Bei der Verwendung von Helium als Füllgas ist zu beachten, daß dieses relativ stark durch Quarz, Porzellan und Glas diffundiert. (Die He-Druckerhöhung in Hartglas-Hochvakuumröhren beträgt z. B. $\approx 1 \cdot 10^{-9}$ Torr/Woche). Die Diffusion von Edelgasen durch Metalle ist dagegen praktisch vernachlässigbar.

2. Unedle Gase und Dämpfe

a) Wasserstoff. Wasserstoff aus Stahlflaschen ist meist mit H_2O-Dampf und O_2 verunreinigt. Für Entladungsgeräte ist daher die Herstellung durch Elektrolyse oder mit einem Palladiumröhrchen (vgl. Abb. 153a) vorzuziehen, durch das der Wasserstoff aus einer Alkoholflamme selektiv in die angeschlossene Röhre eindiffundiert. In Abb. 153b ist für verschiedene Metalle die eindiffundierende Wasserstoffmenge in Abhängigkeit von der Temperatur dargestellt.

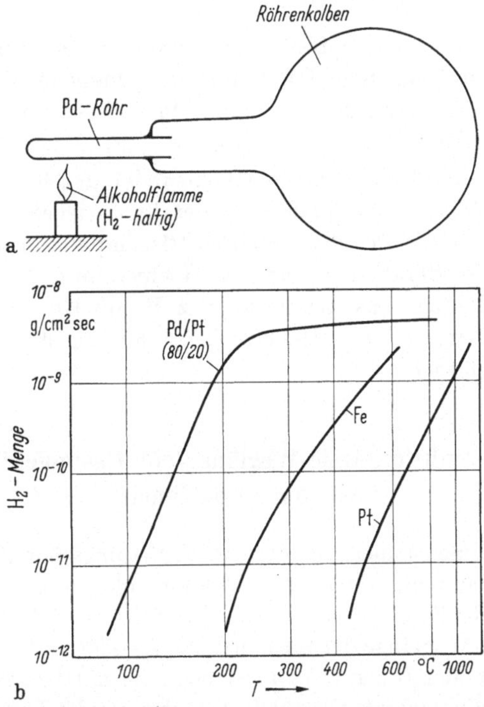

Abb. 153. a) Selektive Diffusion von Wasserstoff aus einer Alkoholflamme durch ein Palladiumrohr in den Röhrenkolben; b) Diffusion von Wasserstoff bei 760 Torr Überdruck durch verschiedene Metalle in Abhängigkeit von der Temperatur (vgl. [12]).

Schwerer Wasserstoff (Deuterium $[_1H^2]$ für Teilchenbeschleuniger zur Herstellung von Isotopen) wird durch Anreicherung von D_2O aus H_2O + + 0,01% D_2O in langsamer Elektrolyse gewonnen. (Elektrolytisch abgeschiedener Wasserstoff enthält drei- bis zehnmal weniger Deuterium als der Elektrolyt). Aus dem schweren Wasser (D_2O) wird anschließend das Deuterium durch Elektrolyse (z. B. direkt am Zyklotron) ausgeschieden [14]. Tritium ($_1H^3$) kann im Reaktor durch Beschuß von $_3Li^6$ mit Neutronen hergestellt werden: $_3Li^6 + _0n^1 \rightarrow _2He^4 + _1H^3$.

b) Sauerstoff. Der aus flüssiger Luft gewonnene, in Stahlflaschen abgefüllte Sauerstoff ist meist bereits ohne weitere Reinigung als Füllgas für Entladungsröhren geeignet, da er nur noch Spuren von CO_2, H_2O, N_2 und Edelgasen enthält. In kleineren Mengen und sehr reiner Form kann man den Sauerstoff durch Elektrolyse, Erhitzen von Kaliumpermanganat oder mittels (selektiver) Diffusion durch ein erhitztes Silberrohr aus einem Vorratsgefäß herstellen.

c) Stickstoff. In Stahlflaschen abgefüllter, aus flüssiger Luft gewonnener Stickstoff ist bereits relativ rein (99%ig) und daher als Füllgas geeignet.

d) Dämpfe. Metalldampffüllungen werden meist durch Erhitzung des in die Röhre eingebrachten festen oder flüssigen Metalls erzeugt. Technisch verwendet werden vor allem Hg und Na, für Spezialzwecke auch Cd, K, Li, Rb und Cs.

Das *Füllen* der Röhren geschieht entweder durch Destillation aus einem an die Röhre angeschmolzenen Metallvorratsbehälter oder durch Einführung einer mit Destillat gefüllten Glasampulle in die Röhre. Bei Röhren mit Oxydkathoden, die im Hochvakuum formiert werden müssen, wird die (zunächst geschlossene, z. B. mit Hg gefüllte) Ampulle nach der Formierung durch Hochfrequenzerhitzung oder auf mechanischem Wege geöffnet.

D. Die mittlere freie Weglänge von Gasmolekülen, Elektronen und Ionen

Bei der Dimensionierung von Gasentladungsröhren, elektronenoptischen Entladungsgeräten oder Vakuumanlagen ist es oft zweckmäßig, statt mit der Konzentration n des Füll- bzw. Restgases mit der mittleren freien Weglänge der Gasmoleküle (λ_g) oder im Gas vorhandener Elektronen (λ_e) oder Ionen (λ_i) zu rechnen. Die mittlere freie Weglänge ist die *im Mittel* von einem Gasteilchen, Elektron oder Ion zwischen zwei Zusammenstößen zurückgelegte Wegstrecke. Ihr Zusammenhang mit der Gaskonzentration n ergibt sich aus dem Gesetz der Weglängenverteilung nach CLAUSIUS [s. Gl. (127)].

1. Definition der mittleren freien Weglänge aus dem Gesetz der Weglängenverteilung

Wird eine Gasschicht (Dicke dx, Fläche F, Gaskonzentration n), deren Moleküle (Gesamtzahl z, Molekülradius r_2) zunächst als ruhend angenommen werden, von einem Molekularstrahl (Querschnitt F, Molekülradius r_1) durchsetzt (vgl. Abb. 154a), so können Zusammenstöße zwischen zwei Molekülen immer nur dann stattfinden, wenn deren Begegnung innerhalb der (zur Molekularstrahlrichtung senkrecht liegenden) Fläche

$$Q_w = (r_1 + r_2)^2 \pi \tag{177}$$

erfolgt (vgl. Abb. 154b). Q_w bezeichnet man als „Stoß-" oder „Wirkungsquerschnitt" der Moleküle in der Gasschicht[1].

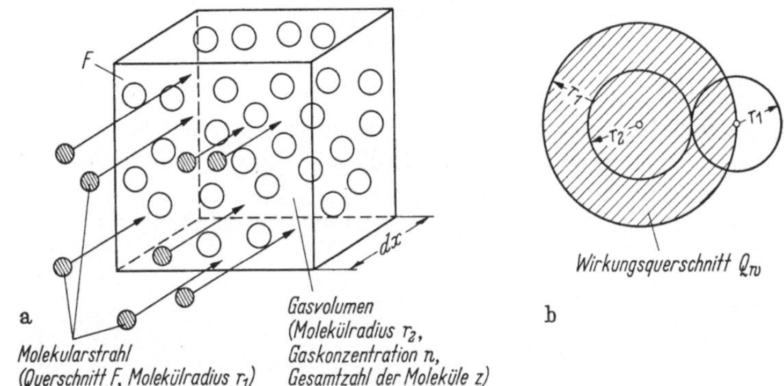

Abb. 154. a) Ausschnitt aus einer Gasschicht der Dicke dx, die von einem Molekularstrahl durchsetzt wird; b) Definition des gaskinetischen Wirkungsquerschnitts Q_W.

Die Wahrscheinlichkeit für das Aufeinandertreffen zweier Moleküle innerhalb dieses Querschnitts Q_w ist $w =$ Summe aller Stoßquerschnitte/ Gesamtfläche F: $w = zQ_w/F$. Von N Teilchen des Molekularstrahls werden daher in der Gasschicht $dN = -wN = -zQ_w N/F$ Moleküle durch Stöße aus ihrer Flugrichtung abgelenkt und scheiden aus dem Strahl aus. Mit $z = nF\,dx$ wird $dN/N = -nQ_w\,dx$ oder durch Integration:

$$N = N_o e^{-(nQ_w x)} = N_o e^{-\alpha x}. \tag{178}$$

Die Zahl N_o der ein Gas durchdringenden Teilchen nimmt also exponentiell mit der zurückgelegten Wegstrecke ab. Dieses *Absorptionsgesetz* gilt ganz allgemein für beliebige Strahlung (z. B. auch für Licht-, Röntgen- oder Kathodenstrahlung) in Gasen, Flüssigkeiten und Festkörpern, wenn anstelle von N und N_o die jeweiligen Strahlungsintensitäten eingesetzt werden. Der „Absorptionskoeffizient" α ist für Gase: $\alpha = n \cdot Q_w$, d. h. gleich der Summe der Wirkungsquerschnitte pro Volumeneinheit.

---

[1] Nach Gl. (177), die auf Grund obiger Annahme eine Vereinfachung darstellt, hängt Q_w nur von den Radien der Stoßpartner ab. In Wirklichkeit ist Q_w jedoch wegen der ungeordneten thermischen Bewegung der gestoßenen Moleküle auch von der Geschwindigkeit der stoßenden und gestoßenen Teilchen abhängig.

Zwischen α und der mittleren freien Weglänge λ_g von Gasmolekülen besteht die Beziehung[1]:

$$\lambda_g = \frac{1}{\alpha} = \frac{1}{n Q_w}. \tag{179}$$

Damit geht Gl. (178) in Gl. (127) (Gesetz der Weglängenverteilung nach CLAUSIUS) über (siehe S. 162):

$$\frac{N}{N_o} = e^{-x/\lambda_g}. \tag{127}$$

Diese Gleichung gibt den Bruchteil N/N_o von N_o (bei $x = 0$) gleichzeitig gestarteten Teilchen an, die in einem Gas der Konzentration $n = 1/\lambda_g Q_w$ eine Strecke x ohne Kollision durchlaufen können (vgl.

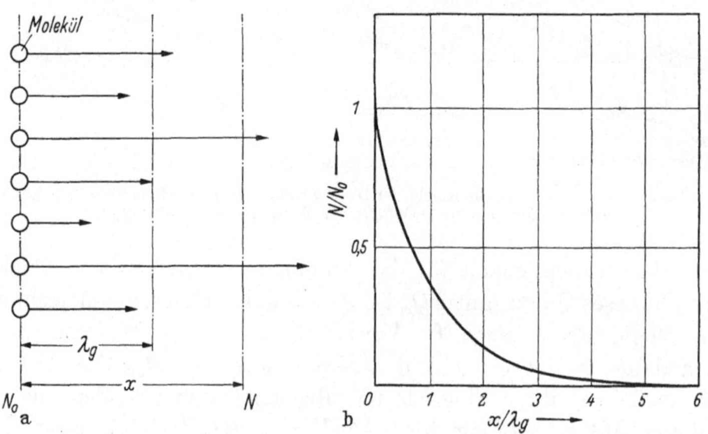

Abb. 155a u. b. Verteilung der freien Weglängen x von Molekülen in einem Gas.

a) Freie Weglängen von Molekülen, die an der Stelle $x = 0$ starten und die gleiche Flugrichtung haben; b) Verteilungskurve für die freien Weglängen nach dem Gesetz von CLAUSIUS.

Abb. 155a). λ_g ist demnach diejenige Wegstrecke, auf der die Zahl der Teilchen von N_o auf $N_o/e = N_o/2{,}718$ abnimmt. Die Verteilungskurve $N/N_o = f(x)$ (Abb. 155b) zeigt, daß nur 40% aller Moleküle eine Strecke $x > \lambda_g$, jedoch 5% eine Strecke $x > 3\lambda_g$ durchlaufen können.

---

[1] Diese Beziehung ergibt sich daraus, daß λ_g identisch ist mit der Summe S der von allen (N_0) Teilchen des Molekularstrahls durchlaufenen Wegstrecken, dividiert durch die Gesamtzahl N_0 der Teilchen: $\lambda_g = S/N_0$. Da zwischen x und $x + dx$ $dN = \alpha N \, dx = \alpha N_0 e^{-\alpha x} \, dx$ Teilchen mit Gasmolekülen zusammenstoßen, ist der von diesen Teilchen insgesamt zurückgelegte Weg $dS = x \alpha N_0 e^{-\alpha x} \, dx$. Daher wird $S = \int_0^\infty \alpha N_0 x e^{-\alpha x} \, dx = N_0/\alpha$; aus $\lambda_g = S/N_0$ folgt $\lambda_g = 1/\alpha$ [5].

2. Berechnung aus Wirkungsradius und Konzentration

Aus Gl. (177) und (179) ergibt sich für die mittlere freie Weglänge der Teilchen des Molekularstrahls: $\lambda_g = 1/n\pi(r_1 + r_2)^2$. Dabei ist vorausgesetzt worden, daß die Moleküle der Gasschicht sich nicht bewegen. Wird jedoch die thermische Bewegung der Gasmoleküle (bei Maxwellscher Geschwindigkeitsverteilung) berücksichtigt, so wird λ_g um den Faktor $\sqrt{2}$ verkleinert [6]:

$$\lambda_g = \frac{1}{\sqrt{2}\,\pi n\,(r_1 + r_2)^2}. \tag{180}$$

Mit Hilfe dieser bzw. Gleichung (179) lassen sich drei Fälle unterscheiden:

a) *Moleküle* in einem Gas ($r_1 = r_2 = r$):

$$\lambda_g = \frac{1}{4\sqrt{2}\,\pi n\,r^2}. \tag{180a}$$

Diese Gleichung gilt unabhängig von der Bewegungsrichtung des stoßenden Teilchens, da die Stoßwahrscheinlichkeit ebenfalls von der Bewegungsrichtung unabhängig ist.

b) *Ionen* in einem Gas ($r_1 = r_2 = r$):
Da die Geschwindigkeit v_i von Ionen in Entladungsröhren (infolge der angelegten Spannung) meist wesentlich höher als die mittlere Geschwindigkeit v_m der Gasmoleküle ist (vgl. Tab. 7), können diese gegenüber den Ionen angenähert als ruhend betrachtet werden. Daher gilt nach Gl. (179):

$$\lambda_i = \frac{1}{4\pi n r^2} = \sqrt{2}\,\lambda_g. \tag{180b}$$

c) *Elektronen* in einem Gas ($r_1 \ll r_2 = r$):

Auch für die Elektronengeschwindigkeit v_{el} gilt meist $v_{el} \gg v_m$, so daß die Gasmoleküle in Entladungsröhren gegenüber den Elektronen angenähert als ruhend betrachtet werden können. Mit $r_1 \ll r_2$ ergibt sich aus Gl. (179):

$$\lambda_e = \frac{1}{\pi n r^2} = 4\sqrt{2}\,\lambda_g. \tag{180c}$$

In diesen Gleichungen ist r der „gaskinetische Wirkungsradius" der Moleküle. Er hängt von der Gasart und (wegen der thermischen Bewegung der Gasmoleküle) von der Molekülgeschwindigkeit (d. h. von der Gastemperatur) ab und ist deshalb nicht identisch mit dem Molekülradius r_g. Die Temperaturabhängigkeit von r wird durch die Sutherlandsche Formel beschrieben:

$$r = r_\infty \sqrt{1 + T_v/T} \tag{181}$$

(r_∞ = Wirkungsradius bei unendlich hoher Temperatur; T_v [= 20 bis 300 °K] = Sutherlandsche Konstante). Wegen Gl. (181) nimmt in einer abgeschlossenen Entladungsröhre λ_g trotz n = const mit wachsender

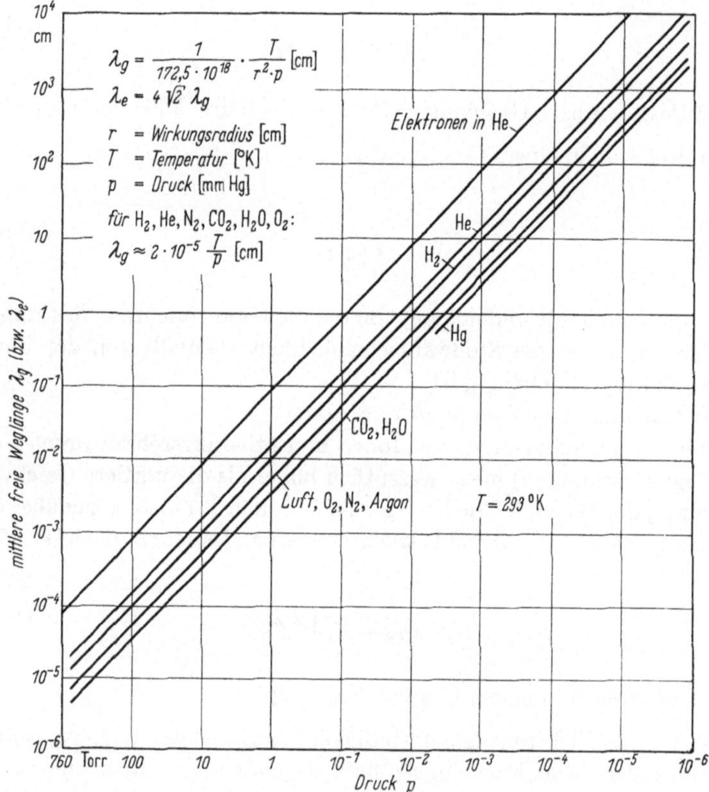

Abb. 156. Mittlere freie Weglänge von Elektronen (λ_e) und Gas- bzw. Dampfmolekülen (λ_g) abhängig vom Druck p bei Zimmertemperatur.

Temperatur zu. In Tab. 9 (S. 215) sind die aus Viskositäts-, Wärmeleitungs- und Diffusionsuntersuchungen gewonnenen Mittelwerte von r (nach JEANS) für Zimmertemperatur zusammengefaßt.

In den Gl. (180b) und (180c) hängt r und damit Q_w außer von der Gastemperatur und Gasart auch von der Geschwindigkeit (d. h. von der Beschleunigungsspannung U) der Ionen bzw. Elektronen ab. Zur genauen Berechnung von λ_i bzw. λ_e muß man daher Gl. (179) verwenden, vorausgesetzt, daß der Verlauf der Kurve $Q_w = f(U)$ bekannt ist (Q_w ist in diesem Fall der Wirkungsquerschnitt der Gasmoleküle gegen die Elektronen bzw. Ionen). Da dies aber noch nicht für alle Gase und Teilchengeschwindigkeiten der Fall ist, begnügt man sich in der Praxis meist mit den Gl. (180a—c).

Mit Berücksichtigung von Gl. (173a) ergibt sich aus Gl. (180a):

$$\lambda_g = \frac{1}{1{,}73 \cdot 10^{20}} \frac{T}{r^2\, p} \; [\text{cm}] \; (T \text{ in } °\text{K}, \; p \text{ in Torr}, \; r \text{ in cm}). \qquad (182)$$

In Abb. 156 ist die durch diese Gleichung beschriebene Abhängigkeit der mittleren freien Weglänge λ_g vom Gasdruck p für Zimmertemperatur (293 °K) dargestellt.

Für die leichteren Gase (H_2, He, Ar, N_2, O_2, Luft und H_2O) kann $r \approx 1{,}7 \cdot 10^{-8}$ cm gesetzt werden. Mit diesem Wert erhält man eine für Überschlagsrechnungen häufig verwendete Formel für λ_g:

$$\lambda_g \approx 2 \cdot 10^{-5} \frac{T}{p} \; [\text{cm}] \; (T \text{ in } °\text{K}, \; p \text{ in Torr}). \qquad (182a)$$

3. Experimentelle Bestimmung der mittleren freien Weglänge von Elektronen und Ionen

a) Elektronen. Die mittlere freie Weglänge (λ_e) von Elektronen läßt sich angenähert aus der Länge d_k des Fallraums vor der kalten Kathode einer Gasentladungsröhre ermitteln; es ist $\lambda_e \approx d_k$. Da man aus λ_e nach Gl. (182) und (180c) auf den Röhrendruck schließen kann, wird diese Methode häufig zur relativen Druckmessung in zerlegbaren Entladungsröhren angewandt.

b) Ionen. Die mittlere freie Weglänge (λ_i) von Ionen kann durch den Versuch von FRANCK und HERTZ [4] bestimmt werden: Im Raum A der Versuchsröhre (vgl. Abb. 157) werden durch Elektronenstoß positive Ionen gebildet, die im angelegten elektrischen Feld eine Energie zwischen Null und 40 eV erhalten. Mit dieser Energie treten sie durch das linke (erste) Gitter in den feldfreien Zwischengitterraum ein und finden nach Passieren des rechten Hilfsgitters ein Bremsfeld vor. Auf Grund dieses Felds können nur Ionen mit Energien zwischen 38 und 40 eV den Kollektor K erreichen. Alle Ionen, die Zusammenstöße und damit eine Geschwindigkeitsminderung erfahren haben, kehren vor dem Kollektor um. Aus zwei Werten I_1 und I_2 des Ionenstroms, die bei zwei verschiedenen Abständen x_1 und x_2 zwischen Kollektor und Ionenquelle gemessen

werden, läßt sich nach dem Gesetz der Weglängenverteilung [Gl. (127)]
die mittlere freie Weglänge λ_i der Ionen berechnen:

$$\lambda_i = \frac{x_2 - x_1}{\ln \dfrac{I_2}{I_1}} \qquad (183)$$

(I_1 = Strom bei der Laufstrecke x_1, I_2 = Strom bei der Laufstrecke x_2).
Für $p = 10^{-3}$ Torr liegt λ_i für gebräuchliche Füllgase zwischen 3 und
14 cm, wird also mit den Gefäßdimensionen vergleichbar.

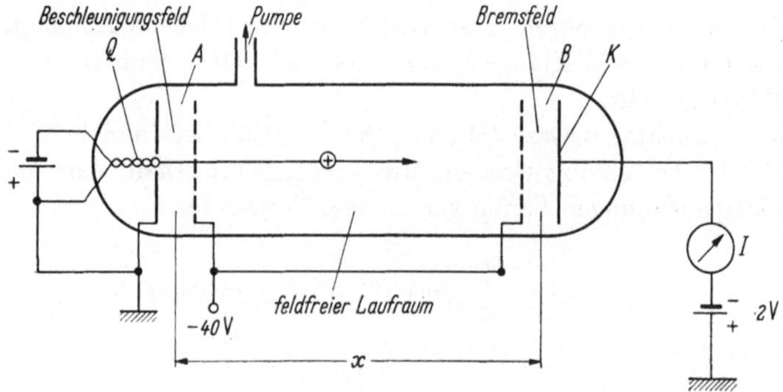

Abb. 157. Apparatur zur Bestimmung der mittleren freien Weglänge λ_i von Gasionen nach FRANCK
und HERTZ [4].

A, B = gegeneinander verschiebbare Elektrodensysteme; Q = glühende Pt-Drahtspirale
(H_2-Ionenquelle).

4. Dimensionierung von Entladungsgeräten und Vakuumanlagen auf Grund der mittleren freien Weglänge

a) Strömungswiderstand von Vakuumleitungen. Die mittlere freie
Weglänge der Gasmoleküle hat einen wesentlichen Einfluß auf den
Strömungswiderstand W von Vakuumleitungen (vgl. Abschn. VI). Für
$\lambda_g \ll 2R$ ($2R$ = Durchmesser der Vakuumleitung) wird der Strö-
mungswiderstand hauptsächlich durch Reibung der Gasmoleküle unter-
einander (Fall der inneren Reibung; „Poiseuillesche Strömung"), für
$\lambda_g \gg 2R$ dagegen vorwiegend durch Reibung der Gasmoleküle an den
Leitungswänden hervorgerufen (Fall der äußeren Reibung; „Knudsen-
Strömung").

b) Hittorfscher Umwegeffekt. Der Hittorfsche Umwegeffekt (vgl.
Abb. 158) liefert ein Kriterium für die mittlere freie Weglänge λ_e von
Elektronen. Während nämlich die Entladung bei $\lambda_e < d$ in der Haupt-
röhre stattfindet (d = Elektrodenabstand in der Hauptröhre), schlägt

gie bei $\lambda_e > d$ auf die Umwegleitung über, da in letzterem Fall nur dort se nügend ionisierende Stöße zur Aufrechterhaltung der Entladung möglich sind.

c) Isolation von Elektroden im Vakuum (durch Wahl von $\lambda_e > d$). Aus dem Hittorfschen Umwegeffekt folgt, daß zwischen zwei im Abstand d voneinander entfernten Scheibenelektroden (vgl. Abb. 159) im Vakuum nur dann eine Entladung längs der Strecke d stattfinden kann, wenn $\lambda_e < d$ ist. Wird diese Bedingung nicht erfüllt (ist also $\lambda_e > d$), so wählt

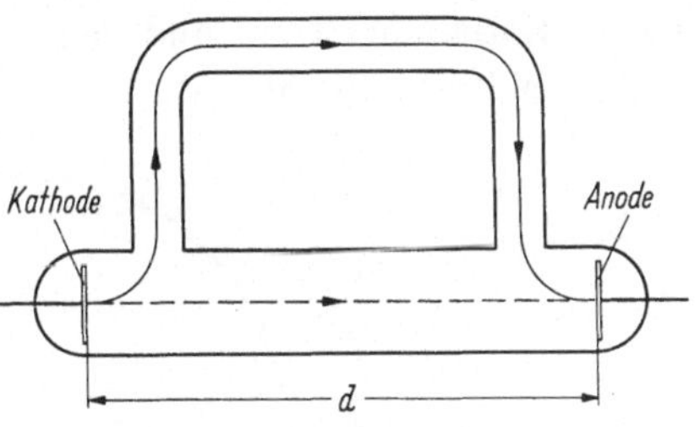

Abb. 158. Gasentladungsröhre zur Demonstration des Hittorfschen Umwegeffekts.

- - - - - : Entladungsweg für $\lambda_e < d$;

———— : Entladungsweg für $\lambda_e > d$;

(λ_e = mittlere freie Weglänge der Elektronen).

die Entladung den längeren, „außenherum" führenden Entladungsweg. Der Raum zwischen den Platten wirkt dann wie ein Isolator. Daraus ergibt sich als Konstruktionsvorschrift für gasgefüllte Röhren, daß der Abstand zweier Elektroden, zwischen denen keine Entladung statt-

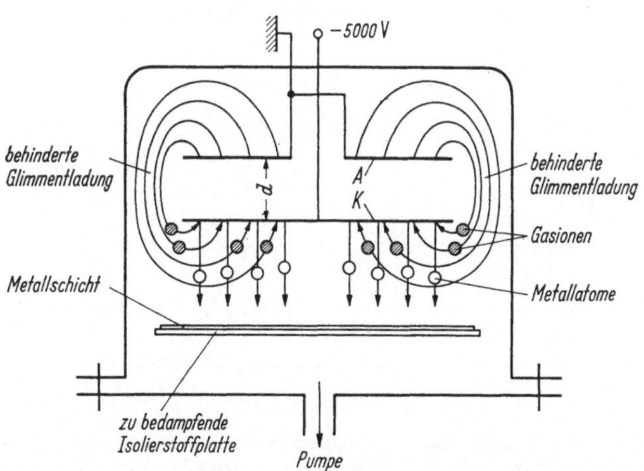

Abb. 159. Kathodenzerstäubungsanlage (Metallverdampfung mittels Ionenaufprall auf die Kathode).

finden soll, stets *kleiner* als die durch den Gasdruck gegebene mittlere freie Weglänge λ_e der Elektronen sein muß.

Die durch $\lambda_e > d$ bedingte Entladungsform (vgl. Abb. 159) nennt man „behinderte Glimmentladung". Sie wird z. B. bei Kathodenzerstäubungsanlagen angewandt. Dort werden aus der Kathode durch Ionenaufprall Metallatome herausgeschlagen (Metallverdampfung durch

Kathodenzerstäubung); diese schlagen sich auf Grund ihrer kinetischen Energie auf einer unterhalb der Kathode angeordneten, zu bedampfenden Platte (z. B. eine Isolierstoffplatte) nieder. Die verdampfte Metallmenge ist dem Entladungsstrom und dem Kathodenfall proportional. Relativ leicht zerstäuben Bi, Sb, As, Tl, Ag und Au, schwer dagegen (infolge

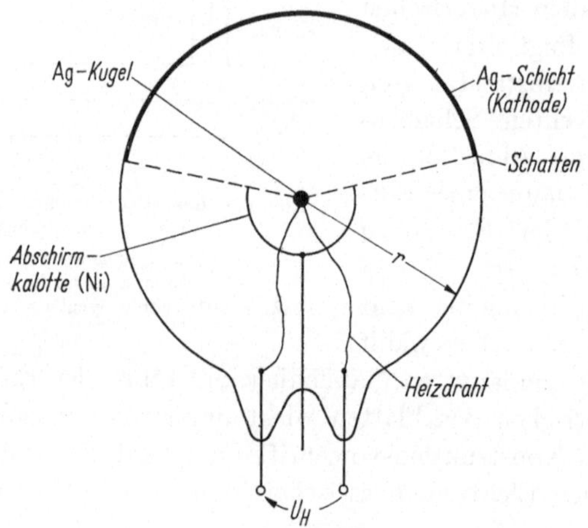

Abb. 160. Herstellung der Kathode in einer Photozelle durch Ag-Dampfniederschlag.

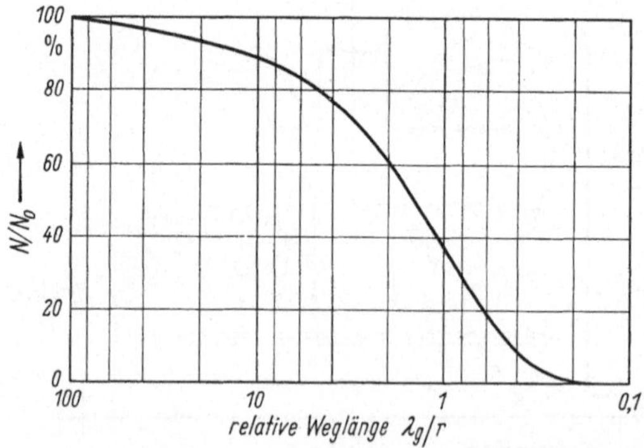

Abb. 161. Clausiussche Verteilungskurve in halblogarithmischer Darstellung (zur bequemeren Ablesung der N/N_0-Werte in einem relativ weiten Druckbereich).

ihrer Oxydhaut): Ta, Cr und Al. Zur Vermeidung der Zerstäubung werden daher Kaltkathoden von Entladungsröhren häufig aus Al hergestellt.

d) Konturenschärfe von Metalldampfniederschlägen im Vakuum. Ein Kriterium für die Größenordnung von λ_g und damit vom Druck p in einer gasgefüllten Röhre liefert die Konturenschärfe eines Metalldampfniederschlags. Abb. 160 zeigt als Beispiel eine Photozelle, deren Kathode durch Verdampfung einer Silberkugel und Bildung eines Silberniederschlags auf dem Röhrenkolben hergestellt wird. Zur Begrenzung der Kathodenfläche wird die Silberkugel mit einer Kalotte teilweise abgedeckt. Es ergibt sich:

α) ein scharfer Schatten der Kalotte, wenn $\lambda_{Ag} \gg r$ (r = Radius des Glaskolbens); der Druck ist in diesem Fall relativ niedrig ($p < 10^{-5}$ Torr; „Lochkamera-Moleküloptik");

β) ein unscharfer Schatten, wenn $\lambda_{Ag} \approx r$ ($p \approx 10^{-5} \ldots 10^{-3}$ Torr);

γ) eine Bedeckung der ganzen Glaskugel, wenn $\lambda_{Ag} \ll r$ (relativ hoher Druck, $p > 10^{-3}$ Torr).

e) Wahl der mittleren freien Weglänge bei Verdampfungsanlagen. Aus dem in Abb. 160 dargestellten Beispiel folgt, daß bei technischen Verdampfungsanlagen die mittlere freie Weglänge der verdampfenden Metallatome einen bestimmten Mindestwert nicht unterschreiten darf, damit scharfe Konturen entstehen. Diesen Mindestwert erhält man aus der Clausiusschen Verteilungskurve, die wegen der bequemeren Ablesung häufig halblogarithmisch in der Form $N/N_o = f(\log [\lambda_g/r])$ dargestellt wird (r = Gefäßradius) (vgl. Abb. 161). Die Bedingung für scharf begrenzte Metallniederschläge (d. h. „optische Ausbreitung" der Metalldampfstrahlen) lautet: $\lambda_g/r > 10$, d. h. $N/N_o > 80\%$. In diesem Fall werden höchstens 20% der Metallatome durch Zusammenstöße mit Gasmolekülen aus ihrer Flugrichtung abgelenkt.

E. Dissoziation zweiatomiger zu einatomigen Gasen bei hohen Temperaturen

Alle bisherigen Betrachtungen über die Eigenschaften der Gase und Dämpfe gelten nur, solange deren chemische Zusammensetzung während einer Entladung unverändert bleibt. Bei zweiatomigen Gasen und hohen

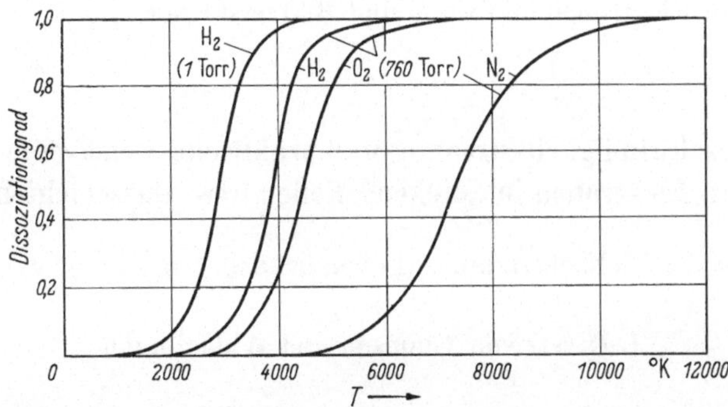

Abb. 162. Dissoziation zweiatomiger zu einatomigen Gasen bei hohen Temperaturen.
Beispiel: Für H₂ und 760 Torr liegt der Zerfallsbeginn bei 2000°K, für 1 Torr bei 1200°K; die Temperaturen, bei denen die Hälfte aller H₂-Moleküle dissoziiert ist, betragen 3800°K (760 Torr) bzw. 3000°K (1 Torr). (Vgl. [11]).

Temperaturen (z. B. in einer H_2-Bogenentladung) ist dies wegen der thermischen Dissoziation der zweiatomigen zu einatomigen Gasen nicht mehr der Fall (vgl. Abb. 162). Die zur Dissoziation notwendige Energie wird bei Vereinigung der Gasatome zu zweiatomigen Molekülen wieder frei. Dies wird z. B. beim Arcatom-Schweißverfahren technisch ausgenutzt, bei dem in einer H_2-Bogenentladung das H_2 zunächst zu H dissoziiert, dann aber am zu schweißenden kälteren Metallstück wieder zu H_2 wird und dabei das Metall stark erhitzt.

II. Wechselwirkung von Elektronen mit Festkörpern

Trifft ein Elektronenstrahl auf einen Festkörper (z. B. auf eine Metallfolie), so können aus diesem je nach der Elektronenenergie Sekundärelektronen (vgl. Kap. 1, Abschn. III, B) oder Röntgenstrahlen (vgl. Kap. 1, Abschn. V, B, 1) ausgelöst werden. Der energetische Wirkungsgrad ist dabei stets sehr gering (Größenordnung 1%). Dies bedeutet, daß die überwiegende Mehrheit der Elektronen ihre Energie im Festkörper durch Streuungs- und Absorptionsprozesse verliert.

Die Wechselwirkung von Elektronen mit Festkörpern spielt für Herstellung und Betrieb von zahlreichen Elektronengeräten eine wichtige Rolle, zum Beispiel: Bei der Elektronenbestrahlung zur Entgasung von Metallen, der elektrischen Schwärzung photographischer Schichten, Verfärbungsprozessen, der elektronenerregten Leitfähigkeit, der elektrischen Sterilisation, Radiographie sowie -therapie und Schädigung durch β-Strahlen; ferner bei Röntgenanoden, Leucht- und Ladungsspeicherschirmen, strahlungserregten Batterien („Atombatterien"), Elektronenfenstern (für Teilchenbeschleuniger, Zählrohre und β-Präparate) sowie beim Elektronenmikroskop und Bildverstärker.

A. Geschwindigkeitsstreuung und praktische Reichweite R_e von Elektronen in „dicken" Folien bzw. Gasschichten

(Gebiet der Vielfachstreuung; Foliendicke $d \leq R_e$; $1\,\mu < d < 6\,\mu$)

1. Gesetz von Thomson und Whiddington

Ein ursprünglich „monochromatischer" Elektronenstrahl (Energie eU_o) zeigt nach Passieren einer Metallfolie (vgl. Abb. 163) oder Gasschicht infolge vorwiegend unelastischer Streuung ein kontinuierliches

Geschwindigkeitsspektrum, für dessen Intensitäts*maximum* die Beziehung (Thomson und Whiddington; vgl. [23]);

$$U_o{}^2 - U^2 = \varrho \cdot b \cdot d \quad (U_o \approx 10^3 \cdots 10^5 \text{ V}) \tag{184}$$

gilt. (eU_o = primäre Elektronenenergie [eV], eU = maximale Energie [eV] der gestreuten Elektronen, d [cm] = Dicke der Folie bzw. Gasschicht, ϱ [g/cm³] = Dichte der Folie bzw. Gasschicht z. B. Al: $\varrho = 2{,}7$ g/cm³; Luft: $\varrho = 1{,}3 \cdot 10^{-3}$ g/cm³), b = Konstante = $4 \cdot 10^{11}$ cm² V²/g (Whiddington [23], Terrill [22], Gentner [16]).

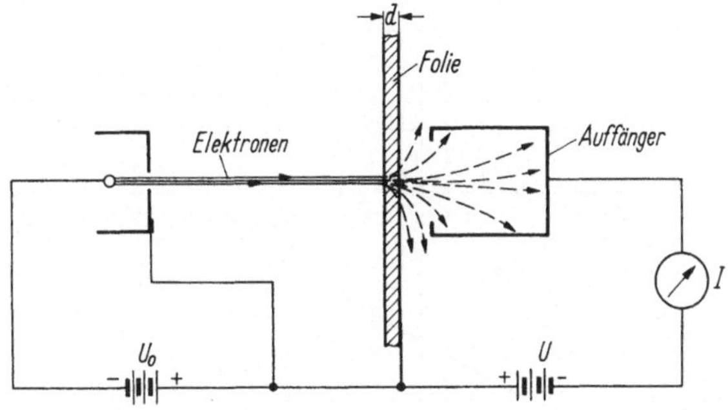

Abb. 163. Methode zur Messung der Energie der in einer „dicken" Metallfolie gestreuten Elektronen (Gegenfeldmethode).

Ist die Dicke d der Folie gerade gleich der „praktischen Reichweite" R_e der Elektronen, so wird in Gl. (184) $U = 0$ und man erhält für $R_e\,(= d)$ im nichtrelativistischen Geschwindigkeitsbereich der Elektronen die Beziehung:

$$R_e = \frac{U_0^2}{\varrho b} \quad \text{oder} \quad R_e\,\varrho = \frac{U_0^2}{b} \quad (U_o \leq 10^4 \text{ V}). \tag{185}$$

Für relativistische Elektronengeschwindigkeiten ($U_o > 10^4$ V) gilt dagegen:

$$R_e\varrho = C[(1 + 2 \cdot 10^{-6}\,U_o)^{1/2} - (1 + 2 \cdot 10^{-6}\,U_o)^{-1/2}]^2 \tag{185a}$$

$$[\text{g/cm}^2] \quad (U_o > 10^4 \text{ V}),$$

wobei	$C =$	0,6	0,4	0,26
für	$U_o \approx$	10^4	$13 \cdot 10^4$	$340 \cdot 10^4$ V

Als praktische Reichweite wird also diejenige Schichtdicke betrachtet, bei der praktisch alle Elektronen absorbiert sind. Das Produkt $R_e\varrho$ [g/cm²] bezeichnet man als „Reichweitengewicht" (= Gewicht einer Schicht von Reichweitendicke); es ist in Abb. 164 (nach Schonland [20, 21] und Varder [24]) als Funktion der Beschleunigungsspannung U_o

(bzw. der Energie eU_o) der Elektronen unter Berücksichtigung der relativistischen Korrektur dargestellt.

Beispiele:

a) Für $U_0 = 10\,\text{kV}$ und $\varrho = 2{,}7\,\text{g/cm}^3$ (Al) ergibt sich aus Abb. 164:
$R_e\varrho = 2{,}3 \cdot 10^{-4}\,\text{g/cm}^2$ und damit $R_e = 8{,}5 \cdot 10^{-5}\,\text{cm} = 0{,}85\,\mu$.

b) Für $U_0 = 10^6\,\text{V}$ und $\varrho = 2{,}7\,\text{g/cm}^3$ (Al) ergibt sich aus Abb. 164:
$R_e\varrho = 0{,}4\,\text{g/cm}^2$ und damit $R_e = 0{,}148\,\text{cm}$.

c) Für $U_0 = 10^9\,\text{V} = 1000\,\text{MeV}$ ergibt sich aus Gl. (185a) für Al: $R_e \approx 74\,\text{cm}$.

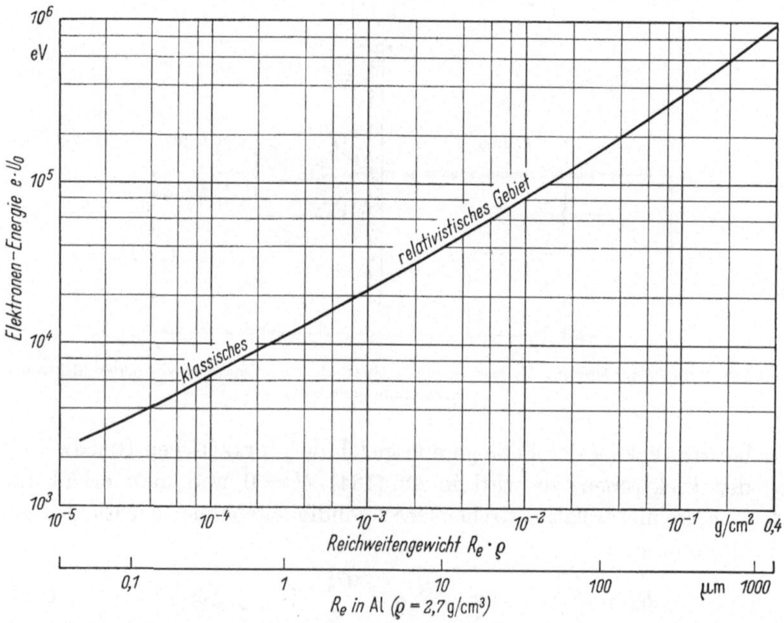

Abb. 164. Energieabhängigkeit der praktischen Reichweite von β-Strahlen (nach Werten von SCHONLAND [*20, 21*] und VARDER [*24*]).

2. Richtungs- und Geschwindigkeitsstreuung in „dicken" Al-Folien
$(1\,\mu < R_e < 5{,}7\,\mu$; GENTNER [*16*])

In dicken Folien erfahren die Elektronen eine Richtungs- und eine Geschwindigkeitsstreuung. In Abb. 165 sind die Geschwindigkeitsstreukurven für einen Streuwinkel (Winkel zwischen einfallendem und gestreutem Elektronenstrahl) $\Theta = 5°$ und für verschiedene Foliendicken dargestellt. Die Abbildung zeigt, daß bei relativ dünnen Folien ($d = 1\,\mu$) nur geringe Geschwindigkeitsverluste auftreten, was auf die überwiegend elastische Streuung der Elektronen an den Atomkernen der Folie zurückzuführen ist; bei dickeren Folien ($1{,}9\,\mu < d < 5{,}7\,\mu$) treten dagegen

wegen der vorwiegend unelastischen Streuung an Valenzelektronen große
Geschwindigkeitsverluste auf. Zum Beispiel gelangen bei der 5,7µ-Folie
nur noch 5% der Elektronen durch die Folie zum Auffänger. Neben den
Streumaxima[1] tritt bei sehr kleinen Werten von U/U_o stets ein weiteres,
von Sekundärelektronen herrührendes Maximum auf.

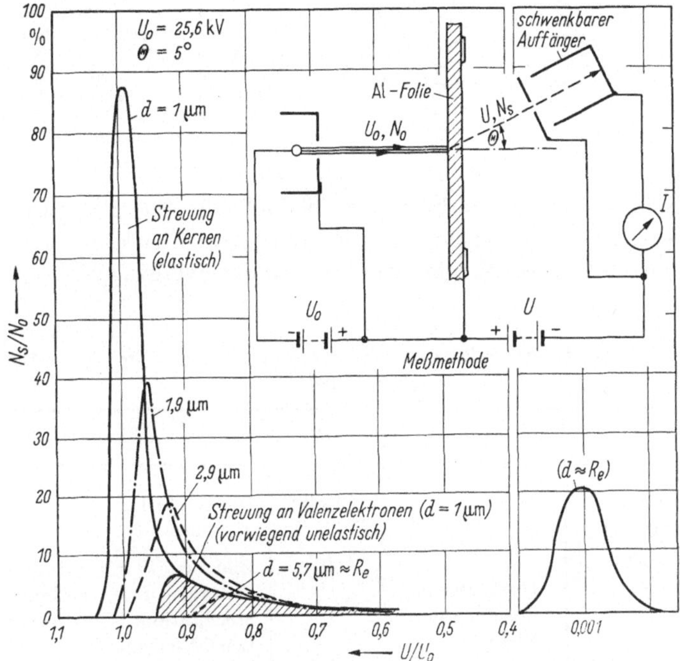

Abb. 165. Streukurven für Elektronenstreuung an „dicken" Al-Folien [16].

3. Art der Energieverluste von Elektronen in einer „dicken" Al-Folie
($d = 1$ µ; GENTNER [16])

Die möglichen Arten der Energieverluste von Elektronen in dicken
Folien (z. B. einer Al-Folie der Dicke $d < R_e$; „Elektronenfenster") veranschaulicht Abb. 166, in der die Bahnen einzelner gestreuter Elektronen
dargestellt sind. Demnach kann man (von den Sekundärelektronen abgesehen) zwischen unelastisch rückgestreuten, absorbierten und elastisch
bzw. unelastisch vorwärts gestreuten Elektronen unterscheiden. Die

---

[1] In Abb. 165 fallen die Kurven für $d = 1$ µ und $d = 1,9$ µ erst bei $U > U_o$
auf den Wert Null ab. Dies rührt von der mangelnden Monochromasie des Elektronenstrahls her (z. B. infolge der Welligkeit der Netzgerätspannung).

Trennung zwischen elastisch und unelastisch vorwärts gestreuten Elektronen ist durch Messung der Elektronenenergie mit der Gegenfeldmethode möglich.

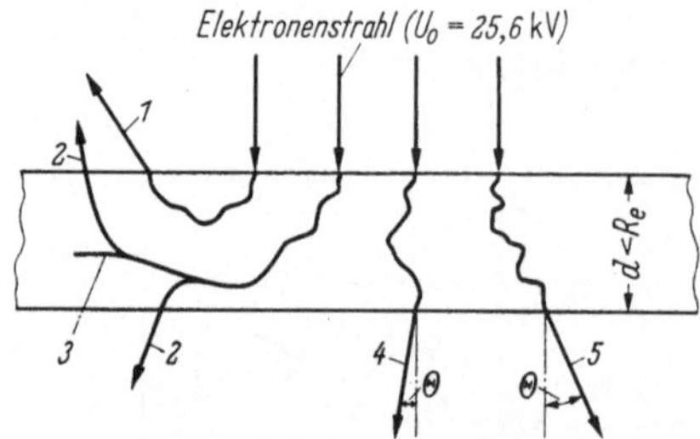

Abb. 166. Mögliche Arten der Steuung von Elektronen in einer Al-Folie der Dicke $d < R_e$.

1 Unelastisch rückgestreute Elektronen ($U/U_0 = 0,9 - 0,2$); *2* Sekundärelektronen ($U/U_0 = 0,001$); *3* absorbierte Elektronen; *4* unelastisch vorwärts gestreute Elektronen ($U/U_0 = 0,9 - 0,4$; Elektronenfenster); *5* elastisch vorwärts gestreute Elektronen ($U/U_0 = 1,0 - 0,9$; Elektronenmikroskop).

Tab. 14 gibt einen Überblick über die Höhe der Energieverluste von rückgestreuten, absorbierten und durchgelassenen Elektronen und über die technischen Anwendungen der einzelnen Streuvorgänge.

Tabelle 14

Art und Größe der Energieverluste von Elektronen in „dicken" Folien sowie technische Anwendungen

Bezeichnung	Art der Streuung	U/U_0	Anwendungen
Rückgestreute Elektronen		0,9—0,2	Bildverstärker
Absorbierte Elektronen	Unelastische Streuung der Elektronen an Hüllenelektronen	0	Bildverstärker, β-Strahlungs-Therapiegeräte, Radiographie, Sterilisation, Röntgenröhren, Leuchtschirme, Strahlungsmesser
Durchgelassene Elektronen		0,9—0,4	Elektronenfenster
Sekundärelektronen		0,001	Elektronen-Vervielfacher, Bildwandler
Durchgelassene Elektronen	Elastische Kernstreuung	1,0—0,9	Elektronenmikroskop, Elektronenbeugungsgeräte

4. Örtliche Verteilung der Energieverluste in einer „dicken" Al-Folie

($d = 6$ μ; GENTNER [16])

Abb. 167 zeigt die örtliche Verteilung der Energieverluste der Elektronen in einer Al-Folie der Dicke $d = 6$ μ $\approx R_e$ ($U_0 = 25,6$ kV), die aus zwölf Schichtelementen von je 0,5 μ Dicke besteht. Da hier $d \approx R_e$ ist, entspricht Abb. 167 z. B. dem Fall eines Elektronen-Leuchtschirms. $\Delta N/N_0$ bedeutet hier die Prozentzahl der pro Schichtelement *absorbierten*

Elektronen bzw. $\Delta U/U_o$ den prozentualen Energieverlust pro Schicht-element. Die Kurve $\Delta N/N_o$ hat ihr Maximum im zweiten Drittel von R_e, d. h. dort ist die Absorption und damit auch die Ionisierungswirkung der Elektronen am größten. Eine ähnliche Verteilung der Energieverluste der Elektronen tritt auch in Isolatoren (z. B. in Leuchtstoff- oder Spei-cherschichten) auf.

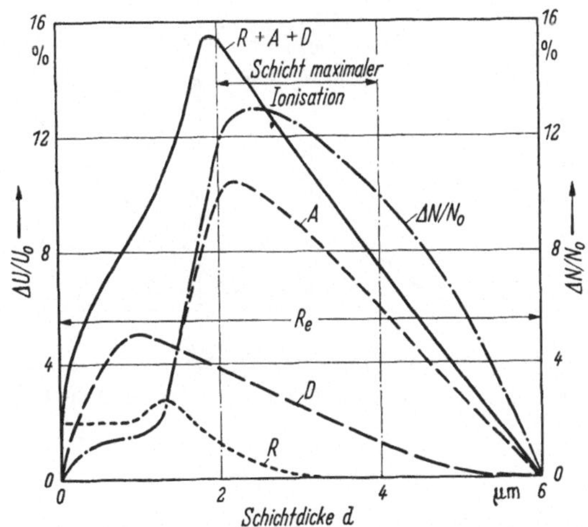

Abb. 167. Örtliche Verteilung der Prozentzahl $\Delta N/N_o$ der absorbierten Elektronen sowie der prozen-tualen Energieverluste $\Delta U/U_o$ pro Schichtelement für rückgestreute (R), absorbierte (A) und durch-gelassene (D) Primärelektronen (GENTNER [16]).

B. Durchlässigkeitskurven für Elektronen in „dünnen" Al-Folien

(GENTNER [16], SCHONLAND [20, 21])

In Abb. 168 sind die mit der Bremsfeldmethode (vgl. Abb. 163) ge-messenen Durchlässigkeitskurven für Elektronen in dünnen Al-Folien (Dicke 50 bis 150 mμ) dargestellt. U/U_o bedeutet hier die Energie der durchgelassenen Elektronen in Prozent der Energie des Primärelektro-nenstrahls.

Nach Abb. 168 ist für den Durchtritt von Elektronen durch dünne Folien eine bestimmte Mindestenergie (von einigen keV) erforderlich. Mit wachsender Primärenergie nehmen die prozentualen Energieverluste immer mehr ab, bis schließlich im „Sättigungsgebiet" alle Elektronen praktisch ohne Energieverluste die Folie durchdringen können. Einen Nachweis für diese Abhängigkeit der Energieabsorption von der Primär-energie liefert zum Beispiel die Elektronenbestrahlung eines 100 mμ dicken, im Aufdampfverfahren hergestellten Leuchtschirms: Bei einer Elektronenenergie von 0,5 keV ist der Schirm dunkel, wird dann bei

16*

3 keV am hellsten und von da ab wieder dunkler. Bei niedriger Elektronenenergie wird zwar die gesamte Energie absorbiert, sie reicht aber zur Anregung des Leuchtschirms nicht aus; bei hoher Elektronenenergie kann ebenfalls keine Anregung mehr stattfinden, weil dann der absorbierte Energiebetrag (nach Abb. 168) dafür zu niedrig ist.

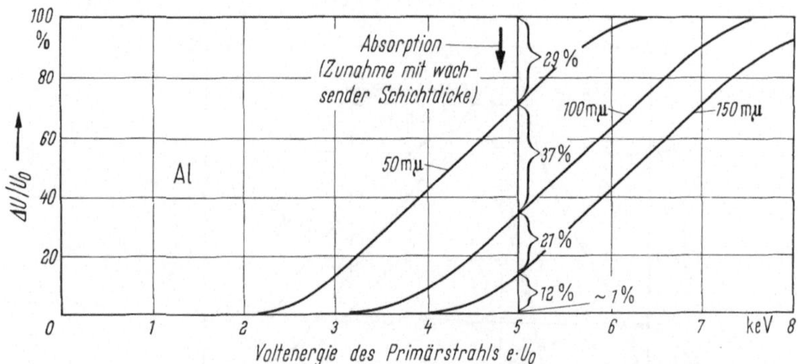

Abb. 168. Durchlässigkeitskurven für Elektronen in einer „dünnen" Al-Folie.

C. Geschwindigkeitsstreuung von Elektronen in „dünnen" Folien

$(d \ll R_e;$ RUTHEMANN [17, 18, 19])

Die Geschwindigkeitsstreuung von Elektronen in *dicken* Folien beruht darauf, daß die Elektronen beim Durchgang durch eine solche Folie sehr viele Zusammenstöße mit Schalenelektronen und Atomkernen

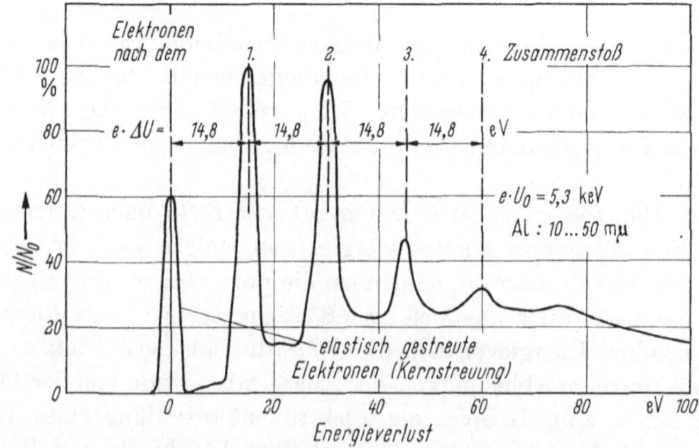

Abb. 169. Energieverluste eines Elektronenstrahls durch Stoß auf Schalenelektronen in einer „dünnen" Al-Folie (gemessen mit einem Elektronengeschwindigkeits-Spektrographen; vgl. Abb. 170).

erfahren und dabei ihre Energie abgeben („Vielfachstreuung“). In *dünnen* Folien können dagegen nur wenige Zusammenstöße stattfinden; bei jedem solchen Stoß gibt das betreffende Elektron einen Teil seiner Energie an den Stoßpartner ab. Dies veranschaulicht Abb. 169, in der für eine „dünne“ Al-Folie die relative Zahl N/N_o [%] der *gestreuten* Elektronen, gemessen mit einem Elektronengeschwindigkeits-Spektrographen (vgl. Abb. 170), in Abhängigkeit vom Energieverlust der Elektronen dargestellt ist (das Maximum der ersten Verluststufe wurde dabei gleich 100% gesetzt).

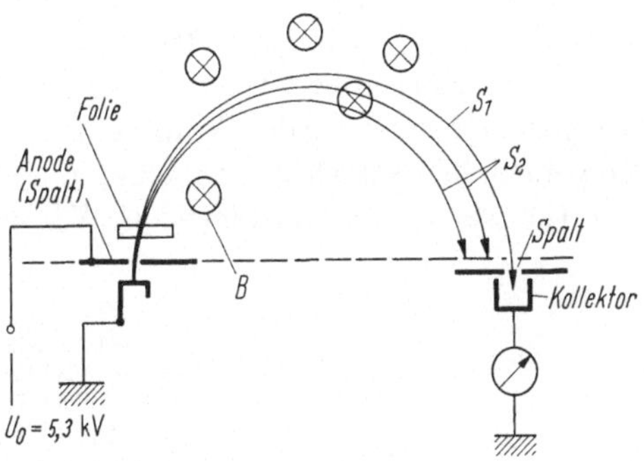

Abb. 170. Geschwindigkeitsspektrograph zur Messung der quantenhaften Energieverluste von Elektronen in dünnen Folien (nach RUTHEMANN [*17—19*]; vgl. Abb. 208a).

B = Magnetfeld mit variabler Induktion;
S_1 = nichtgestreuter Elektronenstrahl (kein Energieverlust, größter Bahnradius);
S_2 = Elektronenstrahlen nach quantenhaftem Energieverlust in der Folie (kleinere Bahnradien).

Die Meßkurve weist neben dem Maximum mit dem Energieverlust Null noch mehrere äquidistante Maxima auf. Diese rühren von Elektronen her, welche in der Folie $z = 1, 2, 3 \ldots$ usw. Zusammenstöße erfahren und dabei insgesamt ein ganzzahliges Vielfaches des Energiequants $\Delta E = e\Delta U = 14{,}8$ eV verloren haben („unelastische Einzelstreuung“). Der pro Elektronenstoß auftretende Energieverlust ΔE entspricht einer bestimmten Anregungsenergie der Al-Atome und ist deshalb praktisch von der Primärenergie der Elektronen (im Bereich $U_o = 2 \cdots 8$ kV) unabhängig. ΔE beträgt für Al: 14,8, Al_2O_3: 22,3, Be: 19,0, Ag: 22,6 und Kollodium: 21,4 eV.

III. Entgasungs- und Getterprozesse

A. Mögliche Wechselwirkungen zwischen Festkörpern und Gasen

Zwischen Gasen und Festkörpern, insbesondere Metallen, sind im allgemeinen vier Arten der Wechselwirkung möglich (vgl. [6, 8]):

1. Adsorption

Ein Gas wird von einem Festkörper adsorbiert, wenn seine Moleküle durch van der Waalsche (Dipol-) Kräfte oder durch chemische Oberflächenbindung[1] an der Körperoberfläche festgehalten werden. Die adsorbierte Gasmenge hängt stark von der Temperatur ab (vgl. Abb. 171): Bei niedrigen Temperaturen (Bereich der Dipolbindung) nimmt sie mit steigender Temperatur wegen der zunehmenden Wärmebewegung der

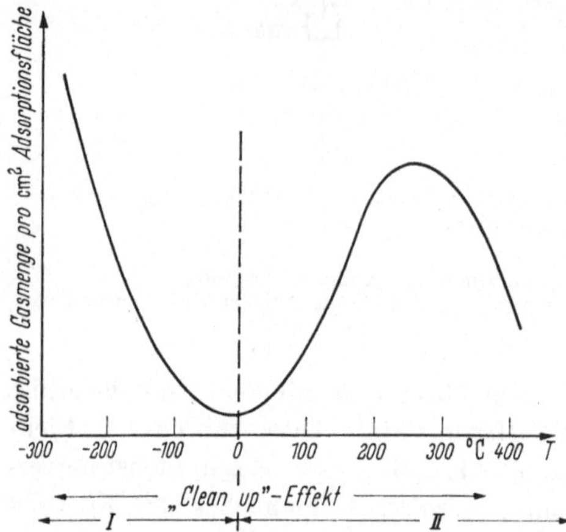

Abb. 171. Abhängigkeit der an Festkörpern adsorbierten Gasmenge von der Temperatur.

I. Bereich der van der Waal-(Dipol)-Bindung; diese nimmt infolge der Wärmebewegung mit steigender Temperatur ab (Beispiel: Kokoskohle).

II. Bereich der chemischen Oberflächenbindung (Dipolwirkung und Elektronenaustausch); die Oberflächenbindung nimmt mit steigender Temperatur wegen des leichteren Elektronenaustausches zunächst zu und bei weiterer Temperaturerhöhung wegen der zunehmenden Wärmebewegung der gebundenen Moleküle wieder ab (Beispiel: **Ba**-Filme auf Metallen).

adsorbierten Gasmoleküle ab; bei höheren Temperaturen (Bereich der chemischen Oberflächenbindung) nimmt sie mit steigender Temperatur zunächst zu, weil der zum Aufbau einer Oberflächenbindung erforderliche Elektronenaustausch erleichtert wird. Bei weiterer Temperatursteigerung nimmt die adsorbierte Gasmenge wegen der zunehmenden thermischen Zerstörung der Oberflächenbindungen wieder ab.

Die Adsorption kann durch Ionisierung der Gasmoleküle (z. B. in einer elektrischen Entladung) erheblich gesteigert werden. Dies ist darauf

---

[1] Die chemische Oberflächenbindung ist eine Valenzbindung zwischen Gasteilchen und Gitteratom, bei der das Atom in seinem Gitterverband bleibt. Im Gegensatz dazu verläßt das Atom bei einer „echten" chemischen Verbindung seinen Gitterverband, um mit dem Gasteilchen einen neuen Stoff zu bilden.

zurückzuführen, daß die Ionen chemisch aktiver sind und wegen ihrer höheren Geschwindigkeit (besonders in Hochspannungsröhren) tiefer in getroffene Festkörper eindringen können (elektrische Gasaufzehrung, „Clean-up-Effekt").

Die Wirkung der Gasadsorption in Elektronenröhren zeigt folgendes *Beispiel*: Eine monomolekulare Gasschicht, die auf der 60 cm² großen Glaskolben-Innenfläche einer Verstärkerröhre adsorbiert ist, enthält bei einem Druck von 10^{-6} Torr 500000mal mehr Gasmoleküle als das Röhrenvolumen von 35 cm³. Würden während des Betriebs der Röhre alle adsorbierten Gasmoleküle vom Glaskolben weg ins Röhreninnere gelangen, so würde der Druck in der Röhre auf den 50000fachen Wert ($5 \cdot 10^{-2}$ Torr) ansteigen. Diese Druckerhöhung kann während des Betriebs zu einer die Röhre zerstörenden Gasentladung führen.

2. Absorption

Ein Gas wird von einem Festkörper absorbiert, wenn die an der Festkörperoberfläche zunächst *ad*sorbierten Gasmoleküle ins Innere des Festkörpers hineindiffundieren (z. B.: Lösung eines Gases in einem Metall). Da die Gasdiffusion mit der Temperatur wächst, nimmt auch die Absorption im allgemeinen mit der Temperatur zu.

3. Okklusion

Ein Gas ist in einem Festkörper okkludiert, wenn es dort in makroskopischen Hohlräumen eingeschlossen ist. Die Okklusion (und Absorption) von Gasen (insbesondere von H_2, N_2, O_2 und CO_2) tritt besonders stark bei der Herstellung von Metallen während des Schmelzvorgangs auf.

4. „Echte" chemische Verbindung

Diese Art der Gasbindung an Festkörperoberflächen beruht meist auf einer Oxydation und tritt daher häufig bei Metallen auf. Dabei verläßt das Metallatom seinen Gitterverband, um mit einem Gasteilchen eine „echte" chemische Verbindung zu bilden. Das Entstehen solcher Verbindungen kann in Entladungsröhren zweierlei Wirkungen haben: Zum Beispiel wirkt die Reaktion: $2\,Mg + O_2 \rightarrow 2\,MgO$ wie eine „*Gaspumpe*", da das MgO bei Zimmertemperatur einen niedrigen Sättigungsdruck hat. Dagegen wirkt die Reaktion: $C + O_2 \rightarrow CO_2$ wegen des hohen Sättigungsdrucks von CO_2 wie eine „*Gasquelle*".

Auf Grund dieser verschiedenen Vorgänge der Gasbindung nehmen viele Röhrenbauteile, insbesondere Metalle und Glas, während des Herstellungsgangs erhebliche Gasmengen auf. Gashaltige Stoffe können jedoch in Hochvakuumröhren nicht verwendet werden, da die allmähliche (von der Temperatur abhängige) Gasabgabe (Desorption) das Hochvakuum fortlaufend verschlechtern würde. Röhrenbauteile aus Metall und Glas müssen daher häufig zunächst *vorentgast* und nach ihrem Einbau in die Röhre während der Evakuierung des Röhrenkolbens stets noch weiter entgast werden. Das während des Pumpvorgangs in der Röhre erzielbare *Grenzvakuum* (d. h. der niedrigste erreichbare Druck) hängt deshalb nicht nur von den Eigenschaften der angeschlossenen Pumpe, sondern auch von der Gasabgabe der Röhrenbauteile während des Pumpens ab. Solange die *Pumpe angeschlossen* ist, stellt sich in der Röhre zwischen den aus Wänden oder Undichtigkeitsstellen kommenden Gasmolekülen und den von der Pumpe abgesaugten Molekülen ein von der Temperatur abhängiger Gleichgewichtszustand ein, der den Grenzdruck bestimmt („dynamisches Grenzvakuum"). Wird die *Pumpe abgetrennt* und die Röhre abgeschmolzen, so steigt der Druck infolge der verbleibenden schwachen Gasabgabe der Wände um maximal etwa zwei Zehnerpotenzen bis zu einem Sättigungswert an („stationäres Grenzvakuum"). Dieser „Quasi"-Sättigungsdruck über den Adsorptionsflächen ist wie der Dampfdruck über einer Flüssigkeit praktisch nur noch von der Temperatur abhängig.

Um in abgeschmolzenen Hochvakuumröhren während ihrer Lebensdauer ein gutes Hochvakuum (meist $\approx 10^{-6}$ Torr; in Sonderfällen 10^{-8} Torr und niedriger) aufrechtzuerhalten, werden hauptsächlich zwei Entgasungsverfahren technisch angewandt: Die Entgasung der Bauteile mittels Erhitzung („Ausheizen": Vermeidung von Gasquellen *vor dem Abschmelzen* der Röhre) und die Gasaufzehrung („Getterung": Unschädlichmachung der Gasquellen *in der abgeschmolzenen Röhre*).

B. Entgasung durch Erhitzen (Vermeidung von Gasquellen)

Die an den Röhrenbauteilen haftenden oder in ihnen gelösten Gase lassen sich durch Erhitzen bis zur höchstzulässigen Temperatur (zur Erzielung kurzer Entgasungszeiten) im Vakuum oder in einer Spülgasatmosphäre praktisch vollständig entfernen. Als Spülgas eignet sich besonders Wasserstoff, da er gleichzeitig Oxydverbindungen reduziert und vor dem Abschmelzen der Röhre leicht aus dieser entfernt werden kann [*12, 26, 28, 93*].

1. Entgasen von Glas

Beim allmählichen Erhitzen von Glas auf etwa 450 °C werden zunächst die adsorbierten und oberflächlich gelösten Gase sowie die stets auf der Glasoberfläche vorhandene, mehrere Moleküllagen dicke Wasserhaut entfernt (vgl. Abb. 172). Bei weiterer Temperaturerhöhung über etwa 500 °C steigt die Gasabgabe über das bei etwa 350 °C liegende Maximum hinaus an, was größtenteils auf eine chemische Zersetzung des Glases zurückzuführen ist. Diese Zersetzung führt beim „Abziehen" (d. h. beim Trennen) der Röhre von der Pumpe mittels Gasflammen zu einer starken Gasabgabe an der Abschmelzstelle, die durch anschließende Getterung kompensiert werdem muß [1].

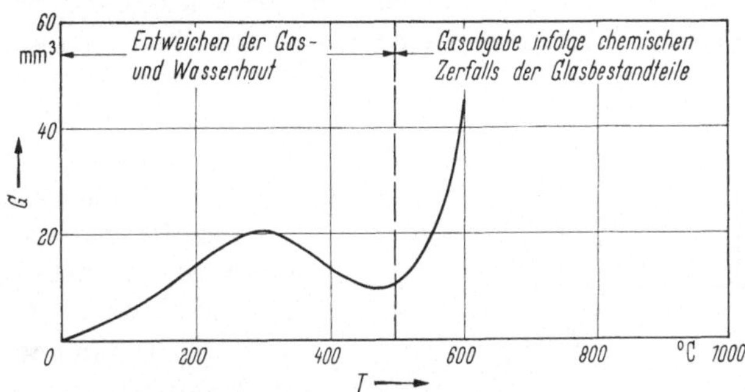

Abb. 172. Typische Kurve (nach SHERWOOD; vgl. [8]) für die beim Entgasen von Glas (Na-Mg-Bor-silikat; Fläche 350 cm²) abgegebene Gasmenge G [mm³] abhängig von der Glastemperatur. (Bei der Aufnahme der einzelnen Meßpunkte dieser Kurve wurde die Temperatur jeweils bis zum Aufhören der Gasabgabe konstant gehalten).

Bei der technischen Röhrenherstellung ist eine besondere Entgasung des Röhrenglaskolbens oft nicht erforderlich. Durch die während der Metallentgasung von den fertig montierten heißen Elektroden ausgehende Wärmestrahlung wird der Glaskolben gewöhnlich ebenfalls stark erhitzt und dadurch entgast. Dieser Vorgang dauert bei kleineren Verstärker-röhren vier bis sechs Minuten, bei größeren Röhren (z. B. Röntgen- oder Wanderfeldröhren) Stunden bis Tage.

2. Entgasen von Metallen

a) Vakuumschmelzen. Die wirksamste Metallentgasungsmethode ist das Schmelzen des Rohmetalls unter Vakuum mittels Hochfrequenz-erhitzung (vgl. Abb. 173). Bei kleineren Metallmengen verwendet man zur Erhitzung eine Hochfrequenzspule (vgl. Abb. 173a) und Frequenzen zwischen 10^4 und 10^6 Hz. Bei großen Mengen (bis zu 5 t) wird das zu schmelzende Metall in eine Rinne gefüllt, die zugleich die Sekundär-

---

[1] Bei Quarzglaskolben kann das Abschmelzen wegen der H_2-Durchlässigkeit des Quarzes nicht mit den üblichen Gasbrennern durchgeführt werden; statt dessen muß man einen Kohlelichtbogen verwenden.

wicklung eines Transformators ist (vgl. Abb. 173 b); die verwendete Frequenz beträgt in diesem Fall 50 bis 10^4 Hz.

Da die Herstellung von Röhrenbauteilen aus vakuumgeschmolzenem Metall teuer ist, wird das Verfahren nur in Sonderfällen für solche Röhrenbauteile angewendet, die nach dem Einbau in die Röhre nicht mehr hoch genug erhitzt werden können.

b) Vorentgasung im Hochvakuum- bzw. H$_2$-Ofen. Bei der Serienfertigung von Elektronenröhren erfolgt die Metallentgasung stets erst *nach* der Formung der Elektrodenteile. Kleinere Elektroden werden in der fertig montierten Röhre während des Pumpvorgangs entgast. Größere Elektrodenteile werden dagegen zur Abkürzung des späteren Pumpprozesses in (meist widerstandsgeheizten) Glühöfen unter Hochvakuum oder in H$_2$-Atmosphäre vorentgast. Die Abb. 174 a zeigt den prinzipiellen Aufbau eines Hochvakuum-Vorentgasungsofens; in Abb. 174 b ist der zeitliche Druck- und Temperaturverlauf in einem solchen Ofen während des Entgasungsvorgangs dargestellt. Damit die vorentgasten Metallteile nach der Herausnahme aus dem Ofen möglichst wenig Gase adsorbieren, werden sie bis zum Einbau in die Röhre unter Schutzgas (z. B. N$_2$) gelagert.

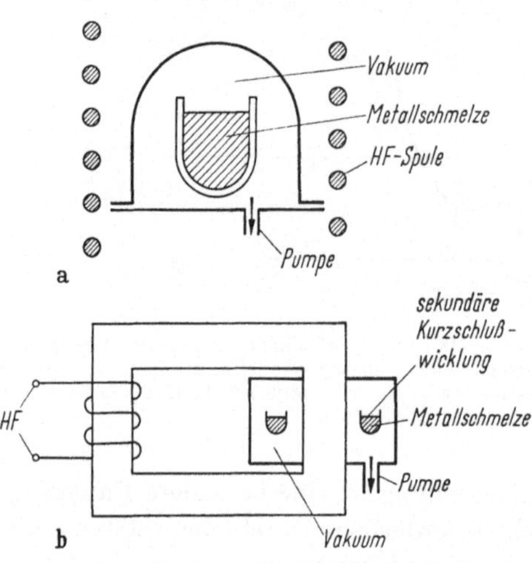

Abb. 173. Schmelzen von Metallen im Hochvakuum durch Hochfrequenzerhitzung (a) mittels HF-Spule (bei kleinen Metallmengen), (b) mittels Induktionsofen (bei großen Metallmengen).

Ein zweites Vorentgasungsverfahren ist das Erhitzen der Metallteile im Wasserstoffstrom (vgl. Abb. 175), durch den die austretenden Gase weggeschafft werden. Dieses Verfahren ist wegen des Fortfalls der Pumpanlage und der Hochvakuumdichtungen wesentlich billiger als die Vorentgasung im Hochvakuumofen und wird daher sehr häufig angewandt. Weitere Vorteile sind die gleichzeitige Reduktion von Oxyden durch den Wasserstoff sowie die schnellere Abkühlung der geglühten Teile. Ein Nachteil ist, daß Elektrodenteile aus Ta (wegen Zunahme der Brüchigkeit), Cu (wegen Blasenbildung) und Graphit (wegen zu geringer Gasabgabe in H$_2$-Atmosphäre) im H$_2$-Ofen nicht entgast werden können.

c) Entgasung an der Pumpe. Nach seinem Einbau in die Röhre wird das fertige, zum Teil vorentgaste Elektrodensystem während des Pumpprozesses weiter entgast. Je nach Art der zu entgasenden Röhre werden dabei folgende Methoden angewandt:

α) Entgasung im (elektrisch oder gasgeheizten) Kastenofen (vgl. Abb. 176).

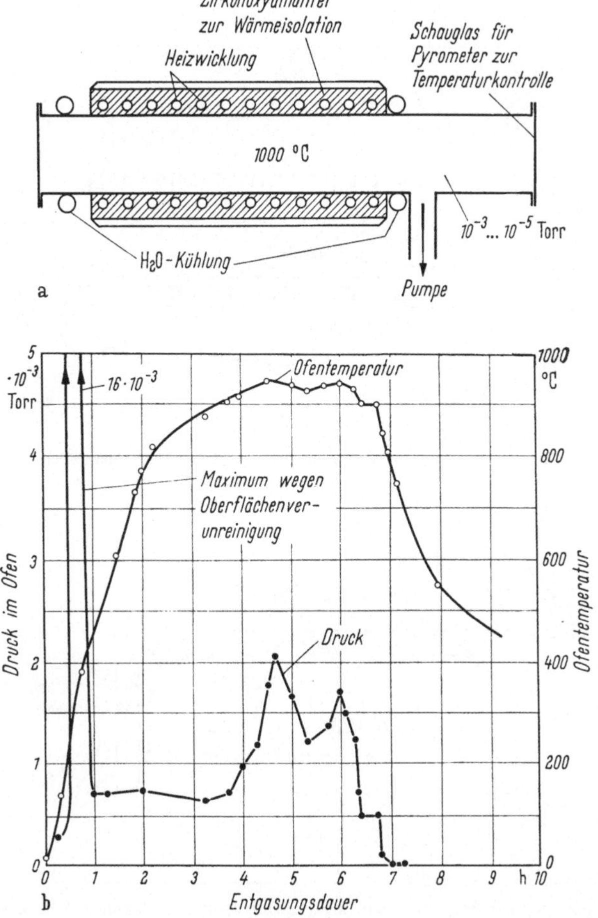

Abb. 174. a) Aufbau eines widerstandsgeheizten Hochvakuum-Vorentgasungsofens; b) typischer Druck- und Temperaturverlauf in einem Hochvakuum-Entgasungsofen für 4 kg Elektrodenmetall [26].

β) Entgasung mittels Stromdurchgang (d. h. Glühen von Metallteilen, z. B. Glühdrähten, durch einen elektrischen Stromstoß).

γ) Entgasung durch Hochfrequenzerhitzung. Diese Art der Entgasung wird bei der Serienfabrikation von Elektronenröhren angewandt. Das Glühen der Elektroden geschieht hier durch das elektromagnetische

Feld einer die Röhre umschließenden HF-Spule (vgl. Abb. 177). Die von einer zylindrischen Elektrode im Hochvakuum aufgenommene Glühleistung beträgt nach RECHE [29]:

$$N_e = 2{,}81 \cdot 10^{-6}\, G\, \sqrt{f\,\mu_r\,\varrho_T} \cdot z^2 \quad [\text{Watt}]; \tag{186}$$

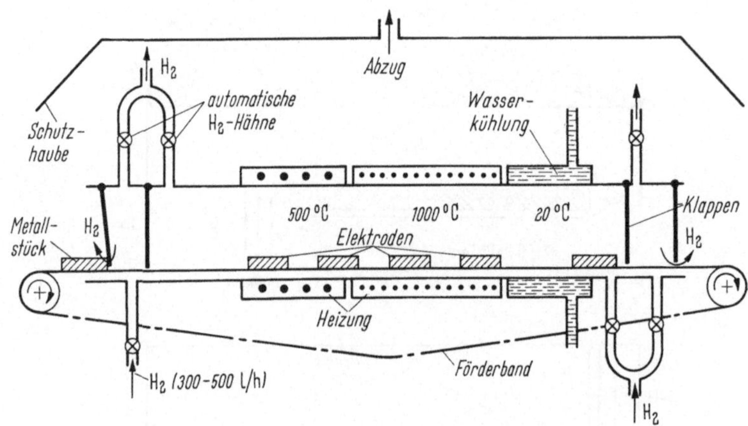

Abb. 175. H₂-Ofen zur Vorentgasung von Metall-Röhrenbauteilen.

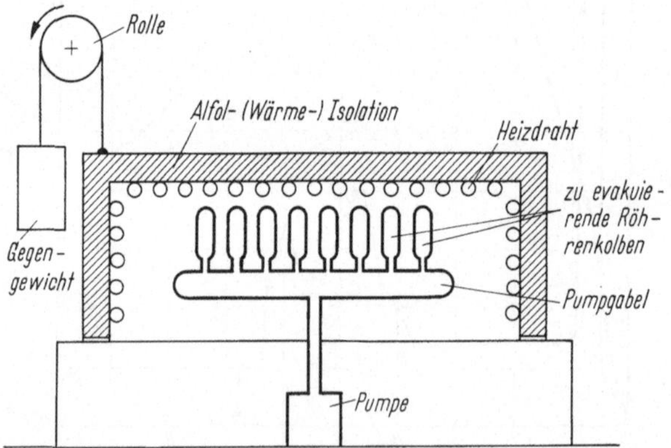

Abb. 176. Kastenofen zur Entgasung von Elektroden und Glaskolben während des Pumpprozesses.

dabei bedeutet: f [Hz] = Frequenz (= 10^5 bis 10^6 Hz je nach der gewünschten Eindringtiefe); μ_r = relative Permeabilität des Elektrodenmaterials (meist ist $\mu_r \approx 1$, da die Glühtemperaturen durchweg den magnetischen Umwandlungspunkt der ferromagnetischen Werkstoffe überschreiten, der z. B. für Ni 360 °C und für Fe 770 °C beträgt); ϱ_T [Ωmm²/m] = spezifischer Widerstand der geglühten Elektrode bei der Glühtemperatur T; z [A] = Amperewindungszahl der Glühspule; $G = f(h,\, d_s,\, d_e,\, \text{vgl. Abb. 177})$ ist ein „Formfaktor", der von den geometrischen Abmessungen der Glühspule und der geglühten Elektrode abhängt und zwischen 0,4 und 2 liegt.

Da die Eindringtiefe der HF-Energie mit zunehmender Frequenz abnimmt, darf diese nicht zu hoch gewählt werden, damit, wenn nötig, auch die innerhalb des Anodenzylinders liegenden Elektroden mitentgast werden können.

δ) Entgasung durch Elektronenaufprall. Bei diesem Verfahren wird an die zu entgasenden Elektroden eine so hohe positive Spannung gegenüber der Elektronenquelle angelegt, daß sie durch die Energie der auftreffenden Elektronen genügend hoch erhitzt werden, und zwar gerade an den Stellen, wo sie auch während des Betriebs am heißesten werden.

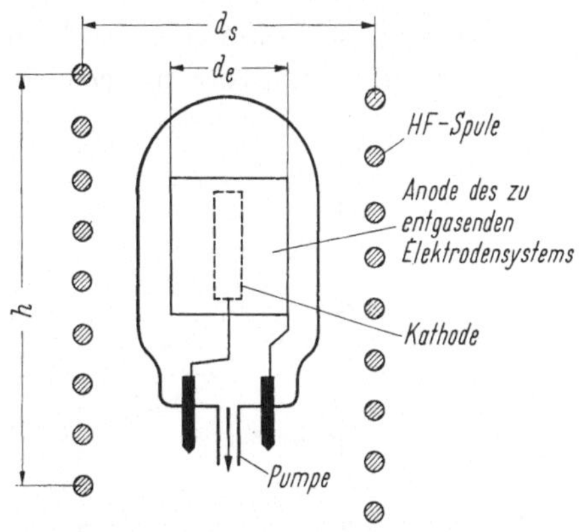

Abb. 177. Entgasen des Elektrodensystems einer Röhre durch Hochfrequenzerhitzung während des Pumpvorganges.

Um dabei das Entstehen einer Glimm- oder Bogenentladung durch desorbierte Gase zu verhindern, wird die Entgasung stoßweise vorgenommen.

Diese Art der Entgasung wird häufig in Glühkathodenröhren, besonders in Röntgenröhren angewandt; ferner in Röhren, bei denen Metallmäntel eine Hochfrequenzerhitzung des Elektrodensystems unmöglich machen (z. B. bei Senderöhren und Großgleichrichtern). Bei Hochspannungsröhren ist wegen der entstehenden Röntgenstrahlen stets ein Strahlungsschutz erforderlich.

C. Aufzehrung der Gasquellen („Getterung")

Zur Abkürzung des Pumpprozesses bei der Röhrenherstellung sowie zur Aufrechterhaltung des Vakuums (trotz geringer Gasabgabe von den Elektroden) in abgeschmolzenen Röhren macht man sich die Eigenschaft verschiedener Stoffe zunutze, Gase in erheblichen Mengen durch Adsorption, Absorption oder chemisch binden zu können. Stoffe mit dieser ausgeprägten Eigenschaft bezeichnet man als „Getter" (von to get = ergreifen) und den Vorgang der Gasbindung als „Gasaufzehrung" oder „Getterung". Neben den Getterstoffen werden zur Aufzehrung von Dämpfen gekühlte Oberflächen und speziell zur Aufzehrung von Wasserdampf Trockenmittel verwendet.

Bei der Serienherstellung von Röhren wird der Pumpvorgang normalerweise dann beendet, wenn in der Röhre ein Druck von etwa 10^{-4} Torr erreicht ist. Die weitere Druckerniedrigung um etwa zwei Zehnerpotenzen auf den in den meisten Elektronenröhren üblichen Wert von etwa 10^{-6} Torr wird dann durch Verdampfen eines zusammen mit den Elektroden in die Röhre eingebrachten Getterstoffs während oder nach Beendigung des Pumpvorgangs erreicht (vgl. Abb. 178).

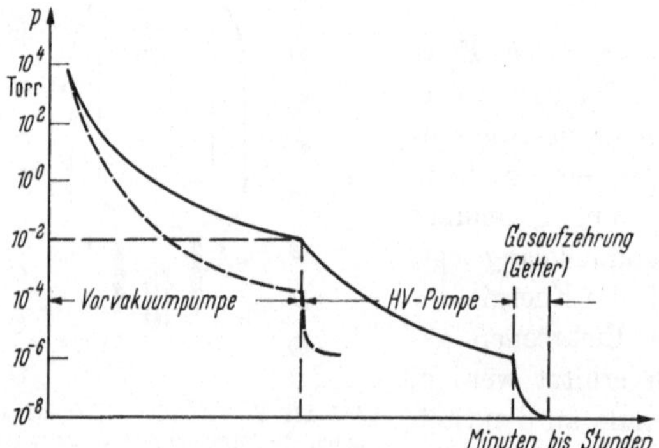

Abb. 178. Verlauf des Druckes in einer Röhre während des gesamten Pumpprozesses:
———— : bei Verwendung einer Vorvakuum- und Hochvakuum-Pumpe mit anschließender Getterung;
– – – – : bei Verwendung einer Vorvakuumpumpe mit niedrigem Grenzdruck und anschließender Getterung.

1. Aufzehrung von Gasen und Dämpfen durch gekühlte Oberflächen ("kryogenes Pumpen")

In Kap. 2, Abschn. I, A, 3, f wurde gezeigt, daß der Sättigungsdruck von Gasen und Dämpfen über ihrem Kondensat stark von der Temperatur abhängt. Man kann daher leicht kondensierbare Gase und Dämpfe aus

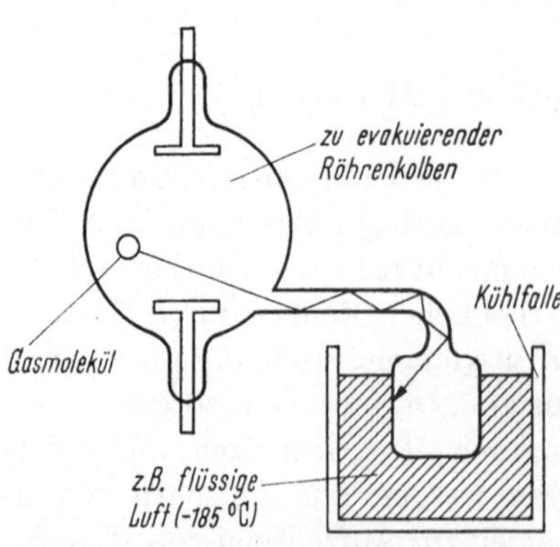

Abb. 179. Gasaufzehrung durch gekühlte Oberflächen (Kühlfalle; "kyrogenes Pumpen").

Vakuumröhren dadurch entfernen, daß man ein mit der Röhre in Verbindung stehendes Gefäß so weit unter den Kondensationspunkt dieser Gase und Dämpfe abkühlt (z. B. mit flüssiger Luft), daß der Dampfdruck des gebildeten Kondensats sehr klein wird. Durch die Erniedrigung des jeweiligen Partialdrucks der Gase und Dämpfe im Kondensationsraum diffundieren die Moleküle aus der Vakuumröhre in diesen (vgl. Abb. 179) und werden dort festgehalten, so daß die

Röhre nach dem Abschmelzen vom Kondensationsraum nur noch einen sehr kleinen, der betreffenden Kühltemperatur entsprechenden Gesamtdruck hat. Ein solches Kühlgefäß („Kühlfalle") arbeitet demnach als „Partialdruck-Kondensationspumpe" (Kryopumpe), deren „Grenzvakuum" für jede Gas- bzw. Dampfart verschieden ist.

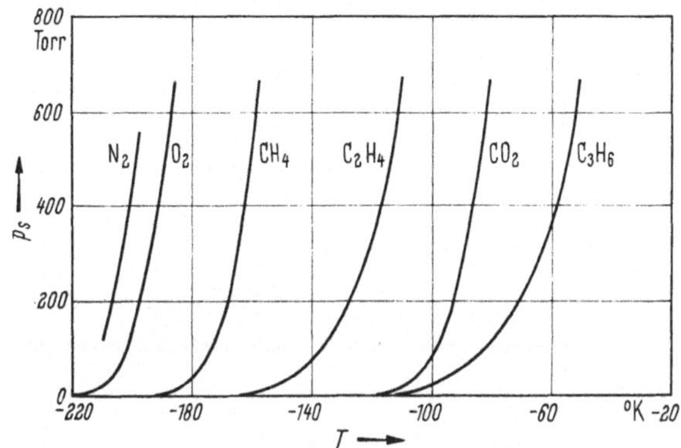

Abb. 180. Temperaturabhängigkeit des Dampfdruckes verschiedener Stoffe über ihrem Kondensat (Fortsetzung von Abb. 144 nach tieferen Temperaturen hin).

Als Ausfriermittel verwendet man hauptsächlich: Kohlensäure-Äther-Gemisch (Kühltemperatur $-78\,°C$), Azeton ($-86\,°C$), flüssige Luft ($-185\,°C$) und flüssigen Stickstoff ($-196\,°C$). Wie Abb. 180 zeigt, reichen

Tabelle 15

Sättigungsdrucke verschiedener Stoffe bei der Temperatur der flüssigen Luft ($-185\,°C$)

Substanz	Sättigungsdruck p_s [Torr] ($-185\,°C$)
Hg	10^{-27} (unmeßbar)
H_2O	10^{-16} (unmeßbar)
Hahnfett	10^{-9}
CO_2	$10^{-5} \dots 10^{-6}$
C_2H_4 (Äthylen)	$8 \cdot 10^{-2}$
CH_4 (Methan)	80
CO	863

diese Temperaturen zwar aus, um Hg-Dampf sowie einige organische Dämpfe auszufrieren, nicht aber die Edelgase sowie N_2 und O_2. Als Beispiel sind in Tab. 15 die Sättigungsdrucke verschiedener Stoffe bei der Temperatur der flüssigen Luft zusammengestellt.

Kühlfallen eignen sich besonders für zerlegbare Entladungsgeräte als zusätzliche Pumpen (vgl. Abb. 181). Für sehr hohes Vakuum (z. B.

10^{-9} Torr) und große Gefäße (z. B. Weltraumsimulatoren von 20 m Durchmesser) werden die Gefäßwände selbst als „Pumpfläche" benutzt (vgl. Kap. 2, Abschn. V, E).

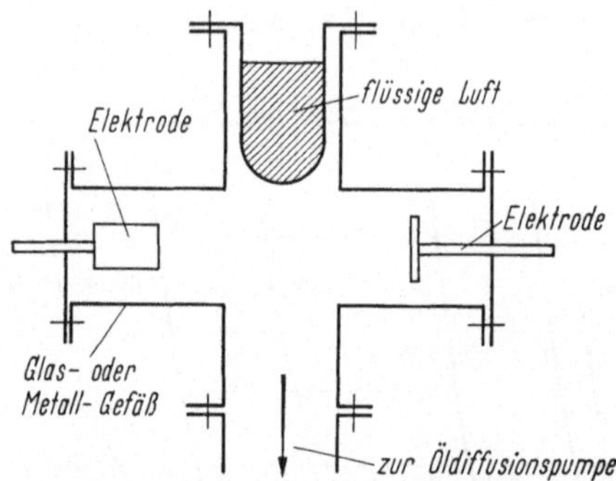

Abb. 181. Anwendungsbeispiel einer Kühlfalle in einem zerlegbaren Vakuumsystem.

2. Gasadsorption durch Kohle

Besser als Kondensationsflächen eignet sich gekühlte hochporöse Kohle zur Gasadsorption. Wegen ihrer großen Oberfläche vermag die Adsorptionskohle schon bei Bedeckung mit einer monomolekularen Gasschicht erhebliche Gasmengen zu binden. Sie wird deshalb auch in Gasmasken verwendet. Ihre Fähigkeit zur Gasbindung hängt stark von der Gasart ab: Für Sauerstoff ist sie am stärksten, für die Edelgase am geringsten (vgl. Tab. 16 und Abb. 182).

Tabelle 16

Von 1 cm³ Kokosnußkohle adsorbiertes Gasvolumen [cm³] bezogen auf 0 °C und 760 Torr

Gas	Gasvolumen [cm³]		
	0 °C	− 185 °C	
He	2	15	Adsorption rever-
H_2	4	135	sibel bei Erhitzen
N_2	15	155	(van der Waalsche
Ar	12	175	Adsorption)
CO_2	21	190	Adsorption irrever-
O_2	18	230	sibel (chemische
			Adsorption)

Am besten eignet sich gut entgaste Holz-, Kokos- oder Nußschalenkohle zur Adsorption. Die Entgasung der Kohle erfolgt in drei Stufen:

a) Glühen bei 500 bis 700 °C zur Entfernung der Kohlenwasserstoffe;
b) Vorentgasen im Vorvakuum bei 600 °C (dies kann wegen der hohen
Temperatur nur im Hartglaskolben geschehen; vgl. Abb. 183); c) Entgasen im Hochvakuum bei etwa 400 °C während mehrerer Stunden.

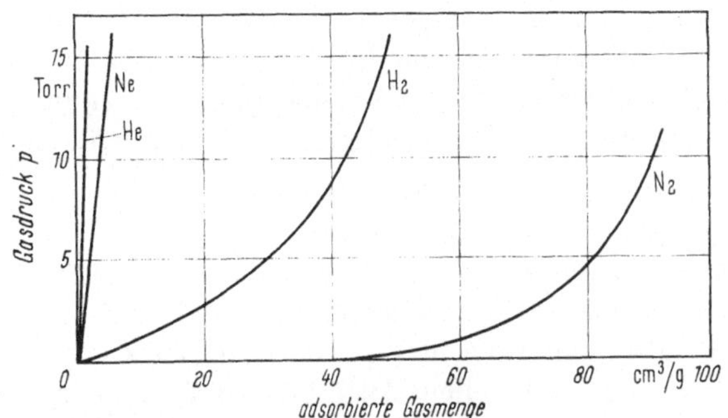

Abb. 182. Abhängigkeit der von 1 g Holzkohle adsorbierten Gasmenge vom Gasdruck (Holzkohle
durch flüssige Luft gekühlt; − 185 °C).

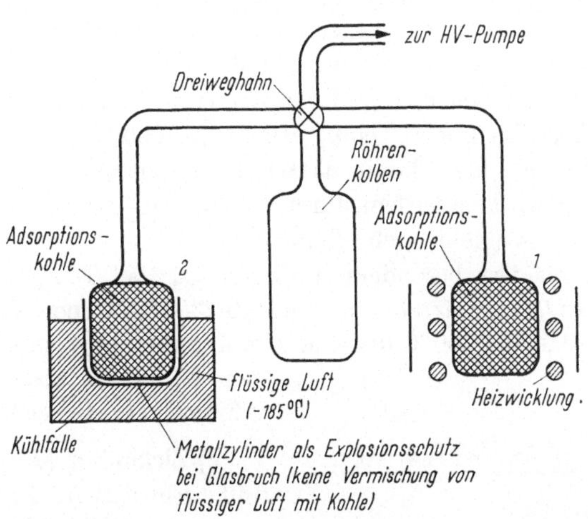

Abb. 183. Versuchsanordnung zur Gasaufzehrung in einem Röhrenkolben durch Adsorptionskohle.

Abb. 183 zeigt eine Versuchsanordnung zur Gasaufzehrung in einem
Röhrenkolben mit Adsorptionskohle. Im Gefäß *1*, das zunächst über den
Dreiwegehahn mit der Hochvakuumpumpe verbunden ist, wird die
Kohle bei 600 °C (Vorentgasung) bzw. 400 °C entgast. Im Gefäß *2* wird
sie mit flüssiger Luft (− 185 °C) gekühlt. Dieses Gefäß wird anschließend
zur Gasaufzehrung mit dem Röhrenkolben verbunden.

17 Knoll/Eichmeier, Techn. Elektronik, I

3. Gasaufzehrung durch massive Metalle („Kontaktgetterung")

Der Forderung, daß alle Metalle vor ihrer Verwendung in Hochvakuumröhren entgast werden müssen (vgl. Kap. 2, Abschn. III, A und B), entspricht auf der anderen Seite die ausgeprägte Eigenschaft entgaster Metalle, durch Adsorption oder (bei manchen Metallen und höheren Temperaturen) auch durch Absorption Gase zu binden. Sie werden daher im entgasten Zustand vielfach in Hochvakuumröhren zur Gasaufzehrung verwendet. Die wichtigsten Metalle hierfür sind:

a) Tantal (Ta). Entgastes Tantalblech kann bei Temperaturen unterhalb 800 °C maximal das 740fache seines eigenen Volumens an Wasserstoff aufnehmen, wobei das Absorptionsmaximum bei etwa 600 °C liegt. Deshalb betreibt man z. B. Senderöhren mit schwach rot glühender Tantalanode oder man versieht die Anode an stark erhitzten Stellen mit aufgenieteten Tantalstreifen. Auch N_2 und O_2 werden stark absorbiert, die Edelgase dagegen überhaupt nicht. Der Sorptionsvorgang verläuft reversibel: Bei Erhitzung auf etwa 1000 °C werden die aufgenommenen Gase wieder abgegeben.

b) Wolfram (W) und Molybdän (Mo). Diese beiden Metalle nehmen Gase nicht in ihr Volumen auf, sondern bilden mit ihnen im glühenden Zustand chemische Verbindungen, die sich an der kalten Röhrenwand niederschlagen. Die chemische Reaktion beruht darauf, daß die Gasmoleküle infolge der hohen Temperaturen (> 1000 °C) und des niedrigen Drucks dissoziiert und damit aktiviert werden (vgl. Abb. 162). Die Getterwirkung wird außerdem durch „Begraben" von Gasmolekülen in der Niederschlagsschicht noch erhöht.

Wolfram reagiert besonders stark mit O_2 (bei Temperaturen über 1000 °C, wobei WO_2 entsteht), mit N_2 (ab 2300 °C, wobei WN_2 entsteht) und mit H_2 (das ab 1000 °C dissoziiert und in diesem Zustand leicht von der Glaswand absorbiert wird). Ähnlich verhält sich Molybdän.

c) Zirkonium (Zr). Dieses Metall absorbiert im Temperaturbereich von 300 bis 500 °C vor allem H_2 (maximal das 1500fache des Eigenvolumens bei 760 Torr!) und im Temperaturbereich von 400 bis 1600 °C besonders N_2, O_2, CO und CO_2. In Elektronenröhren wird es entweder in Blechform, als an der Anode haftendes Pulver. als Zirkoniumhydrid-Aufstrich (ZrH_4) oder in Form einer Drahtwendel benutzt („Zirkonium-Pumpe"; vgl. Abb. 184).

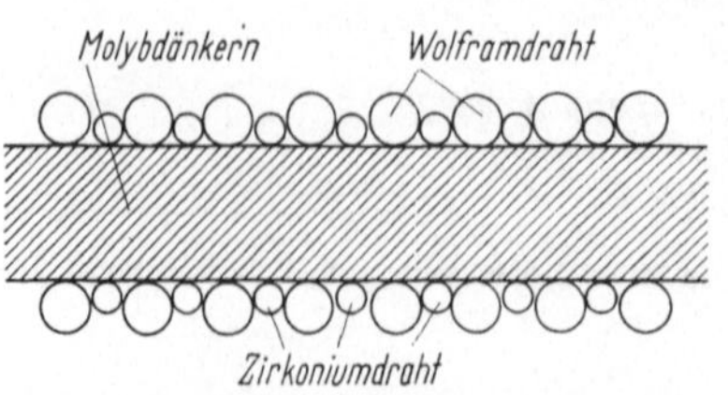

Abb. 184. Aufbau eines geheizten Gasabsorbers mit Zirkoniumdraht („Zirkoniumpumpe").

d) Thorium (Th) und Uran (U). Thorium zeigt eine hohe Gasabsorption zwischen 400 und 500 °C. Es wird gewöhnlich in Pulverform verwendet, hat jedoch für die Röhrenproduktion den Nachteil, daß es durch Reibung leicht entzündbar ist. Das meist zur Edelgasreinigung verwendete Uran nimmt bei einer Temperatur von einigen 100 °C ebenfalls große Gasmengen (mit Ausnahme der Edelgase) auf.

e) Eisen (Fe). Die Gasaufzehrung von Eisen tritt besonders bei pumpenlosen Großgleichrichtern in Erscheinung. Wird in einem solchen Gleichrichter die Bogenentladung eingeschaltet, so nimmt der Druck von H_2, N_2, CO und CO_2 vorwiegend infolge chemischer Oberflächenbindung dieser Gase an den Eisenmantel stark ab (vgl. Abb. 185); Edelgase (z. B. Ar) werden dagegen nicht absorbiert.

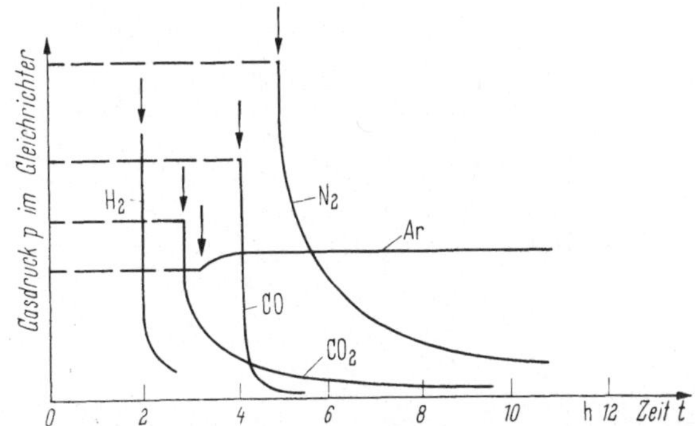

Abb. 185. Druckabfall in einem pumpenlosen Lichtbogen-Gleichrichter beim Einschalten der Bogenentladung. Die Gase wurden zur Zeit $t = 0$ in den Gleichrichtertank eingebracht.
– – – – – : Druck im ausgeschalteten Gleichrichter; ————— : Druckverlauf im eingeschalteten Gleichrichter; ↓ : Augenblick des Einschaltens.

f) Weitere Metalle. Weitere zur Gasaufzehrung geeignete Metalle sind *Titan* (Ti) (es wird vor allem in der Titan-Pumpe mit Titandraht-Verdampfer benutzt; vgl. Kap. 2, Abschn. V, D, 2), *Niob* (Nb), *Aluminium* (Al) und *Kupfer* (Cu).

4. Gasaufzehrung durch Metalldämpfe („Verdampfungsgetterung“)

Metalldämpfe sind das wirksamste Mittel zur Gasaufzehrung. Bei der Serienherstellung von Elektronenröhren werden gewöhnlich einige Gramm des Gettermetalls innerhalb der Röhre während oder nach dem Pumpvorgang durch Hochfrequenz, Elektronenaufprall oder Wärmestrahlung zum Verdampfen gebracht („Verdampfungsgetterung“). Der Metalldampf schlägt sich dann als Getterspiegel auf der Innenwand des Röhrenkolbens nieder, wo er als „Kontaktgetter“ (wenn auch schwächer) wirksam bleibt. Die starke gasaufzehrende Wirkung von Metalldämpfen

17*

beruht a) auf der viel größeren „Adsorptionsfläche" der Dämpfe im Vergleich zu festen Stoffen, b) auf der verstärkten Fähigkeit, manche Gase chemisch zu binden und c) darauf, daß beim Metalldampfniederschlag auf die Kolbenwand größere Gasmengen „begraben" werden.

a) Erwünschte Eigenschaften eines Verdampfungsgetters. Zur Verwendung als Verdampfungsgetter in Hochvakuumröhren muß ein Metall folgende Eigenschaften besitzen:

α) Der Getter soll (vor seiner Verdampfung) zusammen mit den Röhrenelektroden ausheizbar sein, d. h. bei der dazu erforderlichen Temperatur (300 bis 600 °C) soll nur wenig Gettermetall verdampfen; dies bedeutet, daß sein Sättigungsdruck p_s bei der Ausheiztemperatur $< 10^{-2}$ Torr sein soll.

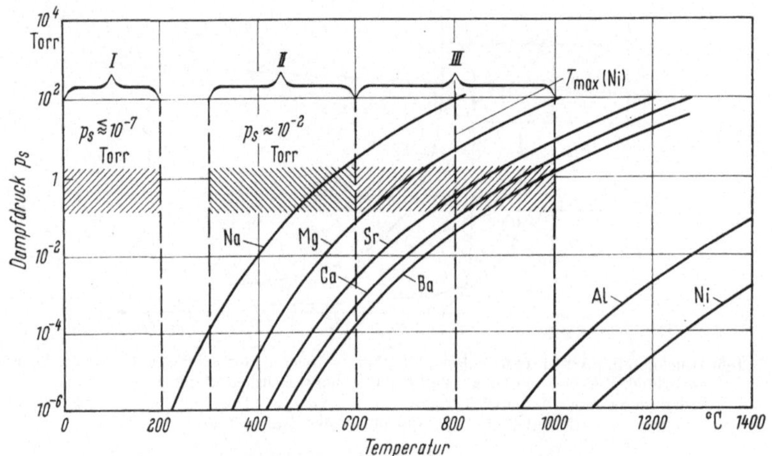

Abb. 186: Dampfdruckkurven für Metalldampfgetter (vgl. Abb. 144).

β) Die Verdampfungstemperatur des Getters soll einerseits wesentlich höher sein (z. B. > 800 °C) als die zu seiner Entgasung erforderliche Temperatur, andererseits jedoch niedrig relativ zur Schmelztemperatur der Röhrenelektroden (z. B. 1450 °C für Ni).

γ) Der Getter soll einen porösen, gasaufzehrenden Niederschlag bilden, dessen Sättigungsdruck p_s im Betriebstemperaturbereich von 20 bis 200 °C kleiner als 10^{-7} Torr sein soll.

δ) Der Getterniederschlag soll bei der Betriebstemperatur der Vakuumröhre chemisch stabil bleiben (d. h. eine hohe Lebensdauer haben).

Aus dem Verlauf der Dampfdruckkurven für Metalldämpfe (vgl. Abb. 144 sowie Abb. 186) ergibt sich, daß die Bedingungen α), β) und

γ) von folgenden Metallen sowie deren Verbindungen bzw. Mischungen erfüllt werden: **Ba, Sr, Ca** und **Mg**. (Bei **K** z. B. wäre Bedingung α), bei **Al** Bedingung β) nicht mehr erfüllt [vgl. Abb. 186]). Von diesen Metallen ist Barium der wirksamste Getter und wird daher am häufigsten verwendet.

Damit das Gettermetall auch nach der Verdampfung in der Röhre seine gute Sorptionsfähigkeit beibehält, darf der Getterniederschlag keinen glatten Spiegel bilden, sondern muß zur Vergrößerung der Adsorptionsflächen möglichst fein verteilt sein („Dispersionsgetter"). Besonders günstig verhalten sich in dieser Hinsicht *Mischgetter*, d. h. Mischungen von **Mg, Sr** und **Ba** sowie Mischungen dieser Metalle mit anderen (z. B. **Ni, Co** und **Al**). Einen fein verteilten Metalldampfniederschlag mit erhöhter Getterwirkung erhält man auch, wenn das Gettermetall statt im Hochvakuum in einem Gas (z. B. **Ar**) von einigen Torr Druck verdampft wird.

b) Nachteile der Dampfgetter. Der hohen Wirksamkeit der Metalldampfgetter stehen folgende Nachteile gegenüber: Mögliche Verschlechterung der Isolation durch Metallniederschläge auf Isolatoroberflächen in der Röhre; geringere Strahlungskühlung des Elektrodensystems wegen Strahlungsreflexion am Getterspiegel; Erhöhung der Elektrodenkapazität; Erhöhung der Sekundäremission von Gitter bzw. Anode sowie Änderung der Kontaktspannung U_k zwischen diesen Elektroden infolge verschieden starker Metalldampfniederschläge. Die Änderung der Kontaktspannung zwischen Kathode und Gitter durch Gitterbedampfung mit Gettermetall fällt besonders ins Gewicht, da sie von der gleichen Größenordnung wie die Gitterspannung sein kann. Dies zeigt folgendes *Beispiel*:

Nach Gl. (30) ist die Kontaktspannung U_k zwischen zwei Elektroden (z. B zwischen Kathode und Gitter) gleich der Differenz der Austrittsspannungen U_G und U_K dieser Elektroden: $U_k = U_G - U_K$. Für eine Bariumoxydkathode ist $U_K = 1\,\text{V}$; für ein blankes **Ni**-Gitter ist die Austrittsspannung $U_{G1} = 5\,\text{V}$, für ein mit Barium bedecktes gleiches Gitter $U_{G2} = 1{,}5\,\text{V}$. Bei blanker Gitteroberfläche wird daher $U_{k1} = U_{G1} - U_K = 4\,\text{V}$, bei bedampfter Gitteroberfläche wird $U_{k2} = U_{G2} - U_K = 0{,}5\,\text{V}$. Eine solche Änderung der Kontaktspannung (hier um 3,5 V), die während der Lebensdauer einer Röhre möglichst vermieden werden soll; hat eine Verschiebung der Gitter- und Anodenstrom-Kennlinien ins Gebiet positiverer Gitterspannung zur Folge (vgl. Abb. 187).

5. Gasaufzehrung durch Phosphor

Phosphor wird als Dampfgetter dort angewandt, wo der lichtabsorbierende Niederschlag von Metalldampfgettern stört, z. B. bei Glühlampen. Bei der Herstellung werden diese auf etwa 10^{-2} Torr evakuiert; dann wird der Phosphor zum Verdampfen gebracht, wobei der

Druck auf etwa 10^{-4} Torr sinkt; nach einigen Tagen beträgt das Endvakuum 10^{-6} Torr. Dies wird durch drei unterschiedliche Getterwirkungen erreicht: Die Bindung von Gasen durch chemische Reaktion mit dem W-Glühfaden der Lampe, die elektrische Gasaufzehrung bei eingeschalteter Lampe (diese tritt wegen des Spannungsabfalls am Glühfaden auch dann auf, wenn keine zweite Elektrode in der Lampe vorhanden ist) und die Adsorption durch den Phosphordampf (vgl. Abb. 188).

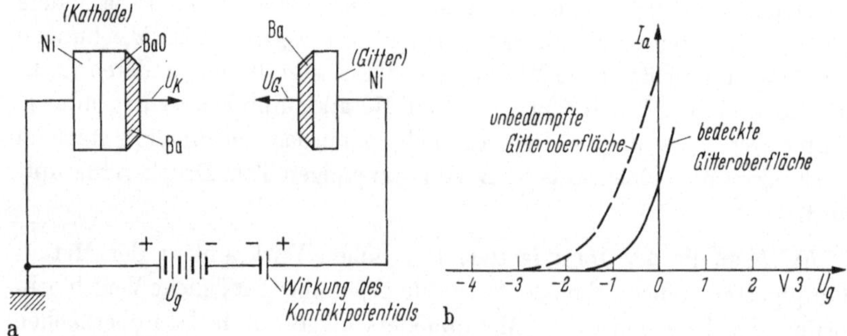

Abb. 187. a) Gitter-Kathoden-Stromkreis einer Röhre bei Bedampfung des Gitters mit Gettermaterial; b) Verschiebung der $I_a - U_g$-Kennlinie dieser Röhre wegen Bedampfung des Gitters mit Gettermaterial.

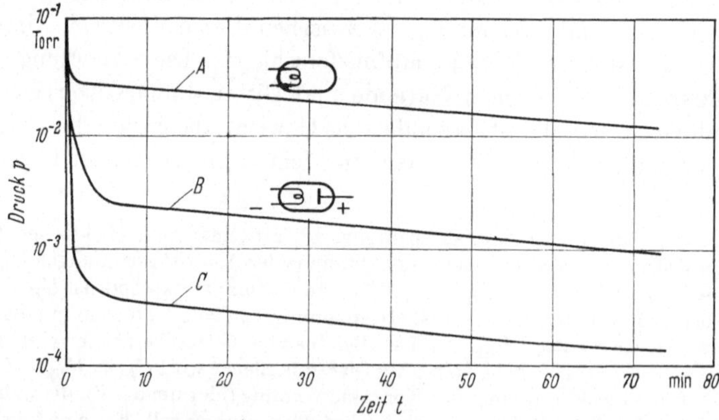

Abb. 188. Verschiedene Getterwirkungen (Beginn bei $t = 0$) in einer Hochvakuum-Glühlampe. A: Getterwirkung durch eine heiße W-Kathode („chemische Adsorption"); B: wie (A), aber zusätzliche elektrische Entladung (elektrische Adsorption; „clean-up-Effekt"); C: wie (B), aber zusätzliche Adsorption bei Anwesenheit von Phosphor.

6. Aufzehrung von Wasserdampf durch Trockenmittel

Bei abgeschmolzenen Röhren wird der Wasserdampf gewöhnlich schon während des Herstellungsprozesses beseitigt (Entgasung durch Erhitzen, Adsorption durch Kühlfallen). In Vakuumsystemen, die zerlegbar sind und daher mit der Außenluft in Berührung kommen, werden dafür

Trockenmittel verwendet. Die wichtigsten sind: Phosphorpentoxyd (P_2O_5) (vgl. Abb. 189), Bariumoxyd (BaO), Magnesiumoxyd (MgO) und Kalziumchlorid ($CaCl_2$).

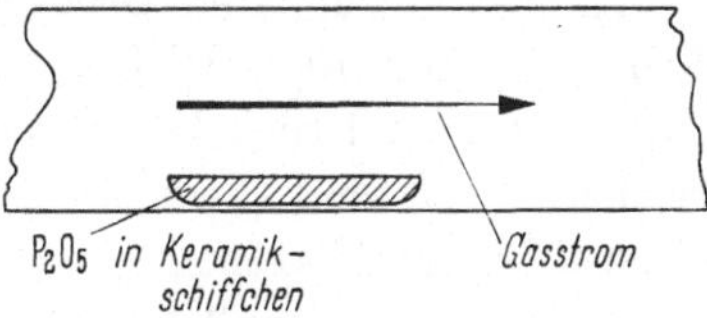

Abb. 189. Anwendung von P_2O_5 als Trockenmittel in Hochvakuumgeräten.

IV. Vakuummeßtechnik und -meßgeräte

Ein wichtiges Problem der Hochvakuumtechnik ist die genaue Messung des in einem Vakuumsystem während des Pumpens stattfindenden Druckabfalls sowie des Endvakuums, das nach Beendigung des Pumpens

Tabelle 17

Zur Druckmessung benutzte Vorgänge und zugehörige Vakuummeter

Art des Vorgangs	zugehöriges Manometer
A. Deformierung elastischer Körper	Dosen-, Federmanometer
B. Barometrischer Effekt	Flüssigkeitsmanometer a) offene, gegen Luftdruck arbeitend b) geschlossene oder abgekürzte, gegen Dampfdruck arbeitend
C. Molekulardruck thermisch beschleunigter Moleküle	Molekulardruck-Manometer
D. Reibung bewegter Körper in Gasen	Reibungs-Manometer
E. Barometrischer Effekt mit Ausnützung der Kompression	Kompressionsmanometer
F. Wärmeleitung in Gasen	Widerstandsmanometer, Thermoelektrisches Manometer
G. Ionisationsstrommessung (mit oder ohne vorherige Ablenkung der ionisierten Gasmoleküle in elektrischen und magnetischen Feldern)	Ionisationsmanometer, Penning-Manometer, Alphatron, Massenspektrograph-Manometer
H. Vorwiegend Beobachtung von Druckänderungen im Vor- oder Hochvakuum, oder von Gasentladungen. Vergiftung von Glühkathoden; Emissionserhöhung von Glühanoden; differentielle Kondensation	Lecksuchgeräte

(und Getterns) erreicht worden ist. Für diese Aufgabe stehen eine Reihe von Geräten (Manometer) zur Verfügung, deren Wirkungsweise auf der Druckabhängigkeit verschiedener physikalischer Vorgänge beruht (vgl. Tab. 17) und die den gesamten erzeugbaren Druckbereich von 760 bis 10^{-11} Torr überstreichen (vgl. Abb. 190). Während bei relativ hohem Druck (760 bis 10^{-3} Torr) die vom Druck hervorgerufenen Wirkungen für die Messung ausreichend groß sind (Federmanometer, Barometer), sind sie bei niedrigem Druck ($< 10^{-3}$ Torr) so klein, daß zu ihrer Messung zusätzliche Energie zugeführt werden muß (GAEDE). Beim Molekular-

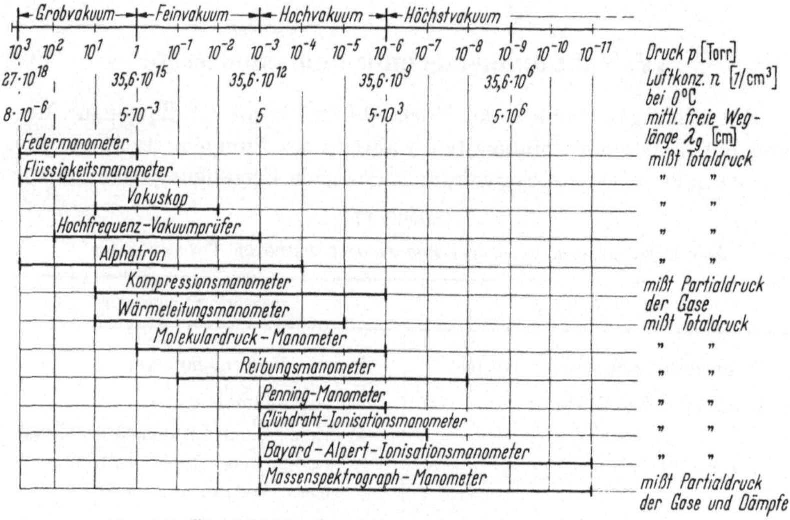

Abb. 190. Übersicht über die Meßbereiche verschiedener Vakuummeter.

druck- und Wärmeleitungsmanometer geschieht dies in Form von Wärmezufuhr, beim Reibungsmanometer durch Anstoßen eines Pendels, beim Kompressionsmanometer durch Volumenkompression und bei den Ionisationsmanometern durch die zugeführte elektrische Energie. Mit Ausnahme des Kompressions- und Massenspektrograph-Manometers zeigen alle genannten Vakuummeßgeräte den Totaldruck der Gase und Dämpfe an; bei den Meßgeräten F., G. und H. (vgl. Tab. 17) ist die Anzeige auch von der Art der Gase und Dämpfe abhängig [2, 8, 25, 30—68].

A. Federmanometer

1. Prinzip

Die durch den Gasdruck hervorgerufene elastische Verformung einer hohlen (gasgefüllten) Stahlfeder (die sich bei Druckerniedrigung zusammenzieht) wird über ein Hebel-Zahnrad-System auf ein Meßwerk übertragen.

2. Meßbereich

1 bis 760 Torr (Vorvakuumkontrolle).

B. Flüssigkeitsmanometer (Barometer)

1. U-Rohr-Manometer

a) Prinzip. Aus dem Höhenunterschied von zwei Quecksilbersäulen in einem U-Rohr wird die zugehörige Druckdifferenz bestimmt. Beim *offenen* Barometer (vgl. Abb. 191a) wirkt auf den einen Schenkel des U-Rohrs der Meßdruck, auf den anderen Schenkel der Atmosphären-druck; beim (häufiger verwendeten) *abgekürzten* U-Rohr-Manometer ist

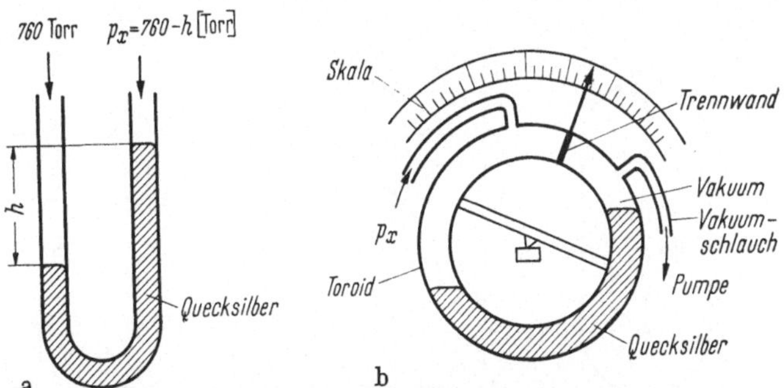

Abb. 191 a u b. Verschiedene Formen von Flüssigkeitsmanometern.
a) Offenes *U*-Rohr-Manometer; b) Ringwaage-Druckmesser.

dagegen ein Schenkel abgeschlossen und bis auf den Dampfdruck der Füllflüssigkeit evakuiert. Ist dieser Dampfdruck klein gegenüber dem Meßdruck im andern Schenkel, so wird mit diesem Manometer (im Gegensatz zum offenen) der absolute Druck gemessen.

b) Meßbereich. 1 bis 760 Torr (Vorvakuumkontrolle).
Mit Mikroskop: $> 10^{-2}$ Torr. Mit Spiegel und Lichtzeiger: $> 10^{-3}$ Torr.

2. Ringwaage-Druckmesser

a) Prinzip. Ein zur Hälfte mit Flüssigkeit gefülltes Toroid ist auf eine Federwaage montiert. Der Toroidraum über der Flüssigkeit wird durch eine Wand in zwei Kammern geteilt, von denen die eine evakuiert ist, während an die andere der Rezipient angeschlossen wird (vgl. Abb. 191b). Die an der Trennwand wirksame Druckdifferenz bewirkt eine Drehung des Toroids, bis sich Druckkraft und rückstellende Federkraft das Gleichgewicht halten. Der Drehwinkel, der eine Funktion des zu messenden Drucks ist, kann durch ein Meßwerk angezeigt oder mit einem Linienschreiber registriert werden.

b) Meßbereich. 1 bis 150 Torr (Vorvakuumkontrolle).

C. Molekulardruckmanometer

1. Prinzip

Bei diesem Manometer wird die durch thermischen Molekulardruck hervorgerufene Verschiebung eines Metallplättchens B (mit der Temperatur T_b) gemessen, das zwischen zwei festen Platten A (Temperatur $T_a > T_b$) und C (Temperatur $T_c = T_b$) aufgehängt ist (vgl. Abb. 192a).

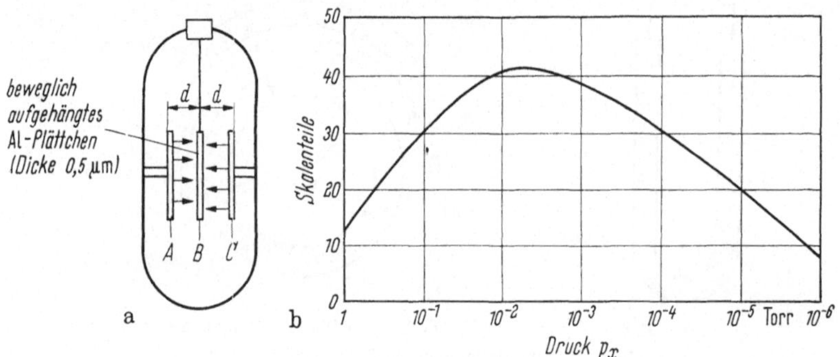

Abb. 192. a) Prinzipieller Aufbau eines Molekulardruckmanometers; b) typische Eichkurve eines solchen Manometers.

Ist der gegenseitige Abstand d der Plättchen kleiner als die mittlere freie Weglänge λ_g der Gasmoleküle, so werden diese praktisch nur an den Plättchen reflektiert; da die von A nach B fliegenden Moleküle wegen der höheren Temperatur von A energiereicher sind als die von C kommenden Moleküle, resultiert eine Kraft K auf das Plättchen B, die für $\lambda_g \gg d$ (Druckbereich meist 10^{-3} bis 10^{-6} Torr) der Molekülkonzentration und damit dem Druck proportional ist, jedoch nicht von der Gasart abhängt. Für $\lambda_g \ll d$ (Druckbereich 1 bis 10^{-2} Torr) nimmt dagegen die Kraft K mit wachsendem Druck ab, so daß die Eichkurve des Manometers ein Maximum durchläuft (vgl. Abb. 192b).

2. Meßbereich

1 bis 10^{-6} Torr.

D. Reibungsmanometer

1. Prinzip

Die Amplitude der gedämpften Schwingung eines im Gasraum auf-
gespannten dünnen Metallbändchens (vgl. Abb. 193) hängt von der
inneren Gasreibung ab; diese ist ihrerseits druckabhängig, falls die mittlere freie Weglänge der Gas-
moleküle mit den Gefäßdimensionen vergleichbar wird. Aus
dem Strom, der zur Aufrechterhaltung der Bändchenampli-
tude in einem Magnetfeld erforderlich ist, kann daher in
einem bestimmten Druckbe-
reich der Gasdruck ermittelt
werden.

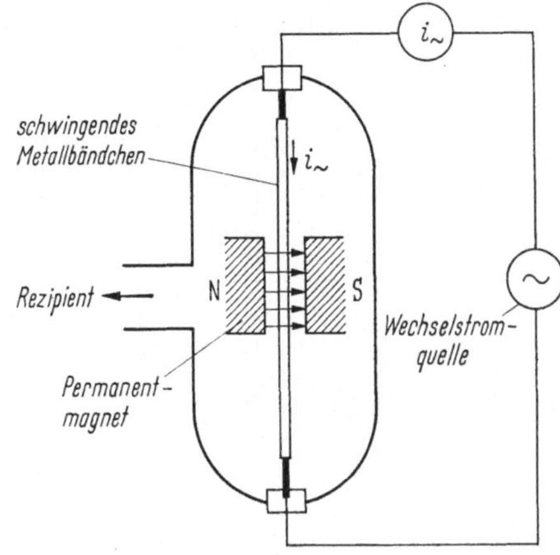

Abb. 193. Prinzipieller Aufbau eines Rei-
bungsmanometers.

2. Meßbereich

10^{-1} bis 10^{-8} Torr.

E. Kompressionsmanometer nach McLeod

1. Prinzip

Ein großes Volumen V mit dem zu messenden kleinen Druck p_x wird
auf ein kleines Volumen v mit höherem Druck p_k komprimiert und p_k
abgelesen. p_x ergibt sich dann aus p_k durch das Boyle-Mariottesche
Gesetz [s. Gl. (166)].

2. Aufbau

Die einfachste Ausführungsform des Manometers zeigt Abb. 194a.
Im Kompressionsraum V, dem eigentlichen Meßgefäß, herrscht der zu
messende Druck p_x des Rezipienten R. Hebekugel H, Gummischlauch G
und unterer Teil des Steigrohrs S sind mit Quecksilber gefüllt. Die

Hebekugel ist oben offen, so daß bei kleinen Drucken p_x infolge des äußeren Luftdrucks der Hg-Spiegel im Steigrohr nahezu um Barometerhöhe über dem Hg-Spiegel in der Hebekugel steht. Durch Heben und

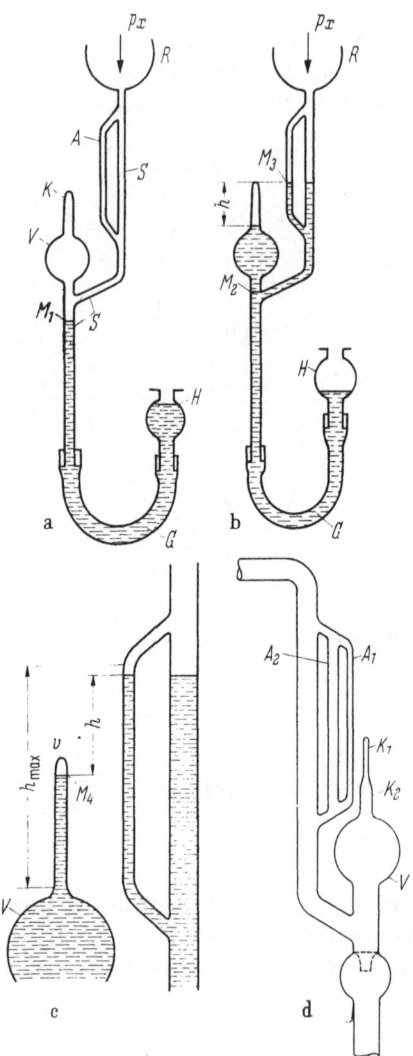

Senken der Hebekugel kann diese Höhe des Hg-Spiegels im Steigrohr verändert werden. Der Kompressionsraum V besteht aus der Glaskugel, der oben geschlossenen Kompressionskapillare K und dem kurzen Verbindungsstück zwischen Steigrohr und Meßkugel. Dem oberen Teil des Steigrohres S ist die Ablesekapillare A, eine Kapillare von gleichem Durchmesser wie die Kompressionskapillare, parallel geschaltet, so daß die Kapillardepression in beiden Kapillaren gleich stark ist und eine Differenz zwischen den Drucken in Kompressionskapillare K und Steigrohr S bzw. Rezipient R unmittelbar als Unterschied der Hg-Kuppen in beiden Kapillaren (in Torr = mm Hg) abgelesen werden kann.

Abb. 194. Formen und Wirkungsweise des Kompressionsmanometers nach McLeod.

a) Aufbau des Kompressionsmanometers; b) Druckmessung am Kompressionsmanometer mit quadratischer Skala; c) Druckmessung am Kompressionsmanometer mit linearer Skala; d) hochempfindliches Kompressionsmanometer mit zwei Kapillaren.

3. Wirkungsweise

Vor Beginn der Messung steht die Hebekugel so, daß der Quecksilberspiegel im Steigrohr etwa bei M_1 liegt (vgl. Abb. 194a) und im Kompressionsraum der zu messende Druck p_x herrscht. Beim Anheben der

Hebekugel steigt der Hg-Spiegel und schließt an der Stelle M_2 (vgl. Abb. 194b) ein bestimmtes Gasvolumen V (Druck p_x) im Kompressionsraum ab. Bei weiterem Steigen des Quecksilbers wird diese Gasmenge in die Kompressionskapillare K hineingedrückt. Dabei bleibt die Hg-Kuppe in der Kompressionskapillare um so viele Millimeter unter der Hg-Kuppe in der Ablesekapillare zurück, wie die Druckerhöhung (in Torr) des komprimierten Gases beträgt. Die Messung des Druckes p_x kann nun auf zweierlei Weise erfolgen:

a) **Druckmessung bei veränderlichem Kompressionsvolumen.** (*Quadratische Druckskala;* vgl. Abb. 194b). Man läßt hier den Hg-Spiegel in der Ablesekapillare bis zum Ende der Kompressionskapillare (Marke M_3) steigen. Steht nun der Spiegel in der Kompressionskapillare um h[mm] tiefer, so ist der Druck in dieser Kapillare:

$$p_k = h + p_x \qquad (187$$

oder unter Vernachlässigung von p_x gegen h:

$$p_k \approx h. \qquad (187\,\text{a})$$

Die in der Kompressionskapillare eingeschlossene Gasmenge ist auf das Volumen $h \cdot F$ (F = Kapillarenquerschnitt) zusammengedrückt. Unter der Voraussetzung, daß keine Kondensation von Dämpfen stattgefunden hat, gilt dann das Boyle-Mariottesche Gesetz [s. Gl. (166)]:

$$V p_x = h F p_k \qquad (188)$$

oder mit Gl. (187a):

$$V p_x = h^2 F. \qquad (188\,\text{a})$$

Hieraus ergibt sich der zu messende Druck p_x:

$$p_x = \frac{F}{V}\, h^2. \qquad (189)$$

Nach einmaliger Bestimmung von F [mm^2] und V [cm^3] kann man demnach aus der Höhendifferenz h [mm] die (quadratische) Skala für den Druck p_x in [Torr] zeichnen. V/F nennt man die *Empfindlichkeit* des McLeodschen Manometers.

b) **Druckmessung bei konstantem Kompressionsvolumen.** (*Lineare Druckskala;* vgl. Abb. 194c). Bei diesem Meßverfahren wird die in der Kompressionskapillare eingeschlossene Gasmenge auf ein durch eine Eichmarke (z. B. M_4; vgl. Abb. 194c) bestimmtes, bekanntes Kompressionsvolumen v zusammengedrückt und die Höhendifferenz h der Hg-Spiegel in Ablese- und Kompressionskapillare abgelesen. Dann ist nach Gl. (188): $V\,p_x = v\,p_k$ und mit Gl. (187a) wird der gesuchte Druck:

$$p_x = h\,\frac{v}{V}\,. \tag{190}$$

Durch Anbringen mehrerer Eichmarken für verschiedene Werte von v ist man in der Lage, den Meßbereich für p_x über mehrere Zehnerpotenzen auszudehnen, obwohl sich die Größe von h nur innerhalb einer Zehnerpotenz bewegen kann. Zweckmäßigerweise wählt man die Werte von v so, daß das Verhältnis v/V jeweils ganze Zehnerpotenzen ergibt. Man bringt dann an der Ablesekapillare Millimeterskalen an, deren Nullpunkte an den jeweiligen Eichmarken liegen. Um den gesuchten Druck p_x zu erhalten, hat man nun nach Gl. (190) die abgelesene Höhe h [mm] mit der zur betrachteten Skala gehörigen Zehnerpotenz v/V zu multiplizieren.

Die *Empfindlichkeit* des Manometers ist hier durch das Verhältnis V/v charakterisiert, hängt also wie bei der Messung mit quadratischer Skala von V und den Dimensionen der Kompressionskapillare ab.

Die Messung mit linearer Skala ist bedeutend genauer als die mit quadratischer Skala; diese hat dagegen den Vorzug, auf einer Skala den ganzen Meßbereich zu umfassen.

4. Meßbereich

Abb. 195 zeigt die Meßbereiche eines Kompressionsmanometers nach Abb. 194a mit linearer (a) bzw. quadratischer Skala (b) (nach JAECKEL [8] S. 33). Die untere Grenze des Meßbereichs wird nach Gl. (189) und (190) durch die minimale Höhe h bestimmt, die noch abgelesen werden kann (≈ 1 mm), ferner durch das minimal erreichbare F (≈ 1 mm²) bzw. v ($\approx 10^{-3}$ cm³) sowie durch den maximal möglichen Wert von V. Das Volumen V soll wegen des hohen Quecksilbergewichts nicht größer als etwa 500 cm³ sein. Daraus ergibt sich als untere Grenze des Meßbereichs ein Wert zwischen 10^{-5} und 10^{-6} Torr. Die obere Grenze des Meßbereichs liegt jeweils um etwa vier Zehnerpotenzen höher.

Zur Erweiterung des Meßbereichs nach höheren Drucken hin ordnet man häufig zwischen Kompressionsraum V und Kompressionskapillare K_1 eine weitere Kapillare K_2 von größerem Durchmesser an (vgl. Abb. 194d) und versieht sie mit weiteren Eichmarken für größere Kompressionsvolumina v. Die Ablesung des Drucks erfolgt dann an einer zweiten Ablesekapillare A_2. Der größte meßbare Druck kann dadurch auf 10 bis 20 Torr erhöht werden, so daß der gesamte Meßbereich etwa 10 bis 10^{-6} Torr beträgt.

Da die Eichkurven eines Kompressionsmanometers unmittelbar aus dessen Abmessungen bestimmt werden können, werden solche Vakuummeter häufig als Standardinstrumente zur absoluten Druckmessung sowie zur Eichung anderer Vakuummeter verwendet.

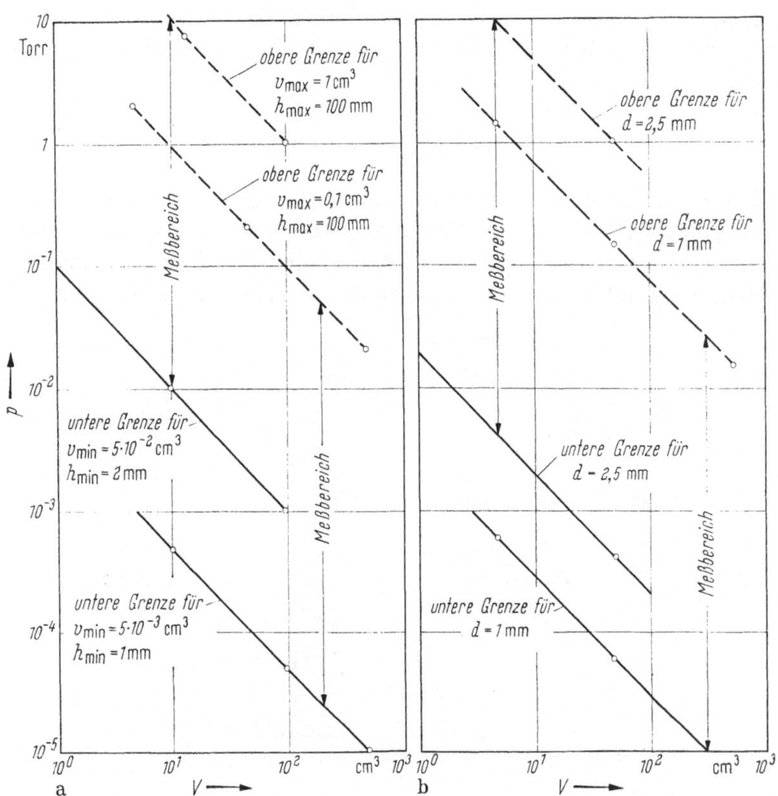

Abb. 195. Meßbereiche eines Kompressionsmanometers mit linearer bzw. quadratischer Skala (nach JAECKEL [8]).

a) Kompressionsmanometer mit linearer Skala; V = Volumen der Meßkugel; v = Kompressionsvolumen; b) Kompressionsmanometer mit quadratischer Skala; d = Kapillarendurchmesser.

5. „Klebevakuum"

Bei Drucken von 10^{-6} Torr und darunter kann man die in der Kompressionskapillare abgeschlossene Gasmenge auf ein unmerklich kleines Volumen zusammendrücken, ohne daß ein ablesbarer Höhenunterschied h auftritt. Die Gasschicht zwischen Quecksilber- und Kapillarenkuppe ist dann so dünn, daß die Adhäsionskräfte zwischen Quecksilber und Glaswand wirksam werden. Läßt man das Quecksilber in der Ablesekapillare

dann wieder fallen, so bleibt der Quecksilberfaden in der Kompressionskapillare kleben und löst sich erst dann ruckartig von der Kapillarenkuppe ab, wenn der Spiegel in der Ablesekapillare einige Millimeter oder
Zentimeter unter die Höhe der Kapillarenkuppe gesunken ist. Aus dem
zum Abreißen erforderlichen Quecksilber-Höhenunterschied kann man
größenordnungsmäßig die Güte des Vakuums abschätzen, doch ist der
Effekt stark von der Reinheit des Quecksilbers und der Kapillare abhängig.

6. Verkürztes Kompressionsmanometer

Beim Kompressionsmanometer mit Hebekugel sind leicht Falsch-
messungen möglich, wenn durch Poren des Verbindungsschlauchs zwischen Hebekugel und Steigrohr Luftblasen eindringen. Um dies zu vermeiden, verwendet man häufig anstelle der Hebekugel mit Gummi-

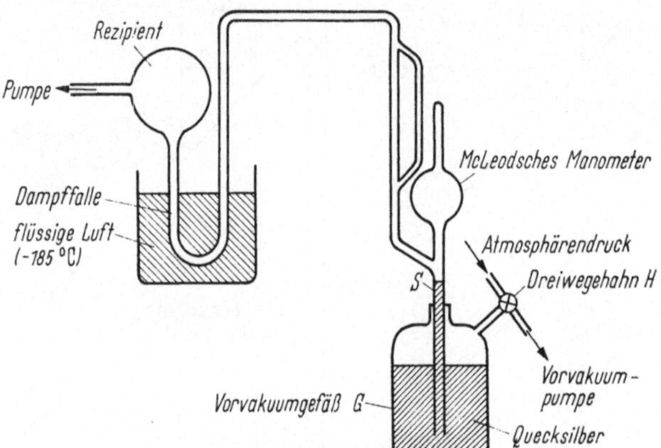

Abb. 196. Verkürztes Kompressionsmanometer mit Dampffalle.

schlauch ein Vorvakuumgefäß G, das mit dem Steigrohr S des Manometers verbunden ist (vgl. Abb. 196). Durch einen Dreiwegehahn H
kann der Raum über dem Vorratsquecksilber im Gefäß G entweder mit
einer Vorvakuumpumpe verbunden und dadurch evakuiert, oder durch
Lufteinlaß unter Druck gesetzt werden. Auf diese Weise kann der Quecksilberspiegel im Steigrohr beliebig gehoben oder gesenkt werden („verkürztes Kompressionsmanometer").

7. Vakuskop

Eine modifizierte Form des Kompressionsmanometers stellt das
Vakuskop nach GAEDE dar, das durch eine Schliffverbindung drehbar
mit dem Rezipienten zu verbinden ist. Durch Drehung des ganzen

Manometergefäßes wird hier wie beim McLeodschen Manometer mit Hilfe einer Quecksilberfüllung ein kleines Gasvolumen abgeschlossen und komprimiert, bis sein Druck so groß ist, daß er an dem Höhenunterschied zweier Hg-Oberflächen abgelesen werden kann. Der *Meßbereich* beträgt 10^1 bis 10^{-2} Torr.

8. Vor- und Nachteile des Kompressionsmanometers

Ein Nachteil des Kompressionsmanometers besteht darin, daß im Gasraum etwa vorhandene Dämpfe durch den Kompressionsvorgang bis zu ihrem Sättigungsdruck verdichtet werden und dann kondensieren. Ist der Sättigungsdruck der komprimierten Dämpfe vernachlässigbar klein gegenüber dem zu messenden Gesamtdruck, so ist der gemessene Druck praktisch gleich der Summe der Partialdrucke der permanenten Gase. Ist dagegen der Sättigungsdruck der komprimierten Dämpfe mit dem zu messenden Gesamtdruck vergleichbar, so wird stets die Summe aus Dampfdruck und Gasdruck gemessen. Das Meßergebnis ist in diesem Fall vom Kompressionsverhältnis abhängig. Weitere Nachteile sind die Abhängigkeit der Meßgenauigkeit von der Reinheit des Quecksilbers und der Glasgefäße sowie die relativ lange Meßzeit. Von Vorteil ist die relativ hohe Meßgenauigkeit und die Möglichkeit der absoluten Druckmessung.

F. Wärmeleitungsmanometer

1. Prinzip

Die Wärmeleitfähigkeit $\varkappa$ eines Gases ist in einem bestimmten Druckbereich vom Druck abhängig. Diese Erscheinung wird beim Wärmeleitungsmanometer zur Druckmessung ausgenutzt. Ein solches Manometer besteht im Prinzip aus einem an den Rezipienten anzuschließenden Glasrohr, das einen elektrisch geheizten Glühfaden enthält (vgl. Abb. 197a). Die Temperatur des Glühdrahts stellt sich im Betrieb bei konstanter Heizung so ein, daß die pro Zeiteinheit zugeführte elektrische Energie gleich der Wärmemenge $Q = Q_G + Q_S + Q_M$ ist, die pro Zeiteinheit durch Konvektion (Q_G; Wärmeableitung durch das umgebende Gas), Strahlung (Q_S) und durch Abfluß über die metallischen Anschlußdrähte (Q_M) abgeführt wird. Die Druckabhängigkeit der Wärmeabfuhr und damit der Temperatur des Glühdrahts ist durch drei Bereiche charakterisiert (vgl. Abb. 197b):

Bereich I (hoher Druck): In diesem Bereich, für den $\lambda_g \ll r$ ist (λ_g = mittlere freie Weglänge der Gasmoleküle, r = Radius des Glühdrahts), erfolgt die Wärmeabfuhr hauptsächlich durch Konvektion $(Q_G \gg Q_S + Q_M)$. Die gesamte abgeführte Wärmemenge Q ist dabei prop. $n\lambda_g$ (n = Konzentration der Gasmoleküle). Da nach Gl. (173) n prop. p_x und nach Gl. (180) λ_g prop. $1/p_x$ ist, wird in diesem Bereich Q unabhängig vom Druck p_x (falls T = const ist).

Bereich II: In diesem Bereich ist $\lambda_g > r$. Die abgeführte Wärmemenge Q ist nun nicht mehr prop. λ_g, sondern nur noch prop. n und damit prop. p_x. Mit wachsendem p_x steigt hier Q solange an, bis λ_g mit den Dimensionen der die Wärme abführenden Gasschicht vergleichbar wird. Von da ab ist wegen der häufigeren Zusammenstöße der Moleküle untereinander der Anstieg von Q mit wachsendem p_x nicht mehr konstant,

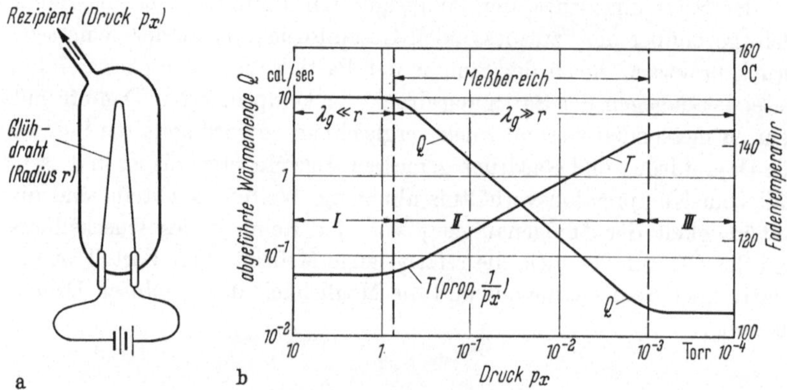

Abb. 197. a) Prinzipieller Aufbau eines Wärmeleitungsmanometers; b) Abhängigkeit der abgeführten Wärmemenge Q bzw. der Glühfadentemperatur T vom Druck p_x.

sondern wird allmählich kleiner und strebt schließlich dem Grenzwert des Bereichs *I* zu. Da im Bereich *II* die Drahttemperatur proportional mit $1/p_x$ ansteigt, kann durch Messung dieser Temperatur der Druck bestimmt werden.

Bereich III (sehr niedriger Druck; $\lambda_g \gg r$): Da die Wärmeableitung durch Konvektion an das Vorhandensein von Molekülen gebunden ist, wird bei sehr niedrigen Drucken wegen der geringen Gaskonzentration $Q_G \ll Q_S + Q_M$; in diesem Bereich wird daher Q ($\approx Q_S + Q_M$) = const und unabhängig vom Druck (bei T = const).

2. Ausführungsformen von Wärmeleitungsmanometern

Die druckabhängige Änderung der Glühfadentemperatur im Bereich *II* (vgl. Abb. 197b) eines Wärmeleitungsmanometers kann entweder als Widerstandsänderung des Glühfadens mittels einer Brückenschaltung („Widerstandsmanometer" nach PIRANI [45]) oder direkt mit einem Thermoelement gemessen werden („Thermoelektrisches Manometer" nach VOEGE [47] und ROHN [46]).

a) Widerstandsmanometer. Bei diesem Manometer wird der von der Temperatur und damit vom Druck abhängige *Widerstand* des Glühdrahts mit einer Wheatstoneschen Brücke gemessen. Abb. 198 zeigt die prinzipielle Schaltung *a* und die zugehörige Eichkurve *b* eines solchen Manometers. Um die für eine hohe Meßgenauigkeit erforderliche Bedingung $Q_G > Q_S + Q_M$ in einem weiten Druckbereich zu erfüllen, wählt man relativ niedrige Fadentemperaturen ($< 200\,°C$) und dünne wendelförmige Drähte zur Verringerung der wirksamen wärmeabstrahlenden Faden-

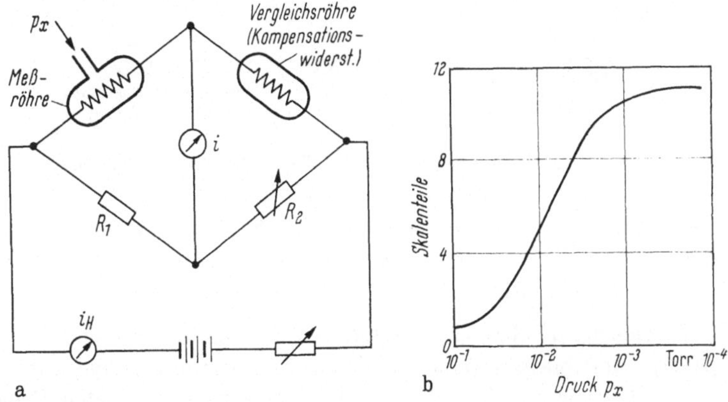

Abb. 198. Brückenschaltung (a) und typische Eichkurve (b) eines Widerstandsmanometers. Der Druck p_x ergibt sich aus dem jeweiligen Wert des Widerstandes R_2 bei abgeglichener Brücke.

oberfläche. Die Wärmeableitung über die Fadenhalterung (Q_M) wird durch Aufhängung des Glühfadens an sehr dünnen, in Glashalter eingeschmolzenen Drähten auf ein Minimum beschränkt. Um bei einer bestimmten Druck- und damit Temperaturänderung eine möglichst große Widerstandsänderung des Glühfadens zu erzielen, verwendet man möglichst lange Glühfäden (Drahtwendeln) aus einem Stoff mit hohem Temperaturkoeffizienten, z. B. 0,03 mm dicken **Pt**-Draht, halbleitende Urdoxwiderstände oder Widerstandskörper aus Erdalkalititanaten (Thermistoren).

Der *Meßbereich* der Widerstandsmanometer liegt je nach Bauart zwischen etwa 1 Torr (wo gewöhnlich $\lambda_g \approx r$ ist) und 10^{-5} Torr (wo gewöhnlich $Q_G \ll Q_M$ bzw. Q_S wird); meist beträgt er 10^{-1} bis 10^{-4} Torr.

Vorteile des Widerstandsmanometers sind die Möglichkeit der Totaldruckmessung und der direkten Ablesung des Drucks an einem geeichten Meßinstrument sowie die Robustheit dieser Manometer (Anwendung in Großgleichrichtern). Von Nachteil ist die Abhängigkeit der Wärmeleit-

18*

fähigkeit und damit der Eichkurve von der Gasart sowie der Einfluß der Außentemperatur, der jedoch durch Einsatz einer zweiten abgeschmolzenen und hochevakuierten Vergleichsröhre als Meßwiderstand angenähert kompensiert werden kann (vgl. Abb. 198a). Ein weiterer

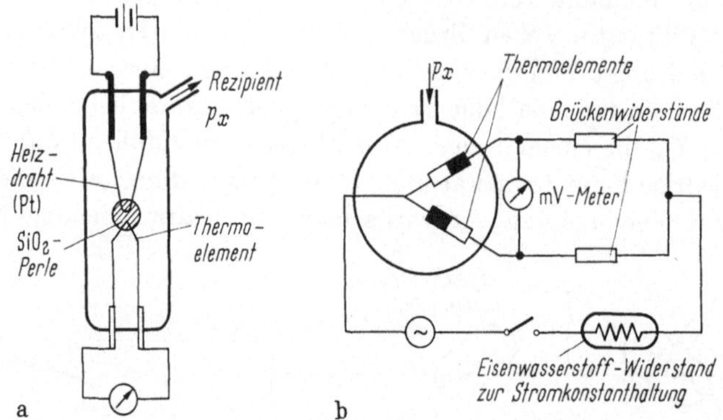

Abb. 199. Aufbau (a) und Brückenschaltung (b) eines thermoelektrischen Manometers.

Nachteil ist die mögliche Veränderung der Eichkurve durch Dämpfe, deren Kondensate sich auf der Oberfläche des Glühfadens niederschlagen und dadurch dessen Wärmeabstrahlung verändern können.

b) Thermoelektrisches Manometer. Bei diesem Manometer wird die *Temperatur* des (gleich- oder wechselstromgeheizten) Glühdrahts als Funktion des zu messenden Drucks p_x mittels eines (gleichstromdurchflossenen) Thermoelements (z. B. aus **CrNi**-Konstantan) gemessen (vgl. Abb. 199a). Der Glühdraht kann auch wegfallen, wenn man den Heizstrom unmittelbar durch Thermoelemente fließen läßt, die dann durch das umgebende Gas mehr oder weniger gekühlt werden; auch in diesem Falle ist Wechselstromheizung möglich, wenn zur Kompensation der an den Thermoelementen auftretenden Wechselspannung eine Brücken-

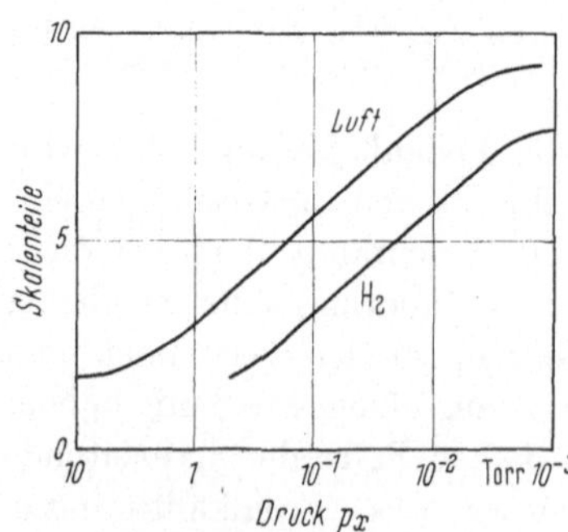

Abb. 200. Typische Eichkurven eines thermoelektrischen Manometers.

schaltung angewendet wird (vgl. Abb. 199b). Bei abgeglichener Brücke zeigt dann das angeschlossene Millivoltmeter keine Wechselspannung, sondern nur die Gleichspannung der Thermoelemente an.

Der *Meßbereich* der thermoelektrischen Manometer liegt je nach Bauart zwischen 10 und 10^{-3} Torr; meist beträgt er 1 bis 10^{-3} Torr.

Abb. 200 zeigt typische Eichkurven für Luft und H_2. Wegen der besseren Kühlwirkung des Wasserstoffs (große Wärmeleitfähigkeit $\varkappa$; vgl. Tab. 9) liegt die Kurve für H_2 unter derjenigen für Luft. Der Verlauf der Eichkurve ist also auch hier wie bei allen Wärmeleitungsmanometern von der Gasart abhängig, jedoch ist die Messung beim Manometer der Abb. 199b von der Außentemperatur unabhängig. Im übrigen sind die Vor- und Nachteile die gleichen wie beim Widerstandsmanometer.

3. Anwendungen

Wärmeleitungsmanometer werden häufig als Kontaktgeber für die Öldiffusionspumpenheizung (Vermeidung der Ölzersetzung durch O_2!) sowie zum zeitweisen Abschalten von Vorvakuumpumpen verwendet. Der Schaltaugenblick wird dabei durch den Vorvakuumdruck festgelegt.

G. Ionisationsmanometer

Ionisationsmanometer eignen sich besonders zur Bestimmung von Drucken unterhalb von 10^{-3} Torr. Dabei wird die Ionenzahl i^+ gemessen, die von einem Elektronenstrahl der bekannten Stromstärke i^- im Gasraum pro Sekunde durch Stoßionisierung erzeugt wird. i^+ ist in einem gewissen Druckbereich dem zu messenden Gasdruck p_x proportional:

$$i^+ = p_x K_0' i^- \tag{191}$$

oder:

$$p_x = K_0' \frac{i^+}{i^-}, \tag{191a}$$

wobei K_0' eine von Gasart, Elektronengeschwindigkeit und Röhrengeometrie abhängige Konstante ist. Nach Gl. (191a) ist zur Bestimmung des Druckes p_x die getrennte Messung von i^+ und i^- erforderlich. Hierzu verwendet man folgende Meßanordnungen:

1. Glühdraht-Ionisationsmanometer

a) Triode mit negativem Gitter und Glühkathode

$\alpha)$ *Aufbau und Wirkungsweise.* In einer Triode mit negativem Gitter G und positiver Anode A (vgl. Abb. 201) werden die von der Glühkathode K emittierten Elektronen zur Anode hin beschleunigt, während die durch Stoßionisierung von Gasmolekülen erzeugten positiven Ionen zum Gitter wandern. Auf diese Weise lassen sich Elektronenstrom i^- und Ionenstrom i^+ getrennt messen.

Zur Bestimmung des Drucks p_x muß nach Gl. (191a) auch der Wert der Konstanten K_0' bekannt sein. Diese ergibt sich angenähert aus der vereinfachenden Annahme, daß i^+/i^- (= Anzahl der ionisierenden Stöße pro stoßendes Elektron) in erster Näherung gleich dem Verhältnis der von den Elektronen durchlaufenen Wegstrecke ($\approx$ Anodenradius r_a) zu deren mittlerer freier Weglänge λ_e ist: $i^+/i^- \approx r_a/\lambda_e$. Nach Gl. (180c) und (182a) ist

$$\lambda_e = 4\sqrt{2}\,\lambda_g \approx 4\sqrt{2}\cdot 2\cdot 10^{-5}\frac{T}{p_x} = \frac{0{,}033}{p_x}\,[\text{cm}]\;(T = 293\,°\text{K}).$$

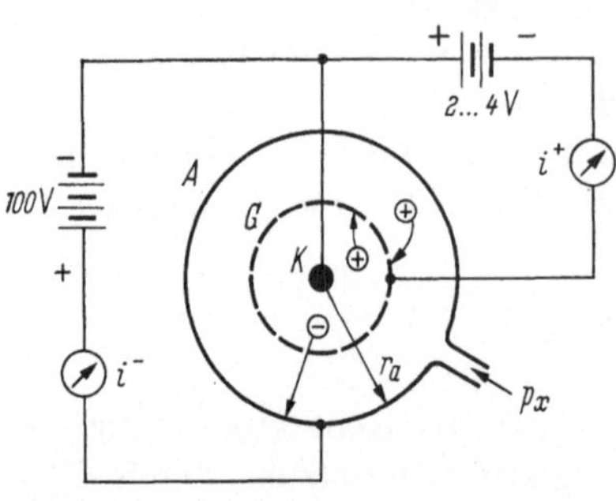

Abb. 201. Triode mit negativem Gitter und Glühkathode als Ionisationsmanometer.

Damit wird angenähert:

$$p_x \approx \frac{0{,}033}{r_a}\,\frac{i^+}{i^-}\,[\text{Torr}] = K_0'\,\frac{i^+}{i^-}\qquad (r_a \text{ in cm}). \tag{192}$$

Beispiel: Mit $r_a = 0{,}5$ cm und $i^+/i^- = 10^{-3}$ wird $p_x = 6{,}6\cdot 10^{-5}$ Torr.

Diese Überschlagsrechnung liefert stets zu niedrige Druckwerte. Zur genaueren Ermittlung des Zusammenhangs zwischen dem Ionenstrom und dem zu messenden Druck muß berücksichtigt werden, daß der für die Elektronenstoßionisierung geltende Ionisierungskoeffizient[1] $\alpha = s_0 p_x$ [Trägerpaare/cm] vom Ionisierungsort r ($r_k < r < r_a$) abhängt (s. Gl. 134). Dadurch wird:

$$i^+ = i^- \int_{r_k}^{r_a} \alpha\,dr = i^- p_x \int_{r_k}^{r_a} s_0\,dr. \tag{193}$$

(r_k = Kathodenradius, r_a = Anodenradius, $s_0 = \alpha/p_x$ [Trägerpaare/cm Torr] = „spezifische Ionisierung" bei 1 Torr und 0 °C[1]). Von diesem Ionenstrom nimmt das Gitter nur einen von seinen geometrischen Abmessungen abhängigen Teil $i_g^+ = c\,i^+$ ($c < 1$) auf. c ist für ein und dieselbe Röhre konstant; ebenso ist auch das Integral $\int s_0\,dr$ der Gl. (193) für eine bestimmte Röhre bei gegebener Anoden- und Gitterspannung druckunabhängig. Bei den relativ niedrigen zu messenden Gasdrucken kann nämlich nur ein kleiner Teil der Elektronen mit Gasmolekülen zusammenstoßen und dabei Energie verlieren. Daher ist die Geschwindigkeit der meisten Elektronen an einer beliebigen Stelle zwischen Kathode und Anode der Wurzel aus dem dort herrschenden Potential U (bezogen

---

[1] Vgl. Kap. 1, Abschn. IX, A, 1.

auf das Potential der Kathode) proportional, das — bei Vernachlässigung von Raumladungseinflüssen — vom Druck unabhängig ist. Mit $U = \text{const}$ wird aber nach Abb. 121 auch $s_0 = f(U) = \text{const}$ und damit auch $\int s_0\, dr = \text{const}$ (d. h. druckunabhängig). Damit ergibt sich aus Gl. (193) die Beziehung:

$$p_x = \frac{1}{c \int\limits_{r_k}^{r_a} s_0\, dr}\,\frac{i_g^+}{i^-} = K_0\,\frac{i_g^+}{i^-}, \qquad (193\,\text{a})$$

wobei der Faktor $K_0 = f(r_k,\ r_a,\ c$ und s_0 bzw. $U)$ vom Druck p_x unabhängig ist. Aus der Abhängigkeit des Faktors K_0 von $s_0 = f(U)$ folgt, daß die Anzeige der Ionisationsmanometer stark von der verwendeten Anodenspannung und vom Molekulargewicht der Restgase (d. h. von der Gasart) abhängt. Das Verhältnis i_g^+/i^- ist der von BARKHAUSEN [51] definierte „Vakuumfaktor".

β) Meßbereich. Der Meßbereich des hier betrachteten Ionisationsmanometers beträgt 10^{-3} bis 10^{-6} Torr. Nach oben ist dieser Druckbereich durch das Auftreten unerwünschter sekundärer Ionisierungsprozesse (die bei zu hohen Drucken eine Glimmentladung auslösen können), nach unten durch den zu klein werdenden Gitterstrom i_g^+ (Röntgenstrahleneffekt, s. S. 281) begrenzt. Im genannten Druckbereich beträgt der Vakuumfaktor i_g^+/i^-, der nach Gl. (193 a) proportional mit dem Druck p_x ansteigt, für kleinere Manometerröhren mit zylindrischen Elektroden 10^{-2} bis 10^{-5}. Bei einem Elektronenstrom $i^- = 1\,\text{mA}$ entspricht dies einem Ionenstrombereich $i_g^+ = 10^{-5}\cdots10^{-8}$ A. Ströme dieser Größenordnung können noch mit einem Galvanometer gemessen werden.

Gewöhnlich wird bei den Ionisationsmanometern der Elektronenstrom i^- durch Regelschaltungen konstant gehalten (auf 1, 5 oder 10 mA), so daß zur Druckbestimmung nur der Ionenstrom i_g^+ gemessen zu werden braucht.

Beispiel: Für die Telefunken-Manometerröhre $I\,M\,1$ ist $i^- = 1\,\text{mA} = \text{const}$ und $K_0 = 0{,}4$ (für Luft); bei einem gemessenen Ionenstrom $i_g^+ = 10^{-8}$ A ist daher nach Gl. (193 a) $p_x = 4 \cdot 10^{-6}$ Torr.

Da die Berechnung der Konstanten K_0 meist Schwierigkeiten macht, werden die Ionisationsmanometer im allgemeinen im Druckbereich zwischen 10^{-3} und 10^{-4} Torr durch Vergleich mit einem McLeodschen Manometer geeicht; daraus ergibt sich die Konstante K_0. Drucke unter 10^{-4} Torr werden dann durch Extrapolation der gewonnenen Eichkurve gemessen.

Zur Erzielung einer hohen Empfindlichkeit soll der Ionenstrom i_g^+ des Manometers bei gleichbleibendem Meßdruck möglichst groß gemacht werden. Dies kann im begrenzten Umfang durch Erhöhung des (konstanten) Elektronenstroms der Röhre geschehen. Bei zu hohem Elektronenstrom wird jedoch ein zu großer Teil der vorhandenen Gasmoleküle ionisiert und wandert aus dem Entladungsraum zum Gitter ab. Die dadurch bedingte Gasströmung ruft innerhalb der Meßröhre örtliche Druckunterschiede hervor (SEWIG [65]), welche den Verlauf der Eichkurve in unerwünschter Weise beeinflussen. Eine wirkungsvollere Methode zur Erhöhung des Ionenstroms ist die Erhöhung der Ionisierungswirkung der Stoßelektronen bei der

b) Bremsfeldtriode mit positivem Gitter und Glühkathode

α) *Aufbau und Wirkungsweise.* Bei dieser Manometerröhre mit positivem Gitter G und negativem Ionenkollektor C (vgl. Abb. 202) führen die meisten der von der Kathode K emittierten Elektronen eine größere Zahl von Pendelungen um das Gitter aus, ehe sie auf diesem landen. Elektronenweg und Stoßzahl werden dadurch wesentlich größer als bei der Triode mit negativem Gitter. Bei gleichbleibendem Druck bedeutet dies eine Erhöhung des Ionenstroms bzw. bei gleichbleibendem Ionenstrom eine Erniedrigung des kleinsten meßbaren Drucks um etwa den Faktor zehn. Damit für die Elektronenpendelungen der gesamte Manometerraum zur Verfügung steht, wird

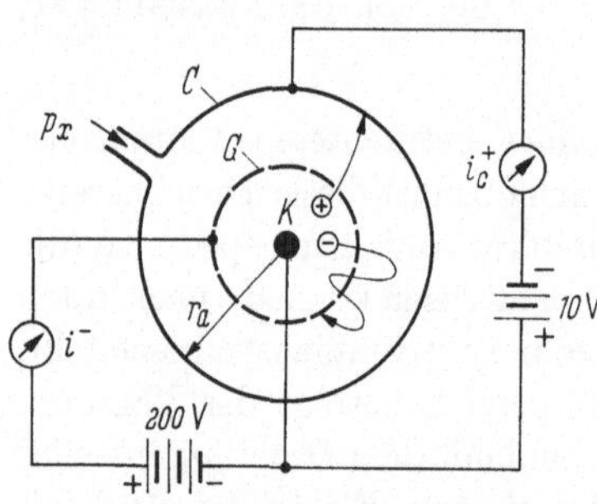

Abb. 202. Bremsfeldtriode mit positivem Gitter und Glühkathode als Ionisationsmanometer.

häufig ein Metallniederschlag auf dem Manometerglaskolben bzw. (bei Röhren aus Metall) die Metallwand selbst als Ionenkollektor verwendet.

β) *Meßbereich.* Der Meßbereich dieses Ionisationsmanometers beträgt 10^{-3} bis 10^{-7} Torr. Nach niedrigeren Drucken hin wird er — wie bei der Triode mit negativem Gitter — durch den Röntgenstrahleneffekt (BAYARD und ALPERT [49, 52]) begrenzt: Damit eine Manometerröhre innerhalb des genannten Meßbereichs nennenswerte Ionenströme liefert, sind für die ionisierenden Elektronen Beschleunigungsspannungen von 100 bis 200 V erforderlich. Die zugehörigen Elektronenenergien (bis 100 bzw. 200 eV) reichen aus, um beim Auftreffen der Elektronen auf die Anode A (vgl. Abb. 201) bzw. auf das Gitter G (vgl. Abb. 202 und 203a) Röntgenstrahlen auszulösen. Diese lösen ihrerseits am Kollektor C Photoelektronen aus (vgl. Abb. 203a), die durch Stoßionisierung eine das Meßergebnis verfälschende Vergrößerung von i_c^+ bewirken. Diesen Nachteil vermeidet das

c) Bayard-Alpert-Manometer. Hier sind (im Vergleich zur Bremsfeldtriode) Glühkathode und Ionenkollektor miteinander vertauscht (vgl.
Abb. 203 b). Die Folge ist, daß nun der (drahtförmige) Ionenkollektor C
von der am Gitter G ausgelösten Röngenstrahlung verfehlt wird; dadurch

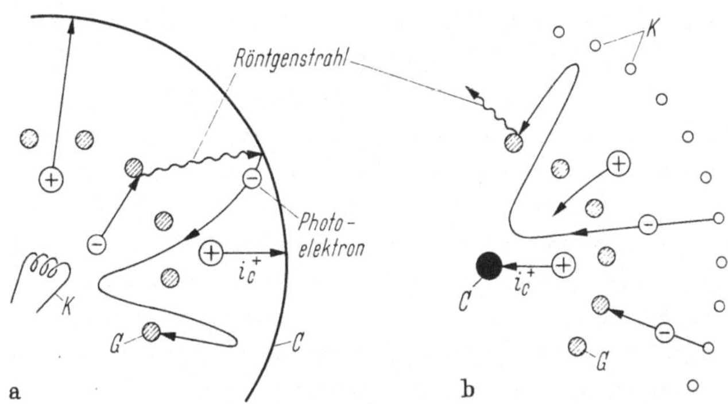

Abb. 203. a) Unerwünschte Erhöhung des Ionenstromes i_c^+ durch Röntgenstrahlen, die am Ionenkollektor ionisierende Photoelektronen auslösen (Bremsfeldtriode).

K = Kathode; G = positives Gitter; C = Ionenkollektor.

b) Beseitigung des Röntgenstrahleneffektes durch Vertauschung von Ionenkollektor und Kathode
(Bayard-Alpert-Manometer).

K = Glühfäden (Kathode); G = positives Gitter; C = Ionenkollektor.

können praktisch auch keine Photoelektronen gebildet werden, die den
Ionenstrom in unerwünschter Weise vergrößern. Die Beseitigung dieser
Fehlerquelle macht es möglich, den Meßbereich dieses Manometers von
10^{-3} Torr bis zu den niedrigsten erreichbaren Drucken ($\approx 10^{-11}$ Torr)
auszudehnen. Der zugehörige Ionenstrombereich beträgt etwa 10^{-5} bis
10^{-13} A, erreicht also beim niedrigsten Druck die Meßbarkeitsgrenze für
Gleichströme. Zur Messung derartig kleiner Ströme können Gleichstromverstärker mit Elektrometerröhren verwendet werden, deren Gitterfehl-
strom kleiner als 10^{-14} A ist, während er bei normalen Verstärkerröhren
etwa 10^{-8} A beträgt. Bei der Verwendung solcher Röhren muß auf eine
gute Isolation der Gitterzuleitung (Isolationswiderstand $> 10^{13}$ Ohm)
geachtet werden.

d) Nachteile der Glühdraht-Ionisationsmanometer. Nachteile sind die
geringe Glühdrahtlebensdauer (Maßnahme dagegen: W-Draht-Vorrat
zum Auswechseln des Glühdrahts), die Empfindlichkeit des Glühfadens
gegen Lufteinbrüche (Maßnahme dagegen: Automatische Abschaltung
der Glühfadenheizung bei $p_x > 10^{-2}$ Torr) und die mögliche Messung
eines zu hohen Drucks infolge der Gasabgabe von den Elektroden der
Meßröhre (Maßnahme dagegen: Entgasung des Elektrodensystems durch
Erhitzen auf Rotglut). Mit entgasten Manometerröhren werden anderer-

seits wegen der unvermeidlich einsetzenden Gasaufzehrung (clean-up-Effekt) häufig zu niedrige Drucke gemessen[1]. Über weitere Fehlerquellen vgl. BLEARS [54, 55].

2. Ionisationsmanometer mit kalter Kathode und Magnetfeld (Penning-Manometer)

a) Aufbau und Wirkungsweise. Beim Penning-Manometer durchlaufen die Elektronen bis zu ihrer Landung auf der Anode noch längere Wege als beim Glühdraht-Ionisationsmanometer mit Bremsfeld. Die Ionenausbeute pro stoßendes Elektron wird dadurch so groß, daß bereits die natürlichen Ionisatoren (Photoeffekt, Höhenstrahlung und natürliche radioaktive Strahlung) und sekundäre Ionisierungsprozesse als Ionenquellen ausreichen, um Drucke zwischen 10^{-3} und 10^{-6} Torr mit einem μA-Meter messen zu können.

Den Aufbau des Manometers zeigt Abb. 204. Zwischen zwei plattenförmigen kalten Kathoden K_1 und K_2 befindet sich eine ring- oder zylinderförmige Anode A, die an einer Spannung von 2000 V liegt. Durch

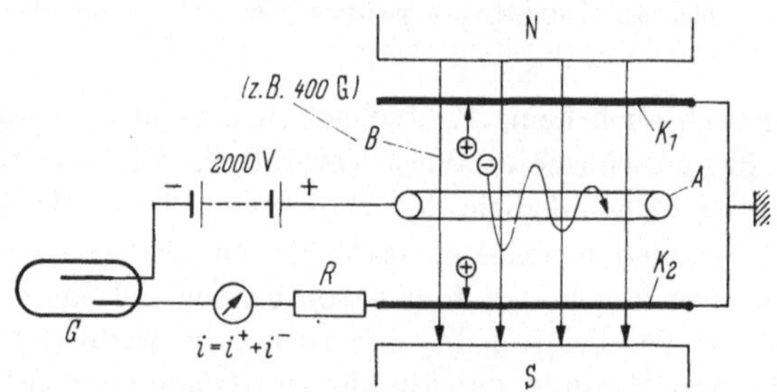

Abb. 204. Ionisationsmanometer mit kalter Kathode und Magnetfeld (Penning-Manometer). K_1 u. K_2 = plattenförmige Kathoden; A = ringförmige Anode; G = Glimmlampe.

einen Permanentmagneten wird außerdem ein konstantes Magnetfeld von einigen 100 Gauß erzeugt; in dem überlagerten elektrischen und magnetischen Feld bewegen sich die die Entladung auslösenden Elektronen auf Schraubenbahnen und werden außerdem so fokussiert, daß sie den Anodenring erst nach zahlreichen Pendelungen erreichen. Dadurch wird zwischen den Elektroden trotz des niedrigen Drucks eine Kaltkathoden-Glimmentladung gezündet, deren Strom in gewissen Grenzen druckproportional ist.

---

[1] Hieraus entstand die Anwendung solcher Anordnungen als „Ionenpumpen" für kleinere Vakuumröhren.

Außer einem Strommesser kann zur (angenäherten) Druckanzeige auch eine Glimmröhre G verwendet werden, bei der die Länge des Glimmlichts ein Maß für den Ionenstrom und damit für den Druck ist. Ein Vorschaltwiderstand R dient zur Strombegrenzung bei höheren Drucken.

b) Meßbereich. Bei Manometerröhren mit ringförmiger Anode und ebenen Kathoden: $10^{-3} \cdots 10^{-5}$ Torr; bei Röhren mit zylinderförmiger Anode und ebenen Kathoden: 10^{-4} bis 10^{-6} Torr.

c) Vor- und Nachteile. Vorteile sind neben der Totaldruckmessung die relativ hohen Meßströme ($> 10~\mu$A), die Unschädlichkeit von Lufteinbrüchen wegen des Fehlens der Glühkathode sowie die Tatsache, daß keine Glühfäden durchbrennen können.

Von Nachteil ist die starke Gasaufzehrung (weswegen für den Druckausgleich möglichst kurze und weite Rohrleitungen zum Rezipienten erforderlich sind), der relativ kleine Meßbereich (der jedoch für die Druckkontrolle bei der Serienfertigung von Röhren völlig ausreicht) sowie die erschwerte Zündung bei sehr niedrigen Drucken.

3. Radium-Ionisationsmanometer (Alphatron)

a) Aufbau und Wirkungsweise. Statt durch Elektronen erfolgt bei diesem Manometer die Ionisierung der Restgasmoleküle durch eine α-Strahlenquelle (DOWNING und MELLEN [57]). Diese besteht meist aus

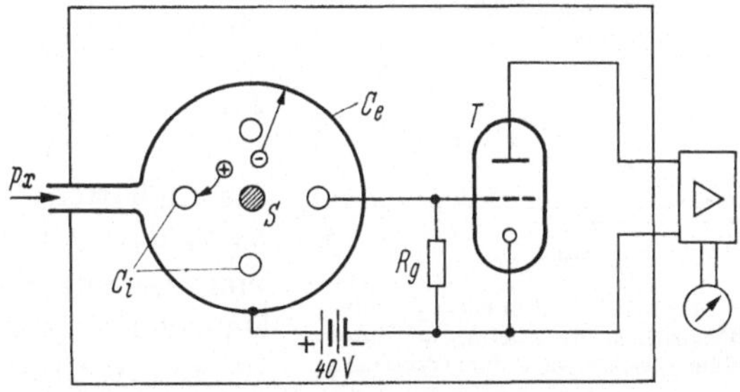

Abb. 205. Aufbau des Radium-Ionisationsmanometers (Alphatron). $S = \alpha$-Strahl ($\perp$ Zeichenebene); C_i = Ionenkollektor (4 Stäbe); C_e = Elektronenkollektor; T = Elektrometertriode.

einer plättchenförmigen Radiumlegierung, die 0,2 mg ($\hat{=}$ 0,2 mC) radioaktive Substanz enthält und mit einer Nickelhaut überzogen ist, um den Austritt der gasförmigen Zerfallsprodukte in den Meßraum zu verhindern. Die Elektrodenanordnung des Manometers (ein Diodensystem; vgl. Abb. 205) entspricht derjenigen einer Ionisationskammer für

Strahlenmeßgeräte. Ein aus vier Stäben bestehender Ionenkollektor C_i (der den druckproportionalen positiven Ionenstrom aufnimmt) wird von einem zylinderförmigen Kollektor C_e (für Elektronen und negative Ionen) umgeben. Die zwischen den beiden Kollektoren liegende Spannung von 40 V dient zur Trennung der positiven und negativen Ladungsträger.

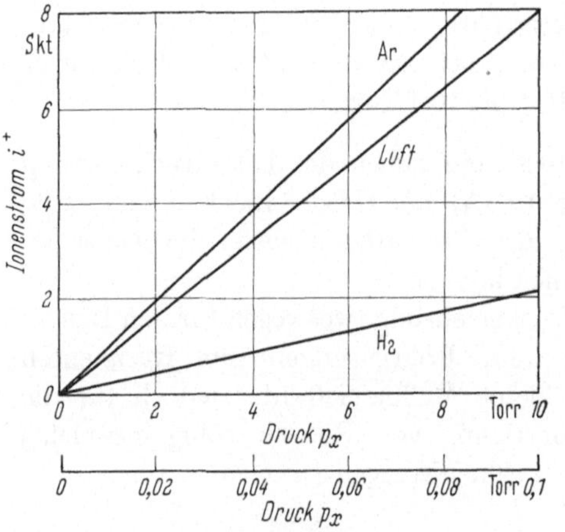

Wegen der relativ geringen Ionisierungswirkung der α-Strahlen sind die erzeugten Ionenströme von der Größenordnung 10^{-8} bis 10^{-12} A und müssen daher mit einer Elektrometertriode T (vgl. Abb. 205) verstärkt werden, die zur Erhaltung einer guten Gitterisolation mit der Manometerröhre meist zu einer Einheit zusammengebaut ist.

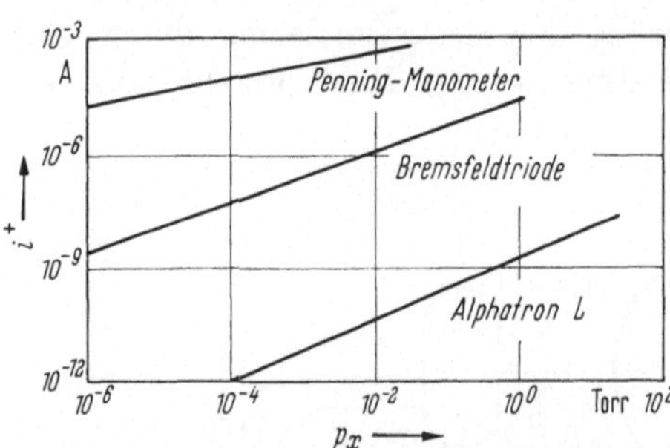

Abb. 206. Eichkurven des Alphatrons D für zwei Meß-bereiche (d. h. zwei verschiedene Widerstände R_g; vgl. Abb. 205).

Abb. 207. Vergleich typischer Ionisationsmanometer-Charakteristiken: Bei gleichem Druck beträgt der Unterschied der Ionenströme jeweils etwa 4 Zehnerpotenzen.

b) Meßbereich. Der Meßbereich von Alphatrons liegt je nach Bauart zwischen 10^3 und 10^{-4} Torr, erstreckt sich also über maximal 7 Dekaden! Zum Beispiel hat das Alphatron L (mit logarithmischer Skala; für technische Vakuumanlagen) einen Meßbereich von 25 bis 10^{-4} Torr; das Alphatron D (mit linearer Skala für Präzisionsmessungen) besitzt dagegen sechs Meßbereiche zwischen etwa 10^3 und 10^{-4} Torr, die durch Änderung der Verstärkung (Umschaltung des Widerstandes R_g) eingestellt werden können. Nach oben wird der Meßbereich der Alphatrons durch die zunehmende Rekombination der gebildeten Ladungsträger begrenzt, nach unten durch den zu klein werdenden Ionenstrom, der bei etwa 10^{-4} Torr bereits die Größenordnung des Sekundärelektronenstroms der Meßröhre und bei noch niedrigeren Drucken die des Gitterfehlstroms der Elektrometerröhre erreicht. Der Ionenstrom könnte zwar durch

Verwendung einer stärkeren α-Strahlenquelle erhöht werden, doch ist die Dosisleistung solcher Quellen wegen der Strahlungsgefahr begrenzt[1].

In Abb. 206 sind typische Eichkurven des Alphatrons D für zwei Meßbereiche dargestellt. Die Lage der Eichkurven hängt auch hier von der Gasart ab, da der Ionisierungskoeffizient für α-Strahlen mit dem Molekulargewicht des Füllgases zunimmt. Zum Vergleich sind in Abb. 207 die Charakteristiken verschiedener Ionisationsmanometer in einem Diagramm dargestellt. Obwohl das Alphatron nach Abb. 207 die niedrigsten Ionenströme liefert, wird es häufig verwendet, da sein „Hochdruck-Meßbereich" die Meßbereiche der Glühkathoden-Ionisationsmanometer und der thermoelektrischen Manometer sehr gut ergänzt.

c) Vor- und Nachteile. Vorteile dieses Manometers sind die Unempfindlichkeit gegenüber Dämpfen sowie die hohe Meßgenauigkeit ($\pm 2\%$ für das Alphatron D); da kein Glühfaden vorhanden ist, besteht auch keine Durchbrenngefahr bei hohen Drucken; die Anzeige ist verzögerungsfrei und reproduzierbar, was bei anderen Manometern häufig nicht der Fall ist. Von Nachteil sind die sehr kleinen zu messenden Ionenströme.

4. Druckimpuls-Vakuummessung

Das Druckimpuls-Verfahren dient zur Messung sehr niedriger Drucke (APKER [50]): Ein Wolframdraht wird durch Glühen in dem zu messenden Vakuum bei angeschlossener Pumpe entgast und dann kalt einige Minuten bis Stunden exponiert. Bei plötzlicher kurzzeitiger Erhitzung kann dann die adsorbierte Gasschicht verdampft und aus dem Druckimpuls in einem angeschlossenen Ionisationsmanometer der wirksame Druck berechnet werden („flash-filament-Methode"). Mit dieser Methode können angenähert Drucke bis $p_{min} \approx 10^{-10}$ Torr gemessen werden.

5. Massenspektrographische Manometer

Mit den bisher betrachteten Ionisationsmanometern kann nur der Totaldruck der Gase und Dämpfe gemessen werden, da stets der gesamte Ionenstrom vom Kollektor aufgenommen wird. Bei den massenspektrographischen Manometern werden dagegen die durch Stoßionisierung im Gasraum gebildeten Ionen elektronenoptisch fokussiert und anschließend entsprechend ihrer Masse spektral aufgeteilt. Der von den Ionen einer

---

[1] Bei geschlossener Kammer besteht geringe Strahlungsgefahr, da die α-Strahlen absorbiert werden. Bei offener Kammer kann jedoch die Dosisleistung in 50 cm Abstand 1,5 mr/h betragen (Toleranzdosisleistung: 0,2 mr/h für die Bevölkerung, 2,5 mr/h für strahlenschutzkontrollierte Personen).

bestimmten Masse gebildete Ionenstrom ist ein Maß für den Partialdruck des betreffenden Restgases, von dem diese Ionen stammen.

Der *Meßbereich* der Massenspektrograph-Manometer liegt zwischen 10^{-3} und 10^{-11} Torr. Die wichtigsten Manometer dieser Art sind:

a) Massenspektrograph-Manometer mit Magnetfeld. In einem homogenen Magnetfeld beschreiben geladene Teilchen gleicher Geschwindigkeit Kreisbahnen, deren Radius nach Gl. (7) nur von der magnetischen

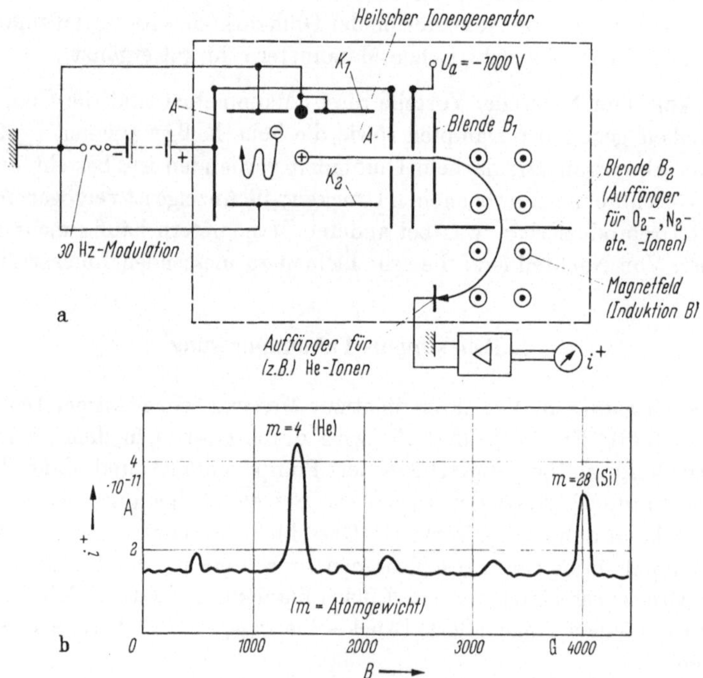

Abb. 208. Prinzipieller Aufbau eines 180°-Massenspektrograph-Manometers mit Magnetfeld (a) und Massenspektrogramm (b). (Vgl. Abb. 170.)

Induktion und der Teilchenmasse abhängt. Bei konstanter Induktion können daher in einem solchen Feld Ionen verschiedener Masse voneinander getrennt werden. Abb. 208a zeigt den prinzipiellen Aufbau eines Magnetfeld-Massenspektrographen für einen Ablenkwinkel von 180° (Halbkreis-Ionenbahn). Im Raum zwischen den Kathoden K_1 und K_2 werden durch Elektronenstoß Restgasmoleküle ionisiert und durch eine Blendenöffnung B_1 in das Magnetfeld eingeschleust. Bei einem bestimmten Wert der Beschleunigungsspannung U_a und der magnetischen Induktion B können nur Ionen einer bestimmten Masse das Magnetfeld durch eine Blendenöffnung B_2 wieder verlassen. Durch Variation von B und

Konstanthalten von U_a erhält man somit ein Massenspektrum aller Restgasmoleküle (vgl. Abb. 208 b).

Anstelle der 180°-Ablenkung können auch kleinere Ablenkwinkel zur Massentrennung verwendet werden (,,klassischer'' Massenspektrograph mit magnetischem Sektorfeld). Mit solchen Manometern können Partialdrucke bis 10^{-11} Torr gemessen werden.

b) HF-Massenspektrograph-Manometer mit geradliniger Ionenbahn (,,Laufzeit-Spektrograph''). Die Laufzeit, die ein geladenes Teilchen zum Durchqueren eines elektrischen Feldes benötigt, hängt unter anderem von der Masse des Teilchens ab. Deshalb ist es möglich, Ionen verschiedener Masse in elektrischen Wechselfeldern zu trennen (BENNET [53], VARADI u. a. [68]).

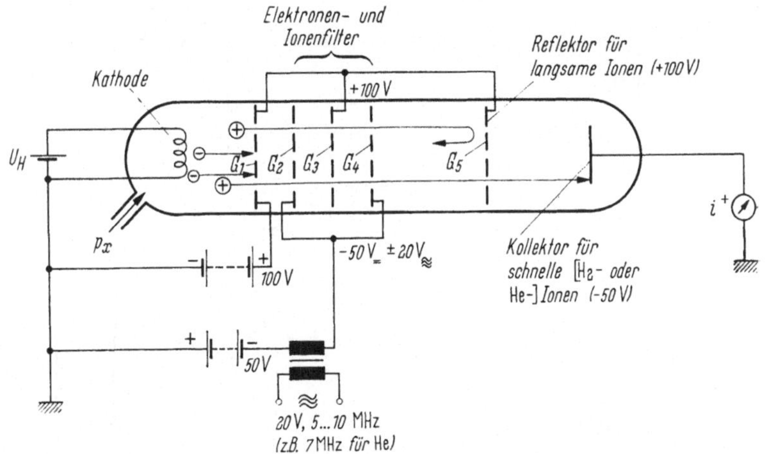

Abb. 209. Aufbau des HF-Massenspektrograph-Manometers mit geradliniger Ionenbahn (,,Laufzeit-Spektrograph'').

Abb. 209 zeigt einen auf diesem Prinzip beruhenden HF-Massenspektrographen. Die durch einen 100 V-Elektronenstrahl im Gas gebildeten positiven Ionen werden nahe Gitter G_1 durch das durchgreifende Feld des negativen Gitters G_2 beschleunigt und dann hinter dem Gitter G_2 dem Feld einer hochfrequenten Wechselspannung ausgesetzt. Bei einer bestimmten Frequenz der an den Gittern G_2 und G_4 liegenden Hochfrequenzspannung finden die Ionen bei der Ankunft am Gitter G_3 wegen ihrer verschiedenen Massen (bzw. Endgeschwindigkeiten) verschiedene Phasen der HF-Spannung vor und werden deshalb je nach ihrer Masse von dem aus den Gittern G_2, G_3 und G_4 bestehenden ,,Ionenfilter'' durchgelassen oder reflektiert. Nur diejenigen Ionen, welche in richtiger Phase mit der HF-Spannung diese Gitter passiert haben, können wegen ihrer hohen kinetischen Energie das Bremsfeld des Gitters G_5 überwinden und zum Kollektor gelangen, an den ein Gleichstromverstärker angeschlossen ist; zu langsame Ionen werden dagegen am Gitter G_5 reflektiert.

Von Vorteil ist bei diesem Manometer das Fehlen eines (teueren und schweren) Magneten. Der *Meßbereich* beträgt $10^{-3} \cdots 10^{-7}$ Torr.

c) HF-Massenspektrograph-Manometer mit spiralförmiger Ionenbahn („Omegatron"). Bei diesem Manometer wird ein magnetisches Gleichfeld und ein diesem überlagertes HF-Feld zur Trennung von Ionen verschie-

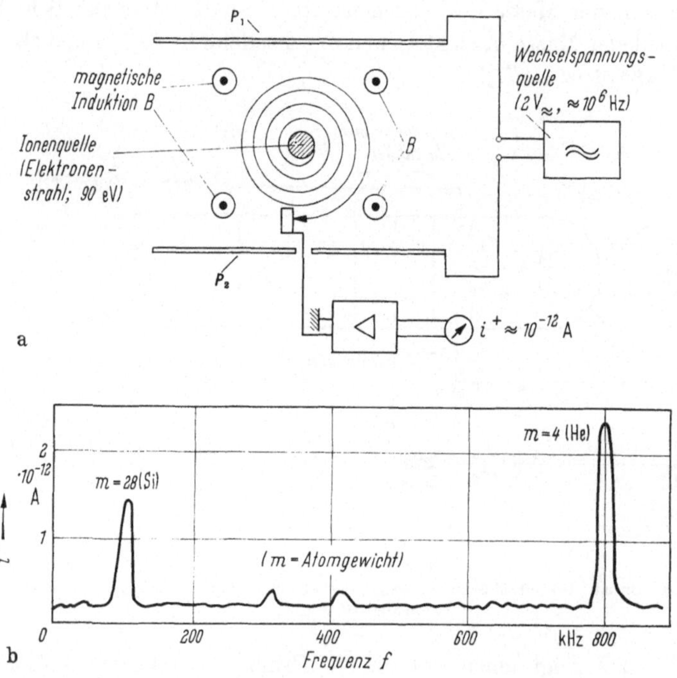

Abb. 210. Aufbau eines Omegatrons (a) mit Massenspektrogramm (b).

dener Masse verwendet (SOMMER u. a. [*67*]). Den Aufbau des Manometers, der dem eines Miniatur-Zyklotrons entspricht, zeigt Abb. 210a. Die von einem 90 V-Elektronenstrahl durch Stoßionisierung gebildeten Ionen bewegen sich im Magnetfeld auf Kreisbahnen, deren Radius für Ionen einer bestimmten Masse stufenweise größer wird, wenn diese Ionen mit der Frequenz der an den Platten P_1 und P_2 liegenden HF-Spannung umlaufen. Die Ionenbahnen werden dadurch angenähert spiralenförmig. Für phasenrichtigen Umlauf im Takt der HF-Spannung muß die Umlaufzeit τ der Ionen gleich der Periodendauer $T = 1/f$ der HF-Schwingung sein. Nach Gl. (57) ist $\tau = 2\pi/\omega = 2\pi(m_i/qB)$; daraus ergibt sich die Frequenz f, bei der ein Strommaximum auftritt, bei der also alle Ionen einer bestimmten Masse m_i am Auffänger landen:

$$f = \frac{qB}{2\pi m_i}.$$

(194)

(f [Hz] = für ein Strommaximum erforderliche Frequenz der Wechselspannungsquelle, m_i [Ws³/cm²] = Ionenmasse, q [As] = Ionenladung, B [Vs/cm²] = magnetische Induktion). Durch Veränderung der Frequenz f können nacheinander Ionen verschiedener Masse zum Kollektor gebracht werden. Auf diese Weise entsteht ein Massenspektrum (vgl.

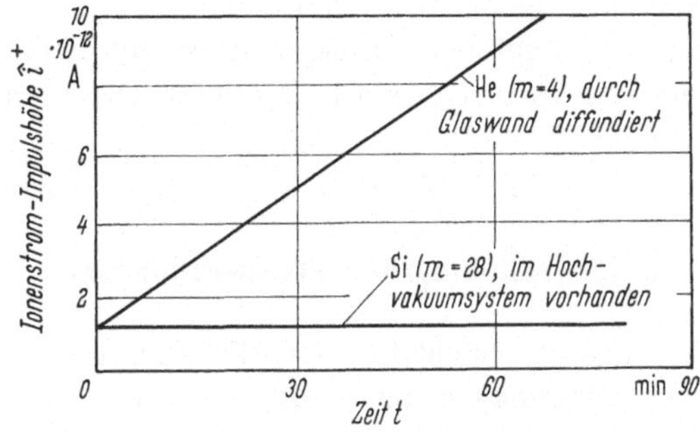

Abb. 211. Zeitliche Änderung der Ionenstrom-Impulsamplituden î⁺ für Gase, die von außen in das Vakuumsystem hineindiffundieren (z. B. **He**), bzw. für Gase oder Dämpfe, die im Vakuumsystem vorhanden sind (z. B. **Si**); im letzteren Fall bleibt î⁺ konstant.

Abb. 210b), in welchem die Höhe des gemessenen Ionenstrommaximums ein Maß für den Partialdruck des betreffenden Gases ist, während aus der zugehörigen Frequenz die Art des Gases bestimmt werden kann. Darüberhinaus kann man aus der Konstanz bzw. dem zeitlichen Anwachsen der Spektralmaxima schließen, ob ein angeschlossener Rezipient vakuumdicht ist oder ob von außen Gase hineindiffundieren (vgl. Abb. 211). Der *Meßbereich* dieses Manometers beträgt 10^{-3} bis 10^{-10} Torr.

H. Lecksuchgeräte

Solche Geräte dienen zum Aufsuchen von undichten Stellen (Lecks an Vakuumanlagen. Die Ursachen eines Lecks können fehlerhafte Einschmelzungen, Dichtungen, Schweißnähte und Durchführungen oder poröse Vakuumgefäßwände sein. Die Größe eines Lecks wird durch die Undichtigkeit (oder Leckrate) bestimmt, die in [Torr l/sec] gemessen wird. Die Undichtigkeit beträgt 1 Torr l/sec, wenn in einem Hochvakuumgefäß von 1 l Volumen der Druck in einer Sekunde um 1 Torr ansteigt; dabei wird vorausgesetzt, daß der Außendruck 760 Torr beträgt.

Eine Reihe von Lecksuchverfahren beruht darauf, daß die zu prüfenden Teile einer Vakuumapparatur von außen mit einem „Testgas" (z. B. Leuchtgas, He, Ar, H_2 oder Halogendämpfen) besprüht oder mit einer leicht verdampfbaren Flüssigkeit (z. B. Äther oder Alkohol) abgepinselt werden. Trifft man dabei auf ein Leck, so tritt im Vakuumgefäß eine plötzliche meßbare Druckerhöhung auf.

Die wichtigsten Lecksuchverfahren und -geräte sind:

1. Druckanstiegsmessung beim Zuschalten einer Leckstelle

Beim Zuschalten eines zunächst von der Pumpe abgesperrten Teils einer Vakuumanlage steigt der Druck in dieser sprunghaft an, wenn der zugeschaltete Teil der Anlage ein Leck besitzt. Dieses kann so lokalisiert werden.

2. HF-Vakuumprüfer (Tesla-Prüfgerät)

Dieses Lecksuchgerät besteht im wesentlichen aus einer Tesla-Spule, die eine hohe HF-Spannung erzeugt. Führt man einen (bürstenförmigen) Pol dieser Hochspannungsquelle über die Glaswand einer Vakuumapparatur, so bildet sich in dieser bei Drucken von 10 bis 10^{-2} Torr eine leuchtende elektrodenlose Entladung aus. Kommt man nun mit dem Hochspannungspol an ein Leck, so zündet im Leckkanal eine sehr helle Entladung, durch welche die undichte Stelle sehr genau lokalisiert werden kann.

An Glas-Metall-Verschmelzungen versagt der HF-Vakuumprüfer, da die Entladung immer auf die Metallteile überspringt. Solche Stellen kann man mit Alkohol abpinseln oder mit Leuchtgas bzw. Helium besprühen und aus dem durch ein Leck hervorgerufenen plötzlichen Farbumschlag der HF-Entladung die betreffende Leckstelle ermitteln. Damit lassen sich Lecks bis 10^{-4} Torr l/sec nachweisen.

3. Abtasten mit einem **Ar**- oder **He**-Gasstrahl

Dringt beim Besprühen mit **Ar** oder **He** etwas Gas durch ein Leck in eine Vakuumapparatur ein, so ändert sich in dieser sprungartig die Zusammensetzung des Füllgases. Der Leckgaszusatz bewirkt im Füllgas: a) Eine Änderung der *Wärmeleitfähigkeit*, b) eine Änderung der *spezifischen Ionisation* und c) das Auftreten einer neuen Gasart bzw. *Teilchenmasse*. Die Änderung a) kann mit einem Wärmeleitungsmanometer,

b) mit einem Ionisationsmanometer (vgl. Abb. 212) und c) mit einem Massenspektrograph-Manometer nachgewiesen werden. Wie Abb. 213 zeigt, hängt die Anzeige dabei stark vom Verhältnis F_p/V ab (F_p = Fördervolumen der angeschlossenen Pumpe, V = Volumen des Rezipienten).

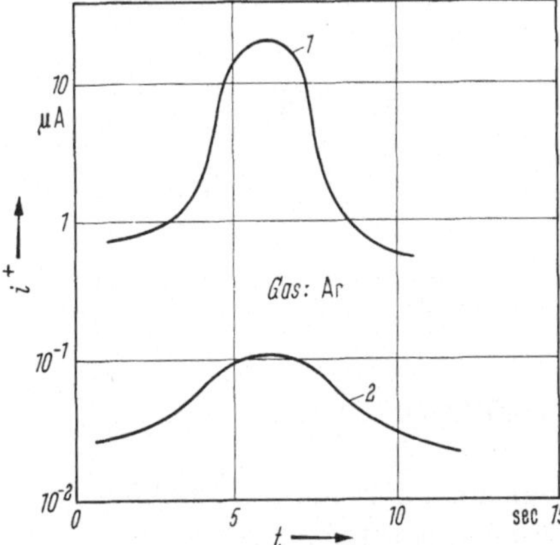

Abb. 212. Typische mit einem Penning-Manometer gemessene Leck-Stromimpulse. Die Höhe des Stromimpulses ist ein Maß für die Größe des Lecks. Testgas: Ar; Expositionszeit des Lecks: etwa 3 sec. *1* Relativ großes Leck; Leckgasmenge: $3 \cdot 10^{-5}$ [cm³ Torr/sec]; *2* relativ kleines Leck; Leckgasmenge: $6 \cdot 10^{-7}$ [cm³ Torr/sec].

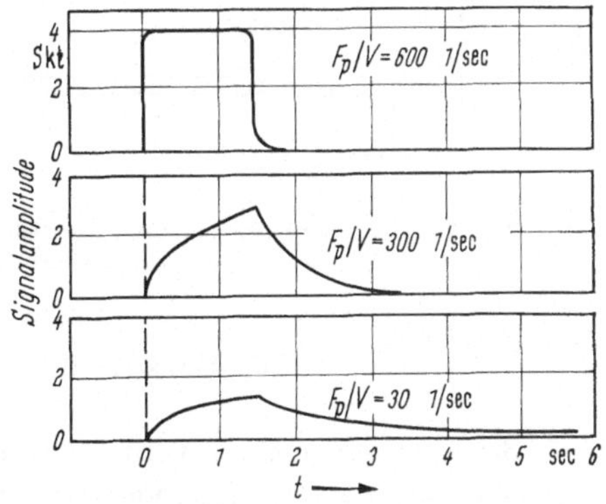

Abb. 213. Einfluß des Pumpenfördervolumens auf die Signalform im Massenspektrometer. Expositionszeit des Lecks beim Abtasten mit Halogendampf: 1,5 sec; F_p [cm³/sec] = Fördervolumen der Pumpe; V [cm³] = Volumen des Rezipienten. Hohe Signalamplitude (Rechteckimpuls) ergibt sich nur bei hohem Wert von F_p/V.

Diese Lecksuchverfahren sind sehr empfindlich; z. B. ergeben beim Massenspektrometer $10^{-3}\%$ Helium in Luft bereits einen Ausschlag von 2% der Instrumentenskala. Dies entspricht einem Leck von 10^{-9} Torr cm³/sec (1 cm³ in 31 Jahren!). Die genannten Verfahren können allerdings jeweils nur in einem Druckbereich angewandt werden, der dem Meßbereich der benutzten Manometer entspricht ($< 10^{-3}$ Torr für Ionisationsmanometer).

4. Abtasten mit einem H_2-Strahl

Mit einem Ionisationsmanometer ist die Lecksuche auch bei Drucken über 10^{-3} Torr möglich, wenn man das Manometer über ein Palladiumventil (das gleichzeitig als Anode dient) mit dem Rezipienten verbindet und diesen mit einem H_2-Strahl abtastet (vgl. Abb. 214). Der durch ein Leck in den Rezipienten eintretende Wasserstoff diffundiert[1] dann von

---

[1] Vgl. hierzu Abb. 153.

19*

dort durch die (von aufprallenden Elektronen) erhitzte **Pd**-Anode in den Meßraum des Ionisationsmanometers. Dies erhöht die Ionisation und damit den Ionenstrom i^+.

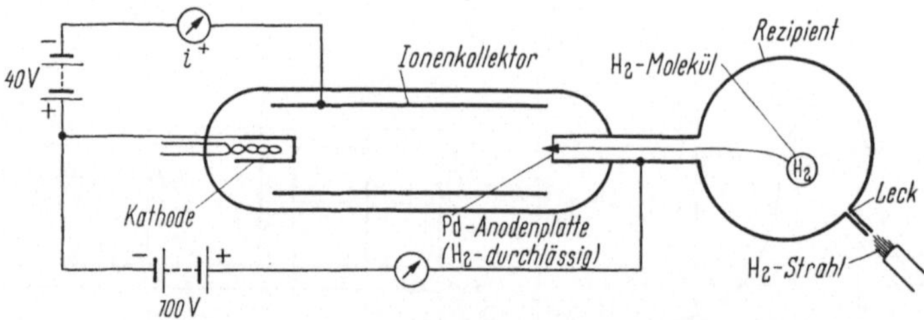

Abb. 214. Abtasten eines Lecks mit einem Wasserstoffstrahl und Messung des Stromimpulses durch ein Ionisationsmanometer mit Pd-Ventil.

5. Abtasten mit Trichloräthylen

Bei diesem Verfahren wird der Glaskolben einer Diode mit **W**-Glühkathode an die zu untersuchende Vakuumapparatur angeschlossen. Beim plötzlichen Eindringen von Trichloräthylen wird die **W**-Kathode temporär vergiftet und die Elektronenemission unterbunden.

6. Abtasten mit Dämpfen von Halogenverbindungen („Halogen-Lecksucher")

Dieses Lecksuchverfahren beruht darauf, daß heißes Platin Alkali-Ionen emittiert[1] und daß der erzeugte Ionenstrom bei Gegenwart von Halogendämpfen stark ansteigt. Beim Halogen-Lecksucher verwendet man deshalb als Nachweiselement eine Diode mit indirekt geheizter **Pt**-Glühanode (Temperatur 900 °C) und Ionenkollektor (vgl. Abb. 215), und als Lecksuchgas das halogenhaltige Kältemittel Frigen oder Freon (CF_2Cl_2).

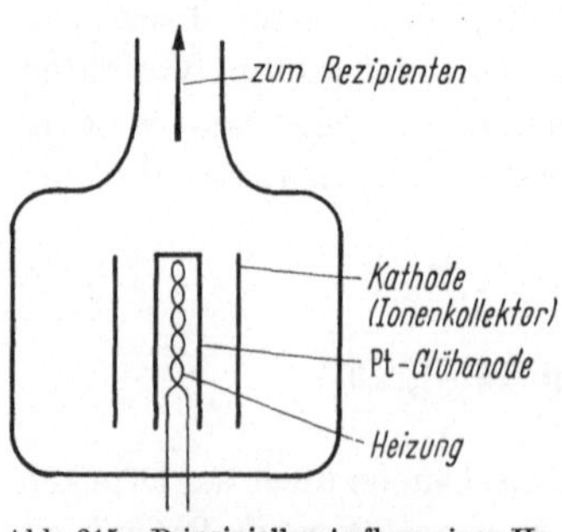

Abb. 215. Prinzipieller Aufbau eines Halogen-Lecksuchers.

Das Gerät hat den Vorteil, daß es unabhängig vom Totaldruck im Rezipienten eine hohe Empfindlichkeit besitzt (etwa 10^{-6} Torr l/sec). Es kann deshalb auch bei Atmosphärendruck verwendet werden, z. B. als „Leckschnüffler" beim Überdrucktest. Dabei wird die Vakuumappa-

---

[1] Normales Platin enthält immer Kalium oder Natrium als Verunreinigungen.

ratur durch ein Luft-Frigen-Gemisch unter Druck gesetzt und das durch Lecks entweichende Gas mit einem solchen „Schnüffler" aufgesaugt und dem Detektor zugeführt. Zur genaueren Lecklokalisation wird dabei der erzeugte Ionenstrom häufig über einen Zerhacker in ein akustisches Signal umgeformt.

7. Differentielle Kondensationsmethode

Bei den bisher genannten „dynamischen" Lecksuchverfahren hängt die Empfindlichkeit stark von der Größe der spontanen Druckschwankungen im untersuchten Vakuumsystem ab. Deren Einfluß kann dadurch beseitigt werden, daß man zwei identische Manometer (z. B. Ionisationsmanometer) an der gleichen Stelle eines Vakuumsystems anschließt und zu einer Brücke zusammenschaltet (vgl. Abb. 216); dadurch werden die

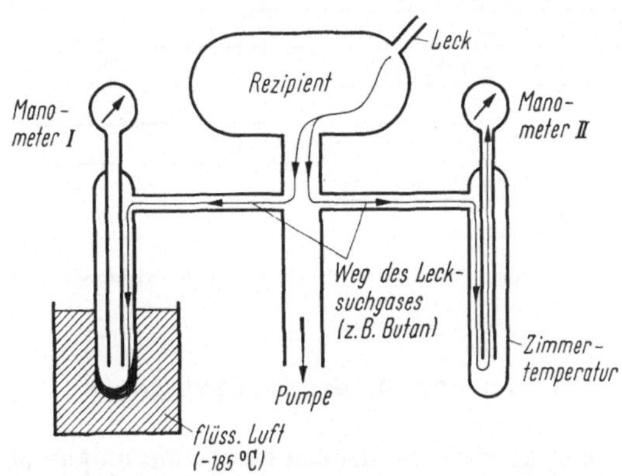

Abb. 216. Lecksuchgerät nach der differentiellen Kondensationsmethode.

Druckschwankungen kompensiert. Die Anzeige eines Lecks erfolgt hier dadurch, daß das Lecksuchgas (z. B. Butan) vor dem einen Manometer (I) ausgefroren wird und vor dem andern (II) nicht. Das letztere zeigt daher beim Besprühen eines Lecks einen höheren Druck an.

Das Verfahren ist besonders billig und fast so empfindlich wie ein Massenspektrometer.

V. Vakuumpumpen

Die für die Evakuierung von Vakuumsystemen gebräuchlichen Pumpen lassen sich hinsichtlich Aufbau und Wirkungsweise in zwei Gruppen einteilen: In „Rotationspumpen", bei denen die Gase durch die Drehbewegung eines Rotors gefördert werden, und in „Treibmittelpumpen", bei denen die Gasmoleküle von Dampfstrahlen mitgerissen werden. Hinsichtlich des erzielbaren Endvakuums kann man außerdem zwischen Vor- und Hochvakuumpumpen unterscheiden. In Abb. 217 sind die verschiedenen Druckbereiche der wichtigsten Vakuumpumpen dargestellt [2, 8, 25, 30, 31, 35—38, 69—83].

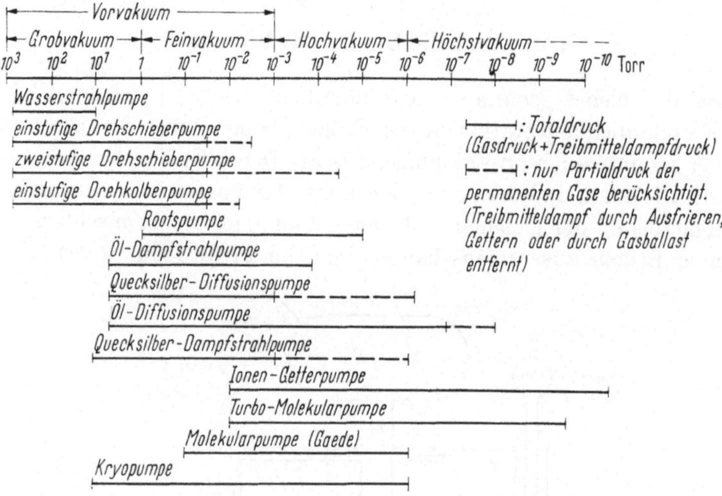

Abb. 217. Übersicht über die verschiedenen Druckbereiche der wichtigsten Vakuumpumpen.

A. Berechnung der Pumpvorgänge

1. Charakteristische Größen einer Vakuumpumpe

Die Leistungsfähigkeit einer Vakuumpumpe wird durch folgende Größen gekennzeichnet:

a) Fördervolumen F_p bzw. Saugleistung S. Unter dem Fördervolumen F_p [l/sec oder m³/h] einer Pumpe versteht man das *Gasvolumen*, das bei einem bestimmten Ansaugdruck p pro Zeiteinheit gefördert wird. Unter der Förder- oder Saugleistung S [Torr l/sec oder g/sec] einer Pumpe versteht man die *Gasmenge*, die bei einem bestimmten Ansaugdruck p pro Zeiteinheit gefördert wird. Allgemein gilt die Beziehung:

$$S = F_p \cdot p. \tag{195}$$

b) Grenzdruck p_g. Unter dem Grenzdruck (oder Endvakuum) p_g wird der kleinste Druck verstanden, der durch eine Vakuumpumpe in einem „idealen" (d. h. völlig entgasten) Rezipienten erreicht werden kann (vgl. Abb. 217).

α) Für Rotationspumpen (mit Ausnahme der Molekularluftpumpen) ist $p_g = f(V_S, p_s)$; V_S ist der „schädliche Raum" der Rotationspumpe, d. h. derjenige Teil des Schöpfraums, aus dem das vom Rezipienten kommende Gas nicht ausgestoßen werden kann (z. B. die Ventilkanäle); p_s ist der Dampfdruck des Dichtungsmittels (das innerhalb der Pumpe die Vakuumseite vom Außenraum trennt; z. B. Öl).

β) Für Dampfstrahlpumpen ist $p_g = f(v_d/v_g, 1/\sqrt{\mu})$; $v_d =$ Geschwindigkeit der Dampfmoleküle in der Treibdüse; $v_g =$ Geschwindigkeit der Gasmoleküle im Rezipienten (meist Temperaturgeschwindigkeit); $\mu = $ $=$ Molekulargewicht der Gasmoleküle.

c) Zulässiger Außendruck p_a. Der zulässige Außendruck p_a ist der maximal zulässige Druck am Druckstutzen der Pumpe, also der Druck, bei dem das Fördervolumen noch annähernd seinen maximalen Wert hat. Bei *Vorvakuumpumpen* (die das angesaugte Gas auf Atmosphärendruck komprimieren) ist der zulässige Außendruck gleich dem atmosphärischen Druck; bei *Hochvakuumpumpen* (die zu ihrem Betrieb eine Vorvakuumpumpe benötigen) ist der zulässige Aussendruck gleich dem Vorvakuumdruck.

2. Berechnung der Auspump- und Fördervolumen-Kennlinien

Ein Pumpvorgang, bei dem eine beliebige Pumpe mit dem Fördervolumen F_p und dem Grenzdruck p_g ein Gefäß mit dem Volumen V und dem Anfangsdruck p_o evakuiert, läßt sich durch folgende, vom Boyle-Mariotteschen Gesetz ableitbare Differentialgleichung beschreiben[1]:

Pumpe		*Rezipient*	
geleistet Arbeit:	$=$	verbrauchte Arbeit:	

$$V_1 \quad \cdot \quad p_1 \;=\; V_2 \quad \cdot \quad p_2 \qquad (166)$$

$$\underbrace{F_p\, dt}_{\substack{\text{weggeschafftes}\\ \text{„differentiales"}\\ \text{Fördervolumen}}} \cdot \underbrace{(p - p_g)}_{\substack{\text{Förderdruck}\\ (= \text{Druck am}\\ \text{Saugstutzen})}} \;=\; \underbrace{V}_{\substack{\text{Gefäß-}\\ \text{volumen}}} \cdot \underbrace{(-dp).}_{\substack{\text{Druckänderung}\\ \text{im Gefäß}}} \qquad (196)$$

Der zeitliche Druckabfall im Gefäß wird demnach:

$$- \frac{dp}{dt} = \frac{F_p}{V}\,(p - p_g). \qquad (196\,\text{a})$$

---

[1] Der Strömungswiderstand der Vakuumleitung zwischen Pumpe und Rezipient wird hier vernachlässigt.

Die Lösung dieser Differentialgleichung ergibt den Verlauf des Druckes p im Rezipienten in Abhängigkeit von der Zeit t. Es lassen sich nun zwei Fälle unterscheiden:

a) $F_p = F_{p\,\text{max}} = \text{const}$ („Ideale" Vakuumpumpe). Für $F_p = \text{const}$, also für eine „ideale" Pumpe mit rechteckiger Fördervolumen-Charakteristik (auch F/p-Diagramm genannt; vgl. Abb. 218a) läßt sich Gl. (196a) unmittelbar integrieren:

$$\ln \frac{p_0 - p_g}{p - p_g} = \frac{F_{p\,\text{max}}}{V}\, t. \tag{196 b}$$

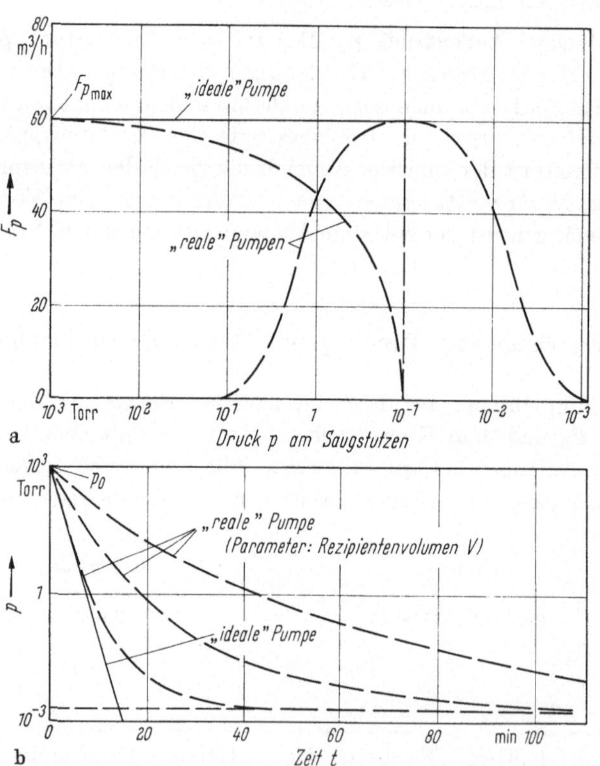

Abb. 218. Fördervolumen-Charakteristik (a) und Auspump-Kennlinien (b) von „idealen" und „realen" Vakuumpumpen.

Unter Vernachlässigung von p_g gegenüber p_0 ergibt sich aus Gl. (196b) die „ideale" Auspump-Kennlinie $p = f(t)$:

$$p = p_g + p_0 e^{-(F_{p\,\text{max}}/V)\,t}. \tag{197}$$

Diese Gleichung ergibt in halblogarithmischer Darstellung eine geneigte Gerade (vgl. Abb. 218b). Der Druck nimmt also exponentiell mit der

Zeit ab. Den Quotienten $V/F_{p\max} = T$ bezeichnet man als „Zeitkonstante"
der Pumpanlage.

Aus Gl. (197) läßt sich die Zeit t_1 berechnen, die eine Pumpe mit dem
(konstanten) Fördervolumen $F_{p\max}$ benötigt, um in einem angeschlossenen Rezipienten vom Volumen V den Druck vom Anfangswert p_0 auf
den Endwert p_1 zu erniedrigen:

$$t_1 = T \ln \frac{p_0}{p_1 - p_g}. \tag{198}$$

Bei gegebener Pumpzeit t_1 ist andererseits das erforderliche (konstante)
Pumpen-Fördervolumen:

$$F_{p\max} = \frac{V}{t_1} \ln \frac{p_0}{p_1 - p_g}. \tag{198a}$$

b) $\boldsymbol{F_p = f(p)}$ **(alle technischen Vakuumpumpen).** Das Fördervolumen F_p aller technischen Vakuumpumpen ist im Gegensatz zu
dem der „idealen" Pumpe vom Druck abhängig. Innerhalb des durch

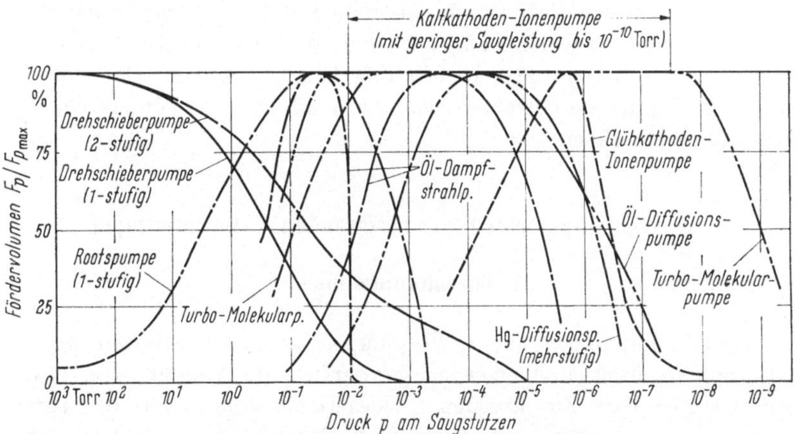

Abb. 219. Fördervolumen F_p (in % des maximalen Fördervolumens) als Funktion des Druckes p am
Saugstutzen verschiedener Pumpen (F/p-Diagramm).

den Grenzdruck p_g und den zulässigen Außendruck p_a festgelegten
Arbeitsbereichs einer Pumpe durchläuft das Fördervolumen in Abhängigkeit vom Druck ein mehr oder weniger breites Maximum (vgl. die ge-
strichelten Kurven der Abb. 218a und Abb. 219, wo F_p in Prozent des
maximalen Fördervolumens angegeben ist). Nur in der Umgebung des
Maximums (das sich bei den Rootspumpen und Molekularluftpumpen
über einen relativ großen Druckbereich erstreckt) kann F_p als angenähert
konstant betrachtet werden.

Wegen der Druckabhängigkeit des Fördervolumens der technischen Vakuumpumpen können deren Auspump-Kennlinien im allgemeinen nicht durch Integration der Gl. (196a), sondern nur auf experimentellem Wege ermittelt werden. Abb. 218b zeigt (gestrichelt) die gemessenen Auspump-Kennlinien $p = f(t)$ einer „realen" Vakuumpumpe für verschiedene Werte des Rezipientenvolumens V (p/t-Diagramm). Das zugehörige F/p-Diagramm (vgl. Abb. 218a) läßt sich zeichnerisch aus dem p/t-Diagramm ermitteln: Nach Gl. (196a) ist das Fördervolumen F_{p_x} bei einem bestimmten Druck p_x:

$$F_{p_x} = - \frac{V}{p_x - p_g} \left(\frac{dp_x}{dt} \right)_{t_x}. \tag{199}$$

Entnimmt man demnach aus dem p/t-Diagramm verschiedene Werte p_x mit den zugehörigen Werten t_x und $-(dp_x/dt)$, so läßt sich der jeweilige Wert von F_{p_x} nach Gl. (199) berechnen und das F/p-Diagramm der Pumpe zeichnen.

Ein zweites Verfahren zur Bestimmung des Fördervolumens besteht darin, daß man während des Pumpvorgangs durch eine einstellbare Öffnung Gas in den Rezipienten einströmen läßt. Aus dem Druck, der sich am Saugstutzen der Pumpe einstellt und der eingelassenen Gasmenge (die z. B. aus dem Druckabfall längs einer vom Gas durchströmten Kapillare ermittelt werden kann) läßt sich das Fördervolumen der Pumpe berechnen.

B. Ausführungsformen von rotierenden Vakuumpumpen

1. Vorvakuumpumpen

Vorvakuumpumpen (kurz Vorpumpen genannt) arbeiten gegen Atmosphärendruck und erzeugen gewöhnlich ein Vakuum von etwa 10^{-1} bis 10^{-2} Torr. Zur Erzeugung eines Hochvakuums (bis 10^{-6} Torr) sind rotierende Hochvakuumpumpen (z. B. Rootspumpen oder Molekularluftpumpen) oder Dampfstrahl- und Diffusionspumpen erforderlich. Letztere arbeiten aber nur gegen einen Außendruck von etwa 10 bis 10^{-1} Torr, also gegen ein Vorvakuum. Zu dessen Erzeugung stehen folgende rotierenden Pumpen zur Verfügung: Einfache Kolbenpumpen, Drehschieberpumpen und Drehkolbenpumpen (Schieber-Wälzpumpen).

a) Kolbenpumpe. Die Kolbenpumpe mit Schiebersteuerung arbeitet ähnlich wie eine Wasserpumpe. Das *Fördervolumen* beträgt je nach Bauart $F_p = 45 \cdots 3500$ m³/h ($\approx 12 \cdots 1000$ l/sec), der *Grenzdruck* 0,2 bis 0,05 Torr. Derartige Grenzdrucke (unter 1 Torr) sind allerdings nur mit zweistufigen Pumpen erreichbar. Trotz ihres hohen Fördervolumens wird die Kolbenpumpe in der Vakuumtechnik kaum angewendet, da sie einen zu großen schädlichen Raum und (einstufig) einen zu hohen Grenzdruck hat.

b) Drehschieberpumpe

α) Ohne Gasballast. Abb. 220 a—d veranschaulicht Aufbau und Wirkungsweise dieser Pumpe: Zwei in einem exzentrisch gelagerten Rotor R

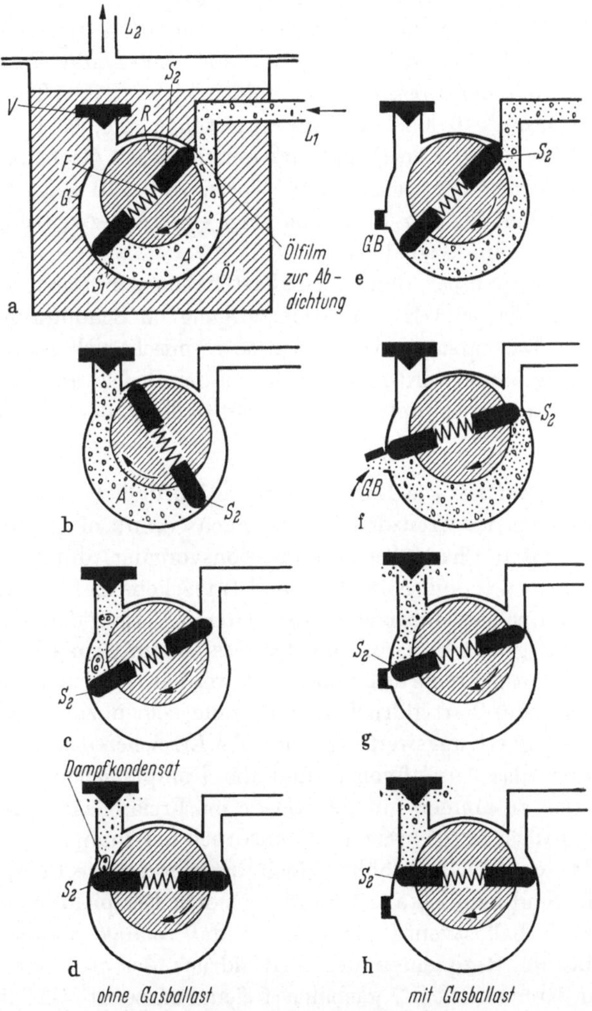

Abb. 220. Aufbau und Wirkungsweise einer Drehschieberpumpe ohne (a — d) und mit Gasballast (e — h). (Darstellung nach Leybolds Nachf.)

In Teilbild 220a bedeuten: L_1 = Saugstutzen; L_2 = Druckstutzen; R = Rotor; F = Feder; S_1, S_2 = Schieber; V = Ausstoßventil; G = Gehäuse; A = Schöpfraum. In den Teilbildern b — h ist der Ölbehälter der Pumpe weggelassen.

beweglich angeordnete Schieber S_1 und S_2 werden durch eine Feder F gegen die Gehäusewand G gedrückt. Bei einer Umdrehung des Rotors wird zunächst in den sich vergrößernden Schöpfraum A durch den Saugstutzen L_1 Luft angesaugt (Abb. 220a), dann von der Vakuumseite abgeschlossen (b), auf Atmosphärendruck (760 Torr) komprimiert (c) und schließlich durch das Ventil V und den Druckstutzen L_2 hinausgedrückt (d). Die Abdichtung innerhalb der Pumpe erfolgt durch Öl; meist wird hierzu das ganze Pumpengehäuse unter Öl gesetzt.

Das *Fördervolumen* der Drehschieberpumpen beträgt $F_p = 2 \cdots 10$ m³/h ($\approx 0,5 \cdots 3$ l/sec), die Drehzahl $n = 400 \cdots 500$ 1/min. Für einstufige Pumpen beträgt der *Grenzdruck* (Totaldruck) $p_g \approx 0,05$ Torr (Partialdruck der Gase: $\approx 0,005$ Torr), für zweistufige $\approx 0,005$ Torr (Partialdruck der Gase: $\approx 10^{-5}$ Torr) und für zweistufige mit Gasballast $\approx 0,005$ Torr (Partialdruck der Gase: $\approx 10^{-3}$ Torr). Abb. 219 zeigt (links) den typischen Verlauf der F/p-Kennlinie einer ein- bzw. zweistufigen Drehschieberpumpe ohne Gasballast.

Drehschieberpumpen ohne Gasballast haben den Nachteil, daß abgesaugte Dämpfe beim Kompressionsvorgang im Schöpfraum kondensiert werden. Das entstehende Kondensat vermischt sich gewöhnlich mit dem Dichtungsöl und wird mit diesem von der Druck- auf die Saugseite verschleppt; dort verdampft es und erhöht dadurch den Grenzdruck der Pumpe.

β) Mit Gasballast. Die Dampfkondensation und die daraus resultierende Erhöhung des Grenzdrucks tritt nach GAEDE nicht ein, wenn in einer bestimmten Phase des Kompressionsvorgangs durch eine „Gasballastöffnung" GB (vgl. Abb. 220e und f) trockene Luft in den Schöpfraum der Pumpe eingeführt wird. Im weiteren Verlauf der Kompression (vgl. Abb. 220g und h) kann nun das Gas-Dampf-Gemisch im Schöpfraum auf Atmosphärendruck verdichtet werden, ohne daß der (gleichzeitig wachsende) Partialdruck der Dämpfe seinen zur Kondensation erforderlichen Sättigungswert erreicht[1]. Bei Erreichen des Atmosphärendrucks öffnet das Auspuffventil, und die Dämpfe gelangen vor ihrer Kondensation zusammen mit den Gasen ins Freie (Gasballast-Prinzip).

Mit Gasballast steigt zwar der Grenzdruck der Pumpe um etwa zwei Zehnerpotenzen an. Dies erhöht jedoch die erforderliche Pumpzeit nicht wesentlich: Sind nämlich alle Dämpfe aus dem Rezipienten entfernt, so kann das Gasballastventil geschlossen und solange weiter gepumpt werden, bis im Rezipienten der Partialdruck der permanenten Gase gleich dem Grenzdruck der gasballastfreien Pumpe ist. Öllösliche Kon-

---

[1] Beim Absaugen gesättigter Dämpfe muß die Eintrittstemperatur der Dämpfe zur Vermeidung der Kondensation wesentlich kleiner als die Betriebstemperatur im Innern der Pumpe sein.

densate können allerdings durch das Gasballast-Prinzip nicht beseitigt werden.

Die Wirkung des Gasballasts veranschaulicht das p/t-Diagramm der Abb. 221 für die Evakuierung eines Stahlbehälters: Ohne Gasballast ist der niedrigste erreichbare Totaldruck im Behälter wesentlich größer als der Partialdruck der permanenten Gase, da die Dämpfe nicht abgepumpt werden können. Mit Gasballast dagegen wird der Totaldruck wegen des Abpumpens aller kondensierbaren Dämpfe schließlich ebenso niedrig wie der Partialdruck der permanenten Gase.

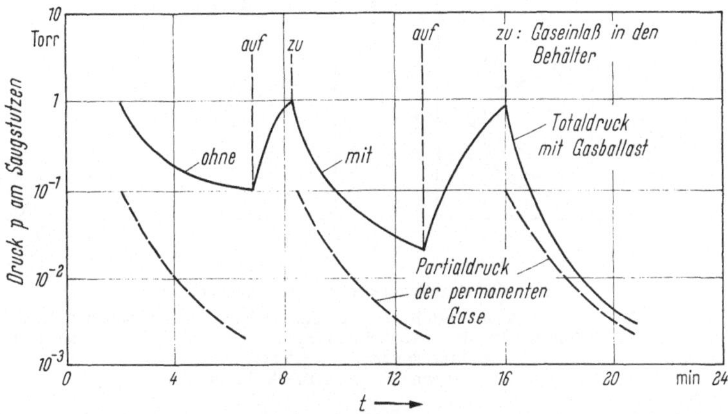

Abb. 221. p/t-Diagramm für die Evakuierung eines Stahlbehälters mit einer Drehschieberpumpe ohne bzw. mit Gasballast.

————— : Zeitlicher Verlauf des Totaldrucks am Saugstutzen beim Pumpen ohne bzw. mit Gasballast.
– – – – – : Mit dem McLeodschen Manometer gemessener Teildruck der nichtkondensierbaren Gase. Dieser Teildruck stimmt schließlich mit dem Gesamtdruck überein, als Folge des Abpumpens aller kondensierbaren Dämpfe mit Hilfe der Gasballasteinrichtung.

c) Drehkolbenpumpe (Schieber-Wälzpumpe). Aufbau und Wirkungsweise dieser Pumpe veranschaulicht Abb. 222a: Ein hohler Schieber S ist an einem Zylinder Z befestigt, der kugelgelagert auf einem Rotor R mit exzentrischer Achse A sitzt. Bei Rotation des Exzenters wälzt sich der Zylinder auf einem Ölfilm an der Gehäusewand G ab und schiebt dabei die in den Schöpfraum A_1 gesaugte Gasmenge vor sich her. Das abzusaugende Gas tritt unterdessen durch eine Bohrung des Schiebers S in den Schöpfraum A_2 ein. Während der Drehung des Exzenters gleitet dieser Schieber ölabgedichtet in einem Körper D, der seinerseits in der Gehäusewand G drehbar angeordnet ist. Für einen Gasausstoß sind stets zwei volle Umdrehungen des Exzenters erforderlich. Die Pumpe kann ohne und mit Gasballast betrieben werden.

Das *Fördervolumen* der Drehkolbenpumpen beträgt $F_p = 10\cdots1500$ m³/h ($\approx 3\cdots400$ l/sec); Abb. 222b zeigt typische F/p-Kennlinien einer solchen Pumpe. Die zulässige Drehzahl ist hier wegen der geringeren

Reibung höher als bei Drehschieberpumpen gleicher Leistung; sie beträgt $n = 700$ 1/min. Der *Grenzdruck* ist gewöhnlich $\lesssim 0{,}01$ Torr. Drehkolbenpumpen werden deshalb vor allem dort angewandt, wo es auf hohe Förderleistungen und weniger auf niedrigen Grenzdruck ankommt.

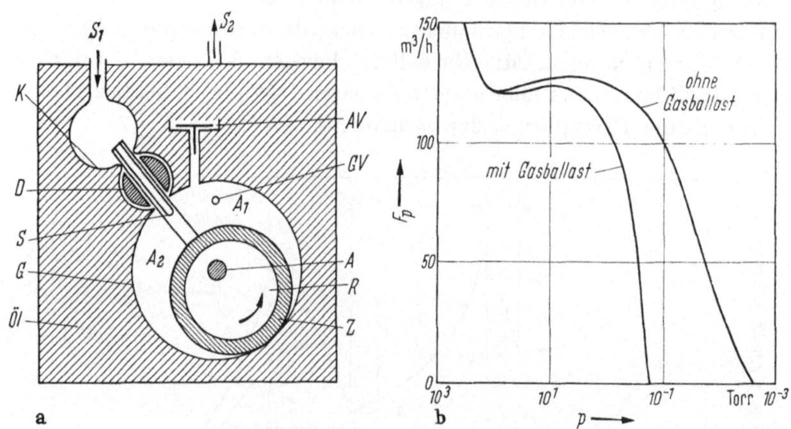

Abb. 222. a) Aufbau einer Drehkolbenpumpe.

A = rotierende Achse; AV = Ausstoßventil; D = Dichtungskörper; G = Gehäusewand; GV = Gasballastventil; K = Kugelschliff; R = exzentrischer Rotor; S = Schieber; S_1 = Saugstutzen; S_2 = Druckstutzen; Z = Kolben.
b) Typische F/p-Kennlinien einer Drehkolbenpumpe.

2. Fein- und Hochvakuumpumpen

a) Rootspumpe (Zahnrad-Wälzpumpe). Den Aufbau dieser rotierenden Feinvakuumpumpe zeigt Abb. 223a: In einem ovalen Gehäuse G sind zwei gegensinnig umlaufende Drehkolben[1] D_1 und D_2 berührungslos und damit reibungsfrei so angeordnet, daß Luftspalte von höchstens einigen Hundertstel Millimeter entstehen. Die Stellung der beiden Drehkolben zueinander wird durch ein Zahnradpaar außerhalb des Pumpengehäuses festgelegt. Durch die gegensinnige Rotation der Kolben wird das zu fördernde Gas bei L_1 angesaugt, vom Rezipienten abgeschlossen und bei L_2 unter Verdichtung auf den dort herrschenden Aussendruck wieder ausgestoßen. Bei jeder Drehung der Kolben wird eine Gasmenge gefördert, die dem doppelten Schöpfraumvolumen (Raum A) beim Ansaugdruck entspricht.

Da keine Öldichtung vorhanden ist, können Rootspumpen hochtourig laufen (Drehzahl $n = 1000\cdots3000$ 1/min) und deshalb direkt mit ihrem Antriebsmotor gekuppelt werden. Andererseits strömt jedoch

---

[1] Hinsichtlich ihrer Wirkungsweise gehört diese Pumpe daher zur Gruppe der Drehkolbenpumpen.

durch die Luftspalte stets um so mehr Gas von der Druck- zur Saugseite hinüber, je höher der Außendruck gegenüber dem Ansaugdruck ist, d. h. je größer das Kompressionsverhältnis wird. Für den Betrieb einer Rootspumpe ist daher zur Erniedrigung des Außendrucks immer eine Vorvakuumpumpe erforderlich. Diese kann relativ klein sein, da bei niedrigen Drucken der Strömungswiderstand der Luftspalte (wegen der überwiegenden Stöße der Gasmoleküle an die Spaltwände) groß und die Rückströmverluste daher klein sind.

Rootspumpen haben ein *Fördervolumen* $F_p = 150 \cdots 6000\,\mathrm{m^3/h}\,(\approx 40\cdots 1700\,\mathrm{l/sec})$, in Spezialausführungen bis $60000\ \mathrm{m^3/h}$; zwischen 10^1 und 10^{-3} Torr bleibt das Fördervolumen bei einigen Pumpentypen ziemlich konstant (vgl. Abb. 223b). Der erreichbare *Grenzdruck* beträgt $p_g \approx 10^{-5}$ Torr.

Die Rootspumpen werden hauptsächlich dort angewandt, wo hohe Fördermengen in einem weiten Druckbereich erforderlich sind, also bei Feinvakuumprozessen wie Schmelzen, Entgasen, Sintern, Glühen und Trocknen. Sie werden auch oft anstelle von Dampfstrahlpumpen verwendet, da dann das Ausfrieren der Treibmitteldämpfe wegfällt.

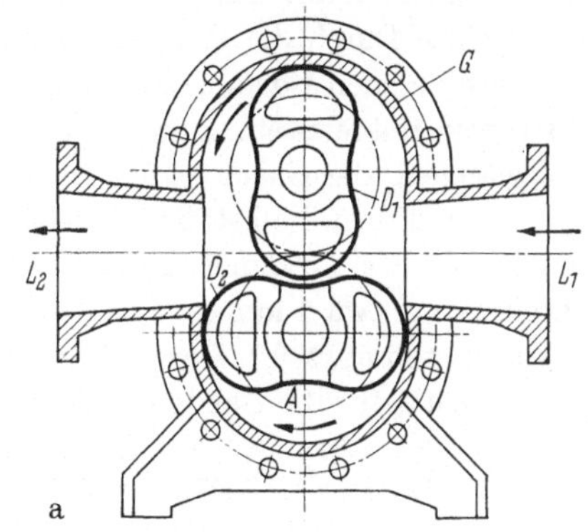

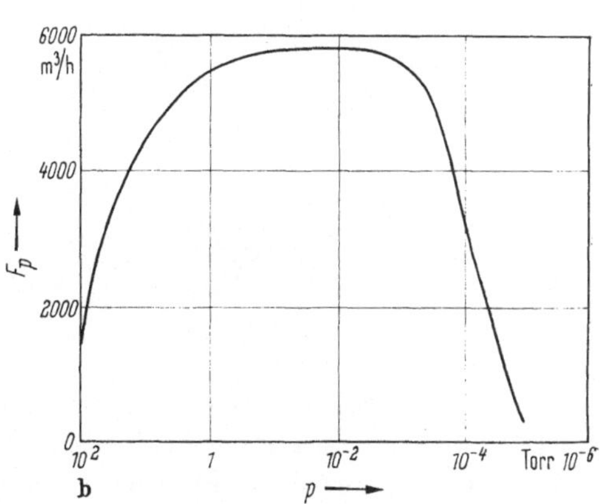

Abb. 223. a) Aufbau einer Zahnrad-Wälzpumpe (Rootspumpe);

b) typische F/p-Kennlinie einer solchen Pumpe.

b) Molekularluftpumpen. Die Wirkungsweise dieser (Hochvakuum-) Pumpen beruht darauf, daß eine schnell rotierende Trommel den auf ihre Oberfläche auftreffenden Gasmolekülen eine Geschwindigkeitskomponente in Drehrichtung erteilt (GAEDE [73], SIEGBAHN [81], HOLWECK [78], BECKER [71]).

α) Molekularluftpumpe nach Gaede. Den prinzipiellen Aufbau dieser Pumpe zeigt Abb. 224: Eine Trommel T läuft mit hoher Drehzahl

($n = 2000\cdots12\,000$ 1/min) in einem zylindrischen Gehäuse G, an dessen Umfang ein Saugstutzen L_1 und — um 90° gegen diesen versetzt — der Druckstutzen L_2 angeordnet sind. Zwischen Rotor und Gehäuse befindet sich ein Luftspalt, der längs der kurzen Strecke L_1-L_2 nur wenige Hundertstel Millimeter, längs des übrigen Gehäuseumfangs jedoch etwa 1 mm breit ist. Durch die Rotation der Trommel werden die am Saugstutzen vorhandenen Gasmoleküle durch den (breiteren) Saugspalt zum Druckstutzen mitgerissen. Voraussetzung dafür ist, daß die mittlere freie Weglänge λ_g der Gasmoleküle am Saugstutzen größer als die Spaltbreite d ist; in diesem Fall stoßen die Gasmoleküle weniger untereinander und mehr mit der Trommel- bzw. Gehäusewand zusammen. Bei einer Spaltbreite von etwa 1 mm ist die Bedingung $\lambda_g > d$ nach Abb. 156 bei einem Druck von etwa 0,1 Torr erfüllt. Dies ist deshalb der erforderliche *Vorvakuumdruck* für die Gaedesche Molekularluftpumpe.

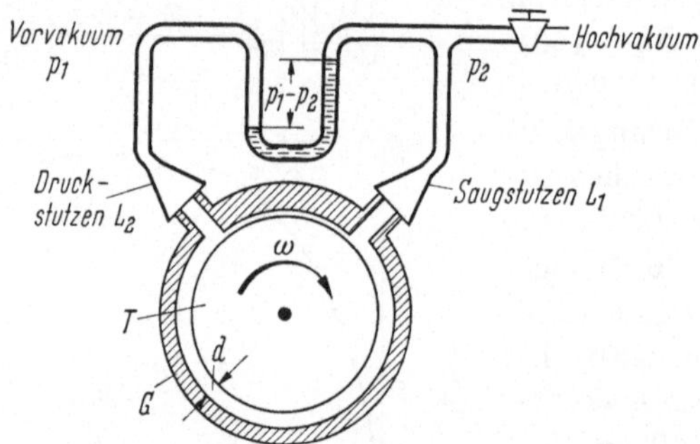

Abb. 224. Prinzipieller Aufbau einer Molekularluftpumpe nach GAEDE.

Das *Fördervolumen* F_p der Pumpe beträgt etwa $3\cdots10$ m³/h (etwa $1\cdots3$ l/sec). Es wächst mit der Umfangsgeschwindigkeit der Trommel und mit der Wurzel aus dem Molekulargewicht[1] der abzusaugenden Gase. Schwere Gase bzw. Dämpfe (z. B. Hg-Dampf) werden also leichter abgepumpt als leichte (z. B. He); dadurch wird die Trennung von Gasgemischen ermöglicht. Zur Erhöhung des Fördervolumens werden gewöhnlich mehrere Pumpeneinheiten hintereinandergeschaltet, wobei die Spaltbreite wegen der Bedingung $\lambda_g > d$ von der Saug- zur Druckseite hin immer kleiner wird. Bei sehr niedrigen Drucken am Saugstutzen nimmt das Fördervolumen ab, weil in zunehmendem Maß Gasmoleküle im Saugkanal zurückdiffundieren oder durch den schmalen Spalt zwischen L_1 und L_2 von der Druck- zur Saugseite gelangen; der *Grenzdruck* p_g beträgt etwa 10^{-6} Torr (bei $n = 12\,000$ 1/min und einem Vorvakuumdruck von 1 Torr).

---

[1] Im Gegensatz dazu ist bei den Dampfstrahlpumpen das Fördervolumen umgekehrt proportional zur Wurzel aus dem Molekulargewicht der Gase.

Vorteile dieser Pumpe sind der relativ niedrige Grenzdruck (daher ihre Anwendung als Hochvakuumpumpe) und die Möglichkeit des gleichzeitigen Absaugens von Gasen und Dämpfen; flüssige Luft ist deshalb nicht erforderlich. Von Nachteil sind die geringen zulässigen Toleranzen der Spaltbreite bei der Pumpenherstellung (teuer!), das relativ geringe Fördervolumen und die Gefahr der Beschädigung des Saugspalts durch Metall- oder Glasteilchen.

Modifikationen der Gaedeschen Pumpe wurden u. a. von SIEGBAHN [81] und HOLWECK [78] angegeben. Eine wesentlich verbesserte Ausführungsform ist die von BECKER [71] entwickelte Turbo-Molekularluftpumpe.

β) Molekularluftpumpe mit axialer Luftführung (Turbo-Molekularluftpumpe nach BECKER*).* Bei dieser Pumpe (vgl. Abb. 225a) rotiert in einem zylindrischen Gehäuse eine Gruppe von (auf einer Welle ange-

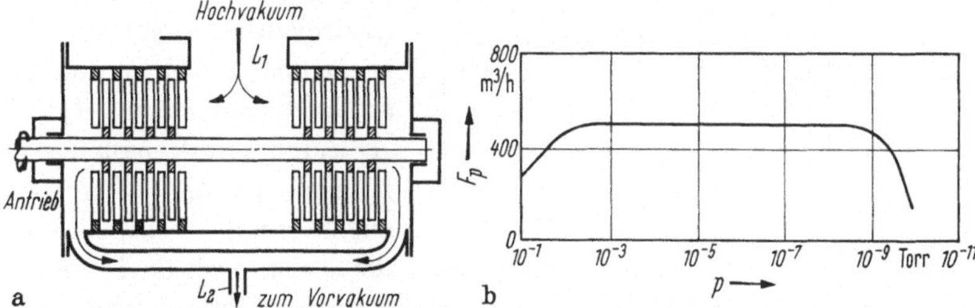

Abb. 225. Aufbau einer Turbo-Molekularluftpumpe nach BECKER [71] (a) und zugehöriges F/p-Diagramm (b).

brachten) Scheiben zwischen einer zweiten Gruppe von feststehenden (mit dem Gehäuse verbundenen) Scheiben. In sämtliche Scheiben sind radial vom Scheibenrand zur Mitte verlaufende Schlitze derart eingefräst, daß die Schlitzwände nicht parallel zur Pumpenachse verlaufen, sondern mit dieser einen bestimmten Winkel bilden. In diesen Schlitzen erhalten die am Saugstutzen L_1 eintretenden Moleküle ähnlich wie bei einer Axialturbine Impulse in axialer Richtung zur Vorvakuumseite hin. Das Kompressionsverhältnis pro Scheibenpaar ist zwar gering, doch ist auch die in den Schlitzen zurückströmende Gasmenge klein, so daß die Scheibenabstände und Schlitzbreiten relativ groß gemacht werden können (etwa 1 mm). Das erforderliche große Gesamt-Kompressionsverhältnis (z. B. von 10^{-8} zu 10^{-2} Torr) wird durch Hintereinanderschaltung vieler Scheibenpaare (etwa 20), ein hohes Fördervolumen durch Parallelschalten vieler Schlitze (etwa 40) pro Scheibe erreicht.

Derartige Pumpen haben ein relativ großes *Fördervolumen* (5···500 m³/h, d. h. etwa 1···140 l/sec bei Drehzahlen $n = 4000···16000$ 1/min), einen sehr niedrigen *Grenzdruck* (bis etwa $5 \cdot 10^{-10}$ Torr) und sind dank der relativ großen Scheibenabstände ($d = 0,5 \cdots 17$ mm) ziemlich robust. Ihr *Vorvakuumdruck* beträgt etwa 10^{-2} Torr. Es sind deshalb große Vorvakuumpumpen erforderlich, die bei diesem Vorvakuumdruck noch ein Fördervolumen von maximal 500 m³/h haben. Das F/p-Diagramm einer Turbo-Molekularluftpumpe zeigt Abb. 225 b.

3. Leistungsbedarf rotierender Vakuumpumpen in Abhängigkeit vom Druck

Die Leistungsaufnahme rotierender Vakuumpumpen ist gewöhnlich nicht über den ganzen Betriebsdruckbereich konstant. Bei den Drehschieber- und Drehkolbenpumpen zum Beispiel wird beim Ansaugen des Gases Kompressionsarbeit (A_k) und beim Ausstoßen Expansionsarbeit (A_e) geleistet. Bei hohem Ansaugdruck ist A_k groß und A_e klein, bei niedrigem Ansaugdruck dagegen ist A_k klein und A_e groß. Die Summe aus A_k und A_e durchläuft deshalb in Abhängigkeit vom Ansaugdruck ein Maximum, bei dem auch der Leistungsbedarf der betreffenden Pumpe seinen Maximalwert erreicht. Abb. 226 zeigt die Leistungsaufnahme

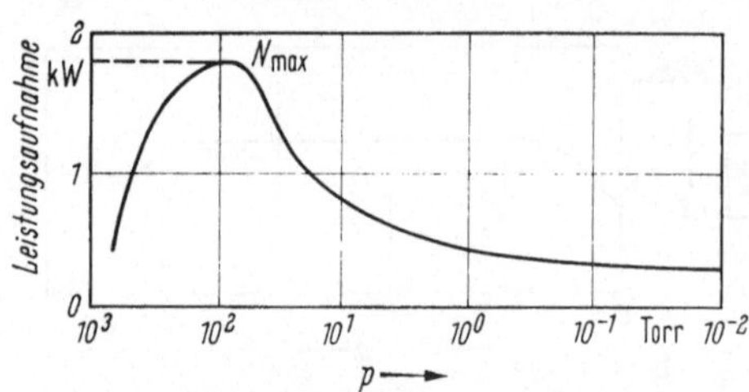

Abb. 226. Elektrische Leistungsaufnahme einer Drehschieberpumpe in Abhängigkeit vom Ansaugdruck p.

einer Drehschieberpumpe in Abhängigkeit vom Druck; die Kurve hat ein Maximum bei etwa 100 Torr. Ähnliche Kennlinien ergeben sich bei Drehkolbenpumpen. Trotz der relativ hohen Leistungsaufnahme bei höheren Drucken wird die Nennleistung des Antriebsmotors im allgemeinen nur für niedrige Drucke berechnet, da eine mögliche kurzzeitige Überlastung im Bereich hoher Drucke in Kauf genommen werden kann.

C. Treibmittelpumpen

Die Wirkungsweise der Treibmittelpumpen beruht darauf, daß die abzusaugenden Gasmoleküle entweder durch die Molekülstöße eines Wasser- bzw. Dampfstrahls mitgerissen werden (Wasserstrahl- und Dampfstrahlpumpen) oder daß die Moleküle in einen Dampfstrahl (wegen des dort herrschenden geringen Partialdrucks der Gase) hineindiffundieren und von diesem zur Vorvakuumseite mitgenommen werden (Diffusionspumpen).

1. Wasserstrahlpumpe (für Vorvakuum)

Den Aufbau dieser Pumpe zeigt Abb. 227a. Die Saugwirkung entsteht hier dadurch, daß der aus einer Düse D austretende Wasserstrahl
Gasmoleküle mitreißt. Durch die kegelförmige Verbreiterung des Wasser-
strahls wird in diesem der Totaldruck soweit erniedrigt, daß auch Moleküle, die sich außerhalb des Strahls im Saugraum S befinden, in den
Strahl hineingezogen werden.

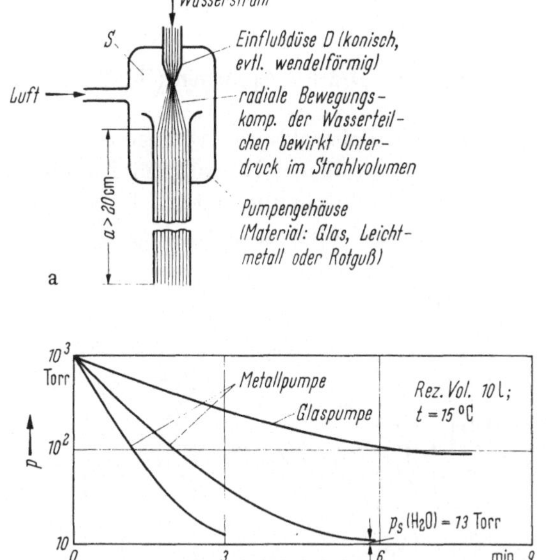

Abb. 227. Aufbau (a) und typisches p/t-Diagramm (b) einer Wasserstrahlpumpe.

Wasserstrahlpumpen können im Gegensatz zu rotierenden Pumpen
aus Glas, Metall oder Keramik bestehen und sind wegen des einfachen
Aufbaus sehr billig. Sie haben jedoch ein niedriges *Fördervolumen*
$(0{,}2 \cdots 0{,}8 \text{ m}^3/\text{h} \approx 0{,}06 \cdots 0{,}2 \text{ l/sec})$ und einen hohen *Grenzdruck*. Dieser
ist ungefähr gleich dem bei der Betriebstemperatur herrschenden
Wasserdampfdruck (z. B. $p_g \approx p_s(\text{H}_2\text{O}) = 13$ Torr bei $15\,°\text{C}$; vgl.
Tab. 18).

Tabelle 18

Sättigungsdruck für Wasserdampf in Abhängigkeit von der Temperatur

T [°C]	5	10	15	20	25	30
p_s [Torr]	6,5	9,5	13	18	24	32

20*

Zur Erniedrigung des Grenzdrucks müssen stets Trockenvorrichtungen oder Kühlfallen verwendet werden. Außerdem ist zwischen Pumpe und Rezipient immer ein Rückschlagventil erforderlich, welches verhindert, daß bei Nachlassen des Wasserdrucks Treibwasser in den Rezipienten gelangt. Abb. 227b zeigt das p/t-Diagramm einer solchen Pumpe.

Wegen der leichten Verfügbarkeit des Treibmittels sind die Wasserstrahlpumpen die bisher einzigen Flüssigkeitsstrahlpumpen. Öl- oder Hg-Strahlpumpen werden nicht verwendet, da in diesem Fall für die Rückgewinnung des (kostbaren) Treibmittels eine zusätzliche Umlaufpumpe erforderlich wäre.

2. Dampfstrahl- und Diffusionspumpen (für Hochvakuum)

a) Prinzip. Bei den Dampfstrahl- und Diffusionspumpen wird durch Erhitzen eines (flüssigen) Treibmittelvorrats ein Dampfstrom erzeugt, der durch eine Düse in den Pumpraum eintritt. Die Saugwirkung dieses Dampfstrahls beruht auf drei verschiedenen Vorgängen:

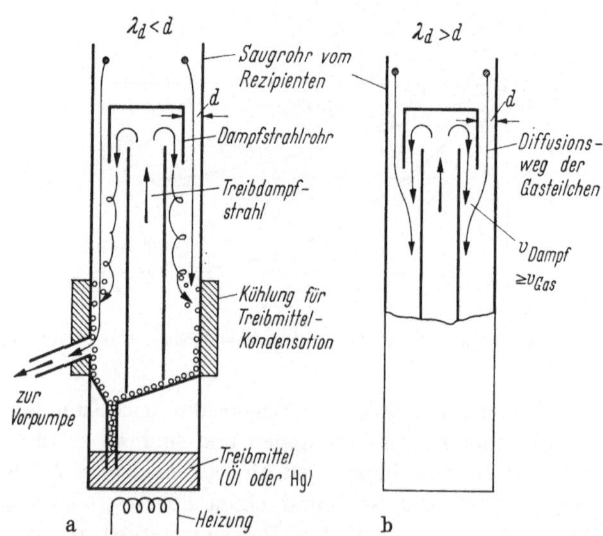

Abb. 228. Aufbau und Prinzip einer Treibdampfpumpe mit Stoßwirkung (a) und Diffusionswirkung (b) des Treibdampfs.

α) *Stoßwirkung* ($\lambda_d < d$; vgl. *Abb. 228a*). Die schnell bewegten Moleküle des aus der Düse austretenden Dampfstrahls (mittlere freie Weglänge λ_d) erteilen den Molekülen des Rezipientengases durch Stöße eine überwiegende Geschwindigkeitskomponente in Strahlrichtung; die Gasmoleküle werden dadurch zur Vorvakuumseite befördert. Eine Rückdiffusion der Gasmoleküle im Dampfstrahl ist wegen der hohen inneren Gasreibung (Wirbelbildung) schwer möglich. Für die Stoßwirkung des Dampfstrahls ist in erster Linie die Geschwindigkeit der Dampfmoleküle beim Austritt aus der Düse maßgebend.

β) *Diffusionswirkung ($\lambda_d > d$; vgl. Abb. 228b).* Im Dampfstrahl herrscht infolge der gerichteten Bewegung der Moleküle stets ein niedrigerer Partialdruck des Rezipientengases als im Rezipienten selbst. Daher diffundieren die Gasmoleküle (infolge ihrer thermischen Bewegung) in den Dampfstrahl und werden von diesem in den Vorvakuumraum der Pumpe mitgenommen. Die Diffusionswirkung des Dampfstrahls hängt also hauptsächlich von der Geschwindigkeit ab, mit der die Rezipientengasmoleküle in den Dampfstrahl hineindiffundieren.

γ) *Kondensationswirkung (vgl. Abb. 228a und b).* Nach Beendigung der Pumpwirkung trifft der Dampfstrahl auf die gekühlte Mantelfläche der Pumpe. Das Rezipientengas wird von dort durch die Vorvakuumpumpe oder durch eine weitere Pumpstufe abgesaugt, während der Treibdampf kondensiert und in das Siedegefäß zurückläuft. Ohne Kondensation (d. h. ausreichende Kühlung) würde ein großer Teil der Dampfmoleküle durch den Saugspalt (Spaltbreite d) in den Rezipienten hineindiffundieren und dadurch die Diffusion der Gasmoleküle in den Dampfstrahl beeinträchtigen. Da jedoch die Treibdampfkondensation innerhalb der Pumpe gewöhnlich nicht ausreicht, um die Diffusion der Dampfmoleküle in den Rezipienten zu unterbinden, verwendet man meist zwischen Pumpe und Rezipient zusätzliche gekühlte Prallvorrichtungen („Ölfänger" oder „baffle" für Öldampfpumpen) oder Kühlfallen (für Öl- und Hg-Dampfpumpen).

Während die Stoßwirkung eines Dampfstrahls stark von der Teilchengeschwindigkeit und damit von den Abmessungen der Treibstrahldüse abhängt, ist die Saugwirkung des Treibdampfes nicht an das Vorhandensein einer Düse gebunden. Dies wurde von GAEDE [74] an Hand der in Abb. 229 dargestellten Versuchsanordnung gezeigt: Den „Diffusionsspalt" bildet hier eine gekühlte poröse Tonplatte 2. Wäre diese nicht vorhanden, so könnte der Rezipient 4 nur bis zum Grenzdruck der angeschlossenen Wasserstrahlpumpe 1 (z. B. 12 Torr) evakuiert werden; bei diesem Druck würden dann alle aus dem Rezipienten abgesaugten Gasmoleküle durch Dampfmoleküle ersetzt, die von der Pumpe aus in den Rezipienten diffundieren. Bei eingesetzter Tonplatte dagegen kann nur das nichtkondensierbare Rezipientengas durch die Poren der Platte (Porendurchmesser $d < 10^{-3}$ mm) diffundieren, während die Wasserdampfmoleküle (mittlere freie Weglänge $\lambda_d \approx 5 \cdot 10^{-3}$ mm; $\lambda_d > d$) dort zum größten Teil kondensieren. Der Druck im Rezipienten sinkt dadurch unter den Grenzdruck der Wasserstrahlpumpe (z. B. auf 1 Torr). Das

Fördervolumen dieser Diffusionspumpe ist allerdings wegen der starken Reibung der Gasmoleküle an den Porenwänden der Tonplatte sehr gering.

Obwohl demnach die Saugwirkung einer Diffusionspumpe nicht vom Vorhandensein einer Düse abhängt, wird bei den technischen Pumpen der Diffusionsspalt meist mit einer Düse kombiniert, da die Fortschaffung der Gasmoleküle in einem gerichteten Dampfstrahl sehr viel schneller vor sich geht. Ob eine Düse als Strahl- oder Diffusionsdüse wirkt, hängt praktisch nur vom herrschenden Druck ab. Bei hohen Drucken ($\lambda_d < d$) überwiegt die Strahlwirkung, bei niedrigen Drucken ($\lambda_d > d$) die Diffusionswirkung und bei mittleren Drucken ($\lambda_d \approx d$) sind beide Vorgänge in gleichem Maße an der Saugwirkung der Pumpe beteiligt.

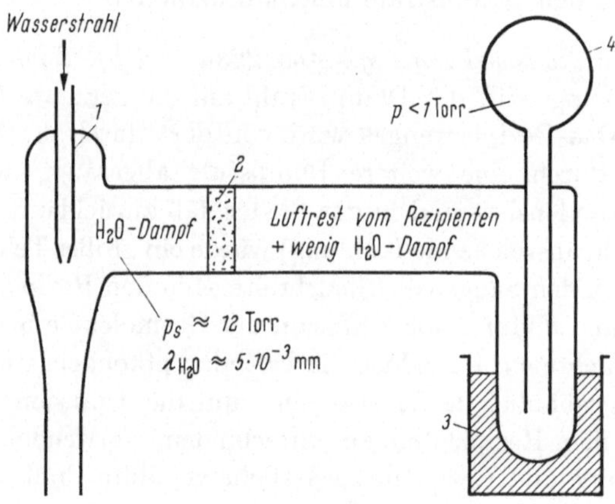

Abb. 229. Diffusionspumpenanordnung mit poröser Tonplatte als „Diffusionsspalt" (GAEDE [74]). *1* Wasserstrahlpumpe; *2* poröse Tonplatte (Durchmesser der Poren $< 10^{-3}$ mm); *3* CO_2-Kühlfalle zum Ausfrieren des restlichen H_2O-Dampfes; *4* Rezipient.

b) Dimensionierung von Dampfstrahl- und Diffusionspumpen. Untersuchungen über die Dimensionierung von Treibdampfpumpen wurden vorwiegend von GAEDE [74, 75] und JAECKEL [8] durchgeführt. Nach GAEDE läßt sich für Diffusionspumpen eine optimale Breite des Diffusionsspalts d_{opt} angeben, bei der das Fördervolumen der Pumpe seinen Maximalwert hat. Maßgebend ist dabei das Verhältnis von Spaltbreite d zu mittlerer freier Weglänge λ_g bzw. λ_d der Gas- bzw. Dampfmoleküle: Für $d > \lambda_d$ strömt zu viel Treibdampf in den Rezipienten und treibt das abzusaugende Gas zurück. Für $d \ll \lambda_d$ (bzw. $d \ll \lambda_g$) ist die Reibung im Diffusionsspalt zu hoch für die Passage der Gasmoleküle zum Treibstrahl. Zwischen diesen Grenzen existiert also ein Maximum für das Fördervolumen $F_p = f(d)$.

Quantitativ läßt sich der Zusammenhang zwischen dem Fördervolumen F_p und der Diffusionsspaltbreite d an Hand des Diffusions-
pumpenmodells der Abb. 230a ableiten (GAEDE [75]). Anstelle der Tonplatte der Abb. 229 wird hier ein zylindrisches Rohr (eine Kapillare)
mit dem Radius R als „Diffusionsspalt" benutzt. Den kreisringförmigen
Diffusionsspalt der technischen Treibdampfpumpen kann man sich
angenähert durch Parallelschalten vieler solcher Einzelrohre entstanden
denken. Nach GAEDE ergibt sich für die Fördermenge F_p dieser Diffusionspumpe (Abb. 230a):

$$F_p = \frac{\pi R^3}{2\,\eta_a\,l}\,e^{-\frac{R\,p_s}{1520\,D\,\eta_d}} \tag{200}$$

(R, l [cm] = Radius und Länge des Diffusionsrohrs, η_a [g/sec cm] =
= Koeffizient der äußeren Gasreibung an der Rohrwand, η_d [g/sec cm]=
= Koeffizient der äußeren Dampfreibung an der Rohrwand, D [cm²/sec]
= Diffusionskonstante und p_s [Torr] = Dampfdruck des Treibmittels).

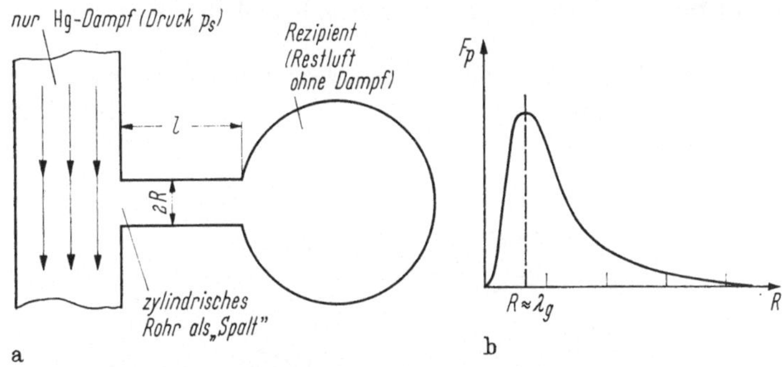

Abb. 230. a) Vereinfachtes Modell einer Diffusionspumpe; b) Abhängigkeit des Fördervolumens dieser
Pumpe vom Radius des „Diffusionsrohres" (GAEDE [75]).

Nach Gl. (200) durchläuft F_p in Abhängigkeit von R ein Maximum
(vgl. Abb. 230b), bei dem $R \approx \lambda_g$ ist. F_p hängt außerdem von der
Länge l des Diffusionsspalts und dem Sättigungsdruck p_s des Treibdampfes ab. Genaue Formeln für die F/p-Kurven moderner Diffusionspumpen finden sich bei JAECKEL [8; S. 146]. Das Fördervolumen F_p
hängt nach JAECKEL a) von der geometrischen Verteilung der Gas- und
Dampfmoleküle im Diffusionsspalt, b) vom Verhältnis $v_{\text{Dampf}}/v_{\text{Gas}}$ und
c) von $1/\sqrt{\mu}$ (μ = Molekulargewicht des Rezipientengases) ab.
Eine Diffusionsdüse gibt zwar bei richtiger Dimensionierung des
Spalts immer ein genügend hohes *Fördervolumen* (0,4 ⋯ 130000 m³/h
$\approx$ 0,1 bis 36000 l/sec bei 10⁻⁵ Torr), jedoch ist der zulässige Gegendruck
(Vorvakuumdruck) zu klein (etwa 10⁻² Torr bei einer Düse), um eine rotie-
rende Vorvakuumpumpe (Grenzdruck 10 bis 0,2 Torr) anschließen zu

können. Deshalb werden in einer Pumpe meist eine Diffusionsdüse und zwei oder mehrere Strahldüsen hintereinandergeschaltet, wodurch sich der *zulässige Gegendruck* auf etwa $0{,}1\cdots10$ Torr erhöht. Eine andere Methode, einen höheren zulässigen Vorvakuumdruck zu erhalten, besteht in der geeigneten Formgebung der Dampfstrahldüse und der ihr gegenüberliegenden Staudüse; allerdings verschiebt sich hier mit dem Vorvakuumdruck auch das Fördermaximum nach höheren Drucken zu.

Der *Grenzdruck* der Dampfstrahl- und Diffusionspumpen hängt von der Art des Treibmittels ab. Als Treibmittel werden vorwiegend Quecksilber, Öle, Paraffine und Phtalate (mit niedrigem Dampfdruck) verwendet. Bei Hg-Dampfpumpen beträgt der Grenzdruck 10^{-3} Torr[1] (mit Kühlfalle 10^{-6} Torr), bei Öl-Dampfpumpen (ohne oder mit Ölfänger) 10^{-6} bis 10^{-8} Torr. Der mit Kühlfallen erreichbare Grenzdruck wird nach unten praktisch nur durch kleine Undichtigkeiten und durch die Gasabgabe von der Innenwand des Rezipienten begrenzt.

c) Ausführungsformen von Dampfstrahl- und Diffusionspumpen

α) **Hg-** *und Öl-Dampfstrahlpumpen.* Diese Pumpen haben ein *Fördervolumen* bis 50000 m³/h und einen *Grenzdruck* von $10^{-3}\cdots10^{-4}$ Torr; ihr *Vorvakuumdruck* beträgt $10\cdots20$ Torr. Sie werden hauptsächlich als

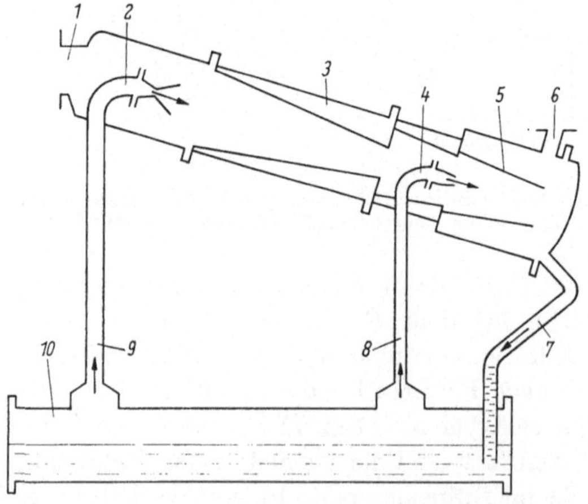

Abb. 231. Aufbau einer zweistufigen Hg-Dampfstrahlpumpe.
1 Saugstutzen; *2, 4* Düse; *3, 5* Staudüse; *6* Druckstutzen; *7* Rücklaufrohr; *8, 9* Steigrohr; *10* Siedegefäß.

Feinvakuumpumpen für Destillations- und Trockenapparaturen verwendet; man schaltet sie hier häufig zwischen Diffusions- und Vor-

---

[1] Dies ist der Dampfdruck des Quecksilbers bei Zimmertemperatur.

pumpe ein, um auch öllösliche organische Dämpfe vom Druckstutzen
der Diffusionspumpe wegsaugen zu können. (Bei einer Gasballast-Vor-
pumpe würden solche im Dichtungsöl gelösten Dämpfe infolge ihres
Dampfdrucks den Vorvakuumdruck der Diffusionspumpe in unzulässiger
Weise erhöhen).

Abb. 231 zeigt den Aufbau einer zweistufigen Hg-Dampfstrahlpumpe: Aus dem elektrisch geheizten Siedegefäß *10* strömt der Treibdampf durch die Steigrohre *8* und *9* in die Düsen *2* und *4*, aus denen er
als Dampfstrahl mit Überschallgeschwindigkeit austritt und die vom
Saugstutzen *1* herkommenden Gasmoleküle mitreißt. Nach der Pumpwirkung wird der Dampf an den Staudüsen *3*
und *5* kondensiert und das Kondensat über das
Rücklaufrohr *7* in das Siedegefäß zurückgeführt. Am Druckstutzen *6* wird das geförderte
Gas durch eine Vorvakuumpumpe entfernt.

β) Öl- und Hg-Diffusionspumpen. Diese
Hochvakuumpumpen haben ein *Fördervolumen*
bis 130000 m³/h und einen *Grenzdruck* von
$10^{-3}\ldots 10^{-8}$ Torr (je nach Art des Treibmittels).
Sie enthalten meist zwei bis drei Stufen, von
denen die vorvakuumseitige gewöhnlich als
Strahlstufe und die hochvakuumseitigen als
Diffusionsstufen arbeiten. Der *Vorvakuumdruck*
beträgt bei mehrstufigen Pumpen etwa 20 Torr
(bei einstufigen 0,1 Torr).

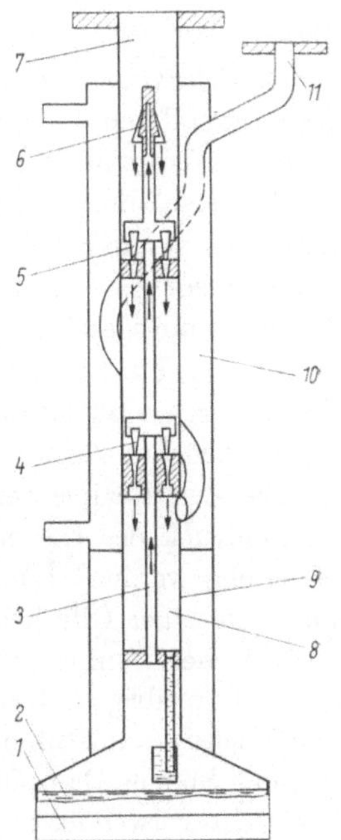

Abb. 232. Aufbau einer Hg-Diffusionspumpe mit zwei Strahlstufen und einer Diffusionsstufe.

1 Heizplatte; *2* Siedegefäß; *3* Steigrohr; *4, 5* Dampfstrahldüse;
6 Diffusionsdüse; *7* Saugstutzen; *8* Raum zwischen Steigrohr
und Pumpenwand; *9* Pumpenwand; *10* Kühlwassermantel;
11 Druckstutzen.

Abb. 232 zeigt den typischen Aufbau einer Quecksilberdiffusions-
pumpe mit zwei Strahlstufen und einer Diffusionsstufe. Das charakteristische Merkmal der Diffusionsstufe ist das Fehlen der Staudüse und die
besondere Form der Treibdüse, die von derjenigen der Strahlstufen
abweicht. Bei der Pumpe der Abb. 232 strömt der Treibdampf aus dem
von der Heizplatte *1* erhitzten Siedegefäß *2* durch das Steigrohr *3* zu
den Dampfstrahldüsen *4* und *5* und zur schirmförmigen Diffusionsdüse *6*.
Die vom Saugstutzen *7* kommenden Gasmoleküle diffundieren zunächst
in den aus der Diffusionsdüse kommenden Dampfstrom und werden
dann nacheinander von diesem und den Dampfstrahlen der Düsen *5* und *4*
zum Raum *8* befördert, während der Treibdampf an der wassergekühlten

Pumpenwand *9* kondensiert. Vom Raum *8* gelangt das abzupumpende Gas durch ein im Kühlwassermantel *10* liegendes Rohr zum Druckstutzen *11*. Die einzelnen Stufen dieser Pumpe sind so dimensioniert, daß das Fördermaximum der Diffusionsstufe *6* bei etwa 10^{-3} Torr, das der Strahlstufe *5* bei 10^{-2} Torr und das der Stufe *4* bei 1 Torr liegt; dies entspricht ungefähr dem Druckanstieg von der Hochvakuum- zur Vorvakuumseite der Pumpe. Die Pumpe hat ein Fördervolumen von 160 m³/h (bei 10^{-5} Torr) und einen zulässigen Vorvakuumdruck von 20 Torr. Der Grenzdruck beträgt 10^{-3} Torr; zu seiner Erniedrigung auf 10^{-6} Torr muß eine Kühlfalle verwendet werden. Bei Verwendung von Öl als Treibmittel ist eine Kühlfalle nicht erforderlich, da der Dampfdruck des Öls kleiner als 10^{-7} Torr ist.

γ) Ölfraktionspumpen. Öldampfpumpen haben den Nachteil, daß die verwendeten Treibmittel (Öle) nur in einem schmalen Temperaturbereich verwendbar sind: Bei zu hoher Temperatur werden sie zersetzt (wobei Zersetzungsprodukte mit viel höherem Dampfdruck entstehen), bei zu niedriger Temperatur ist die Verdampfungsgeschwindigkeit und damit die Fördermenge zu klein. Auch durch Oxydation (z. B. bei Lufteinbrüchen oder starker Gasabgabe des Rezipienten) wird der Dampfdruck des Öls erhöht. Diese Nachteile werden vermieden, wenn mit Hilfe einer Ölfraktionierung innerhalb der Pumpe die Ölbestandteile mit niedrigem Dampfdruck in den Hochvakuumstufen und diejenigen mit hohem Dampfdruck in den Vorstufen verwendet werden. Durch die (heute allgemein übliche) Anwendung von fraktioniertem Treiböl wird der Grenzdruck solcher „Ölfraktionspumpen" gegenüber dem gewöhnlicher Öl-Dampfstrahlpumpen um etwa eine Zehnerpotenz erniedrigt; außerdem wird die Regenerationszeit nach Lufteinbrüchen verkürzt.

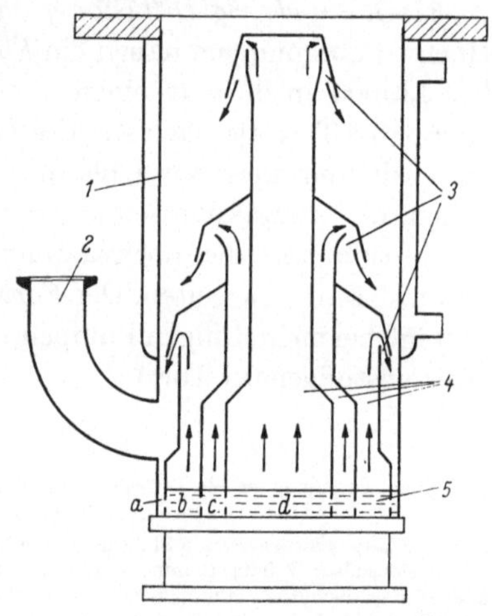

Abb. 233. Aufbau einer dreistufigen Ölfraktionspumpe:

1 Kühlmantel; *2* Vorvakuumanschluß; *3* Diffusions-bzw. Dampfstrahldüsen; *4* Siederäume; *5* Kondensat.

Abb. 233 zeigt den Aufbau einer dreistufigen Ölfraktionspumpe: Der Siederaum des Treibmittels ist hier in vier Kammern (*a—d*) unterteilt, die durch Löcher miteinander verbunden sind. Das am Kühlmantel *1* entstehende Ölkondensat fließt zunächst durch den Raum *a* in den Siederaum *b* der ersten (vorvakuumseitig gelegenen) Stufe; dort verdampfen die Ölbestandteile mit dem höchsten Dampfdruck und bilden den Dampfstrahl der ersten Stufe. Die übrigbleibenden Ölbestandteile gelangen durch Löcher in den Siederaum c, wo die Ölbestandteile mit dem nächstniedrigen Dampfdruck zum Betrieb der mittleren Strahldüse verwendet werden. Die restlichen Bestandteile mit dem niedrigsten Dampfdruck erreichen schließlich den innersten Siederaum d und werden zum Betrieb der Hochvakuumstufe verwendet.

d) F/p-Kennlinien. Die F/p-Kennlinien verschiedener Dampfstrahl- und Diffusionspumpen sind in Abb. 219 dargestellt. Die gleiche Abbildung zeigt zum Vergleich auch die Kennlinien von rotierenden und von Ionenpumpen. Damit trotz der verschieden hohen Fördermengenmaxima die F/p-Kennlinien der einzelnen Pumpen leichter miteinander verglichen werden können, ist in Abb. 219 auf der Ordinate nicht das absolute, sondern das relative Fördervolumen in Prozent des maximalen Fördervolumens aufgetragen.

D. Ionen-Getterpumpen

1. Prinzip

Die Idee der Ionen-Getterpumpen ist aus der Beobachtung entstanden, daß Ionisationsmanometer (z. B. die Bremsfeldtriode mit positivem Gitter; vgl. Abb. 202) stets ein zu gutes Vakuum anzeigen. Man fand, daß dieser Effekt zwei Ursachen hatte: 1. Die Absorption von Ionen an Metallflächen im Vakuum (elektrische Gasaufzehrung, „Clean up-Effekt") und 2. die Getterwirkung der vom Glühfaden entweichenden Metalldämpfe (z. B. Wolframdampf). Da das „Fördervolumen" von Ionisationsmanometern recht beträchtlich sein kann (von der Größenordnung 1 l/sec), hat man sie als „Ionenpumpen", die zugleich der Vakuummessung dienen, schon in Senderöhren, Magnetrons und Klystrons eingebaut, um die während des Betriebes freiwerdenden Gase durch zeitweiliges Einschalten der Pumpe binden zu können. Die für *Hochleistungs-Ionenpumpen* nötigen größeren Fördervolumina erreicht man durch Vergrößerung der Abmessungen und durch Verwendung stark gasabsorbierender Metalle (Ti[1] oder Zr statt W) als Glühdraht.

2. Ausführungsformen

a) Ionen-Getterpumpe mit Glühkathode. Diese Pumpe (DAVIS und DIVATIA [72]) ist ähnlich wie ein Glühkathoden-Ionisationsmanometer

---

[1] Titan (Ti) wird vor allem wegen seines niedrigen Dampfdrucks und seiner großen chemischen Affinität zu N_2, O_2, H_2, CO und H_2O als Verdampfungsmaterial verwendet.

(Triode mit positivem Gitter) aufgebaut (vgl. Abb. 234a): Ein von einer Vorratsspule stetig abrollender Titandraht *8* wird an seiner Spitze in einem durch Elektronenaufprall stark erhitzten Tiegel *7* zum Verdampfen gebracht. Der als Getter wirkende Titandampf schlägt sich fortlaufend an der wassergekühlten Pumpeninnenwand *4* nieder und „begräbt" bzw. bindet die dort haftenden Gasmoleküle. Eine kontinuierliche Pumpwirkung kommt dadurch zustande, daß durch die stetige Titanverdampfung die mit Gasmolekülen abgesättigten Titangetterschichten *9* an der Pumpenwand immer wieder mit einer frischen Schicht überdeckt werden. Um die Saugwirkung des Titangetterspiegels insbesondere für die Edelgase zu erhöhen, werden die Gasmoleküle zusätzlich durch die von

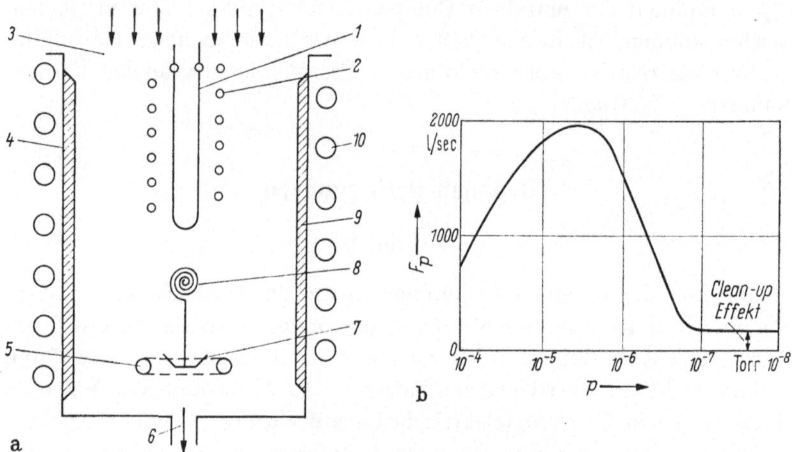

Abb. 234. a) Prinzipieller Aufbau einer Ionen-Getterpumpe mit Glühkathode.

1 Glühkathode (0 V); *2* Gitter (+ 200 V); *3* Saugstutzen; *4* Ionenkollektor; *5* ringförmige Kathode (0 V); *6* zur Vorpumpe; *7* durch Elektronenaufprall erhitzter Tiegel für Titan-Verdampfung (gleichzeitig Anode, $U_a = 750$ V); *8* Titandrahtvorratsspule; *9* Titan-Getterniederschlag mit eingeschlossenen Gasmolekülen; *10* Wasserkühlung.

b) F/p-Diagramm einer solchen Pumpe.

einer Glühkathode *1* emittierten und zu einem positiven Gitter *2* hin beschleunigten Elektronen ionisiert. Die gebildeten Ionen werden zu der als Kollektor wirkenden gekühlten Pumpeninnenwand *4* beschleunigt, dort festgehalten und zusammen mit neutralen Gasmolekülen (die zur Wand diffundiert sind) durch sich überlagernde Getterschichten begraben.

Bei einer Titan-Verdampfungsgeschwindigkeit von 5,3 mg/min und einem Rezipientendruck von etwa 10^{-6} Torr beträgt das Fördervolumen einer derartigen Pumpe für H_2 etwa 3000 l/sec, für N_2 2000, für O_2 1000 und für Argon 5 l/sec. Der zulässige *Startdruck* (d. h. der Druck, bei dem die Ionen-Getterpumpe zu arbeiten beginnt) liegt bei 10^{-2} Torr, der erreichbare *Grenzdruck* bei 10^{-10} Torr.

Abb. 234b zeigt die F/p-Kennlinie einer Ionen-Getterpumpe mit Glühkathode. Die Kurve durchläuft ein Maximum zwischen 10^{-5} und 10^{-6} Torr; bei Drucken unter 10^{-7} Torr bleibt F_p konstant; in diesem Druckbereich erfolgt die Pumpwirkung nur noch durch den Clean-up-Effekt.

b) Ionen-Getterpumpe mit kalten Kathoden. Diese Pumpe (HALL [77]) ist ähnlich wie das Penning-Manometer aufgebaut (vgl. Abb. 235a): Zwischen zwei miteinander verbundenen Kaltkathoden aus Titan und

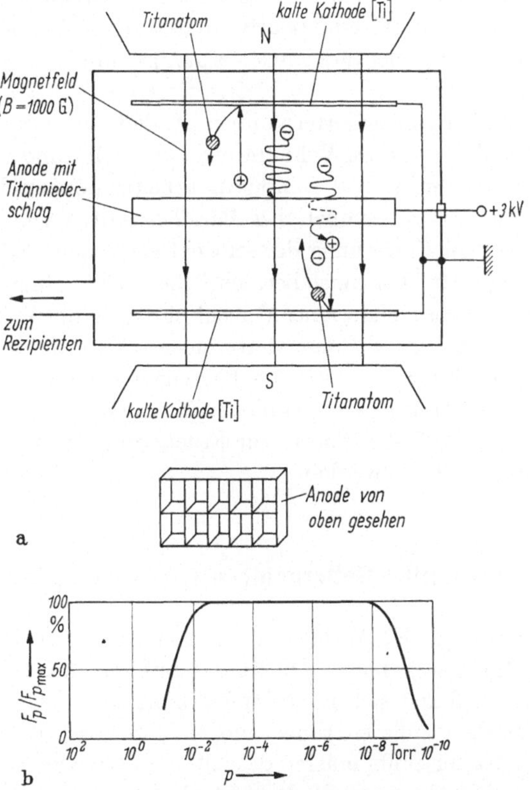

Abb. 235. a) Prinzipieller Aufbau einer Ionen-Getterpumpe mit kalten Kathoden; b) typisches F/p-Diagramm einer solchen Pumpe.

einer wabenförmigen Anode (mit großer Oberfläche) wird mit Hilfe einer Anodenspannung von $1\cdots3$ kV eine (primär durch Höhenstrahlung oder Photoelektronen ausgelöste) Kaltkathoden-Glimmentladung erzeugt. Durch ein Magnetfeld von etwa 1000 Gauß werden die in der Entladung gebildeten und zur Anode fliegenden Elektronen auf Spiralbahnen bewegt. Dadurch erhöht sich die Ionenausbeute pro stoßendes Elektron —

wie beim Penning-Manometer — so stark, daß die Entladung auch bei niedrigen Drucken aufrechterhalten werden kann. Die in der Entladung gebildeten Ionen prallen mit hoher Geschwindigkeit auf die beiden Kathoden und schlagen aus ihnen Titanatome heraus („Kathoden-zerstäubung"). Der entstehende Titandampf „kondensiert" vorwiegend auf der Anode und bildet dort einen Getterspiegel, in welchem die sich anlagernden Gasmoleküle begraben werden.

Das Fördervolumen solcher Pumpen liegt zwischen 1 und einigen 1000 l/sec (etwa $3\cdots 10000$ m³/h), der *Startdruck* bei 10^{-2} Torr und der *Grenzdruck* bei etwa 10^{-10} Torr. Zwischen diesen Grenzen ist die Saug-geschwindigkeit F_p in einem relativ weiten Druckbereich konstant. Das F/p-Diagramm einer Ionen-Getterpumpe mit kalten Kathoden zeigt Abb. 235 b.

Der Vorteil aller Ionen-Getterpumpen ist, daß man mit ihnen schnell ein sehr gutes öldampffreies Vakuum erzeugen kann und daß sie ohne dauernd eingeschaltete Vorvakuumpumpe arbeiten können. Insbesondere lassen sich mit diesen Pumpen bei Parallelschalten einer Diffusions-pumpe (zur raschen Entfernung der schlecht getternden Edelgase) auch bei Drucken unter 10^{-7} Torr noch beträchtliche Fördervolumina erreichen. Von Nachteil sind die Gefahr einer Verschlechterung des Vakuums durch plötzliche Gasausbrüche aus dem Getterniederschlag, die relativ geringe Saugwirkung für Edelgase sowie die Begrenzung der maximal absaug-baren Gasmenge durch den vorhandenen Titan-Gettervorrat; ist dieser aufgebraucht, so muß die Pumpe zur Erneuerung des Vorrats geöffnet oder ganz ausgewechselt werden.

E. Kühlmittel-Getterpumpen („Kryopumpen"[1])

Die Entwicklung der Weltraumfahrt hat auch der Hochvakuum-technik neue Impulse gegeben. Ein Raumschiff, das in 500 km Höhe die Erde umkreist, befindet sich in einem Vakuum von etwa 10^{-9} Torr und ist dort zahlreichen äußeren Einwirkungen unterworfen. Die einzelnen Bauteile eines Raumschiffs müssen deshalb schon vor dem Start auf der Erde unter angenäherten „Weltraumbedingungen" in sogenannten „Weltraumsimulatoren" geprüft werden. Dies sind Behälter von mehreren tausend Kubikmeter Inhalt, in denen trotz hoher Gasabgabe von den Raketenbauteilen (insbesondere vom Raketenmotor während eines Probelaufs) ein Vakuum von 10^{-6} Torr aufrechterhalten werden soll. Diese Forderung ist nur mit kryogenen Pumpen zu erfüllen, mit denen sich extrem hohe Fördervolumina erzielen lassen.

---

[1] Von griech. „kryos" = Kälte.

Das Prinzip der kryogenen Pumpen ist das gleiche wie das der Kühlfallen, jedoch werden bei solchen Pumpen Kühlmittel mit wesentlich niedrigerer Temperatur verwendet (vgl. Abb. 236): Ein mittels Kühlfallen gegen Wärmestrahlung geschützter Metallbehälter M, der sich im Innern des Rezipienten befindet, wird von flüssigem Helium (Siedetemperatur $T_{si} = 4°K$), Wasserstoff ($T_{si} = 20°K$) oder Stickstoff ($T_{si} = 76°K$) durchströmt. Wie die Sättigungsdruckkurven der permanenten Gase (Abb. 237) zeigen, beginnen bei den Temperaturen dieser Kühlmittel auch die „permanenten" Gase an der Behälteraußenwand zu kondensieren. Bei der

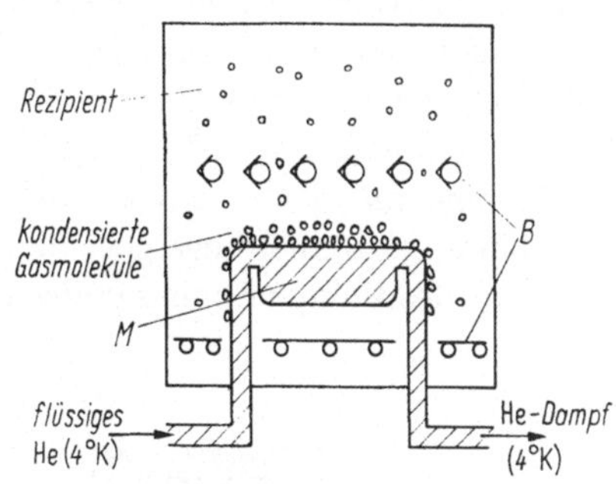

Abb. 236. Prinzipieller Aufbau einer Kühlmittel-Getterpumpe („Kryopumpe"). B = Baffles (Kühlfallen), mit flüssigem N_2 (76°K) gekühlt zum Schutz gegen Wärmestrahlung.

Temperatur des flüssigen Wasserstoffs (20°K) werden z. B. alle Gase bis auf Ne, H_2 und He kondensiert und die partialen Sättigungsdrucke der kondensierten Gase sind kleiner als 10^{-10} Torr; bei der Temperatur

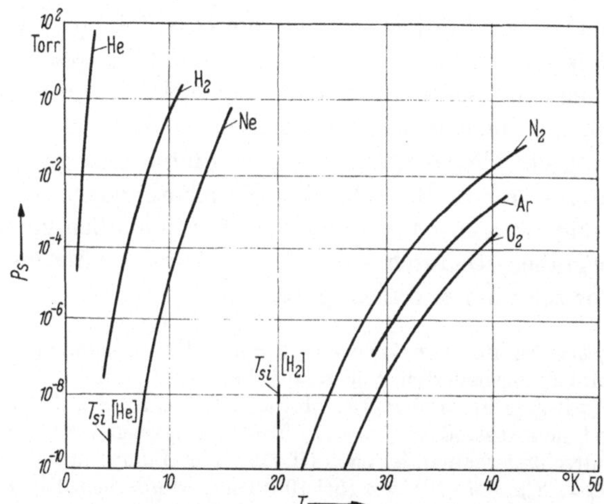

Abb. 237. Sättigungsdruckkurven einiger „permanenter" Gase bei niedrigen Temperaturen. (T_{si} = Siedetemperatur).

des flüssigen Heliums (4°K) kondensieren auch Ne und H_2 und der Restgasdruck von H_2 beträgt nur noch 10^{-6} Torr.

Ein großes Fördervolumen wird dadurch erreicht, daß man die kondensierenden Kühlflächen an der ganzen Innenwand des zu evaku-

ierenden Gefäßes (z. B. eines Weltraumsimulators) anbringt; die Wand
wirkt dadurch wie eine Pumpe ideal hohen Fördervolumens. Da die
Kühlung großer Flächen mit He zu teuer ist, nimmt man als Kühlmittel
vorwiegend H_2 und N_2 und wendet außerdem zur teilweisen Einsparung
des ebenfalls teuren flüssigen H_2 das Prinzip der *Doppelkühlung* an (vgl.
Abb. 238). Die wärmeisolierten Behälterwände werden dabei mit Kühlflächen versehen, die auf der vor Wärmestrahlung geschützteren Seite
mit H_2 und auf der anderen Seite mit N_2 gekühlt werden. Bei dieser
Anordnung muß allerdings gegenüber der einfachen Kühlung eine Verringerung des Pumpwirkungsgrades um 50% in Kauf genommen werden.

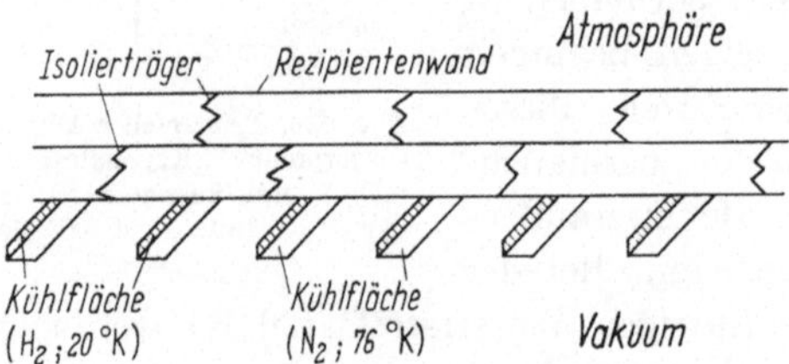

Abb. 238. Evakuierung eines Behälters durch „Doppelkühlung" der Behälterwand.

Da bei sehr großen Rezipienten auch die H_2-Kühlung zu teuer wird,
versucht man in solchen Fällen mit der wesentlich billigeren N_2-Kühlung
allein auszukommen. Damit diese auch für nichtkondensierbare Gase
wirksam wird, läßt man in den Rezipienten nach Art des Gasballast-
prinzips ständig ein kleines Quantum eines (durch flüssigen Stickstoff)
kondensierbaren Gases (z. B. NH_4) ein. Die nichtkondensierbaren Gase
(He, H_2 und Ne) werden dann unter dem kontinuierlich entstehenden
Kondensat begraben. Dadurch kann der erreichbare Grenzdruck etwa
um den Faktor zehn weiter erniedrigt werden.

Anwendungsbeispiel für eine kryogene Pumpe: Ein Cäsiumionen-Motor für
Raumschiffe soll bei angenäherten Weltraumverhältnissen, d. h. in einem Vakuum
von $p = 10^{-6}$ Torr, geprüft werden. Der Motor besitzt einen Schub von 50 g, der
durch einen Cs-Ionen-Ausstoß von $S = 0{,}7$ Torr l/sec erzeugt wird. Um trotzdem
das Vakuum aufrechtzuerhalten, ist nach Gl. (195) eine Pumpe mit einem Fördervolumen von $F_p = S/p = 7 \cdot 10^5$ l/sec (bei 10^{-6} Torr) erforderlich. Die dafür geeignete Pumpe wäre eine Parallelschaltung von stickstoffgekühlter Kryopumpe und
Diffusionspumpe.

VI. Hochvakuumanlagen

A. Aufbau einer Hochvakuumanlage

Eine Hochvakuumanlage besteht im allgemeinen aus dem zu evakuierenden Rezipienten, der angeschlossenen Pumpe und der Vakuumleitung, die Rezipient und Pumpe miteinander verbindet. Darüber hinaus enthält eine solche Anlage meist ein oder mehrere Manometer zur Druckkontrolle, Kühlfallen zum Ausfrieren der Dämpfe, Gasflaschen sowie Hähne, Flansche, Ventile und Dichtungen, die den Hochvakuumraum leckfrei abschließen sollen.

Den typischen Aufbau einer Hochvakuumanlage aus Glas zeigt Abb. 239: Das zu evakuierende Gefäß ist hier ein durch die Hähne *1* und *2* abgeschlossenes Glasrohr *G* mit drei Abzweigungen, die durch die Hähne

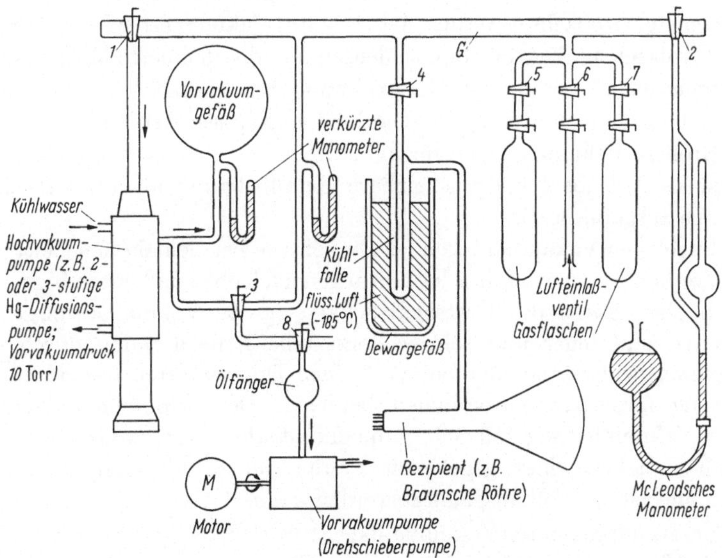

Abb. 239. Typischer Aufbau einer mobilen Hochvakuum-Pumpanlage für ein Vakuumröhren-Laboratorium.

3 bis *7* vakuumdicht gemacht werden können. Der eigentliche Rezipient (z. B. eine Braunsche Röhre) kann über Hahn *4* und eine Kühlfalle mit dem Raum *G* verbunden werden. Die Kühlfalle hat den Zweck, den von offenen Quecksilberflächen (der **Hg**-Diffusionspumpe und des McLeodschen Manometers) herrührenden **Hg**-Dampfdruck im Rezipienten zu erniedrigen, der nach Abb. 144 bei Zimmertemperatur 10^{-3} Torr beträgt.

Bei Kühlung mit flüssiger Luft beträgt der Hg-Dampfdruck nach Tab. 15 nur noch 10^{-27} Torr, so daß mit der bei Hahn *1* angeschlossenen Hg-Diffusionspumpe im Rezipienten ein Druck von 10^{-6} Torr erreicht werden kann.

Bei der Evakuierung des Rezipienten wird zunächst über die Hähne *3* und *8* die Vorvakuumpumpe (z. B. eine Drehschieberpumpe) an den Raum *G* angeschlossen, während die Hochvakuum-(HV-)Pumpe (z. B. eine zwei- oder dreistufige Hg-Diffusionspumpe) abgeschaltet ist. Ist der Druck im Vakuumgefäß *G* auf einige Torr gesunken, so wird an dieses über Hahn *1* die HV-Pumpe angeschlossen und die Vorvakuumpumpe durch Umlegen von Hahn *3* mit dem Druckstutzen der HV-Pumpe verbunden. Eine Abzweigung führt von dort zu einem Vorvakuumgefäß, das als „Puffer" dient, mit dessen Hilfe die unterschiedlichen Förder-volumina von HV- und Vorpumpe ausgeglichen werden. Am Saugstutzen der Vorpumpe befindet sich ein Ölfänger, der den Eintritt von Pumpenöl in das Hochvakuumgefäß verhindern soll. Der Druckabfall während des Pumpens kann mit dem bei Hahn *2* angeschlossenen McLeodschen Manometer beobachtet werden. Ist ein gutes Vakuum erreicht, so können aus Gasflaschen über die Hahnschleusen *5* und *7* definierte Mengen eines bestimmten Gases in den Hochvakuumraum gebracht werden; über Hahn *6* kann auch atmosphärische Luft eingelassen werden.

Größere Vakuumanlagen für industrielle Fertigungsverfahren werden meist als zerlegbare und ausheizbare Metallbehälter mit angeflanschter Pumpe ausgeführt.

In solchen Vakuumanlagen ist ähnlich wie bei elektrischen Leitungs-netzwerken der Querschnitt der Leitungen nach oben und unten begrenzt: Nach oben durch die Wirtschaftlichkeit (große Vakuumleitungsquer-schnitte sind teuer und schwer herzustellen), nach unten durch den Strömungswiderstand, der bei zu kleinen Querschnitten das durch die Leitung förderbare Gasvolumen begrenzt. Der Strömungswiderstand einer Vakuumleitung soll jedoch möglichst klein sein, damit die Saug-geschwindigkeit einer gegebenen Pumpe für die Evakuierung eines Vakuumsystems voll ausgenutzt werden kann.

Bei standardisierten Vakuumanlagen mit ziemlich hohem Endvakuum ($\approx 10^{-6}$ Torr), wo die Saugleitung zum Rezipienten entsprechend dem Saugstutzen der Pumpe relativ kurz und weit gehalten werden kann, ist eine Vorausberechnung der Leitungsdimensionen im allgemeinen nicht erforderlich. Besteht die geplante Anlage dagegen aus einem umfang-reicheren Leitungsnetzwerk mit relativ niedrigem Endvakuum (etwa 10^{-2} bis 10^{-4} Torr), wie dies z. B. bei der Metallisierung von stark gasenden Kunststoffen der Fall ist, so wird eine Vorausberechnung in vielen Fällen nützlich sein. Längere Hochvakuumleitungen sind auch erforderlich, wenn eine Diffusionspumpe wegen der Rückdiffusion des Treibmittels in den Rezipienten nicht unmittelbar am Rezipienten angebracht werden darf, wie z. B. bei der Herstellung von Goldniederschlägen im Vakuum, das mit einer Hg-Diffusionspumpe aufrechterhalten wird; auch hier kann eine Berechnung der erforderlichen Leitungsquerschnitte von Vorteil sein [*2, 6, 8, 11, 30, 35—38, 84—87*].

B. Berechnung des Fördervolumens F von Vakuumleitungen (mit kreisförmigem Querschnitt) als Funktion ihrer Dimensionen

Bei der Strömung eines Gases durch eine Rohrleitung kann man drei Strömungsarten unterscheiden: a) Die turbulente oder Wirbel-Strömung, b) die Laminar- oder Poiseuillesche Strömung und c) die Molekular- oder Knudsen-Strömung. Die turbulente Strömung spielt in der Technik der Vakuumleitungen keine Rolle, da sie nur bei hohen Strömungsgeschwindigkeiten und angenähertem Atmosphärendruck auftritt. Bei niedrigeren Drucken geht die turbulente in die laminare Strömung über. Bei dieser bewegen sich die einzelnen Gasteilchen nicht mehr in Wirbeln, sondern im Mittel angenähert parallel zur Leitungswand; sie stoßen dabei vorwiegend untereinander und relativ wenig mit der Leitungswand zusammen ($\lambda_g \ll 2R$; vorwiegend innere Gasreibung). Bei Drucken unterhalb etwa 10^{-3} Torr geht die laminare in die molekulare Strömung über, bei der die Gasteilchen wegen ihrer geringen Zahl kaum mehr gegeneinander, sondern vorwiegend gegen die Leitungswand stoßen; dies ist der Fall, wenn $\lambda_g \gtrless 2R$ ist (vorwiegend äußere Gasreibung).

Sowohl bei der laminaren als auch bei der molekularen Strömung ist die durch eine Vakuumleitung pro Zeiteinheit hindurchtretende Gasmenge Q proportional zu der zwischen den Leitungsenden bestehenden Druckdifferenz $p_1 - p_2$:

$$Q = L(p_1 - p_2) = \frac{1}{W}(p_1 - p_2) \; [\text{Torr cm}^3/\text{sec}]. \qquad (201)$$

Die Proportionalitätskonstante L [cm³/sec] bezeichnet man als *Leitwert*, ihren reziproken Wert $W = 1/L$ [sec/cm³] als *Strömungswiderstand* der Vakuumleitung.

Multipliziert man die rechte Seite von Gl. (201) mit M/kT (M [g] = = Molekülmasse), so ergibt sich Q in [g/sec]:

$$Q = L(p_1 - p_2)\frac{M}{kT} = \frac{1}{W}(p_1 - p_2)\frac{M}{kT} \; [\text{g/sec}]. \qquad (201\,\text{a}$$

Dabei ist L in [cm³/sec] bzw. W in [sec/cm³], p_1 und p_2 in [dyn/cm²] M in [g] und kT in [dyn cm] einzusetzen (1 dyn cm = 1 erg =

$= 10^{-7}$ Ws). Für Luft von 20°C gilt die Beziehung: 1 Torr l/sec $= = 1/600$ g/sec[1].

Die Gl. (201) ist das Analogon zum Ohmschen Gesetz für die Elektronenströmung durch einen Widerstand R: $I = U/R$. Dabei entspricht die Druckdifferenz $p_1 - p_2$ der Potentialdifferenz U, der Strömungswiderstand W dem Ohmschen Widerstand R und die Gasmenge Q dem elektrischen Strom I. Wie bei der Elektronenströmung durch einen Widerstandsdraht ist auch bei der Gasströmung durch eine Rohrleitung die Kontinuitätsbedingung erfüllt: Durch jeden Querschnitt einer Leitung tritt pro Zeiteinheit die gleiche Anzahl von Teilchen.

In Analogie zur Förder- (oder Saug-)leistung S einer Vakuumpumpe (s. Gl. 195) bezeichnet man die in der Sekunde durch einen beliebigen Querschnitt einer Vakuumleitung tretende Gasmenge Q als *Förderleistung der Vakuumleitung* (mit angeschlossener Pumpe); entsprechend Gl. (195) gilt:

$$Q = F p \quad \text{[Torr l/sec]} \quad (F \text{ in l/sec}, p \text{ in Torr}) \tag{202}$$

bzw. mit Gl. (173):

$$Q = F \cdot \varrho = F M n_g = F p \frac{M}{kT} \quad \text{[g/sec]} \tag{202a}$$

(F in cm³/sec, p in dyn/cm², M in g, kT in dyn cm).

F ist das *Fördervolumen* an einer Stelle der Vakuumleitung, an welcher der Druck p herrscht bzw. die Gasdichte $\varrho = M p/kT$ vorhanden ist. Mit Gl. (202) ergibt sich aus Gl. (201) für das Fördervolumen F:

$$F = \frac{1}{W} \frac{p_1 - p_2}{p}. \tag{203}$$

Nach Gl. (201) und (203) wird die durch eine Vakuumleitung strömende Gasmenge bzw. das Gasvolumen (bei gegebener Pumpenfördermenge) um so kleiner, je größer der Strömungswiderstand der Leitung ist. Dieser Widerstand hängt von Druck, Temperatur, Strömungsart und Gasart sowie von den Dimensionen der Vakuumleitung (Länge l, Radius R) ab. Im wesentlichen lassen sich folgende Fälle unterscheiden (JAECKEL [8]):

---

[1] Nach Gl. (173a) ist die Luftkonzentration bei 1 Torr und 293°K: $n_g = = 3{,}32 \cdot 10^{16}$ 1/cm³; die Masse eines Luftmoleküls beträgt im Mittel etwa $M \approx \approx 5 \cdot 10^{-23}$ g. Die Luftmasse pro cm³, d. h. die Dichte ϱ ist daher $\varrho = M n_g = = 1{,}66 \cdot 10^{-6}$ g/cm³. Damit wird 1 Torr l/sec $= 1{,}66 \cdot 10^{-3}$ g/sec $= 1/600$ g/sec.

1. Strömungswiderstand bei relativ hohen Drucken
$$(p > \approx 10^{-3}\,\text{Torr};\ \lambda_g \ll 2R)$$

In diesem Fall ist die Strömung laminar und läßt sich durch die Hagen-Poiseuillesche Gleichung beschreiben[1]:

$$v = \frac{p_1 - p_2}{4\eta_i l}\,(R^2 - r^2) \tag{204}$$

(v = Strömungsgeschwindigkeit des Gases, p_1 = Druck am Leitungsanfang, p_2 = Druck am Leitungsende, R und l = Radius und Länge der Vakuumleitung, η_i = Koeffizient der inneren Gasreibung, r = Entfernung von der Achse der Rohrleitung). Diese Gleichung gilt streng nur für $l \gg R$ und niedrige Druckdifferenzen $p_1 - p_2$. Für $l \lesssim R$ (kurze Rohre bzw. Öffnungen in einer Wand) und hohe Druckdifferenzen nimmt die Vakuumleitung die Eigenschaften einer Strahldüse an, für die andere Gesetzmäßigkeiten gelten (vgl. [85]). Da jedoch hohe Druckdifferenzen in der Vakuumtechnik meist nur kurzzeitig (z. B. am Anfang eines Pumpvorgangs) auftreten, ist in solchen Fällen die Kenntnis des Strömungswiderstandes von untergeordneter Bedeutung.

Aus Gl. (204) ergibt sich durch Integration über den ganzen Leitungsquerschnitt das Gasvolumen F, das pro Sekunde durch die Vakuumleitung strömt:

$$F = \int_0^R v\,2\pi r\,dr = \frac{\pi R^4}{8\eta_i l}\,(p_1 - p_2). \tag{204a}$$

Durch Vergleich von Gl. (204a) mit Gl. (203) erhält man den Strömungswiderstand W_i für laminare Strömung (vorwiegend *innere* Gasreibung; $p > \approx 10^{-3}\,\text{Torr}$):

$$W_i = \frac{8\,\eta_i l}{R^4 \pi p}. \tag{205}$$

Nach Gl. (205) hängt der Strömungswiderstand W_i a) von den Leitungsdimensionen, b) vom Druck in der Leitung und c) vom Koeffizienten der inneren Gasreibung ab, der selbst eine Funktion des Molekulargewichts und der Temperatur ist:

a) Der Strömungswiderstand W_i ist um so kleiner, je kürzer (l) und je weiter (R) die Vakuumleitung ist. In einer Vakuumanlage soll deshalb zwischen Pumpe und Rezipient stets ein möglichst kurzes und weites Verbindungsrohr verwendet werden.

---

[1] Über die Ableitung dieser Gleichung siehe [*2, 5, 10*].

b) Der Strömungswiderstand W_i nimmt mit wachsendem Druck ab; da der Druck in einer Vakuumleitung nicht konstant ist, sondern in Strömungsrichtung linear abnimmt, nimmt der Strömungswiderstand in der gleichen Richtung zu. Man rechnet deshalb im Gebiet der „inneren Gasreibung" mit einem mittleren Strömungswiderstand, indem man anstelle des variablen Druckes p in Gl. (205) den Druck $p = (p_1 + p_2)/2$ einsetzt, der in der Mitte der Vakuumleitung herrscht; damit wird:

$$W_i = \frac{8\eta_i l}{R^4 \pi} \frac{2}{p_1 + p_2}. \qquad (205\,\mathrm{a})$$

W_i ergibt sich in [sec/cm³], wenn η_i in [g/(sec cm)], l und R in [cm] und $p_{1,2}$ in [dyn/cm²] eingesetzt wird.

c) Der Zähigkeitskoeffizient η_i [g/(sec cm)] errechnet sich aus der kinetischen Gastheorie zu[1]:

$$\eta_i = \frac{1}{3} n_g M v_m \lambda_g. \qquad (206)$$

Dabei ist n_g [1/cm³] die Teilchenkonzentration, v_m [cm/sec] die mittlere Geschwindigkeit der Gasmoleküle, λ_g [cm] die mittlere freie Weglänge, M [g] die Masse eines Gasmoleküls, und $n_g M = \varrho$ [g/cm³] die Dichte des Gases.

Da nach Gl. (173 a) n_g proportional p und nach Gl. (180 a) λ_g proportional $1/p$ ist, wird nach Gl. (206) η_i unabhängig vom Druck p. Mit Gl. (162), (180 a) und (181) wird — unter Berücksichtigung eines Korrekturfaktors:

$$\eta_i = 6{,}75 \cdot 10^{-22} \frac{\sqrt{\mu}}{r_\infty^2} \frac{T^{3/2}}{T + T_v} \quad [\text{g/(sec cm)}] \qquad (206\,\mathrm{a})$$

(μ = Molekulargewicht, T [°K] = absolute Temperatur, r_∞ [cm] = = gaskinetischer Wirkungsradius bei unendlich hoher Temperatur, T_v [°K] = Sutherlandsche Konstante).

Der Zähigkeitskoeffizient hängt nach dieser Gleichung von der Gasart (μ, r_∞, T_v) und von der Temperatur T ab. Er wächst mit dem Molekulargewicht (leichte Gase strömen durch Vakuumleitungen leichter als schwere Gase) und mit der Temperatur, da bei höherer Temperatur die Gasmoleküle öfter miteinander zusammenstoßen. In Tab. 19 sind die Werte von μ, r_∞ und T_v für verschiedene Gase zusammengestellt.

---

[1] Über die Ableitung dieser Gleichung siehe [2, 5, 8, 10].

Tabelle 19

Werte von μ (Molekulargewicht), r_∞ (gaskinetischer Wirkungsradius bei unendlich hoher Temperatur) und T_v (Sutherlandsche Konstante) für verschiedene Gase

Stoff	μ	r_∞ [cm]	T_v [°K]
Ar	39,88	$1{,}43 \cdot 10^{-8}$	169
H_2	2,016	$1{,}21 \cdot 10^{-8}$	76
He	4,00	$0{,}97 \cdot 10^{-8}$	79
Kr	82,90	$1{,}68 \cdot 10^{-8}$	142
H_2O-Dampf	18,016	—	550
Luft	29	$(\approx 1{,}6 \ \cdot 10^{-8})$	113
N_2	28,016	$1{,}60 \cdot 10^{-8}$	112
O_2	32	$1{,}48 \cdot 10^{-8}$	132
Xe	130,2	$1{,}78 \cdot 10^{-8}$	252

Beispiel: Für Luft ($\mu = 29$) von 293 °K ist $\eta_i = 1{,}81 \cdot 10^{-4}$ g/(sec cm).

2. Strömungswiderstand bei relativ niedrigen Drucken

$$(p < \approx 10^{-3}\,\text{Torr};\ \lambda_g \gg 2R)$$

In diesem Fall ist die Strömung molekular und der Strömungswiderstand wird durch die Stöße der Gasmoleküle auf die Wand der Vakuumleitung bestimmt. Die mittlere Geschwindigkeit der Gasmoleküle in Strömungsrichtung ist jetzt über den ganzen Leitungsquerschnitt konstant [im Gegensatz zur Laminarströmung, wo das Geschwindigkeitsprofil parabolisch ist; s. Gl. (204)].

a) Lange Vakuumleitungen ($l \gg R$; $\lambda_g \gg 2R$). Besteht längs einer Vakuumleitung eine Druckdifferenz $p_1 - p_2$, so wird auf das durch die Leitung strömende Gas die Kraft $K_1 = R^2\pi(p_1 - p_2)$ ausgeübt. Beim Stoß auf die Leitungswand überträgt jedes Gasmolekül (Masse M, Geschwindigkeit v) einen Impuls $2Mv$ auf die Wand. Die Zahl der Stöße pro cm² Wandfläche und Sekunde beträgt $z = (1/4)n_g v_m$ [1], die Wandfläche ist $F = 2R\pi l$. Der auf die Wand übertragene Gesamtimpuls entspricht daher einer Reibungskraft $K_2 = Fz\,2Mv = \pi Rl\,M n_g v_m v$; aus der Gleichheit der beiden Kräfte K_1 und K_2 ergibt sich unter Berücksichtigung von Gl. (162) und (173) die Strömungsgeschwindigkeit v:

$$v = \frac{R}{l}\sqrt{\frac{\pi k T}{8M}}\,\frac{p_1 - p_2}{p} \tag{207}$$

bzw. das Fördervolumen F_{a1}:

$$F_{a1} = R^2\pi v = \frac{R^3\pi}{l}\sqrt{\frac{\pi k T}{8M}}\,\frac{p_1 - p_2}{p}. \tag{207a}$$

---

[1] Siehe Fußnote S. 205.

Diese Gleichung gilt nur für den Fall, daß alle Gasmoleküle senkrecht
auf die Rohrleitungswand auftreffen. Bei beliebigen Auftreff- bzw.
Reflexionswinkeln ist — wie eine genauere Rechnung von KNUDSEN
zeigt — der Faktor π vor der Wurzel durch den Faktor 16/3 zu ersetzen.
Mit Berücksichtigung dieses Faktors ergibt der Vergleich von Gl. (207a)
mit Gl. (203) den Strömungswiderstand W_{a1} einer langen Vakuumleitung
für molekulare Strömung (vorwiegend äußere Gasreibung):

$$W_{a1} = \frac{3}{8}\,\frac{l}{R^3}\,\sqrt{\frac{2M}{\pi k T}} = 0{,}328 \cdot 10^{-4}\,\frac{l}{R^3}\,\sqrt{\frac{\mu}{T}}\left[\frac{\text{sec}}{\text{cm}^3}\right] \qquad (208)$$

$$(l,\, R \text{ in cm},\, T \text{ in } °\text{K}).$$

Der Strömungswiderstand W_{a1} ist also (im Gegensatz zu W_i) unabhängig
vom Druck p. In Analogie zum Fall der inneren Gasreibung läßt sich
hier nach Gl. (205) ein Koeffizient η_a der äußeren Gasreibung definieren:

$$\eta_a = \frac{3}{32}\,\sqrt{\frac{\pi}{2}}\,\sqrt{\frac{M}{kT}}\,R\,p. \qquad (208a)$$

Für Luft ($\mu = 29$) von 20 °C wird der Strömungswiderstand

$$W_{a1} = 1{,}03 \cdot 10^{-5} \cdot \frac{l}{R^3}\,[\text{sec/cm}^3] \approx 10^{-2} \cdot \frac{l}{R^3}\,[\text{sec/l}]\ \ (l,\,R \text{ in cm}) \quad (208b)$$

oder:

$$W_{a1} \approx \frac{l}{R^3}\ \ [\text{sec/l}]\ \ (R,\,l \text{ in mm}). \qquad (208c)$$

Diese einfache Formel wird bei der Berechnung von Vakuumleitungen
im Druckbereich $p < 10^{-3}$ Torr häufig verwendet.

b) Öffnung in einer dünnen Wand ($l \ll R$; $\lambda_g \gg R$). In diesem Fall
kann angenommen werden, daß alle Gasmoleküle angenähert senkrecht
zur Wand durch die Öffnung (Radius R) fliegen, ohne mit der Wand
zusammenzustoßen. Die Zahl der Teilchen, die pro Sekunde durch die
Öffnung fliegen, ist daher $z = \frac{1}{4}\,v_m\,(n_1 - n_2)\,R^2\pi$, wenn n_1 die Gaskonzentration auf der einen Seite und n_2 die Konzentration auf der
anderen Seite der Öffnung bedeutet. Da das Verhältnis z/n gleich dem
Gasvolumen F_{a2} ist, das pro Sekunde durch die Öffnung strömt ($n =$ Gaskonzentration an einer beliebigen Stelle in der Öffnung), wird mit Gl.
(162) und (173) das Fördervolumen F_{a2}:

$$F_{a2} = \sqrt{\frac{\pi k T}{2M}}\,R^2\,\frac{p_1 - p_2}{p} \qquad (209)$$

und der Strömungswiderstand:

$$W_{a2} = \sqrt{\frac{2}{\pi}} \, \frac{1}{R^2} \sqrt{\frac{M}{kT}} = 0,876 \cdot 10^{-4} \, \frac{1}{R^2} \sqrt{\frac{\mu}{T}} \; [\text{sec/cm}^3] \qquad (210)$$

$$(R \text{ in cm}, \; T \text{ in } °\text{K}).$$

Auch in diesem Fall ist also der Strömungswiderstand unabhängig vom Druck und proportional $\sqrt{\mu}$.

c) Kurze Vakuumleitungen $(l \lesssim R; \; \lambda_g \gg 2R)$. Kurze Vakuumleitungen kann man in guter Näherung als Serienschaltung einer langen Rohrleitung [Gl. (208)] und einer Öffnung in einer dünnen Wand [Gl. (210)] auffassen. Da sich die Widerstände zweier in Serie geschalteter Vakuumleitungen addieren, ergibt sich als Strömungswiderstand einer kurzen Vakuumleitung:

$$W_{a3} = W_{a1} + W_{a2} = \frac{\dfrac{3}{8}\dfrac{l}{R} + 1}{1{,}142 \cdot 10^4 \, R^2} \sqrt{\frac{\mu}{T}} \; [\text{sec/cm}^3] \qquad (211)$$

$$(l, \, R \text{ in cm}, \; T \text{ in } °\text{K}).$$

Für $l \gg R$ geht Gl. (211) in Gl. (208), für $l \ll R$ in Gl. (210) über. Für Luft von 20 °C wird:

$$W_{a3} = \frac{\dfrac{3}{8}\dfrac{l}{R} + 1}{3{,}63 \cdot 10^4 \, R^2} \; [\text{sec/cm}^3]. \qquad (211\,\text{a})$$

3. Strömungswiderstand für lange Vakuumleitungen im gesamten Druckbereich

$$(l \gg R; \; \lambda_g \text{ beliebig})$$

Für beliebige Drucke, insbesondere für Drucke, bei denen der bisher nicht betrachtete Grenzfall $\lambda_g \approx R$ eintritt, läßt sich eine lange Vakuumleitung in guter Näherung durch die Parallelschaltung zweier Vakuumleitungen ersetzen, von denen die eine den Strömungswiderstand W_i [Gl. (205a)] und die andere den Strömungswiderstand W_{a1} [Gl. (208)] hat[1]. Da sich bei der Parallelschaltung zweier Vakuumleitungen die Leitwerte

---

[1] Für das Grenzgebiet $\lambda_g \approx R$ gibt KNUDSEN [87] eine näherungsweise Berechnung des Strömungswiderstandes an, deren Resultat um weniger als 10% von dem aus der Parallelschaltung zweier Leitungen gewonnenen Resultat abweicht. Nimmt man diesen maximalen Fehler in Kauf, so kann der Strömungswiderstand für $\lambda_g \approx R$ auf die hier angegebene Weise berechnet werden.

addieren, ergibt sich:

$$L = \frac{1}{W} = \frac{R^3}{l}\left(\frac{\pi R}{8\eta_i}\,p + \frac{8}{3}\,\sqrt{\frac{\pi kT}{2M}}\right)\left[\frac{cm^3}{sec}\right] \qquad (212)$$

($p_{1,2}$ in dyn/cm², R, l in cm, η_i in g/sec cm, T in °K).

Für Luft von 20 °C wird der Leitwert:

$$L = L_i + L_a = \frac{R^3}{l}\,(29{,}3 \cdot 10^5\,R\,p + 0{,}97 \cdot 10^5)\left[\frac{cm^3}{sec}\right]. \qquad (212\,a)$$

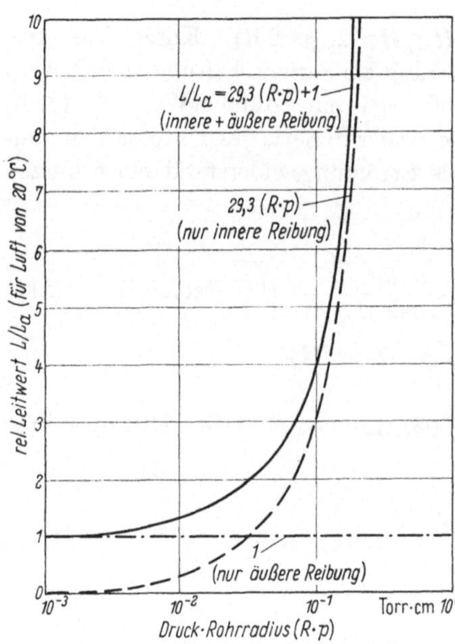

Für große Drucke ($p > 10^{-3}$ Torr) nimmt L den Wert $L_i = 1/W_i$ [s. Gl. (205)] an, für kleine Drucke ($p < 10^{-3}$ Torr) den Grenzwert $L_a = 1/W_{a1}$ [s. Gl. (208)]. Abb. 240 zeigt den Verlauf des relativen Leitwerts L/L_a [nach Gl. (212a)] von Vakuumleitungen im Grenzgebiet zwischen innerer und äußerer Reibung in Abhängigkeit vom Produkt Druck mal Rohrradius für Luft von 20 °C.

Abb. 240. Verlauf des relativen Leitwerts L/L_a einer Vakuumleitung im Grenzgebiet zwischen innerer und äußerer Reibung in Abhängigkeit vom Produkt Druck mal Rohrradius für Luft von 20 °C.

C. Berechnung von Vakuumanlagen

Bei der Berechnung von Vakuumanlagen handelt es sich gewöhnlich um die Ermittlung des resultierenden Fördervolumens F_r bzw. der Förderleistung Q einer oder mehrerer Vakuumleitungen, an deren einem Ende eine Vakuumpumpe mit dem bekannten Fördervolumen F_p angeschlossen ist.

1. Fördervolumen in einem Vakuumleitungssystem
mit angeschlossener Pumpe

Ist an dem einen Ende *1* einer Vakuumleitung mit dem konstanten Leitwert L ein Rezipient (Druck p_r) und am anderen Ende *2* eine Pumpe (Fördervolumen F_p; Druck p_p) angeschlossen (vgl. Abb. 241), so ist nach Gl. (203) das Fördervolumen bei *1*: $F_r = L(p_r - p_p)/p_r$ und das Fördervolumen bei *2*: $F_p = L(p_r - p_p)/p_p$. Daraus ergibt sich das am Rezipienten wirksame Fördervolumen F_r:

$$F_r = \frac{1}{\dfrac{1}{F_p} + \dfrac{1}{L}} = \frac{1}{\dfrac{1}{F_p} + W}. \qquad (213)$$

Nach dieser Gleichung wird für $F_p = 0$: $F_r = 0$ und für $F_p \to \infty$: $F_r = F_{\max} = L$. Bei noch so großer Pumpe kann also pro Zeiteinheit nur soviel Gas durch eine an eine Pumpe angeschlossene Vakuumleitung

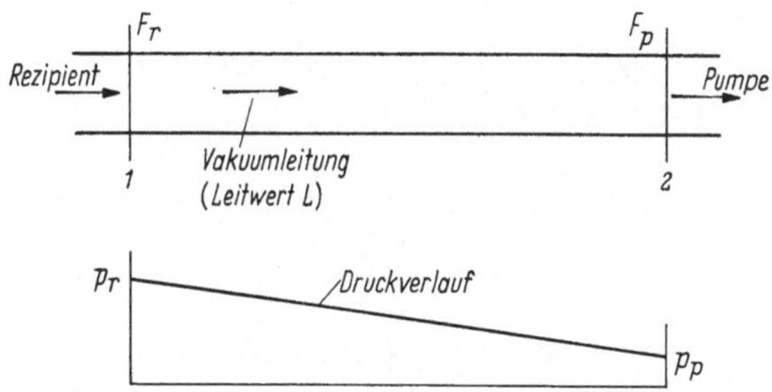

Abb. 241. Druckabfall längs einer Vakuumleitung mit angeschlossener Pumpe.

transportiert werden, als der Leitwert der Vakuumleitung zuläßt. Für lange Rohrleitungen z. B. ist $F_{\max}$ bei laminarer Strömung gleich $1/W_i$ [s. Gl. (205a)], bei molekularer Strömung gleich $1/W_{a1}$ [s. Gl. (208)].

Bei der *Serienschaltung* verschiedener Vakuumleitungen mit den Teilwiderständen W_1, W_2 ... ergibt sich der in Gl. (213) auftretende Gesamtleitwert L bzw. -widerstand W zu:

$$\frac{1}{L} = W = W_1 + W_2 + W_3 + \cdots \qquad (214)$$

Bei der *Parallelschaltung* verschiedener Vakuumleitungen mit den Leitwerten L_1, L_2 ... wird der Gesamtleitwert bzw. -widerstand:

$$L = \frac{1}{W} = L_1 + L_2 + L_3 + \cdots \qquad (215)$$

2. Förderleistung in einem Vakuumleitungssystem mit angeschlossener Pumpe

Während das Fördervolumen F in einer Vakuumleitung nach Gl. (203) vom Druck p abhängt, ist die durch Gl. (202) definierte Förderleistung Q längs der ganzen Vakuumleitung konstant und gleich der Saugleistung S

der angeschlossenen Pumpe:

$$Q = Fp = \text{const} = S. \tag{216}$$

Für das rezipientenseitige Ende einer Vakuumleitung gilt insbesondere:

$$Q = F_r p_r = F_p p_p = S \tag{216a}$$

(Index r = Rezipient, Index p = Pumpe).

3. Gütegrad einer Pumpanlage

Der „Gütegrad" G einer Pumpanlage ist definiert als das Verhältnis von Leitungs- zu Pumpenfördervolumen:

$$G = \frac{F_r}{F_p} = \frac{1}{1 + \dfrac{F_p}{F_{\max}}} = \frac{1}{1 + \dfrac{F_p}{L}} = \frac{1}{1 + F_p W}. \tag{217}$$

Für einen bestimmten Leitwert L (Widerstand W) einer Vakuumleitung wird demnach: Für $F_p = 0$: $G = 1$; für $F_p = L = F_{\max}$: $G = 0,5$ und für $F_p \to \infty$: $G \to 0$.

4. Fördervolumen und Gütegrad von Vakuumanlagen im Gebiet der äußeren Reibung

$$(\lambda_g \gg R; \; p < \approx 10^{-3} \text{ Torr})$$

Für das Gebiet der äußeren Reibung (molekulare Strömung) ergeben sich besonders einfache Beziehungen für das Fördervolumen F_r und den Gütegrad G einer Vakuumanlage. Mit Gl. (208c) wird nämlich:

$$F_r = \frac{1}{\dfrac{1}{F_p} + \dfrac{l}{R^3}} \; [\text{l/sec}] \quad (F_p \text{ in l/sec}, \; l, \, R \text{ in mm}). \tag{218}$$

Für *1 m Rohrlänge* ergibt sich:

$$F_r = \frac{1}{\dfrac{1}{F_p} + \dfrac{1}{R^3}} \; [\text{cm}^3/\text{sec}] \quad (F_p \text{ in } \frac{\text{cm}^3}{\text{sec}}, \; R \text{ in mm}) \tag{218a}$$

bzw.

$$G = \frac{F_r}{F_p} = \frac{1}{1 + \dfrac{F_p}{R^3}}. \tag{219}$$

Die Gleichungen (218a) und (219) sind im „Fördervolumen-Diagramm" der Abb. 242 graphisch dargestellt.

Beispiele zur Benutzung des Fördervolumen-Diagramms (Abb. 242):

1. Gesucht ist das maximale Luftvolumen F_{max}, das bei $p < 10^{-3}$ Torr sekundlich durch eine Rohrleitung von 3,5 m Länge und 6 mm Durchmesser fließen kann.

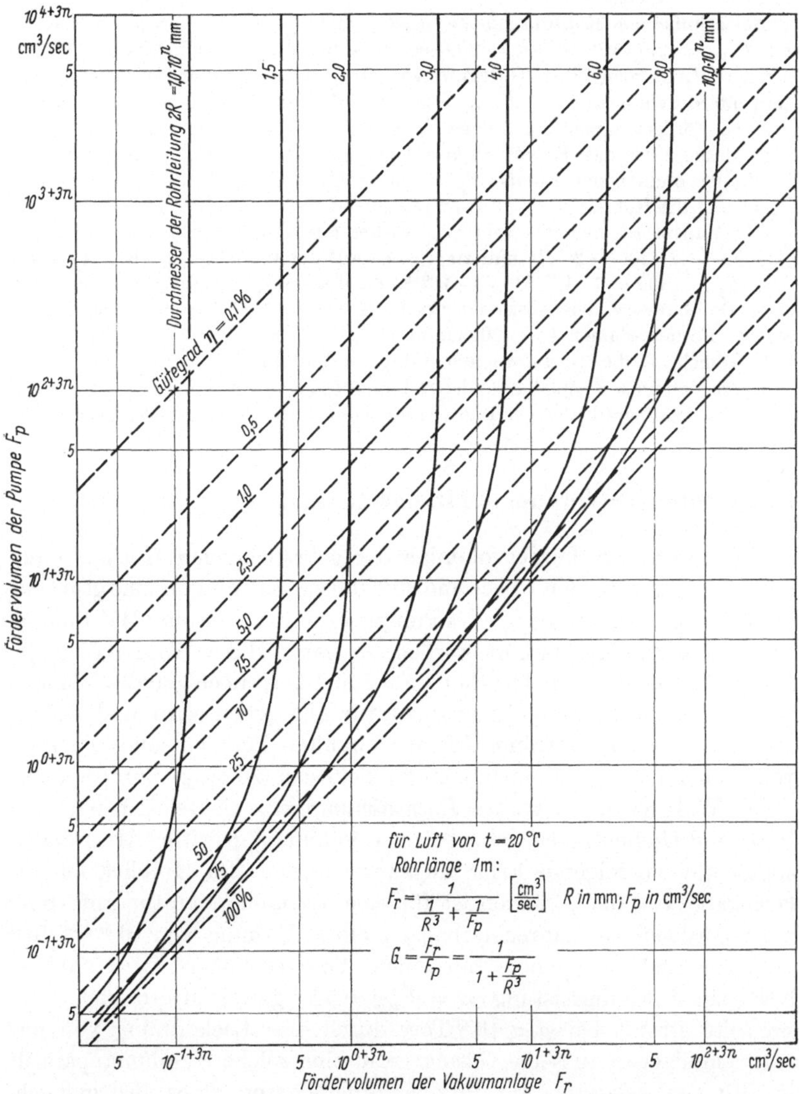

Abb. 242. Fördervolumen und Gütegrad einer Hochvakuum-Pumpanlage im Gebiet der äußeren Reibung für Luft von 20°C und einer Rohrlänge von 1 m („Fördervolumen-Diagramm"; vgl. GOETZ [86]).

In diesem Fall ist der Maßstabsexponent $n = 0$ (wegen $6{,}0 \cdot 10^n = 6$ mm); daher ist für ein Rohr von 1 m Länge und 6 mm Durchmesser das maximal absaugbare Luftvolumen (Fördervolumen) $F_{max} = 2{,}6 \cdot 10^{1+3n} = 2{,}6 \cdot 10^{1+0} = 26$ cm³/sec (abzulesen an der Abszisse, unterhalb vom Punkt $2R = 6{,}0$ mm). Für ein Rohr von 3,5 m Länge wird das maximale Fördervolumen $F_{max} = 26/3{,}5 = 7{,}2$ cm³/sec. Dieser (sehr kleine)Wert könnte nur bei unendlich großem Pumpenfördervolumen F_p erreicht werden; der Gütegrad der Vakuumanlage wäre in diesem Fall nach Gl. (219) gleich Null.

Bei zehnfachem Rohrdurchmesser ($2R = 60$ mm) und 1 m Länge wird $n = 1$ und $F_{max} = 2{,}6 \cdot 10^4$ cm³/sec $= 26$ l/sec, was für die meisten Vakuumarbeiten ausreicht. Läßt man einen Gütegrad von 50% zu, so beträgt das erforderliche Pumpenfördervolumen $F_p = F_{max} = 26$ l/sec. Für eine Rohrlänge $l = 3{,}5$ m wird dann das Fördervolumen der Anlage $F_r = 26/3{,}5 = 7{,}2$ l/sec.

2. Gesucht ist das Fördervolumen einer Hochvakuum-Pumpanlage, bei der das Fördervolumen der Pumpe $F_p = 1000$ cm³/sec, der Rohrdurchmesser $2R = 20$ mm und die Rohrlänge $l = 1$ m beträgt; der Druck sei $< 10^{-3}$ Torr.

Der Maßstabsexponent ergibt sich wieder aus dem Rohrdurchmesser $2R = {} = 20$ mm $= 2 \cdot 10^n = 2 \cdot 10^1$ mm zu $n = 1$. Auf der Ordinate in Abb. 242 findet man: $F_p = 1000 = 1 \cdot 10^{0+3n} = 1 \cdot 10^{0+3}$. Zu diesem Wert gehört für den gegebenen Durchmesser der Abszissenwert $5 \cdot 10^{-1+3n} = 5 \cdot 10^2 = 500$; also ist das gesuchte Fördervolumen $F_r = 500$ cm³/sec.

3. Gesucht ist die *Ausnutzung* der Pumpe im Fall 2.)

Durch den im 2. Beispiel gefundenen Punkt ($F_r = 5 \cdot 10^{-1+3n}$; $F_p = 1 \cdot 10^{0+3n}$) geht die zum Gütegrad 50% gehörige Gerade. Die Pumpe ist also zu 50% ausgenutzt.

D. Auswahl der Vorpumpe für eine gewählte Hochvakuumpumpe

Die maximalen Fördervolumina der gebräuchlichen Hochvakuum-pumpen liegen zwischen 1 l/sec und 35 000 l/sec. Soll nun für eine gegebene Vakuumapparatur ein geeignetes Pumpenaggregat (Vor- und HV-Pumpe) (aus Katalogen) ausgewählt werden, so hängt diese Wahl davon ab, wieviel Gas bei niedrigen Drucken (unter 10^{-3} Torr) noch von den Wänden und Systemteilen der Vakuumapparatur abgegeben wird und wieviel durch Leckstellen einströmt. Die ausgewählten Pumpen sollen nicht zu groß (hoher Preis!) und auch nicht zu klein sein (zu lange Pumpzeiten!).

Die Wahl einer geeigneten *Hochvakuumpumpe* richtet sich nach der Größe und Undichtigkeit der gegebenen Vakuumapparatur. Als Anhaltspunkte können folgende Erfahrungswerte dienen: Im Hinblick auf die Gasabgabe von den Wänden ist für eine Vakuumapparatur mit 10 m² Innenoberfläche zur Aufrechterhaltung eines Vakuums von 10^{-4} bis 10^{-5} Torr eine Diffusionspumpe mit einem Fördervolumen $F_p = 100$ l/sec (bzw. einer Förderleistung $S = F_p p = 10^{-5}$ g/sec) erforderlich. Andererseits strömt bei $p < 10^{-3}$ Torr durch eine Lecköffnung von nur $3 \cdot 10^{-4}$ mm² etwa dieselbe Gasmenge in eine solche Vakuumapparatur ein. Mit der genannten HV-Pumpenförderleistung ist es also möglich, trotz kleiner Lecks bzw. der Gasabgabe von den Wänden das Vakuum aufrechtzuerhalten, wenn der Gütegrad der Anlage entsprechend hoch ist.

Ist eine Hochvakuumpumpe ausgewählt, so muß die dazu passende *Vorvakuumpumpe* bei dem listenmäßigen Vorvakuumdruck der HV-Pumpe die von der HV-Pumpe anfallenden Gasmengen wegschaffen können. Ob diese Bedingung erfüllt ist, ersieht man am besten aus dem „Saugleistungsdiagramm' (Abb. 243), in welchem die Pumpensaugleistung (in g/sec) in Abhängigkeit vom Druck an der Saugseite (in Torr) für verschiedene Vor- und Hochvakuumpumpen dargestellt ist. Die genannte Bedingung ist offenbar dann erfüllt, wenn sich die Saugleistungskennlinien der Vor- und Hochvakuumpumpe schneiden und wenn der durch den Vorvakuumdruck gegebene Arbeitspunkt der Hochvakuumpumpe im Saugleistungsdiagramm links von diesem Schnittpunkt liegt.

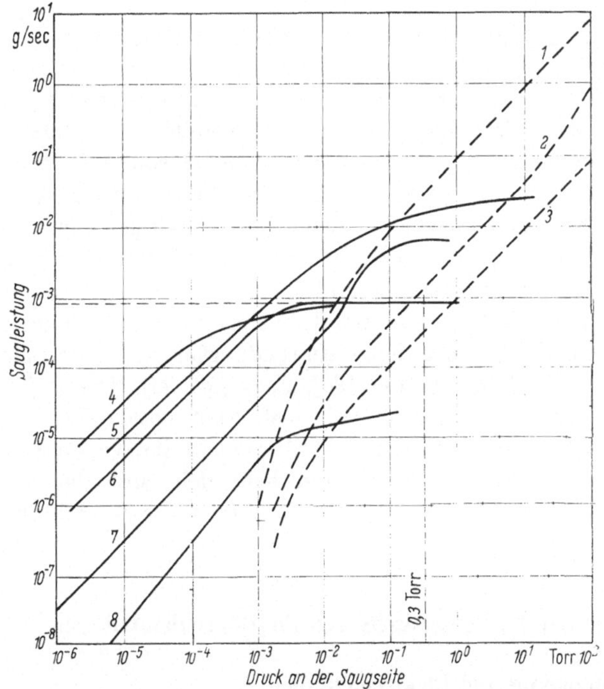

Abb. 243. Saugleistungsdiagramm für verschiedene Vor- und Hochvakuumpumpen.

1 Rotierende Tandem-Drehkolbenpumpe; *2* zweistufige Drehschieberpumpe; *3* zweistufige Drehschieberpumpe; *4* Öldiffusionspumpe mit 0,1 Torr Vorvakuumdruck; *5* Öldampfstrahlpumpe; *6* Öldiffusionspumpe mit 0,3 Torr Vorvakuumdruck; *7* Hg-Diffusionspumpe mit 5 Torr Vorvakuumdruck; *8* Hg-Diffusionspumpe mit 0,1 Torr Vorvakuumdruck.

Beispiele für die Benutzung des Saugleistungsdiagramms (Abb. 243):

1. Als Hochvakuumpumpe sei z. B. die Öldiffusionspumpe *6* mit einem Vorvakuumdruck von 0,3 Torr gewählt worden. Diese Pumpe fördert maximal $8 \cdot 10^{-4}$ g/sec. Die zweistufige Drehschieberpumpe *2* kann diese Gasmenge bei

0,2 Torr, die Pumpe *3* dagegen erst bei 0,6 Torr fördern; also wäre *2* die günstigste Vorvakuumpumpe für die HV-Pumpe *6* (die Pumpe *1* wäre überdimensioniert und zu teuer).

2. Für eine Pumpe, deren Fördervolumen in ihrem ganzen Arbeitsbereich konstant wäre, müßte die Saugleistungskurve wegen Gl. (195) im Diagramm der Abb. 243 als eine Gerade mit 45° Neigung erscheinen. Pumpenkombinationen, die diese ideale Bedingung nahezu erfüllen, wären z. B. die Verbindungen *1—7* und *2—8.*

VII. Typische Fertigungsverfahren für Elektronengeräte

A. Vakuum-Elektronengeräte

1. Eigenschaften der verwendeten Werkstoffe

Für die Serienfertigung von Vakuum-Elektronengeräten wird eine Reihe von zum Teil relativ seltenen Werkstoffen verwendet, die eine oder mehrere der folgenden Eigenschaften haben sollen: Leichte Entgasbarkeit, niedrigen Dampfdruck, hohe Temperaturbeständigkeit, günstigen Ausdehnungskoeffizienten, hohe bzw. niedrige thermische oder elektrische Leitfähigkeit, kleinst- bzw. größtmögliche Elektronenemission und chemische Neutralität bzw. Affinität zu anderen Röhrenmaterialien.

Die spezifischen Eigenschaften der verschiedenen in Frage kommenden Röhrenbaustoffe und deren Anwendungsmöglichkeiten sind unter anderen von ESPE und KNOLL [*26*], ESPE [*93, 94*], KNOLL [*12*], KOHL [*100*] und DIELS und JAECKEL [*85*] ausführlich beschrieben worden. In diesem Abschn. VII, A werden deshalb weniger die Werkstoffe, sondern vorwiegend die Fertigungsverfahren behandelt, mit denen aus den Röhrenbaustoffen Elektronengeräte in größerer Stückzahl hergestellt werden.

2. Typische Fertigungsverfahren für Röhrenbauteile aus Metall

a) Formgebung und Elektrodenaufbau

α) Allgemeines. Die Formgebung von Röhrenbauteilen aus Metallblech oder -draht erfolgt mit Spezialwerkzeugen durch Ziehen, Einrollen. Falzen, Drücken, Biegen, Walzen, Stanzen und Schneiden. Die Bauteile dürfen dabei nicht mit Fett oder Öl in Berührung kommen. Zur Bearbeitung der Metalle dienen meist kombinierte Schnitt- und Ziehwerkzeuge aus chrom- oder kobalthaltigen Stählen, Stanzen mit Gummiunterlage, Stempel aus Hartmetall (die z. B. zur Herstellung der Kupferanoden von Magnetrons in den weichgeglühten Kupferzylinderblock gepreßt werden; „Hobben") und Profilbiegezangen zum Formen kleinerer Elektrodenteile.

β) Herstellung von Gittern. Bei der Gitterherstellung sind sehr kleine Toleranzen (bis 0,02 mm zwischen den einzelnen Gitterstegen) einzuhalten. Große Genauigkeit der Dimensionen erzielt man beim *Stanzgitter* (das aus Ni- oder Mo-Blechstücken herausgeschnitten wird), geringere beim *Wickelgitter* (das auf runden oder flachen Dornen hergestellt wird, auf denen nach der Bewicklung auch das Festschweißen, -schlagen oder -klemmen der Gitterstege erfolgt). *Kerbgitter* werden mit Gitterwickelautomaten durch Einschneiden von sägezahnförmigen Einkerbungen in die Haltestäbe, Einlegen des Gitterdrahts und Zudrücken der einzelnen Kerben mittels einer Druckrolle in einem Arbeitsgang hergestellt. Die größte Genauigkeit der Dimensionen erreicht man mit der *Spanngitter*-Technik: Ein dünner Wolframdraht (von z. B. 8 μ Durchmesser) wird hier auf einen Mo- oder FeNi-Rahmen unter starkem Zug (z. B. 370 kp/mm²) aufgewickelt und mit einer Schweißmaschine lotgeschweißt. Das so entstandene Spanngitter ist mechanisch sehr stabil und erlaubt daher die Einhaltung geringster Toleranzen (z. B. enthalten manche Subminiaturröhren Spanngitter aus 8 μ-Wolframdraht mit 160 Windungen pro Zentimeter Gitterlänge; der einzuhaltende Abstand Kathodenoberfläche—Gitter beträgt dabei 40 bis 60 μ, der Abstand Gitter—Anode etwa 175 μ und der Abstand zwischen den einzelnen Gitterdrähten 55 μ).

Zur Unterdrückung der thermischen und der Sekundäremission von Gittern aus feinen Mo-, W- und Ni-Drähten werden diese oft im H_2-Ofen vergoldet (vor allem in der Miniatur- und Subminiaturtechnik). Dazu werden auf zwei diametral gegenüberliegenden Enden eines Mo-Gitterrahmens einige Windungen von 75 μ starkem Au-Draht gewickelt. Darauf wird das Ganze im H_2-Ofen auf die Schmelztemperatur des Goldes gebracht. Das Gold fließt dann über die Gitterdrähte, verringert deren HF-Widerstand (Goldschichtdicke 1 μ) und lötet zugleich die Gitterdrähte an den Rahmen. Auch plane W-Maschengitter für Scheibentrioden werden häufig mit Gold verlötet.

γ) Herstellung von Anoden. Für Vorverstärkerröhren und kleinere Senderöhren werden die Anoden meist aus dünnen (leichtere Entgasbarkeit, geringes Gewicht!) Ta-, Mo- oder Ni-Blechen geschnitten, durch Profilrillen versteift, durch Aufrauhen thermisch höher belastbar und durch Schwärzen (Karbonisieren) abstrahlungsfähiger gemacht. Bei Rundanoden werden die Nähte gewöhnlich durch Falzen, Nieten oder Nahtschweißen miteinander verbunden.

Mo-Anoden werden häufig zur Erhöhung der Wärmeabstrahlung (durch Vergrößerung der Oberfläche) und zur Erhöhung der Getterwirkung mit Ti- oder Zr-Pulver bedeckt (vgl. Kap. 2, Abschn. III, C, 3).

Massive *Ta-Anoden* (z. B. von Hochspannungsröhren) zeigen dagegen eine so hohe Getter-Wirkung, daß bei ihnen Verdampfungsgetter überflüssig sind. Als Hochleistungsanoden für Hg-Gleichrichter (mit Stromdichten bis zu 5 A/cm²), Stromrichter, Thyratrons und Senderöhren werden meist *Graphitanoden* verwendet. Diese werden aus Graphitblöcken (einem gebrannten Kokspulver-Teer-Gemisch) durch spanabhebende Verformung (Sägen, Fräsen, Drehen) hergestellt.

δ) Besondere spanabhebende Bearbeitungsverfahren für Hartmetalle. Für die mechanische Bearbeitung einiger für den Röhrenbau wichtiger, aber wegen ihrer Härte nur schwer verformbarer Metalle wie W, Mo und Ta, sind einige besondere Verfahren entwickelt worden:

Beim „*Funken-Erosionsverfahren*" wird zwischen dem Werkzeug (Kathode) und dem Werkstück (Anode) mittels einer Kondensatorentladung während 10^{-3} Sekunden ein Funkenüberschlag erzeugt, der vom Werkstück Material abträgt (bis 1 g/min; Spannung: 10 bis 110 V; Elektrodenabstand: 25 bis 150 μ). Die Entladung findet zum Fortspülen der abgetragenen Materialteilchen in Petroleum statt.

Beim „*Elektronenstrahl-Verfahren*" wird in einer auf 10^{-4} Torr evakuierten Kammer mit einer Elektronenkanone ein scharfgebündelter Strahl schneller Elektronen erzeugt (Energie: 20 bis 150 keV; Stromstärke: 5 bis 100 mA) und auf das als Anode dienende Werkstück gerichtet. Infolge der hohen Elektronenenergie wird das Werkstückmaterial an der Elektronenaufprallstelle geschmolzen und verdampft. Mit diesem Verfahren ist die Bearbeitung beliebig harter Stoffe (z. B. auch von Diamant) möglich. In wenigen Sekunden können z. B. Löcher von 10 bis 100 μ Durchmesser und Tiefen von einigen Millimetern hergestellt werden. Die geometrische Form des Lochquerschnitts wird dabei durch die Querschnittsform des Elektronenstrahls festgelegt. Wird der Elektronenstrahl rasterförmig über das zu bearbeitende Werkstück geführt, so kann das Material schichtweise verdampft und abgetragen werden. Dieses Verfahren eignet sich z. B. zum Ausfräsen von Widerständen, Kondensatoren und Spulen aus dünnen Metallschichten, die auf Halbleitern oder Isolatoren aufgedampft werden. Dadurch lassen sich ganze Schaltungen auf kleinstem Raum unterbringen („Mikro-Elektronik"; Dünnfilm-Technik).

Beim „*Laser-Verfahren*" werden die von einem Laser[1] (z. B. einem durch Licht angeregten Rubin-Chrom-Mischkristall) abgegebenen kohärenten Lichtstrahlen zur Materialabtragung verwendet. Trifft ein solcher Laserstrahl auf eine Metalloberfläche, so wird infolge der hohen Strahlleistungsdichte (maximal 10^{11} W/cm²) das Material an der Auftreffstelle

---

[1] Laser = *Light amplification by stimulated emission of radiation.* Über die Wirkungsweise der Laser vgl. [*95*].

verflüssigt und verdampft. Dieses Bearbeitungsverfahren erlaubt wegen des geringen erzeugbaren Laserstrahlquerschnitts die Einhaltung sehr geringer Toleranzen; eine Vakuumkammer ist hier (im Gegensatz zum Elektronenstrahl-Verfahren) nicht erforderlich.

Beim „*Ultraschall-Verfahren*" beruht die Materialabtragung nicht auf einem Schmelz,- sondern auf einem Schleifvorgang. Das Werkstück wird hier durch einen mechanisch zu axialen Ultraschallschwingungen (Frequenz > 16 kHz) angeregten Stahlstift bearbeitet, ohne daß der Stift das Werkstück berührt. Die Materialabtragung erfolgt durch die Zuführung eines flüssigen Schleifmittels, in welchem Schleifkörner suspendiert sind. Durch die Ultraschallschwingungen des Stahlstifts werden die Schleifkörner mit großer Geschwindigkeit und im Takt der Schwingung gegen die Werkstückoberfläche geschleudert und schlagen aus dieser Materialteilchen heraus.

b) Verbindungen von Röhren-Metallteilen. Mechanische Verbindungen von Röhrenbauteilen aus Metall sollen bei der Betriebstemperatur der betreffenden Röhre eine genügend hohe Festigkeit aufweisen. Die wichtigsten Verfahren zur Herstellung solcher Metallverbindungen sind:

α) Punkt- und Nahtschweißung (Widerstandsschweißung). Bei diesem Verfahren werden die zu verbindenden (gereinigten) Metallteile durch zwei (häufig wassergekühlte) Cu- oder W-Elektroden aneinandergepreßt und bei Stromdurchgang verschweißt. Schweißstrom (10^2 bis 10^5 A) und Elektrodendruckkraft (1 bis 6 kp) führen dabei an der Schweißstelle zu punktförmigem Verschmelzen der beiden Metallteile („Widerstandsschweißung"). Durch dichtes Aneinanderreihen vieler solcher Schweißpunkte und mehrmaliges Überschweißen der so entstehenden Naht lassen sich auch vakuumdichte Schweißnähte herstellen. Je nach Blechstärke wird die Schweißzeit durch automatische Thyratron-Schalter auf 1 msec bis einige Sekunden begrenzt, um ein Oxydieren und Verziehen der Metallteile zu vermeiden.

Bei der Serienfertigung kleinerer Vakuumröhren werden Schweißverbindungen meist auf Punktschweißmaschinen hergestellt. Bei der Einzelanfertigung von Röhren werden auch Punktschweißzangen verwendet. Zur Gitterherstellung wird häufig eine Gitterwickel- mit einer Punktschweißmaschine kombiniert, so daß das Wickeln und Verschweißen des Gitters in einem Arbeitsgang erfolgen kann.

β) Kalt-Preßschweißung (Al, Cu). Manche Metalle, wie Al und Cu, lassen sich durch Kalt-Preßschweißung miteinander verbinden. Die beiden Metallteile werden dabei in weichgeglühtem Zustand durch hohen Druck (bis 200 kp/mm^2) ohne zusätzliches Erhitzen zusammengefügt.

Dieses Verfahren wird z. B. zum vakuumdichten Zusammenpressen und Abtrennen der Cu-Pumpröhrchen von großen Senderöhren angewandt.

γ) *Lichtbogenschweißung.* Bei diesem Schweißverfahren wird zwischen zwei Kohle- oder W-Elektroden ein stichflammenförmiger Wechsel- oder Gleichstrom-Lichtbogen (Stromstärke: 20 bis 60 A) erzeugt, der die zu verbindenden Metallteile an der Schweißnaht erhitzt. Um dabei das Entstehen von O_2- und N_2-Verbindungen zu vermeiden, wird die Schweißung gewöhnlich in H_2-, Ar- oder He-Schutzgasatmosphäre durchgeführt. Besonders hohe Temperaturen sind in einer Wasserstoff-atmosphäre erreichbar („Arcatom"-Schweißverfahren): Der den Lichtbogen und das Werkstück einhüllende Wasserstoff dissoziiert bei der hohen Lichtbogentemperatur zu atomarem Wasserstoff (LANGMUIR), der an dem kälteren Werkstück unter großer Wärmeabgabe wieder zu H_2 rekombiniert; dadurch entstehen Temperaturen bis 4000 °C (so daß auch Wolfram geschmolzen werden kann). Ähnlich hohe Temperaturen lassen sich mit einem HF-Lichtbogen-Schweißgerät erzeugen, das von einem Magnetron-Generator mit HF-Strom der Frequenz 10^9 Hz gespeist wird. Der (ringförmige) Lichtbogen wird dabei im Ringspalt zwischen zwei koaxialen Metallrohren erzeugt und durch das aus dem Ringspalt aus-strömende N_2- oder CO_2-Gas zu einer „Stichflamme" geformt. In der Lichtbogenflamme dissoziieren die Stickstoffmoleküle zu Atomen, die anschließend an der kälteren Werkstückoberfläche unter starker Wärme-abgabe zu Molekülen rekombinieren. Mit diesem Verfahren sind Temperaturen von etwa 3400 °C erreichbar.

δ) *Gasflammenschweißung.* Hier erfolgt die Erhitzung der zu ver-bindenden Metallteile mittels einer Leuchtgas- oder O_2-Gasflamme. Dieses Verfahren wird in der Vakuumtechnik vorwiegend zur Verbindung der Quetschfuß-Einschmelzdrähte mit den Elektroden-Zuführungsdrähten von Vakuumröhren verwendet.

ε) *Besondere Schweißverfahren für Hartmetalle.* Für das Schweißen von Hartmetallen (wie W, Mo, Ta, Zr und Ti) eignen sich folgende Verfahren:

Elektronenstrahl-Schweißung: Hier werden die zu verbinden-den Metallteile ähnlich wie beim Elektronenstrahl-Verfahren (vgl. Abschn. VII, A, 2, α, δ) durch einen Elektronenstrahl örtlich stark erhitzt, geschmolzen und so miteinander verschweißt. Wegen der hohen Elek-tronenstrahlleistungsdichte und des geringen erzeugbaren Strahlquer-schnitts (vgl. Tab. 20) lassen sich mit diesem Verfahren bei passender Bewegung des Werkstücks bzw. Elektronenstrahls in kurzer Zeit beliebig geformte und sehr dünne Schweißnähte herstellen. Damit das Material an der Schweißnaht nicht abgetragen wird, muß der Elektronenstrahl

so schnell über die Naht geführt werden, daß das Material dort zwar
schmelzen, aber nur wenig davon verdampfen kann. Läßt man den
Elektronenstrahl längere Zeit (1 bis einige 100 msec) auf dieselbe Stelle
des Werkstücks auftreffen, so steigt zwar die Verdampfung aus der

Tabelle 20

*Kleinster erzeugbarer Strahlquerschnitt und höchste erreichbare Strahlleistungsdichte
bei verschiedenen Schweißverfahren*

Wärmequelle	Kleinster erzeugbarer Strahlquerschnitt [cm²]	Höchste erreichbare Strahlleistungsdichte [W/cm²]
Gasflamme	10^{-2}	10^4
Lichtbogen	10^{-3}	10^5
Elektronenstrahl	10^{-7}	10^9
Laserstrahl	10^{-8}	10^{11}

Schmelze, gleichzeitig aber breitet sich die Schmelzzone im Werkstück
vorwiegend in Elektronenstrahlrichtung aus, weil in dem vom Strahl
erhitzten Material ein feiner, von geschmolzenem Metall umgebener
Kanal entsteht, durch den der Strahl tiefer in das Werkstück eindringen
kann. Dadurch können bei Leistungsdichten von 10^9 W/cm² Schweißnähte bis zu 5 cm Dicke hergestellt werden („Elektronenstrahl-Tief-
schweißung").

Zur Absorption der entstehenden Röntgenstrahlung muß die Vakuumkammer von Elektronenstrahlmaschinen mit einem Bleimantel umgeben sein. Bei großen Maschinen wird das Werkstück durch eine Va-
kuumschleuse in die Vakuumkammer eingebracht, bei kleineren Maschinen muß die Kammer nach jeder Beschickung mit einer Diffusionspumpe evakuiert werden.

Laserschweißung: Statt eines Elektronenstrahls kann auch ein
Laserstrahl zum Schweißen verwendet werden. Wegen der Lichtundurch-
lässigkeit der Metalle können hierbei tiefer gelegene Metallschichten
nicht durch den Laserstrahl selbst, sondern nur durch Wärmeleitung
erhitzt werden. Die erzeugte Wärme reicht jedoch aus, um das Schweißen
dünner Bleche zu ermöglichen. Dieses Verfahren wird unter anderem
zur Herstellung von Schweißverbindungen an dünnen Metallschichten
angewandt.

Ultraschallschweißung: Bei diesem Verfahren werden die zu
verschweißenden Metallteile durch zwei Metallhalterungen gegeneinander gepreßt (Druck: 1 bis 1000 kp/cm²). Wird nun eine der beiden Halterungen zu Ultraschallschwingungen angeregt, so werden diese Schwingungen auf die zu verbindenden Metallteile übertragen. An deren Kon-

taktfläche tritt infolge der Schwingungen eine *Umkristallisation* ein, bei der neue Kristallite entstehen, die eine feste Brücke zwischen den beiden Kontaktpartnern bilden. Im Gegensatz zu den „Schmelz-Schweiß-verfahren" wird bei diesem „Rekristallisations-Schweißverfahren" die Kontaktstelle nur wenig erwärmt. Das Verfahren eignet sich zum Zusammenfügen beliebiger Metalle, Halbleiter oder Kunststoffe. Es wird z. B. zum Anbringen der Anschlußdrähte an den Halbleiterkristall von Dioden und Transistoren angewandt.

ζ) Lötverbindungen. Unter Löten versteht man die Verbindung zweier Metalle mit Hilfe eines dritten (Lotmetalls) durch Erhitzen der Lötstelle bis zur Schmelztemperatur des Lots (mittels Lötkolben, Stichflamme, Lichtbogen oder HF-Spule). Die Verbindung der Metalle kommt dadurch zustande, daß das Lot mit den Kontaktpartnern oberflächlich eine Legierung bildet.

Für die Verwendung in Hochvakuumröhren wird gefordert, daß das Lotmetall einen möglichst niedrigen Dampfdruck hat, damit das Vakuum der fertigen Röhre durch das Lot nicht verschlechtert wird. Aus dem gleichen Grund werden für Lötungen von Röhrenelektroden möglichst geringe Lotmengen verwendet. Weitere erwünschte Eigenschaften des Lotmetalls sind gute Entgasbarkeit, gute Benetzung der zu verlötenden Metalle, günstige Löttemperatur, Unempfindlichkeit gegen Quecksilber und Vakuumfestigkeit. Zur Vermeidung von Oxydation muß die Lötung stets mit einem Flußmittel oder in einer Schutzgasatmosphäre erfolgen.

Hinsichtlich des Schmelzpunkts T_s unterscheidet man *Weichlote*[1] ($T_s < 400\,°\mathrm{C}$) und *Hartlote* ($T_s > 450\,°\mathrm{C}$). Da Weichlote einen zu hohen Dampfdruck haben, wird das *Weichlöten* in der Hochvakuumtechnik nur dort angewandt, wo das Vakuumgefäß dauernd mit einer Pumpe in Verbindung steht. Außerhalb von Vakuumröhren wird es dagegen häufig angewandt (z. B. zur Tauchlötung der Elektrodenzuführungsdrähte an die Sockelstifte von Fernsehröhren). Das Weichlöten erfolgt meist mit Hilfe eines Flußmittels. Im Gegensatz zum Weichlöten ist das *Hartlöten* auch für Vakuumbedingungen geeignet. Ein Hartlot („Vakuum-lot") soll bei $400\,°\mathrm{C}$ einen Dampfdruck $p_s < 10^{-3}$ Torr haben. Das Hartlöten erfolgt gewöhnlich unter Schutzgasatmosphäre; es wird unter anderem zur Herstellung der vakuumdichten Metallgehäuse von UKW-Röhren angewandt.

η) Mechanische Verbindungen. Mechanische Metallverbindungen erhält man durch Einwalzen, Einschlagen, Einklemmen, Falzen, Nieten,

---

[1] Über die Zusammensetzung und Schmelzpunkte der verschiedenen Lote vgl. KNOLL [*12*, S. 370].

Schrauben und Verweben. Solche Verbindungen werden in der Elektronik nur dort verwendet, wo Schweiß- und Lötverbindungen versagen, z. B. im Großsenderröhrenbau.

c) Oberflächenbehandlung von Metallen. Die Oberflächenbehandlung umfaßt:

α) Reinigen. Der erste Reinigungsprozess, nämlich das *Waschen* der Elektrodenmetalle zur Entfernung von Staub und Fett erfolgt meist in automatischen Waschapparaten durch ein Bad von Trichloräthylen, reinstem Benzin, Xylol oder Tetrachlorkohlenstoff. Das Waschmittel wird nach dem Waschen durch Verdampfen in reiner Form zurückgewonnen. Nach dem Waschen folgt das *Beizen* durch Säuren oder Laugen. Es bewirkt das Auflösen von Oxydschichten auf den Elektrodenoberflächen und das Aufrauhen der Oberfläche (Mattbeizen von hochbelastbaren Anoden). Nach dem Beizen werden die Metallteile durch *Kochen* in destilliertem Wasser und Waschen in Alkohol von Säureresten befreit.

Das Reinigen großer Elektroden erfolgt vor allem durch *Sanden* (Blasen von reinem Quarzsand gegen die zu reinigende Oberfläche), *Trommeln* (mehrere Tage dauerndes Durchmischen großer Mengen von Elektrodenteilen in einer Suspension von Elektrosaphir) oder *Bürsten* (mit Metallbürsten).

In vielen Fällen sind glatte Elektrodenoberflächen erwünscht (z. B. bei Hochspannungsröhren zur Vermeidung kalter Elektronenemission). Solche Elektroden werden daher nach dem Beizen poliert.

β) Polieren. Das *elektrolytische Polieren* erfolgt z. B. in einem Perchlorsäure enthaltenden Elektrolytbad und beruht auf der Bildung und darauffolgenden Wegätzung eines Films von komplexen Salzen auf dem im Bad als *Anode* dienenden Elektrodenmetall. Beim *mechanischen Polieren* wird die Elektrodenoberfläche mit immer feineren Schleifmitteln (zuerst Schmirgelschleifscheiben, am Schluß Tuchscheiben) abgeschliffen. Das elektrolytische Verfahren hat gegenüber dem mechanischen den Vorteil, daß bei ihm die Kristallstruktur an der Oberfläche des Elektrodenmetalls erhalten bleibt.

γ) Prägen, Aufrauhen oder Schwärzen. Diese Verfahren dienen zur Erhöhung der mechanischen Festigkeit und der Wärmeabstrahlung der Elektroden.

Beim *Prägen* wird das Werkstück (z. B. ein ebenes Stück Anodenblech) zwischen zwei Prägestempel gepreßt, die profilierte Oberflächen besitzen. Durch das Zusammenpressen der Stempel entstehen im Werkstück rillen- oder rasterförmige Vertiefungen, die die thermische Belastbarkeit solcher Elektroden um 25% steigern können (Strahlungskühlung). Das *Aufrauhen* geschieht gewöhnlich im Zusammenhang mit der Oberflächenreinigung beim Sanden, Bürsten und Beizen. Das *Schwärzen* erfolgt durch Karbonisieren (siehe δ) oder Oxydieren.

δ) *Bedecken.* Das Bedecken der (vorher gebeizten) Elektroden mit *Metallschichten* erfolgt bei der Massen-Röhrenfertigung im galvanischen Bad (*Elektroplattierung*). Der Schichtdickenzuwachs beträgt dabei ungefähr 1 μ/h. Nach dem Elektroplattieren werden die Elektroden in destilliertem Wasser gespült und getrocknet. Beispiele für die Anwendung dieses Verfahrens sind: Die Versilberung von Kupfer- bzw. die Verchromung von Eisenteilen zur Erhöhung der Oberflächenleitfähigkeit bei Anwendung solcher Teile in der HF-Technik (Skineffekt); das Verkupfern von Legierungen zur besseren Haftung an Glas und das Vernickeln von Metallteilen, die punktgeschweißt oder hartgelötet werden sollen.

In manchen Fällen (z. B. bei der Herstellung gut haftender Kupferüberzüge auf Wolframplatten für Röntgenröhrenanoden) wird der Metallüberzug im Vakuum auf das Grundmetall aufgedampft (*Aufdampfverfahren*).

Überzüge aus reinen Hartmetallen (wie W, Ta, Mo, Ti und Zr) werden durch das „*Aufwachsverfahren*" hergestellt. Das Grundmetall (z. B. Pt oder Mo) wird dazu in einer Atmosphäre aus Halogenverbindungen des niederzuschlagenden Metalls geglüht, wobei sich die Metallkomponente nach thermischer Dissoziation der Halogenverbindungen an der Oberfläche des geglühten Grundmetalls niederschlägt.

Das Bedecken von (Ni- und Mo-Fe-)Anoden mit einem dünnen schwärzenden *Kohleüberzug* zur Erhöhung der Wärmeabstrahlfähigkeit (*Karbonisieren*) geschieht meist durch thermische Zersetzung von kohlenstoffhaltigen Gasen. Beim Bekohlen von Nickel durchläuft ein im H_2-Ofen vorgereinigtes, langes Nickelband zuerst einen 900 °C heißen Luftofen, in dem es oberflächlich oxydiert wird, und tritt dann in einen Ofen mit Kohlenwasserstoffatmosphäre (z. B. Butandampf) von 900 °C ein. Während der entstehende Wasserdampf das Oxyd an der Nickeloberfläche reduziert, schlägt sich der Kohlenstoff als etwa 50 μ dicker schwarzer Belag auf die nunmehr gereinigte Nickeloberfläche nieder.

Das Bedecken mit *Metallpulver* oder *Metalloxydpulver* (Korndurchmesser: 0,5 bis 5 μ) erfolgt mittels Spritzpistolen durch Aufspritzen des in einer Flüssigkeit mit Bindemittelzusatz suspendierten Metall- bzw. Metalloxydpulvers auf die gereinigten Elektroden. Zur Erhöhung der Wärmeabstrahlfähigkeit der Elektroden (Elektrodenschwärzung) werden vor allem W-, V_2O_3- und Cr_2O_3-Pulver verwendet; ferner Ta-, Zr- und Ti-Pulverbeläge, die außerdem als Getter wirken. W- und Ta-Oxyd eignen sich besonders zur Herabsetzung der thermischen Gitteremission, Zr-Oxyd zur Verminderung der Sekundärelektronenemission.

3. Typische Fertigungsverfahren für Röhrenbauteile aus Glas

a) Allgemeines. Glas ist eine unterkühlte Flüssigkeit, d. h. beim Erstarren der Glasschmelze bilden sich keine Kristalle, weil die Glaszähigkeit η mit sinkender Temperatur genügend rasch ansteigt (vgl. Abb. 244). Wird beim Abkühlen der Glasschmelze die Schmelz- oder Aggregationstemperatur unterschritten, so geht die Schmelze vom flüssigen ($\eta < 10^2$ g/sec cm) in den zähflüssigen Zustand ($10^2 < \eta < 10^1$

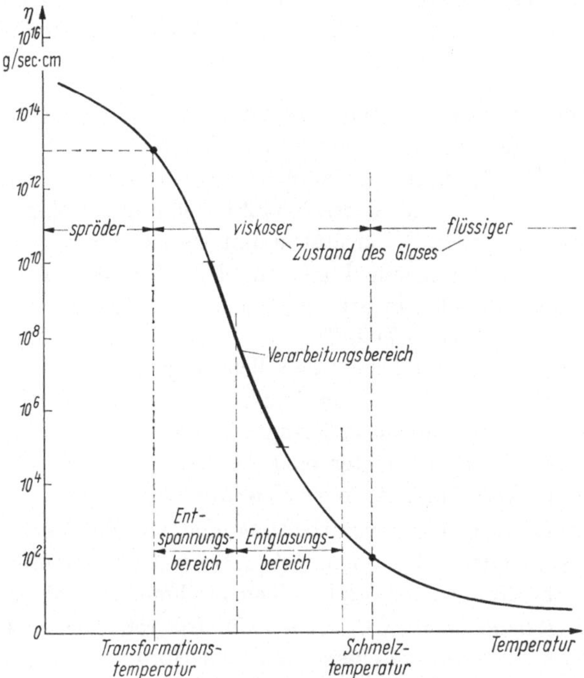

Abb. 244. Schematisches Zähigkeitsdiagramm von Glas.

g/sec cm) über. Dabei wird ein Zähigkeitsbereich (zwischen etwa 10^3 und 10^8 g/sec cm) durchschritten, in welchem die Zähigkeit einerseits nicht groß genug ist, um eine Kristallbildung zu verhindern, und andererseits nicht klein genug, damit bereits gebildete Kristalle aufgelöst werden. Dieser „Entglasungsbereich" muß beim Abkühlen der Schmelze je nach der Glassorte mehr oder weniger rasch überstrichen werden, da sich sonst einzelne Kristalle bilden können, die ein Springen des fertigen Glaskörpers erleichtern. Steigt die Zähigkeit über den Wert $\eta = 10^{13}$ g/sec cm, den Transformationspunkt, an, so geht das Glas vom weichen, spannungsfreien in den festen, spröden Zustand über. Für die Bearbeitung von Glas ist die Kenntnis der jeweiligen Transformationstemperatur von besonderer Wichtigkeit, da sie die untere Temperaturgrenze für die Entspannung des Glases (in angemessener Zeit) darstellt (vgl. die Glastabellen in [*12, 93*]).

Neben der Transformationstemperatur sind noch folgende Glaseigenschaften für die Röhrenherstellung von Bedeutung: Die hohe mechanische Dauerbelastbarkeit, die geringe Stoßfestigkeit, die thermische Widerstandsfähigkeit bei raschem Abkühlen, der günstige Wärmeausdehnungskoeffizient mancher Gläser (wichtig für Glas-Metall- und Glas-Glas-Verbindungen), die geringe elektrische Leitfähigkeit, die hohe Dielektrizitätskonstante, die Lichtdurchlässigkeit und die hohe chemische Widerstandsfähigkeit.

b) Formgebung von Glas. Seine erste Form (als Rohglaskolben, -rohr oder -stab) erhält das Glas unmittelbar bei der Entnahme aus der Schmelze in der Glashütte. Beim maschinellen Formen von *Röhren* (bis 7 cm Durchmesser) und *Stäben* (von 2 bis 30 mm Durchmesser) tritt das Glas mit geeigneter Viskosität ununterbrochen durch eine nach unten geneigte, sich drehende Pfeife aus dem Maschinenofen aus und wird nach dem Abkühlen in Stücke geeigneter Länge geschnitten. Die Serienherstellung *kleiner Glaskolben* (z. B. für Glühlampen und Verstärkerröhren) erfolgt mit karussellähnlich aufgebauten Maschinen; an ihnen befindet sich eine Reihe von Saugformen, die selbsttätig Glas aus dem Schmelzofen entnehmen, in Formen blasen und freigeben. *Größere Glaskolben* (für Großgleichrichter oder Fernsehröhren) werden mittels einer Pfeife von Hand in Holz- oder Metallformen geblasen.

Die serienmäßige Weiterverarbeitung der verschiedenen Glasteile erfolgt auf voll- oder halbautomatisch arbeitenden Umlaufmaschinen: Der Tellerdreh-, Fußquetsch- und Kolbeneinschmelzmaschine.

Auf der *Tellerdrehmaschine* werden die Glasrohrstücke, die später den Quetschfuß ergeben, an einem Ende tellerförmig ausgeweitet. Dies ist erforderlich, damit der Röhrenkolben mit dem fertigen Quetschfuß einwandfrei verschmolzen werden kann.

Die *Fußquetschmaschine* besitzt (12 oder mehr) auswechselbare Halterungen (sogenannte Fußzangen), in denen durch einen „Amboß“ in gewünschten Abständen die Einschmelzdrähte (Röhrensockelstifte) und gleichzeitig um diese herum das zu verschmelzende, auf der Tellerdrehmaschine vorgeformte Glasrohrstück gehalten werden. Jede Fußzange wird unter Rotation mit Hilfe eines Karussells nach und nach in das Kreuzfeuer einer Reihe feststehender Gebläseflammen geschoben, von denen jede etwas heißer als die vorhergehende eingestellt ist (Temperatur: 700 bis 1000°C). Bei Erreichen der günstigsten Temperatur quetschen die Backen der Zange automatisch das Glas um die Einschmelzdrähte. Nach Durchlaufen einiger kälter eingestellter „Kühlflammen“ kann der fertige Quetschfuß der Maschine entnommen und in den Kühlofen gebracht werden; erst nach dem Erkalten wird er mit dem Röhrenkolben zusammengeschmolzen.

Das Zusammenschmelzen des mit dem Elektrodenaufbau versehenen Quetschfußes mit dem Röhrenkolben erfolgt auf der *Kolbeneinschmelzmaschine.* Auf dieser werden Quetschfuß und Kolben unter dauerndem Drehen an einer Reihe von Flammen vorbeigeführt. Ist der Kolbenhals an der gewünschten Stelle weich geworden, so bewirkt das Gewicht des darunterhängenden überschüssigen Glases ein Auseinanderziehen des Kolbenhalses unter Verjüngung des Halsdurchmessers. Der Kolbenhals legt sich dadurch an den Tellerrand des Quetschfußhalses an und verschmilzt mit ihm, während das überschüssige Glas des Kolbenhalses abgezogen wird.

c) Oberflächenbehandlung

α) Chemisches Reinigen. Wegen der leichten Beschädigung der Glasoberfläche und der daraus sich ergebenden Bruchgefahr scheiden mechanische Glasreinigungsverfahren aus. Stattdessen wird das zu reinigende Glas (einige Minuten bis Tage) in starker Natron- oder Kalilauge und darauf in konzentrierter Chromschwefelsäure gewaschen. Bei der Serienfertigung von Röhren genügt bei geringer Glasverschmutzung oft das Waschen in 1—5%iger Salzsäure und anschließend in heißem Wasser bei 40 bis 50°C. Zum Schluß wird das Glas mit destilliertem Wasser bespült und in Luft getrocknet.

β) Metallisieren. Glaskolben werden häufig innen oder außen mit Metallbelägen versehen (z. B. mit einer außen angebrachten Silberschicht als Lampenreflektor, mit **Ag**-, **Mg**-, **Cu**- oder **Al**-Schichten als Kathoden für Photozellen oder mit **Ag**-, **Mg**- oder Graphitbelägen als Elektroden für Oszillographen- und Fernsehröhren). Solche Beläge werden durch folgende Verfahren hergestellt:

β₁) Chemisches Niederschlagsverfahren. Diese Methode eignet sich vor allem zur Herstellung von **Ag**-, **Au**-, **Pt**- und **Ir**-Niederschlägen. Die zu metallisierenden Glasteile werden hierzu je nach Art des Metallniederschlags 10 bis 60 Minuten lang in ein geeignetes **Ag**-, **Au**-, **Pt**- oder **Ir**-Salz enthaltendes Bad getaucht (äußere Verspiegelung) oder mit der entsprechenden Salzlösung gefüllt (innere Verspiegelung). Durch eine langsame chemische Reaktion wird aus der betreffenden Lösung das Metall (z. B. **Ag**) ausgeschieden und auf der Glasoberfläche niedergeschlagen. Äußere Spiegel werden anschließend galvanisch mit einer schützenden Kupferschicht oder mit einem Bronzelackaufstrich überzogen.

β₂) Einbrennverfahren. Mit diesem Verfahren lassen sich ebenfalls **Au**-, **Ag**-, **Ir**- und **Pt**-Niederschläge herstellen. Zur Bildung von **Pt**-Überzügen z. B. wird auf das Glas eine ölhaltige alkoholische Lösung von Platinchlorwasserstoffsäure (H_2PtCl_6) aufgesprüht, 10 bis 60 Minuten lang getrocknet und anschließend in einem Ofen oder mit einer Gasflamme in Luft bei 500 bis 900 °C (je nach Glasart) „eingebrannt". Während die Ölzusätze verdampfen, bleibt ein auf der Glasoberfläche festhaftender Pt-Spiegel zurück.

β_3) Kathodenzerstäubung. Dieses Verfahren wurde bereits in Abschnitt I, D, 4, c beschrieben (vgl. Abb. 159). Es eignet sich nur zur Herstellung von *äußeren* Metallspiegeln.

β_4) Metallverdampfung. Die zu verdampfenden Metalle (z. B. Mg, Al, Cd, Ag, Au) werden durch einen Heizdraht (aus W, Ta oder Mo) oder durch eine HF-Spule solange im Hochvakuum erhitzt, bis ihr Dampfdruck etwa 10^{-2} Torr und die zugehörige Verdampfungsgeschwindigkeit größenordnungsmäßig 10^{-4} g/sec cm² beträgt. Die verdampfenden Metallatome fliegen dabei geradlinig von der Verdampfungsquelle fort und schlagen sich auf die umgebenden Systemteile (z. B. eine zu bedampfende Glasplatte) nieder, wo sie in wenigen Minuten einen mehrere µ dicken gasfreien Metallüberzug bilden.

β_5) Metallaufsprühen. Bei diesem Verfahren wird das Metall (z. B. Al, Sn, Zn, Pb oder Cu) in flüssiger Form mit Hilfe einer Spritzpistole auf die sich drehenden (vorher durch Sanden aufgerauten) Röhrenglaskolben aufgesprüht. Das Verfahren wird vor allem zur Herstellung von äußeren (elektrostatisch abschirmenden) Metallspiegeln an Verstärkerröhren angewandt.

γ) Graphitieren. Graphitüberzüge werden durch Aufsprühen einer wäßrigen kolloidalen Graphitsuspension auf die zu bedeckende Glasoberfläche hergestellt. Beispiel: Graphitierung der Innenwand von Fernsehröhrenkolben.

δ) Ätzen. Bei der Serienfertigung von Glühlampen wird die Außen- und Innenmattierung durch Ätzen der Glaskolbenoberfläche hergestellt. Bei der Außenmattierung z. B. werden die Glaskolben etwa eine Minute lang in ein Mattierbad (das Flußsäure, Fluorammonium und Soda enthält) getaucht. Nach dem Abwaschen des Ätzmittels werden die Glaskolben getrocknet. Zum Beschriften von Glaskolben werden manchmal mit Ätzsalzlösung befeuchtete Gummistempel verwendet.

4. Vakuumdichte Glas–Glas- und Glas–Metall-Verschmelzungen

Die serienmäßige Herstellung von Glas–Glas- und Glas–Metall-Verbindungen bei *kleineren Röhren* wurde bereits in Abschn. VII, A, 3, b beschrieben. Bei *größeren Röhren* (z. B. Röntgen- oder Bildwandlerröhren)

werden solche Verbindungen einzeln auf besonderen Einschmelz-
maschinen angefertigt, Eine derartige Maschine, die für das Anschmelzen
der (mit optischer Genauigkeit geschliffenen, als Kathode oder Leuchtschirm dienenden) Plan- oder Konvexscheiben an den Glaszylinder
großer Röhren geeignet ist, enthält einen langsam rotierenden Teller,
auf dem die zu verschmelzenden Teile vertikal aufgebaut werden. Über
die Schmelzstelle wird ein Ringofen geschoben, dessen Durchmesser
den Glasteilen entspricht. Dieser Ofen wird langsam auf etwa 500 °C erhitzt. Anschließend werden die Teile mit einer feinen Wasserstoff-Sauer-
stoff-Flamme miteinander verschmolzen. Die Elektroden im Innern der
Röhre werden dabei mit einem Schutzgas (z. B. Stickstoff) umspült,
um eine Oxydation zu verhüten. Darauf wird das System in einem
Temperofen entspannt. Die Spannungszuführungen (Drähte aus Platin
oder geeigneten Legierungen) werden entweder zwischen Plan- bzw.
Konvexscheibe und Kolbenzylinder eingehängt und gleichzeitig mit
diesen eingeschmolzen oder sie werden etwa 10 mm unterhalb dieser
Verbindungsstelle nachträglich eingeschmolzen.

Außer Glas–Glas-Verschmelzungen werden bei großen Röhren auch
(vakuumdichte) Glas-Metall (Ni, Co, Fe, Vacon) -Glas-Verschmelzungen
angewandt.

Bei der Herstellung von vakuumdichten *Glas–Glas-Verbindungen*
müssen *Glasspannungen* sorgfältig vermieden werden. Diese entstehen
durch zu schnelles und ungleichmäßiges Abkühlen der Schmelzstelle oder
durch zu starke Verschiedenheit der Wärmeausdehnungskoeffizienten
der miteinander verschmolzenen Glasteile. Sie werden am besten vermieden, indem man die betreffenden Glasteile zunächst längere Zeit
bis zur völligen Entspannung auf einer Temperatur hält, die 10 bis 40 °C
über der Transformationstemperatur liegt; darauf läßt man das Glas
langsam bis auf 50 °C unterhalb der Transformationstemperatur und
von da ab beliebig rasch bis auf Zimmertemperatur abkühlen.

Auch für vakuumdichte *Glas–Metall-Verschmelzungen* ist eine weitgehende Spannungsfreiheit des Einschmelzglases in der Umgebung der
Verbindungsstelle erforderlich; weitere Bedingungen sind das vakuumdichte Haften des Glases am Metall sowie die Blasenfreiheit der Einschmelzstelle. Die (hauptsächlich durch unterschiedlichen Wärmeausdehnungskoeffizienten der verwendeten Werkstoffe hervorgerufenen)
Glasspannungen können durch folgende Maßnahmen vermieden werden:
1. Abstimmung der Wärmeausdehnung von Metall und Glas aufeiannder
(vorwiegend bei Drahteinschmelzungen). 2. Weitgehende Schwächung
des Metallquerschnitts, so daß das Metall den Spannungen im Glas nach-
geben kann (hauptsächlich bei ring- und kappenförmigen Verschmel-
zungen, wenn im Betrieb erhebliche Temperaturschwankungen an der
Übergangsstelle auftreten können).

Das *Haften des Glases* am Metall ist um so besser, je leichter die während des Verschmelzungsvorgangs auf der Metalloberfläche gebildete Oxydschicht vom hocherhitzten Glas aufgelöst wird; aus diesem Grund ist eine möglichst hohe Verschmelzungstemperatur erwünscht. Eine Oxydhaut würde zur Undichtigkeit der betreffenden Einschmelzung führen. Da sich das Kupferoxyd im Glas am besten löst, wird *Kupfermanteldraht* (der auch einen günstigen Wärmeausdehnungskoeffizienten hat) für Einschmelzungen häufig verwendet.

Blasenfreiheit der Einschmelzstelle wird durch möglichst geringen Gas- und Kohlenstoffgehalt der Einschmelzmetalle erreicht. Wird diese Bedingung nicht erfüllt, so entstehen bei der Einschmelzung längs der Schmelznaht Gas- oder CO_2-Bläschen, die leicht Anlaß zu Undichtigkeiten geben können.

5. Herstellung von Photokathoden

Von den verschiedenen Arten von Photokathoden werden die Massiv- und Atomfilmkathoden wegen ihrer relativ geringen Lumenempfindlichkeit kaum mehr verwendet, im Gegensatz zu den Oxydschicht-, Metallverbindungs- und — neuerdings — Mehralkali-Kathoden, die eine um mehrere Zehnerpotenzen höhere Empfindlichkeit (bis zu 180 µA/Lm) besitzen (s. S. 63).

a) **Ag–Cs$_2$O–Cs**-Kathode (Oxydschicht-Photokathode). Diese Kathode wird durch Aufdampfen der lichtempfindlichen Schicht auf die (vorher gut entgaste) Innenwand des Röhrenglaskolbens hergestellt. Dabei wird zunächst mittels einer erhitzten, mit **Ag**-Draht umwickelten Wolframwendel auf die vorgesehene Kathodenfläche ein (1 bis 100 µ dicker) **Ag**-Spiegel aufgedampft. Anschließend wird die Oberfläche dieser Silberschicht durch eine Glimmentladung in Sauerstoff von 10^{-1} bis 10^{-3} Torr oxydiert ($U = 1200$ V, $I = 400$ µA). Nach der Evakuierung des Röhrenkolbens und Getterung wird eine in einem Seitenstutzen untergebrachte Cäsiumquelle (mit **Cs** gefüllte Glaskapsel oder ein Nickelbehälter mit einer **Cs**-Verbindung) durch HF-Erhitzung geöffnet und das Cäsium in einer definierten Menge auf die Silberoxydschicht aufgedampft. Gleichzeitig wird die Photozelle langsam auf etwa 150 °C erhitzt; die Lichtempfindlichkeit der Kathodenschicht steigt dabei bis zu einem Maximum (bei etwa 135 °C) an („Formierung"). Ist dieses gerade überschritten, so wird der Seitenstutzen mit der **Cs**-Kapsel abgeschmolzen und die Röhre auf Zimmertemperatur abgekühlt. Durch nochmaliges Erhitzen und anschließendes Abkühlen steigt die Lichtempfindlichkeit der Photokathode weiter an.

b) **SbCs$_3$**-Kathode (Metallverbindungs-Photokathode). Diese Kathode wird häufig in Bildwandlerröhren verwendet. Zu ihrer Herstellung wird durch den Pumpstutzen des Bildwandlerrohrs ein kleiner Ofen eingeschoben, mit dessen Hilfe Antimon (Sb) in einer dünnen Schicht auf die vorgesehene Glaskolbenfläche aufgedampft wird, bis die (mit einer Photozelle gemessene) Transparenz der Sb-Schicht 70% beträgt. Darauf wird eine in einem Seitenstutzen befindliche Cs-Ampulle mit einem Schlagbolzen geöffnet und das Cäsium in den Kathodenraum eindestilliert. Dies geschieht bei heißer Ampulle und heißem Bildwandlerrohr, jedoch kalter Photokathode. Wesentlich ist dabei, daß die gesamte Kathodenfläche gleichmäßig empfindlich wird und daß die Verdampfung von Cäsium in den Leuchtschirmraum verhindert wird. Anschließend wird die ganze Röhre (einschließlich der Kathode) auf etwa 140 °C aufgeheizt, wobei die Kathode legiert und der Photoeffekt einsetzt. Durch mehrfaches Aufdampfen von Cäsium wird die Kathode formiert, bis der Photostrom seinen Maximalwert erreicht. Durch nachträgliches Zuführen von Sauerstoff kann schließlich die Empfindlichkeit der Kathode nochmals um maximal 50% (auf etwa 50 µA/Lm) gesteigert werden.

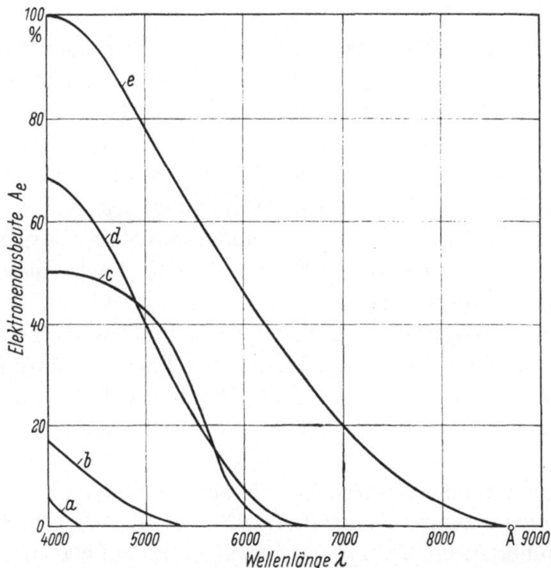

Abb. 245. Spektrale Verteilung der relativen Elektronenausbeute von Metallverbindungs- und Mehralkali-Photokathoden.
a: Sb − Na, *b:* Sb − K, *c:* Sb − Cs, *d:* Sb − K − Na, *e:* Sb − K − Na − Cs.

c) Sb–K–Na–Cs-Kathode (Mehrschicht-Photokathode; „Multi-alkali cathode"). Zur Herstellung dieser Kathode [*103*] werden die einzelnen Metalle in einem genau dosierten Mengenverhältnis nacheinander im Hochvakuum auf den Kathodenträger aufgedampft. Die fertige Kathode besitzt eine zwei- bis viermal höhere Lumen-Empfindlichkeit als die nur aus zwei Metallkomponenten zusammengesetzten Metallverbindungs-kathoden (vgl. Abb. 245 sowie S. 63).

6. Herstellung von Leuchtschirmen

Leuchtschirme (für Oszillographen-, Fernseh- und Bildwandler-röhren) bestehen aus einer dünnen, an der Röhrenwand haftenden Leucht-stoffschicht mit Bindemittelzusatz. Als Leuchtstoffe (Luminophore) werden z. B. Zinksulfid (ZnS), Cadmiumsulfid (CdS) und Gemische von beiden sowie Zinkoxyd (ZnO) verwendet, die mit Cu, Ag, Mn, Zn oder Cd aktiviert sind (s. S. 92); weitere geeignete Leuchtsubstanzen sind Wolframate (z. B. Kalziumwolframat, $CaWO_4$). Diese Stoffe werden zu Pulver gemahlen, bis die mittlere Korngröße je nach Leuchtstoffart 1 bis 20 μ beträgt. Das Aufbringen des Leuchtstoffs auf die Unterlage (Glaswand) kann durch folgende Verfahren geschehen:

a) Perlverfahren. Die Glasoberfläche wird hier zunächst mit einer Bindemittelschicht überzogen. Dazu wird die Glasfläche (z. B. der Kolbenboden) 4 bis 8 mm hoch mit trockenen Glasperlen (von 1,6 bis 2 mm Durchmesser) bedeckt, auf die einige Tropfen Bindemittel, be-stehend aus einem Gemisch von Ortho-Phosphorsäure und Äthylalkohol, gegeben werden. Durch kreisende Bewegung des Kolbens wird das Bindemittel mit Hilfe der durcheinanderbewegten Glasperlen gleich-mäßig über die zu bedeckende Fläche verteilt. Nach Ausschütten der Perlen wird auf diese Fläche der Leuchtstoff aufgestäubt. Die eigentliche Bindung des Leuchtstoffs tritt beim Ausheizen des Kolbens (während 30 Minuten bei 300 °C) ein, wobei die Ortho-Phosphorsäure in die poly-mere glasige Phosphorsäure übergeht. Durch Wiederholung des ganzen Prozesses kann die Dicke der Leuchtstoffschicht variiert werden.

b) Sedimentationsverfahren. Bei diesem Verfahren wird eine Suspen-sion des verwendeten Leuchtstoffs in Alkohol oder destilliertem Wasser mit einem Bindemittel (25 cm³ Natronwasserglas auf 500 cm³ destilliertes Wasser) und einem Koagulator (20 cm³ 12%ige Essigsäure) gemischt und in den Röhrenkolben gegossen, bis die Höhe der Flüssigkeitsschicht 5 bis 10 cm beträgt. Innerhalb von 2 bis 8 Stunden bildet sich durch Sedimentation der in der Flüssigkeit suspendierten Leuchtstoffteilchen auf dem Kolbenboden eine sehr gleichmäßige Schicht, deren Dicke durch Änderung der Sedimentationszeit in weiten Grenzen variiert werden kann. Nach Erreichen der gewünschten Schichtdicke wird die Flüssigkeit ausgegossen und die Leuchtstoffschicht in heißer Luft getrocknet.

Da bei diesem Verfahren der Leuchtstoff im Bindemittel eingebettet ist, wird die Leuchtdichte des Schirms zwar geringer, das Auflösungsvermögen[1] jedoch besser als beim Perlverfahren.

c) Aufdampfverfahren. Hier wird reines Zink in einer Sauerstoffflamme geschmolzen und gleichzeitig zum größten Teil zu ZnO oxydiert, das sich als Leuchtstoff auf der über der Flamme angeordneten, erhitzten Schirmunterlage (Glasplatte) niederschlägt. Den Aktivator des Leuchtstoffs bildet überschüssiges Zink. Da die Korngröße in der ZnO-Schicht nur etwa $1\,\mu$ beträgt, besitzen derartige Leuchtschirme ein sehr gutes Auflösungsvermögen.

d) Aufdruckverfahren. Dieses Verfahren wird vor allem zur Herstellung des Dreifarben-Leuchtstoffschirms von Farbfernsehröhren verwendet. Dabei wird mit Hilfe eines Stempels auf die vorgesehene Glasfläche ein Punktraster von drei verschiedenen Luminophoren (Leuchtstoff-Suspensionen in Amyl- oder Äthylacetat) derartig aufgedruckt, daß je drei benachbarte Punkte mit den Grundfarben grün, rot und blau in einem Dreieck angeordnet sind. Nach dem Ausheizen wird der Schirm mit einer dünnen Aluminiumschicht bedeckt (s. Abschn. e).

e) Aluminisierung von Leuchtschirmen. Die elektrischen und optischen Eigenschaften von Leuchtschirmen lassen sich wesentlich verbessern, wenn man diese auf der Kathodenseite mit einer (für Elektronen der Energie $E_k >$ etwa 3 keV durchlässigen) Al-Schicht bedeckt. Dazu wird die (getrocknete) Leuchtstoffschicht zunächst mit einer dünnen Kollodium- oder Lackschicht überzogen („Filming"-Prozeß), auf die anschließend im Hochvakuum Aluminium aufgedampft wird. Durch Ausheizen des Röhrenkolbens bei $380\,°$C im Wanderofen wird die organische Zwischenfolie verbrannt oder zersetzt, während die jetzt unmittelbar auf der Leuchtstoffschicht liegende, etwa $0{,}1\,\mu$ dicke Al-Haut zurückbleibt. Dieser leitende Belag hat folgende Wirkungen:

α) Der Leuchtschirm lädt sich auch bei Bestrahlung mit Elektronen hoher Energie (> 10 keV) nicht durch Sekundäremission negativ auf, da die (langsamen) Sekundärelektronen in der Al-Schicht absorbiert werden. (Bei negativer Aufladung des Leuchtschirms würde die Energie der auftreffenden Elektronen und damit — nach Gl. (45) — die Leuchtdichte abnehmen).

β) Der bei der Leuchtstoffanregung ins Röhreninnere emittierte Lichtstrom wird zum größten Teil vom Al-Schirm reflektiert, so daß die Lichtausbeute der Leuchtstoffschicht in Richtung zum Beobachter er-

---

[1] Unter dem Auflösungsvermögen eines Leuchtschirms versteht man den minimalen Abstand zweier (z. B. durch UV-Anregung) leuchtender Striche auf dem Schirm, die gerade noch als getrennt wahrgenommen werden können.

heblich vergrößert wird (s. Abb. 246 [*92*]). Bei Bildwandlerröhren wird außerdem ein schädlicher Lichteinfall auf die am anderen Röhrenende angeordnete Photokathode vermieden.

γ) Durch die **Al**-Schicht werden aufprallende Ionen abgefangen, wodurch die Lebensdauer des Schirms wächst.

δ) Die **Al**-Folie schützt den darunterliegenden Leuchtstoff vor „Vergiftung" durch Fremdmetalle (z. B. in Bildwandlerröhren: durch das Cäsium der Photokathode).

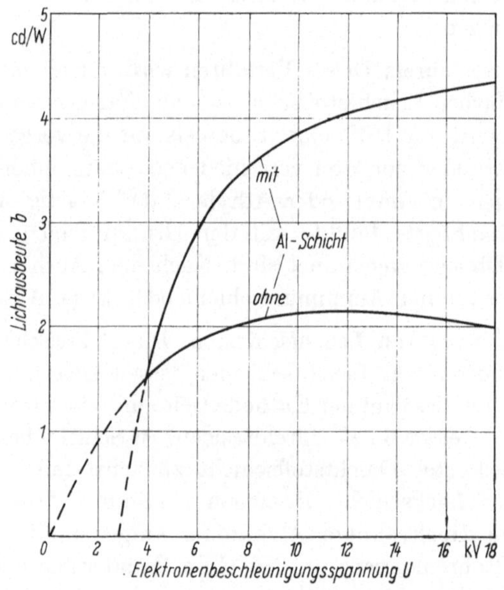

Abb. 246. Lichtausbeute eines Leuchtschirms mit und ohne **Al**-Schicht in Abhängigkeit von der Elektronenbeschleunigungsspannung (EPSTEIN u. PENSAK [*92*]).

B. Festkörper-Elektronengeräte

1. Eigenschaften der verwendeten Werkstoffe

Die wichtigsten Ausgangsstoffe für die Herstellung von Festkörper-Elektronengeräten sind zur Zeit Germanium und Silizium. Zur Erzielung definierter elektrischer Eigenschaften werden aus diesen Stoffen hochgereinigte, weitgehend störstellenfreie Einkristalle hergestellt, deren spezifischer Widerstand bei **Ge** etwa 10 bis 50 Ω cm betragen und bei **Si** möglichst über 100 (bis 10^5) Ω cm liegen soll. Durch die „Dotierung" der Einkristalle mit Fremdatomen werden diese Werte um den Faktor 10^2 bis 10^5 erniedrigt. Die Größe der für Dioden und Transistoren ver-

wendeten Kristalle richtet sich nach der Stromstärke: Für Ströme der
Größenordnung 1···1000 mA beträgt sie einige mm³, für Ströme von der
Größenordnung 1···100 A bis etwa 1 cm³. Die wichtigsten Eigenschaften
von Ge und Si zeigt Tab. 21[1].

Tabelle 21

Physikalische Eigenschaften von Germanium und Silizium

Eigenschaft	Germanium	Silizium
Schmelzpunkt T_s [°C]	936	1420
Spezif. Gewicht γ [p/cm³]	5,32	2,33
Spezif. Wärmeleitfähigkeit $\varkappa$ [cal/sec cm °C]	0,14 (25°C)	0,20 (20°C)
Spezif. Widerstand ϱ_i bei Eigenleitung [Ω cm] ($T = 300°$K)	≈ 50	$3 \cdot 10^5$
Relative Dielektrizitätskonstante ε_r	16	12
Atomgewicht μ	72,6	28,1
Zahl der Atome pro cm³	$4{,}42 \cdot 10^{22}$	$4{,}99 \cdot 10^{22}$
Konzentration der quasifreien Elektronen im eigenleitenden Kristall [1/cm³] (300°K)	$2{,}4 \cdot 10^{13}$	$1{,}5 \cdot 10^{10}$
Elektronenbeweglichkeit μ_n [cm²/Vsec] (300°K)	3900[1]	1350[1]
Löcherbeweglichkeit μ_p [cm²/Vsec] (300°K)	1900[1]	480[1]
Austrittsarbeit W_H [eV]	4,5	4,5
Breite ΔE [eV] des verbotenen Bandes (300°K)	0,67	1,10
Kristallstruktur	Diamant	Diamant

[1] Vgl. Kap. 1 [*34, 115, 116*].

2. Herstellung reiner Halbleiter

a) Herstellung reiner **Ge**-Einkristalle

α*) Gewinnung von Germanium.* Das Germanium wird vorwiegend aus
dem in der Natur vorkommenden Germanit gewonnen, das neben
8% Ge noch die Elemente As, Cu, Sn, Ga, Fe und S enthält. Bei der
chemischen Aufbereitung wird das im Germanit enthaltene Germanium
in das durch Destillation leicht zu reinigende, flüssige Germaniumtetra-
chlorid ($GeCl_4$) umgewandelt, aus dem durch anschließende Hydrolyse
das weiße, pulverförmige Germaniumdioxyd (GeO_2) entsteht. Nach dem
Waschen und Trocknen wird dieses in ein sehr reines Graphit- oder

---

[1] Über weitere Eigenschaften dieser und anderer Halbleiter vgl. Kap. 1,
Abschn. X, sowie KNOLL [*12*, S. 258—273].

23*

Quarzschiffchen gefüllt und im Ofen bei etwa 650 °C unter Wasserstoff-
atmosphäre zu Germanium reduziert:

$$GeO_2 \ + \ 2H_2 \to 2H_2O \ + \ Ge \quad (650\,°C). \tag{220}$$

Nach Beendigung dieses Vorgangs wird das zurückgebliebene Germanium
im gleichen Ofen bei 1000 °C zu einem Block („Regulus") geschmolzen.

β) Vorreinigung durch das Zonenschmelzverfahren. Bei diesem Verfahren wird der aus dem Reduktionsofen kommende (20 bis 40 cm
lange) Regulus in einem sehr reinen Quarz- oder Graphitschiffchen im
Hochvakuum mittels mehrerer hintereinander angeordneter HF-Spulen
an verschiedenen Stellen geschmolzen (vgl. Abb. 247). Gleichzeitig wird
das Schiffchen langsam (Geschwindigkeit: 2 bis 6 cm/h) durch die feststehenden HF-Spulen hindurchgezogen, so daß die einzelnen Schmelz-

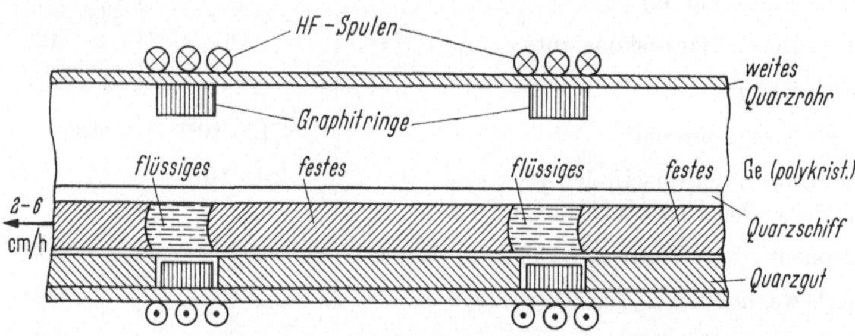

Abb. 247. Vorreinigung des chemisch gewonnenen Germaniums durch das Zonenschmelzverfahren.

zonen durch den zu reinigenden Germaniumstab wandern. Viele Verunreinigungen bleiben dabei wegen ihres niedrigen Diffusionskoeffizienten
in den Schmelzzonen zurück und wandern deshalb mit diesen an das
Ende des Germaniumstabs. Dieses (stark verunreinigte) Ende wird anschließend abgeschnitten und kann später auf gleiche Weise gereinigt
werden.

γ) Höchstreinigung durch Kristallisation. Die nach dem Zonenschmelzverfahren mehrfach vorgereinigten Germaniumblöcke werden zur weiteren Reinigung im Graphittiegel einer Hochvakuum-Kristallziehanlage
erneut durch HF-Erhitzung geschmolzen. In die Schmelze wird ein in
die gewünschte Achsenrichtung justierter Ge-Kristallkeim eingetaucht
(vgl. Abb. 248 [*89*]). Die Germaniumatome der Schmelze (und im wesentlichen nur diese, nicht die in der Schmelze noch enthaltenen Verunrei-
gungen) bauen dann an dem Gitter des kleinen Kristallkeims weiter,
so daß sich dieser fortlaufend vergrößert. Der Kristallkeim und das
darunterhängende neue Kristallstück werden unter dauernder Drehung
langsam aus der Schmelze hochgezogen. Die Ziehgeschwindigkeit

(0,05 bis 0,5 mm/min) wird dabei allmählich verringert, da die in der Schmelze sich anreichernden Verunreinigungen (Störatome) in um so geringerem Maß in den Kristall aufgenommen werden, je kleiner die Ziehgeschwindigkeit ist. Die Umgebungstemperatur muß während des Kristallziehens sehr konstant gehalten werden, da von ihr Dicke und Homogenität des wachsenden Kristalls abhängen.

δ) Zonenschmelz-Kristallziehverfahren („zone leveling technique"). Bei diesem Verfahren (vgl. Abb. 249), das eine Kombination zwischen dem Zonenschmelz- und dem Kristallziehverfahren darstellt, wird das Germanium durch Zonenschmelzung örtlich verflüssigt, jedoch wird durch HF-Nacherhitzung und einen Keimkristall dafür gesorgt, daß das Germanium aus der Schmelze direkt kristallisieren kann.

Das Zustandekommen des regelmäßigen und fast fehlerfreien Kristallwachstums während des Ziehvorgangs läßt sich an Hand eines kubischen Kristallgitters besonders gut veranschaulichen (KOSSEL und STRANSKI, vgl. Abb. 250). In einem ein kubisches Gitter bildenden Ionenkristall, z. B. einem Kochsalzkristall (NaCl), hat jedes Ion nach außen elektrische Anziehungskräfte

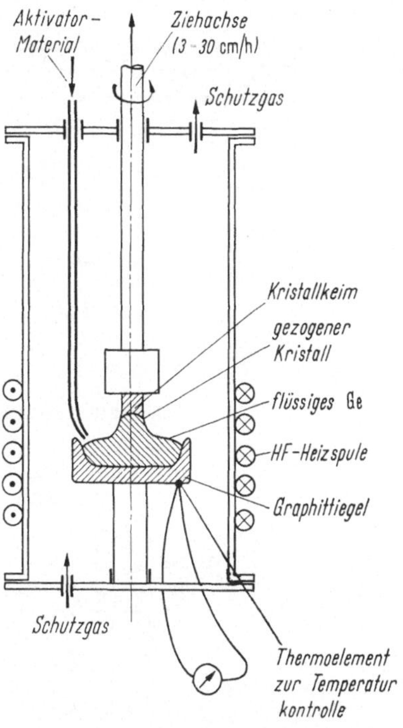

Abb. 248. Höchstreinigung des Germaniums durch Kristallisation aus der Schmelze [89].

für sechs Nachbar-Ionen frei. Wenn nun aus der Schmelze ein Na- oder Cl-Ion an das in die Schmelze tauchende Kristallgitter gelangt, so könnte es sich dort z. B. an eine ebene Gitterfläche anlagern. Dadurch wird aber nur eine von den sechs räumlichen Bindungsmöglichkeiten ausgenutzt. Die Anziehungskraft auf das Ion ist wesentlich stärker, wenn es an eine bereits von fünf Ionen umgebene Gitterlücke gelangt, da dort fünf von sechs Bindungsmöglichkeiten ausgenutzt werden. Eine solche Lücke kommt jedoch selten vor; viel häufiger tritt der Fall ein, daß beim Anlagern drei Ionenbindungen entstehen. Dies geschieht dort, wo eine neue Reihe von Ionen entlang einer schon vorhandenen Kante gebildet wird.

Die schöne Ordnung, mit der der Aufbau eines Kristalls vonstatten geht, und bei der gewissermaßen mit Vorbedacht ein Baustein an den anderen gelegt wird, so daß selten Lücken entstehen, hat also ihre Ursache in der räumlichen Orientierung der elektrostatischen Kräfte der bereits gebundenen Atome. Nach dem gleichen Prinzip geht der Kristallaufbau

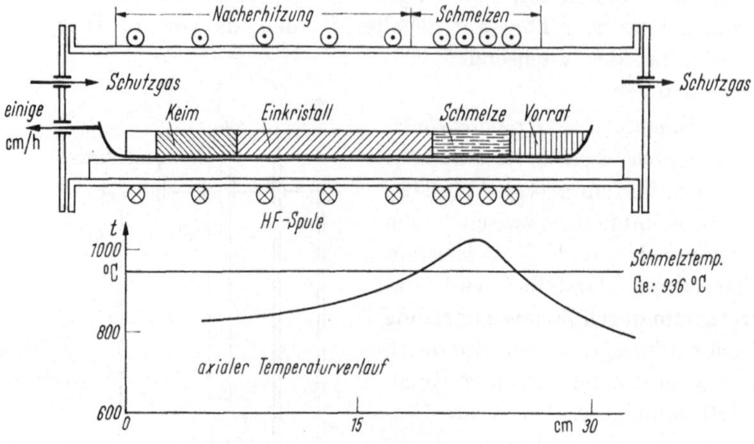

Abb. 249. Zonenschmelz-Kristallziehverfahren.

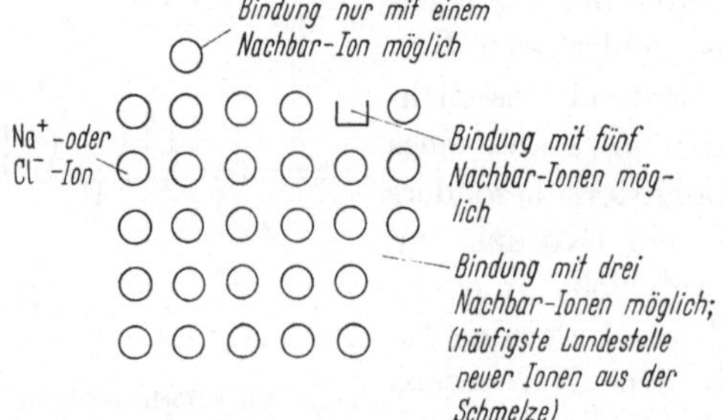

Abb. 250. Möglichkeiten der Bindung eines Na^+- bzw. Cl^--Ions in einem NaCl-Kristall während des Kristallwachstums. Nach dem gleichen Prinzip erfolgt das Wachstum beim tetraedrischen Germanium- und Silizium-Einkristall.

bei der tetraedrischen (Diamant-)Struktur des Germaniums und Siliziums vor sich.

b) Herstellung reiner Si-Einkristalle

α) Gewinnung von Silizium. Ausgangsstoff für die Gewinnung von Silizium ist Quarzsand (SiO_2), der im Lichtbogenofen reduziert wird:

$$SiO_2 + 3\,C \;\rightarrow\; SiC + 2\,CO$$

$$2\,SiC + SiO_2 \rightarrow 3\,Si + 2\,CO. \tag{221}$$

Das so gewonnene, verunreinigte Silizium wird anschließend in Siliziumtetrachlorid ($SiCl_4$) übergeführt, das sich durch Destillation von den

meisten Fremdstoffen befreien läßt. Das chemisch nahezu reine Siliziumtetrachlorid wird dann in einem Ofen bei 950 °C unter H_2- oder Zink-
dampf-Atmosphäre reduziert:

$$2\,Zn + SiCl_4 \rightarrow 2\,ZnCl_2 + Si \quad (950\,°C). \tag{222}$$

*β) Vorreinigung durch das Schwebezonenverfahren („floating zone melt-
ing").* Die beim Germanium angewandten *horizontalen* Reinigungsverfahren (Zonenschmelz- und Zonenschmelz-Kristallziehverfahren) sind
für Siliziumschmelzen nicht brauchbar, da diese heftig mit den Tiegel-
metallen reagieren. Dies läßt sich mit dem (tiegellosen) Schwebezonenverfahren vermeiden, bei dem eine durch HF-Erhitzung erzeugte
Schmelzzone durch einen an beiden Enden eingespannten, *vertikal* angeordneten Siliziumstab gezogen wird. Das flüssige Material der Schmelzzone wird dabei durch die Oberflächenspannung der Schmelze zusam-
mengehalten.

γ) Höchstreinigung durch Kristallisation. Auch das Kristallziehen
erfolgt in einer vertikalen (tiegellosen) Anordnung. Das Verfahren ist
allerdings wegen des höheren Schmelzpunktes des Siliziums schwieriger
zu beherrschen als das entsprechende Verfahren für Germanium.

**c) Herstellung von *n*- und *p*-Germanium bzw. *n*- und *p*-Silizium durch
Dotierung (Aktivierung).** Nach der Reinigung wird eine genau dosierte
Menge (10^{-7} bis 10^{-3} Gew.% entsprechend einer Störstellenkonzentration
von etwa 10^{14} bis 10^{18} pro cm³) bestimmter Fremdatome — z. B. die
Donatoren As, P und Sb (vgl. Abb. 130a) oder die Akzeptoren B, Al,
Ga und In (vgl. Abb. 130b) — in das im übrigen weitgehend störstellen-
freie Gitter des Germaniums bzw. Siliziums eingebaut. Der Einbau kann
erfolgen:

α) Durch Beifügen kleiner Fremdstoffmengen zur Schmelze während
des Kristallziehens (*Ziehverfahren*). Im entstehenden Kristall wird
dadurch ein dem Fremdstoffzusatz entsprechender Teil der Halbleiter-
atome durch Störatome ersetzt.

β) Durch Eindiffundieren der Fremdatome aus der festen, flüssigen
oder gasförmigen Phase in den Halbleiterkristall bei erhöhter Temperatur
(*Diffusionsverfahren*). Die Fremdatome setzen sich dabei in Gitterlücken
oder auf Zwischen-Gitterplätze.

γ) Durch Aufdampfen einer die Gitterorientierung des Grundmaterials
beibehaltenden („epitaxialen"), mit Fremdstoffzusatz versehenen Halbleiterschicht auf einen *n*- oder *p*-leitenden Einkristall (*Aufdampf-* oder
Epitaxial-Verfahren).

3. Herstellung von Halbleiter-Metall-Kontakten

Bei der Verbindung eines Metalls mit einem Halbleiter kann je nach Art der Kontaktpartner und des Herstellungsverfahrens ein Ohmscher Kontakt (mit Anreicherungsrandschicht) oder ein Sperrschichtkontakt (mit Verarmungsrandschicht) entstehen. Die Bedingungen, die dabei gewöhnlich für die Austrittsarbeiten der Kontaktpartner gelten, sind in Kap. 1, Abschn. X, B, 1, angegeben.

a) Herstellung von Ohmschen (nichtgleichrichtenden) Kontakten

α) Germanium

α_1) Legierte (kurzzeitig erhitzte) Kontakte. Zur Herstellung solcher Kontakte werden Halbleiter und Metall an der Kontaktfläche aneinandergedrückt und im Ofen unter Schutzgas kurzzeitig auf 400 bis 800 °C (je nach Kontaktmaterial) erhitzt. Es bildet sich dann eine relativ dicke eutektische Legierungsschicht zwischen dem Halbleiter und dem Kontaktmetall.

Beispiel: Au-Kontakte auf n-Ge. Da die Austrittsarbeiten W_M (Au) $= 4{,}3$ eV und W_H (n-Ge) $= 4{,}5$ eV betragen, ist die für Ohmsche Kontakte erforderliche Bedingung $W_M < W_H$ (n-HL) erfüllt.

α_2) Gelötete Kontakte. Im Gegensatz zum Legierungsverfahren wird hier die Halbleiter-Metall-Kontaktstelle nur auf einige 100 °C erhitzt; dabei bildet sich eine sehr dünne, den Halbleiter und das Metall miteinander verbindende Legierungsschicht. Wegen der schlechten Benetzung der Kontaktflächen durch das Metall (z. B. Zinn) sind besondere Flußmittel erforderlich (z. B. $ZnCl_2 + NH_4Cl + H_2O$).

Beispiel: Sn-Kontakte auf n-Ge. Auch hier ist die Bedingung $W_M < W_H$ (n-Ge) erfüllt, da W_M (Sn) $= 3{,}7$ eV und W_H (n-Ge) $= 4{,}5$ eV beträgt.

α_3) Elektrolytisch niedergeschlagene Kontakte. Eine gewisse Bedeutung für den Dioden- und Transistorenbau hat das Ätzen im Flüssigkeitsstrahl ohne (KOH oder NaOH) oder mit (KOH oder H_2SO_4) *Elektrolyse* gefunden, die das Gegenstück zum Galvanisierungsprozeß darstellt. Dort wird auf das als Kathode dienende Werkstück Material aufgebracht, hier von der Anode Material abgenommen.

Bei der Herstellung von Kontakten werden zunächst in den als Anode dienenden Germaniumkristall auf beiden Seiten mittels je eines Flüssigkeitsstrahls kleine Mulden geätzt (vgl. Abb. 251). Die Gegenelektrode bilden dabei zwei im Innern der Strahldüsen angeordnete Metallstreifen. Durch Umpolen der zwischen diesen und dem Kristall angeschlossenen Spannungsquelle kann nun auf der frisch geätzten Kristalloberfläche eine geeignete Metallkontaktschicht (z. B. Cu) niedergeschlagen werden.

β) Silizium. An Siliziumkristallen können Ohmsche Kontakte wie beim Germanium durch Löten oder Legieren hergestellt werden. Die gebräuchlichsten Lote sind Sn, SnPb, Ag, Au und Al; als Flußmittel eignen sich Metallhydride. Weitere Kontaktierungsverfahren für Silizium sind die chemische Oberflächenvernickelung sowie das Bedampfen mit einer *dicken* Sb-Schicht, aus der man anschließend etwas Sb in das Silizium eindiffundieren läßt (dieses Verfahren wird besonders bei Leistungsgleichrichtern angewandt).

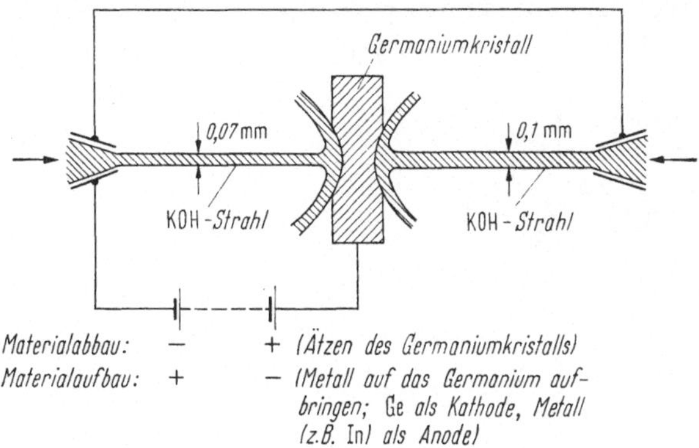

Abb. 251. Elektrolytisches Ätz- und Kontaktierverfahren.

b) Herstellung von gleichrichtenden (Sperrschicht-)Kontakten

α) Germanium- und Siliziumdioden. Nach der Herstellung lassen sich bei Germanium und Silizium drei Arten von Sperrschichtkontakten unterscheiden:

α_1) „Formierkontakte". Formierkontakte werden hergestellt, indem auf den Halbleiterkristall eine Metallspitze (z. B. aus Phosphorbronze) aufgesetzt wird. Läßt man nun einen genügend hohen Formierstrom von der Metallspitze in den Kristall fließen, so löst sich etwas (geschmolzenes) Metall im Halbleiter und erzeugt in unmittelbarer Nähe der Metallspitze eine p-n-Sperrschicht. Dieses Kontaktierungsverfahren wird bei Spitzen-Gleichrichtern angewandt und war auch bei den (heute veralteten) Spitzentransistoren üblich.

Beispiel: Spitze aus Beryllium- oder Phosphorbronze auf n-Ge.

α_2) Legierungskontakte. Ein n-leitendes Kristallplättchen mit aufgesetzter Pille aus einem dreiwertigen Metall (z. B. In) wird in einer Schutzgasatmosphäre (z. B. 20% H_2, Rest N_2) erhitzt. Dabei löst sich etwas Halbleitermaterial in dem sich verflüssigenden Metalltropfen. Beim Abkühlen kristallisiert das stark mit Metallatomen durchsetzte Halbleitermaterial aus und bildet eine dünne, an das n-Material angrenzende p-Zone. Der übrige Teil des erstarrenden Tropfens besteht aus reinem Metall.

Beispiele: In-Kontakt an n-Ge; Al-Kontakt an n-Si.

α_3) Bedampfungs- („Diffusions"-)Kontakte. Bei der Herstellung solcher Kontakte wird ein n- oder p-leitender Kristall im Hochvakuum bei etwa 300 °C mit einem passenden Kontaktmaterial (z. B. P auf n-Ge oder Al auf n-Si) bedampft und anschließend erhitzt. Die Fremdatome beginnen dann infolge des für sie bestehenden Konzentrationsgefälles langsam in den Festkörper hineinzuwandern. Ihre Eindringtiefe, welche die Lage des p-n-Übergangs bestimmt, hängt von

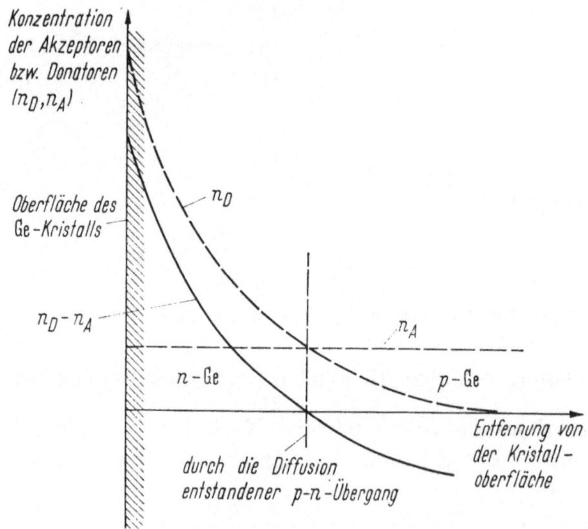

Abb. 252. Entstehen eines p-n-Übergangs durch Diffusion von Donatoren in einen p-leitenden Germaniumkristall.

u_A = Konzentration der Akzeptoren im p-leitenden Ge-Kristall; n_D = Konzentration der in den Kristall diffundierenden Donatoren; $n_D - n_A$ = Differenz zwischen Donator- und Akzeptorkonzentration.

der Diffusionszeit ab und ist sehr genau kontrollierbar. Abb. 252 zeigt den örtlichen Verlauf der Störstellenkonzentration nach einer bestimmten Diffusionszeit. Nach Beendigung der Diffusion werden die Bedampfungskontakte durch Metallaufspritzen oder Galvanisierung verstärkt.

β) Selengleichrichter. Die Herstellung von Selengleichrichtern geschieht in folgenden Stufen (vgl. Abb. 253): 1. Aufbringen eines Ni- oder Bi-Films auf die Grundplatte (Fe oder Al) zur Erzeugung eines Ohmschen Kontakts. 2. Aufdampfen einer Se-Schicht (von 0,01 bis 0,1 mm Dicke) im Vakuum auf die erhitzte Grundplatte, wobei das Selen hexagonal kristallisiert. 3. Tempern der bedampften Grundplatte bei 200 °C

(Schmelzpunkt von Selen: 220 °C!) zur Erhöhung der Leitfähigkeit. Das Bi wandelt sich dabei in BiSe um, wodurch ein Ohmscher Kontakt zwischen Trägerplatte und Selenschicht entsteht. 4. Aufdampfen einer eutektischen Legierung von Cd, Bi und Sn als Gegenelektrode. Dabei

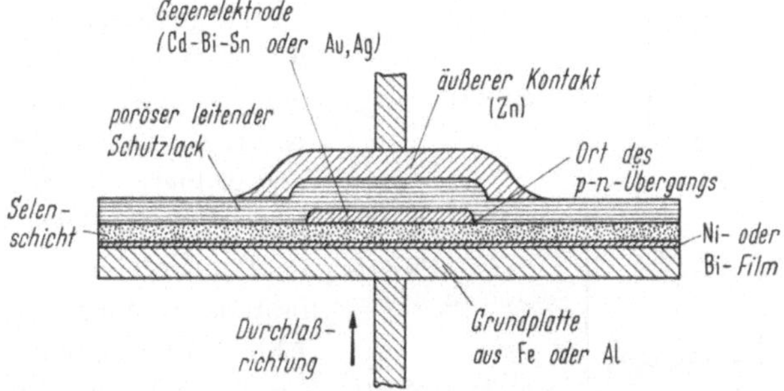

Abb. 253. Querschnitt durch eine Selen-Gleichrichterplatte. (Bei der Gegenelektrode aus Cd-Bi-Sn besteht die n-leitende Schicht des p-n-Übergangs aus CdSe, bei einer Au- oder Ag-Gegenelektrode aus amorphem Selen; den p-Leiter bildet in beiden Fällen die Selenschicht).

entsteht unter dieser eine n-leitende CdSe-Schicht, die mit der darunterliegenden p-leitenden Se-Schicht einen p-n-Übergang bildet. 5. Aufsprühen eines leitenden Schutzlacks. 6. Aufsprühen der äußeren Kontaktschicht (z. B. Zn).

4. Herstellung von (gewachsenen) p-n-Sperrschichten für Dioden

a) Kristallziehung mit konstanter Geschwindigkeit[1]. Gewachsene p-n-Übergänge können schon beim Kristallziehen dadurch erzeugt werden, daß der Germanium- oder Siliziumschmelze nacheinander verschiedene Aktivierungselemente beigemischt werden. So erhält man z. B. beim Ziehen eines Kristalls aus einer mit Arsen dotierten Ge-Schmelze einen n-Leiter; gibt man nun in die Schmelze so viel Indium, daß der Arsengehalt überkompensiert wird, so erhält man beim Weiterziehen des Kristalls einen p-Leiter, der mit dem n-leitenden Material einen p-n-Übergang bildet. Durch mehrmaliges Umdotieren können auf diese Weise in einem Kristall mehrere p-n-Schichten hintereinander erzeugt werden. Wirtschaftlicher als dieses Verfahren ist die

b) Kristallziehung mit periodisch veränderlicher Geschwindigkeit („rate grown"-Verfahren)[1]. Dieses Verfahren beruht darauf, daß die Zahl der während des Ziehens in einen Kristall eingebauten Donatoren bzw. Akzeptoren stark von der Ziehgeschwindigkeit abhängt. Ist diese

---

[1] Diese beiden Verfahren werden heute nur noch selten benutzt.

24*

Abhängigkeit für ein in der Schmelze vorhandenes Donatormaterial sehr groß, für ein gleichfalls vorhandenes Akzeptormaterial dagegen sehr gering, so erhält man bei passender Wahl der Akzeptor- bzw. Donatorkonzentration beim schnellen Ziehen einen n-Leiter, beim langsamen Ziehen dagegen einen p-Leiter. Durch periodisches Variieren der Ziehgeschwindigkeit können auf diese Weise in einem Kristall viele hintereinander angeordnete p-n-Übergänge hergestellt werden.

Das Ergebnis des Ziehverfahrens ist ein Kristall der in Abb. 254 gezeigten Form. Dieser Kristall wird in einzelne Scheiben geschnitten, von denen jede einen (in Abb. 254 angedeuteten) kalottenförmig gewölbten p-n-Übergang enthält. Aus den Scheiben werden schließlich kleine Stäbchen ausgesägt und als Halbleiterkristalle in die Dioden eingebaut.

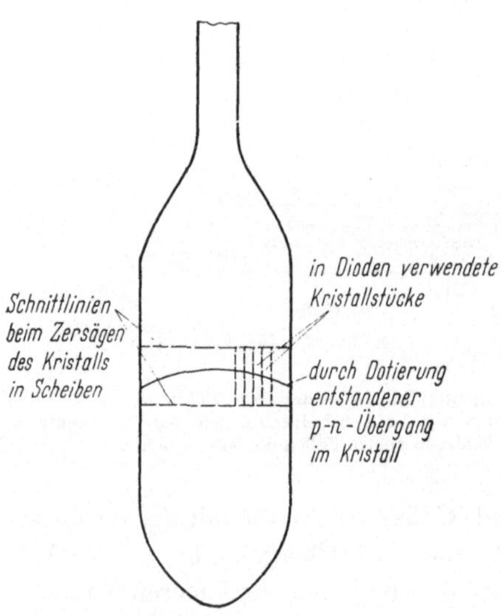

Abb. 254. Typische Form eines aus der Schmelze gezogenen Germanium-Einkristalls.

c) Epitaxial-Verfahren. Im Gegensatz zur erwähnten Kristallziehung aus der Schmelze wird beim Epitaxial-Verfahren der p-n-Übergang durch Niederschlag von dotiertem Halbleitermaterial aus der Gasphase erzeugt. Dazu wird z. B. ein n-leitender Siliziumkristall bei 1200 °C einer Wasserstoffatmosphäre ausgesetzt, die 1% $SiCl_4$ enthält. Dieses zersetzt sich und das entstehende Silizium schlägt sich auf dem Kristall als „Epitaxialschicht" nieder, in der die Gitterorientierung des ursprünglichen Siliziumkristalls beibehalten wird. Durch Hinzufügen kleiner Mengen von BBr_3 zum $SiCl_4$ wird die neu entstehende Siliziumschicht p-leitend und bildet zusammen mit dem n-leitenden Grundmaterial einen p-n-Übergang.

5. Herstellung von Transistoren

Die Halbleiterkristalle von Transistoren bestehen entweder aus zwei p-Zonen (Emitter und Kollektor), die durch eine n-leitende Basiszone (von 1 bis 100 μ Dicke) getrennt werden (p-n-p-Transistor), oder aus zwei n-Zonen mit einer dazwischenliegenden dünnen p-Schicht (n-p-n-Transistor). Zur Erreichung einer möglichst geringen Trägerrekombination in der Basis (d. h. einer hohen Stromverstärkung) und einer geringen

Trägerlaufzeit (d. h. einer hohen Grenzfrequenz) soll die Basiszone der Transistoren möglichst frei von Rekombinationszentren und möglichst dünn sein. Eine hohe Grenzfrequenz erreicht man auch dadurch, daß die Basis*fläche* (d. h. die Kollektor-Basis-Kapazität) klein gehalten wird. Zur Herstellung von Halbleiteranordnungen mit diesen Eigenschaften sind eine Reihe von Verfahren entwickelt worden. Hinsichtlich der verschiedenen Herstellungsverfahren lassen sich folgende Transistorarten unterscheiden:

a) Legierungs-Transistor. Dieser meist als p-n-p-Typ ausgeführte Transistor wird z. B. aus einem n-**Ge**-Plättchen hergestellt, das bei etwa 500 °C beidseitig mit je einem **In**-Tröpfchen legiert wird. Temperatur und Größe der Indiumpillen werden dabei so gewählt, daß bei der Abkühlung zwischen den beiden p-Zonen eine 50 bis 100 µ dicke n-Schicht erhalten bleibt (vgl. Abb. 255). Die Grenzfrequenz solcher Transistoren liegt bei einigen MHz.

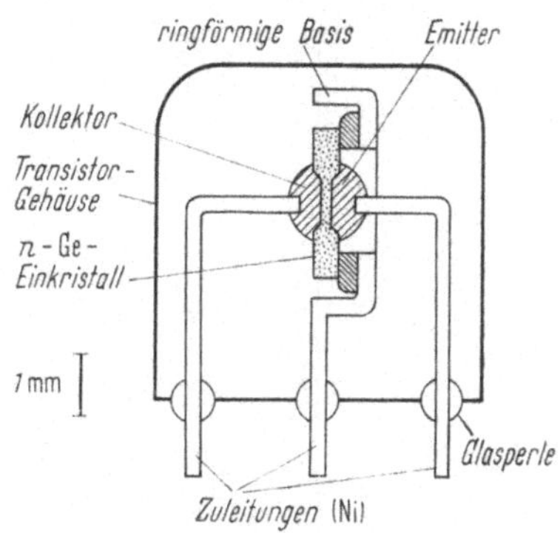

Abb. 255. Typischer Aufbau eines legierten p-n-p-Transistors.

Legierter Indiumkontakt (mit Sperrschicht);

n-leitender Germanium-Einkristall;

Ohmscher Zinnkontakt (mit Anreicherungsrandschicht).

b) Gezogener Transistor[1]. Dieser Transistor entsteht durch Ziehen eines **Ge**-Einkristalls aus einer Schmelze, die durch Dotierung abwechselnd n- und p-leitend gemacht wird. Anschließend wird der Kristall in n-p-n- oder p-n-p-Stücke zersägt. Die Basisschichtdicke beträgt hier etwa 50 bis 100 µ, die erreichbare Grenzfrequenz etwa MHz.

Die Grenzfrequenz gezogener Transistoren kann dadurch erhöht werden, daß die Schmelze während des Kristallziehens abwechselnd p-, n-, i- („*intrinsic*" = eigen-) und wieder p-leitend gemacht wird. Die eigenleitende Schicht (i) zwischen Basis (n) und Kollektor (p) erlaubt trotz der dünnen Basisschicht die Anwendung höherer Kollektorspannungen (bis 100 V ohne Durchschlagsgefahr). Dadurch wird die Trägerlaufzeit erniedrigt und die Grenzfrequenz auf etwa 100 MHz erhöht.

c) Diffusions-Transistor. Hier wird das Grundmaterial (z. B. ein p-**Ge**-Kristall, der später als Kollektor dient) bei erhöhter Temperatur gleichzeitig mit Donator- und Akzeptoratomen (z. B. **As**- und **B**-Atomen; bei Silizium: **P**- und **Al**-Atomen) bedampft, die allmählich in das Grundmaterial hineindiffundieren. Da die Diffusionsgeschwindigkeit im Ger-

---

[1] Siehe Fußnote S. 363.

manium für die Donatoren größer ist als für die Akzeptoren, entsteht beim gleichzeitigen und genau dosierten Eindiffundieren beider Arten von Aktivatoratomen im Kristall eine sehr dünne n-leitende Basiszone zwischen zwei p-Leitern (vgl. Abb. 256). Die Basisschichtdicke ist von der Größenordnung 5 μ, die erreichbare Grenzfrequenz beträgt 500 bis 1000 MHz.

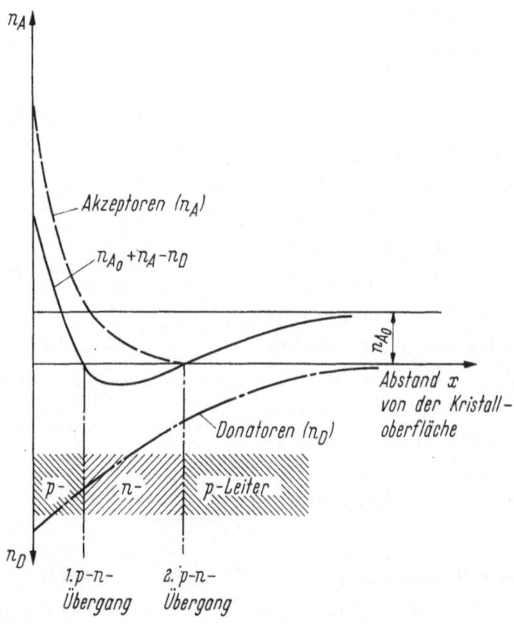

Abb. 256. Entstehen zweier p-n-Übergänge durch gleichzeitige Diffusion von Donatoren und Akzeptoren in einen p-leitenden Germaniumkristall.

n_{A_0} = Konzentration der Akzeptoren im ursprünglichen Kristall (p-Leiter); n_A = Konzentration diffundierter Akzeptoren; n_D = Donatorenkonzentration; $n_{A_0} + n_A - n_D$ = Verlauf der Störstellenkonzentration im Kristall nach der Diffusion (Akzeptor- minus Donatorkonzentration).

Eine dünne Basisschicht erhält man auch durch Kombination des Diffusionsverfahrens mit dem Legierungsverfahren (vgl. Abb. 257). Dabei werden z. B. in einen p-Ge-Kristall Sb-Atome eindiffundiert, so daß eine 5 bis 10 μ dicke n-leitende Schicht entsteht (a). Auf diese werden nebeneinander zwei Pillen auflegiert, von denen die eine aus Antimon (Sb) und die andere aus einer Sb-Al-Legierung besteht (b). Die Sb-Pille bildet mit der n-leitenden Schicht (Basis) einen Ohmschen Kontakt, während unter der Sb-Al-Pille (Emitter) eine p-n-Sperrschicht entsteht. Nach der Legierung wird die den übrigen Teil des p-Ge-Kristalls bedeckende n-leitende Schicht weggeätzt (c). Auch mit diesem Verfahren ist eine Grenzfrequenz von 1000 MHz erreichbar. Transistoren dieser Art werden als nachlegierte Diffusions-Transistoren („post-alloy diffused transistors") bezeichnet.

d) Mesa-Transistor. Bei diesem Transistor ist die Basis*fläche* so klein, daß durch die daraus resultierende Verringerung der Kollektor-Basis-Kapazität die Grenzfrequenz gegenüber derjenigen eines Diffusions-Transistors mit gleicher Basisschichtdicke um etwa den Faktor zwei auf 2000 MHz erhöht wird. Zur Herstellung eines solchen Transistors wird z. B. ein (etwa 100 μ dicker) p-**Ge**-Kristall (Kollektor) durch Diffusion von Aktivatoren (z. B. **Sb**-Atomen) mit einer etwa 5 μ dicken n-leitenden

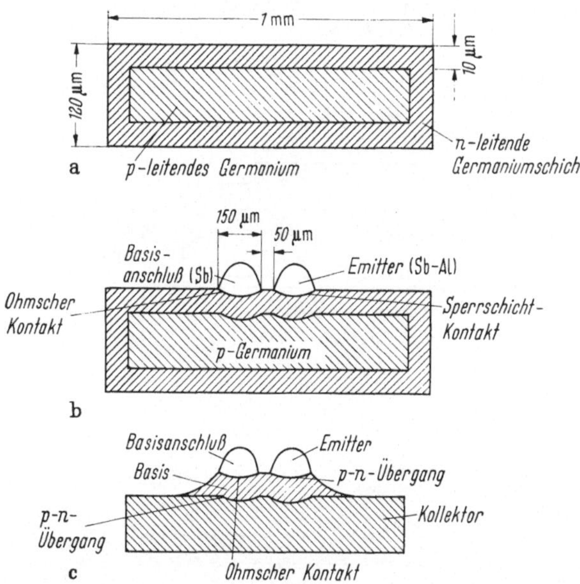

Abb. 257. a — c. Herstellung eines nachlegierten Diffusions-Transistors (post-alloy diffused transistor): a) p-**Ge**-Kristall, umgeben von einer durch Diffusion hergestellten n-leitenden Schicht; b) Kristall nach dem Auflegieren eines **Sb**-(Basiszuleitung) und **Sb-Al**-Kontaktes (Emitter); c) fertiger Transistorkristall nach dem Ätzen.

Schicht (Basis) bedeckt (vgl. Abb. 258a). Auf diese wird mit Hilfe einer Maske (vgl. Abb. 258b) ein streifenförmiger **Al**-Kontakt (Emitteranschluß) und parallel zu diesem in einem Abstand von etwa 10 μ ein ebenfalls streifenförmiger Goldkontakt (Basisanschluß) aufgedampft. Während der Goldniederschlag einen Ohmschen Kontakt ergibt, bildet sich unter der **Al**-Schicht ein p-n-Übergang im Halbleiter. Nach dem Kontaktieren wird ein Teil des ursprünglich vorhandenen p-**Ge**-Kristalls weggeätzt, so daß ein mesa- (tisch-)förmiger Rest mit den Kontakten übrigbleibt (vgl. Abb. 258a). Statt durch Legierung können Mesa-Transistoren auch durch Doppeldiffusion (von Donatoren und Akzeptoren) hergestellt werden.

e) Epitaxial-Transistor. Der Nachteil des Mesa-Transistors, daß die (aus technologischen Gründen) relativ (d. h. etwa 100 μ) dicke Kollektor-

Halbleiterschicht (mit dem spezifischen Widerstand 1 Ωcm) einen unerwünscht großen elektrischen und thermischen Serienwiderstand repräsentiert, der die Wirkungsweise des Transistors beeinträchtigt (vgl. Abb. 259a), wird beim Epitaxial-Transistor vermieden, bei dem der Kollektor aus einer nur wenige μ dicken n-leitenden hochohmigen Si-Schicht (Widerstand: 1 Ωcm) besteht, die auf einem wesentlich dickeren

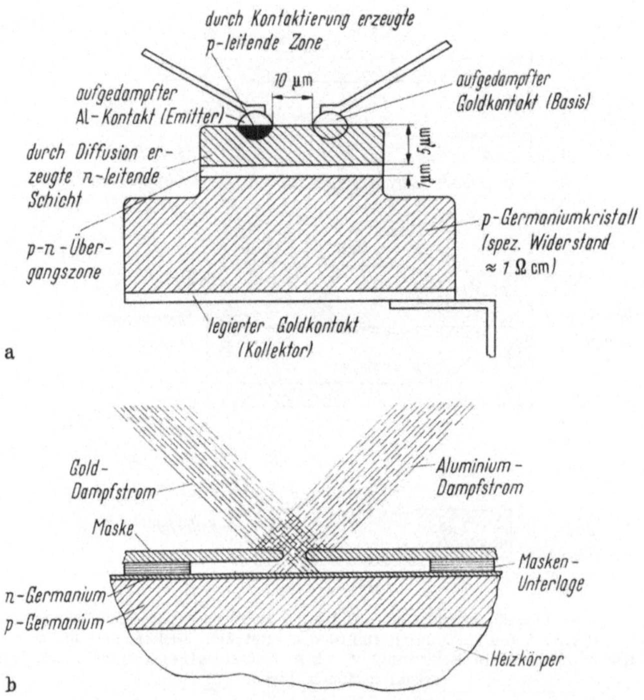

Abb. 258. a) Typischer Aufbau eines durch Diffusion und Legierung hergestellten Mesa-Transistors; b) Kontaktierungsverfahren beim Mesa-Transistor.

niederohmigen Si-Plättchen (spezifischer Widerstand: 10^{-3} Ωcm) epitaxial, d. h. unter Beibehaltung der Gitterorientierung, aufgedampft wird. In der hochohmigen epitaxialen Si-Schicht von etwa 12 μ Dicke wird dann durch Doppeldiffusion von Akzeptoren und Donatoren eine jeweils nur wenige μ dicke Basis- und Emitterschicht erzeugt (vgl. Abb. 259b).

f) Planar-Transistor. Die bisher beschriebenen Transistor-Herstellungsverfahren haben den Nachteil, daß die Oberfläche der verwendeten Halbleiterkristalle während der Aktivierung mit der umgebenden Schutzgasatmosphäre bzw. Luft in Berührung kommt und dadurch verunreinigt werden kann. Auch das Hochvakuum bietet keinen ausreichenden Schutz vor Verschmutzung der Kristalloberfläche. Sobald sich nämlich bei der Aktivierung im Halbleiterkristall ein bis zur Halbleiteroberfläche reichender p-n-Übergang gebildet hat, entsteht an ihm ein elektrisches (Diffusions-)Feld. Dieses zieht an der Kristalloberfläche ionisierte Verunreinigungen an, die die Gleichrichtereigenschaften des p-n-Übergangs erheblich verschlechtern können. Diese Gefahr wird durch die Planar-

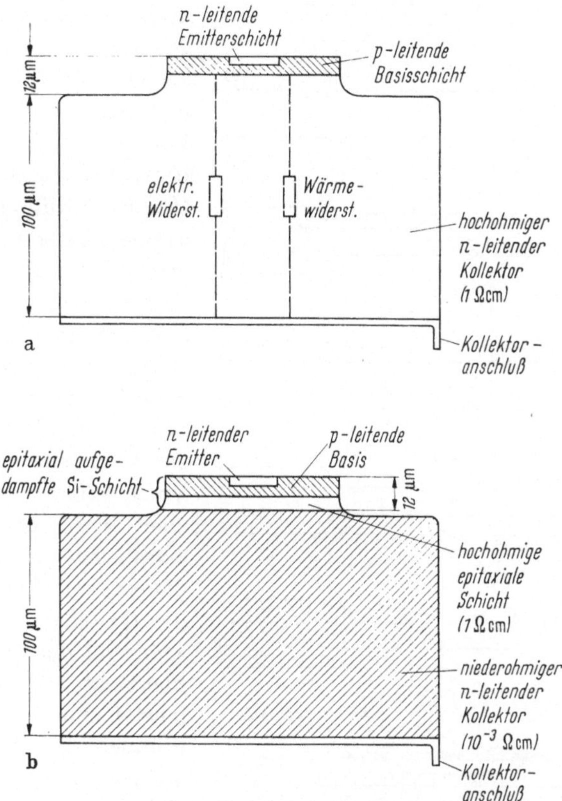

Abb. 259. a) Durch Doppeldiffusion hergestellter Silizium-Mesa-Transistor; b) durch Doppeldiffusion hergestellter Silizium-Epitaxial-Transistor.

Technik vermieden, bei der durch eine Oxydschicht dafür gesorgt wird, daß die an die Kristalloberfläche reichenden Ränder der p-n-Übergänge mit der Atmosphäre überhaupt nicht in Berührung kommen. Die Folge davon ist eine besonders gute Konstanz aller Parameter des fertigen Transistors.

Die Herstellung eines n-p-n-Silizium-Planar-Transistors veranschaulicht Abb. 260: a) Ein n-leitendes (beim fertigen Transistor als Kollektor dienendes) Siliziumplättchen wird in einer Sauerstoff- oder Wasserdampfatmosphäre bei 800 bis 1300 °C mit einer etwa 1 μ dicken SiO_2-Schicht bedeckt. b) Auf dieser Oxydschicht wird durch ein photolithographisches Verfahren die gewünschte Basisfläche abgegrenzt; mit Fluor-wasserstoffsäure wird das diese Fläche bedeckende Oxyd weggeätzt. c) Das Siliziumplättchen wird nun in eine Borsäureatmosphäre gebracht. Da die SiO_2-Schicht für die Boratome undurchlässig ist, kann das Bor nur durch das (oxyd-freie) Basisfenster in den Halbleiter diffundieren, wo es eine p-leitende Basiszone erzeugt. Da die Diffusion in das Silizium isotrop ver-läuft, breitet sich das Bor sowohl nach unten als auch seitlich unter die SiO_2-Schicht aus. Der Rand des entstehenden p-n-Über-gangs kommt dadurch an einer Stelle der Silizium-oberfläche zu liegen, die dauernd mit einer schützen-den Oxydhaut bedeckt ist. Während der Bordiffusion überzieht sich das Basis-fenster mit einer neuen (dünneren) Oxydschicht, die sich allmählich in Bor-silikatglas umwandelt. d) In die neue Oxydschicht wird photolithographisch ein kleines Emitterfenster ge-ätzt. e) Durch dieses Fen-ster werden aus einer P_2O_5-Atmosphäre Phosphorato-me in die vorher gebildete

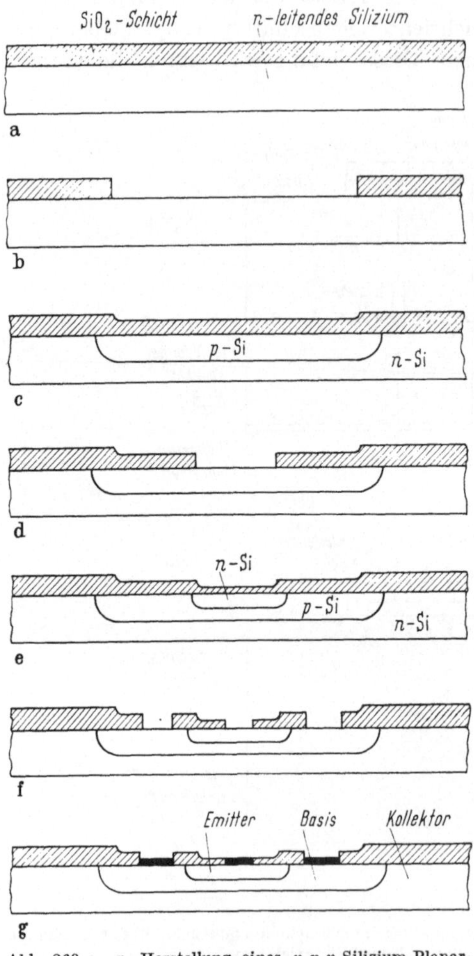

Abb. 260 a—g. Herstellung eines *n-p-n*-Silizium-Planar-Transistors.

a) Bedecken des Si-Plättchens mit einer SiO_2-Schicht;
b) Herausätzen eines Basisfensters; c) Eindiffundieren
einer p-leitenden Basiszone; d) Herausätzen eines Emit-
terfensters; e) Eindiffundieren einer n-leitenden Emitter-
zone; f) Herausätzen der Fenster für die Anschlüsse;
g) Kontaktieren von Emitter und Basis.

p-Zone eindiffundiert, so daß über dieser eine n-leitende (Emitter-)Schicht entsteht. Gleichzeitig bedeckt sich das Fenster erneut mit einer Oxydschicht. f) An den Stellen, wo die Emitter- und Basisschicht an die

Oberfläche des Siliziumplättchens münden, werden nun kleine Fenster geätzt und auf diese geeignete Kontaktmetalle (Au, Ni oder Al) als Anschlüsse aufgedampft (vgl. Abb. 260g). Nach diesem Verfahren können auf einem Siliziumplättchen von 2,5 cm Durchmesser gleichzeitig bis zu 1200 Transistoren hergestellt werden.

g) Epitaxial-Planar-Transistor. Dieser Transistor entsteht durch Kombination der Epitaxial- mit der Planar-Technik. Er vereinigt in sich alle günstigen Eigenschaften, die mit den beiden Verfahren erzielt werden können, nämlich eine große Linearität der Kennlinien, eine hohe Verstärkung bei niedrigen Strömen, und sehr niedrige Sperrströme; ferner eine niedrige Rauschzahl, geringe Streuung der Kenndaten und hohe Konstanz aller Parameter.

6. Gehäuse für Dioden und Transistoren

Nach dem Dotieren und Aktivieren werden die Halbleiterkristalle für Dioden und Transistoren in luftdichten, mit Drahtdurchführungen versehenen Gehäusen untergebracht. Diese Maßnahme bewirkt: a) den Ausschluß von Feuchtigkeit, Luft und chemischen Verunreinigungen; b) eine gute Wärmeableitung, wenn zwischen Kristall und Gehäuse eine leitende Verbindung besteht (wichtig für Leistungsdioden und -Transistoren); c) eine stabile Anordnung des Kristalls und der Zuleitungen (was besonders bei Spitzendioden wichtig ist) und d) eine erhöhte Stoß- und Vibrationsfestigkeit. Es lassen sich folgende Gehäusetypen unterscheiden:

a) Klarglas-Gehäuse. Dieses Gehäuse, das für Dioden kleinerer Leistung geeignet ist, entsteht durch Zusammenschmelzen zweier becherförmiger Glaskappen, in die vorher die Zuleitungsdrähte eingeschmolzen werden. Einer der Zuleitungsdrähte ist gleichzeitig Träger des Halbleiterkristalls (vgl. Abb. 261). Zum Schutz gegen Lichtstrahlung überzieht man die Gehäuse meist mit einer schwarzen Lackschicht.

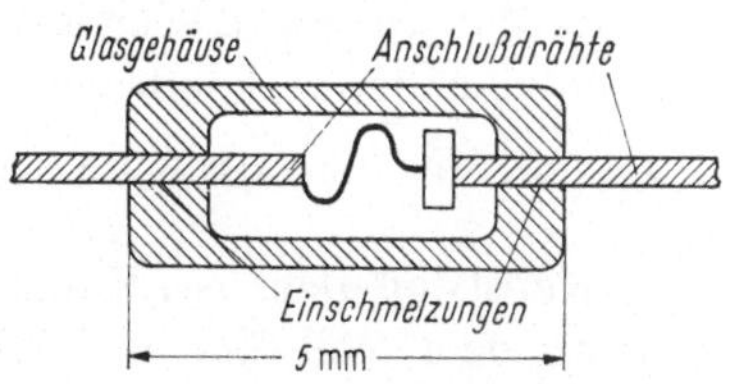

Abb. 261. Aufbau einer Spitzendiode mit Klarglasgehäuse.

Beispiel: Diode OA 180.

b) Sinterglas-Gehäuse. Die Herstellung dieses Gehäuses geschieht in Preßformen, die den mit Zuleitungen versehenen Dioden- oder Transistorkristall enthalten. Um diesen herum wird ein Brei aus Glaspulver und Bindemittel kalt gepreßt. Die Preßstücke können anschließend bei der vorteilhaft niedrigen Temperatur von 450 °C gesintert werden.

Beispiel: Diode OA 186.

c) Gehäuse mit Preßglasteller. Die den Halbleiterkristall tragenden Zuleitungsdrähte sind hier in einen Preßglas-Teller eingeschmolzen, der mit Hilfe eines SnPb-Lots (ohne Flußmittel) an eine Glas- oder Metallkappe festgelötet wird (vgl. Abb. 262). Zur besseren Haftung des Lots ist auf den Preßteller ein Goldring aufgedampft. Anstelle eines Lots werden häufig auch Kunststoffkitte (z. B. Araldit) verwendet, die sich durch Erhitzen verfestigen lassen.

Beispiele: Dioden OA 5 und OA 7; Transistoren OC 601 und OC 602.

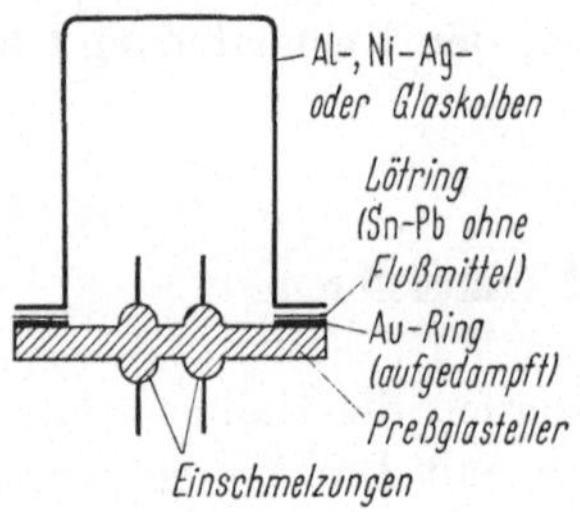

Abb. 262. Gehäuse mit Preßglas-Teller für
Dioden und Transistoren.

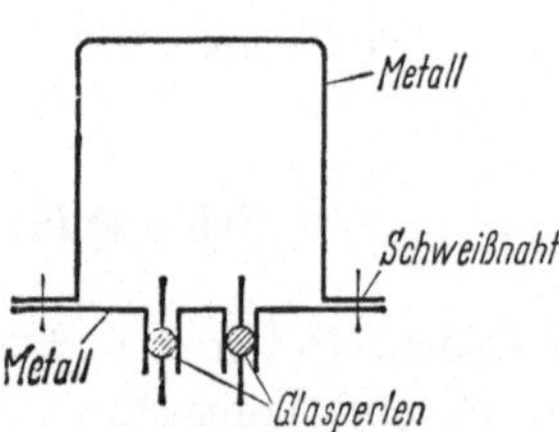

Abb. 263. Metallgehäuse mit Glasperlenein-
schmelzung.

d) Metall-Gehäuse mit Glaseinschmelzung. Bei diesem für Leistungsdioden und -Transistoren verwendeten Gehäuse werden die Zuleitungsdrähte (ähnlich wie bei Hochvakuumröhren mit Metall-Gehäuse) mittels Glasperlen in einen Metallsockel eingeschmolzen. Dieser wird mit einer Metallkappe kalt verschweißt (vgl. Abb. 263). Für Hochleistungsdioden (Leistung mehrere 100 W) verwendet man vorwiegend Gehäuse, die aus zwei als Zuleitungen dienenden, durch eine Kovar-Hartglasverschmelzung miteinander verbundenen Metallteilen bestehen.

Beispiele: Dioden OA 31 und DS 200; Transistor OC 30.

e) Kunststoff-Gehäuse. Einfacher als die Glas-Metall-Technik ist das teilweise oder vollständige Einbetten des Halbleiterkristalls in eine Kunststoffhülle (z. B. aus Araldit oder Silastic). Bei der Verbindung von Metall- mit Kunststoffteilen muß wegen der unterschiedlichen Wärmeausdehnungskoeffizienten — ähnlich wie in der Röhrentechnik — eine geeignete Zwischenschicht verwendet werden.

f) Gehäusefüllung. Zur Erhöhung der Dichtigkeit von Gehäusen werden diese häufig mit Silikonöl, Silikonfett oder Kunststoffmassen gefüllt. Diese Maßnahme führt außerdem zu einer besseren Wärmeableitung und Wasserdampfabsorption innerhalb des Gehäuses.

7. Herstellung von mikroelektronischen Schaltungen

Die Technik elektronischer Rechenmaschinen, in denen eine große Anzahl gleichartiger Elementarschaltungen zu einer Einheit zusammengesetzt sind, und die Erfordernisse der Luft- und Raumfahrt-Technik, in der besonders kleine und leichte elektronische Bauelemente verlangt werden, haben eine Entwicklung eingeleitet, die als Mikro-Miniaturisierung oder Mikroelektronik bezeichnet wird. Man versteht darunter die Verkleinerung aller Bauelemente einer elektronischen Schaltung auf ein technologisch erreichbares Mindestmaß und — darüber hinausgehend — das Anordnen ganzer Schaltungen auf einer gemeinsamen Festkörperunterlage (z. B. Keramik, Kunststoff- oder Halbleitermaterial), deren Volumen nicht viel größer ist als dasjenige konventioneller Bauelemente. Die Entwicklung von Mikroschaltungen umfaßt im wesentlichen folgende Stufen [*90, 99, 102*]:

a) Geätzte (gedruckte) Schaltungen. Die einzelnen Bauelemente (Transistoren, Dioden, Widerstände, Kondensatoren und Spulen) werden hier nicht mehr einzeln verdrahtet, sondern auf einer mit einem Metallfilm überzogenen Isolierstoffplatte angebracht, auf der die Verbindungen zwischen den Bauelementen vorher mit Hilfe einer Schablone in Form von schmalen Kupferbahnen herausgeätzt wurden. Diese vorgedruckte Platte erhält zahlreiche Bohrungen, durch die die Anschlußdrähte der einzelnen Bauelemente gesteckt werden. Nach dem Aufbau der Schaltung wird die Platte in ein Lötbad getaucht, so daß zwischen den Bauelementen und den Kupferleitungen feste Verbindungen entstehen. Bei solchen gedruckten Schaltungen, in denen alle Bauelemente in einer Ebene angeordnet sind, beträgt die erreichbare Packungsdichte (d. h. die Zahl der Bauelemente pro Volumeneinheit) etwa 1 Bauelement pro cm³. Eine um den Faktor 10 höhere Packungsdichte erlauben die (dreidimensionalen)

b) Mikromodul-Schaltungen. Hier werden alle (miniaturisierten) Bauelemente parallel neben- und hintereinander angeordnet, so daß ein würfelförmiger Block entsteht. Die (parallelen) Anschlußdrähte der dichtgepackten Bauelemente werden durch die Bohrungen zweier Kunststoffplättchen gesteckt, auf denen die Verbindungsleitungen vorgedruckt sind. Anschließend werden die Plättchen tauchgelötet und zusammen mit den Bauelementen mittels Epoxydharz zu einem „Mikromodul" vergossen.

Eine etwas günstigere Raumausnutzung erreicht man, wenn man zur Herstellung eines Mikromoduls Bauelemente derselben geometrischen Form verwendet. Um dies zu erreichen, verwendet man Bauelemente sehr flacher Form und befestigt jedes von diesen an einem genormten Keramikplättchen. Die Zuleitungen werden durch das Plättchen hindurch und auf dessen Unterseite zu Kontakten am Rand geführt. Durch Übereinanderschichten mehrerer solcher Plättchen und Verbindung der verschiedenen Randkontakte lassen sich elektronische Schaltungen auf engstem Raum aufbauen. Zum Schutz gegen äußere Einflüsse wird die ganze Anordnung mit Epoxydharz vergossen.

c) Integrierte Schaltungen. Bei den integrierten Schaltungen werden die passiven Bauelemente (Widerstände und Kondensatoren) und ihre Verbindungsleitungen durch Aufdampfen oder Aufstäuben von dünnen Metall- bzw. Isolatorschichten auf Isolierstoffplättchen (aus Glas oder Keramik) von etwa 1 cm^2 Fläche hergestellt. Als Widerstandsmaterial verwendet man kathodenzerstäubtes Tantal oder eine aufgedampfte ZrNi-Legierung, als Dielektrikum für Kondensatoren Tantaloxyd (Ta_2O_5) oder Siliziummmonoxyd (SiO). Die aktiven Bauelemente (Transistoren und Dioden) werden ohne Gehäuse nachträglich auf das bedampfte Plättchen aufgelötet. Die ganze, mit Epoxydharz vergossene Anordnung besitzt eine Packungsdichte von der Größenordnung 100 Bauelemente pro cm^3.

d) Halbleiter-Funktionsblöcke. Die größte Packungsdichte von Bauelementen (Größenordnung: 1000 pro cm^3) erhält man, wenn man verschiedene Zonen eines Siliziumplättchens mit Hilfe der aus der Transistorherstellung bekannten Planar-Technik durch mehrere aufeinanderfolgende Diffusionsprozesse in Dioden, Transistoren, Widerstände und Kondensatoren verwandelt. Die Verbindungsleitungen zwischen den einzelnen Bauelementen lassen sich durch Aufdampfen von dünnen Metallstreifen auf eine SiO_2-Zwischenschicht herstellen und sind deshalb sehr kurz. Über weitere Einzelheiten vgl. [*90, 99, 102*].

VIII. Literaturverzeichnis zum Kapitel 2

I. Wechselwirkung von Teilchen mit Gasen und Dämpfen

[*1*] Busch, H.: Über die Erwärmung von Drähten in verdünnten Gasen durch den elektrischen Strom. Ann. Phys. 64 (1921) 401.

[*2*]* Champeix, R.: Physics and techniques of electron tubes, Paris: Pergamon Press 1961.

[*3*] Eucken, A.: Lehrbuch der chemischen Physik, Bd. II, Leipzig: Geest & Portig 1948.

[*4*] Franck, J., u. G. Hertz: Über eine Methode zur direkten Messung der mittleren freien Weglänge von Gasmolekülen. Verhandl. d. Deutsch. Phys. Ges. 14 (1912) 596.

---

* Zusammenfassende Darstellung über größere Teilgebiete der Elektronik.

[5]* GERTHSEN, CH.: Physik, 4. Aufl., Berlin/Göttingen/Heidelberg: Springer 1956.

[6]* HEINZE, W.: Einführung in die Vakuumtechnik, Berlin: VEB Verlag Technik 1955.

[7]* IWANOW, A. P.: Elektrische Lichtquellen, Gasentladungslampen, Berlin: Akademie-Verlag 1955.

[8]* JAECKEL, R.: Kleinste Drucke, ihre Messung und Erzeugung (Technische Physik, Bd. 9), Berlin/Göttingen/Heidelberg: Springer 1950.

[9] JEANS, J. H.: Dynamische Theorie der Gase, Braunschweig: Vieweg 1926.

[10]* JOOS, G.: Lehrbuch der theoretischen Physik, Frankfurt: Akad. Verl. Gesell. 1959.

[11]* KNOLL, M., F. OLLENDORFF u. R. ROMPE: Gasentladungstabellen, Berlin: Springer 1935.

[12]* KNOLL, M.: Materials and processes of electron devices, Berlin/Göttingen/ Heidelberg: Springer 1959.

[13]* RIEZLER, W., u. W. WALCHER: Kerntechnik, Stuttgart: Teubner 1958.

[14] ULRICH, H.: Kurzes Lehrbuch der physikalischen Chemie, bearbeitet von W. JOST, Darmstadt: Steinkopff 1957.

[15] ZWIKKER, C.: Fluoreszenzbeleuchtung, Eindhoven: Philips-Verlag 1951.

II. Wechselwirkung von Elektronen mit Festkörpern

[16] GENTNER, K.: Über die Energieabsorption von schnellen Kathodenstrahlen. Ann. Phys. 31 (1938) 407.

[17] RUTHEMANN, G.: Diskrete Energieverluste schneller Elektronen in Festkörpern. Naturwissenschaften 29 (1941) 648.

[18] RUTHEMANN, G.: Diskrete Energieverluste mittelschneller Elektronen beim Durchgang durch dünne Folien. Ann. Phys. 2 (1948) 113.

[19] RUTHEMANN, G.: Elektronenbremsung an Röntgenniveaus. Ann. Phys. 2 (1948) 135.

[20] SCHONLAND, B. F. J.: The passage of cathode rays through matter. Proc. Roy. Soc. London A 108 (1925) 187.

[21] SCHONLAND, B. F. J.: The passage of cathode rays through matter. Proc. Roy. Soc. London A 104 (1923) 235.

[22] TERRILL, H. M.: Loss of velocity of cathode rays in matter. Phys. Rev. 22 (1923) 101.

[23] WHIDDINGTON, R.: The transmission of cathode rays through matter. Proc. Roy. Soc. London A 89 (1914) 554.

[24] VARDER, R. W.: The absorption of homogeneous β-rays. Philosoph. Magaz. 29 (1915) 725.

III. Entgasungs- und Getterprozesse

Siehe [2, 6, 8 und 12]; ferner:

[25]* DUSHMAN, S. A.: Scientific foundations of vacuum technique, New York: Wiley 1949.

[26]* ESPE, W., u. M. KNOLL: Werkstoffkunde der Hochvakuumtechnik, Berlin: Springer 1936.

[27] ESPE, W., M. KNOLL u. M. WILDER: Getter materials for electron tubes. Electronics 23 (1950) 82.

[28] LITTMANN, M.: Getterstoffe, Leipzig 1938.

[29] RECHE, K.: Theoretische und experimentelle Untersuchungen über den kernlosen Induktionsofen. Wiss. Veröff. Siemens-Konzern 12 (1933) 1.

IV. Vakuummeßtechnik und -meßgeräte

Siehe [2, 8, 11 und 25]; ferner:

[30]* ESCHBACH, H. L.: Praktikum der Hochvakuumtechnik, Leipzig: Akad. Verlagsgesell. 1962.

[31]* GUTHRIE, A., u. R. K. WAKERLING: Vacuum equipment and techniques, New York: McGraw-Hill 1949.

[32] KLEEN, W.: Vakuummeßgeräte. Arch. techn. Messen V 1341—1 (1933), J 136—1 (1933) und J 136—4 (1933).

[33] LAPORTE, H.: Vakuummessungen, Berlin: VEB Verlag Technik 1955.

[34] LECK, J. H.: Pressure measurement in vacuum systems, London: Chapman & Hall 1957.

[35]* MÖNCH, G.: Neues und Bewährtes aus der Hochvakuumtechnik, Halle: Knapp 1959.

[36]* PUPP, W.: Vakuumtechnik, Teil I, München: Thiemig 1962.

[37]* REIMANN, A. L.: Vacuum technique, London: Chapman & Hall 1952.

[38]* YARWOOD, J.: Hochvakuumtechnik, Berlin: Lang 1955.

McLeodsches Manometer

[39] HAASE, G.: Ein McLeod hoher Genauigkeit und Empfindlichkeit. Z. techn. Phys. 24 (1943) 27.

[40] McLEOD: Apparatus for measurement of low pressures of gas. Phil. Mag. 48 (1874) 110.

[41] MEYEREN, W. v.: Eine einfache Methode zur Messung kleiner Dampfdrucke. Z. phys. Chem. 160 (1932) 272.

[42] MOSER, H.: Ein handliches drehbares Vakuummeter mit drei Meßbereichen für Drucke von 700 bis 0,0001 mm Hg. Phys. Z. 36 (1935) 1.

[43] REDEN, V. v.: Über eine neue Quecksilberluftpumpe und ein neues Vakuummeter. Phys. Z. 10 (1909) 316.

Wärmeleitungsmanometer

[44] BENSON, J. M.: Vakuummanometer mit Thermosäule, Temperaturkompensation und direkter Ablesung über ausgedehnte Bereiche. Vakuum-Technik 6 (1957) 181.

[45] PIRANI, M. v.: Selbstzeigendes Vakuum-Meßinstrument. Ber. dtsch. phys. Ges. 8 (1906) 686.

[46] ROHN, W.: Ein selbstzeigendes elektrisches Vakuummeter. Z. Elektrochem. 20 (1914) 539.

[47] VOEGE, W.: Ein neues Vakuummeter. Phys. Z. 7 (1906) 498.

[48] UBISCH, H. v.: Das moderne Heizdrahtmanometer. Vakuum-Technik 6 (1957) 175.

Ionisationsmanometer

[49] ALPERT, D.: New developments in the production and measurement of ultra high vacuum. J. appl. Phys. 24 (1953) 860.

[50] APKER, L.: Surface phenomena useful in vacuum technique. Industr. Engng. Chem. 40 (1948) 846.

[51]* BARKHAUSEN, H.: Elektronenröhren, Bd. 1, Leipzig: Hirzel 1953, S. 19.

[52] BAYARD, R. T., and D. ALPERT: Ultra high vacuum ionization manometer. Rev. sci. Instrum. 21 (1950) 672.

[53] BENNETT, W. H.: Radio frequency mass spectrometer. J. appl. Phys. 21 (1950) 143.

[54] BLEARS, J.: Use of the ionization gauge on systems evacuated by oil diffusion pumps. Nature 154 (1944) 20.

[55] BLEARS, J.: Measurement of the ultimate pressures of oil diffusion pumps. Proc. Roy. Soc., London A 188 (1946) 62.

[56] BUCKLEY, O. E.: An ionization manometer. Proc. nat. Acad. Sci. 2 (1916) 683.

[57] DOWNING, J. R., and G. MELLEN: A sensitive vacuum gauge with linear response. Rev. sci. Instrum. 17 (1946) 218.

[58] HAUSER, J., G. GANSWINDT u. H. RUKOP: Die Fabrikation von HV-Röhren. Telefunkenztg. 4 (1920) 21.

[59] HERRMANN, G., u. J. RUNGE: Vakuumbestimmung an mittelbar geheizten Empfängerröhren durch Ionenstrommessung. Z. techn. Phys. 19 (1938) 12.

[60] HINTERBERGER, H., u. E. DORNENBURG: Anwendung der Massenspektroskopie in der Vakuumtechnik. Vakuum-Technik 7 (1958) 121 und 159.

[61] MONTGOMERY, C. G., and D. D. MONTGOMERY: A grid controlled ionization gauge. Rev. sci. Instrum. 9 (1938) 58.

[62] MORSE, R. S., and R. M. BOWIE: A new style ionization gauge. Rev. sci. Instrum. 11 (1940) 91.

[63] PENNING, F. M.: High vacuum gauges. Philips techn. Rev. 2 (1937) 201.

[64] PETERS, J. L.: Entwicklung und Betriebsverhalten einer neuen Ionisationsmanometer-Röhre. Vakuum-Technik 5 (1956) 65.

[65] SEWIG, R.: Ionisationsmanometer bei kleinen Drucken. Z. techn. Phys. 12 (1931) 218.

[66] SIMON, H.: Ionisationsmanometer. Z. techn. Phys. 5 (1924) 221.

[67] SOMMER, H., H. A. THOMAS and J. A. HIPPLE: The measurement of e/M by cyclotron resonance. Phys. Rev. 82 (1951) 697.

[68] VARADI, P. F., L. G. SEBESTYEN u. E. RIEGER: HF-Massenspektrometer und seine Anwendung in der Vakuumtechnik. Vakuum-Technik 7 (1958) 13 und 46.

V. Vakuumpumpen

Siehe [2, 8, 25, 30, 31, 35, 36, 37 und 38]; ferner:

[69] ALEXANDER, P.: The theory of the mercury-vapour vacuum pump and a new high-speed pump. J. sci. Instrum. 23 (1946) 11.

[70] BAKER, F. A., and J. YARWOOD: Die Erzeugung und Messung von Ultra-Hochvakuum. Vakuum-Technik 6 (1957) 147.

[71] BECKER, W.: Eine neue Molekularpumpe. Vakuum-Technik 7 (1958) 149.

[72] DAVIS, R. H., and A. S. DIVATIA: Design and operation of evapor-ion pumps. Rev. sci. Instrum. 25 (1954) 1193.

[73] GAEDE, W.: Die Molekularluftpumpe. Ann. Phys. 41 (1913) 337.

[74] GAEDE, W.: Die Diffusion der Gase durch Quecksilberdampf bei niederen Drucken und die Diffusionsluftpumpe. Ann. Phys. 46 (1915) 357.

[75] GAEDE, W.: Die Entwicklung der Diffusionsluftpumpe. Z. techn. Phys. 4 (1923) 337.

[76] GEHRTS, A.: Hochvakuumpumpen. Z. techn. Phys. 1 (1920) 61.

[77] HALL, L. D.: Electronic ultra-high vacuum pump. Rev. sci. Instrum. 29 (1958) 367.

[78] HOLWECK, M.: Pompe moléculaire helicoidale. C. R. Acad. Sci., Paris 177 (1923) 43.

[79] KLUMB, H.: Neuzeitliche Hochvakuumpumpen. ETZ 57 (1936) 1445.

[80] MÖNCH, G.: Zur Demonstration der Pumpwirkung von Wasserstrahl-, Quecksilberdampfstrahl- und Diffusionspumpen. Phys. Z. 34 (1933) 303.

[81] SIEGBAHN, M.: A new design for a high vacuum pump. Arch. Mat. Astron. Fysik 30 B (1943) Nr. 2, S. 1.

[82] SULLIVAN, H. W.: Vacuum pumping equipment and systems. Rev. sci. Instrum. 19 (1948) 1.

[83] VENEMA, A.: The measurement of the pressure in the determination of pump speed. Vacuum 4 (1954) 272.

VI. Hochvakuumanlagen

Siehe [*2, 6, 8, 11, 30, 35, 36, 37* und *38*]; ferner:

[84] ARDENNE, M. v.: Tabellen der Elektronenphysik, Ionenphysik und Übermikroskopie, II. Bd., Berlin: Deutscher Verlag der Wissenschaften 1956.

[85] DIELS, K., u. R. JAECKEL: Leybold Vakuum-Taschenbuch, 2. Aufl., Berlin/Göttingen/Heidelberg: Springer 1962.

[86] GOETZ, A.: Physik und Technik des Hochvakuums, Braunschweig: Vieweg 1926.

[87] KNUDSEN, M.: Die Gesetze der Molekularströmung und der inneren Reibungsströmung der Gase durch Röhren. Ann. Phys. 28 (1909) 75.

VII. Typische Fertigungsverfahren für Elektronengeräte

Siehe [*12, 26, 31, 35, 37* und *85*]; ferner:

[88] BUMM, H.: Vakuum-Apparaturen zum Kristallziehen. Vakuum-Technik 8 (1959) 12.

[89] CZOCHRALSKI, J.: Ein neues Verfahren zur Messung der Kristallisationsgeschwindigkeit der Metalle. Z. phys. Chem. 92 (1918) 219.

[90] DORENDORF, H., u. H. ULLRICH: Festkörper-Schaltkreise aus Silizium. Siemens-Z. 37 (1963) 566.

[91]* DOSSE, J.: Der Transistor. Ein neues Verstärkerelement, München: Oldenbourg 1957.

[92] EPSTEIN, D. W., and L. PENSAK: Improved cathode-ray tubes with metal-baked luminescent screens. RCA-Review 7 (1946) Nr. 1.

[93]* ESPE, W.: Werkstoffkunde der Hochvakuumtechnik, Bd. I—III, Berlin: Deutscher Verl. d. Wissensch. 1959.

[94] ESPE, W.: Werkstoffe der Elektrotechnik, Berlin: Akademie-Verlag 1954.

[95] GÜNTHER, A. W.: Physikalische Grundlagen moderner Molekularverstärker, Bern: Hallwag 1963.

[96]* GUGGENBÜHL, W., M. J. O. STRUTT u. W. WUNDERLIN: Halbleiterbauelemente I, Basel/Stuttgart: Birkhäuser 1962.

[97]* HENISCH, K.: Rectifying semiconductor contacts, Oxford: Clarendon-Press 1957.

[98]* HUNTER, L. P.: Handbook of semiconductor electronics, New York: McGraw-Hill 1956.

[99]* KEONJIAN, E.: Microelectronics, New York: McGraw-Hill 1963.

[100]* KOHL, W. H.: Materials and techniques for electron tubes, New York: Reinhold 1960.

[101] MILLS, B. D.: Silizium-Epitaxial-Planar-Transistoren. Elektr. Nachr.-Wes. (ITT) 38 (1963) 366.

[102] ROTTGARDT, K. H. J.: Die Technik der integrierten Bauelemente und Schaltungen. ETZ-A 83 (1962) 900.

[103] SOMMER, A. H.: New photoemissive cathodes of high sensitivity. Rev. sci. Instrum. 26 (1955) 725.

[104] STEYSKAL, H.: Arbeitsverfahren und Stoffkunde der Hochvakuumtechnik, Technologie der Elektronenröhren, Mosbach (Baden): Physik-Verlag 1955.

[105] Transistor technology, Bd. I—III, hrsg. v. F. J. BIONDI, Princeton: van Nostrand 1958.

[106] VELZER, H. L. v.: Physics and chemistry of electronic technology, New York: McGraw-Hill 1962.

Anhang

A. Einheiten

Physikalische Größe	Einheit	Umrechnung in andere Einheiten
Länge (l)	cm	$1\ \text{cm} = 10^{-5}\ \text{km}$
Zeit (t, τ)	s	—
Masse (M, m)	Ws³/cm²	$1\ \text{Ws}^3/\text{cm}^2 = 10^4\ \text{Ws}^3/\text{m}^2 = 10{,}2$ kp s²/cm $= 10^7$ dyn s²/cm $= 10^7$ g
Ladung (e, q)	As oder Cb	$1\ \text{Cb} = 1\ \text{As} = 3 \cdot 10^9\ \text{ESE}$ (elektrostatische Ladungseinheiten)
Verhältnis Ladung/Masse ($e/m, q/m$)	cm²/Vs²	$1\ \text{cm}^2/\text{Vs}^2 = 10^{-4}\ \text{m}^2/\text{Vs}^2 =$ $= 10^{-7}\ \text{As}/\text{g} = 10^{-4}\ \text{As}/\text{kg}$
Energie (E mit Index) Arbeit (W)	Ws oder eV Ws	$1\ \text{Ws} = 10^7\ \text{erg} = 10^7\ \text{dyn cm} =$ $= 0{,}102\ \text{mkp} = 0{,}239\ \text{cal};$ $(1\ \text{eV} \triangleq 1{,}6 \cdot 10^{-19}\ \text{Ws})$
Leistung (N)	W	$1\ \text{W} = 0{,}102\ \text{mkp/s}$
Kraft (K)	Ws/cm	$1\ \text{Ws/cm} = 10^2\ \text{Nw (Newton)} =$ $= 10^7\ \text{dyn}$
Gewicht (G)	kp	$1\ \text{kp} = 10^3\ \text{p} = 9{,}81\ \text{Nw} =$ $= 9{,}81 \cdot 10^5\ \text{dyn}$
Elektrische Spannung (U)	V	$1\ \text{V} = 10^{-3}\ \text{kV} = 10^{-6}\ \text{MV}$
Elektrische Feldstärke (E ohne Index)	V/cm	$1\ \text{V/cm} = 10^2\ \text{V/m}$
Dielektrische Verschiebung (D)	As/cm²	—
Elektrischer Strom (I)	mA	$1\ \text{mA} = 10^{-3}\ \text{A} = 10^3\ \mu\text{A}$
Magnetische Feldstärke (H)	A/cm	$1\ \text{A/cm} = 4\pi/10\ \text{Oe (Oersted)} =$ $= 1{,}256\ \text{Oe}$
Magnetische Induktion (B)	Vs/cm²	$1\ \text{Vs/cm}^2 = 10^4\ \text{Vs/m}^2 = 10^8\ \text{Gauß}$
Elektrischer Widerstand (R)	Ω (Ohm)	—
Kapazität (C)	μF	$1\ \mu\text{F} = 10^{-6}\ \text{F} = 10^{-6}\ \text{As/V} =$ $= 10^{-6}\ \text{s}/\Omega$
Induktivität (L)	H	$1\ \text{H} = 1\ \Omega\ \text{s}$
Druck (p)	Torr oder mm Hg	vgl. Tab. 8
Lichtstrom (L)	Lm	—
Lichtstärke (I)	cd	$1\ \text{cd (Candela)} = 1\ \text{Lm/sterad}$ $(1\ \text{sterad} = \text{Raumwinkeleinheit})$
Leuchtdichte (B) einer Fläche	sb	$1\ \text{sb (Stilb)} = 1\ \text{cd/cm}^2$

B. Physikalische Konstanten

Elektronenladung	$e = 1{,}6 \cdot 10^{-19}$ As
Elektronenmasse	$m = 9{,}1 \cdot 10^{-35}$ Ws^3/cm^2 $= 9{,}1 \cdot 10^{-28}$ g
Verhältnis e/m	$e/m = 1{,}76 \cdot 10^{15} \approx 1{,}8 \cdot 10^{15}$ cm^2/Vs^2 = $= 1{,}8 \cdot 10^8$ As/g
Lichtgeschwindigkeit	$c = 3 \cdot 10^{10}$ cm/sec
Dielektrizitätskonstante des Vakuums	$\varepsilon_0 = 1/(36\pi \cdot 10^{11}) = 8{,}85 \cdot 10^{-14}$ F/cm
Magnetische Permeabilität des Vakuums	$\mu_0 = 4\pi \cdot 10^{-9} = 12{,}56 \cdot 10^{-9}$ H/cm
Plancksches Wirkungsquantum	$h = 6{,}625 \cdot 10^{-34}$ Ws^2
Boltzmannsche Konstante	$k = 1{,}38 \cdot 10^{-23}$ Ws/°K
Allgemeine Gaskonstante	$R = 8{,}316$ Ws/°K Mol $= 8{,}316 \cdot 10^7$ erg/°K Mol
Loschmidtsche Zahl	$L = 6{,}025 \cdot 10^{23}$ Moleküle/Mol (1 Mol = Molekulargewicht in Gramm)
Molvolumen bei 0 °C und 760 Torr	$V_0 = 22431$ cm^3

Sachverzeichnis